Java 王者归来

——从入门迈向高手

洪锦魁◎著

U0247614

清华大学出版社

北 京

内 容 简 介

这是一本从入门到精通的 Java 书籍，适合初学者购买与学习。整本书从最基础的软件下载、安装与执行开始讲解。为了让读者可以轻松学习每一个步骤，笔者均使用图例解说。

本书的前 7 章内容主要是叙述程序语言的基础，包含基本运算、流程控制、循环控制与数组。笔者使用了大量的图例与程序实例引导读者，只要配合书中实例操作与执行，就可以获得 Java 程序设计能力。

第 8 ~ 25 章是 Java 面向对象的核心，笔者在说明整体概念时，也讲明了 Java 内建类的使用以及核心内容，例如正则表达式、继承与多形、抽象类、接口、包装类别、程序异常处理、多线程、输入与输出、压缩与解压缩文件、Java Collection 等。

第 26 ~ 31 章则讲解了窗口程序设计、绘图与动画、网络程序设计等。多年教学与学习经验让笔者体会到使用图解与程序实例引导读者是最好的学习途径。本书使用了约 300 张图片与 600 个程序实例，一步一步完整解说 Java 语法与进阶应用主题，相信可以让读者以最轻松的方式学会 Java，进而将知识应用在未来职场领域。

图书在版编目(CIP)数据

Java 王者归来：从入门迈向高手 / 洪锦魁著. —北京：清华大学出版社，2019
ISBN 978-7-302-53255-2

Ⅰ.①J… Ⅱ.①洪… Ⅲ.①JAVA语言—程序设计 Ⅳ.①TP312.8

中国版本图书馆 CIP 数据核字（2019）第 134535 号

责任编辑：杨迪娜 薛 阳
封面设计：杨玉兰
责任校对：徐俊伟
责任印制：宋 林

出版发行：清华大学出版社
　　　网　　址：http://www.tup.com.cn，http://www.wqbook.com
　　　地　　址：北京清华大学学研大厦 A 座　　　　邮　　编：100084
　　　社 总 机：010-62770175　　　　　　　　　邮　　购：010-62786544
　　　投稿与读者服务：010-62776969，c-service@tup.tsinghua.edu.cn
　　　质 量 反 馈：010-62772015，zhiliang@tup.tsinghua.edu.cn
印 装 者：三河市龙大印装有限公司
经　销：全国新华书店
开　本：170mm×240mm　　　　印　张：34　　　字　数：956 千字
版　次：2019 年 10 月第 1 版　　　　　　　印　次：2019 年 10 月第 1 次印刷
定　价：99.00 元

产品编号：081903-01

序

　　过去 20 年 Java 可以说是计算机领域比较重要的程序设计语言之一，大部分信息领域的学生、程序设计师都需要学习这个程序语言。除了课堂教学，Java 也进入了人们的生活，例如，智能手机、网络游戏、汽车导航、家电应用等领域会使用 Java 编程。

　　作者很早就想写一本 Java 的书籍了，历经多时的酝酿与投入，终于完成这本书的编写，心情是愉快的。读者购买本书，遵循书中的实例，就可以轻松快乐地学会 Java 语法与应用，逐步让自己向 **Java 高手之目标迈进**，这也是撰写本书的目的。

　　这本书是国内讲解 Java 内容较完整的书籍之一，全书共有 31 章，以约 300 多张彩色图解实例、600 个彩色程序实例，讲解了下列知识。

- ❏　类与对象
- ❏　对象构造与封装
- ❏　继承与多态
- ❏　内建 Math 和 Random 类
- ❏　日期与时间类
- ❏　字符与字符串类
- ❏　Object 类
- ❏　抽象类与界面
- ❏　Java 包装类
- ❏　大型程序设计
- ❏　正则表达式与文字查询
- ❏　程序异常处理
- ❏　多线程
- ❏　匿名数组、匿名方法与匿名类
- ❏　Lambda 表达式
- ❏　Java 的工厂方法
- ❏　文件输入与输出
- ❏　压缩与解压缩文件设计
- ❏　Java Collection

- ❑ 使用 Java Collection 处理简易数据结构

- ❑ 现代 Java 运算

- ❑ 使用 AWT 设计窗口程序

- ❑ 事件处理

- ❑ 窗口程序设计使用 Swing

- ❑ 绘图与动画

- ❑ 网络程序设计

- ❑ 简易网络聊天室设计

　　本书沿袭了笔者著作的特色，程序实例丰富，相信读者只要遵循本书内容学习，就可以在最短时间精通 Java 设计。编著本书虽力求完美，但是书中难免存在不足和疏漏，请读者对书中存在的问题不吝指正。

目录

第 1 章

Java 基本概念

本章摘要

1-1　认识 Java

　　Java 是一种可以免费使用，跨平台的程序语言，目前广泛应用在移动设备的开发、科学计算、游戏平台的设计、个人或企业网页开发与应用方面。

　　Java 具有**一次编写**（write once），**到处执行**（run anywhere）的特点，是过去 20 年计算机领域最重要的程序语言。

1-2　Java 的起源

　　20 世纪 90 年代，Sun 计算机公司（Sun Microsystems）预估未来科技主流是将嵌入式系统应用在智能型家电中，于是公司内部有了 **Stealth 计划**，后来改名为 **Green 计划**。计划团队成员想设计一个新的程序语言，原先架构想以 C++ 为基础，后来发现 C++ 太复杂，最后放弃了。

　　不过设计全新程序语言的计划仍在进行，这个团队的重要成员**詹姆斯·高林斯**（James Gosling）首先将此全新设计的程序语言称为**橡树**（Oak），其实是以他办公室外的**橡树**命名，这也是 Java 的前身。Oak 程序语言曾被用于电视机顶盒投标，但是以失败收场。由于 Oak 已经被一家显示适配器制造商注册，在几位开发者于喝咖啡闲聊期间，有了后来将 Oak 程序语言改名为 **Java** 的灵感。

　　1994 年 6 月，团队经历了一场三天的头脑风暴，决定将所开发的全新程序语言应用在 Internet 上，同时获得了当年浏览器霸主 Netscape 公司的支持。程序初期是将 Java 应用于网页与使用者的互动，称为 Java Applet，在笔者 1999 年撰写的 HTML 程序设计书中，就曾经设计 Java Applet 方面的应用。

　　1995 年 3 月，SunWorld 大会上第一次公开发布 Java 技术，随即获得市场一片好评。

　　1996 年 1 月，Sun 公司成立了 Java 业务集团，专心开发 Java 技术。

　　2009 年 4 月，甲骨文（Oracle）公司并购 Sun 公司，Java 成为甲骨文公司的产品。

1-3　Java 之父

　　詹姆斯·高林斯（James Gosling）是 Java 的共同开发者之一，一般公认他是 Java 之父。他是 1955 年出生在加拿大的软件专家，1983 年获得美国卡内基·梅隆大学的计算机科学博士学位。

1-4　Java 发展史

日期	版本	说明
1995/5/23	Java	Java 语言的诞生
1996/1	JDK 1.0	**Java Development Kit（JDK）诞生**
1997/2/18	JDK 1.1	正式发表 1.1 版的 JDK
1998/12/8	Java 2	发表 J2EE（Java 企业版）
1999/6	Java 的三个版本	发表 J2SE 标准版、J2EE 企业版、J2ME 微型版
2000/5/8	JDK 1.3	
2000/5/29	JDK 1.4	
2001/9/24	J2EE 1.3	
2002/2/26	J2SE 1.4	Java 计算能力大幅提升
2004/9/30	J2SE 1.5	更名为 Java SE 5.0，代号 Tiger
2005/6	Java SE 6	取消 2，J2EE 更名为 Java EE，J2SE 更名为 Java SE，J2ME 更名为 Java ME，代号 Mustang
2009/12	Java EE 6	
2011/7/28	Java SE 7	代号 Dolphin
2014/3/18	Java SE 8	
2017/9/21	Java SE 9	
2018/3/20	Java SE 10	

1-5　Java 的三大平台

1999 年 6 月在美国 San Franscio 的 Java 大会上，Sun 公司依据用户的需求层次，发表 J2SE 标准版、J2EE 企业版、J2ME 微型版。

1-5-1　Java SE

Java SE 全名是 **Java S**tandard Edition，目前一般个人计算机上的 Java 应用执行环境就算是这一类的平台，而这也是本书撰写的主要平台。

1-5-2　Java EE

Java EE 全名是 **Java E**nterprise Edition，是主要应用在企业服务的平台，这个平台是以 SE 平台为基础，另外增加了一系列企业级的服务、协议与 API。

1-5-3　Java ME

Java ME 全名是 **Java M**icro Edition，是一个简化版本的 Java，主要应用在消费性电子产品或是一些移动设备上，例如，**手机程序开发、机顶盒、股票机**的程序开发等。

1-6 认识 Java SE 平台的 JDK/JRE/JVM

打开 http://www.oracle/com/technetwork/java/javase/tech/，可以看到 Java SE 平台的说明图片。

	Java Language						
Java Language	Java Language						
Tools & Tool APIs	java	javac	javadoc	jar	javap	Scripting	
	Security	Monitoring	JConsole	VisualVM	JMC	JFR	
	JPDA	JVM TI	IDL	RMI	Java DB	Deployment	
	Internationalization		Web Services		Troubleshooting		
Deployment	Java Web Start			Applet / Java Plug-in			
	JavaFX						
User Interface Toolkits	Swing		Java 2D	AWT		Accessibility	
	Drag and Drop		Input Methods	Image I/O	Print Service		Sound
Integration Libraries	IDL	JDBC	JNDI	RMI	RMI-IIOP	Scripting	
Other Base Libraries	Beans	Security		Serialization	Extension Mechanism		
	JMX	XML JAXP		Networking	Override Mechanism		
	JNI	Date and Time		Input/Output	Internationalization		
	lang and util						
lang and util Base Libraries	Math	Collections		Ref Objects	Regular Expressions		
	Logging	Management		Instrumentation	Concurrency Utilities		
	Reflection	Versioning		Preferences API	JAR	Zip	
Java Virtual Machine	Java HotSpot Client and Server VM						

(图右侧标注：Compact Profiles、Java SE API)

看到上述图片也不用紧张，主要需认识的是 JDK/JRE/JVM。若是以简化方式处理，JDK/JRE/JVM 关系图如下。

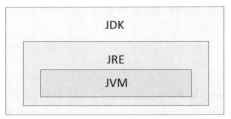

当读者学习本书中后半段后，可以随时打开上述网页，会发现上述图片是学习 Java 的宝藏，每一个项目都是一个主题的超链接，单击后可以进入各主题了解更多内容。

1-6-1 JDK

JDK 全名是 **Java Development Kit**，是开发 Java 程序的免费工具包。在这个工具包内包含许多工具程序，例如，java、javac、javadoc、jar、javap、类别库 … 等，当然工具包内也包含 JRE。所以在设计程序时，如果除了要执行一般的 Java 程序，还想要使用各种资源与工具，那么就需要安装 JDK。

1-6-2　JRE

JRE 全名是 Java Runtime Environment，简单地说就是 Java 的执行环境。在这个执行环境中包含 Java API、类库（Class Library）、JVM 等。我们设计的 Java 程序就是在这个环境下运行，如果所开发的 Java 程序只用到 JRE 内的资源，也可以只安装 JRE。

1-6-3　JVM

JVM 全名是 Java Virtual Machine，即 Java 虚拟机。Java 跨平台工作原理就是利用 JVM 完成的。

1-7　Java 跨平台原理

在讲解 Java 的跨平台之前，首先介绍一般程序语言的编译与执行方式。

1-7-1　一般程序的编译与执行

一般程序语言在不同的操作系统会有不同的编译程序，程序在撰写完成后，使用编译程序编译程序时会依据不同的操作系统产生不同的机器码，所产生的机器码只能在所属的操作系统下执行，无法在不同的操作系统环境中执行。

1-7-2　Java 程序的编译与执行

Java 的跨平台特性，是指使用 Java 语言所编写的程序在编译后不用经过任何修改，就可以在任何硬件的操作系统下执行，也可以称其为**一次编写**（write once），**到处执行**（run anywhere）。为了完成跨平台所需借助的就是 JVM。

Java 程序的扩展名是 java，如果程序是 ch1_1，则此 Java 程序的全名是 ch1_1.java。Java 编译程序会将 Java 程序编译为半成品的**字节码**（Bytecode），此**字节码**的扩展名是 class，如果程序是 ch1_1.java，经编译后则此**字节码**的名称是 ch1_1.class。不同的操作系统平台有不同的 JVM，如果想要执行**字节码**，目标平台需要有属于此平台的 JVM，然后这个 JVM 会将**字节码**翻译为属于此平台的机器码，再予以执行。

所以也可以说 JVM 就是**字节码**（*.class）与**操作系统平台**的**翻译员**，有的 Java 程序设计师甚至说，Java 程序的操作系统是 JVM，**字节码**（*.class）其实就是 JVM 的可执行文件。

1-8 Java 语言的特点

有的程序语言发布后，须经历一段时间碰上某个时机点才能广泛流行，例如，R 语言，历经了二十多年，在 Big Data 时代瞬间窜红。Python 语言也发布了二十多年了，在 Big Data、Machine Learning、Artifical Intelligent 时代于最近几年爆红。Java 则是在第一次发布后，就成为程序设计师的焦点，已经火红了二十多年。下列是 Java 语言的特色，也是这个语言可以风行全球的原因。

1. 简单易学

Java 团队最初是考虑使用 C++ 语言，但是后来发现 C++ 的指针以及部分功能太复杂，特别是指针的使用，常常会被误用造成错误。可是 C++ 的精华功能已经被萃取出来应用在 Java 中，相较之下，Java 是比较容易学习的。

2. 面向对象特性

面向对象是目前主流程序设计的方法,在这个方法下可以让大型软件设计变得简单与容易管理。

3. 自动垃圾回收

使用 C++ 语言，在对象初始化时程序设计师需要设计分配内存空间给对象，当对象不再使用时，程序设计师需要设计将内存空间删除（或称归还给操作系统），如果不做归还动作，会造成许多空的未使用空间，造成内存空间的浪费，又称**内存泄漏**。

Java 语言会自动将不再使用的内存空间删除，也可称为**释放**给操作系统，这样就不会有**内存泄漏**的问题。同时程序设计师可以专注程序设计，不用考虑内存方面的问题。

4. 标准万国码 Unicode

Java 程序语言本身是使用 Unicode 处理各国文字，所以 Java 程序语言可以在不同语言的操作系统下执行。Unicode 是一种适合多语系的编码规则，有三种编码方式，分别是 utf-8、utf-16、utf-32。

utf-8 是可变长度的编码方式：主要是使用可变长度字节方式存储字符，以节省内存空间。例如，对于英文字母而言是使用一个字节空间存储即可，对于含有附加符号的希腊文、拉丁文或阿拉伯文等则用两个字节空间存储字符，中文汉字则是以三个字节空间存储字符，只有极少数的平面辅助文字需要 4 个字节空间存储字符。也就是说，这种编码规则已经包含全球所有语言的字符了，所以采用这种编码方式，可以适用所有语言的操作系统环境。

utf-16 是大部分的文字固定以 16 位长度进行编码。

utf-32 是以 32 位长度进行编码，缺点是比较浪费空间。

5. 资源免费

Java 开发工具免费提供给程序设计师使用。

6. 跨平台

可参考 1-7 节。

习题

一、判断题

1（O）. James Gosling 被尊称为 Java 之父。

2（X）. Java 开发环境需付费购买。

3（X）. 在 JRE 中包含 JDK 所有工具。

4（O）. 不同的工作平台（操作系统环境）有不同的 JVM，因为这个设计造就了 Java 具有跨平台的特色。

5（O）. Java 编译程序会将 Java 程序编译为半成品的字节码（Bytecode），此字节码的扩展名是 class。

6（O）. Java 是面向对象程序语言（Object Oriented Programming）。

7（X）. Java 最大的缺点是有内存泄漏的问题。

二、选择题

1（A）. 一般个人计算机上的 Java 应用执行环境是下列哪一项？
    A. Java SE   B. Java EE   C. Java ME   D. J2EE

2（C）. 消费式电子产品的 Java 应用执行环境是下列哪一项？
    A. Java SE   B. Java EE   C. Java ME   D. J2EE

3（B）. 下面哪一项是最原始开发 Java 的公司？
    A. Oracle   B. Sun   C. Apple   D. Microsoft

4（C）. 下列哪一项不是 Java 的特色？
    A. 面向对象   B. 自动垃圾回收   C. 内存泄漏   D. 跨平台

5（C）. 字节码（*.class）与操作系统平台的翻译员是下列哪一项？
    A. JDK   B. JRE   C. JVM   D. Java EE

6（B）. 下列哪一个不是 Java 的执行环境平台？
    A. Java SE   B. Java AE   C. Java EE   D. Java ME

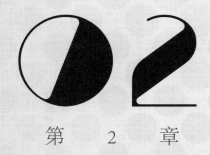

第 2 章

Java 程序从零开始

本章摘要

　　在阅读本章前，建议读者先阅读附录 A，了解 Java 的下载安装与环境设置，特别是 path 环境变量的设置。

我的第一个 Java 程序

2-1-1　程序设计流程

Java 程序设计流程如下。

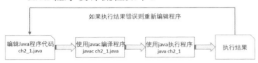

2-1-2　编辑 Java 程序代码

Java 程序代码是一个**纯文字文件**（txt），存储时扩展名是 **java**，可以使用 Windows 操作系统的**记事本**编辑 Java 程序代码，或是使用 **Eclipse**、**Notepad++**、**Sublime** 等**纯文字**编辑器编辑 Java 程序代码。

读者可能会想是否可以使用最常用的 Word 编辑 Java 程序代码？不可以。因为 Word 所存储的文件含有大量段落、文字样式信息，会造成所编辑的文件不是纯文本文件，它是以二元码存储文件。

程序实例 ch2_1.java：输出字符串"**My first Java Program**"。

```
1  public class ch2_1 {
2      public static void main(String[] args) {
3          System.out.println("My first Java Program");
4      }
5  }
```

上述程序左边的行号是笔者另外加上去的，以方便读者阅读与教学，正式 Java 程序中是没有行号的。

2-1-3　编译 Java 程序

安装 JDK 后，在 bin 文件夹下有工具程序 javac.exe，这个工具程序主要是将所编写的 Java 程序编译为**字节码**（Bytecode），笔者是将所写的 Java 程序放在 D:\Java\ch2，所以首先要进入 ch2_1.java 程序所在的文件夹，可以使用下列方式切换工作目录。

C:\Users\Jiin-Kwei>d:　←───── 切换到D:磁盘

D:\>cd Java\ch2　←───── 切换到Java\ch2目录

D:\Java\ch2>▮

然后输入下列语句，可以编译 ch2_1.java。下列是**程序正确**的编译过程与结果。

D:\Java\ch2>javac ch2_1.java

D:\Java\ch2>
微软注音 半：

如果执行上述程序时，看到下列错误：

'javac'不是内部或外部命令、可执行的程序或批处理文件。

表示 path 设置有问题，请参考附录 A-3-1，重新设置 path 环境变量。

当编译过程正确时，在相同文件夹下可以产生 ch2_1.java 的**字节码** ch2_1.class，class 为扩展名的文件就是 JVM 环境的可执行文件。

如果程序编译时有错，会列出错误，这时读者可能看到类似下列信息。

D:\Java\ch2>javac ch2_1.java
ch2_1.java:3: error: ';' expected
            System.out.println("My first Java Program")
                                                       ^
1 error

这时读者就需要重新检查程序了。

2-1-4　执行 Java 程序

安装 JDK 后，在 bin 文件夹下有工具程序 java.exe，这个工具程序就是第 1 章所讲的 Windows 操作系统下的 JVM 程序，可以使用这个程序让 ch2_1.class 在目前的 Windows 操作系统平台下工作。**注意**：执行时不需要包含扩展名 class。

D:\Java\ch2>java ch2_1
My first Java Program

D:\Java\ch2>▮
微软注音 半：

如果执行时设置扩展名，会看到下列错误。

D:\Java\ch2>java ch2_1.class　◀──── 多了扩展名
错误：找不到或无法加载主类 ch2_1.class
原因：java.lang.ClassNotFoundException: ch2_1.class

2-1-5　认识 classpath

假设目前所在工作目录不是 ch2_1.class 所在目录，如果此时执行 java 命令，将看到下列错误，下列是假设目前工作目录在 D:\ 的执行结果。

```
D:\>java ch2_1
错误：找不到或无法加载主类 ch2_1
原因：java.lang.ClassNotFoundException: ch2_1
```

对于 JVM 而言，扩展名 class 是 Java 的可执行文件，执行 "java ch2_1" 时原则上会在目前工作目录寻找 ch2_1.class 然后去执行，如果设置了 classpath，在目前工作目录找不到时，Java 会去 classpath 所设置的路径去寻找这个可执行文件，然后去执行。可参考下列实例。

```
D:\>java -classpath D:\Java\ch2 ch2_1
My first Java Program
```

上述命令相当于导引了到 "D:\Java\ch2" 去寻找 ch2_1 的 class 文件，所以可以得到上述正确结果。"-classpath" 太长了使用时容易拼错，也可以用 "-cp" 取代。

```
D:\>java -cp D:\Java\ch2 ch2_1
My first Java Program
```

下列是 path 与 classpath 的区别。

操作系统平台	搜寻路径	可执行文件
Windows	path	*.exe, *.bat
JVM	classpath	*.class

如果执行时发生在目前工作目录也找不到可执行文件 ch2_1.class，表示 classpath 设置失败，可以参考下列方式设置与执行。

```
D:\Java\ch2>set classpath=.    设置到目前工作目录找寻可执行文件

D:\Java\ch2>java ch2_1
My first Java Program
```

上述命令会引导 JVM 到目前工作目录找寻可执行文件 ch2_1.class，然后执行。除非关闭操作系统，否则持续有效。

2-2　解析 Java 的程序结构

为了方便解析 Java 的程序结构，下面再以 ch2_1.java 程序代码为例。

```
1  public class ch2_1 {
2      public static void main(String[] args) {
3          System.out.println("My first Java Program");
4      }
5  }
```

1. 面向对象设计

Java 是纯面向对象程序语言，所有的 Java 程序代码都是在类内，一个完整的 Java 程序至少需要有一个类。

2. 类区块

类区块是用左大括号 "{" 和右大括号 "}" 括起来，一个类区块内可以有其他**方法**（或称**函数**）区块，例如，第 1 ～ 5 行是一个类区块，内部的第 2 ～ 4 行是一个方法区块。

```
1  public class ch2_1 {
2      public static void main(String[] args) {
3          System.out.println("My first Java Program");
4      }
5  }
```

3. 公有类

一个 Java 程序只能有一个**公有类**（public class），同时这个类的名称需与 Java 程序名称相同。这也是笔者将程序第 1 行的类名称取为 ch2_1 的原因。

```
1  public class ch2_1 {
```

4. 缩排类的内容

如果读者仔细看，笔者适度地缩排了类内的数据，这是为了方便阅读程序内容，例如，对 ch2_1.java 而言，第 2 ～ 4 行是一个方法，笔者将第 2 行开始的类的内容缩排了 4 个字符。如果不缩排语法并不会有错误，但是程序的可读性将比较差，如下所示。

```
1  public class ch2_1 {
2  public static void main(String[] args) {
3  System.out.println("My first Java Program");
4  }
5  }
```

5. main() 方法

每个独立的 Java 程序必须要有 main() 方法，这是 Java 程序执行的起点。设计 main() 方法时，必须是 public static void 类型，参数则是字符串数组"String[ ] args"。

```
2    public static void main(String[] args) {
```

在上述方法中，void 代表这个方法没有返回值。

6. 命令的结尾

Java 程序内每条命令的结尾是分号";"。

```
3        System.out.println("My first Java Program");
```

在上述代码中，System.out 又称为**标准输出流**，目的是程序的输出，println() 是对象的方法，目的是输出消息，所要输出的消息需用双引号（""）括起来，后面还会有这方面的更多说明。同时，输出后，下次输出时会换行输出。

标准输出流

7. 空白符号的使用

适度地使用空白符号可以让程序的可读性更高，如下列格式可以增加程序的可读性。

有空白符号可增加程序可读性

```
1    public class ch2_1 {
```

下列格式语法虽然正确，但是将让程序可读性变得比较差。

少了空白符号降低程序可读性

```
1  public class ch2_1{
2      public static void main(String[] args) {
3          System.out.println("My first Java Program");
4      }
5  }
```

下列格式语句虽可执行，但是不恰当地增加了空白符号，降低了程序的可读性。

多了空白符号降低程序可读性

```
3        System.out.println        ("My first Java Program");
```

2-3　程序注释

程序注释的主要功能是让所设计的程序可读性更高，更容易理解。一个实用的程序可以很轻易超过几千或上万行，此时可能需要设计好几个月，给程序加上注释，可方便自己或他人，较便利地了解程序内容。Java 有以下三种注释格式。

1. 单行注释

凡是某一行"//"符号右边的文字都是注释。

程序实例 ch2_2.java：输出两行数据的应用，这个程序的重点是认识单行注释。

```
1  public class ch2_2 {
2      // main是程序的起点
3      public static void main(String[] args) {
4          // 字符串输出
5          System.out.println("Hello! Java");
6          System.out.println("I love Java");  // 第2条字符串输出
7      }
8  }
```

执行结果
```
D:\Java\ch2>java ch2_2
Hello! Java
I love Java
```

2. 多行注释

Java 是用"/* … */"进行多行注释。

程序实例 ch2_3.java：本程序的重点是第 1 ～ 4 行，使用 "/* … */" 进行多行注释。

```
1  /*
2      程序实例ch2_3.java
3      作者:洪锦魁
4  */
5  public class ch2_3 {
6      // main是程序的起点
7      public static void main(String[] args) {
8          // 字符串输出
9          System.out.println("Hello! Java");
10         System.out.println("I love Java");   // 第2条字符串输出
11     }
12 }
```

执行结果　　与 ch2_2.java 相同。

3. 文件注释

文件注释的规则与多行注释类似，它的语法是 "/** … */"。通常在设计类或方法时，为了更详细地解说用途，可以使用文件注释。编写文件注释后，可以使用 javadoc.exe 工具程序，将此文件注释处理成 Java API 文件，所产生的文件是 HTML 文件。使用格式如下，细节可参考下列 ch2_4.java。

程序实例 ch2_4.java：建立文件注释的应用。

```
1  /**
2   * exercise : ch2_4.java
3   * author:JK Hung
4   */
5  public class ch2_4 {
6      // main是程序的起点
7      public static void main(String[] args) {
8          // 字符串输出
9          System.out.println("Hello! Java");
10         System.out.println("I love Java");   // 第2条字符串输出
11     }
12 }
```

执行结果　　与 ch2_3.java 相同，但更重要的是产生**文件注释**。

```
D:\Java\ch2>javadoc -d .\api ch2_4.java
Loading source file ch2_4.java...
Constructing Javadoc information...
Standard Doclet version 9.0.1
Building tree for all the packages and classes...
Generating .\api\ch2_4.html...
Generating .\api\package-frame.html...
Generating .\api\package-summary.html...
Generating .\api\package-tree.html...
Generating .\api\constant-values.html...
Building index for all the packages and classes...
Generating .\api\overview-tree.html...
Generating .\api\index-all.html...
Generating .\api\deprecated-list.html...
Building index for all classes...
Generating .\api\allclasses-frame.html...
Generating .\api\allclasses-frame.html...
Generating .\api\allclasses-noframe.html...
Generating .\api\allclasses-noframe.html...
Generating .\api\index.html...
Generating .\api\help-doc.html...

D:\Java\ch2>
```

经上述执行后，会在 .\api 目录下建立属于 ch2_4.java 的文件注释 index.html，打开此 index.html 文件可以得到下列执行结果。

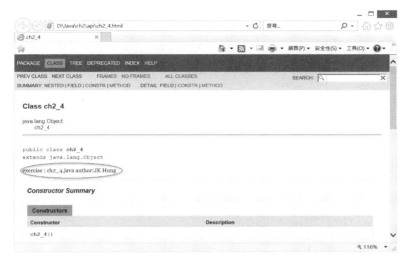

上述只是文件注释的最基本应用，事实上，文件注释的应用比上述复杂，读者可以参考相关资料。

Java 所有文件注释都是由 HTML 文件组成，当安装 JDK 后，可以看到 src.jar 和 src.zip，解压缩后可以发现所有的 Java 文件都是 HTML 格式。事实上，所有 Java 文件都是来自这些注释文件。

程度实操题

1.　请设计程序依下列格式输出数据。

我爱 Java

Java 是一个功能强大的程序语言

2.　请设计程序输出下列格式数据。

李白
花间一壶酒,
独酌无双亲;
举杯邀明月,
对影成三人。

3.　请设计程序输出下列数据。

```
aa
aaaa
aaaaaa
aaaaaaaa
aaaaaaaaaa
aaaaaaaaaaaa
aaaaaaaaaaaaaa
aaaaaaaaaaaaaaaa
aaaaaaaaaaaaaaaaaa
```

4.　请修改下列程序，然后输出执行结果。

```
1 public class ex2_4 {
2     public static void main(String[] args) {
3         System.ou.println("I love Java Program")
4     }
5 }
```

5. 请修改下列程序，然后输出执行结果。

```
1 private class ex2_5 {
2     private static void main(String[] args) {
3         System.out.println("I love Java Program")
4         System.out.println("I love Java Program")
5         System.out.println("I love Java Program");
6     }
7 }
```

习题

一、判断题

1（O）. Java 会依据 -classpath 的设置去寻找扩展名是 class 的 Java 可执行文件。

2（X）. Java 每条命令的结尾是冒号 ":"。

3（O）. "/* … */" 符号在 Java 程序中可用于单行或多行注释。

二、选择题

1（A）. 下列哪一个文本编辑器不适合编辑 Java 程序？

    A. Microsoft Word   B. 记事本   C. Eclipse   D. Notepad ++

2（C）. 下列哪一个工具程序可以将 Java 程序编译为字节码（Bytecode）？

    A. java.exe   B. javadoc.exe   C. javac.exe   D. javap.exe

3（A）. 下列哪一个工具程序是 Windows 操作系统下的 JVM 程序？

    A. java.exe   B. javadoc.exe   C. javac.exe   D. javap.exe

4（C）. Java 的类区块是用哪一种符号括起来？

    A. 小括号 "（""）"   B. 中括号 "[""]"

    C. 大括号 "{""}"   D. 分号 ";"

5（B）. 下列哪一个符号可用于文件注释？

    A. \\   B. "/** … */"   C. "/* … */"   D. "/@ … @/"

第 3 章

Java 语言基础

本章摘要

这一章将讲解 Java 程序语言最基础的部分——**变量**（variable），同时也将介绍 Java 的**数据类型**。

3-1 认识变量

假设到麦当劳打工，一小时可以获得 120 元，现在要计算一天工作 8 小时，可以获得多少工资？可以用计算器执行 "120×8"，然后得到执行结果。

如果一年实际工作天数是 300 天，可以用 "120×8×300" 方式计算一年所得。如果一个月的花费是 9000 元，可以用下列方式计算一年可以存多少钱。

120×8×300 – 900×12   **// 计算一年可以存多少钱**

虽然以上公式可以运行，但是已经显得有些复杂了，特别是如果过几天再看上述表达式，可能已经忘记上述公式的意义了。同时，如果时薪由 120 元调整到 125 元，上述整个运算又将重新开始，非常不便。

变量是一个暂时存储数据的地方，为了让程序清晰易懂，建议使用变量记录每一段落的执行过程，这将是本节的重点。

3-1-1 变量的声明

Java 语言变量在使用前需要声明，可以在程序中任意地方声明变量然后使用。3-2 节中将讲解 Java 数据类型，在此先说明最简单的数据**整数（int）**。声明整数**变量 x** 的语法如下。

```
int x;        // 声明变量 x
```

经过上述声明后，相当于内存内有一个变量 x 的空间。

变量x

变量声明完成后，在 Java 中可以用 "=" 设置变量的内容。在这个实例中，建立了一个变量 x，假设时薪是 120，可以用下列方式**设置时薪**。

```
x = 120;      // 变量 x 代表时薪
```

经过上述设置后，相当于内存内有一个变量 x 的空间内容是 120。

120

变量x

程序实例 ch3_1.java：时薪是 120 元，一天工作 8 小时，一年工作 300 天，请计算一年可以赚多少钱，用变量 z 存储一年所赚的钱。

```
1  public class ch3_1 {
2      public static void main(String[] args) {
3          int x;
4          int z;
5          x = 120;
6          z = x * 8 * 300;
7          System.out.println("一年可以赚 : " + z);
8      }
9  }
```

执行结果
```
D:\Java\ch3>java ch3_1
一年可以赚 : 288000
```

上述第 7 行中的 "+" 号是字符串连接运算符，可以将**一年可以赚 :** 字符串与变量 **x** 连接起来输出。

程序实例 ch3_2.java：延续实例 ch3_1.java，如果每个月花费是 9000 元，用变量 y 存储一年所花的钱，用变量 s 存储一年可以存多少钱。

```
1  public class ch3_2 {
2      public static void main(String[] args) {
3          int x;
4          int y;
5          int z;
6          int s;
7          x = 120;
8          z = x * 8 * 300;
9          y = 9000 * 12;
10         s = z - y;
11         System.out.println("一年可以存 : " + s);
12     }
13 }
```

执行结果
```
D:\Java\ch3>java ch3_2
一年可以存 : 180000
```

在声明变量时，可以在同一行内声明多个变量，各**变量**间用**逗号**隔开。

程序实例 ch3_3.java：使用同一行内声明多个变量的方式重新设计 ch3_2.java，第 3 行设置了 4 个变量，各变量间用逗号隔开。

```
1 public class ch3_3 {
2    public static void main(String[] args) {
3       int x, y, z, s;
4
5       x = 120;
6       z = x * 8 * 300;
7       y = 9000 * 12;
8       s = z - y;
9       System.out.println("一年可以存 : " + s);
10   }
11 }
```

执行结果　　与 ch3_2.java 相同，程序设计时也可以为了让程序容易阅读，自行空行，可参考第 4 行。

设置变量时也可以直接设置变量的内容。

程序实例 ch3_4.java：设置变量时也可以直接设置变量的内容，重新设计 ch3_3.java，可以参考第 3 行。

```
1 public class ch3_4 {
2    public static void main(String[] args) {
3       int x = 120;
4       int y, z, s;
5
6       z = x * 8 * 300;
7       y = 9000 * 12;
8       s = z - y;
9       System.out.println("一年可以存:" + s);
10   }
11 }
```

执行结果　　与 ch3_3.java 相同。

3-1-2　设置有意义的变量名称

通过上述实例我们很顺利地使用 Java 计算了每年可以存多少钱，可是上述实例使用 Java 做运算潜藏的最大问题是，只要过了一段时间，我们可能忘记当初所有设置的变量代表什么意义。因此在设计程序时，如果可以为变量取个有意义的名称，以后看到程序时，可以比较容易记得。下面是重新设计的变量名称。

时薪：hourly_salary，每小时的薪资。

年薪：annual_salary，一年工作所赚的钱。

月支出：monthly_fee，每个月的花费。

年支出：annual_fee，每年的花费。

年储存：annual_savings，每年所存的钱。

程序实例 ch3_5.java：用有意义的变量名称重新设计 ch3_4.java。

```
1 public class ch3_5 {
2    public static void main(String[] args) {
3       int hourly_salary = 120;
4       int monthly_fee = 9000;
5       int annual_salary, annual_fee, annual_savings;
6
7       annual_salary = hourly_salary * 8 * 300;
8       annual_fee = monthly_fee * 12;
9       annual_savings = annual_salary - annual_fee;
10      System.out.println("一年可以存:" + annual_savings);
11   }
12 }
```

执行结果　　与 ch3_4.java 相同。

相信经过上述说明，读者应该了解变量的基本意义了。

3-1-3　了解注释的意义

ch3_5.java 中已经为变量设置了有意义的名称，但时间一久，常常还是会忘记各条命令的内涵。所以笔者建议，设计程序时，应适度地为程序代码加上注释。在 2-3 节已经讲解过注释的方法，下面将直接以实例说明。

程序实例 ch3_6.java：重新设计程序 ch3_5.java，为程序代码加上注释。

```
 1  public class ch3_6 {
 2      public static void main(String[] args) {
 3          int hourly_salary = 120;                         // 设置时薪
 4          int monthly_fee = 9000;                          // 设置每月花费
 5          int annual_salary, annual_fee, annual_savings;
 6
 7          annual_salary = hourly_salary * 8 * 300;         // 计算年薪
 8          annual_fee = monthly_fee * 12;                   // 计算每年花费
 9          annual_savings = annual_salary - annual_fee;     // 计算每年存的金额
10          System.out.println("一年可以存：" + annual_savings);
11      }
12  }
```

执行结果　与 ch3_5.java 相同。

相信经过上述注释后，即使再过 10 年，只要一看到程序即可轻松了解整个程序的意义。

3-1-4　变量的命名规则

Java 对于变量的命名和使用有一些规则要遵守，否则会造成程序错误。

（1）必须由**英文字母**、_（下画线）或 $ 字符开头，建议以英文字母开头。虽然可以使用 $ 字符开头，不过建议不要用，因为容易和 Java 编译程序产生的变量混淆。

（2）变量名称只能由英文字母、数字、_（下画线）所组成。

（3）变量的长度没有限制。

（4）英文字母大小写是敏感的，例如，Name 与 name 被视为不同的变量名称。

（5）可以使用 Unicode 为变量命名，例如，使用中文文字当作变量。

（6）Java **系统保留字**（或称**关键词**）不可当作变量名称。

下列是不可当作变量名称的 Java **系统保留字**。

abstract	assert	boolean	break	byte	case
catch	char	class	const	continue	default
do	double	else	enum	extends	final
finally	float	for	goto	if	implement
import	instanceof	int	interface	long	native
new	package	private	protected	public	return
short	static	strictfp	super	switch	synchronized
this	throw	throws	transient	try	void
volatile	while				

实例 1：下列是一些不合法的变量名称。

sum，1　　　// 变量名称不可有 "，"

3y　　　　　// 变量名称不可由阿拉伯数字开头

char　　　　// 系统保留字不可当作变量名称

x+y　　　　// 变量名称不可有 +

a b　　　　 // 变量名称不可有空格

x!　　　　　// 变量名称不可有 ! 字符

实例 2：下列是一些合法的变量名称。

SUM

_fg

x5

$y

实例 3：下列三个变量代表不同的变量。

SUM

Sum

sum

由于 Java 可以用 Unicode，所以可以用中文当变量名称，不过程序设计时不鼓励使用中文当变量名称。

程序实例 ch3_7.java：使用中文命名变量，可参考下列程序第 3 行。

```
1  public class ch3_7 {
2      public static void main(String[] args) {
3          int 时薪 = 120;                          // 设置时薪
4          System.out.println("工作时薪 : " + 时薪);
5      }
6  }
```

执行结果　D:\Java\ch3>java ch3_7
工作时薪 : 120

3-2 基本数据类型

Java 的基本数据类型可以分成下列三类：

（1）**数值**（Numeric）数据类型，又可分为**整数**与**浮点数**。

（2）**字符**（char）。

（3）**布尔值**（boolean）。

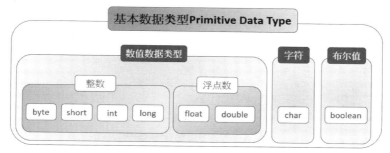

注 在 Unicode 规则下，有人也将**字符**归类为**数值数据类型**。

3-2-1 整数数据类型

类型	数据长度 /b	数值范围
byte	8	$-2^7 \sim 2^7-1$ 相当于（$-128 \sim 127$）
short	16	$-2^{15} \sim 2^{15}-1$ 相当于（$-32\ 768 \sim 32\ 767$）
int	32	$-2^{31} \sim 2^{31}-1$ 相当于（$-2\ 147\ 483\ 648 \sim 2\ 147\ 483\ 647$）
long	64	$-2^{63} \sim 2^{63}-1$ 相当于 （$-9\ 223\ 372\ 036\ 854\ 775\ 808 \sim 9\ 223\ 372\ 036\ 854\ 775\ 807$）

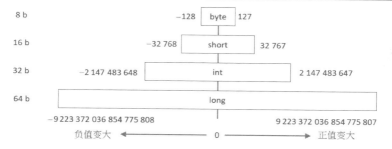

在 Java 程序设计中，上述 8 位（bit）又称 1 **字节**（byte）。整数有以下 4 种表示方法。

（1）**十进制**（Decimal）：这是人们日常生活中所使用的表达方式，不做特别设置时，就是属于十进制的表示方法。

（2）**二进制**（Binary）：在程序中以 **0b** 或 **0B** 开头的数字就是属于二进制的数字，在这种表达方式中，每一位数只能表达 0 或 1。例如：

0b111 = 7

0B10 = 2

（3）**八进制**（Octal）：在程序中以 **0** 开头的数字就是属于八进制的数字，在这种表达方式中，每一位数可以表达 0 ～ 7。例如：

010 = 8

022 = 18

（4）**十六进制**（Hexadecimal）：在程序中以 **0x** 或 **0X** 开头的数字就是属于十六进制的数字，在这种表达方式中，每一位数只能表达 0 ～ 15，其中，10 ～ 15 分别用 A ～ F（a ～ f）表示。例如：

0x1A = 26

0X2B = 43

程序实例 ch3_8.java：不同位数整数输出的应用。

```java
1  public class ch3_8 {
2      public static void main(String[] args) {
3          int x;
4          long y;
5          x = 103;                              //设置十进制整数
6          System.out.println("打印103 的值 =" + x);
7          x = 0b111;                            //设置二进制整数
8          System.out.println("打印0b111的值 =" + x);
9          y = 022;                              //设置八进制整数
10         System.out.println("打印022 的值 =" + y);
11         y = 0x2B;                             //设置十六进制整数
12         System.out.println("打印0x2B 的值 =" + y);
13     }
14 }
```

执行结果
```
D:\Java\ch3>java ch3_8
打印103  的值 = 103
打印0b111的值 = 7
打印022  的值 = 18
打印0x2B 的值 = 43
```

另外必须注意以下几点。

（1）在设置整数值时，Java 默认是将**整数**设为 **int 数据类型**，如果想用 long（长整数）代表这个值，必须在值的后面加上 L 或 l。虽然可以用英文小写 l 表示长整数，但是因为容易和阿拉伯数字 1 搞混，所以程序设计时建议使用大写的 L。例如：

x = 123456L

（2）如果位数很多时，可以在数字间适当位置加下画线（_），以方便阅读。例如：

1_00000 代表 100000，相当于 10 万

1_000_000 代表 1000000，相当于 1 百万

程序实例 ch3_9.java：长整数和加下画线数字表示法的应用。

```
 1 public class ch3_9 {
 2     public static void main(String[] args) {
 3         long x;
 4
 5         x = 10345678L;                    //设置十进制长整数
 6         System.out.println("打印10345678 的值 = " + x);
 7         x = 1_000_200;                    //设置含下画线整数
 8         System.out.println("打印1_000_200的值 = " + x);
 9         x = 2_0000;                       //设置含下画线整数
10         System.out.println("打印2_0000  的值 = " + x);
11     }
12 }
```

执行结果
```
D:\Java\ch3>java ch3_9
打印10345678 的值 = 10345678
打印1_000_200的值 = 1000200
打印2_0000   的值 = 20000
```

（3）数值超出范围。

在每一种整数数据类型中，每一种数值都有可以表达的数值范围，如果程序运算超出范围时，在编译程序过程中会自动产生错误。

程序实例 ch3_10.java：使用短整数（short）时，程序设计超出变量数据类型可以表达的范围（-32 768 ~ 32 767）。程序编译时，就会产生错误。

```
 1 public class ch3_10 {
 2     public static void main(String[] args) {
 3         short x, y;
 4
 5         x = 40000;
 6         System.out.println("数值超出变量可以容纳范围" + x);
 7         y = -39999;
 8         System.out.println("数值超出变量可以容纳范围" + y);
 9     }
10 }
```

执行结果
```
D:\Java\ch3>javac ch3_10.java
ch3_10.java:5: 错误: 不兼容的类型: 从int转换到short可能会有丢失
        x = 40000;

ch3_10.java:7: 错误: 不兼容的类型: 从int转换到short可能会有丢失
        y = -39999;
```

程序实例 ch3_11.java：列出 4 种整数数据类型的最大值与最小值。

```
 1 public class ch3_11 {
 2     public static void main(String[] args) {
 3         System.out.printf("byte的值范围 %d ~ %d%n", Byte.MIN_VALUE, Byte.MAX_VALUE);
 4         System.out.printf("short的值范围 %d ~ %d%n", Short.MIN_VALUE, Short.MAX_VALUE);
 5         System.out.printf("int的值范围  %d ~ %d%n", Integer.MIN_VALUE, Integer.MAX_VALUE);
 6         System.out.printf("long的值范围 %d ~ %d%n", Long.MIN_VALUE, Long.MAX_VALUE);
 7     }
 8 }
```

执行结果
```
D:\Java\ch3>java ch3_11
byte的值范围   -128  ~ 127
short的值范围 -32768 ~ 32767
int的值范围    -2147483648 ~ 2147483647
long的值范围  -9223372036854775808 ~ 9223372036854775807
```

在之前的程序实例中都是使用 System.out.println()，输出后会换行，这个实例中使用 System.out.printf()，最大的差异是输出后不会换行，printf() 中的 "f" 是 format，可解释为格式化，主要作用是将输出数据格式化后再显示。

```
System.out.printf("long的值范围  %d ~ %d%n", Long.MIN_VALUE, Long.MAX_VALUE);
```

上述第一个参数区是字符串区，在此字符串区有要显示的**字符串数据**与**格式控制符号**，第一个出现的格式控制符号会给第一个出现的变量使用，其他以此类推。其中，与整数有关的格式控制符号如下：

符号	说明
%d	以十进制整数方式输出
%o	以八进制整数方式输出
%h 或 %H	以十六进制整数方式输出
%n	设置下次输出时换行输出
%b 或 %B	输出布尔值
%s	输出字符串

在上述程序中，Byte、Short、Integer、Long 是 java.lang 包中 Number 类的子类，至于 MIN_VALUE 和 MAX_VALUE 则是这些类的静态（static）成员，读者可以先不考虑这么多，只要了解，可以用上述获得整数数据类型的最大与最小值即可，在第 18 章中会做完整说明。

3-2-2 浮点数数据类型

程序设计时可以依照值的范围，选择浮点数的使用，有两种浮点数数据类型，可参考下表，分别是**浮点数**（float）和**双倍精度浮点数**（double）。Java 默认环境是使用 double。

类型	数据长度 /b	数值范围
float	32	−3.4E+38 ~ **3.4E+38**
double	64	−1.79E+308 ~ **1.79E+308**

在程序设计时，带**小数点**的数值就是所谓的**浮点数**，例如，0.5、9.23、0.0129 等。如果整数部分是 0，可以省略整数部分，例如，0.0129 可以用 .0129 表示。如果所设置的数值是没有小数点的整数值，经设置后也将变为浮点数，可参考 ch3_12.java 第 9、10 行。

另外，可以使用科学记数法表示**浮点数**，例如，0.0129 可以用 1.29E-2 表示，1780.0 可以用 1.78E3 表示。

程序实例 ch3_12.java：浮点数输出的应用。

```
1  public class ch3_12 {
2      public static void main(String[] args) {
3          double x;
4
5          x = 1.05;
6          System.out.println("变量x的值 =" + x);
7          x = .789;
8          System.out.println("变量x的值 =" + x);
9          x = 5;
10         System.out.println("变量x的值 =" + x);
11         x = 1.29E-2;
12         System.out.println("变量x的值 =" + x);
13         x = 1.78E3;
14         System.out.println("变量x的值 =" + x);
15     }
16 }
```

执行结果
```
D:\Java\ch3>java ch3_12
变量x的值 = 1.05
变量x的值 = 0.789
变量x的值 = 5.0
变量x的值 = 0.0129
变量x的值 = 1780.0
```

Java 在默认的环境下会将所有带小数点的数值设为 double，有的程序设计师习惯在数值后面将上 D 或 d 强调这是 double。如果想要将某一带小数点的数值设为 float，可以在该数值后面加上 F 或 f。

程序实例 ch3_13.java：float 浮点数的应用。

```
1  public class ch3_13 {
2      public static void main(String[] args) {
3          float x1, x2, x3;
4
5          x1 = 1.05F;
6          System.out.println("变量x1的值 =" + x1);
7          x2 = .789F;
8          System.out.println("变量x2的值 =" + x2);
9          x3 = x1 + x2;
10         System.out.println("变量x3的值 =" + x3);
11     }
12 }
```

执行结果
```
D:\Java\ch3>java ch3_13
变量x1的值 = 1.05
变量x2的值 = 0.789
变量x3的值 = 1.839
```

　　在程序设计时，如果感觉含小数点的数值所需的空间不用太大，可以将变量设为 float，在这种情况下可以节省内存空间，提高程序执行效率。例如，有两个大小不同的行李箱，假设要出差日本三天，如果需要轻便出行，可以使用小行李箱放置行李，也可以使用大行李箱放置。当选择小行李箱时，可以让自己行动更迅速。

　　程序设计时最常发生的错误是，当声明变量是 float 数据类型时，在设置变量值的过程中忘了在此数值后面加上 F 或 f，这时会因为数值本身是 double，变量声明为 float，因为放不下所以产生错误。

程序实例 ch3_14.java：第 3 行设置变量 x 是 float，第 5 行设置数值是 double，所以程序出错。

```
1  public class ch3_14 {
2      public static void main(String[] args) {
3          float x;
4
5          x = 1.05;
6          System.out.println("x = " + x);
7      }
8  }
```

执行结果

```
D:\Java\ch3>javac ch3_14.java
ch3_14.java:5: 错误: 不兼容的类型: 从double转换到float可能会有丢失
        x = 1.05;
            ^
1 个错误
```

程序实例 ch3_15.java：列出 float 和 double 数据的 2 的指数的最大值与最小值。

```
1  public class ch3_15 {
2      public static void main(String[] args) {
3          System.out.printf("float    指数范围 = %d ~ %d%n", Float.MIN_EXPONENT, Float.MAX_EXPONENT);
4          System.out.printf("doouble指数范围 = %d ~ %d%n", Double.MIN_EXPONENT, Double.MAX_EXPONENT);
5      }
6  }
```

执行结果

```
D:\Java\ch3>java ch3_15
float    指数范围 =  -126 ~ 127
doouble指数范围 =  -1022 ~ 1023
```

3-2-3　字符数据类型

　　Java 语言是用 16 位空间的 Unicode 存储**字符**数据与执行编码方式，所以全球所有语言的字符都可以表达。Unicode 值的范围为 0 ～ 65 535，以英文字而言，一个英文字母就是一个 Unicode 字符，若以中文字而言，一个中文字是一个 Unicode 字符，使用时需用单引号括起来。

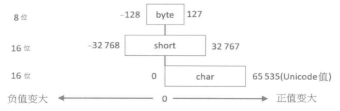

注（1）人与计算机之间的沟通主要就是靠字符，由于每个字符均有 Unicode 值，计算机就是靠每个字符的 Unicode 值标识的。

注（2）字符的编码有许多种，Java 是使用 Unicode，这个编码的特色是独立存在，**与操作系统平台**或**程序语言**没有关联。

程序实例 ch3_16.java：字符数据输出的应用。

```
1  public class ch3_16 {
2      public static void main(String[] args) {
3          char ch;
4          ch = 'a';
5          System.out.println("变量ch的内容 = " + ch);
6          ch = '洪';
7          System.out.println("变量ch的内容 = " + ch);
8      }
9  }
```

执行结果
```
D:\Java\ch3>java ch3_16
变量ch的内容 = a
变量ch的内容 = 洪
```

程序设计时也可以使用一个 Unicode 的数值代表一个字符，这个数值又称 Unicode 码，在执行输出此字符时，会输出此 Unicode 码所代表的字符。

程序实例 ch3_17.java：设置一个 Unicode 码给一个字符变量，然后输出此 Unicode 码所代表的字符。

```
1  public class ch3_17 {
2      public static void main(String[] args) {
3          char ch;
4          ch = 65;
5          System.out.println("变量ch的内容 = " + ch);
6      }
7  }
```

执行结果
```
D:\Java\ch3>java ch3_17
变量ch的内容 = A
```

虽然上述程序可以执行，不过在复杂的 Java 程序中很容易让人误以为 ch 是整数变量，造成对程序内容的误判。一般 Java 程序设计师会用**转义字符**（Escape Character）序列 "\uXXXX" 方式处理 Unicode 码值，其中，**X** 是十六进制数值。

程序实例 ch3_18.java：以 "\uXXXX" 方式扩充设计 ch3_17.java。

```
1  public class ch3_18 {
2      public static void main(String[] args) {
3          char ch;
4          ch = '\u0041';
5          System.out.println("变量ch的内容 = " + ch);
6          ch = '\u9B41';
7          System.out.println("变量ch的内容 = " + ch);
8      }
9  }
```

执行结果
```
D:\Java\ch3>java ch3_18
变量ch的内容 = A
变量ch的内容 = 魁
```

在上述程序设计中，原先 65 的十六进制表示法是 0x41，当转成**转义字符**序列 "\uXXXX" 方式处理时，0x 需舍去，同时需用 4 个十六进制数字填入**转义字符**序列，在此是用 00 填补在 41 前方，所以第 4 行是 "\u0041"。另外，在 Unicode 码值中 "\u9B41" 是中文字的 "**魁**"，所以可以得到上述执行结果。

在字符串使用中，如果字符串内有一些特殊字符，例如，单引号、双引号等，必须在此特殊字符前加上 "\"（反斜线），才可正常使用，这种含有 "\" 符号的字符称为**转义字符**（Escape Character）。

转义字符	Unicode 码值	意义
\a	\u0007	响铃
\b	\u0008	Back Space 键
\t	\u0009	Tab 键
\n	\u000A	换行
\v	\u000B	垂直定位
\f	\u000C	换页
\r	\u000D	游标移至最左
\"	\u0022	双引号
\'	\u0027	单引号
\\	\u005C	反斜线

程序实例 ch3_19.java：转义字符的应用。

```
1  public class ch3_19 {
2      public static void main(String[] args) {
3          char ch;
4          ch = '\u0022';
5          System.out.println("变量ch的内容 = " + ch);
6          ch = '\'';
7          System.out.println("变量ch的内容 = " + ch);
8          ch = '\\';
9          System.out.println("变量ch的内容 = " + ch);
10     }
11 }
```

执行结果
```
D:\Java\ch3>java ch3_19
变量ch的内容 = "
变量ch的内容 = '
变量ch的内容 = \
```

程序实例 ch3_20.java：列出 Unicode 的值范围。

```
1 public class ch3_20 {
2     public static void main(String[] args) {
3         System.out.printf("Unicode的范围 = %h ~ %h%n", Character.MIN_VALUE, Character.MAX_VALUE);
4     }
5 }
```

执行结果　D:\Java\ch3>java ch3_20
Unicode的范围 =　0 ~ ffff

程序实例 ch3_20_1.java：测试转义字符的“\r”符号，由于光标会返回到最左边，所以可以覆盖先前输出的字符。

```
1 public class ch3_20_1 {
2     public static void main(String[] args) {
3         System.out.printf("abcdefghijklmnopq");
4         System.out.println("\rAAA");
5     }
6 }
```

执行结果　D:\Java\ch3>java ch3_20_1
AAAdefghijklmnopq

程序实例 ch3_20_2.java：测试转义字符的“\t”符号，可以按 Tab 键默认位移空间输出。

```
1 public class ch3_20_2 {
2     public static void main(String[] args) {
3         System.out.printf("明志工专\t明志科大");
4     }
5 }
```

执行结果　D:\Java\ch3>java ch3_20_2
明志工专　　　　明志科大

3-2-4　布尔值

布尔值常用于程序的流程控制，它的数据值有 true 或 false。后面在程序流程控制中会更详细地说明它的应用。

程序实例 ch3_21.java：列出布尔值的应用。

```
1 public class ch3_21 {
2     public static void main(String[] args) {
3         boolean bo = true;
4         System.out.println("列出布尔值 =" + bo);
5         bo = false;
6         System.out.println("列出布尔值 =" + bo);
7     }
8 }
```

执行结果　D:\Java\ch3>java ch3_21
列出布尔值 = true
列出布尔值 = false

程序实例 ch3_22.java：列出布尔值的范围。

```
1 public class ch3_22 {
2     public static void main(String[] args) {
3         System.out.printf("Boolean的值 %b ~ %b%n", Boolean.TRUE, Boolean.FALSE);
4     }
5 }
```

执行结果　D:\Java\ch3>java ch3_22
Boolean的值　true ~ false

3-3　字符串数据类型

字符串数据是指**双引号**（""）之间任意个数字的符号的数据，它的数据类型代号是 String。在字符串使用中，如果用“+”符号可以进行字符串的连接。

程序实例 ch3_23.java：字符串输出的应用。

```
1  public class ch3_23 {
2      public static void main(String[] args) {
3          String str1 = "I like Java";
4          String str2 = "I'm Jiin-Kwei Hung";
5          System.out.println("列出字符串 =" + str1);        // 单独列出字符串 str1
6          System.out.println(str1 + str2);                // 字符串相加等于字符串连接
7          System.out.println(str1 + '\t' + str2);         // 字符串连接 中间是定位符号
8          System.out.println(str1 + '\n' + str2);         // 字符串连接 中间是换行符号
9      }
10 }
```

执行结果

```
                        D:\Java\ch3>java ch3_23
第5行输出 ────────▶ 列出字符串 = I like Java
第6行输出 ────────▶ I like JavaI'm Jiin-Kwei Hung
第7行输出 ────────▶ I like Java      I'm Jiin-Kwei Hung ──────── \t产生的Tab空间
                        I like Java
第8行输出 ────────▶ I'm Jiin-Kwei Hung ◀──────── \n产生的换行输出
```

上述程序第 5 行将获得第一条输出的结果。程序第 6 行会输出 str1 和 str2 相连接的字符串，可以获得第二条输出的结果。程序第 7 行会输出 str1 和 str2 相连接的字符串，但是字符串中间用 **Tab 定位符号**隔开，可以获得第三条输出的结果。程序第 8 行会输出 str1 和 str2 相连接的字符串，但是字符串中间用**换行符号**隔开，可以获得第四和五条输出的结果。

由于接下来的章节中有许多程序实例需使用字符串的概念，所以在本节先简单介绍，后面还会有一章是完整讲解字符串。

3-4 常量的概念

在 Java 程序设计中有**变量**（Variable）的概念，另一个概念是**常量**（Constant），它们彼此间最大的差异是**变量**可以随时改变内容。

常量有两种，一种是**字面常量**（Literal Constant），可以随时改变内容；另一个是**具名常量**（Named Constant），不可以随时改变内容。例如，在程序 ch3_6.java 中，定义了时薪是 120，可以用常量设置此变量，这种用法就是所谓的**字面常量**（Literal Constant）。

```
3          int hourly_salary = 120;                        // 设置时薪
```

具名常量则是固定的内容。在程序设计中，如果知道某一个数值是不会更改的，可以将这个数值设为**具名常量**。在程序设计时，**具名常量**的设置方式如下，注意是以 **final** 开头。

```
final 数据类型常量名称 = 初始值 ;              // 设置具名常量同时设置初值
```

程序实例 ch3_24.java：使用具名常量重新设计 ch3_6.java。

```
1  public class ch3_24 {
2      public static void main(String[] args) {
3          final int hourly_salary = 120;                  // 设置时薪
4          int monthly_fee = 9000;                         // 设置每月花费
5          int annual_salary, annual_fee, annual_savings;
6
7          annual_salary = hourly_salary * 8 * 300;        // 计算年薪
8          annual_fee = monthly_fee * 12;                  // 计算每年花费
9          annual_savings = annual_salary - annual_fee;    // 计算每年存款金额
10         System.out.println("一年可以存:" + annual_savings);
11     }
12 }
```

执行结果   与 ch3_6.java 相同。

上述程序在设置**具名常量**时同时设置**初值**，其实也可以先定义**具名常量**，在程序中再设置它的值。另一个常见的应用是定义 Π 是 3.14159，可以将此 Π 设为 PI。

程序实例 ch3_25.java：使用具名常量 PI，将它应用于计算圆面积和圆周长。

```
1  public class ch3_25 {
2    public static void main(String[] args) {
3      final double PI;                    // 设置具名常量PI
4      int r = 5;                          // 圆半径
5      PI = 3.14159;                       // 实际设置PI值
6      System.out.println("圆周长 = " + 2 * PI * r);
7      System.out.println("圆面积 = " + PI * r * r);
8    }
9  }
```

执行结果

```
D:\Java\ch3>java ch3_25
圆周长 = 31.4159
圆面积 = 78.53975
```

虽然上述 ch3_25.java 程序可以执行，不过还是建议不要在程序中设置具名常量的值，应该直接在定义具名常量时设置其初值，以避免程序混乱，可参考 ch3_26.java。

程序实例 ch3_26.java：重新设计 ch3_25.java，定义具名常量 PI 时同时设置其初值。

```
1  public class ch3_26 {
2    public static void main(String[] args) {
3      final double PI = 3.14159;          // 设置具名常量PI和其值
4      int r = 5;                          // 圆半径
5      System.out.println("圆面积 = " + 2 * PI * r);
6      System.out.println("圆面积 = " + PI * r * r);
7    }
8  }
```

执行结果　与 ch3_25.java 相同。

再次提醒**具名常量**经设置值后，不可再更改其值，否则编译时会有错误产生。

3-5　精准控制格式化的输出

在 3-2-1 节的程序实例 ch3_11.java 中，有了格式化输出的经验，printf() 在格式化过程中，有提供功能设置保留多少格的空间让文字做输出，此时格式化的语法如下。

（1）**%（+|-）nd**：格式化整数输出。

（2）**%（+|-）m.nf**：格式化浮点数输出。

（3）**%（+|-）nx**：格式化十六进制整数输出。

（4）**%（+|-）no**：格式化八进制整数输出。

（5）**%（-）ns**：格式化字符串输出。

上述对浮点数而言，m 代表保留多少位数供输出（包含小数点），n 则是小数数据保留位数。如果保留位数空间不足将完整输出数据，如果保留位数空间太多则数据靠右对齐。

如果是格式化数值数据符号加上负号（-），表示保留位数空间有多出时，数据将靠左输出。如果是格式化数值数据符号加上正号（+），如果输出数据是正值时，将在左边加上正值符号。

程序实例 ch3_27.java：格式化输出的应用。

```
1  public class ch3_27 {
2    public static void main(String[] args) {
3      int x = 100;
4      double y = 10.5;
5      String s = "Deep";
6      System.out.printf("x=/%6d/%n", x);
7      System.out.printf("y=/%6.2f/%n", y);
8      System.out.printf("s=/%6s/%n", s);
9      System.out.println("以下是保留位数空间不足的实例");
10     System.out.printf("x=/%2d/%n", x);
11     System.out.printf("y=/%2.1f/%n", y);
12     System.out.printf("s=/%2s/%n", s);
13   }
14 }
```

执行结果

```
D:\Java\ch3>java ch3_27
x=/   100/
y=/ 10.50/
s=/  Deep/
以下是保留位数空间不足的实例
x=/100/
y=/10.5/
s=/Deep/
```

程序实例 ch3_28.java：格式化输出，靠左对齐的实例。

```
1  public class ch3_28 {
2      public static void main(String[] args) {
3          int x = 100;
4          double y = 10.5;
5          String s = "Deep";
6          System.out.printf("x=/%-6d/%n", x);
7          System.out.printf("y=/%-6.2f/%n", y);
8          System.out.printf("s=/%-6s/%n", s);
9      }
10 }
```

执行结果

```
D:\Java\ch3>java ch3_28
x=/100    /
y=/10.50  /
s=/Deep   /
```

程序实例 ch3_29.java：格式化输出，正值数据将出现正号（+）。

```
1  public class ch3_29 {
2      public static void main(String[] args) {
3          int x = 100;
4          double y = 10.5;
5          System.out.printf("x=/%+6d/%n", x);
6          System.out.printf("y=/%+6.2f/%n", y);
7      }
8  }
```

执行结果

```
D:\Java\ch3>java ch3_29
x=/  +100/
y=/+10.50/
```

程序实操题

1. 请设计程序可以输出下列数据。

    程序实例 ex3_1.java

2. 请修改程序实例 ch3_6.java，将时薪改为 150 元，每个月花费改为 10 000 元，请计算一年可以存多少钱。

3. 请设置矩形的长和宽，然后列出此矩形的面积和周长。

4. 请列出 Unicode 码值从 65 至 90 间的字符。

5. 请声明具名常量 PI 等于 3.14159，当 r（半径）分别是 10 和 20 时，求圆面积和圆周长。

6. 请声明具名常量 IN 等于 1.05%，IN 是银行存款的年利率，请计算当存款金额分别为 50 万与 100 万元时，经过半年后本金加上利息是多少元。

7. 请列出下列数值的二进位、八进制、十六进制的值。

    （1）100　　（2）55　　（3）299　　（4）399　　（5）86

8. 请将下列数值转成十进制。

    （1）0b11110010　　（2）076543　　（3）0xaaabbb

习题

一、判断题

1（O）. Java 变量使用前需要声明。

2（O）. Total，total，toTal 是代表三种不同的变量。

3（X）. 字符（char）也算是一种数值变量。

4（X）. 某个整数值后面是 L，代表这个数值是双倍精度浮点数。

5（O）. 50_000_000 相当于 50000000。

6（X）. Java 的字符是用 ASCII 编码。

7（O）. Java 的字符使用中，一个中文字代表一个字符。

8（X）. Java 在使用转义字符序列 "\uXXXX" 处理 Unicode 码值时，X 是十进制数值。

9（O）. 布尔值（Boolean）的值有 true 和 false 两种。

10（X）. 具名常数（Names Constant）的内容可以随时更改。

11（X）. 在格式化过程中，若是保留空间太多，数据输出时是靠左对齐。

12（O）. 格式化数值数据符号加上负号（–），表示保留位数空间有多出时，数据将靠左输出。

二、选择题

1（B）. 下列哪一个是合法的变量名称？

　　A. 5x　　　　　　　　B. _r　　　　　　　　C. a–b　　　　　　　D. char

2（D）. 下列哪一个是不合法的变量名称？

　　A. $A　　　　　　　　B. Xaz　　　　　　　C. _ZZZ　　　　　　D. int

3（A）. 下列哪一个数值最大？

　　A. 0B11111111　　　　B. 250　　　　　　　C. 0200　　　　　　　D. 0xFE

4（B）. 哪一种格式符号是设置下次输出时换行输出？

　　A. %d　　　　　　　　B. %n　　　　　　　　C. %b　　　　　　　D. %s

5（D）. 在 Java 程序设计中带小数点的数值默认是哪一种数据类型？

　　A. int　　　　　　　　B. long　　　　　　　C. float　　　　　　D. double

6（A）. 下列哪一个符号可以执行字符串的连接？

　　A. +　　　　　　　　 B. –　　　　　　　　 C. *　　　　　　　　D. /

7（D）. 下列哪一个关键词可以用于声明具名常数？

　　A. static　　　　　　 B. constant　　　　　 C. first　　　　　　D. final

8（B）. 下列哪一个数值最大？

　　A. 12345　　　　　　 B. 1.2345E5　　　　　 C. 123.45E2　　　　 D. 123.45E–3

9（A）. 下列哪一个叙述错误？

　　A. byte x = 999;　　　　　　　　　　B. int i =–2_147_483_648;

　　C. char = 100;　　　　　　　　　　　D. float = 99.999

10（B）. 下列哪一个格式符号是用于输出浮点数？

　　A. %d　　　　　　　　B. %f　　　　　　　　C. %b　　　　　　　D. %s

第 4 章

程序基本运算

本章摘要

4-1　程序设计的专有名词

本节将讲解程序设计的相关专有名词，以方便读者以后阅读一些学术性的程序文件时，理解这些名词的含义。

4-1-1　表达式

在程序设计时，难免会有一些运算，这些运算就称为表达式。

若是以 ch3_2.java 为例，程序第 9 行等号右边内容如下：

```
9000 * 12
```

上述"9000 * 12"就称为表达式。

4-1-2　运算符与操作数

运算符（operator）指的是表达式操作的符号，操作数（operand）指的是表达式操作的数据。

若是以 ch3_2.java 为例，程序第 9 行等号右边内容如下：

```
9000 * 12
```

上述"*"就是运算符，"9000"和"12"就是操作数。

4-1-3　操作数也可以是一个表达式

若是以 ch3_1.java 为例，程序第 5 行内容如下：

```
x * 8 * 300
```

"x * 8"是一个表达式，计算完成后的结果称为操作数，再将此操作数乘以 300（操作数）。

4-1-4　指定运算符

在程序设计中所谓的指定运算符，就是"="符号，这也是程序设计最基本的操作，是将等号右边的表达式结果或操作数设置给等号左边的变量。

变量 = 表达式或操作数；

若是以 ch3_1.java 为例，程序第 5 行内容如下：

```
x = 120;
```

x 就是等号左边的变量，120 就是操作数。

若是以 ch3_1.java 为例，程序第 5 行内容如下：

```
z = x * 8 * 300;
```

z 就是等号左边的变量，"x * 8 * 300"就是表达式。

4-1-5　二元运算符

若是以 ch3_2.java 为例，程序第 9 行等号右边内容如下：

```
9000 * 12
```

对乘法运算符号而言，它必须要有两个运算符才可以执行运算，可以用下列语法说明。

operand   operator   operand

9000 是左边的操作数，乘号 "*" 是运算符，12 是右边的操作数，类似需要有两个运算符才可以运算的符号称为二元运算符。其实同类型的 +、−、/ 等都算是二元运算符。

4-1-6　单元运算符

在程序设计时，有些运算符号只需要一个运算符就可以运算，这类运算符称为单元运算符。例如：

i++

或

i--

上述 ++（执行 i 加 1）或 −−（执行 i 减 1），由于只需要一个操作数即可以运算，所以称为单元运算符。有关上述表达式的说明与应用后面章节会做实例解说。

4-1-7　三元运算符

在程序设计时，有些运算符号（?:）需要三个运算符进行运算，这类运算符称为三元运算符。例如：

表达式 ?　X : Y

上述表达式必须是布尔值，如果表达式值为 true 则返回 X，如果值为 false 则返回 Y。有关上述表达式的说明与应用在 4-5-5 节会做实例解说。

4-2　指定运算符的特殊用法说明

程序设计时，可以一次指定多个变量。

程序实例 ch4_1.java：一次设置多个变量的应用，下列程序第 4 行首先将 z 设为 100，然后将 z 值设给 y 所以 y 是 100，再将 y 值设给 x 所以 x 值也是 100。

```
1 public class ch4_1 {
2    public static void main(String[] args) {
3        int x, y, z;
4        x = y = z = 100;
5        System.out.println("x = " + x);
6        System.out.println("y = " + y);
7        System.out.println("z = " + z);
8    }
9 }
```

执行结果

```
D:\Java\ch4>java ch4_1
x = 100
y = 100
z = 100
```

另外，Java 也支持将一个含等号的表达式当作操作数操作。

程序实例 ch4_2.java：将表达式当作操作数的操作。

```
1 public class ch4_2 {
2    public static void main(String[] args) {
3        int x, y, z;
4        x = (y = 10) + (z = 100);
5        System.out.println("x = " + x);
6        System.out.println("y = " + y);
7        System.out.println("z = " + z);
8    }
9 }
```

执行结果

```
D:\Java\ch4>java ch4_2
x = 110
y = 10
z = 100
```

4-3　基本数学运算

4-3-1　四则运算

Java 的四则运算是指加（+）、减（-）、乘（*）和除（/）。

程序实例 ch4_3.java：Java 四则运算的实例。

```
1  public class ch4_3 {
2      public static void main(String[] args) {
3          int x = 25, y = 3, z;
4          double f;
5          z = x + y;
6          System.out.println("加法结果z = " + z);
7          z = x - y;
8          System.out.println("减法结果z = " + z);
9          z = x * y;
10         System.out.println("乘法结果z = " + z);
11         z = x / y;
12         System.out.println("除法结果z = " + z);
13         f = x / y;
14         System.out.println("整数除法结果f = " + f);
15         f = 25.0 / 3.0;
16         System.out.println("浮点数除法结果f = " + f);
17         System.out.printf("格式化浮点数除法结果f = %5.2f", f);
18      }
19 }
```

执行结果

```
D:\Java\ch4>java ch4_3
加法结果z = 28
减法结果z = 22
乘法结果z = 75
除法结果z = 8
整数除法结果f = 8.0
浮点数除法结果f = 8.333333333333334
格式化浮点数除法结果f =  8.33
```

上述最需要注意的是除法部分，第 11 行是整数除法同时将结果指定给整数，在整数除法中余数会被舍去，所以第 12 行结果是 8。第 13 行是整数除法同时将结果指定给浮点数，在整数除法中余数会被舍去，所以第 14 行结果是 8.0。第 15 行是浮点数除法同时将结果指定给浮点数，在浮点数除法中余数会被保留，所以第 16 行结果是 8.33…34。第 17 行是格式化浮点数的输出结果。

4-3-2　求余数 %

求余数符号是 %，可计算出除法运算中的余数。

程序实例 ch4_4.java：求余数运算。

```
1  public class ch4_4 {
2      public static void main(String[] args) {
3          int x = 9 % 5;
4          System.out.println("x = " + x);
5      }
6  }
```

执行结果　　D:\Java\ch4>java ch4_4
x = 4

程序实例 ch4_5.java：幼儿园班上有 20 人，有 90 颗葡萄，请问每位幼儿园学生可以分几颗葡萄，同时会剩下多少颗葡萄。

```
1  public class ch4_5 {
2      public static void main(String[] args) {
3          int students = 20;
4          int grapes = 90;
5          int count = grapes / students;   // 每人分几颗
6          int left = grapes % students;    // 剩下几颗
7          System.out.println("每人分几颗 =" + count);
8          System.out.println("剩下几颗 =" + left);
9      }
10 }
```

执行结果　　D:\Java\ch4>java ch4_5
每人分几颗 = 4
剩下几颗 = 10

4-3-3　递增与递减运算符

++ 是递增运算符，可以让变量值加 1；-- 是递减运算符，可以让变量值减 1。

程序实例 ch4_6.java：递增和递减运算的基本应用。

```
1  public class ch4_6 {
2      public static void main(String[] args) {
3          int i = 10;
4          System.out.println("i = " + i);
5          i++;                          // 相当于  i = i + 1
6          System.out.println("i = " + i);
7          i--;                          // 相当于  i = i - 1
8          System.out.println("i = " + i);
9      }
10 }
```

执行结果

```
D:\Java\ch4>java ch4_6
i = 10
i = 11
i = 10
```

递增运算符（++）或是递减运算符（--）可以放在变量的前面，也可以放在变量的后面。若是放在变量的前面，会先执行递增或递减**再执行表达式**，这时将此运算符称为前置运算符。若是放在变量的后面，会**先执行表达式**再执行递增或递减，这时将此运算符称为后置运算符。

程序实例 ch4_7.java：前置与后置运算符的应用。

```
1  public class ch4_7 {
2      public static void main(String[] args) {
3          int i, j, value;
4          i = j = 10;
5          value = ++i * 10;              // 前置运算
6          System.out.println("value = " + value);
7          value = j++ * 10;              // 后置运算
8          System.out.println("value = " + value);
9      }
10 }
```

执行结果

```
D:\Java\ch4>java ch4_7
value = 110
value = 100
```

对上述第 5 行而言，++ 是放在 i 的左边，这是前置运算所以会先执行 i 加 1，得到 i 等于 11，再将 i 乘以 10，所以最后得到第 6 行输出 value 的值是 110。对上述第 7 行而言，++ 是放在 j 的右边，这是后置运算所以会先执行 j 乘以 10，这时 value 的值是 100，然后 j 加 1，得到 j 等于 11，所以最后得到第 8 行输出 value 的值是 100。

4-3-4　正负号

+ 号在程序设计中可以当作加法符号，也可以当作正号。- 号在程序设计中可以当作减法符号，也可以当作负号。

程序实例 ch4_8.java：负号应用的实例。

```
1  public class ch4_8 {
2      public static void main(String[] args) {
3          int x, value;
4          x = -10;
5          value = - ( x + 5 ) * 3;
6          System.out.println("value = " + value);
7      }
8  }
```

执行结果

```
D:\Java\ch4>java ch4_8
value = 15
```

上述第 5 行 x 是 -10，-10+5 结果是 -5，经过负号转换得到 5，5*3 是 15。

4-3-5　无限大

Java 运算时是会出现**正**或**负**无限大，例如，正浮点数除以 0，可以得到正 Infinity。负浮点数除以 0，可以得到负 Infinity。

程序实例 ch4_9.java：正无限大 Infinity 与负无限大 -Infinity。

```
1  public class ch4_9 {
2      public static void main(String[] args) {
3          double x;
4          x = 100.0 / 0;
5          System.out.println("x = " + x);
6          x = -100.0 / 0;
7          System.out.println("x = " + x);
8      }
9  }
```

执行结果

```
D:\Java\ch4>java ch4_9
x = Infinity
x = -Infinity
```

4-3-6　发生异常

如果将整数除以 0，会得到程序异常，然后程序中止。

程序实例 ch4_10.java：将整数除以 0，造成程序异常中止运行。

```
1 public class ch4_10 {
2    public static void main(String[] args) {
3       double x;
4       x = 100 / 0;        // 整数除以0造成程序异常而中止
5       System.out.println("x = " + x);
6    }
7 }
```

执行结果

```
D:\Java\ch4>java ch4_10
Exception in thread "main" java.lang.ArithmeticException: / by zero
                at ch4_10.main(ch4_10.java:4)
```

4-3-7　非数字

NaN（非数字）即 Not a Number，如果将浮点数取 0 的余数，将得到 NaN。

程序实例 ch4_11.java：浮点数取 0 的余数。

```
1 public class ch4_11 {
2    public static void main(String[] args) {
3       double x;
4       x = 5.5 % 0;
5       System.out.println("x = " + x);
6       x = -5.5 % 0;
7       System.out.println("x = " + x);
8    }
9 }
```

执行结果

```
D:\Java\ch4>java ch4_11
x = NaN
x = NaN
```

4-3-8　Java 语言控制运算的优先级

Java 语言碰上计算式同时出现在一个指令内时，其计算优先次序如下：优先级 1 最高，优先级 4 最低；如果出现在同一表达式中则按由左到右顺序运算。

（1）括号（）。

（2）递增（++）、递减（--）、正号、负号。

（3）乘法、除法、求余数（%），彼此依照出现顺序运算。

（4）加法、减法，彼此依照出现顺序运算。

程序实例 ch4_12.java：Java 语言控制运算的优先级的应用。

```
1 public class ch4_12 {
2    public static void main(String[] args) {
3       int x;
4       x = ( 5 + 6 ) * 8 - 2;
5       System.out.println("x = " + x);
6       x = 5 + 6 * 8 - 2;
7       System.out.println("x = " + x);
8    }
9 }
```

执行结果

```
D:\Java\ch4>java ch4_12
x = 86
x = 51
```

4-4　复合指定运算符

常见的复合指定运算符如下。

运算符	实例	说明
+=	a += b	a = a + b
-=	a -= b	a = a - b
*=	a *= b	a = a * b

运算符	实例	说明
/=	a /= b	a = a / b
%=	a %= b	a = a % b

程序实例 ch4_13.java：复合指定运算符的实例说明。

```
1  public class ch4_13 {
2      public static void main(String[] args) {
3          int a, b = 5;
4          a = 10;
5          a += b;
6          System.out.println("x = " + a);
7          a = 10;
8          a -= b;
9          System.out.println("x = " + a);
10         a = 10;
11         a *= b;
12         System.out.println("x = " + a);
13         a = 10;
14         a /= b;
15         System.out.println("x = " + a);
16         a = 10;
17         a %= b;
18         System.out.println("x = " + a);
19     }
20 }
```

执行结果

```
D:\Java\ch4>java ch4_13
x = 15
x = 5
x = 50
x = 2
x = 0
```

4-5　布尔值、反向运算符、比较运算符与逻辑运算符

4-5-1　布尔值

在设计程序流程控制时，会使用到布尔值，第 5 章中会有完整的应用。布尔值只有两种，一种是 true，另一种是 false。

程序实例 ch4_14.java：列出布尔值的应用。

```
1  public class ch4_14 {
2      public static void main(String[] args) {
3          boolean bo;
4          bo = true;
5          System.out.println("bo = " + bo);
6          bo = false;
7          System.out.println("bo = " + bo);
8      }
9  }
```

执行结果

```
D:\Java\ch4>java ch4_14
bo = true
bo = false
```

4-5-2　反向运算符

反向运算符符号是 !，通常会搭配布尔值变量使用，可以获得反效果的布尔值，当然这个运算符主要也是要配合程序流程控制。

程序实例 ch4_15.java：反向运算符的应用。

```
1  public class ch4_15 {
2      public static void main(String[] args) {
3          boolean success;
4          success = true;
5          System.out.println("bo = " + success);
6          System.out.println("bo = " + !success);     // 反向运算
7      }
8  }
```

执行结果

```
D:\Java\ch4>java ch4_15
bo = true
bo = false
```

4-5-3　比较运算符

比较运算符有下列几种，比较结果如果是真，则返回 true，如果是伪，则返回 false。

>：大于，例如，18 > 9，返回 true；8 > 9，返回 false。

<：小于，例如，18 < 9，返回 false；8 < 9，返回 true。

>=：大于或等于，例如，18 >= 18，返回 true。

<=：小于或等于，例如，18 <= 18，返回 true。

==：等于，例如，18 == 18，返回 true；18 == 9，返回 false。

!=：不等于，例如，'x' != 'X'，返回 true。

程序实例 ch4_16.java：比较运算符的应用。

```
1 public class ch4_16 {
2     public static void main(String[] args) {
3         int x = 18;
4         int y = 9;
5         System.out.println("18 > 9    = " + (x > y));
6         System.out.println("18 < 9    = " + (x < y));
7         System.out.println("18 >= 18  = " + (x >= x));
8         System.out.println("18 <= 18  = " + (x <= x));
9         System.out.println("18 == 18  = " + (x == x));
10        System.out.println("18 == 9   = " + (x == y));
11        System.out.println("'x' == 'X' = " + ('x' == 'X'));
12        System.out.println("18 != 18  = " + (x != x));
13        System.out.println("18 != 9   = " + (x != y));
14        System.out.println("'x' != 'X' = " + ('x' != 'X'));
15    }
16 }
```

执行结果

```
D:\Java\ch4>java ch4_16
18 > 9    = true
18 < 9    = false
18 >= 18  = true
18 <= 18  = true
18 == 18  = true
18 == 9   = false
'x' == 'X' = false
18 != 18  = false
18 != 9   = true
'x' != 'X' = true
```

4-5-4　逻辑运算符

逻辑运算符有三个，如下所示。

（1）&& 或是 &；

相当于 and 运算，可参考下表。

a	b	a && b
true	true	true
true	false	false
false	true	false
false	false	false

（2）|| 或是 |；

相当于 or 运算，可参考下表。

a	b	a || b
true	true	true
true	false	true
false	true	true
false	false	false

（3）^。

相当于 XOR，如果操作数值相同返回 false，否则返回 true，可参考下表。

a	b	a ^ b
true	true	false
true	false	true
false	true	true
false	false	false

程序实例 ch4_17.java：逻辑运算符 && 的应用。

```
1 public class ch4_17 {
2     public static void main(String[] args) {
3         boolean a = true;
4         boolean b = false;
5         System.out.println("true  && true  = " + (a && a));
6         System.out.println("true  && false = " + (a && b));
7         System.out.println("false && true  = " + (b && a));
8         System.out.println("false && false = " + (b && b));
9     }
10 }
```

执行结果

```
D:\Java\ch4>java ch4_17
true  && true  = true
true  && false = false
false && true  = false
false && false = false
```

读者可能会感到奇怪，为何 Java 提供了 &&（或 ||）逻辑运算符，还要提供好像功能完全相同的 &（或 |）逻辑运算符？虽然它们的运算结果相同，但是过程还是有差异，使用 &&（或 ||）时，如果 &&（或 ||）左边的运算符可以决定结果，程序会忽略右边运算符的操作。在 Java 专业术语中又将 &&（或 ||）符号称为逻辑运算短路符号。

程序实例 ch4_18.java：列出 && 和 & 运算时的差异。

```
1  public class ch4_18 {
2      public static void main(String[] args) {
3          boolean a = false;
4          int i = 5;
5          System.out.println("操作 && 结果 =" + (a && (i++ == 5)));
6          System.out.println("i = " + i);
7          System.out.println("操作 & 结果 =" + (a & (i++ == 5)));
8          System.out.println("i = " + i);
9      }
10 }
```

执行结果

```
D:\Java\ch4>java ch4_18
操作 && 结果 = false
i = 5
操作 & 结果 = false
i = 6
```

对于第 5 行而言，由于 && 左边的 a 是 false 已经可以预知运算结果了，所以将省略右边的 i++ 运算，所以第 6 行列出结果 i 等于 5。对于第 7 行而言，由于是使用 & 运算符，因为左右两边的操作数均需执行完毕，所以会执行到 i++，第 8 行列出的结果是 i 等于 6。

程序实例 ch4_19.java：逻辑运算符 || 的应用。

```
1  public class ch4_19 {
2      public static void main(String[] args) {
3          boolean a = true;
4          boolean b = false;
5          System.out.println("true  || true  = " + (a || a));
6          System.out.println("true  || false = " + (a || b));
7          System.out.println("false || true  = " + (b || a));
8          System.out.println("false || false = " + (b || b));
9      }
10 }
```

执行结果

```
D:\Java\ch4>java ch4_19
true  || true  = true
true  || false = true
false || true  = true
false || false = false
```

程序实例 ch4_20.java：逻辑运算符 ^ 的应用。

```
1  public class ch4_20 {
2      public static void main(String[] args) {
3          boolean a = true;
4          boolean b = false;
5          System.out.println("true  ^ true  = " + (a ^ a));
6          System.out.println("true  ^ false = " + (a ^ b));
7          System.out.println("false ^ true  = " + (b ^ a));
8          System.out.println("false ^ false = " + (b ^ b));
9      }
10 }
```

执行结果

```
D:\Java\ch4>java ch4_20
true  ^ true  = false
true  ^ false = true
false ^ true  = true
false ^ false = false
```

4-5-5　再谈三元运算符

在 4-1-7 节中有说明三元运算符的意义，当时尚未介绍比较运算符（4-5-3 节），所以无法以实例说明，下列是三元运算符的公式：

表达式？X：Y

程序实例 ch4_21.java：三元运算符的应用，分别列出较大值与较小值。

```
1  public class ch4_21 {
2      public static void main(String[] args) {
3          int x, y, larger, smaller;
4          x = 100;
5          y = 50;
6          larger = x > y? x:y;
7          System.out.println("较大值 : " + larger);
8          smaller = x < y? x:y;
9          System.out.println("较小值 : " + smaller);
10     }
11 }
```

执行结果

```
D:\Java\ch4>java ch4_21
较大值 : 100
较小值 : 50
```

4-6　位运算

在程序设计时，为了方便通常使用十进制方式表达数字，其实在计算机内部是使用二进制方式表达数字，也就是 0 或 1，存储这个数字的空间称为位（bit），这也是最小的计算机内存单位。

例如，若是以 Byte 数据类型，占据 8 位空间，可以用下图方式表达。

如果十进制数字是 6，表达方式如下。

0	0	0	0	0	1	1	0

从 3-2-1 节可知 Byte 数据最大值是 127，它在内存空间的表达方式如下。

0	1	1	1	1	1	1	1

其中，最左边的位代表正值或负值，有时候也可以称为正负号。当此位是 0 时代表这个空间是正数，当位是 1 时代表这个空间是负数。

二补码就是将数字由正值转换为负值（或**是由负值转换为正值**）的运算方式，基本概念是在二进制表达的数字中，将每个位进行反向（将 0 转 1 或是将 1 转 0）运算，然后将结果加 1。例如，Byte 整数的 1 表达方式如下。

0	0	0	0	0	0	0	1

下列是求 -1 的计算过程（二补码），首先反向运算后结果如下。

1	1	1	1	1	1	1	0

将上述结果加 1 后结果如下，下列就是 -1 的表达方式。

1	1	1	1	1	1	1	1

注 以上规则的例外是 0 和 -128。

从 3-2-1 节可知，Byte 数据最小值是 -128，它在内存空间中表达方式如下。

1	0	0	0	0	0	0	0

下列是 Byte 数据从最大值到最小值的内存空间表示法。

0	1	1	1	1	1	1	1	127
0	1	1	1	1	1	1	0	126
...								...
0	0	0	0	0	0	0	1	1
0	0	0	0	0	0	0	0	0
1	1	1	1	1	1	1	1	-1
...								...
1	0	0	0	0	0	0	1	-127
1	0	0	0	0	0	0	0	-128

其实以上概念可以扩展到 int、short 或 long 类型的数据。

程序实例 ch4_22.java：验证上述 Byte 数据在 127 ～ -128 的二进制表示法，需留意的是当表达负数时，在 0b 前方要加上（byte），可参考第 12、14、16 行，这是强制将 0b11111111 整数 int 转成 Byte。4-8 节中将更进一步说明（byte）的意义。

```java
1  public class ch4_22 {
2      public static void main(String[] args) {
3          byte i;
4          i = 0B01111111;
5          System.out.println("十进制输出 : " + i);
6          i = 0b01111110;
7          System.out.println("十进制输出 : " + i);
8          i = 0b00000001;
9          System.out.println("十进制输出 : " + i);
10         i = 0b00000000;
11         System.out.println("十进制输出 : " + i);
12         i = (byte)0b11111111;
13         System.out.println("十进制输出 : " + i);
14         i = (byte)0b10000001;
15         System.out.println("十进制输出 : " + i);
16         i = (byte)0b10000000;
17         System.out.println("十进制输出 : " + i);
18     }
19 }
```

执行结果

```
D:\Java\ch4>java ch4_22
十进制输出 : 127
十进制输出 : 126
十进制输出 : 1
十进制输出 : 0
十进制输出 : -1
十进制输出 : -127
十进制输出 : -128
```

Java 位运算示例如下。

符号	意义	表达式	二进制意义	结果
&	相当于 and	5 & 1	0101 & 0001	0001
|	相当于 or	5 | 1	0101 | 0001	0101
^	相当于 xor	5 ^ 1	0101 ^ 0001	0100
~	相当于 not	~5	~0101	1010
<<	位左移	5 << 1	0101 << 1	1010
>>	位右移（最左位不变）	5 >> 1	0101 >> 1	0010
>>>	位右移（最左位补 0）	5 >>> 1	0101 >>> 1	0010

4-6-1　~ 运算符

这个运算符相当于是将位执行 not 运算，也就是如果位是 1 则改为 0，如果位是 0 则改为 1。

程序实例 ch4_23.java：~ 运算符的应用，整个结果说明如下：

第 4、5 行 ~i 结果是：10000000 = -128

第 6、7 行 ~i 结果是：11111110 = -2

第 8、9 行 ~i 结果是：11111111 = -1

第 10、11 行 ~i 结果是：00000000= 0

第 12、13 行 ~i 结果是：01111110= 126

第 14、15 行 ~i 结果是：01111111=-127

```
1  public class ch4_23 {
2      public static void main(String[] args) {
3          byte i;
4          i = 0B01111111;
5          System.out.println("十进制输出 : " + ~i);
6          i = 0b00000001;
7          System.out.println("十进制输出 : " + ~i);
8          i = 0b00000000;
9          System.out.println("十进制输出 : " + ~i);
10         i = (byte)0b11111111;
11         System.out.println("十进制输出 : " + ~i);
12         i = (byte)0b10000001;
13         System.out.println("十进制输出 : " + ~i);
14         i = (byte)0b10000000;
15         System.out.println("十进制输出 : " + ~i);
16     }
17 }
```

执行结果

```
D:\Java\ch4>java ch4_23
十进制输出 : -128
十进制输出 : -2
十进制输出 : -1
十进制输出 : 0
十进制输出 : 126
十进制输出 : 127
```

4-6-2　位逻辑运算符

4-5-4 节有介绍过逻辑运算符，本节主要是将此逻辑运算的规则应用在二进制系统的位上。

程序实例 ch4_24.java：位逻辑运算符的应用。

第 6 行 x & y 结果是：00000001 = 1

第 7 行 x | y 结果是：00000101 = 5

第 8 行 x ^ y 结果是：00000100= 4

```
1  public class ch4_24 {
2      public static void main(String[] args) {
3          byte x, y;
4          x = 0b00000101;
5          y = 0b00000001;
6          System.out.println("x & y = " + (x & y));
7          System.out.println("x | y = " + (x | y));
8          System.out.println("x ^ y = " + (x ^ y));
9      }
10 }
```

执行结果

```
D:\Java\ch4>java ch4_24
x & y = 1
x | y = 5
x ^ y = 4
```

4-6-3　位移位运算符

基本上有三种位移位方式，特点是不论是 byte 或 short 整数数据在执行位移位前都会被自动转换为 32 位整数，语法格式如下。

operand 移位运算符 operand

左边的操作数是要处理的数据，右边的操作数是移位的次数。下列是三种位移位方式。

1. 位左移 <<

在位左移过程中最右边的位会用 0 递补，所以位左移有将数字乘以 2 的效果，但是需留意，如果位左移过程中更改最左边的位也可称正负号，则数字乘 2 的效果将不再存在。

程序实例 ch4_25.java：验证 byte 数据在执行位移前被自动转换为 32 位整数。

```
1 public class ch4_25 {
2   public static void main(String[] args) {
3       byte x, y;
4       int z;
5       x = 0b01000101;
6       y = (byte)0b10001010;                            // byte type -118
7       z = 0b11111111111111111111111110001010;          // int type -118
8       System.out.println("x = " + x);
9       System.out.println("x << 1 = " + (x << 1));
10      System.out.println("y = " + y);
11      System.out.println("y << 1 = " + (y << 1));
12      System.out.println("z = " + z);
13      System.out.println("z << 1 = " + (z << 1));
14  }
```

执行结果

```
D:\Java\ch4>java ch4_25
x = 69
x << 1 = 138
y = -118
y << 1 = -236
z = -118
z << 1 = -236
```

如果 x 仍是 byte 数据，则获得的结果是 0b10001010，结果将是 -118，但是因为在执行位移前被自动转换为 32 位整数，所以得到 138 的结果。第 6、7 行则是使用 byte 和 int 数据类型测试 y 和 z 变量数据获得的结果。

程序实例 ch4_26.java：位左移的应用。

第 6 行 x 值是 00000000 … 00000101 = 5

第 7 行移位结果是 00000000 … 00001010 = 10

第 8 行移位结果是 00000000 … 00010100 = 20

第 9 行 y 值是 00100000 … 00000001 = 536870913

第 10 行移位结果是 01000000 … 00000010 = 1073741826

第 11 行移位结果是 10000000 … 00000100 = -2147483644（正负号变动）

第 12 行移位结果是 00000000 … 00001000= 8（正负号变动）

```
1 public class ch4_26 {
2   public static void main(String[] args) {
3       int x, y;
4       x = 0b00000000000000000000000000000101;
5       y = 0b00100000000000000000000000000001;
6       System.out.println("x = " + x);
7       System.out.println("x << 1 = " + (x << 1));
8       System.out.println("x << 2 = " + (x << 2));
9       System.out.println("y = " + y);
10      System.out.println("y << 1 = " + (y << 1));
11      System.out.println("y << 2 = " + (y << 2));
12      System.out.println("y << 3 = " + (y << 3));
13  }
14 }
```

执行结果

```
D:\Java\ch4>java ch4_26
x = 5
x << 1 = 10
x << 2 = 20
y = 536870913
y << 1 = 1073741826
y << 2 = -2147483644
y << 3 = 8
```

2. 位右移 >>

位右移时左边空出来的位均补上原先的位值，所以位右移时将不会改动到原先的正或负值。

程序实例 ch4_27.java：>> 运算符的应用，位右移时最左位不变的应用。

第 6 行 x 值是 00000000 … 00000101 = 5

第 7 行移位结果是 00000000 ⋯ 00000010 = 2

第 8 行移位结果是 00000000 ⋯ 00000001 = 1

第 9 行 y 值是 11111111 ⋯ 11111000 = -8

第 10 行移位结果是 11111111 ⋯ 11111100 = -4

第 11 行移位结果是 11111111 ⋯ 11111110 = -2

第 12 行移位结果是 11111111 ⋯ 11111111 = -1

```
1  public class ch4_27 {
2      public static void main(String[] args) {
3          int x, y;
4          x = 0b00000000000000000000000000000101;
5          y = 0b11111111111111111111111111111000;
6          System.out.println("x = " + x);
7          System.out.println("x >> 1 = " + (x >> 1));
8          System.out.println("x >> 2 = " + (x >> 2));
9          System.out.println("y = " + y);
10         System.out.println("y >> 1 = " + (y >> 1));
11         System.out.println("y >> 2 = " + (y >> 2));
12         System.out.println("y >> 3 = " + (y >> 3));
13     }
14 }
```

执行结果

```
D:\Java\ch4>java ch4_27
x = 5
x >> 1 = 2
x >> 2 = 1
y = -8
y >> 1 = -4
y >> 2 = -2
y >> 3 = -1
```

3. 位右移 >>>

位右移时左边空出来的位会补上 0，所以如果原先是负值的数字，经过处理后将变为正值。

程序实例 ch4_28.java：>>> 运算符的应用，位右移时最左位补 0 的应用。

第 6 行 x 值是 00000000 ⋯ 00000101 = 5

第 7 行移位结果是 00000000 ⋯ 00000010 = 2

第 8 行移位结果是 00000000 ⋯ 00000001 = 1

第 9 行 y 值是 11111111 ⋯ 11111000 = -8

第 10 行移位结果是 01111111 ⋯ 11111100 = 2147483644

第 11 行移位结果是 01111111 ⋯ 11111110 = 1073741822

第 12 行移位结果是 01111111 ⋯ 11111111 = 536870911

```
1  public class ch4_28 {
2      public static void main(String[] args) {
3          int x, y;
4          x = 0b00000000000000000000000000000101;
5          y = 0b11111111111111111111111111111000;
6          System.out.println("x = " + x);
7          System.out.println("x >>> 1 = " + (x >>> 1));
8          System.out.println("x >>> 2 = " + (x >>> 2));
9          System.out.println("y = " + y);
10         System.out.println("y >>> 1 = " + (y >>> 1));
11         System.out.println("y >>> 2 = " + (y >>> 2));
12         System.out.println("y >>> 3 = " + (y >>> 3));
13     }
14 }
```

执行结果

```
D:\Java\ch4>java ch4_28
x = 5
x >>> 1 = 2
x >>> 2 = 1
y = -8
y >>> 1 = 2147483644
y >>> 2 = 1073741822
y >>> 3 = 536870911
```

4-6-4　位运算的复合指定运算符

4-4 节复合指定运算符的概念也可以应用在本节的位运算符。

运算符	实例	说明	运算符	实例	说明
&=	a &= b	a = a & b	>>=	a >>= b	a = a >> b
|=	a |= b	a = a | b	>>>=	a >>>= b	a = a >>> b
^=	a ^= b	a = a ^ b			
<<=	a <<= b	a = a << b			

程序实例 ch4_29.java：复合指定运算符在位运算中的应用。

```
1  public class ch4_29 {
2      public static void main(String[] args) {
3          int x, y;
4          x = 0b00000000000000000000000000000101;
5          y = 0b11111111111111111111111111111000;
6          x &= y;
7          System.out.println("x = " + x);
8          x = 0b00000000000000000000000000000101;
9          x |= y;
10         System.out.println("x = " + x);
11         x = 0b00000000000000000000000000000101;
12         x ^= y;
13         System.out.println("x = " + x);
14         y = 1;
15         x = 0b00000000000000000000000000000101;
16         x <<= y;
17         System.out.println("x = " + x);
18         x = 0b00000000000000000000000000000101;
19         x >>= y;
20         System.out.println("x = " + x);
21         x = 0b00000000000000000000000000000101;
22         x >>>= y;
23         System.out.println("x = " + x);
24     }
25 }
```

执行结果

```
D:\Java\ch4>java ch4_29
x = 0
x = -3
x = -3
x = 10
x = 2
x = 2
```

4-7　Java 运算符优先级

在 4-3-8 节当讲解完简单的运算符后，曾经大致列出了运算符的优先级，下列是 Java 所有运算符的优先级表。

优先等级	运算符	同等级顺序
1	( )、[ ]	右至左
2	负号 -、Not!、补码 ~、递增 ++、递减 --	左至右
3	乘法 *、除法 /、求余数 %	左至右
4	加法 +、减法 -	左至右
5	移位运算符 <<、>>、>>>	左至右
6	小于 <、小于等于 <=、大于 >、大于等于 >=	左至右
7	等于 ==、不等于 !=	左至右
8	AND 运算符 &	左至右
9	XOR 运算符 ^	左至右
10	OR 运算符	左至右
11	简化 AND 运算符 &&	左至右
12	简化 OR 运算符 ||	左至右
13	三元运算符 ? :	右至左
14	指定运算符	右至左
15	+=、-=、*=、/=、%=、&=、|=、^=、<<=、>>=、>>>=	右至左

程序实例 ch4_30.java：一个含多个运算符的程序应用，同时建议写法。下列第 4 行是一个表达式，如果读者初学尚不熟练，建议可以用括号方式改成第 6 行的写法。

```
1  public class ch4_30 {
2      public static void main(String[] args) {
3          int x;
4          x = 9 * 4 << 3 + 2;
5          System.out.println("x = " + x);
6          x = (9 * 4) << (3 + 2);          // 建议写法
7          System.out.println("x = " + x);
8      }
9  }
```

执行结果

```
D:\Java\ch4>java ch4_30
x = 1152
x = 1152
```

程序实例 ch4_31.java：一个含多个运算符的程序应用。

```
1   public class ch4_31 {
2       public static void main(String[] args) {
3           int x, i, j;
4           i = j = 5;
5           x = ++i + j++ * 3;
6           System.out.println("x = " + x);
7           x = i++ + ++j * 3;
8           System.out.println("x = " + x);
9       }
10  }
```

执行结果

```
D:\Java\ch4>java ch4_31
x = 21
x = 27
```

在执行上述第 5 行时，++i 会在执行表达式前将 i 变为 6，所以结果是：

x = 6 + 5 * 3   --- 结果是 21

得到上述结果后，然后执行 j++，此时 j 也将变为 6。在执行上述第 7 行时，++j 会在执行表达式前将 j 变为 7，所以结果是：

x = 6 + 7 * 3   --- 结果是 27

上述第 7 行运算后，然后会执行 i++，然后 i 也将变为 7。

程序实例 ch4_32.java：一个含多个运算符的程序应用。

```
1  public class ch4_32 {
2      public static void main(String[] args) {
3          int x;
4          x = 5 * 4 + 8 % 3 << 3;
5          System.out.println("x = " + x);
6          x = ((5 * 4) + ( 8 % 3)) << 3;  // 建议写法
7          System.out.println("x = " + x);
8      }
9  }
```

执行结果

```
D:\Java\ch4>java ch4_32
x = 176
x = 176
```

可以用下列方式拆解第 4 行的执行顺序。

x = 5 * 4 + 8 % 3 << 3;

x = 20 + 8 % 3<< 3;

x = 20 + 2<< 3;

x = 22 << 3;

x = 176;

再次强调，如果不太熟练运算符优先级，可以使用括号方式处理，例如，程序实例的第 6 行。

4-8　数据类型的转换

设计 Java 语言时，常常会碰上不同数据类型转换的问题，有些 Java 编译程序会处理，有些则需要自行处理，这将是本节的重点。

4-8-1　指定运算符自动数据类型的转换

程序设计时常看到如下表达式：

variable = operand

1. 宽化类型转换

如果左边变量操作数的数据类型数值范围较广，则右边的操作数会被自动转成左边的变量操作数数据类型。

程序实例 ch4_33.java：左边变量操作数的数据类型数值范围较广的应用。

```
1  public class ch4_33 {
2      public static void main(String[] args) {
3          int x;
4          byte i = 10;
5          char ch = 'A';
6          float y;
7          x = i;                        // 将byte转为int
8          System.out.println("x = " + x);
9          x = ch;                       // 将ch转为int
10         System.out.println("x = " + x);
11         y = 10;                       // 将int 10转为float
12         System.out.println("y = " + y);
13     }
14 }
```

执行结果

```
D:\Java\ch4>java ch4_33
x = 10
x = 65
y = 10.0
```

2. 窄化类型转换

如果左边变量操作数的数据类型数值范围较窄，而右边的操作数会被自动转成左边的变量操作数数据类型，但是必须符合右边的操作数结果是在左边类型数据的变量范围之内。

程序实例 ch4_34.java：左边变量操作数的数据类型数值范围较窄的应用。

```
1  public class ch4_34 {
2      public static void main(String[] args) {
3          byte x;
4          char ch;
5          x = 5;                        // int转成byte
6          System.out.println("x = " + x);
7          ch = 65;                      // int转成char
8          System.out.println("ch = " + ch);
9      }
10 }
```

执行结果

```
D:\Java\ch4>java ch4_34
x = 5
ch = A
```

3. 常见的错误

如果右边操作数的值超出左边变量数据类型的范围，则在编译时会看到下列错误（意义是可能有损精确度）。

错误：不兼容的类型：从 XXX 转换到 XXX 可能会有丢失。

程序实例 ch4_35.java：常见的程序错误范例。

```
1  public class ch4_35 {
2      public static void main(String[] args) {
3          byte x;
4          int y;
5          float z;
6          x = 300;                      // 超出范围
7          System.out.println("x = " + x);
8          x = 0b11111111;               // 超出范围
9          System.out.println("x = " + x);
10         x = 3.5;                      // 超出范围
11         System.out.println("x = " + x);
12         y = 3.5;                      // 超出范围
13         System.out.println("x = " + x);
14         z = 3.5;                      // 超出范围
15         System.out.println("x = " + x);
16     }
17 }
```

这个程序可以看到 5 个错误，第 6 行错误消息如下。

```
ch4_35.java:6: 错误: 不兼容的类型: 从int转换到byte可能会有丢失
        x = 300;                                                      // 超出范围
            ^
```

因为 byte 的整数范围是 -128 ～ 127，300 超出范围所以错误。第 8 行错误消息如下。

```
ch4_35.java:8: 错误: 不兼容的类型: 从int转换到byte可能会有丢失
        x = 0b11111111;                                               // 超出范围
            ^
```

如果将 0b11111111 数值当作是 byte，则这是 -1，理论上语法正确。可是在 3-2-1 节讲过，Java 会将所有整数设为 int 数据类型，所以 0b11111111 会被 Java 编译程序视为 255，所以超出 byte 的范围，这也是在程序实例 ch4_22.java 及多个程序范例的应用中在设置二进制负值的 byte 时，增加（byte）强制类型转换的目的，4-8-3 节还会介绍强制类型转换。第 10、12、14 行错误消息分别如下：

```
ch4_35.java:10: 错误: 不兼容的类型: 从double转换到byte可能会有丢失
    x = 3.5;                                              // 超出范围

ch4_35.java:12: 错误: 不兼容的类型: 从double转换到int可能会有丢失
    y = 3.5;                                              // 超出范围

ch4_35.java:14: 错误: 不兼容的类型: 从double转换到float可能会有丢失
    z = 3.5;                                              // 超出范围
```

由于 double 数据类型的值 3.5 超出 byte、int、float 的范围所以分别出现上述错误。

4-8-2　自动数据类型的转换

在程序设计时常看到如下表达式。

operand operator operand

如果上述左边 operand 和右边 operand 的数据类型不同，Java 编译程序会自动依下列规则执行数据类型的转换。

（1）如果有一个 operand 的数据类型是 double，则将另一个 operand 数据类型也转成 double。

（2）否则，如果有一个 operand 的数据类型是 float，则将另一个 operand 数据类型也转成 float。

（3）否则，如果有一个 operand 的数据类型是 long，则将另一个 operand 数据类型也转成 long。

（4）如果以上都不符合，则将两个 operand 转成 int。

程序实例 ch4_36.java：自动数据类型转换的应用。

```
1  public class ch4_36 {
2      public static void main(String[] args) {
3          int x;
4          double y;
5          float z;
6          long a;
7          short x1 = 10;
8          byte x2 = 5;
9
10         y = (x = 10) + 3.3;          //将x转成double
11         System.out.println("y = " + y);
12         z = x + 5.5F;                //将x转成float
13         System.out.println("z = " + z);
14         a = x + 10L;                 //将x转成long
15         System.out.println("a = " + a);
16         x = x1 + x2;                 //将x1和x2转成int
17         System.out.println("x = " + x);
18     }
19 }
```

执行结果

```
D:\Java\ch4>java ch4_36
y = 13.3
z = 15.5
a = 20
x = 15
```

程序实例 ch4_37.java：常见的错误 1。

```
1  public class ch4_37 {
2      public static void main(String[] args) {
3          short a, b, c;
4          a = 5;
5          b = 10;
6          c = a + b;                   // a和b都转成int，所以超出范围
7          System.out.println("c = " + c);
8      }
9  }
```

根据规则 4，两个 operand 将转成 int，但是左边变量是 short 所以上述程序将产生下列错误。

```
ch4_37.java:6: 错误: 不兼容的类型: 从int转换到short可能会有丢失
    c = a + b;                   // a和b都转成int，所以超出范围
```

程序实例 ch4_38.java：常见的错误 2。

```
1 public class ch4_38 {
2     public static void main(String[] args) {
3         int a;
4         float x;
5         a = 5;
6         x = a * 10.0;    // a转成double结果是double，所以超出范围
7         System.out.println("x = " + x);
8     }
9 }
```

上述第 6 行 10.0 是 double，所以 a 会被提升至 double，所以计算结果是 double 数据类型，但是左边的 x 是 float 数据类型，所以将产生下列错误。

```
ch4_38.java:6: 错误：不兼容的类型：从double转换到float可能会有丢失
        x = a * 10.0;    // a转成double结果是double，所以超出范围
```

4-8-3　强制数据类型的转换

其实从 ch4_22.java 起就用了这个概念，这相当于强制转换数据类型，若是简化 ch4_22.java，改写成 ch4_39.java，如下。

程序实例 ch4_39.java：强制转换数据类型的应用。

```
1 public class ch4_39 {
2     public static void main(String[] args) {
3         byte i;
4         i = (byte)0b11111111;
5         System.out.println("十进制输出：" + i);
6     }
7 }
```

执行结果

```
D:\Java\ch4>java ch4_39
十进制输出 ：-1
```

上述程序第 4 行的（byte）就是强制将整数 0b11111111 转成 byte 数据，所以可以顺利执行。

程序实例 ch4_40.java：修订 ch4_38.java 的错误，第 6 行将 10.0 强制改为 10.0F，相当于将 double 改为 float。

```
1 public class ch4_40 {
2     public static void main(String[] args) {
3         int a;
4         float x;
5         a = 5;
6         x = a * 10.0F;    // 强制设10.0为float
7         System.out.println("x = " + x);
8     }
9 }
```

执行结果

```
D:\Java\ch4>java ch4_40
x = 50.0
```

强制转型需留意的错误，可参考下列实例。

程序实例 ch4_41.java：强制转型产生的错误。下列程序第 5 行 int 数据 x 值是 128，在程序第 7 行将 x 强制转型为 byte 时，结果 x 值 0b10000000 被 byte 解读为 -128。

```
1 public class ch4_41 {
2     public static void main(String[] args) {
3         int x;
4         byte y;
5         x = 0b10000000;
6         System.out.println("x = " + x);
7         y = (byte) x;    // 强制转为byte
8         System.out.println("y = " + y);
9     }
10 }
```

执行结果

```
D:\Java\ch4>java ch4_41
x = 128
y = -128
```

4-9 数据的转换与输入

其实我们还没有进入 Java 的核心，但是在说明程序时又需使用几个简单的工具，所以在此先介绍如何使用一些有用的工具，后面进入核心时，读者自然可以理解这些工具的使用原理。

4-9-1 将整数转成字符串方式输出

在 3-2-1 节使用 printf() 格式化输出时，读者应该注意到可以格式化整数以八进制、十六进制输出，可是却无法格式化为二进制输出。在 Java 中如果想以二进制方式输出，可以使用将整数转为字符串的方法。

```
Integer.toBinaryString( a );      // 将整数转为二进制字符串输出，假设 a 是整数
```

其实 Java 也可以使用将整数转成八进制或十六进制字符串输出，方法如下。

```
Integer.toOctalString( a );       // 将整数转为八进制整数输出，假设 a 是整数
Integer.toHexString( a );         // 将整数转为十六进制整数输出，假设 a 是整数
```

程序实例 ch4_42.java：将整数转为字符串输出的应用。

```
1  public class ch4_42 {
2      public static void main(String[] args) {
3          int x1, x2;
4          x1 = 17;
5          x2 = -2;
6          System.out.println("x1的二进制是 :" + Integer.toBinaryString(x1));
7          System.out.println("x2的二进制是 :" + Integer.toBinaryString(x2));
8          System.out.println("x1的八进制是 :" + Integer.toOctalString(x1));
9          System.out.println("x2的八进制是 :" + Integer.toOctalString(x2));
10         System.out.println("x1的十六进制是:" + Integer.toHexString(x1));
11         System.out.println("x2的十六进制是:" + Integer.toHexString(x2));
12     }
13 }
```

执行结果
```
D:\Java\ch4>java ch4_42
x1的二进制是 : 10001
x2的二进制是 : 11111111111111111111111111111110
x1的八进制是 : 21
x2的八进制是 : 37777777776
x1的十六进制是: 11
x2的十六进制是: fffffffe
```

4-9-2 屏幕输入

目前所有的程序都是在程序中设置数据值，比较不灵活。其实 Java 的屏幕输入比较复杂，在此先用简单的方式讲解屏幕输入，读者只要会用即可，后面章节再讲解更多这方面的知识。

在 Java 输出时是使用 System.out，System 是 java.lang 包（package）下的层级的类别。输入可以使用 System.in，这是与键盘有关的标准输入流，主要是读取使用者的输入然后传递给 Scanner 对象。

使用的时候要用 import 将 java.util 名称 Scanner 导入程序的名称空间，之后则可以在程序内直接以类名称引用，在程序中直接使用的类名又称为简名。例如，以此例而言，以后程序可以使用 Scanner 作识别，不需要加上 java.util，这样可以简化程序的书写，Scanner 就是简名。下一节还会有

程序实例做说明。import 有两种使用方式，一是引入单一类名，另一是依需求引入包名**相当于是引入程序内需求的包类名**。下列是引入单一类名。

```
import java.util.Scanner;        // 引入单一 java.util.Scanner 类名
```

有时候可以看到有些程序设计师或有些书籍使用下列方式引入此类，这也是可以的，这种概念称为依需求引入类名。

```
import java.util.*;              // 依需求引入有使用 java.util 包的类名
```

第 19 章会针对包的概念做一个完整的说明，另外使用前要先声明 Scanner 对象，如下所示。

```
Scanner scanner = new Scanner(System.in)        //scanner 是笔者自行取名
```

经上述声明后，基本输入流程概念图如下，以后可以用下列方法读取屏幕输入。

```
nextByte();                 // 读取 byte 值
nextShort();                // 读取 short 值
nextInt();                  // 读取 int 值
nextLong();                 // 读取 Long 值
nextBoolean();              // 读取 Boolean 值
nextFloat();                // 读取 float 值
nextDouble();               // 读取 double 值
next();                     // 读取 String 值
```

如果读取的数据多于一条，各条数据间可用空格符或 Tab 字符隔开。

程序实例 ch4_43.java：请输入两个数字，程序将列出数字的和。

```
 1  import java.util.Scanner;
 2  public class ch4_43 {
 3      public static void main(String[] args) {
 4          int x1, x2;
 5          Scanner scanner = new Scanner(System.in);
 6
 7          System.out.println("请输入2个整数(数字间用空格隔开):");
 8          x1 = scanner.nextInt();
 9          x2 = scanner.nextInt();
10          System.out.println("你输入的第一个数字是：" + x1);
11          System.out.println("你输入的第二个数字是：" + x2);
12          System.out.println("数字总和是        :" + (x1 + x2));
13      }
14  }
```

执行结果

```
D:\Java\ch4>java ch4_43
请输入2个整数(数字间用空白隔开)：
10 20
你输入的第一个数字是：10
你输入的第二个数字是：20
数字总和是          ：30
```

上述程序第 7 行的 println() 会使光标移至下一行读取数据，可以使用 print()，此时可以让光标保持在同一行供输入。下列是标准输入流程概念。

程序实例 ch4_44.java：程序第 7 行使用 print() 取代 println()。

```
7            System.out.print("请输入2个整数(数字间用空格隔开):");
```

执行结果
```
D:\Java\ch4>java ch4_44
请输入2个整数(数字间用空格隔开) : 10 20
你输入的第一个数字是 : 10
你输入的第二个数字是 : 20
数字总和是      : 30
```

程序实例 ch4_45.java：读取字符串数据的应用。

```
1  import java.util.Scanner;
2  public class ch4_45 {
3      public static void main(String[] args) {
4          String x;
5          Scanner scanner = new Scanner(System.in);
6
7          System.out.print("请输入姓名:");
8          x = scanner.next();
9          System.out.printf("嗨!%s 欢迎使用本系统", x);
10     }
11 }
```

执行结果
```
D:\Java\ch4>java ch4_45
请输入姓名 : 洪锦魁
嗨! 洪锦魁 欢迎使用本系统
```

4-10   浅谈 import 与 java.lang 包

4-10-1   再谈 import

在 4-9-2 节介绍了 java.util 层级下的 Scanner 类，同时在该节的程序实例中也说明在使用 Scanner 类的 System.in 对象时，需在程序前面引入 Scanner 类名。

```
import java.util.Scanner;                    // 引入单一类名
```

或

```
import java.util.*;                          // 依需求引入有使用 java.util 的类名
```

其实严格来说 import 只是让 Java 编译程序帮助我们简化程序设计，或是说帮助我们输入命令，也可以不使用 import，只要程序设计时用完整名称使用包和类名即可"包名.类名"，通常称之为完整名称。

程序实例 ch4_46.java：不使用 import，重新设计程序 ch4_45.java，这个程序的重点是，程序开始时没有 import java.util.Scanner，在程序第 4 行需用完整名称调用类。

```
1  public class ch4_46 {
2      public static void main(String[] args) {
3          String x;
4          java.util.Scanner scanner = new java.util.Scanner(System.in);
5
6          System.out.print("请输入姓名:");
7          x = scanner.next();
8          System.out.printf("嗨!%s 欢迎使用本系统", x);
9      }
10 }
```

执行结果   与 ch4_45.java 相同。

另外，读者可能会感到奇怪，先前使用的 java.lang 层级下的 System 类（执行输出），在程序设计时却不使用下列方式导入。

```
import java.lang.System;
```

或

```
import java.lang.*;
```

原因是 java.lang 是 Java 最基础的包，这个包的所有类名在程序编译时会自动依需求引入，所以不需手动引入。当然如果在程序设计时，也可以使用 import java.lang.*，程序也可以执行。

程序实例 ch4_47.java：增加 "import java.lang.*" 重新设计 ch4_46.java，其实这一行是多余的，只是让读者了解 import 的真实意义。

```
1  import java.lang.*;
2  public class ch4_47 {
3      public static void main(String[] args) {
4          String x;
5          java.util.Scanner scanner = new java.util.Scanner(System.in);
6
7          System.out.print("请输入姓名:");
8          x = scanner.next();
9          System.out.printf("嗨!%s 欢迎使用本系统", x);
10     }
11 }
```

执行结果　与 ch4_46.java 相同。

此外，如果 Java 编译程序没有帮助我们将 Java 最基础的 java.lang 包在编译程序时依需求引入类名，则设计程序时需要完整叙述每个类名。

程序实例 ch4_48.java：用完整名称处理 System.out.println() 方法，重新设计 ch4_46.java，读者可参考第 6 行和第 8 行。

```
1  public class ch4_48 {
2      public static void main(String[] args) {
3          String x;
4          java.util.Scanner scanner = new java.util.Scanner(System.in);
5
6          java.lang.System.out.print("请输入姓名:");
7          x = scanner.next();
8          java.lang.System.out.print("嗨!%s 欢迎使用本系统", x);
9      }
10 }
```

执行结果　与 ch4_46.java 相同。

4-10-2　java.lang 包

在阅读 Java 文件时常可看到 Java API，API 的全称是 Application Programming Interface，若是从字义来看可以称之为 Java 应用程序编程接口。其实所谓的 API 就是一些已经写好可以直接使用的类库。如果想学好 Java，熟悉 API 是必经之路。下面列出常用的 java.lang 的类，读者可以不必强记，只要有这些类不用 import 即可使用的概念即可，本书后面会一一介绍常用的类。

java.lang.Boolean 类　– 可参考 10-1 节

java.lang.Byte 类 – 可参考 18-2 节

java.lang.Character 类 – 可参考 12-1 节

java.lang.Double 类 – 可参考 18-2 节

java.lang.Error 类 – 可参考 20-3-3 节

java.lang.Exception 类 – 可参考 20-3-3 节

java.lang.Float 类 – 可参考 18-2 节

java.lang.Integer 类 – 可参考 18-2 节

java.lang.Long 类 – 可参考 18-2 节

java.lang.Math 类 – 可参考 10-1 节

java.lang.Number 类　– 可参考 18-2 节

java.lang.Object 类 – 可参考 15 章

java.lang.Short 类 – 可参考 18-2 节

java.lang.String 类 – 可参考 12-2 和 12-3 节

java.lang.StringBuffer 类 – 可参考 12-4 节

java.lang.StringBuilder 类 – 可参考 12-5 节

java.lang.System 类 – 可参考 4-9 和 4-10 节

java.lang.Thread 类 – 可参考 21-1 节

java.lang.Throwable 类 – 可参考 20-3-3 节

上述是 Java 的基础类，Java 之所以可以纵横计算机领域二十余年，它的其他类功能更是多且广，后面将一一介绍常用的部分。当然后面也将引导读者学习如何设计包，也许你就是高手未来可以设计包供其他读者使用。

4-11 程序语句的结合与分行

4-11-1 语句的结合

在 Java 程序设计时，语法是允许将两行语句结合为一行，只要彼此间用 ";" 隔开即可。
例如，有两条语句如下。

x = 5;

y = 10;

也可写成：

x = 5; y = 10;

程序实例 ch4_49.java：表达式结合为一行的应用。下列程序第 4 行是由两条语句组成。

```
1 public class ch4_49 {
2    public static void main(String[] args) {
3        int x, y;
4        x = 5; y = 10;
5        System.out.println("x + y = " + (x + y));
6    }
7 }
```

执行结果
```
D:\Java\ch4>java ch4_49
x + y = 15
```

4-11-2 语句的分行

在 Java 中如果语句很长想用两行表达，除了字符串中间不能随便分行外，建议在运算符后方执行分行。

程序实例 ch4_50.java：这个程序基本上是重新设计 ch3_11.java，但是原先 3 ~ 6 行分别采用不同的分行。

```
1 public class ch4_50 {
2    public static void main(String[] args) {
3        System.out.printf("byte的值范围 %d ~ %d%n"
4                        , Byte.MIN_VALUE, Byte.MAX_VALUE);
5        System.out.printf("short的值范围 %d ~ %d%n",
6                        Short.MIN_VALUE, Short.MAX_VALUE);
7        System.out.printf("int的值范围  %d ~ %d%n", Integer.MIN_VALUE,
8                        Integer.MAX_VALUE);
9        System.out.printf("long的值范围 %d ~ %d%n", Long.MIN_VALUE, Long.MAX_VALUE);
10   }
11 }
```

执行结果　与 ch3_11.java 相同。

上述程序第 4 行是 ","前方分行，第 6 和 8 行是在 ","后方分行。

程序实操题

1. 假设停车场只能接受 50 元、10 元和 5 元硬币，假设停车费用是 135 元，请列出所需最少硬币的组合。

2. 重新设计前一个程序，停车费用半小时是 50 元，不足半小时以半小时计算，最多是 500 元，请由屏幕输入停车费用，然后列出所需最少硬币的组合。

3.　请输入一个小于 10 的数字，然后列出这个数字的平方和立方。

4.　请输入一个数字，然后可以列出这个数是奇数或偶数。

5.　请输入矩形的长与宽，然后列出此矩形的面积。

6.　1 英里等于 1.609 千米，请输入英里数，此程序可以列出千米数。

7.　华氏温度转摄氏温度公式如下：

摄氏温度 =（华氏温度 − 32）× 5 / 9

请输入华氏温度，此程序可以转成摄氏温度。

8.　摄氏温度转华氏温度公式如下：

华氏温度 = 摄氏温度 ×（9 / 5）+ 32

请输入摄氏温度，此程序可以转成华氏温度。

9.　请计算下列执行结果。

x = 6 * 8 − 7 * 6 >> 2

x = 6 >> 5 * 8 − 10 * 4 + 1

x = 5 + 6 << 2

x = 7 * 3 + 8 >> 3

10.　假设 a 是 10，b 是 18，c 是 5，请计算下列执行结果，取整数结果。

（1）s = a + b − c　　　（2）s = 2 * a + 3 − c　　　（3）s = b * c + 20 / b

（4）s = a％c * b + 10　（5）s = a ** c − a * b * c

习题

一、是非题

1（X）.有一个表达式如下：

```
x + y
```

其中，x 是运算符。

2（O）.有一条 Java 语句如下：

```
x = 100;
```

称 = 是指定运算符。

3（X）.下列两条语句，概念与意义相同。

```
x = ++i;
```

或

```
x = i++;
```

4（X）.有一条语句如下：

```
x = -100.0 / 0;
```

结果 x 是 Infinity。

5（X）.有一条语句如下：

```
x = -10.1 % 0;
```

结果 x 是 NaN。

6（O）. 布尔值（boolean）有两种，分别是 true 或 false。

7（O）. 所谓二补码就是将数字由正值转换为负值（或是由负值转换为正值）的运算方式。

8（X）. 使用 >> 位右移时，左边空出来的位空间会补 0。

9（O）. 下列是一道错误的程序片段。

```
float PI;
PI = 3.14159;
```

10（O）. nextInt() 可以读取整数。

二、选择题

1（B）. 下列哪一个是单元运算符？

    A.+   B.++   C.%   D.？：

2（D）. 有一片段指令如下：

    x = 9 % 5

    最后 x 是多少？

    A. 1   B. 2   C. 3   D. 4

3（D）. 反向运算符常和哪一种变量搭配使用？

    A. 字符串   B. 整数   C. 浮点数   D. 布尔值

4（A）. 下列哪一个符号又称为逻辑运算短路符号？

    A. &&   B. &   C. || D. !

5（A）. 有一条语句如下：

    num = 100 > 50? 20:30

    上述 num 值最后是多少？

    A. 20   B. 30   C. 50   D. 100

6（B）. 有一个 byte 的二进制值数据是 0b10000000，此值的十进制值是多少？

    A. 128   B. -128   C. -127   D. 127

7（C）. x 值是 0b00000101，y 值是 0b00000001，x^y 结果是多少？

    A. 0   B. 1   C. 4   D. 5

8（D）. 假设 x 数据类型是 int，x = 5，则 x << 3 是多少？

    A. 5   B. 10   C. 20   D. 40

9（A）. 下列哪一个运算符有最高优先级？

    A. ++   B. *   C. >>>   D. &

10（D）. 下列哪一个运算符有最低优先级？

    A. ++   B. *   C. >>>   D. &

11（C）. x 是 int 数据类型，y 是 float 数据类型，下列哪一个是错误的叙述？

    A. y = x + 1   B. x = 10   C. y = 1.5   D. y = 3

12（B）. 下列哪一个方法可以读取字符串？

    A. nextInt()   B. next()   C. nextByte()   D. nextLong()

第 5 章

程序流程控制

本章摘要

　　一个程序如果是按部就班从头到尾，中间没有转折，其实无法完成太多工作。设计过程中难免会需要转折，这个转折在程序设计中的术语为**流程控制**。本章将完整讲解与流程控制有关的 if 语句和 switch 语句。

　　前 4 章所讲解的程序，是由上往下顺序执行，如下方左图所示。

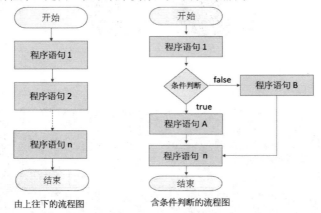

由上往下的流程图　　　　含条件判断的流程图

　　其实在真实的环境中，很可能需要面对**选择**，**选择**也可以称作**条件判断**，当**条件判断**是 true 时可以执行语句 A，如果**条件判断**是 false 时可以执行语句 B，这个时候程序流程将如上方右图所示。

5-1　if 语句

　　依据 Java 语法规则，可以将 if 语句分成三种形式，下面将分成三节说明。

5-1-1　基本 if 语句

　　这个 if 语句的基本语法如下。

```
if   (条件判断) {
程序语句区块；
}
```

　　上述语句含义是如果**条件判断**是 **true**，则**执行程序语句区块**，如果**条件判断**是 false，则**不执行程序语句区块**。下列两图都是上述基本语法的流程图。

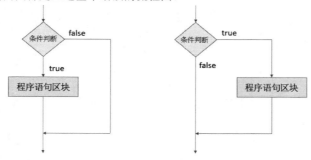

程序实例 ch5_1.java：if 语句的基本应用，由输入年龄判断输出。

```
1  import java.util.Scanner;
2  public class ch5_1 {
3      public static void main(String[] args) {
4          int age;
5          Scanner scanner = new Scanner(System.in);
6
7          System.out.print("请输入年龄:");
8          age = scanner.nextInt();              // 读取年龄数据
9          if (age < 20) {
10             System.out.println("你的年龄太小");
11             System.out.println("需满20岁才可以购买烟酒");
12         }
13     }
14 }
```

执行结果

```
D:\Java\ch5>java ch5_1
请输入年龄 : 18
你的年龄太小
需满20岁才可以购买烟酒

D:\Java\ch5>java ch5_1
请输入年龄 : 20
```

上述程序如果输入值小于 20，将获得第 1 次执行结果。如果输入数据大于或等于 20，程序将不执行任何动作，如第 2 次的执行结果所示。下图是上述实例的流程图。

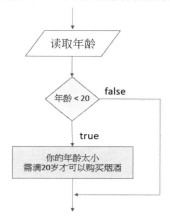

在使用 if 语句过程中，如果程序语句区块只有一条命令，可以省略大括号，将上述语句写成下列格式。

```
if   （条件判断）
```

　　程序语句区块（只有一条命令）；

程序实例 ch5_2.java：重新设计 ch5_1.java，将语句区块改成只有一条命令，同时省略 if 语句的大括号。

```
1  import java.util.Scanner;
2  public class ch5_2 {
3      public static void main(String[] args) {
4          int age;
5          Scanner scanner = new Scanner(System.in);
6
7          System.out.print("请输入年龄:");
8          age = scanner.nextInt();              // 读取年龄数据
9          if (age < 20)
10             System.out.println("你的年龄太小需满20岁才可以购买烟酒");
11     }
12 }
```

执行结果

```
D:\Java\ch5>java ch5_2
请输入年龄 : 19
你的年龄太小需满20岁才可以购买烟酒
```

另外，如果程序语句区块只有一条命令，也可以将此条命令放在 if 语句的右边，此时可以写成下列格式。

```
if   （条件判断）程序语句区块；            // （只有一条命令）
```

程序实例 ch5_3.java：将程序语句移至（**条件判断**）右边，重新设计 ch5_2.java。

```
1  import java.util.Scanner;
2  public class ch5_3 {
3      public static void main(String[] args) {
4          int age;
5          Scanner scanner = new Scanner(System.in);
6
7          System.out.print("请输入年龄：");
8          age = scanner.nextInt();            // 读取年龄数据
9          if (age < 20) System.out.println("你的年龄太小需满20岁才可以购买烟酒");
10     }
11 }
```

执行结果　　与 ch5_2.java 相同。

读者应该注意第 9 行的写法。

程序实例 ch5_4.java：程序新手常犯的错误。读者可参考程序第 9 ～ 11 行，由于未加上大括号，所以不论（age < 20）是 true 或 false 都会执行第 11 行。

```
1  import java.util.Scanner;
2  public class ch5_4 {
3      public static void main(String[] args) {
4          int age;
5          Scanner scanner = new Scanner(System.in);
6
7          System.out.print("请输入年龄：");
8          age = scanner.nextInt();                      // 读取年龄数据
9          if (age < 20)
10             System.out.println("你的年龄太小");
11             System.out.println("需满20岁才可以购买烟酒");    // 不论true或false都会执行
12     }
13 }
```

执行结果

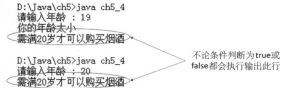

```
D:\Java\ch5>java ch5_4
请输入年龄：19
你的年龄太小
需满20岁才可以购买烟酒

D:\Java\ch5>java ch5_4
请输入年龄：20
需满20岁才可以购买烟酒
```

不论条件判断为true或false都会执行输出此行

5-1-2　if ⋯ else 语句

程序设计时更常用的功能是条件判断为 true 时执行某一段程序语句区块，当条件判断为 false 时执行另一段程序语句区块，此时可以使用 if ⋯ else 语句，它的语法格式如下。

```
if   （条件判断）{
程序语句区块 A；
} else {
程序语句区块 B；
}
```

上述思路是如果**条件判断**是 **true**，则**执行程序语句区块 A**，如果**条件判断**是 **false**，则**执行程序语句区块 B**。可以用下列流程图说明这个 if ⋯ else 语句。

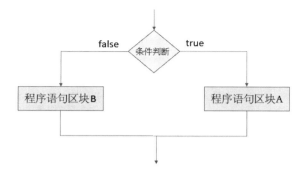

程序实例 ch5_5.py：重新设计 ch5_1.py，多了年龄满 20 岁时的输出。

```
1  import java.util.Scanner;
2  public class ch5_5 {
3      public static void main(String[] args) {
4          int age;
5          Scanner scanner = new Scanner(System.in);
6
7          System.out.print("请输入年龄：");
8          age = scanner.nextInt();          // 读取年龄数据
9          if (age < 20) {
10             System.out.println("你的年龄太小");
11             System.out.println("需满20岁才可以购买烟酒");
12         } else
13             System.out.println("欢迎购买烟酒");
14     }
15 }
```

执行结果

```
D:\Java\ch5>java ch5_5
请输入年龄 ：19
你的年龄太小
需满20岁才可以购买烟酒

D:\Java\ch5>java ch5_5
请输入年龄 ：20
欢迎购买烟酒
```

上述程序的流程图如下。

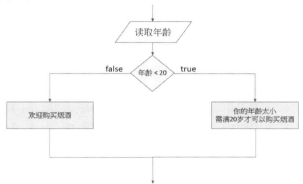

程序实例 ch5_6.py：输出绝对值的应用。

```
1  import java.util.Scanner;
2  public class ch5_6 {
3      public static void main(String[] args) {
4          int x;
5          Scanner scanner = new Scanner(System.in);
6          System.out.println("输出绝对值的应用");
7          System.out.print("请输入任意整数：");
8          x = scanner.nextInt();          // 读取屏幕输入
9          if (x > 0)
10             System.out.println("绝对值是" + x);
11         else
12             System.out.println("绝对值是" + -x);
13     }
14 }
```

执行结果

```
D:\Java\ch5>java ch5_6
输出绝对值的应用
请输入任意整数 ：99
绝对值是99

D:\Java\ch5>java ch5_6
输出绝对值的应用
请输入任意整数 ：-99
绝对值是99
```

程序实例 ch5_7.java：世界卫生组织定义 45 ～ 59 岁的人是中年人，请输入年龄，程序将判断你是否是中年人。这个程序的重点是程序第 9 行条件判断除了有比较运算符外，还有逻辑运算符 &&。

```java
1  import java.util.Scanner;
2  public class ch5_7 {
3      public static void main(String[] args) {
4          int age;
5          Scanner scanner = new Scanner(System.in);
6
7          System.out.print("请输入年龄 :");
8          age = scanner.nextInt();              // 读取年龄数据
9          if (age <= 59 && age >= 45)
10             System.out.println("你是中年人");
11         else
12             System.out.println("你不是中年人");
13     }
14 }
```

执行结果

```
D:\Java\ch5>java ch5_7
请输入年龄 : 60
你不是中年人

D:\Java\ch5>java ch5_7
请输入年龄 : 59
你是中年人
```

5-1-3　再看三元运算符

在 if … else 语句中，经常可以看到下列语句。

```
if ( a > b ) {
    c = a;
}
else {
    c = b;
}
```

其实上述语句是求较大值的运算，上述语句会比较 a 是否大于 b，如果是，则令 c 等于 a，否则令 c 等于 b。在 4-1-7 节介绍了三元运算符，在 4-5-5 节讲解了此三元运算符的实例。

```
e1 ? e2 : e3;
```

它的执行情形是：如果 e1 为 true，则执行 e2，否则执行 e3。如果想求两数的较大值，若使用这个三元运算符，则其写法如下。

```
c = ( a > b ) ? a : b;
```

上述语句不论是使用三元运算符或 if … else 语句，最后所获得的结果是一样的，其实三元运算符就是由这个 if … else 语句演变来的。

5-1-4　if … else if …else 语句

这是一个多重判断，程序设计时需要多个条件做比较时就比较有用。例如，在美国成绩计分是采取 A、B、C、D、F 等，通常 90 ～ 100 分是 A，80 ～ 89 分是 B，70 ～ 79 分是 C，60 ～ 69 分是 D，低于 60 分是 F。若是使用 Java 可以用这个语句，很容易就可以完成这个工作。这个语句的基本语法格式如下。

```
if   (条件判断一) {
程序语句区块一 ;
} else if (条件判断二) {
程序语句区块二 ;
```

```
    }
    ...                              // 可以有多个 else if 语句
    else {                           // 当所有条件判断都是 false
        程序语句区块 n;               // 执行此程序语句区块 n
    }
```

如果**条件判断**一是 true 则**执行程序语句区块**一，然后离开条件判断。否则检查**条件判断二**，如果是 true，则**执行程序语句区块二**，然后离开条件判断。如果**条件判断**是 false，则持续进行检查，上述 else if 的条件判断可以不断扩充，如果所有条件判断是 false，则**执行程序语句区块 n**。下列流程图是假设只有两个条件判断说明这个 if … else if … else 语句。

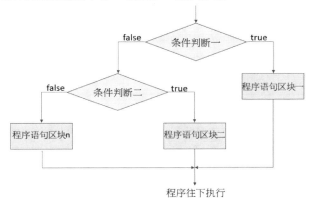

程序实例 ch5_8.py：请输入数字分数，系统将响应 A、B、C、D 或 F 等级。

```java
 1  import java.util.Scanner;
 2  public class ch5_8 {
 3      public static void main(String[] args) {
 4          int score;
 5          Scanner scanner = new Scanner(System.in);
 6          System.out.println("计算最终成绩");
 7          System.out.print("请输入分数:");
 8          score = scanner.nextInt();              // 读取成绩数据
 9          if (score >= 90)
10              System.out.println("A");
11          else if (score >= 80)
12              System.out.println("B");
13          else if (score >= 70)
14              System.out.println("C");
15          else if (score >= 60)
16              System.out.println("D");
17          else
18              System.out.println("F");
19      }
20  }
```

执行结果

```
D:\Java\ch5>java ch5_8        D:\Java\ch5>java ch5_8        D:\Java\ch5>java ch5_8
计算最终成绩                   计算最终成绩                   计算最终成绩
请输入分数 : 77               请输入分数 : 90               请输入分数 : 59
C                             A                             F
```

程序实例 ch5_9.py：有一风景区的票价收费标准是 100 元。

- 如果小于等于 6 岁或大于等于 80 岁，收费是打 2 折。
- 如果是 7 ～ 12 岁或 60 ～ 79 岁，收费是打 5 折。

请输入岁数，程序会计算票价。

```
1 import java.util.Scanner;
2 public class ch5_9 {
3     public static void main(String[] args) {
4         double price;
5         int age;
6         int ticket = 100;                      // 标准票价
7         Scanner scanner = new Scanner(System.in);
8
9         System.out.println("计算票价");
10        System.out.print("请输入年龄：");
11        age = scanner.nextInt();               // 读取年龄数据
12        if (age >= 80 || age <= 6) {
13            price = ticket * 0.2;              // 计算打 2 折票价
14            System.out.print("票价是：" + price);
15        } else if (age >= 60 || age <= 12) {
16            price = ticket * 0.5;              // 计算打 5 折票价
17            System.out.print("票价是：" + price);
18        } else {
19            price = ticket;                    // 不打折票价
20            System.out.print("票价是：" + price);
21        }
22    }
23 }
```

执行结果

```
D:\Java\ch5>java ch5_9     D:\Java\ch5>java ch5_9     D:\Java\ch5>java ch5_9
计算票价                    计算票价                    计算票价
请输入年龄：81              请输入年龄：77              请输入年龄：13
票价是：20.0               票价是：50.0               票价是：100.0
```

在 4-9-2 节说明了屏幕读取数据，结果发现唯独缺读取字符，要读取字符需要使用读取字符串函数 scanner.next()，然后再调用 String.charAt(0) 方法读取字符，可参考 ch5_10.java 的第 8 行。

程序实例 ch5_10.py：这个程序会要求输入字符，然后会告知所输入的字符是大写字母、小写字母、阿拉伯数字或特殊字符。这个程序主要是用字符码值的比较，了解输入字符是否属于特定字符。大写字母的码值为 65（A）～ 90（Z），小写字母的码值为 97（a）～ 122（z），阿拉伯数字的码值为 48（0）～ 57（9）。

```
1 import java.util.Scanner;
2 public class ch5_10 {
3     public static void main(String[] args) {
4         char ch;
5         Scanner scanner = new Scanner(System.in);
6
7         System.out.println("判断输入字符类别");
8         System.out.print("请输入任意字符：");
9         ch = scanner.next().charAt(0);         // 读取字符数据
10        if (ch >= 'A' && ch <= 'Z')
11            System.out.println("这是大写字符");
12        else if (ch >= 'a' && ch <= 'z')
13            System.out.println("这是小写字符");
14        else if (ch >= '0' && ch <= '9')
15            System.out.println("这是数字");
16        else
17            System.out.println("这是特殊字符");
18    }
19 }
```

执行结果

```
D:\Java\ch5>java ch5_10        D:\Java\ch5>java ch5_10
判断输入字符类别                判断输入字符类别
请输入任意字符：A              请输入任意字符：k
这是大写字符                    这是小写字符


D:\Java\ch5>java ch5_10        D:\Java\ch5>java ch5_10
判断输入字符类别                判断输入字符类别
请输入任意字符：5              请输入任意字符：@
这是数字                        这是特殊字符
```

下列两张表格取材自 www.LookupTable.com，第一张表是 ASCII 码值的内容。

Dec	Hx	Oct	Char	Dec	Hx	Oct	Html	Chr	Dec	Hx	Oct	Html	Chr	Dec	Hx	Oct	Html	Chr
0	0	000	NUL (null)	32	20	040	 	Space	64	40	100	@	@	96	60	140	`	`
1	1	001	SOH (start of heading)	33	21	041	!	!	65	41	101	A	A	97	61	141	a	a
2	2	002	STX (start of text)	34	22	042	"	"	66	42	102	B	B	98	62	142	b	b
3	3	003	ETX (end of text)	35	23	043	#	#	67	43	103	C	C	99	63	143	c	c
4	4	004	EOT (end of transmission)	36	24	044	$	$	68	44	104	D	D	100	64	144	d	d
5	5	005	ENQ (enquiry)	37	25	045	%	%	69	45	105	E	E	101	65	145	e	e
6	6	006	ACK (acknowledge)	38	26	046	&	&	70	46	106	F	F	102	66	146	f	f
7	7	007	BEL (bell)	39	27	047	'	'	71	47	107	G	G	103	67	147	g	g
8	8	010	BS (backspace)	40	28	050	(	(	72	48	110	H	H	104	68	150	h	h
9	9	011	TAB (horizontal tab)	41	29	051	)	)	73	49	111	I	I	105	69	151	i	i
10	A	012	LF (NL line feed, new line)	42	2A	052	*	*	74	4A	112	J	J	106	6A	152	j	j
11	B	013	VT (vertical tab)	43	2B	053	+	+	75	4B	113	K	K	107	6B	153	k	k
12	C	014	FF (NP form feed, new page)	44	2C	054	,	,	76	4C	114	L	L	108	6C	154	l	l
13	D	015	CR (carriage return)	45	2D	055	-	-	77	4D	115	M	M	109	6D	155	m	m
14	E	016	SO (shift out)	46	2E	056	.	.	78	4E	116	N	N	110	6E	156	n	n
15	F	017	SI (shift in)	47	2F	057	/	/	79	4F	117	O	O	111	6F	157	o	o
16	10	020	DLE (data link escape)	48	30	060	0	0	80	50	120	P	P	112	70	160	p	p
17	11	021	DC1 (device control 1)	49	31	061	1	1	81	51	121	Q	Q	113	71	161	q	q
18	12	022	DC2 (device control 2)	50	32	062	2	2	82	52	122	R	R	114	72	162	r	r
19	13	023	DC3 (device control 3)	51	33	063	3	3	83	53	123	S	S	115	73	163	s	s
20	14	024	DC4 (device control 4)	52	34	064	4	4	84	54	124	T	T	116	74	164	t	t
21	15	025	NAK (negative acknowledge)	53	35	065	5	5	85	55	125	U	U	117	75	165	u	u
22	16	026	SYN (synchronous idle)	54	36	066	6	6	86	56	126	V	V	118	76	166	v	v
23	17	027	ETB (end of trans. block)	55	37	067	7	7	87	57	127	W	W	119	77	167	w	w
24	18	030	CAN (cancel)	56	38	070	8	8	88	58	130	X	X	120	78	170	x	x
25	19	031	EM (end of medium)	57	39	071	9	9	89	59	131	Y	Y	121	79	171	y	y
26	1A	032	SUB (substitute)	58	3A	072	:	:	90	5A	132	Z	Z	122	7A	172	z	z
27	1B	033	ESC (escape)	59	3B	073	;	;	91	5B	133	[	[	123	7B	173	{	{
28	1C	034	FS (file separator)	60	3C	074	<	<	92	5C	134	\	\	124	7C	174	|	|
29	1D	035	GS (group separator)	61	3D	075	=	=	93	5D	135	]	]	125	7D	175	}	}
30	1E	036	RS (record separator)	62	3E	076	>	>	94	5E	136	^	^	126	7E	176	~	~
31	1F	037	US (unit separator)	63	3F	077	?	?	95	5F	137	_	_	127	7F	177	&#127;	DEL

第二张表是扩充的 ASCII 码。

128	Ç	144	É	160	á	176	░	192	└	208	╨	224	α	240	≡
129	ü	145	æ	161	í	177	▒	193	┴	209	╤	225	ß	241	±
130	é	146	Æ	162	ó	178	▓	194	┬	210	╥	226	Γ	242	≥
131	â	147	ô	163	ú	179	│	195	├	211	╙	227	π	243	≤
132	ä	148	ö	164	ñ	180	┤	196	─	212	╘	228	Σ	244	⌠
133	à	149	ò	165	Ñ	181	╡	197	┼	213	╒	229	σ	245	⌡
134	å	150	û	166	ª	182	╢	198	╞	214	╓	230	μ	246	÷
135	ç	151	ù	167	º	183	╖	199	╟	215	╫	231	τ	247	≈
136	ê	152	ÿ	168	¿	184	╕	200	╚	216	╪	232	Φ	248	°
137	ë	153	Ö	169	⌐	185	╣	201	╔	217	┘	233	Θ	249	∙
138	è	154	Ü	170	¬	186	║	202	╩	218	┌	234	Ω	250	·
139	ï	155	¢	171	½	187	╗	203	╦	219	█	235	δ	251	√
140	î	156	£	172	¼	188	╝	204	╠	220	▄	236	∞	252	ⁿ
141	ì	157	¥	173	¡	189	╜	205	═	221	▌	237	φ	253	²
142	Ä	158	₧	174	«	190	╛	206	╬	222	▐	238	ε	254	■
143	Å	159	ƒ	175	»	191	┐	207	╧	223	▀	239	∩	255	

5-1-5　嵌套 if 语句

嵌套的 if 语句是指在 if 语句内还有其他的 if 语句，下列是其中一种情况的实例。

```
if (条件判断一) {
    if (条件判断A) {
        程序语句区块A;
    } else {
        程序语句区块B;
    }
} else {
    程序语句区块;
}
```

这应是原先程序语句区块，
结果出现另一个if条件判断

其实 Java 允许加上嵌套多层，不过层次一多时，程序维护会变得比较困难。

程序实例 ch5_11.py：测试某一年是否为闰年，闰年的条件是首先可以被 4 整除（相当于没有余数），这个条件成立时，还必须符合：除以 100 时余数不为 0 或是除以 400 时余数为 0，当两个条件都符合时才算闰年。

```
1  import java.util.Scanner;
2  public class ch5_11 {
3      public static void main(String[] args) {
4          int year;
5          int rem4, rem100, rem400;
6          Scanner scanner = new Scanner(System.in);
7
8          System.out.println("判断输入年份是否为闰年");
9          System.out.print("请输入任意字符：");
10         year = scanner.nextInt();              // 读取年份数据
11         rem4 = year % 4;
12         rem100 = year % 100;
13         rem400 = year % 400;
14         if (rem4 == 0)
15             if (rem100 != 0 || rem400 == 0)
16                 System.out.printf("%d 是闰年", year);
17             else
18                 System.out.printf("%d 不是闰年", year);
19         else
20             System.out.printf("%d 不是闰年", year);
21     }
22 }
```

执行结果

```
D:\Java\ch5>java ch5_11          D:\Java\ch5>java ch5_11
判断输入年份是否为闰年             判断输入年份是否为闰年
请输入任意字符：2018             请输入任意字符：2020
2018 不是闰年                    2020 是闰年
```

5-2 switch 语句

switch 也是一种程序流程控制的命令，它的基本使用语法如下。

```
switch ( 变量或表达式 ) {
    case valueA:
程序语句区块 A;          // 如果变量或表达式结果是 valueA，则执行此语句

    break;
    case valueB:
程序语句区块 B;          // 如果变量或表达式结果是 valueB，则执行此语句

        break;
    …
    …

default:                 // 可有可无，若有，当以上都不符合，则执行此语句
    default 程序语句区块；

}
```

上述语法的流程图如下所示。

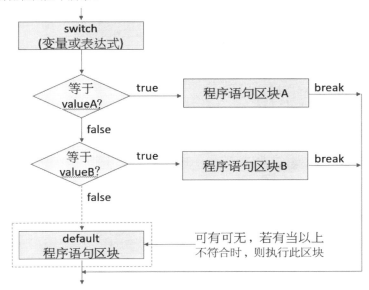

上述程序执行时，会依 switch（**变量**或**表达式**）的结果值，由上往下寻找符合条件的 case，当找到时，Java 会去执行与该 case 有关的语句，直到碰到 break 或是遇上 switch 语句的结束符号，才结束 switch 语句。**default** 可有可无，如果有 default 时，当所有条件的 case 都不符合时，则执行 default 底下的语句。例如，switch 的变量或表达式可以是考试分数（假设是在 **1** ~ **99** 分之间），将分数除以 10，取整数，几种可能情况如下。

9 —— 得 A

8 —— 得 B

7 —— 得 C

6 —— 得 D

default 得 F

switch 语句几个关键点说明如下。

（1）**switch**：在 switch 中的变量或表达式的结果必须是 char、byte、short、int、String 类型的数据。

（2）**case**：一般 case 的值是常数，偶尔也会看到由常数组成的表达式，switch 会根据变量或表达式的结果执行符合 case 值的相关程序语句区块，直到遇上 break 或是遇上 switch 语句的结束符号。

（3）**default**：可有可无，如果没有相当于若是 switch 的变量或表达式的结果找不到相对应的 case 时，则不执行任何工作。若是想要找不到相对应的 case 时可以执行一些工作，则可以设计 default，然后执行特定工作。

程序实例 ch5_12.java：重新设计 ch5_8.java，输入分数然后产生 A ~ F 的成绩。

```java
1  import java.util.Scanner;
2  public class ch5_12 {
3      public static void main(String[] args) {
4          int score;
5          Scanner scanner = new Scanner(System.in);
6          System.out.println("计算最终成绩");
```

```
7        System.out.print("请输入分数(0-99) : ");
8        score = scanner.nextInt();              // 读取成绩数据
9        switch (score / 10) {                   // 取整数
10           case 9:
11               System.out.println("A");
12               break;
13           case 8:
14               System.out.println("B");
15               break;
16           case 7:
17               System.out.println("C");
18               break;
19           case 6:
20               System.out.println("D");
21               break;
22           default:
23               System.out.println("F");
24       }
25   }
26 }
```

执行结果

与 ch5_8.java 相同。

程序设计时不同 case 可以有相同的结果，在上一个程序实例中，先排除了分数是 100 分，下面将重新设计此程序。

程序实例 ch5_13.java：这个程序允许成绩是 100 分，如果 100 分时输出是 A。

```
7        System.out.print("请输入分数(1-100) : ");
8        score = scanner.nextInt();              // 读取成绩数据
9        switch (score / 10) {                   // 取整数
10           case 10:
11               System.out.println("A");
12               break;
13           case 9:
14               System.out.println("A");
15               break;
```

执行结果

```
D:\Java\ch5>java ch5_13          D:\Java\ch5>java ch5_13
计算最终成绩                        计算最终成绩
请输入分数(1-100) : 100            请输入分数(1-100) : 90
A                                A
```

对于上述程序而言，当 case 的值是 10 或 9 时，输出 A，碰上这类程序可以省略第 11 行的输出 A 语句和 12 行的 break。这时当程序得到 case 是 10 时，执行相对应的语句，若是没看到 break，程序会往下执行，相当于会执行到第 14 行和第 15 行，也就是执行到碰上 15 行的 break 才会跳出 switch。

程序实例 ch5_14.java：重新设计 ch5_13.java，主要是省略 case 是 10 时的语句，让程序执行 case 是 9 的语句。

```
9        switch (score / 10) {                   // 取整数
10           case 10:
11           case 9:
12               System.out.println("A");
13               break;
```

执行结果

与 ch5_13.java 相同。

程序实例 ch5_15.java：这个程序会要求输入姓氏，如果是前 5 大姓氏会列出在中国的人数占比和约有多少人是此姓氏，若是其他姓氏则列出不在前 5 大。

```java
1  import java.util.Scanner;
2  public class ch5_15 {
3      public static void main(String[] args) {
4          String lastname;
5          Scanner scanner = new Scanner(System.in);
6          System.out.println("百家姓排名");
7          System.out.print("请输入你的姓氏:");         // 以字符串方式读取
8          lastname = scanner.next();                  // 读取姓
9          switch (lastname) {
10             case "李":
11                 System.out.println("百家姓排名第1,约占中国7.94%总人口约95000000人");
12                 break;
13             case "王":
14                 System.out.println("百家姓排名第2,约占中国7.41%总人口约89000000人");
15                 break;
16             case "张":
17                 System.out.println("百家姓排名第3,约占中国7.07%总人口约85000000人");
18                 break;
19             case "刘":
20                 System.out.println("百家姓排名第4,约占中国5.38%总人口约65000000人");
21                 break;
22             case "陈":
23                 System.out.println("百家姓排名第5,约占中国4.53%总人口约54000000人");
24                 break;
25             default:
26                 System.out.println("百家姓氏排名不在前5大");
27         }
28     }
29 }
```

执行结果

```
D:\Java\ch5>java ch5_15
百家姓排名
请输入你的姓氏：李
百家姓排名第1,约占中国7.94%总人口约95000000人
```

```
D:\Java\ch5>java ch5_15
百家姓排名
请输入你的姓氏：洪
百家姓氏排名不在前5大
```

上述程序以读取字符串方式读取姓氏数据，其实也可以使用读取字符方式读取姓氏数据，这个当作是本章习题供读者练习。

程序实例 ch5_16.java：商店买水果计价程序设计。这个程序会列出所销售水果供选择，然后输入购买数量，最后列出总金额。

```java
1  import java.util.Scanner;
2  public class ch5_16 {
3      public static void main(String[] args) {
4          int fruit, k;
5          Scanner scanner = new Scanner(System.in);
6          System.out.println("水果销售");
7          System.out.println("1:苹果(20元/斤)   2:香蕉(18元/斤)   3:西瓜(10元/斤)");
8          System.out.print("请输入所选水果(1, 2或3) : ");
9          fruit = scanner.nextInt();                  // 读取所选水果
10         System.out.print("请输入购买几斤:");
11         k = scanner.nextInt();                      // 读取购买几斤
12         switch (fruit) {
13             case 1:
14                 System.out.println("总金额" + (k * 20));
15                 break;
16             case 2:
17                 System.out.println("总金额" + (k * 18));
18                 break;
19             case 3:
20                 System.out.println("总金额" + (k * 10));
21                 break;
22             default:
23                 System.out.println("水果选单错误");
24         }
25     }
26 }
```

执行结果

```
D:\Java\ch5>java ch5_16
水果销售
1:苹果(20元/斤) 2:香蕉(18元/斤) 3:西瓜(10元/斤)
请输入所选水果(1, 2或3) : 2
请输入购买几斤 : 3
总金额54
```

```
D:\Java\ch5>java ch5_16
水果销售
1:苹果(20元/斤) 2:香蕉(18元/斤) 3:西瓜(10元/斤)
请输入所选水果(1, 2或3) : 3
请输入购买几斤 : 5
总金额50
```

程序实操题

1. 请设计一个程序，如果输入是负值则将它改成正值输出，如果输入是正值则将它改成负值输出，如果输入非数字则列出输入错误。

2. 请设计一个程序，此程序可以执行下列三件事。

   - 若输入是大写字符，请改成小写字符输出。
   - 若输入是小写字符，请改成大写字符输出。
   - 若输入是阿拉伯数字，则直接输出。
   - 若输入其他字符，则列出输入错误。

3. 有一个百货公司庆祝 50 周年，消费满 10 万元可打 9 折，消费满 8 万元可打 95 折，消费满 5 万元，可打 98 折。如果今年是 50 岁的消费者不论消费金额多少可依结账金额打 95 折，请设计这个程序。

4. 假设麦当劳打工薪资如下：

   - 小于 120 小时（月），每小时是 120 元工资的 0.8 倍。
   - 等于 120 小时（月），每小时是 120 元。
   - 介于 121 和 150 小时（月），每小时是 120 元工资的 1.2 倍。
   - 大于 150 小时（月），每小时是 120 元工资的 1.6 倍。

   请输入工作时数，然后可以计算薪资。

5. 以读取字符方式重新设计 ch5_15.java。

6. 请设计猜数字游戏，所猜的数字是在 0 和 10 之间，请自行设置所猜数字，如果猜太小需输出"请猜大一点儿"，如果猜太大需输出"请猜小一点儿"，如果猜对则输出"恭喜答对了"。如果要放弃猜数字，请输入 Q 或 q。

7. 有一个电影票销售定价是 100 元，其他销售规则如下。

   - 75 岁（含）以上打 3 折。
   - 60（含）～ 74（含）岁打 6 折。
   - 10 岁（含）以下打 5 折。

   请先输入岁数，再输入张数，然后计算总票价金额。

8. 一般篮球教练会依球员身高然后决定适合的位置，假设基本规则如下。

   - 200cm（含）以上位置是中锋。
   - 192cm（含）至 199cm（含）是前锋。
   - 191cm（含）以下是后卫。

   请输入身高，然后程序会列出适合的位置。

习题

一、判断题

1（O）. if 语句主要是用于程序流程控制。

2（X）. switch 语句主要是用于程序循环控制。

3（O）. 在程序流程控制中，条件判断所得的是布尔值，然后依此布尔值执行流程控制。

4（X）. 下列两个流程图所代表的意义是不同的。

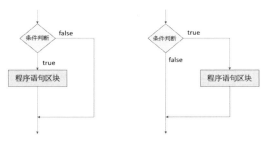

5（X）. 在 switch 语句中，一定要在结束前设计 default 选项，否则会有程序错误。

二、选择题

1（B）. 有一段程序语句如下：

```
if (age > 59)
    System.out.println("old man");
else if (age <= 59 && age >= 45)
    System.out.println("middle-aged");
else if (age < 45 && age >= 18)
    System.out.println("young");
else if (age < 18 && age >= 13)
    System.out.println("juvenile");
else
    System.out.println("child");
```

当 age 值是 30 时，输出为何？

    A. middle-aged

    B. young

    C. juvenile

    D. child

2（B）. 有一段程序语句如下：

```
if (age > 59)
    System.out.println("old man");
else if (age <= 59 && age >= 45)
    System.out.println("middle-aged");
else if (age < 45 && age >= 18)
    System.out.println("young");
else if (age < 18 && age >= 13)
    System.out.println("juvenile");
else
    System.out.println("child");
```

当 age 值是 18 时，输出为何？

    A. middle-aged

    B. young

    C. juvenile

    D. child

3（D）. 有一段程序语句如下：

```
ticket = 200;
price = ticket;
if (age >= 75) {
    price = ticket * 0.1;
    System.out.println("" + price);
} else if (age >= 60) {
    price = ticket * 0.5;
    System.out.println("" + price);
} else if (age <= 12) {
    price = ticket * 0.3;
    System.out.println("" + price);
} else
    System.out.println("" + price);
```

当 age 值是 10 时，输出为何？

    A. 200

    B. 200.0

    C. 60

    D. 60.0

4（B）. 有一段程序语句如下：

```
ticket = 200;
price = ticket;
if (age >= 75) {
    price = ticket * 0.1;
    System.out.println("" + price);
} else if (age >= 60) {
    price = ticket * 0.5;
    System.out.println("" + price);
} else if (age <= 12) {
    price = ticket * 0.3;
    System.out.println("" + price);
} else
    System.out.println("" + price);
```

当 age 值是 20 时，输出为何？

    A. 200

    B. 200.0

    C. 60

    D. 60.0

5（D）. 有一段程序语句如下：

```
ticket = 200;
price = ticket;
if (age >= 75) {
    price = ticket * 0.1;
    System.out.println("" + price);
} else if (age >= 60) {
    price = ticket * 0.5;
    System.out.println("" + price);
} else if (age <= 12) {
    price = ticket * 0.3;
    System.out.println("" + price);
} else
    System.out.println("" + price);
```

判断 price 的数据类型为何？

A. short

B. long

C. float

D. double

6（A）. 有一段程序语句如下：

```
switch (score / 10) {
    case 10:
    case 9:
        System.out.println("A");
        break;
    case 8:
        System.out.println("B");
        break;
    case 7:
    case 6:
        System.out.println("C");
        break;
    default:
        System.out.println("F");
}
```

如果 score 值是 90 时，输出为何？

A. A

B. B

C. C

D. F

7（C）. 有一段程序语句如下：

```
switch (score / 10) {
    case 10:
    case 9:
        System.out.println("A");
        break;
    case 8:
        System.out.println("B");
        break;
    case 7:
    case 6:
        System.out.println("C");
        break;
    default:
        System.out.println("F");
}
```

如果 score 值是 70 时，输出为何？

A. A

B. B

C. C

D. F

8（D）. 有一段程序语句如下：

```
switch (score / 10) {
    case 10:
    case 9:
        System.out.println("A");
        break;
    case 8:
        System.out.println("B");
        break;
    case 7:
    case 6:
        System.out.println("C");
        break;
    default:
        System.out.println("F");
}
```

如果 score 值是 50 时，输出为何？

A. A

B. B

C. C

D. F

第 6 章

循环控制

本章摘要

假设现在要求读者设计一个从 1 加到 10 的程序，然后输出结果，读者可能用下列方式设计这个程序。

程序实例 ch6_1.java：从 1 加到 10。

```
1  public class ch6_1 {
2      public static void main(String[] args) {
3          int sum;
4          sum = 1 + 2 + 3 + 4 + 5 + 6 + 7 + 8 + 9 + 10;
5          System.out.println("总和 = " + sum);
6      }
7  }
```

执行结果

```
D:\Java\ch6>java ch6_1
总和 = 55
```

如果现在要求从 1 加到 100 或 1000，此时若是仍用上述方法设计程序，就显得很不经济。本章重点在于将有规律重复执行的工作，用循环方式完成。

6-1 for 循环

for 循环是在满足条件判断的情况下，重复执行相关的程序语句区块，它的语法格式如下。

```
for （初始表达式 ； 条件判断表达式 ； 迭代表达式） {
    程序语句区块 ；
}
```

上述语法的流程图如下所示。

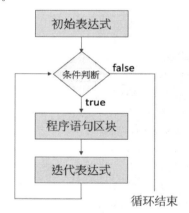

整个 for 循环说明如下。

（1）**初始表达式**：在 for 循环中**最先执行**的就是**初始表达式**，而这个表达式只执行一次，在这个表达式中主要是设置**条件判断变量**的初值。

（2）**条件判断表达式**：其实可以将这个条件判断当作经过初始表达式后每次循环的起点，这个条件判断表达式会返回**布尔值**，如果布尔值是 true，**循环继续执行**；如果布尔值是 false，**循环执行结束**。

（3）**程序语句区块**：这是循环所要重复执行的内容，如果这个语句区块只有一行，则可以省略前后的大括号。

（4）**迭代表达式**：这里主要是**更新条件判断表达式**要用的**变量值**，以后**条件判断表达式**可由此更新的**变量值**，判断循环是否继续。

程序实例 ch6_2.java：用 for 循环方式重新设计 ch6_1.java。

```
1  public class ch6_2 {
2      public static void main(String[] args) {
3          int sum = 0;                    // 总和变数
4          int i;                          // for循环的变量
5          for ( i = 1; i <= 10; i++ )
6              sum += i;
7          System.out.println("总和 = " + sum);
8      }
9  }
```

```
D:\Java\ch6>java ch6_2
总和 = 55
```

　　上述循环的变量是 i，变量 i 的初始值是 1，首先会执行条件判断"i<=10"，如果是 true 循环继续，如果是 false 循环结束。每次执行完一次循环后循环变量 i 值会增加 1（因为迭代表达式是"i++"），然后新的循环变量 i 会执行条件判断"i<=10"，如果是 true 循环继续，如果是 false 循环结束。

程序实例 ch6_3.java：扩充 ch6_2.java 的应用，同时列出总和，这个程序在执行循环时，会列出循环指针（变量 i）和总和（变量 sum），这个程序的另一个特点是第 4 行，笔者在 for 循环内声明变量 i，然后使用此变量。

```
1  public class ch6_3 {
2      public static void main(String[] args) {
3          int sum = 0;                        // 总和变数
4          for ( int i = 1; i <= 10; i++ ) {   // 循环内声明索引变量
5              sum += i;                        // 计算每个循环的总和
6              System.out.printf("Loop = %2d,  总和 = %2d%n", i, sum);
7          }
8      }
9  }
```

```
D:\Java\ch6>java ch6_3
Loop =  1,  总和 =  1
Loop =  2,  总和 =  3
Loop =  3,  总和 =  6
Loop =  4,  总和 = 10
Loop =  5,  总和 = 15
Loop =  6,  总和 = 21
Loop =  7,  总和 = 28
Loop =  8,  总和 = 36
Loop =  9,  总和 = 45
Loop = 10,  总和 = 55
```

6-2　嵌套 for 循环

　　一个循环之内可以有另一个循环存在，称为**嵌套循环**，下列是其基本语法格式。

```
for （初始表达式 ； 条件判断表达式 ； 迭代表达式） {        // 外层循环
    …
    for （初始表达式 ； 条件判断表达式 ； 迭代表达式） {    // 内层循环
        程序语句区块 ；
    }
    …
}
```

程序实例 ch6_4.java：列出 9×9 的乘法表。

```
1  public class ch6_4 {
2      public static void main(String[] args) {
3          int i, j;                            // i是外层,j是内层循环变量
4          for ( i = 1; i <= 9; i++ ) {         // 外层循环
5              for ( j = 1; j <= 9; j++ )       // 内层循环
6                  System.out.printf("%d*%d=%2d  ", i, j, (i*j));
7              System.out.println("");          // 换行输出
8          }
9      }
10 }
```

执行结果

```
D:\Java\ch6>java ch6_4
1*1= 1  1*2= 2  1*3= 3  1*4= 4  1*5= 5  1*6= 6  1*7= 7  1*8= 8  1*9= 9
2*1= 2  2*2= 4  2*3= 6  2*4= 8  2*5=10  2*6=12  2*7=14  2*8=16  2*9=18
3*1= 3  3*2= 6  3*3= 9  3*4=12  3*5=15  3*6=18  3*7=21  3*8=24  3*9=27
4*1= 4  4*2= 8  4*3=12  4*4=16  4*5=20  4*6=24  4*7=28  4*8=32  4*9=36
5*1= 5  5*2=10  5*3=15  5*4=20  5*5=25  5*6=30  5*7=35  5*8=40  5*9=45
6*1= 6  6*2=12  6*3=18  6*4=24  6*5=30  6*6=36  6*7=42  6*8=48  6*9=54
7*1= 7  7*2=14  7*3=21  7*4=28  7*5=35  7*6=42  7*7=49  7*8=56  7*9=63
8*1= 8  8*2=16  8*3=24  8*4=32  8*5=40  8*6=48  8*7=56  8*8=64  8*9=72
9*1= 9  9*2=18  9*3=27  9*4=36  9*5=45  9*6=54  9*7=63  9*8=72  9*9=81
```

上述打印 9×9 乘法表的嵌套循环如下所示。

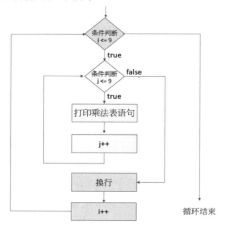

6-3 while 循环

这也是一个循环语句，与 for 循环最大的差异在于它没有**初始表达式**和**迭代表达式**，它的语法格式如下。

```
while ( 条件判断表达式 ) {
程序语句区块；
}
```

如果**条件判断表达式**的布尔值是 true，则循环继续；如果**条件判断表达式**的布尔值是 false，则循环结束。在这个 while 循环中，每次执行完一个循环后，都会执行**条件判断表达式**，然后由布尔值结果判断循环是否继续。为了让程序顺利走出循环，在设计 while 循环内的程序语句区块时，要特别留意**循环变量**的设计。

下面是语法流程图。

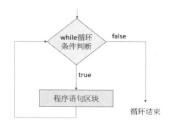

程序实例 ch6_5.java：使用 while 循环重新设计 ch6_3.java。

```
1  public class ch6_5 {
2      public static void main(String[] args) {
3          int sum = 0;                    // 总和变数
4          int i = 1;                      // while循环的变量
5          while ( i <= 10 ) {
6              sum += i;                   // 计算每个循环的总和
7              System.out.printf("Loop = %2d, 总和 = %2d%n", i, sum);
8              i++;                        // 让循环变量加1
9          }
10     }
11 }
```

执行结果　　与 ch6_3.java 相同。

在上述实例中使用 i 当作循环变量，由 i 值当作条件判断的依据，有时候也可以将 i 称为**循环指针变量**。

6-4　嵌套 while 循环

在 6-2 节所述的嵌套 for 循环也可以应用于 while 循环，也就是 while 循环内可以有另一个 while 循环，称为嵌套 while 循环。

程序实例 ch6_6.java：使用嵌套 while 循环方式重新设计 ch6_4.java。

```
1  public class ch6_6 {
2      public static void main(String[] args) {
3          int i, j;                       // i是外层,j是内层循环变量
4          i = j = 1;
5          while ( i <= 9 ) {              // 外层循环
6              while ( j <= 9 ) {          // 内层循环
7                  System.out.printf("%d*%d=%2d  ", i, j, (i*j));
8                  j++;                    // 让内层循环变量加1
9              }
10             i++;                        // 让外层循环变量加1
11             j = 1;                      // 复原内层循环变量为1
12             System.out.println("");     // 换行输出
13         }
14     }
15 }
```

执行结果　　与 ch6_4.java 相同。

6-5　do … while 循环

这也是一个循环语句，它的语法格式如下。

do {
程序语句区块；
} while（**条件判断表达式**）；

与 while 语句最大的差别在于，这是先执行循环内容（**程序语句区块**），然后再执行**条件判断表达式**，如果布尔值是 true，则循环继续；如果布尔值是 false，则循环结束，在这种设计下，循环至少会执行一次。当然为了让程序顺利走出循环，在设计 do … while 循环内的程序语句区块时，要特别留意**循环变量**的设计。下面是语法流程图。

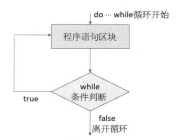

程序实例 ch6_7.java：使用 do … while 循环重新设计 ch6_3.java。

```
1 public class ch6_7 {
2     public static void main(String[] args) {
3         int sum = 0;                          // 总和变量
4         int i = 1;                            // while循环的变量
5         do {
6             sum += i;                         // 计算每个循环的总和
7             System.out.printf("Loop = %2d,  总和 = %2d%n", i, sum);
8             i++;                              // 让循环变量加1
9         } while ( i <= 10 );
10    }
11 }
```

执行结果　与 ch6_3.java 相同。

　　当然 do … while 循环也允许嵌套循环，与 for 或 while 循环相同，不过一般很少这样使用，若是程序有需要，大多是使用 for 或 while 循环处理。

6-6　无限循环

　　在程序设计过程中可能会想让循环可以持续进行，直到某个特定状况产生再让循环结束，这时可以考虑先使用**无限循环**，让循环持续进行。以后可以使用 break 语句中断循环，有关这方面的知识将在 6-7 节说明。

　　要建立无限循环很容易，可以让 while 条件判断永远为 true 即可，例如，下面是一个无限循环。

```
while ( true ) {                        // 无限循环
程序语句区块 ;

}
```

　　在无限循环状态，如果想要离开可以按 Ctrl + C 组合键。其实有些程序设计新手也常常会因为处理循环变量不当，造成无限循环，此时只好按 Ctrl + C 组合键离开无限循环了。

程序实例 ch6_8：while 无限循环的应用。这个程序会不停地输出"Java 王者归来"字符串，直到按 Ctrl + C 组合键。

```
1 public class ch6_8 {
2     public static void main(String[] args) {
3         while ( true )          // 这是无限循环
4             System.out.printf("Java王者归来");
5     }
6 }
```

执行结果
```
归来Java王者归来Java王者归来Java王者归来Java王者归来Java王者归来Java王者归来Java
王者归来Java王者归来Java王者归来Java王者归来Java王者归来Java王者归来Java王者
Java王者归来Java王者归来Java王者归来Java王者归来Java王者归来Java王者归来Java王者
归来Java王者归来Java王者归来Java王者归来Java王者归来Java王者归来Java王者归来Java
王者归来Java王者归来Java王者归来Java王者归来Java王者归来Java王者归来Java王者归来
```

另外，使用 for 循环也可以产生无限循环，语法如下。

```
for ( ;   ; ) {                              // 无限循环
程序语句区块；
}
```

程序实例 ch6_9.java：使用 for 建立无限循环重新设计 ch6_8.java。

```
1  public class ch6_9 {
2      public static void main(String[] args) {
3          for ( ; ; )                   // 这是无限循环
4              System.out.printf("Java王者归来");
5      }
6  }
```

执行结果   与 ch6_8.java 相同。

6-7 循环与 break 语句

在设计循环时，如果期待某些条件发生时可以离开循环，可以在循环内执行 break 命令，即可立即离开循环，这个命令通常是和 if 语句配合使用。下面是以 for 循环为例做说明。

```
for （初始表达式 ； 条件判断表达式 ； 迭代表达式） {
    程序语句区块 1；
    if （条件判断） {                        // 条件判断表达式
            程序语句区块 2；
    break;                          // 如果 if 的条件判断是 true 则离开 for 循环
            }
    程序语句区块 3；
}
```

下面是流程图，其中，在 for 循环内的 if 条件判断，也许前方有程序代码区块 1、if 条件内有程序代码区块 2 或是后方有程序代码区块 3，只要 if 条件判断是 True，则执行 if 条件内的程序代码区块 2 后，可立即离开循环。

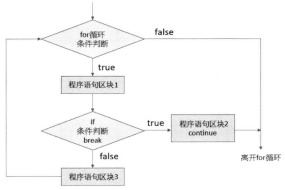

程序实例 ch6_10.java：猜数字游戏，这个程序所猜的数字是在第 4 行 pwd 变量内设置，这个程序基本上是一个无限循环，只有答对时（第 11 行判断）首先会输出"**恭喜猜对了～！！**"（第 12 行）

然后执行 **break;** 语句离开循环。

```java
1  import java.util.Scanner;
2  public class ch6_10 {
3      public static void main(String[] args) {
4          final int pwd = 70;              // 密码数字
5          int num;                         // 存储所猜的数字
6          Scanner scanner = new Scanner(System.in);
7
8          for ( ; ; ) {                    // 这是无限循环
9              System.out.print("请猜0-99的数字：");
10             num = scanner.nextInt();     // 读取输入数字
11             if ( num == pwd ) {
12                 System.out.println("恭喜猜对了!!");
13                 break;
14             }
15             System.out.println("猜错了请再答一次!");
16         }
17     }
18 }
```

执行结果

```
D:\Java\ch6>java ch6_10
请猜0～99的数字：99
猜错了请再答一次!
请猜0～99的数字：5
猜错了请再答一次!
请猜0～99的数字：70
恭喜猜对了!!
```

其实上述程序仍有许多改良的空间，例如，可由所猜的数字给用户提醒猜大一点儿或猜小一点儿。或是答错时，可以先询问是否继续，如果不想继续也可以输入 Q 或 q 跳出循环让程序结束。或是最后答对时，可以列出猜几次才答对。这些将留作习题，请参考程序实操题第 3 题。

当然循环的 break 语句不是一定要搭配无限循环使用，例如，下列是修改 ch6_10.java，增加条件为最多猜 5 次，若是 5 次没猜对，循环将自行结束。

程序实例 ch6_11.java：使用 while 循环重新设计 ch6_10.java，同时增加条件为最多猜 5 次，若是 5 次没猜对，循环将自行结束。

```java
1  import java.util.Scanner;
2  public class ch6_11 {
3      public static void main(String[] args) {
4          final int pwd = 70;              // 密码数字
5          int count = 1;                   // 计算所猜的次数
6          int num;                         // 存储所猜的数字
7          Scanner scanner = new Scanner(System.in);
8
9          while ( count <= 5 ) {           // 最多可以猜5次
10             System.out.print("请猜0-99的数字：");
11             num = scanner.nextInt();     // 读取输入数字
12             if ( num == pwd ) {
13                 System.out.println("恭喜猜对了!!");
14                 break;
15             }
16             if ( count == 5 )            // 依猜测次数输出字符串
17                 System.out.println("最多只能猜5次, bye!");
18             else
19                 System.out.println("猜错了请再答一次!");
20             count++;                     // 将while循环变量加1
21         }
22     }
23 }
```

执行结果

```
D:\Java\ch6>java ch6_11          D:\Java\ch6>java ch6_11
请猜0～99的数字：1              请猜0～99的数字：70
猜错了请再答一次!               恭喜猜对了!!
请猜0～99的数字：2
猜错了请再答一次!
请猜0～99的数字：3
猜错了请再答一次!
请猜0～99的数字：4
猜错了请再答一次!
请猜0～99的数字：5
最多只能猜5次, bye!
```

6-8 循环与 continue 语句

在设计循环时，如果期待某些条件为 true 时可以不往下执行循环内容，也可以解释为结束这一个循环，此时可以用 continue 命令，这个命令通常是和 if 语句配合使用。下列是以 for 循环为例做说明。

```
for （初始表达式 ； 条件判断表达式 ； 迭代表达式） {
    程序语句区块 1；
    if （条件判断表达式） {   // 如果条件判断是 true，不执行程序语句区块 3
```

```
        程序语句区块 2；
continue；
            }
    程序语句区块 3；
}
```

下列是流程图，相当于如果发生 if 条件判断是 True 时，则不执行程序语句区块 3 内容。

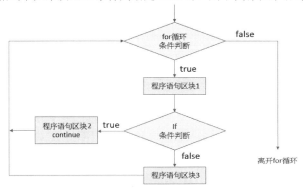

程序实例 ch6_12.java：计算 1 ～ 10 的奇数和。

```
 1  public class ch6_12 {
 2      public static void main(String[] args) {
 3          int sum = 0;                      // 总和
 4          for ( int i = 1; i <= 10; i++ ) {
 5              if ( i % 2 == 0 )            // 如果等于0,则是偶数
 6                  continue;
 7              sum += i;                    // 与目前总和相加
 8          }
 9          System.out.println("1~10奇数总和是:" + sum);
10      }
11  }
```

执行结果

```
D:\Java\ch6>java ch6_12
1~10奇数总和是 : 25
```

6-9　循环标签与 break/continue

在嵌套循环的设计中，可能会想用 break 跳出循环或是用 continue 终止该轮循环往下执行，此时如果用传统方法可能容易造成程序不易阅读与理解，所以 Java 提供了**循环标签**，循环设计时在**左边增加标签**，然后在 break 或 continue 右边增加标签，主要是指出这个 break 或 continue 是应用在哪一个标签。语法规则如下。

循环标签名称
注意需有冒号

```
testing: for ( … ) {
    xxx;
}
```

循环标签名称
注意需有冒号

```
testing: while ( … ) {
    xxx;
}
```

下列是可能的应用实例之一。

```
testing: for ( … ) {
    xxx;
    for ( … ) {
        xxx;
        if ( … )
            break testing;
    }
    xxx;
}
```

指明跳出此外层的 testing 循环

程序实例 ch6_13.java：打印趣味图案。

```
1  public class ch6_13 {
2      public static void main(String[] args) {
3          outerloop: for ( int i = 1; i <= 10; i++ ) {    // 有outerloop循环标记
4              for ( int j = 1; j <= 10; j++ ) {
5                  System.out.print("*");                  // 打印乘号
6                  if ( j >= i ) {
7                      System.out.println("");             // 下次输出跳行
8                      continue outerloop;                 // 这一轮outerloop循环中止
9                  }
10             }
11         }
12     }
13 }
```

执行结果

```
D:\Java\ch6>java ch6_13
*
**
***
****
*****
******
*******
********
*********
**********
```

6-10 将循环应用于 Scanner 类的输入检查

在先前章节有关输入的程序设计中，如果输入了不是预期的数据类型，将造成程序异常而终止执行，例如，程序实例 ch4_43.java，若是输入一般英文字符，将造成程序异常而终止执行。

```
D:\Java\ch4>java ch4_43
请输入2个整数(数字间用空格隔开)：
a 3y
Exception in thread "main" java.util.InputMismatchException
        at java.base/java.util.Scanner.throwFor(Unknown Source)
        at java.base/java.util.Scanner.next(Unknown Source)
        at java.base/java.util.Scanner.nextInt(Unknown Source)
        at java.base/java.util.Scanner.nextInt(Unknown Source)
        at ch4_43.main(ch4_43.java:8)
```

上述程序预期输入是两个整数，但是笔者输入了字符 a 和 3y 结果造成错误。为了避免这种现象产生，在 Java 的 Scanner 类下有一系列的方法可以让程序执行检查是否是输入预期的数据类型。

hasNextByte();	// 检查是否 byte 值
hasNextShort();	// 检查是否 short 值
hasNextInt();	// 检查是否 int 值
hasNextLong();	// 检查是否 Long 值
hasNextBoolean();	// 检查是否 Boolean 值
hasNextFloat();	// 检查是否 float 值
hasNextDouble();	// 检查是否 double 值
hasNext();	// 检查是否 String 值

如果上述检查结果是**真**，则返回 true；如果是**伪**，则返回 false。有了这个检查后，可以在设计程序读取数据时先检查，如果是符合的数据类型才执行读取工作。这样可以避免有程序异常终止的情况发生。

程序实例 ch6_13_1.java：重新设计 ch4_43.java，这个程序增加了检查输入功能，如果输入不是整数，将要求重新数入。这个程序的关键点是第 8 ～ 11 行，这是读第一个整数，如果经过 scanner.hasNextInt() 检查不是整数将返回 false，由于此 scanner.hasNextInt() 左边有 !，所以整个条件结果是 true 将造成循环持续运作，在循环持续运作时程序第 10 行是将非整数数据以字符串方式读取，由于这是错误的数据所以只读取，没有其他作用。循环会持续运作，一定要读到整数数据循环才会终止。第 13 ～ 16 行是读第二个数据的循环，其过程相同。

```
1 import java.util.Scanner;
2 public class ch6_13_1 {
3    public static void main(String[] args) {
4       int x1, x2;
5       Scanner scanner = new Scanner(System.in);
6
7       System.out.println("请输入2个整数(数字间用空格隔开):");
8       while ( !scanner.hasNextInt() ) {    // 如果不是读到整数循环将继续
9          System.out.println("输入第一个数据类型错误请输入整数");
10         scanner.next();                  // 用读字符串方式将此错误数据读取
11      }
12      x1 = scanner.nextInt();
13      while ( !scanner.hasNextInt() ) {    // 如果不是读到整数循环将继续
14         System.out.println("输入第二个数据类型错误请输入整数");
15         scanner.next();                  // 用读字符串方式将此错误数据读取
16      }
17      x2 = scanner.nextInt();
18      System.out.println("你输入的第一个数字是:" + x1);
19      System.out.println("你输入的第二个数字是:" + x2);
20      System.out.println("数字总和是        :" + (x1 + x2));
21   }
22 }
```

执行结果

```
D:\Java\ch6>java ch6_13_1
请输入2个整数(数字间用空格隔开):
9 p
输入第二个数据类型错误请输入整数
33
你输入的第一个数字是 : 9
你输入的第二个数字是 : 33
数字总和是        : 42
```

6-11　循环相关的程序应用

　　传统数学中测试某一个数字 n 是否是**质数**的方法如下。

（1）2 是质数。

（2）n 不可被 2 ～ n-1 的数字整除。

程序实例 ch6_14.java：输入一个数字，本程序可以判断是不是质数。

```
1 import java.util.Scanner;
2 public class ch6_14 {
3    public static void main(String[] args) {
4       boolean  prime = true;               // 最初质数旗标是true
5       int num;                             // 输入数字
6       Scanner scanner = new Scanner(System.in);
7
8       System.out.print("请输入大于1的整数做质数测试:");
9       num = scanner.nextInt();
10      if ( num == 2 )                      // 2是质数
11         System.out.printf("%d 是质数", num);
12      else {
13         for ( int i = 2; i < num; i++ ) {  // 测试从2至num-1
14            if ( (num % i) == 0 ) {          // 可以整除就不是质数
15               System.out.printf("%d 不是质数", num);
16               prime = false;                // 更改质数旗标为false
17               break;
18            }
19         }
20         if ( prime )                       // 如果质数旗标是true
21            System.out.printf("%d 是质数", num);
22      }
23   }
24 }
```

执行结果

```
D:\Java\ch6>java ch6_14          D:\Java\ch6>java ch6_14
请输入大于1的整数做质数测试 : 2   请输入大于1的整数做质数测试 : 3
2 是质数                          3 是质数
D:\Java\ch6>java ch6_14          D:\Java\ch6>java ch6_14
请输入大于1的整数做质数测试 : 12  请输入大于1的整数做质数测试 : 13
12 不是质数                       13 是质数
```

程序实例 ch6_15.py：这个程序会输出你所输入的内容，当输入 q 时，程序才会执行结束，这个程序第 16 行会将所读取字符串的第一个字符设置给 again 变量。

```
1  import java.util.Scanner;
2  public class ch6_15 {
3      public static void main(String[] args) {
4          String msg, msg1, msg2, input_msg;
5          char again;
6          Scanner scanner = new Scanner(System.in);
7          msg1 = "人机对话专栏,告诉我心事吧,我会重复你告诉我的心事!";
8          msg2 = "输入 q 可以结束对话 = ";
9          msg = msg1 + '\n' + msg2;
10         again = ' ';                            // 是否继续字符,默认为空字符
11
12         while ( again != 'q' ) {               // 如果是q,则不执行循环
13             System.out.print(msg);             // 列出提示 信息
14             input_msg = scanner.next();        // 读取输入字符串
15             System.out.println(input_msg);     // 列出所输入 信息
16             again = input_msg.charAt(0);       // 取得所输入的第1个字符
17         }
18     }
19 }
```

执行结果

```
D:\Java\ch6>java ch6_15
人机对话专栏,告诉我心事吧,我会重复你告诉我的心事!
输入 q 可以结束对话 = 我爱明志工专
我爱明志工专
人机对话专栏,告诉我心事吧,我会重复你告诉我的心事!
输入 q 可以结束对话 = q
q
```

程序实操题

1. 使用 for 循环计算 1 ~ 100 内所有奇数的总和。

2. 使用 for 循环计算 1 ~ 100 内所有偶数的总和。

3. 重新设计 ch6_10.java,增加如果猜太小需输出"请猜大一点儿",如果猜太大需输出"请猜小一点儿"。猜错时会询问是否继续,如果要放弃猜数字,请输入 Q 或 q。猜对时需列出总共猜了几次。

4. 列出 1 ~ 100 所有的质数,以及质数的个数。

5. 假设你今年的体重是 50kg,每年可以增加 1.2kg,请列出未来 10 年的体重变化。

6. 请写程序可以输出下列形状。

```
        *           *********
        **          ********
        ***         *******
        ****        ******
        *****       *****
        ******      ****
        *******     ***
        ********     **
(a) *********   (b) *
```

7. 请输入宽度与高度,本程序会列出此数字组成的矩形,例如,如果输入宽度是 8,高度是 5,输出结果如下。

```
********
********
********
********
********
```

8. 请设计一个暴力密码破解程序，假设密码是由三位数的阿拉伯数字组成，密码是 998，你需设计循环从 0 开始猜测，每次加 1，每次均需列出所猜测数值，如果密码错误需列出**密码值**与"**密码错**"字符串，每次猜测均需换行输出，当猜对时出现"Bingo"，同时程序结束。

9. 请分别使用 for 和 while 循环执行下列工作，请输入 n 和 m 整数值，m 值一定大于 n 值，请列出从 n 加到 m 的结果。例如，假设输入 n 值是 1，m 值是 100，则程序必须列出从 1 加到 100 的结果是 5050。

10. 请列出下列数列，其中 n 值由屏幕输入。

    （1）$1 + 3 + 5 + \cdots n$　　　　　　　　#n 请输入奇数

    （2）$1 + 2 - 3 + \cdots - (n-1) + n$　　　#n 请输入偶数

    （3）$1/n + 2/n + \cdots + n/n$

习题

一、判断题

1（O）. for 循环所能设计的程序，也都可以使用 while 循环重新设计获得同样的结果。

2（X）. 程序设计时若是不小心掉入无限循环陷阱，可以使用按 Ctrl + A 组合键，离开此无限循环。

3（O）. Java 在循环控制中，条件判断表达式的结果是一个布尔值。

4（X）. 在嵌套循环中，for 循环内可以有 for 循环但是不可有 while 循环。

5（O）. 在 while 的循环中，只有当条件判断为 true 时，循环才会继续运作。

6（O）. 下列是一个无限循环的设计。

```
for ( int i = 1; i <= 5; i-- ) {
    System.out.print("*");
}
```

二、选择题

1（C）. 下列哪一个循环语句是先执行第一次循环内容，再执行条件判断？

　　A. for　　　　　　　B. while　　　　　　C. do … while　　　　D. continue

2（B）. 下列哪一个循环语句是先执行条件判断，再执行第一次循环内容？

　　A. for　　　　　　　B. while　　　　　　C. do … while　　　　D. continue

3（B）. 下列哪一个叙述可以立即离开循环？

　　A. for　　　　　　　B. break　　　　　　C. continue　　　　　D. while

4（C）. 下列哪一个叙述可以结束这一轮循环，但是仍在循环工作？

　　A. for　　　　　　　B. break　　　　　　C. continue　　　　　D. while

5（D）. break 命令通常会和下列哪一个语句配合使用？

　　A. for　　　　　　　B. while　　　　　　C. do … while　　　　D. if

6（D）. continue 命令通常会和下列哪一个语句配合使用？

　　A. for　　　　　　　B. while　　　　　　C. do … while　　　　D. if

7（B）. 下列程序的执行结果为何？

```
int sum = 0;
for ( int i = 5; i > 1; i-- )
    sum += i;
System.out.printf("%d",sum);
```

　　A. 2　　　　　　　　B. 14　　　　　　　　C. 15　　　　　　　　D. 1

8（C）. 下列程序的执行结果为何？

```java
int sum = 0;
for ( int i = 8; i <= 10; i++ )
    if ( (i % 2) == 0 )
        sum += i;
System.out.printf("%d",sum);
```

A. 8　　　　　　　　B. 10　　　　　　　　C. 18　　　　　　　　D. 27

9（D）. 下列程序的执行结果为何？

```java
int sum = 0;
int i = 1;
while ( i <= 5)
    if ( (i % 2) == 1 )
        sum += i;
System.out.printf("%d",sum);
```

A. 6　　　　　　　　B. 9　　　　　　　　C. 15　　　　　　　　D. 以上皆非

10（B）. 下列程序的执行结果为何？

```java
int sum = 0;
int i = 1;
while ( i <= 5) {
    if ( (i % 2) == 1 )
        sum += i;
    i++;
}
System.out.printf("%d",sum);
```

A. 6　　　　　　　　B. 9　　　　　　　　C. 15　　　　　　　　D. 以上皆非

11（A）. 下列程序的执行结果为何？

```java
int sum = 0;
int i = 1;
do {
    if ( (i % 2) == 0 )
        sum += i;
    i++;
} while ( i <= 5);
System.out.printf("%d",sum);
```

A. 6　　　　　　　　B. 9　　　　　　　　C. 15　　　　　　　　D. 以上皆非

12（D）. 下列程序的执行结果为何？

```java
int sum = 0;
int i = 1;
do {
    if ( (i % 2) == 0 ) {
        sum += i;
        i++;
    }
} while ( i <= 5);
System.out.printf("%d",sum);
```

A. 6　　　　　　　　B. 9　　　　　　　　C. 15　　　　　　　　D. 以上皆非

第 7 章

数组

本章摘要

假设现在要求设计一个计算一周平均温度的程序，然后输出结果，读者可能用下列方式设计这个程序。

程序实例 ch7_1.java：计算一周平均温度的程序。

```
1 public class ch7_1 {
2    public static void main(String[] args) {
3        double deg1 = 25, deg2 = 22, deg3 = 24, deg4 = 20;
4        double deg5 = 26, deg6 = 21, deg7 = 21;
5        double average;
6
7        average = (deg1 + deg2 + deg3 + deg4 + deg5 + deg6 + deg7) / 7;  // 计算平均温度
8        System.out.printf("一周平均温度:%5.2f", average);
9    }
10 }
```

执行结果

```
D:\Java\ch7>java ch7_1
一周平均温度 : 22.71
```

如果现在要求计算一个月或一年的平均温度，此时若是仍用上述方法设计程序，就显得很不经济，同时在输入温度变量或是温度常数本身时容易出现输入错误。上述程序是用 double 数据类型存储每天的温度，所以基本上我们的认知是要处理一系列相同类型的数据，本章重点在于将相同类别的数据使用新的数据类型存储与管理，这个新的数据类型是**数组**（array）。

7-1　认识数组

如果在程序设计时，是用变量存储数据。各变量间没有互相关联，可以将数据想象成下列图标，笔者用散乱的方式表达相同数据类型的各个变量，在真实的内存中读者可以想象各变量在内存内并没有依次序方式排放。

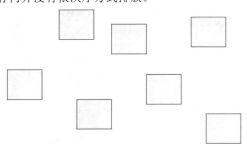

如果将相同类型的数据组织起来形成**数组**，可以将数据想象成下列图标，读者可以想象各变量在内存内是依次排放。

当数据排成数组后，可以用**索引值**（index）存取此数组特定位置的内容。在 Java 中索引是从 0 开始，所以第一个元素的索引是 0，第二个元素的索引是 1，以此类推，所以如果一个数组有 n 个元素，则此数组的索引为 0～（n-1）。

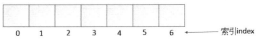

7-2　数组的声明与应用

7-2-1　数组的声明

在 Java 中数组的符号是 [ ]，读者可以将 [ ] 想成是**中括号**。数组在使用前需要先声明，声明语法如下。

```
数据类型 [ ]    数组名；           // 面向对象程序设计师喜欢这类声明
```
或是
```
数据类型数组名 [ ];               // 也接受旧式 C/C++ 语言声明方式
```
读者可以将上述**数组名**想成是**数组变量**，例如，下面是一系列数组声明的实例。
```
int[ ] score;            // 声明整数数组 score
float[ ] average;        // 声明浮点数数组 average
char[ ] ch;              // 声明字符数组 ch
double[ ] degree;        // 声明双倍精度浮点数数组 degree
boolean[ ] flag;         // 声明布尔值数组 boolean
```

7-2-2　数组的空间配置

数组声明完成后还不能使用，接着必须为数组配置一定的空间（长度），数组空间配置的语法如下。
```
数组名   = new 数据类型 [n]         // 配置长度是 n 的数组
```
例如，要配置 double 数据类型，数组名是 degree，可以容纳 7 个数据的数组，数组的声明与配置如下。
```
double[ ] degree;               // 声明双精度浮点数数组 degree
degree = new double[7];         // 配置长度是 7 的数组
```
new 是一个**关键词**，主要功能是配置空间大小（也可称配置**数组长度**），可以将上述语句解释为可以配置存放 7 个双精度浮点数的内存空间。当数组声明与配置完成后，数组的名称与空间大小（**数组长度**）就确定了，未来程序应用时不能再更改数组的空间大小。在使用上，索引值为 0 ～（n-1），由于有 7 个数据所以索引值是 0 ～ 6，在存取数据时如果超出此索引值范围，程序会产生异常。

程序实例 ch7_2.java：使用数组方式重新设计 ch7_1.java。
```java
 1 public class ch7_2 {
 2     public static void main(String[] args) {
 3         double average;             // 存放平均温度
 4         double total = 0;           // 存放温度总和
 5         double[] degree;
 6         degree = new double[7];     // 每天温度
 7
 8         degree[0] = 25;
 9         degree[1] = 22;
10         degree[2] = 24;
11         degree[3] = 20;
12         degree[4] = 26;
13         degree[5] = 21;
14         degree[6] = 21;
15         for ( int i = 0; i < 7; i++ )
16             total += degree[i];     // 计算温度总和
17         average =  total / 7;       // 计算平均温度
18         System.out.printf("一周平均温度:%5.2f", average);
19     }
20 }
```

执行结果
与 ch7_1.java 相同。

上述程序在执行时经过第 6 行声明后，内存内建立了数组空间，如下所示。

经过第 8 ~ 14 行设置数组内容后，上述数组的空间内容如下所示。

第 15 行后就剩下简单的运算了，从上述程序实例读者应该充分体会到使用数组有下列好处。

（1）变量的省略。只使用了一个变量，配合索引值，设置一周温度。

（2）用了一个循环计算总和（15 和 16 行），另一条命令计算平均值（17 行），程序精简许多。

（3）程序实例 ch7_1.java 是一个星期的温度使用 7 个变量，在多个变量环境下无法使用循环执行计算统计工作。

（4）使用数组让程序设计的扩展性变得很强，例如，如果延伸至计算一个月（30 天计）的平均温度，只要将程序第 15 行和 17 行的 7 改为 30，其他部分不用变动，就轻松算出平均温度了。

7-2-3 同时执行数组的声明与配置

从 **7-2-1 节**和 **7-2-2 节**分别执行了**数组的声明**与**配置数组空间**，在 Java 程序设计中可以将这两个工作用一条命令表示。

程序实例 ch7_3.java：重新设计 ch7_2.java，主要是将数组的声明与配置用一条命令表示。原先第 5 和 6 行浓缩成第 5 行。

```
5        double[] degree = new double[7];    // 每天温度
6
```

执行结果 与 ch7_2.java 相同。

7-2-4 数组的属性 length

在程序实例 ch7_3.java 中，计算一周温度总和与平均值时特别使用数字 7，因为我们知道数组长度是 7，如果未来将程序改为计算一个月的平均温度时，需要将 7 改为 30 或 31，有一些不便利，常常会漏改一些部分造成程序计算错误。在 Java 中其实数组是一个对象，有一个属性是 length，这个属性记录了数组的长度，所以可以充分利用这个属性简化程序设计。

程序实例 ch7_4.java：使用数组属性 length 重新设计 ch7_3.java。

```
15       for ( int i = 0; i < degree.length; i++ )
16           total += degree[i];              // 计算温度总和
17       average = total / degree.length;     // 计算平均温度
```

执行结果 与 ch7_3.java 相同。

上述程序使用了下列方式获得数组长度。

```
对象 .length              // 数组变量名称在 Java 中也算是一个对象
```

此例**对象**是 degree，所以相当于使用 degree.length 获得了数组长度，后面还会讲解更多对象与属性的相关知识。

7-2-5 数组初值的设置

Java 也允许在声明数组时同时设置数组的初值，初值设置时所使用的是大括号 "{" "}"。下面将直接以实例说明。

程序实例 ch7_5.java：以设置数组初值方式，重新设计 ch7_4.java。

```
1  public class ch7_5 {
2     public static void main(String[] args) {
3        double average;                        // 存放平均温度
4        double total = 0;                      // 存放温度总和
5        double[] degree = {25, 22, 24, 20, 26, 21, 21};
6
7        for ( int i = 0; i < degree.length; i++ )
8           total += degree[i];                 // 计算温度总和
9        average =  total / degree.length;      // 计算平均温度
10       System.out.printf("一周平均温度:%5.2f", average);
11    }
12 }
```

执行结果　与 ch7_4.java 相同。

从上述语句看到当设置数组初值时，可以省略用 new 运算符声明数组长度，因为建立初值时，已经同时指定了此数组所需的内存空间。同时也可以发现，整个程序变得比较简洁。

7-2-6　特殊数组声明与初值设置

本节会列出一些不常见但是 Java 可以使用的数组声明与应用。

程序实例 ch7_6.java：声明与配置数组时以变量当作数组长度。

```
1  public class ch7_6 {
2     public static void main(String[] args) {
3        int x = 3;
4        int[] z = new int[x];          // 以变量声明数组空间
5        z[0] = z[1] = z[2] = 2;
6        int sum = z[0] + z[1] + z[2];
7        System.out.println("sum : " + sum);
8     }
9  }
```

执行结果

```
D:\Java\ch7>java ch7_6
sum : 6
```

上述程序的重点是第 4 行，先设置第 3 行 x 变量值，然后在第 4 行以变量 x 当作声明数组的长度，所以上述第 4 行的数组长度是 3，第 6 行是 2+2+2，所以总和是 6。

程序实例 ch7_7.java：声明与配置数组时以表达式当作数组长度。

```
1  public class ch7_7 {
2     public static void main(String[] args) {
3        int x = 3;
4        int y = 5;
5        int[] z = new int[y-x];        // 以表达式声明数组空间
6        z[0] = z[1] = 2;
7        int sum = z[0] + z[1];
8        System.out.println("sum : " + sum);
9     }
10 }
```

执行结果

```
D:\Java\ch7>java ch7_7
sum : 4
```

上述程序的重点是第 5 行，在第 3、4 行分别设置 x、y 变量值，然后在第 5 行以变量 y-x 当作声明数组的长度，表达式 y-x 的计算结果就是数组的长度，所以上述经计算后数组长度是 2。

程序实例 ch7_8.java：声明数组变量时，同时以表达式当作数组初值。

```
1  public class ch7_8 {
2     public static void main(String[] args) {
3        int x = 3;
4        int y = 5;
5        int[] z = {1, 2, x + y};       // 以表达式当作数组初值
6        int sum = z[0] + z[1] + z[2];
7        System.out.println("sum : " + sum);
8     }
9  }
```

执行结果

```
D:\Java\ch7>java ch7_8
sum : 11
```

上述程序第 5 行数组 z[2] 的元素内容声明是 x+y 表达式，由于第 3 和 4 行已经声明了 x 和 y 的值分别是 3 和 5，所以经计算后 z[2] 相当于是 8。

7-2-7 常见的数组使用错误——索引值超出数组范围

据笔者多年程序设计经验观察，存取数组最常见的错误是索引值超出声明的范围，这种现象在程序编译时不会出错误，但是在执行时就会有错误产生。

程序实例 ch7_9.java：这个程序的数组有三个元素，索引值范围是 0 ～ 2，但是程序第 4 行却尝试设置 z[3] 元素内容。

```
1 public class ch7_9 {
2     public static void main(String[] args) {
3         int[] z = new int[3];              // 以变量声明数组空间
4         z[0] = z[1] = z[2] = z[3] = 2;
5         int sum = z[0] + z[1] + z[2] + z[3];
6         System.out.println("sum : " + sum);
7     }
8 }
```

执行结果
```
D:\Java\ch7>java ch7_9
Exception in thread "main" java.lang.ArrayIndexOutOfBoundsException: 3
        at ch7_9.main(ch7_9.java:4)
```

上述第 4 行的数组索引 3 超出范围造成异常 ArrayIndexOutBoundsException，所以程序终止，其实第 5 行也是如此，可是程序执行到第 4 行就中止不再往下编译，所以还看不到第 5 行的错误。

7-2-8 foreach 循环遍历数组

这是一种遍历数组更简洁的 for 循环，有时候可以表示为 for(:)，在这个语法下可以不使用数组的长度和索引，然后遍历整个数组。它的语法如下：

```
for  （ 数据类型变量名称 : 数组名 ）
```

上述数据类型必须与数组名的数据类型相同。

程序实例 ch7_10.java：遍历数组与输出内容。

```
1 public class ch7_10 {
2     public static void main(String[] args) {
3         int[] numList = {5, 15, 10};              // 定义整数数组
4         for ( int num:numList )                   // foreach循环
5             System.out.println("numList : " + num);
6     }
7 }
```

执行结果
```
D:\Java\ch7>java ch7_10
numList : 5
numList : 15
numList : 10
```

上述每一轮执行时会从 ":" 后面的 numList 数组中取出一个元素，将值设置给 num 变量，然后执行循环，所以最后可以输出所有数组内容。

程序实例 ch7_11.java：计算成绩的平均值。成绩是存储在第 3 行的 score 数组。

```
1 public class ch7_11 {
2     public static void main(String[] args) {
3         double[] score = {90, 95, 80, 79, 92};  // 定义学生成绩数组
4         double total = 0;
5         for ( double sc:score )                 // foreach循环
6             total += sc;                        // 先计算总分
7         double average = total / score.length;  // 计算平均
8         System.out.printf("average = %5.2f", average);
9     }
10 }
```

执行结果
```
D:\Java\ch7>java ch7_11
average = 87.20
```

7-2-9 与数组有关的程序实例

当相同类型的**数值数据**存放在一个数组中时，除了可以计算**总和**、**平均值**外，常见的其他应用可找出**最大值**、**最小值**、**符合特定条件的值**，以及**重新排列数据**。

程序实例 ch7_12.java：找出数组的最大值与最小值。

```
1  public class ch7_12 {
2      public static void main(String[] args) {
3          int[] score = {90, 95, 80, 79, 92};      // 定义学生成绩数组
4          int max, min;
5          max = min = score[0];                    // 暂定最大值与最小值
6          for ( int sc:score ) {                   // foreach循环
7              if ( sc > max )                      // 如果目前元素大于最大值
8                  max = sc;                        // 将目前元素设为最大值
9              if ( sc < min )                      // 如果目前元素小于最小值
10                 min = sc;                        // 将目前元素设为最小值
11         }
12         System.out.println("Max = " + max);      // 输出最大值
13         System.out.println("Min = " + min);      // 输出最小值
14     }
15 }
```

执行结果

```
D:\Java\ch7>java ch7_12
Max = 95
Min = 79
```

程序实例 ch7_13.java：第 3 行定义了 score 数组，这个数组存储了一系列学生成绩，及格分数变量是 passingScore = 60 分是在第 4 行定义的，这个程序会列出不及格的学生成绩，同时列出此学生的索引值。

```
1  public class ch7_13 {
2      public static void main(String[] args) {
3          int[] score = {90, 58, 80, 49, 92};           // 定义学生成绩数组
4          int passingScore = 60;                        // 最低标准分数
5          for ( int i = 0; i < score.length; i++ ) {
6              if ( score[i] < passingScore )            // 如果低于最低标准分数
7                  System.out.printf("score[%d] = %d\n", i, score[i]);   // 输出分数
8          }
9      }
10 }
```

执行结果

```
D:\Java\ch7>java ch7_13
score[1] = 58
score[3] = 49
```

接着要讲解数据结构中最基础的应用——**数组排序**，使用的是**气泡排序法**（Bubble Sort）。

程序实例 ch7_14.java：数组排序的应用，这个程序会将数组由大到小排序。

```
1  public class ch7_14 {
2      public static void main(String[] args) {
3          int[] score = {90, 58, 80, 49, 92};       // 定义学生成绩数组
4          int tmp;                                  // 暂时存储分数
5          for ( int i = 0; i < (score.length - 1); i++ )  {
6              for ( int j = 0; j < (score.length - 1); j++ ) {
7                  if ( score[j] < score[j+1] ) {    // 发生前面元素比后面元素小
8                      tmp = score[j];
9                      score[j] = score[j+1];        // 较大的元素值放前面
10                     score[j+1] = tmp;             // 较小的元素值放后面
11                 }
12             }
13             System.out.printf("列出第 %d 次循环排序结果\n", (i+1));
14             for ( int sc:score )
15                 System.out.printf("%d ", sc);     // 输出目前排序状况
16             System.out.println("");
17         }
18     }
19 }
```

执行结果

```
D:\Java\ch7>java ch7_14
列出第 1 次循环排序结果
90 80 58 92 49
列出第 2 次循环排序结果
90 80 92 58 49
列出第 3 次循环排序结果
90 92 80 58 49
列出第 4 次循环排序结果
92 90 80 58 49
```

这个程序设计的基本思想是将数组相邻元素做比较，由于是要从大排到小，所以只要发生左边元素值比右边元素值小，就将相邻元素内容对调，由于是 5 个数据所以每次循环比较 4 次即可。上述语句所列出的执行结果是每个外层循环的执行结果，下面是第一个外层循环每个内层循环的执行结果。

90	58	80	49	92	这是原始数据
90	**58**	80	49	92	第 1 次内层循环的比较与调整
90	**80**	**58**	49	92	第 2 次内层循环的比较与调整
90	80	**58**	**49**	92	第 3 次内层循环的比较与调整
90	80	58	**92**	**49**	第 4 次内层循环的比较与调整

所以得到了第 1 次外层循环的执行结果，读者可以将上述结果与执行结果的第 1 行输出做比较。下面是第 2 个外层循环每个内层循环的执行结果。

90	80	58	92	49	这是第 2 个外层循环执行前的初始数据
90	**80**	58	92	49	第 1 次内层循环的比较与调整
90	**80**	**58**	92	49	第 2 次内层循环的比较与调整
90	80	**92**	**58**	49	第 3 次内层循环的比较与调整
90	80	92	**58**	**49**	**第 4 次内层循环的比较与调整**（这是多余的比较）

所以得到了第 2 次外层循环的执行结果，读者可以将上述结果与执行结果的第 2 行输出做比较。另外，读者应该发现在上述程序设计中，当执行完第一次外层循环时最小值已经在最右边了，**所以第 2 次外层循环的第 4 次内层循环的比较是多余的**，这个思想可以应用到第 3 次或第 4 次外层循环。下面是第 3 个外层循环每个内层循环的执行结果。

90	80	92	58	49	这是第 3 个外层循环执行前的初始数据
90	**80**	92	58	49	第 1 次内层循环的比较与调整
90	**92**	**80**	58	49	第 2 次内层循环的比较与调整
90	92	**80**	**58**	49	**第 3 次内层循环的比较与调整**（这是多余的比较）
90	92	80	**58**	**49**	**第 4 次内层循环的比较与调整**（这是多余的比较）

所以得到了第 3 次外层循环的执行结果，读者可以将上述结果与执行结果的第 3 行输出做比较。下面是第 4 个外层循环每个内层循环的执行结果。

90	92	80	58	49	这是第 4 个外层循环执行前的初始数据
92	**90**	80	58	49	第 1 次内层循环的比较与调整
92	**90**	**80**	58	49	**第 2 次内层循环的比较与调整**（这是多余的比较）
92	90	**80**	**58**	49	**第 3 次内层循环的比较与调整**（这是多余的比较）
92	90	80	**58**	**49**	**第 4 次内层循环的比较与调整**（这是多余的比较）

所以得到了第 4 次外层循环的执行结果，读者可以将上述结果与执行结果的第四行输出做比较。从上述执行分析可以看到程序实例 ch7_14.java 的内层循环比较有些是多余的，如果设计程序想要提高效率，可以每一次内层循环比较时少比较一次，这样就可以提高效率了。

程序实例 ch7_15.java：以更有效率的方式重新设计 ch7_14.java，主要思想是每一次内层循环的比较会少一次。

```
6          for ( int j = 0; j < (score.length - i - 1); j++ ) {
```

执行结果 与 ch7_14.java 相同。

上述程序的重点是"score.length - i - 1"，i 是外层循环的索引变量，当 i 等于 0 时，相当于是内层循环执行次数不变，当 i 值每次增加 1 时内层循环执行次数就少一次，意义是可以少比较一次，如此就可以达到提高效率的目的了。

7-3　Java 参照数据类型

Java 有关变量数据处理可以分成**原始数据类型**与**参照数据类型**。

7-3-1 原始数据类型

原始数据类型指的是 byte、short、int、long、float、double、boolean、char 等 8 种，这 8 种原始数据类型最大的特点是当我们定义变量同时设置变量值时，变量值内容是直接放在变量内，如下方左图所示。

例如，有一个声明如下：

```
int score = 80;
```

这时如上方右图所示，如果执行下列等号运算。

```
int x;
x = score;
```

过程如下图所示。

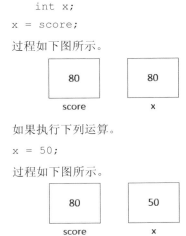

如果执行下列运算。

```
x = 50;
```

过程如下图所示。

程序实例 ch7_16.java：使用程序设计验证上述执行结果。

```
1  public class ch7_16 {
2      public static void main(String[] args) {
3          int score = 80;
4          int x ;
5          x = score;
6          x = 50;
7          System.out.println("score = " + score);
8          System.out.println("    x = " + x);
9      }
10 }
```

执行结果

```
D:\Java\ch7>java ch7_16
score = 80
    x = 50
```

7-3-2 参照数据类型

除了**原始数据类型**以外的数据类型都是**参照数据类型**，例如，目前已经学习的**字符串**（String）、**数组**（Array），后面还会介绍**类对象**，都算是**参照数据类型**。参照数据类型最大的特点是使用**间接方式**存取变量内容，本章的重点是**数组**，所以就用**数组**做说明。

例如，有一个整数数组声明如下。

```
int[ ] score = {90, 79, 92};
```

声明完后的内存如下所示。

对于数组变量 score 而言，所存的内容并不是数组的元素内容，而是一个内存位置，此内存位置才是真正存放数组元素内容的**起始地址**，在该内存的连续空间才是真正存放元素内容。由于这个范例的数组是整数（32 位），8 位代表一个内存位置，所以内存位置以每次递增 4 的方式存放整数，如

果数组内容是其他的**原始数据类型**，每次递增的数字将会不一样。

参照数据类型在执行**指定表达式**（=）时，并不是复制整个数据，而是复制所指内存地址。延续 score 数组，如果执行下列设置：

```
int[ ] myscore = score;
```

这时内存如下所示。

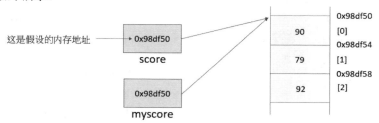

假设执行下列语句：

```
myscore[1] = 100;
```

这时内存如下所示。

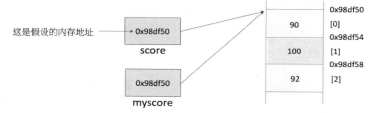

如果这时输出 score[1] 或 myscore[1] 都可以获得 100 的结果，其实并没有更改 score[1] 的值，但是因为这个内存内容被更改了，所以也获得 100 的结果。这也是**参照数据类型**的一大特点，所以程序设计时一定要特别留意。

程序实例 ch7_17.java：上述参照数据类型的验证。

```
1  public class ch7_17 {
2      public static void main(String[] args) {
3          int[] score = {90, 79, 92};            // 定义学生成绩数组
4          int[] myscore = score;
5
6          System.out.printf("score[1]   = %d\n", score[1]);
7          System.out.printf("myscore[1] = %d\n", myscore[1]);
8          System.out.printf("更改myscore[1]内容后\n");
9          myscore[1] = 100;
10         System.out.printf("score[1]   = %d\n", score[1]);
11         System.out.printf("myscore[1] = %d\n", myscore[1]);
12     }
13 }
```

执行结果

```
D:\Java\ch7>java ch7_17
score[1]   = 79
myscore[1] = 79
更改myscore[1]内容后
score[1]   = 100
myscore[1] = 100
```

7-4 垃圾回收

在 1-8 节介绍了 Java 语言的一个特点是**自动垃圾回收**，多数文章或程序会用 **GC** 或 **gc** 当作**垃圾回收**的缩写，在 Java 的 JVM 环境中有一个线程 GC threads，主要工作内容就是执行垃圾回收。它的

基本思想就是将已经不再使用的内存空间回收，本节将简单地说明 Java 的垃圾回收。

7-4-1　参照计数

请再看一次下列数组的内存图示。

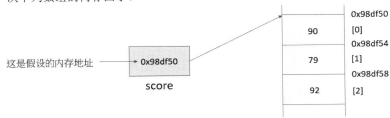

对上图右边的数组内存而言，目前有 score 数组变量参照它，这种情况称此内存的**参照计数**是 1，请再看一次另一个内存参考图。

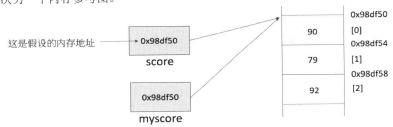

对上图右边的数组内存图形而言，目前有 score 和 myscore 数组变量参照它，这种情况称此内存的**参照计数**是 2。

7-4-2　更改参照

Java 在声明数组变量完成后，以后也可以重新为所声明的数组配置新的内存空间，这个行为称为**更改参照**。

程序实例 ch7_18.java：先定义一个数组 x，列出此数组内容。然后重新定义数组 x，再输出一次内容。

```java
1  public class ch7_18 {
2      public static void main(String[] args) {
3          int[] x = {6, 9, 2};              // 定义整数数组
4          System.out.println("原先x数组内容");
5          for (int num:x)
6              System.out.printf("%d\t", num);
7
8          System.out.printf("\n更改参照和新的x数组内容\n");
9          x = new int[2];                   // 更改参照
10         x[0] = 10;
11         x[1] = 20;
12         for (int num:x)
13             System.out.printf("%d\t", num);
14     }
15 }
```

执行结果

```
D:\Java\ch7>java ch7_18
原先x数组内容
6       9       2
更改参照和新的x数组内容
10      20
```

在 Java 系统中声明完数组 x 后内存图示如下。

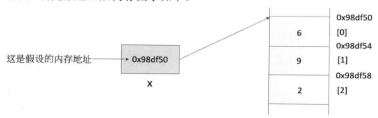

对上述数组的内存内容而言，目前的**参照计数**是 1。程序第 9 行是重新配置 x 数组变量，此时内存图示如下。

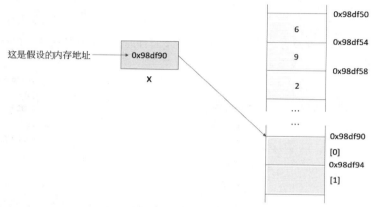

当重新配置 x 数组变量后，一个重大的影响是原先存放 6、9、2 内存内容的**参照计数**变为 0，同时新增一块内存供存放新 x 数组变量使用。程序第 10 和 11 行，执行后内存内容如下。

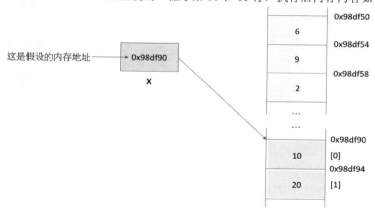

所以程序第 12 和 13 行可以得到 20、30 的结果，从上述实例读者应该了解更改参照的意义。另一种常见更改参照的方式如下。

```
int[ ]  x = {6, 9, 2};
int[ ]  y = {10, 20};
...
x = y;
```

这时对于 {6，9，2} 数组内存而言，它的**参照计数**就少 1 了，而对于 {10, 20} 数组内存而言，它的**参照计数**就加 1。

7-4-3　参照计数减少的其他可能

在 Java 中除了更改参照可以减少**参照计数**，另外还有下列两种常见的减少参照计数的方式。

（1）将数组变量设为 null，例如：

```
int[ ]  x = {6, 9, 2};
…
x = null;              // {6, 9, 2} 数组内存参照数少 1
```

（2）参照数据类型的变量已经离开了变量的有效范围，8-7 节中还会说明什么是变量的有效范围。

7-4-4　垃圾回收

从前面的说明已经可以了解当内存有被参照时，表示这是有用的内存，当然有用的内存是不可回收的，否则将导致程序错误。相反地，内存如果没有被参照，表示这是没有用的内存，这也是垃圾回收的主要对象。

不过，并不是内存没有被参照时就立刻回收，这可能会导致正在执行的程序有错误，Java 还是会等待适当的时机执行回收工作，例如，在网络联机等待另一方响应时。

当然以上只是概述，读者可以使用 Java Garbage Collection 当作关键词查询更多垃圾回收的相关知识。

7-5　多维数组的原理

本章前面所介绍的数组是一维数组，如果有一个数组它的元素都是指向另一个数组，那么可以将这个数组称作**二维数组**。这个思想可以扩充为，如果有一个数组它的元素都是指向一个二维数组，那么可以将这个数组称作**三维数组**。

7-5-1　多维数组元素的声明

声明多维数组与声明一维数组思路相同，其实只是声明一维数组的扩充，下面是声明二维数组的语法。

数据类型 [ ][ ]　数组名；

例如，下面是声明 x 为整数的二维数组。

```
int[ ][ ]  x;
```

其实以上思路可以扩充到更高维的数组声明，**例如**，下面是声明 y 为整数的三维数组。

```
int[ ][ ][ ]  y;
```

7-5-2 配置多维数组的空间

配置多维数组空间的思路与配置一维数组思路相同,下面是配置 2 行 3 列的二维数组方式。

```
int[ ][ ]  x;
x = new int[2][3];
```

上述两行也可以简化为下列表示法,直接声明与配置。

```
int[ ][ ]  x = new int[2][3];
```

程序实例 ch7_19.java:声明与配置二维数组。

```
1  public class ch7_19 {
2      public static void main(String[] args) {
3          int[][] x;
4          x = new int[2][3];
5
6          System.out.println("x 元素数量 =" + x.length);
7          for (int i =0; i < x.length; i++)
8              System.out.printf("x[%d]元素数量 = %d\n", i, x[i].length);
9      }
10 }
```

执行结果

```
D:\Java\ch7>java ch7_19
x 元素数量 = 2
x[0]元素数量 = 3
x[1]元素数量 = 3
```

程序实例 ch7_20.java:简化二维数组的声明与配置,这个程序基本上是将 ch7_19.java 的第 3 和 4 行简化为下列表示法。

```
3          int[][] x = new int[2][3];
```

执行结果   与 ch7_19.java 相同。

7-5-3 声明与设置二维数组元素的初值

7-2-5 节是设置一维数组的初值,设置二维数组的初值其思路是类似的。

程序实例 ch7_21.java:设置二维数组的初值,同时输出此二维数组的内容。

```
1  public class ch7_21 {
2      public static void main(String[] args) {
3          int[][] x = { {1, 2, 3}, {4, 5, 6} };    // 定义二维数组同时设置初值
4
5          for (int i = 0; i < x.length; i++) {
6              for (int j = 0; j < x[i].length; j++ )
7                  System.out.printf("x[%d][%d] = %d\t", i, j, x[i][j]);
8              System.out.println("");
9          }
10     }
11 }
```

执行结果

```
D:\Java\ch7>java ch7_21
x[0][0] = 1    x[0][1] = 2    x[0][2] = 3
x[1][0] = 4    x[1][1] = 5    x[1][2] = 6
```

上述二维数组经执行后内存图示如下。

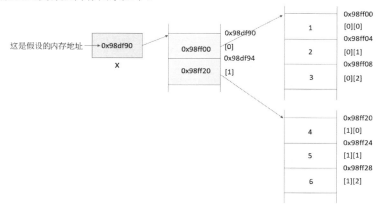

程序实例 ch7_22.java：在程序中设置二维数组的元素值，重新设计 ch7_21.java。

```java
 1 public class ch7_22 {
 2     public static void main(String[] args) {
 3         int[][] x = new int[2][3];         // 定义二维数组同时声明配置
 4
 5         x[0][0] = 1;                       // 直接设置二维数组元素值
 6         x[0][1] = 2;
 7         x[0][2] = 3;
 8         x[1][0] = 4;
 9         x[1][1] = 5;
10         x[1][2] = 6;
11         for (int i = 0; i < x.length; i++) {
12             for (int j = 0; j < x[i].length; j++ )
13                 System.out.printf("x[%d][%d] = %d\t", i, j, x[i][j]);
14             System.out.println("");
15         }
16     }
17 }
```

执行结果　与 ch7_21.java 相同。

7-5-4　分层配置二维数组

先前的二维数组声明与配置是同时进行的，Java 也允许以分层方式配置第二维的数组空间。

程序实例 ch7_23.java：使用分层方式建立二维数组，重新设计 ch7_20.java。

```java
 1 public class ch7_23 {
 2     public static void main(String[] args) {
 3         int[][] x = new int[2][];          // 声明二维数组但是先配置第一维空间
 4         for (int i = 0; i < x.length; i++)
 5             x[i] = new int[3];             // 配置第二维空间
 6         System.out.println("x 元素数量 = " + x.length);
 7         for (int i = 0; i < x.length; i++)
 8             System.out.printf("x[%d]元素数量 = %d\n", i, x[i].length);
 9     }
10 }
```

执行结果　与 ch7_20.java 相同。

上述程序在第 3 行先声明整数的二维数组 x，同时为第一维度数组配置两个元素，这种声明方式相当于是告诉编译程序第一维度的元素，主要是存储未来要指向第二维度的内存地址，但是第二维度则尚未配置元素空间。程序第 4、5 行则是一个循环，这个循环主要是为第一维度的每个元素配置数组空间，也就是第二维的数组，此次是配置含三个元素的空间。

7-5-5　不同长度的二维数组

Java 允许配置不同长度的二维数组，由于第二维的长度不同，所以一般无法使用循环方式设置第二维的长度。

程序实例 ch7_24：建立第二维长度不同的数组，同时设置数组元素内容和输出结果。

```
1  public class ch7_24 {
2      public static void main(String[] args) {
3          int[][] x = new int[2][];          // 声明二维数组但是先配置第一维空间
4          x[0] = new int[3];                 // 配置三个元素长度
5          x[1] = new int[2];                 // 配置两个元素长度
6          System.out.println("x 元素数量 = " + x.length);
7          for (int i = 0; i < x.length; i++)
8              System.out.printf("x[%d]元素数量 = %d\n", i, x[i].length);
9          x[0][0] = 1;                       // 直接设置二维数组元素值
10         x[0][1] = 2;
11         x[0][2] = 3;
12         x[1][0] = 4;
13         x[1][1] = 5;
14         for (int i = 0; i < x.length; i++) {
15             for (int j = 0; j < x[i].length; j++ )
16                 System.out.printf("x[%d][%d] = %d\t", i, j, x[i][j]);
17             System.out.println("");
18         }
19     }
20 }
```

执行结果

```
D:\Java\ch7>java ch7_24
x 元素数量 = 2
x[0]元素数量 = 3
x[1]元素数量 = 2
x[0][0] = 1      x[0][1] = 2      x[0][2] = 3
x[1][0] = 4      x[1][1] = 5
```

上述二维数组经执行后内存图示如下。

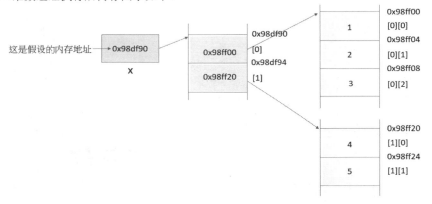

7-6 Java 命令行参数

在 2-2 节有介绍 main() 方法，这是 Java 程序执行的起点，在这个方法中的参数是 "String[ ] args"，经过本章内容说明相信读者可以了解 args 是一个字符串数组。这个设计表示，Java 允许在执行程序时，在命令提示环境下输入一些额外参数，例如，如果想设计屏幕显示文件程序，可以在此读入文件名称。

7-6-1 Java 程序执行的参数数量

过去可以在命令提示环境输入下列命令执行程序：

```
java ch7_25
```

上述是假设所执行的程序是 ch7_25.java，然后从 main() 开始执行程序，在没有参数的情况，如果这时输出 args.length，可以得到 0，因为没有在 "java ch7_25" 后面加上任何参数。如果有加入参数，args.length 会记录参数数量，当有多个参数时，各参数字符串间需用空格隔开。

程序实例 ch7_25.java：输出 args.length 的应用，同时测试没有参数，一个参数或两个参数的结果。

```
1 public class ch7_25 {
2     public static void main(String[] args) {
3         System.out.println("参数数量 " + args.length);
4     }
5 }
```

执行结果

```
D:\Java\ch7>java ch7_25
参数数量 0
```

如果执行上述程序，在末端加上 readme.txt 或更多字符串，将有不同的执行结果。

```
D:\Java\ch7>java ch7_25 readme.txt
参数数量 1
```
```
D:\Java\ch7>java ch7_25 readme.txt Java王者归来
参数数量 2
```

7-6-2　命令行参数内容

在上述设计中如果想要获得输入参数的内容，可以使用 args[i] 方式取得，i 是参数的索引。

程序实例 ch7_26.java：显示程序执行时命令行的参数内容。

```
1 public class ch7_26 {
2     public static void main(String[] args) {
3         System.out.println("参数数量 " + args.length);
4         for (int i = 0; i < args.length; i++)
5             System.out.println("第 " + i + " 个参数 " + args[i]);
6     }
7 }
```

执行结果

```
D:\Java\ch7>java ch7_26 readme.txt Java王者归来
参数数量 2
第 0 个参数 readme.txt
第 1 个参数 Java王者归来
```
```
D:\Java\ch7>java ch7_26 My name is JK Hung
参数数量 5
第 0 个参数 My
第 1 个参数 name
第 2 个参数 is
第 3 个参数 JK
第 4 个参数 Hung
```

在上述右方执行中，如果想将多个参数 My name is JK Hung 用一个字符串表示，可以在字符串左右加上双引号符号，可参考下列执行结果。

```
D:\Java\ch7>java ch7_26 "My name is JK Hung"
参数数量 1
第 0 个参数 My name is JK Hung
```

7-7　二维数组的程序应用

程序实例 ch7_27.java：有一个二维数组记录了一周天气每天的**最高温**、**平均温**和**最低温**，请分别计算一周温度的**最高温**、**最低温**和**平均温度**各自的平均值。

```
1  public class ch7_27 {
2      public static void main(String[] args) {
3          int[][] degree = {
4                  {25, 27, 29, 28, 26, 30, 28},      // 最高温度
5                  {23, 25, 27, 26, 24, 28, 26},      // 平均温度
6                  {21, 23, 25, 24, 22, 26, 24}       // 最低温度
7          };
8          double sum, average;                       // 总计温度和平均温度
9          String str = "";
10         for (int i = 0; i < degree.length; i++) {
11             sum = 0;                               // 初始化总计温度
12             for (int de:degree[i])
13                 sum += de;                         // 温度总和
14             average = sum / degree[i].length;      // 温度平均
15             switch (i) {
16                 case 0:
17                     str = "最高温平均:";
18                     break;
19                 case 1:
20                     str = "平均温平均:";
21                     break;
22                 case 2:
23                     str = "最低温平均:";
24                     break;
25             }
26             System.out.printf("%s %5.2f\n", str, average);
27         }
28     }
29 }
```

执行结果

```
D:\Java\ch7>java ch7_27
最高温平均： 27.57
平均温平均： 25.57
最低温平均： 23.57
```

在上述第 15 ～ 25 行设计中，使用索引 i 判断所计算的是哪一种温度，有时候也可以多增加设计一个字符串数组，用元素索引标明 str 所代表的意义。

程序实例 ch7_28.java：重新设计 ch7_27.java，将 str 用字符串数组方式处理。

```
1  public class ch7_28 {
2      public static void main(String[] args) {
3          String[] str = {"最高温平均:", "平均温平均:", "最低温平均:"};
4          int[][] degree = {
5                  {25, 27, 29, 28, 26, 30, 28},      // 最高温度
6                  {23, 25, 27, 26, 24, 28, 26},      // 平均温度
7                  {21, 23, 25, 24, 22, 26, 24}       // 最低温度
8          };
9          double sum, average;                       // 总计温度和平均温度
10         for (int i = 0; i < degree.length; i++) {
11             sum = 0;                               // 初始化总计温度
12             for (int de:degree[i])
13                 sum += de;                         // 温度总和
14             average = sum / degree[i].length;      // 温度平均
15             System.out.printf("%s %5.2f\n", str[i], average);
16         }
17     }
18 }
```

执行结果 与 ch7_27.java 相同。

程序实操题

1. 有一个数组数据如下：

   23，33，43，53，63，73

   请将上述数组数据依**相反顺序输出**，计算总和，计算平均值。

2. 有一个数组数据如下：

   23，99，38，9，10，22，87，25，77

   请列出上述数组的**最大值、最小值、中间值**。

3. 有一个字符数组如下：

   'T'，'e'，'l'，'e'，'v'，'i'，'s'，'i'，'o'，'n'

   请分别将上述字符由大排到小和由小排到大。

4. 有一系列学生考试数据如下：

座号	姓名	国文	英文	数学	总分	平均	名次
1	苏有朋	84	92.5	76.5			
2	吴奇隆	82.5	83	80			
3	陈志朋	85	81	66			
4	刘德华	86	86	67			
5	张学友	84.5	84.5	72			

请自行设计可以表达上述数据的多个数组结构，分数、总分和名次的数值需与各科考试成绩在同一数组，在此数组中需要填上**总分**、**平均值**和**名次**。

5. 使用前一个程序考试数据，将成绩由高往低打印出来。

6. 重新设计 ch7_15.java，但是将数据从小排到大。

7. 请重新设计 ch7_28.java，找出一周中的最高温和最低温，同时列出是哪一天，假设数据是按周日，周一，… 周六的顺序。

习题

一、判断题

1（X）. Java 允许同一数组元素彼此有不同数据类型。

2（X）. Java 数组第一个元素的索引值是 1。

3（O）. 可以使用下列任一方式声明 a 是整数数组。

```
int[ ]  a;
```

或

```
int  a[ ];
```

4（X）. 下列是一个合法的数组初值设置。

```
int[ ] x = new {55, 66, 77};
```

5（O）. 声明与配置数组时可以使用整数变量或表达式当作数组的长度。

6（O）. 编译 Java 程序时，如果看到下列错误代表数组索引超出范围。

```
ArrayIndexOutBoundsException
```

7（X）. foreach 可以遍历数组，但是限定应用在整数数组。

8（X）. 数组变量所存储的内容是数组元素第一个内容。

9（O）. Java 的垃圾回收主要是回收不再被参照的内存空间。

10（O）. 下列语句是声明 y 为 4 维的数组。

```
int[ ][ ][ ][ ]  y;
```

11（X）. 如果将二维数组元素摊开成平面，打印二维数组时一定可以得到矩形的结果，也就是第二维数组的元素长度必须相同。

二、选择题

1（B）. 下列哪一个运算符可以配置数组空间？

A. case　　　　　　　　B. new　　　　　　　　C. super　　　　　　　　D. assert

2（D）. 下列哪一个属性可以得到数组长度？

A. new　　　　　　B. long　　　　　　C. size　　　　　　D. length

3（C）. 下列哪一个数据类型不是原始数据类型？

A. int　　　　　　B. double　　　　　C. String　　　　　D. char

4（A）. 下列哪一个数据类型不是参照数据类型？

A. double　　　　B. String　　　　　C. 数组　　　　　D. 对象

5（A）. 有一个程序片段如下：

```
int[ ]  x = {5, 10, 15};
int[ ]  y = {10, 20};
…
x = y;
```

对于 {5，10，15} 而言参照计数是多少？

A. 0　　　　　　　B. 1　　　　　　　C. 2　　　　　　　D. -1

6（C）. 有一个程序片段如下：

```
int[ ]  x = {5, 10, 15};
int[ ]  y = {10, 20};
…
x = y;
```

对于 {10，20} 而言参照计数是多少？

A. 0　　　　　　　B. 1　　　　　　　C. 2　　　　　　　D. -1

7（C）. 在命令提示环境使用下列语句执行 Java 程序时，args.length 的值是多少？

java sample sample testing

A. 0　　　　　　　B. 1　　　　　　　C. 2　　　　　　　D. -1

8（C）. 在命令提示环境使用下列语句执行 Java 程序时，args[1] 是什么？

java sample1 sample2 sample3 sample4

A. sample1　　　　B. sample2　　　　C. sample3　　　　D. sample4

9（D）. 下列哪一个是错误的叙述？

A. int[ ] x = {1，3，5};　　　　　　　B. double[ ][ ] = new double[3][5];

C. int[ ][ ] x = new int[3][ ];　　　　　D. int[ ][ ] x = new int[ ][3];

10（D）. 有一个程序片段如下，请列出下列语句执行结果。

```
int[][] degree = {
        {25, 27, 29, 28, 26, 30, 28},
        {23, 25, 27, 26, 24, 28, 26},
        {21, 23, 25, 24, 22, 26, 24}
};
int num = 0;
for (int i = 0; i < degree.length; i++) {
    for (int de:degree[i])
        if ( num < de )
            num = de;
}
System.out.println(num);
```

A. 0　　　　　　　B. 21　　　　　　　C. 25　　　　　　　D. 30

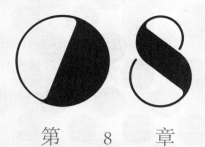

第 8 章

类与对象

本章摘要

Java 的数据类型有基本数据类型，可参考 3-2 节，本章所介绍的是可自行定义的数据类型，称为类数据类型，这也是 Java 语言最核心的部分。

了解类的基础概念后，其实就进入面向对象程序设计（Object Oriented Programming，OOP）的殿堂了。在面向对象程序设计中，最重要的 4 个特点是封装（Encapsulation）、继承（Inheritance）、抽象（Abstraction）、多态（Polymorphism）。

后面章节将一步一步引导读者学习 Java 语言最重要的特点——面向对象程序设计。

8-1　认识对象与类

Java 其实是一种面向对象程序，强调的是以对象为中心思考与解决问题。在我们生活的周遭，可以很容易将一些事物使用对象来思考。例如，猫、狗、银行、车子等。

用狗作实例，它的特性有名字、年龄、颜色等，它的行为有睡觉、跑、叫、摇尾巴等。

用银行作实例，它的特性有银行名字、存款者名字、存款金额等，它的行为有存款、提款、买外币、卖外币等。

当使用 Java 设计程序的时候，对象的特性就是所谓的属性（attributes），对象的行为就是所谓的方法（method）。可以用下图表示。

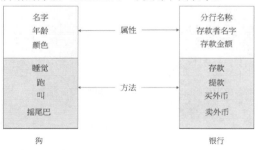

可以将类（class）想成是建立对象的模块，当以面向对象方式思考问题时，必须将对象的属性与方法组织起来，所组织的结果就称为类

（class）。可以用下图表示。

在程序设计时，为了要使用上述类，需要真正定义实体（instance），此实体也称作对象（object）。以后可以使用此对象存取属性与操作方法。可以用下图表示。

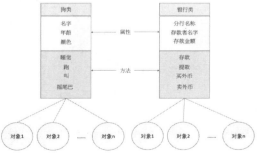

8-2 定义类与对象

有了上述基本概念后，下一步将引导读者如何使用 Java 语言定义类与对象。

8-2-1 定义类

定义类需使用关键词 class，其语法如下。

```
class 类名称 {
    语句区块 ;                    // 包含属性和方法
}
```

类名称的命名规则须遵守变量的命名规则，但是第一个字母建议用大写其余则不限制，通常会是小写，例如 **Dog**。类名称通常由一个到多个有意义的英文单词组成，如果是由多个单词组成，通常每个单词的第一个字母也建议大写，其余则小写，例如 **TaipeiBank**。这种命名方式又称驼峰式命名（camelcasing）。

> **注** 许多网络文章或其他国内外 **Java** 相关文件表示类名称的第一个字母需大写，其实经笔者测试没用大写也可以。甚至本书所有程序入口 **public class** 类名称是 **chXX_XX.java**，其实是用小写 **c**，不过建议读者设计类名称时第一个字母使用大写，笔者以后所设计的类也将采用大写字母开头。

下列是定义狗 Dog 类的实例，先简化定义方法。

```
class Dog {                      // 类名称 Dog，D 用大写
    String name;                 // 属性 : 名字
    String color;                // 属性 : 颜色
    int age;                     // 属性 : 年龄
    void sleeping() {            // 方法 : 在睡觉
    }
    void barking() {             // 方法 : 在叫
    }
}
```

下列是定义 TaipeiBank 类的实例，先简化省略定义方法。

```
class TaipeiBank {
    String branchtitle;          // 属性 : 分行名称
    String user;                 // 属性 : 用户名称
    int balance;                 // 属性 : 存款余额
    void saving() {              // 方法 : 存款
    }
    void withdraw() {            // 方法 : 提款
    }
}
```

8-2-2　声明与建立类对象

类定义完成后，接着必须声明与建立这个类的对象，可以使用下列方法。

```
Dog myDog;                        // 声明 Dog 对象
myDog = new Dog();                // 配置 myDog 对象空间
```

如果读者仔细观察，这个语句与声明数组变量方法时是一样的，不过，在类中称此为构造方法（constructor），后面还会讲解这个知识。另外，也可以与数组变量相同，一条语句同时执行声明和新建类对象。

```
Dog myDog = new Dog();    // 同时执行声明和新建 Dog 类对象 myDog
```

8-3　类的基本实例

8-3-1　建立类的属性

类属性（attributes），标识着类的特点，有时候也可将它称作类的字段（field），使用时必须为属性建立变量（variables），然后才可以存取它们，这个变量又可以称为是属于此类的成员变量（member variables）。下列语句是定义属性的实例。

```
class Dog {
    String name;                  // 属性：名字
    String color;                 // 属性：颜色
    int age;                      // 属性：年龄
    }
```

8-3-2　存取类的成员变量

存取类成员变量的语法如下。

对象变量 . 成员变量

程序实例 ch8_1.java：建立类的成员变量，然后输出成员变量内容。

```
1  class Dog {
2      String name;        // 名字
3      String color;       // 颜色
4      int age;            // 年龄
5  }
6
7  public class ch8_1 {
8      public static void main(String[] args) {
9          Dog myDog = new Dog();      // 声明与建立myDog对象
10         myDog.name = "Lily";        // 设置myDog的name属性
11         myDog.color = "White";      // 设置myDog的color属性
12         myDog.age = 5;              // 设置myDog的age属性
13         System.out.println("我的狗名字是:" + myDog.name);
14         System.out.println("我的狗颜色是:" + myDog.color);
15         System.out.println("我的狗年龄是:" + myDog.age);
16     }
17 }
```

执行结果

```
D:\Java\ch8>java ch8_1
我的狗名字是 : Lily
我的狗颜色是 : White
我的狗年龄是 : 5
```

8-3-3　调用类的方法

类的方法（method）其实就是对象的行为，在一些非面向对象的程序设计中这个方法又称为函数。方法的命名规则是第一个字母小写，如果后面出现单词则是首字母大写，例如 myBook() 方法。它的基本语法如下。

返回值类型方法名称（〔参数列表〕）{

　　方法语句区块；　　　　　// 方法的主体功能

}

如果这个方法没有返回值，则返回值类型是 void。如果有返回值，则可依返回值数据类型设置，例如，返回值是整数可以设置 int，这个观念可以扩充到其他 Java 的数据类型。至于参数列表可以解析为参数 1，…，参数 n，我们将信息用参数传入方法中。调用方法的语法如下。

对象变量 . 方法

程序实例 ch8_2.java：基本上是 ch8_1.java 的扩充，类内含属性与方法的应用。

```
1  class Dog {
2      String name;        // 名字
3      String color;       // 颜色
4      int age;            // 年龄
5      void barking( ) {   // 方法barking()
6          System.out.println("我的狗在叫");
7      }
8  }
9
10 public class ch8_2 {
11     public static void main(String[] args) {
12         Dog myDog = new Dog();       // 声明与建立myDog对象
13         myDog.name = "Lily";         // 设置myDog的name属性
14         myDog.color = "White";       // 设置myDog的color属性
15         myDog.age = 5;               // 设置myDog的age属性
16         System.out.println("我的狗名字是:" + myDog.name);
17         System.out.println("我的狗颜色是:" + myDog.color);
18         System.out.println("我的狗年龄是:" + myDog.age);
19         myDog.barking();             // 调用方法barking()
20     }
21 }
```

执行结果

```
D:\Java\ch8>java ch8_2
我的狗名字是：Lily
我的狗颜色是：White
我的狗年龄是：5
我的狗在叫
```

8-4　类含多个对象

如果一个类只能有一个对象，那对实际的程序帮助并不大，所幸 Java 允许类有多个对象，这也将是本章的主题。

8-4-1　类含多个对象的应用

其实只要在声明时，用相同方式建立不一样的对象即可。

程序实例 ch8_3.java：一个类含两个对象的应用。

```
1  class Dog {
2      String name;           // 名字
3      String color;          // 颜色
4      int age;               // 年龄
5      void barking( ) {      // 方法barking()
6          System.out.println("正在叫");
7      }
8      void sleeping( ) {     // 方法sleeping()
9          System.out.println("正在睡觉");
10     }
11 }
12
13 public class ch8_3 {
14     public static void main(String[] args) {
15         Dog myDog = new Dog();        // 声明与建立myDog对象
16         Dog TomDog = new Dog();       // 声明与建立TomDog对象
17
18         myDog.name = "Lily";          // 设置myDog的name属性
19         System.out.print("我的狗名字是 " + myDog.name + " ");
20         myDog.barking();              // 调用方法barking()
21
22         TomDog.name = "Hali";         // 设置TomDog的name属性
23         System.out.print("Tom的狗名字是 " + TomDog.name + " ");
24         myDog.sleeping();             // 调用方法sleeping()
25     }
26 }
```

执行结果

```
D:\Java\ch8>java ch8_3
我的狗名字是 Lily 正在叫
Tom的狗名字是 Hali 正在睡觉
```

从上述读者可以看到第 15 行和第 16 行分别建立 myDog 和 TomDog 对象，这是两个独立的对象，因此虽然使用相同的属性和方法，但是彼此是独立的。然后第 18 ～ 20 行是建立 myDog 的属性、输出、调用方法 barking()。第 22 ～ 24 行是建立 TomDog 的属性、输出、调用方法 sleeping()。

8-4-2　建立类的对象数组

如果建立了一个银行类，用户可能有几百万个或更多，使用 8-4-1 节的方式为每一个客户建立对象变量是不可能的，碰上这类情形可以用数组方式处理。

程序实例 ch8_4.java：建立类对象数组的应用，此对象数组有 5 个元素。

```
1  class TaipeiBank {
2      int account;                                   // 账号
3      int balance;                                   // 存款金额
4      void printInfo( ) {                            // 方法printInfo()
5          System.out.printf("账户:%d, 余额:%d\n", account, balance);
6      }
7  }
8
9  public class ch8_4 {
10     public static void main(String[] args) {
11         TaipeiBank[] shilin = new TaipeiBank[5];    // 类对象数组
12
13         for ( int i = 0; i < shilin.length; i++ ) { // 建立账号信息
14             shilin[i] = new TaipeiBank();            // 建立对象
15             shilin[i].account = 10000001 + i;        // 设置账号
16             shilin[i].balance = 0;                   // 初始化存款是0
17         }
18         for ( TaipeiBank sh:shilin )                 // 输出账号信息
19             sh.printInfo();
20     }
21 }
```

执行结果

```
D:\Java\ch8>java ch8_4
账户 : 10000001, 余额 : 0
账户 : 10000002, 余额 : 0
账户 : 10000003, 余额 : 0
账户 : 10000004, 余额 : 0
账户 : 10000005, 余额 : 0
```

上述程序有两个新概念，首先在类内 printInfo() 方法内引用此类的属性时，例如，第 5 行内的 account 和 balance 属性，同时可以直接调用属性名称。这个 printInfo() 方法可以输出账户和余额。

至于 main() 方法的第 11 行声明了 TaipeiBank 类的数组，由于每一个数组元素都是一个类，所以在第 14 行必须建立此对象，然后第 15 和第 16 行才可以设置此对象的账号和初始化存款金额。第 18 和第 19 行是 foreach 循环可以输出账号信息。

8-5　类的参照数据类型

8-5-1　类的参照内存图示

在 7-3-2 节介绍了对象（object）是一个参照数据类型，假设有一个对象声明如下。

```
class Dog {
    String name;              // 属性：名字
    String color;             // 属性：颜色
    int age;                  // 属性：年龄
    }
```

当执行下列语句建立对象：

```
Dog myDog = new Dog();
```

Java 会动态地配置内存空间，整个 myDog 对象的内存图示如下。

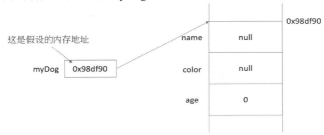

8-5-2　类对象属性的初值

读者可能会觉得奇怪，为何在 8-5-2 节的类内存图示中，笔者在声明 myDog 对象完成后，没有设置 myDog 对象属性值，却在内存内写出 myDog 对象属性的初值，这不符合前几章所述的基本数据类型概念。其实 Java 当使用 new 建立对象后，每个类对象的属性变量都具有 Java 自动设置初值的功能，一般整数变量的初值是 0，浮点变量的初值是 0.0，布尔值的初值是 false，其他类型数据的初值是 null。所以，name 和 color 是字符串类型其初值是 null，age 是整数类型其初值是 0。

程序实例 ch8_5.java：验证类别属性的初值。

```
 1 class Dog {
 2     String name;       // 名字
 3     String color;      // 颜色
 4     int age;           // 年龄
 5     void printInfo() {
 6         System.out.println("狗名字是:" + name);
 7         System.out.println("狗颜色是:" + name);
 8         System.out.println("狗年龄是:" + age);
 9     }
10 }
11
12 public class ch8_5 {
13     public static void main(String[] args) {
14         Dog myDog = new Dog();        // 宣告与建立myDog对象
15         myDog.printInfo();
16     }
17 }
```

执行结果

```
D:\Java\ch8>java ch8_5
狗名字是 : null
狗颜色是 : null
狗年龄是 : 0
```

其实读者可以扩充上述程序，以便了解与验证其他数据类型的初值。

8-5-3　细读类参照的内存图示

这一节主要是用详细的内存图示讲解类参照的更深一层内涵。

程序实例 ch8_6.java：类参照的内存图示与概念完整解说。

```java
 1  class Dog {
 2      String name = "Lily";          // 名字
 3      void printInfo() {
 4          System.out.println("狗名字是:" + name);
 5      }
 6  }
 7
 8  public class ch8_6 {
 9      public static void main(String[] args) {
10          Dog aDog, bDog, cDog;      // 声明 aDog, bDog, cDog 对象
11          aDog = new Dog();
12          bDog = new Dog();
13          cDog = new Dog();
14          System.out.println("aDog == bDog : " + (aDog == bDog) + "  " + aDog.name);
15          System.out.println("aDog == cDog : " + (aDog == cDog) + "  " + bDog.name);
16          System.out.println("bDog == cDog : " + (bDog == cDog) + "  " + cDog.name);
17
18          bDog = cDog;               // bDog和cDog指向相同位置
19          System.out.println("bDog == cDog : " + (bDog == cDog));
20
21          bDog.name = "Hali";        // 更改bDog的name属性
22
23          aDog.printInfo();          // 输出狗名字
24          bDog.printInfo();          // 输出狗名字
25          cDog.printInfo();          // 输出狗名字
26      }
27  }
```

执行结果

```
D:\Java\ch8>java ch8_6
aDog == bDog : false  Lily
aDog == cDog : false  Lily
bDog == cDog : false  Lily
bDog == cDog : true
狗名字是 : Lily
狗名字是 : Hali
狗名字是 : Hali
```

这个程序有不一样的地方是，在类内设置了属性的初值，在建立对象后 name 属性值就是 Lily。程序第 10 ~ 13 行执行完成后，其实三个对象分别是指向不同的内存，内存图示如下所示。

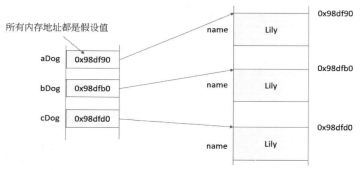

虽然"对象 .name"都是 Lily，但是因为指向不同内存，所以第 14 ~ 16 行列出的结果都是 false。第 18 行将 bDog 指向 cDog，这时内存图示如下。

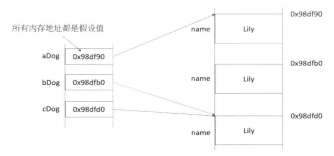

所以第 19 行的结果是 True。第 21 行更改了 bDog.name 的值，这时的内存图示将如下所示。

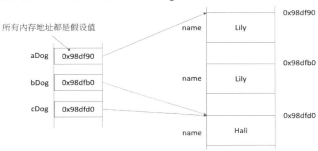

所以虽然没有更改 cDog.name 的内容，但是因为它和 bDog.name 指向相同地址，所以最后第 23 ～ 25 行可以分别得到 "Lily" "Hali" "Hali" 的执行结果。

8-6　再谈方法

在前面各节的类实例中，所有的方法都是简单没有传递任何参数或是没有任何返回值，这一节将讲解更多方法的应用。

8-6-1　基本参数的传递

在设计类的方法时，也可以增加传递参数给方法。

程序实例 ch8_7.java：使用银行存款了解基本参数传递的方法与意义。

```
1  class TaipeiBank {
2      int account;                            // 账号
3      int balance;                            // 存款金额
4      void saveMoney(int save) {              // 存款
5          balance += save;
6      }
7      void printInfo( ) {                     // 输出账号与余额
8          System.out.printf("账户:%d, 余额:%d\n", account, balance);
9      }
10 }
11
12 public class ch8_7 {
13     public static void main(String[] args) {
14         TaipeiBank A = new TaipeiBank();     // 类对象
15         A.account = 10000001;                // 设置账号
16         A.balance = 0;                       // 初始化存款是0
17
18         A.printInfo();                       // 存款前
19         A.saveMoney(100);                    // 存款金额100
20         A.printInfo();                       // 存款后
21     }
22 }
```

执行结果

```
D:\Java\ch8>java ch8_7
账户 : 10000001, 余额 : 0
账户 : 10000001, 余额 : 100
```

上述第 18 行是输出存款前的账户余额，第 19 行是存款 100 元，这时 A.saveMoney(100) 会将 100 传给类内的 saveMoney(int save) 方法，程序第 5 行会执行将此 100 与原先的余额相加。第 20 行是输出存款后的账户余额。上述是传递整数参数，其实读者可以将它扩充，传递任何 Java 合法的数据类型。

8-6-2 认识形参与实参

方法内定义的参数称为形参，以实例 ch8_7.java 为例，指的是第 4 行的 **save**。main() 内的参数称为实参，以实例 ch8_7.java 为例，指的是第 19 行的 100。在此笔者统称参数（Parameter）。

8-6-3 参数传递的方法

参数传递有两种，分别是传递值（call by value）和传递地址（call by address）。

1. 传递值

main() 内调用方法时，main() 的实参值会传给方法的形参，在内存内 main() 的实参与方法的形参各自有不同的内存空间。

程序实例 ch8_8.java：传递值的应用。一个数据交换失败的实例，这个程序中第 2 行使用下列方式声明 swap() 方法。

```
public static void swap( int x, int y ) {
        ...
    }
```

在 9-3 节中会完整说明在 void 前面加上 public static 的目的与意义，在此读者只要了解先加上 public static 即可。

```
1  public class ch8_8 {
2      public static void swap(int x, int y) {
3          int tmp = x;                        // 以下两行可以令x,y数据对调
4          x = y;
5          y = tmp;
6          System.out.printf("swap方法内部  x = %d,  y = %d\n", x, y);
7      }
8      public static void main(String[] args) {
9          int x, y;
10         x = 10;
11         y = 20;
12         System.out.printf("调用swap方法前 x = %d,  y = %d\n", x, y);
13         swap(x, y);                          // 调用swap方法前
14         System.out.printf("调用swap方法后 x = %d,  y = %d\n", x, y);
15     }
16 }
```

执行结果

```
D:\Java\ch8>java ch8_8
调用swap方法前 x = 10,  y = 20
swap方法内部    x = 20,  y = 10
调用swap方法后 x = 10,  y = 20
```

上述程序执行至第 13 行时，刚进入第 2 行 swap() 时，内存图示如下所示。

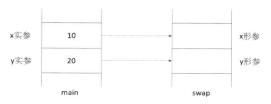

进入到 swap() 方法的第 3 行后，内存图式如下。

执行完第 5 行后，内存图示如下。

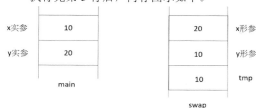

所以执行第 6 行时，可以得到 x=20，y=10。但是返回 main() 的第 14 行输出 x 和 y 时，因为 main() 的 x 和 y 内容未改变，所以得到 x=10，y=20。

2. 传递地址

在 Java 程序中当所传递的参数是数组或类时，是参照数据类型，所传递的就是地址，下面将以实例配合内存图示说明。

程序实例 ch8_9.java：传递地址的应用。一个数据交换成功的实例。

```
1  class DataBank {
2      int x, y;
3  }
4  public class ch8_9 {
5      public static void swap(DataBank B) {
6          int tmp = B.x;                              // 以下两行可以令x,y数据对调
7          B.x = B.y;
8          B.y = tmp;
9          System.out.printf("swap方法内部  x = %d,  y = %d\n", B.x, B.y);
10     }
11     public static void main(String[] args) {
12         DataBank A = new DataBank();
13         A.x = 10;
14         A.y = 20;
15         System.out.printf("调用swap方法前 x = %d,  y = %d\n", A.x, A.y);
16         swap(A);                                     // 调用swap方法前
17         System.out.printf("调用swap方法后 x = %d,  y = %d\n", A.x, A.y);
18     }
19 }
```

执行结果

```
D:\Java\ch8>java ch8_9
调用swap方法前  x = 10,  y = 20
swap方法内部    x = 20,  y = 10
调用swap方法后  x = 20,  y = 10
```

上述程序执行到第 14 行时，内存图示如下。

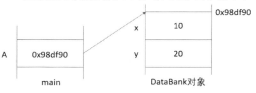

当执行第 16 行进入 swap() 方法，然后进入第 6 行执行完毕时，内存图示如下。

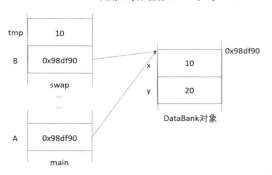

第 8 行执行完毕后，内存图示如下。

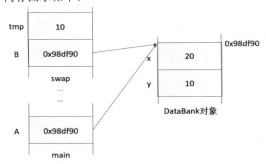

所以执行第 9 行和返回 main() 执行第 17 行时，可以得到 x=20，y=10。

8-6-4 方法的返回值

在 Java 中也可以让方法返回执行结果，此时语法格式如下。

返回值类型方法名称（［参数列表］）{

　　方法语句区块；　　　　　　// 方法的主体功能

　　return 返回值；　　　　　　// 返回值可以是变量或表达式

}

有关返回值可以是表达式的观念，可以参考 ch8_11.java 的 sub() 方法。

程序实例 ch8_10.java：重新设计程序实例 ch8_7.java，这个程序主要是增加 saveMoney() 方法的返回值，返回值是布尔值 true 或 false。如果执行存款时，存款金额一定是正值，但是程序实例 ch8_7.java 若是输入负值时，程序仍可运作，此时存款金额会变少，这就是语意上的错误，所以这个程序会对存款金额做检查，如果是正值则执行存款，同时存款完成后列出存款成功，可参考第 24 行和第 25 行。如果存款金额是负值，将不执行存款，然后列出存款失败，可参考第 27 行和第 28 行。

```
1  class TaipeiBank {
2      int account;                                    // 账号
3      int balance;                                    // 存款金额
4      Boolean saveMoney(int save) {                   // 存款
5          if (save > 0) {                             // 存款金额大于0
6              balance += save;                        // 执行存款
7              return true;                            // 返回true
8          }
9          else
10             return false;                           // 否则返回false
11     }
12     void printInfo( ) {                             // 输入账号与余额
13         System.out.printf("账户:%d, 余额:%d\n", account, balance);
14     }
15 }
16
17 public class ch8_10 {
18     public static void main(String[] args) {
19         TaipeiBank A = new TaipeiBank();            // 类对象
20         A.account = 10000001;                       // 设置账号
21         A.balance = 0;                              // 最初化存款是0
22
23         A.printInfo();                              // 存款前
24         System.out.println("存款" +
25             ((A.saveMoney(100)) ? "成功":"失败"));   // 存款金额100
26         A.printInfo();                              // 存款100后
27         System.out.println("存款" +
28             ((A.saveMoney(-100)) ? "成功":"失败"));  // 存款金额-100
29         A.printInfo();                              // 存款-100后
30     }
31 }
```

执行结果

```
D:\Java\ch8>java ch8_10
账户：10000001, 余额：0
存款成功
账户：10000001, 余额：100
存款失败
账户：10000001, 余额：100
```

程序实例 ch8_11.java：设计一个小型运算的类 SmallMath，这个类内有两 个整数方法分别是可以执行加法的 add() 和可以执行减法的 sub()，可以分别返回加法和减法的运算结果。在 add() 方法设计中使用中规中矩的方式，设立变量 z，然后返回 z。在 sub() 方法中，则是更有效率的使用方法，直接返回 "x-y" 的运算结果。

```
1  class SmallMath {
2      int add(int x, int y) {          // 整数加法
3          int z = x + y;
4          return z;                     // 单纯返回整数值
5      }
6      int sub(int x, int y) {          // 整数减法
7          return x - y;                 // 返回整数表达式
8      }
9  }
10
11 public class ch8_11 {
12     public static void main(String[] args) {
13         SmallMath A = new SmallMath();
14         System.out.println(A.add(10, 20));
15         System.out.println(A.sub(10, 20));
16     }
17 }
```

执行结果

```
D:\Java\ch8>java ch8_11
30
-10
```

8-6-5　可变参数的设计

前面所介绍的 Java 所传递的参数数量是固定的，Java 也接受所传递的参数数量是可变的，只需在最后一个参数类型右边加上三个点（…）即可，语法格式如下。

返回值类型方法名称（［参数列表］，数据类型 … 变量）{

　　方法语句区块；　　　　　// 方法的主体功能

}

实例 1：下面是一个可变参数设计。

int add(int x, int … y) {

方法语句区块；　　　　　　// 方法的主体功能

}

上述 **"int … y"** 表示可以接受多个参数，这些参数会被当作数组输入，另外，设计时须留意下列事项。

（1）一个方法只能有一个可变参数，同时必须在最右边。

（2）可变参数本质是一个数组，因此在调用此方法时，可以传递多个参数，也可以传递一个数组。

程序实例 ch8_11_1.java：可变参数的应用。这个程序将用三组不同的数据测试可变参数的执行结果。

```
1  class SmallMath {
2      int add(int x, int...y) {          // 可变参数的应用
3          int total = x;
4          for ( int num:y )
5              total += num;
6          return total;                   // 单纯返回整数值
7      }
8  }
9  public class ch8_11_1 {
10     public static void main(String[] args) {
11         SmallMath A = new SmallMath();              // 定义类SmallMath的对象A
12         int[] values = {1, 2, 3, 4, 5, 6, 7, 8, 9, 10};
13         System.out.println(A.add(1, 3));            // 计算1 + 3
14         System.out.println(A.add(1, 3, 5));         // 计算1 + 3 + 5
15         System.out.println(A.add(5, values));       // 计算5 + values数组
16     }
17 }
```

执行结果

```
D:\Java\ch8>java ch8_11_1
4
9
60
```

8-7 变量的有效范围

在 7-4-3 节有讨论过参照计数减少的可能，其中一项是参照数据类型的变量已经离开了程序的有效范围，这一节将对此知识做一个完整的说明。

设计 Java 程序时，可以随时在使用前声明变量，可是每个变量并不是永远可以使用，通常将这个变量可以使用的区间称为变量的有效范围，这也是本节的主题。

8-7-1 for 循环的索引变量

下面是一个常见的 for 循环设计。

```
for ( int i = 1; i < n; i++ ) {
    xxxx;
}
```

对上述循环而言，作为索引的整数变量 i 的有效范围就是在这个循环，如果离开循环继续使用变量 i 就会产生错误。

程序实例 ch8_12.java：这个程序第 8 行尝试在 for 循环外使用循环内声明的索引变量 i，结果产生找不到符号的错误。

```
1 public class ch8_12 {
2     public static void main(String[] args) {
3         int sum = 0;                                    // 总和变量
4         for ( int i = 1; i <= 10; i++ ) {               // 循环内声明索引变量
5             sum += i;                                   // 计算每个循环的总和
6             System.out.printf("Loop = %2d, 总和 = %2d%n", i, sum);
7         }
8         System.out.println("i = " + i);                 // 错误
9     }
10 }
```

执行结果
```
D:\Java\ch8>javac ch8_12.java
ch8_12.java:8: 错误: 找不到符号
                System.out.println("i = " + i);            // 错误
                                            ^
        符号:   变量 i
        位置: 类 ch8_12
1 个错误
```

8-7-2 foreach 循环

foreach 循环内所声明的变量，与 for 循环相同，只能在此循环范围内使用。

程序实例 ch8_13.java：这个程序尝试在 foreach 循环外使用循环内声明的变量 num，结果产生找不到符号的错误。

```
1 public class ch8_13 {
2     public static void main(String[] args) {
3         int[] numList = {5, 15, 10};                    // 定义整数数组
4         for ( int num:numList )                         // foreach循环
5             System.out.println("numList : " + num);
6         System.out.println("num = " + num);             // 错误
7     }
8 }
```

执行结果
```
D:\Java\ch8>javac ch8_13.java
ch8_13.java:6: 错误: 找不到符号
                System.out.println("num = " + num);                // 错误
                                             ^
        符号:   变量 num
        位置: 类 ch8_13
1 个错误
```

8-7-3 局部变量

其实在程序区块内声明的变量都算是局部变量,程序区块可能是一个方法内的语句,或者是大括号"{"和"}"间的区块,这时所设置的变量只限定在此区块内有效。

程序实例 ch8_14.java:在区域外使用变量产生错误的实例,第 6 行设置的 y 变量只能在第 5 ~ 8 行间的区块使用,由于第 9 行输入 y 时,已经超出 y 的区域范围,所以产生错误。

```
 1  public class ch8_14 {
 2      public static void main(String[] args) {
 3          int x = 10;                                    // main内的变量
 4          System.out.println("main内的变量 x = " + x);
 5          {                                              // 自定义区块起点
 6              int y = 20;                                // 区块内的变量
 7              System.out.println("区块内的变量 y = " + y);
 8          }                                              // 自定义区块终点
 9          System.out.println("main内的变量 y = " + y);   // error!变量y超出有效范围
10      }
11  }
```

执行结果

```
D:\Java\ch8>javac ch8_14.java
ch8_14.java:9: 错误: 找不到符号
                System.out.println("main内的变量 y = " + y);     // error!变量y超
出有效范围
                                                         ^
    符号:    变量 y
    位置:    类 ch8_14
1 个错误
```

在设计 Java 程序时,外层区块声明的变量可以供内层区块使用。

程序实例 ch8_15.java:外层区块声明的变量供内层区块使用的实例。程序第 3 行声明变量 x,在内层区块第 7 行仍可使用。

```
 1  public class ch8_15 {
 2      public static void main(String[] args) {
 3          int x = 10;                                    // main内的变量
 4          System.out.println("main内的变量 x = " + x);
 5          {                                              // 自定义区块起点
 6              int y = 20;                                // 区块内的变量
 7              System.out.println("main声明的变量 x = " + x);
 8              System.out.println("区块内的变量 y = " + y);
 9          }                                              // 自定义区块终点
10      }
11  }
```

执行结果

```
D:\Java\ch8>java ch8_15
main内的变量 x = 10
main宣告的变量 x = 10
区块内的变量 y = 20
```

对上述程序而言,如果想在第 5 ~ 9 行区块结束后使用变量 y,则必须重新声明,此时新声明的 y 变量与原先区块内的变量 y,是不同的变量。

程序实例 ch8_16.java:离开区块后,重新声明相同名称变量的应用。这个程序的第 9 行是重新声明变量 y 然后打印。

```
 1  public class ch8_16 {
 2      public static void main(String[] args) {
 3          int x = 10;                                    // main内的变量
 4          System.out.println("main内的变量 x = " + x);
 5          {                                              // 自定义区块起点
 6              int y = 20;                                // 区块内的变量
 7              System.out.println("区块内的变量 y = " + y);
 8          }                                              // 自定义区块终点
 9          int y = 30;                                    // 区块外的变量
10          System.out.println("区块外的变量 y = " + y);
11      }
12  }
```

执行结果

```
D:\Java\ch8>java ch8_16
main内的变量 x = 10
区块内的变量 y = 20
区块外的变量 y = 30
```

如果前面已经声明了变量,不可以在内圈重新声明相同的变量。其实可以解释为当一个变量仍在有效范围时,不可以声明相同名称的变量。

程序实例 ch8_17.java：这个程序第 6 行重复声明第 3 行已经声明过的变量 x，且此变量仍在有效范围内使用，所以产生错误。

```java
1  public class ch8_17 {
2      public static void main(String[] args) {
3          int x = 10;                               // main内的变量
4          System.out.println("main内的变量 x = " + x);
5          {                                         // 自定义区块起点
6              int x = 15;                           // error!因为重复声明
7              int y = 20;                           // 区块内的变量
8              System.out.println("区块内的变量 y = " + y);
9          }                                         // 自定义区块终点
10     }
11 }
```

执行结果

```
D:\Java\ch8>javac ch8_17.java
ch8_17.java:6: 错误: 已在方法 main(String[])中定义了变量 x
            int x = 15;
                    // error!因为重复声明
                ^
1 个错误
```

8-7-4 类内成员变量与方法变量有相同的名称

在程序设计时，有时候会发生方法内的局部变量与类的属性变量（或是称成员变量）有相同的名称，这时候在方法内的变量有较高优先使用级，这种现象称为名称遮蔽（Shadowing of Name）。

程序实例 ch8_18.java：名称遮蔽的基本现象。这个程序的 ShadowingTest 类中有一个成员变量 x，在方法 printInfo() 内也有局部变量 x，依照名称遮蔽原则，所以第 4 行输出结果是 main() 方法 A.printInfo(20) 传来的 20。如果想要输出目前对象的成员变量可以使用 this 关键词，这个关键词可以获得目前对象的成员变量的内容，它的使用方式如下。

　　this. 成员变量

所以程序第 5 行会打印第 2 行成员变量设置的 10。

```java
1  class ShadowingTest {
2      int x = 10;
3      void printInfo(int x) {
4          System.out.println("局部变量" + x);
5          System.out.println("成员属性" + this.x);
6      }
7  }
8  public class ch8_18 {
9      public static void main(String[] args) {
10         ShadowingTest A = new ShadowingTest();
11         A.printInfo(20);
12     }
13 }
```

执行结果

```
D:\Java\ch8>java ch8_18
局部变量 20
成员属性 10
```

下面以银行 TaipeiBank 类为例，再次说明名称遮蔽现象。

程序实例 ch8_19.java：这个程序基本上是重新设计 ch8_7.java，将程序第 4 行的 saveMoney() 的局部变量设为与成员变量 balance 名称相同，因为名称遮蔽现象，这时第 5 行的执行结果不会影响到成员变量 balance。所以第 20 行执行输出所获得的结果仍是 0。

```java
1  class TaipeiBank {
2      int account;                               // 账号
3      int balance;                               // 存款金额
4      void saveMoney(int balance) {              // 存款
5          balance += balance;
6      }
7      void printInfo() {                         // 输出账号与余额
8          System.out.printf("账户:%d, 余额:%d\n", account, balance);
9      }
10 }
11
12 public class ch8_19 {
```

```
13      public static void main(String[] args) {
14          TaipeiBank A = new TaipeiBank();          // 类对象
15          A.account = 10000001;                     // 设置账号
16          A.balance = 0;                            // 初始化存款是0
17
18          A.printInfo();                            // 存款前
19          A.saveMoney(100);                         // 存款金额100
20          A.printInfo();                            // 存款后
21      }
22  }
```

执行结果

```
D:\Java\ch8>java ch8_19
账户 : 10000001, 余额 : 0
账户 : 10000001, 余额 : 0
```

程序实例 ch8_20.java：重新设计 ch8_19.java，在第 5 行修订增加 this 关键词，就可以将存款金额加总到成员变量 balance 内了。

```
4       void saveMoney(int balance) {              // 存款
5           this.balance += balance;
```

执行结果

```
D:\Java\ch8>java ch8_20
账户 : 10000001, 余额 : 0
账户 : 10000001, 余额 : 100
```

8-8　匿名数组

在执行呼叫方法时，有时候要传递的是一个数组，可是这个数组可能使用一次以后就不需要再使用，如果我们为此数组重新宣告然后配置内存空间，似乎有点浪费系统资源，此时可以考虑使用匿名数组方式处理。匿名数组的完整意义是，一个可以让我们动态配置有初值但是没有名称的数组。

程序实例 ch8_21.java：以普通宣告数组方式，然后呼叫 add() 方法，参数是数组，执行数组数值的加总运算。

```
1  public class ch8_21 {
2      public static void main(String[] args) {
3          int[] data = {1, 2, 3, 4, 5};
4          System.out.println(add(data));
5      }
6      public static int add(int[] nums) {
7          int sum = 0;
8          for (int num:nums)
9              sum += num;
10         return sum;
11     }
12 }
```

执行结果

```
D:\Java\ch8>java ch8_21
15
```

在上述实例中，很明显所声明的数组 data 可能用完就不再需要了，此时可以考虑不要声明数组，直接用匿名数组方式处理，将匿名数组当作参数传递。对上述程序的 data 数组而言，如果处理成匿名数组其内容如下。

```
new int[ ] {1, 2, 3, 4, 5};
```

程序实例 ch8_22.java：以匿名数组方式重新设计 ch8_21.java。

```
1  public class ch8_22 {
2      public static void main(String[] args) {
3          System.out.println(add(new int[] {1,2,3,4,5}));
4      }
5      public static int add(int[] nums) {
6          int sum = 0;
7          for (int num:nums)
8              sum += num;
9          return sum;
10     }
11 }
```

执行结果

与 ch8_21.java 相同。

8-9 递归式方法设计

一个方法（也可以解释为函数）可以调用其他方法也可以调用自己，其中，调用本身的动作称为递归式调用，递归式调用有下列特点。

（1）每次调用自己时，都会使范围越来越小。

（2）必须要有一个终止的条件来结束递归函数。

递归方法可以使程序变得很简洁，但是设计这类程序如果一不细心很容易掉入无限循环的陷阱，所以使用这类函数时一定要特别小心。递归方法最常见的应用是处理正整数的阶乘，一个正整数的阶乘是所有小于以及等于该数的正整数的积，同时如果正整数是 0 则阶乘为 1，依照概念正整数是 1 时阶乘也是 1。此阶乘数字的表示法为 n!。

实例 1：n 是 3，下列是阶乘数的计算方式。

n! = 1 * 2 * 3

结果是 6

实例 2：n 是 5，下列是阶乘数的计算方式。

n! = 1 * 2 * 3 * 4 * 5

结果是 120

阶乘数概念是由法国数学家克里斯蒂安·克兰普（Christian Kramp，1760—1826）所提出的，他虽学医但却对数学感兴趣，发表了许多数学文章。

程序实例 ch8_23.py：使用递归方法执行阶乘运算。

```
 1  public class ch8_23 {
 2      public static void main(String[] args) {
 3          System.out.println("3的阶乘结果是 =" + factorial(3));
 4          System.out.println("5的阶乘结果是 =" + factorial(5));
 5      }
 6      public static int factorial(int n) {
 7          if ( n == 1 )
 8              return 1;
 9          else
10              return (n * factorial(n-1));
11      }
12  }
```

执行结果

```
D:\Java\ch8>java ch8_23
3的阶乘结果是 = 6
5的阶乘结果是 = 120
```

上述 factorial() 方法的终止条件是参数值为 1 的情况，由第 7 行判断然后返回 1，下面是正整数为 3 时递归函数的情况解释。

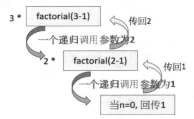

8-10 河内塔问题

学习计算机程序语言，碰上递归式调用时，最典型的应用是河内塔（Tower of Hanoi）问题，这是由法国数学家爱德华·卢卡斯（François Édouard Anatole Lucas）提出的问题。

问题内容是有 3 根柱子，可以定义为 A、B、C，在 A 柱子上有 n 个穿孔的圆盘，盘的尺寸由下到上依次变小，它的移动规则如下。

（1）每次只能移动一个圆盘。

（2）只能移动最上方的圆盘。

（3）必须保持小的圆盘在大的圆盘上方。

只要保持上述规则，圆盘可以移动至任何其他两根柱子。

移动结果将如下所示。

相传古印度有座寺院内有 3 根柱子，其中 A 柱子上有 64 个金盘，僧侣间有一个古老的预言，如果遵照以上规则移动盘子，当盘子移动结束后，世界末日就会降临。假设我们想将这 64 个金盘从 A 柱子搬到 C 柱子，其实可以将问题拆解如下。

（1）借用 C 柱子当暂时移动区，然后将 63 个盘子由 A 柱子移动到 B 柱子。

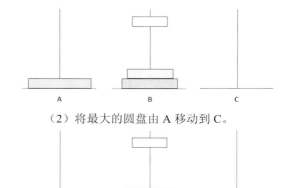

（2）将最大的圆盘由 A 移动到 C。

（3）将 B 柱子上的 63 个盘子移动到 C。

上述是以印度古寺院的 64 个圆盘为实例说明，可以应用于任何数量的圆盘。其实分析上述方法可以发现已经有递归调用的样子了，因为在拆解的方法 3 中，圆盘数量已经少了一个，相当于整个问题变小了。

假设圆盘有 N 个，这个题目每次圆盘移动的次数是 2N-1 次，一般真实玩具中 N 是 8，将需移动 255 次。如果依照古代僧侣所述的 64 个圆盘，需要 $2^{64}-1$ 次，如果移动一次要 1 秒，这个数字约是 5845.54 亿年，依照宇宙大爆炸理论估算，目前宇宙年龄约 137 亿年。

程序实例 ch8_24.java：以递归式调用处理河内塔问题。

```
1  import java.util.Scanner;
2  public class ch8_24 {
3      public static void hannoi(int discNum, char from, char buffer, char to) {
4          if (discNum == 1) {                          // 递归调用的中止条件
5              System.out.printf("将碟子从 %C ", from);
6              System.out.printf("移动到 %C \n", to);
7          }
8          else {
9              hannoi(discNum-1, from, to, buffer);      // 将上方discNum-1圆盘由A移动到B
10             System.out.printf("将碟子从 %C ", from);
11             System.out.printf("移动到 %C \n", to);
12             hannoi(discNum-1, buffer, from, to);      // 将上方discNum-1圆盘由B移动到C
13         }
14     }
15     public static void main(String[] args) {
16         int discNum;
17         Scanner scanner = new Scanner(System.in);
18         System.out.print("请输入圆盘数量 :");
19         discNum = scanner.nextInt();
20         hannoi(discNum, 'A', 'B', 'C');
21     }
22 }
```

执行结果

```
D:\Java\ch8>java ch8_24
请输入圆盘数量 : 3
将碟子从 A 移动到 C
将碟子从 A 移动到 B
将碟子从 C 移动到 B
将碟子从 A 移动到 C
将碟子从 B 移动到 A
将碟子从 B 移动到 C
将碟子从 A 移动到 C
```

上述程序的重点是第 3 ～ 14 行的 hannoi() 方法，这个方法的重点是先看看是否只剩下一个圆盘，如果是则将圆盘移至 C，否则将最大圆盘上方所有的圆盘搬走，然后将最大圆盘搬到 C，遵循以上原则做递归式调用。最后读者须留意，第 **5**、**6** 行和 **10**、**11** 行说明了圆盘的移动方式。

程序实操题

1. 请参考 ch8_2.java，增加设计方法 void eating()，内容是"我的狗在吃东西"，然后在 main() 中调用此方法。

2. 扩充设计 ch8_10.java，增加 withdraw_money()，这是提款方法，让程序可以执行提款功能，同时执行提款时要检查提款金额必须小于存款金额，最后程序必须列出提款成功或提款失败。

3. 扩充设计 ch8_11.java，增加整数乘法和整数除法的方法。

4. 扩充设计 ch8_22.java，增加求最大值、最小值、平均值的方法。

5. 数学上有一个 Fibonacci 数列，这个数列的基本概念如下。

   Fibonacci 数列 F0，F1，…，Fn，此数列规则如下。

   ```
   F0 = 0
   F1 = 1
   Fn = Fn-1 + Fn-2 ( n ≥ 2)
   ```

   所以数列的值基本上是 1，1，2，3，5，8，…，请用递归方法设计这个程序，其中 n 由屏幕输入。

6. 美国 NBA 球员 Lin 的前 10 场得分资料如下：

   25，18，12，22，31，17，26，19，18，10

   请设计方法使用匿名数组传送上述数据，此方法会返回得分超过 20 分（含）的数组。

7. 请设计一个类，这个类有两个方法，一个方法可以将所上传的整数数组由大排到小返回，另一个方法可以将所上传的整数数组由小排到大返回。

8. 请设计一个程序可以从屏幕输入整数 n，然后设计类，这个类有两个方法，一个方法可以返回 1～n 内由可以被 3 整除的数字组成的数组，另一个方法可以返回 1～n 内由可以被 7 整除的数字组成的数组。

9. 请完成设计下列程序。

```
1  class Teacher {                              9      public static void main(String[] args) {
2      String school = "明志科大";            10          String course = "计算机概论";
3      String job = "老师";                    11          //
4      void work() {                           12          // 请完成这个部分
5          System.out.println("教书");         13          //
6      }                                       14      }
7  }                                           15  }
8  public class ex8_9 {
```

执行结果如下：

明志科大
老师
教书
计算机概论

10. 请完成设计下列程序。

```
1  class demoOverload {                        8  }
2      void show(char ch) {                    9  public class ex8_10 {
3          // 请设计这个部分                  10      public static void main(String[] args) {
4      }                                       11          demoOverload obj = new demoOverload();
5      void show(char ch, int n) {             12          // 请设计这个部分
6          // 请设计这个部分                  13      }
7      }                                       14  }
```

执行结果如下。

A

B 90

习题

一、判断题

1（X）. Java 是一种非面向对象程序设计（Non-Objected Oriented Programming）。

2（O）. 建立类数组时，每个数组元素都是一个类。

3（X）. 在 Java 中使用 new 建立类对象时，Java 会自动为所建对象的属性变量设置初值，例如，整数的初值是 0，布尔值的初值是 true。

4（O）. 可参考下列语句叙述，将方法内定义的参数 save 称为形参（Formal Parameter）。

```
void test(int save) {
    ...
}
```

5（O）. Java 在主程序中调用方法，如果所传递的参数是类对象，则所传递的是地址。

6（O）. 有一段 Java 语句如下.

```
for ( int i = 1; i < n; i++ ) {
    xxxx;
}
```

上述变量 i 只有在此循环有效，离开循环后就不能使用此变量。

7（X）. 下列是合法的语法。

```
    int i = 0;
for ( int i = 1; i < n; i++ ) {
    xxxx;
}
```

8（X）. 下列是典型的匿名数组声明与使用。

```
int[ ] data = {1, 2, 3, 4, 5}
```

9（O）. 匿名数组一般最常应用在调用方法时，当作参数传递给方法。

10（X）. 一个方法可以调用自己，称为递归式方法，它的特色是，每次调用自己时，可以将计算少一半，然后有一个终止条件。

二、选择题

1（A）. 若是设计一个 Bank 类，下列哪一项应该视为属性？

    A. 存款者姓名　　　B. 存款　　　　　　　　C. 提款　　　　　　　　D. 买基金

2（C）. 若是设计一个 Bank 类，下列哪一项应该视为方法？

    A. 存款者姓名　　　B. 存款余额　　　　　　C. 卖外币　　　　　　　D. 账号

3（D）. 如果类的方法没有返回值，可以将它的返回值设为什么？

    A. int　　　　　　　B. Boolean　　　　　　C. String　　　　　　　D. void

4（A）. 有一个程序片段如下，请列出执行结果。

```
public class mc8_4 {
    public static void swap(int x, int y) {
        int tmp = x;
        x = y;
        y = tmp;
    }
    public static void main(String[] args) {
        int x, y;
        x = 10;
        y = 20;
        swap(x, y);
        System.out.printf("x = %d,  y = %d\n", x, y);
    }
}
```

A. x = 10，y = 20   B. x = 20，y = 10   C. x = 10，y = 30   D. x = 10，y = 10

5（B）. 有一个程序片段如下，请列出执行结果。

```
class DataBank {
    int x, y;
}
public class mc8_5 {
    public static void swap(DataBank B) {
        int tmp = B.x;
        B.x = B.y;
        B.y = tmp;
    }
    public static void main(String[] args) {
        DataBank A = new DataBank();
        A.x = 10;
        A.y = 20;
        swap(A);
        System.out.printf("x = %d,  y = %d\n", A.x, A.y);
    }
}
```

A. x = 10，y = 20   B. x = 20，y = 10   C. x = 10，y = 30   D. x = 10，y = 10

6（D）. 有一个程序片段如下，请列出执行结果。

```
public class mc8_6 {
    public static void main(String[] args) {
        int x = 10;
        {
            int y = 20;
        }
        System.out.println("x + y = " + (x + y));
    }
}
```

A. x + y = 10   B. x + y = 20   C. x + y = 30   D. 程序错误

7（B）. 有一个程序片段如下，请列出执行结果。

```
public class mc8_7 {
    public static void main(String[] args) {
        int x = 10;
        {
            int y = 20;
        }
        int y = 30;
        System.out.println("x + y = " + (x + y));
    }
}
```

A. x + y = 30   B. x + y = 40   C. x + y = 50   D. 程序错误

8（C）. 有一个程序片段如下，请列出执行结果。

```
public class mc8_8 {
    public static void main(String[] args) {
        System.out.println(cal(3));
    }
    public static int cal(int n) {
        if ( n == 1 )
            return 1;
        else
            return (n * cal(n-1));
    }
}
```

A. 2   B. 4   C. 6   D. 8

第 9 章

对象构造与封装

本章摘要

第 8 章讲解了类最基础的知识，每当我们建立好类，在 main() 方法中声明类对象以及配置内存完成后，接着就是自行定义类的初值。例如，可参考程序实例 ch8_7.java，第 16 行可以看到需为所开的账户设置账户最初的余额是 0。

```
12  public class ch8_7 {
13      public static void main(String[] args) {
14          TaipeiBank A = new TaipeiBank();          // 类对象
15          A.account = 10000001;                     // 设置账号
16          A.balance = 0;                            // 初始化存款是0
```

其实上述不是好方法，一个好的程序是当我们声明类的对象配置内存空间后，类就应该可以自行完成初始化的工作，这样可以减少人为初始化所可能带来的问题，这将是本章的第一个主题，接着会讲解对象封装的知识。

9-1　构造方法

构造方法（Constructor）就是类对象建立完成后，自行完成的初始化工作，例如，当我们为 TaipeiBank 类建立对象后，初始化的工作应该是将该对象的存款余额设为 0。

请参考程序实例 ch8_7.java 的第 8 行内容：

```
TaipeiBank A = new TaipeiBank();
```

上述类名称是 TaipeiBank，当我们使用 new 运算符然后接 TaipeiBank()，注意有 "()" 存在，其实这是调用构造方法，类中默认的构造方法名称应该与类名称相同。读者可能会想，在设计 TaipeiBank 类时没有建立 TaipeiBank() 方法，程序为何没有错误？为何会如此？

9-1-1　默认的构造方法

如果在设计类时，没有设计与类相同名称的构造方法，Java 编译器会自动协助建立这个默认的构造方法。

程序实例 ch9_1.java：简单说明构造方法。

```
1  class TaipeiBank {
2      int account;                     // 账号
3      int balance;                     // 存款金额
4  }
5
6  public class ch9_1 {
7      public static void main(String[] args) {
8          TaipeiBank A = new TaipeiBank();          // 类对象
9      }
10 }
```

执行结果　这个程序没有输出。

上述程序没有构造方法，其实 Java 在编译时会自动为上述程序建立一个默认的构造方法。

程序实例 ch9_2.java：Java 编译程序为 ch9_1.java 建立一个默认的构造方法，其实第 4 和 5 行就是 Java 编译程序建立的默认构造方法。

```
1  class TaipeiBank {
2      int account;                              // 账号
3      int balance;                              // 存款金额
4      TaipeiBank() {                            // Java编译程序默认构造方法
5      }
6  }
7
8  public class ch9_2 {
9      public static void main(String[] args) {
10         TaipeiBank A = new TaipeiBank();       // 类对象
11     }
12 }
```

执行结果　这个程序没有输出。

9-1-2　自建构造方法

所谓的自建构造方法就是在建立类时，建立一个和类相同名称的方法，这个方法还有几个特点，分别是没有数据类型和返回值。另外，当 Java 编译程序看到类内有自建构造方法后，它就不会再建默认的构造方法了。

1. 无参数的构造方法

在构造方法中是没有任何参数的。

程序实例 ch9_3.java：建立 BankTaipei 类时增加设计默认构造方法，这个程序主要是建立好对象 A 后，同时打印 A 对象的存款余额。

```
1  class TaipeiBank {
2      int balance;                              // 存款金额
3      TaipeiBank() {                            // 自建构造方法
4          balance = 0;                          // 存款余额初值是0
5      }
6      void printBalance() {                     // 输出存款余额
7          System.out.println("存款余额：" + balance);
8      }
9  }
10
11 public class ch9_3 {
12     public static void main(String[] args) {
13         TaipeiBank A = new TaipeiBank();       // 类对象
14         A.printBalance();                      // 输出存款余额
15     }
16 }
```

执行结果

```
D:\Java\ch9>java ch9_3
存款余额：0
```

2. 有参数的构造方法

所谓的有参数的构造方法是，当我们在声明与建立对象时需传递参数，此时这些参数会传给构造方法。

程序实例 ch9_4.java：在构造方法中需要传两个整数值，然后执行整数加法和乘法输出。

```
1  class SmallMath {
2      int x, y;
3      SmallMath(int a, int b) {                 // 自建构造方法
4          x = a;
5          y = b;
6      }
7      void add() {                              // 执行和输出加法运算
8          System.out.println("加法结果：" + (x + y));
9      }
10     void mul() {                              // 执行和输出乘法运算
11         System.out.println("乘法结果：" + (x * y));
12     }
13 }
14
15 public class ch9_4 {
16     public static void main(String[] args) {
17         SmallMath A = new SmallMath(5, 10);   // 类对象
18         A.add();                              // 输出加法结果
19         A.mul();                              // 输出乘法结果
20     }
21 }
```

执行结果

```
D:\Java\ch9>java ch9_4
加法结果：15
乘法结果：50
```

9-1-3　重载

重载（Overload）是同时有多个名称相同的方法，然后 Java 编译程序会依据所传递的参数数量或是数据类型，选择符合的构造方法处理。其实重载的用法也可以应用在一般类内的方法。在正式用实例讲解前，请先思考我们使用许多次的 System.out.println() 方法，读者应该发现不论我们传入什么类型的数据，都可以输出适当的执行结果。

程序实例 ch9_5.java：认识 System.out.println() 的重载。

```
1  public class ch9_5 {
2      public static void main(String[] args) {
3          char ch = 'A';
4          int num = 100;
5          double pi = 3.14;
6          boolean bo = true;
7          String str = "Java";
8          System.out.println(ch);
9          System.out.println(num);
10         System.out.println(pi);
11         System.out.println(bo);
12         System.out.println(str);
13     }
14 }
```

执行结果

```
D:\Java\ch9>java ch9_5
A
100
3.14
true
Java
```

其实以上就是因为 System.out.println() 是一个重载的方法，才可以不论输入哪一类型的数据都可以顺利输出，下面是上述实例的图示说明。

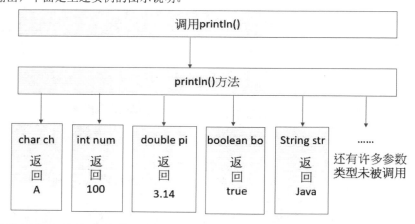

上述重载方法可以增加程序的可读性，也可增加程序设计师与使用者的便利性，如果没有这个功能，就上述实例而言，必须设计 5 种不同名称的打印方法，造成冗长的程序设计负荷与用户需熟记多种方法的负荷。

1. 重载应用于构造方法

程序实例 ch9_6.java：将重载应用于构造方法，这个程序的构造方法有三个，分别可以处理含有一个整数参数代表年龄，一个字符串参数代表姓名，两个参数分别是整数代表年龄、字符串代表姓名。建立对象完成后，随即打印结果，下面是本程序的图示说明。

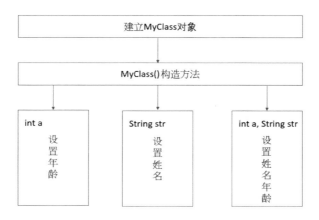

```
1  class MyClass {
2      int age;                                    // 年龄
3      String name;                                // 姓名
4      MyClass(int a) {                            // 构造方法参数是一个整数
5          age = a;                                // 设置年龄
6      }
7      MyClass(String str) {                       // 构造方法参数是一个字符串
8          name = str;                             // 设置姓名
9      }
10     MyClass(int a, String str) {                // 构造方法参数是一个整数和字符串
11         age = a;                                // 设置年龄
12         name = str;                             // 设置姓名
13     }
14     void printInfo() {                          // 输出成员变数
15         System.out.println(name);               // 输出姓名
16         System.out.println(age);                // 输出年龄
17     }
18 }
19 public class ch9_6 {
20     public static void main(String[] args) {
21         MyClass A = new MyClass(20);
22         A.printInfo();
23         MyClass B = new MyClass("John");
24         B.printInfo();
25         MyClass C = new MyClass(25, "Lin");
26         C.printInfo();
27     }
28 }
```

执行结果

```
D:\Java\ch9>java ch9_6
null
20
John
0
Lin
25
```

在上述执行结果中，如果没有为 MyClass 类对象的属性建立初值，可参考 8-5-2 节说明，则编译程序会为字符串变量建立 null 为初值，为整数变量建立 0 为初值，所以当只有一个参数时，可以看到第 22 行输出 name 的初值是 null，第 24 行输出 age 的初值是 0。

其实建议程序设计时，可以增加一个不含参数的构造方法，这个方法可以设置没有参数时的默认值，这样程序可以有比较好的扩展性。

程序实例 ch9_7.java：重新设计 ch9_6.java，主要是增加没有参数的默认值，可参考第 4 ～ 7 行，让整个程序使用上更有扩展性。

```
1  class MyClass {
2      int age;                              // 年龄
3      String name;                          // 姓名
4      MyClass() {                           // 默认构造方法
5          age = 50;
6          name = "Curry";
7      }
8      MyClass(int a) {                      // 构造方法参数是一个整数
9          age = a;                          // 设置年龄
10     }
11     MyClass(String str) {                 // 构造方法参数是一个字符串
12         name = str;                       // 设置姓名
13     }
14     MyClass(int a, String str) {          // 构造方法参数是一个整数和字符串
15         age = a;                          // 设置年龄
16         name = str;                       // 设置姓名
17     }
18     void printInfo() {                    // 输出成员变数
19         System.out.println(name);         // 输出姓名
20         System.out.println(age);          // 输出年龄
21     }
22 }
23 public class ch9_7 {
24     public static void main(String[] args) {
25         MyClass A = new MyClass();
26         A.printInfo();
27     }
28 }
```

执行结果

```
D:\Java\ch9>java ch9_7
Curry
50
```

2. 重载应用于一般方法

程序实例 ch9_8.java：将重载应用于类内的一般方法，这个实例有三个相同名称的方法 math，可以分别接受 1 ～ 3 个整数参数，如果只有一个整数参数则 x 等于该参数，如果有两个整数参数则 x 等于两个参数的积，如果有三个整数参数 x 则等于三个参数的积。

```
1  class MyMath {
2      int x;
3      void math(int a) {                    // 含一个整数参数
4          x = a;
5      }
6      void math(int a, int b) {             // 含两个整数参数
7          x = a * b;
8      }
9      void math(int a, int b, int c) {      // 含三个整数参数
10         x = a * b * c;
11     }
12     void printInfo() {
13         System.out.println(x);
14     }
15 }
16 public class ch9_8 {
17     public static void main(String[] args) {
18         MyMath A = new MyMath();
19         A.math(10);
20         A.printInfo();
21         A.math(10, 10);
22         A.printInfo();
23         A.math(10, 10, 10);
24         A.printInfo();
25     }
26 }
```

执行结果

```
D:\Java\ch9>java ch9_8
10
100
1000
```

下面是本程序的说明图示。

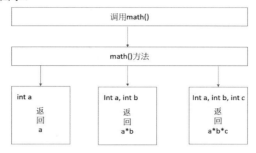

3. 方法签名

在 Java 的专业术语中有一个名词是方法签名，这个签名的意义如下：

方法签名 = 方法名称 + 参数类型

其实 Java 编译程序碰上重载时就是由上述方法签名判断方法的唯一性，进而可以使用正确的方法执行想要的结果。若是以 ch9_8.java 为实例，有下列三个 math() 方法，所谓的方法签名指的是加粗的部分。

```
void math(int a)
void math(int a, int b)
void math(int a, int b, int c)
```

特别须留意的是，方法的返回值类型和方法内参数名称并不是方法签名的一部分，所以不能设计一个方法内容相同只是返回值类型不同的方法当作程序的一部分，这种做法在编译时会有错误产生。另外，也不可以设计方法内容相同只是参数名称不同的方法当作程序的一部分，这种做法在编译时也会有错误产生。例如，如果已经有上述方法了，下面是错误的额外重载。

```
void math(int x, int y)        // 错误是：只是参数不同名称
int math(int a)                // 错误是：只是返回值类型不同
```

4. 返回值类型不同不是重载的方法

Java 语言在重载中不可以更改返回值类型，当作是重载的一部分，因为这会造成程序模糊与错乱。

程序实例 ch9_8_1.java：尝试更改返回值类型当作重载，结果是编译时产生错误。

```
1  class MyMath {
2      int math(int a, int b) {      // int
3          return a * b;
4      }
5      double math(int a, int b) {  // double error
6          return a * b;
7      }
8  }
9  public class ch9_8_1 {
10     public static void main(String[] args) {
11         MyMath A = new MyMath();
12         System.out.println(A.math(10, 10));
13     }
14 }
```

执行结果

```
D:\Java\ch9>javac ch9_8_1.java
ch9_8_1.java:5: error: method math(int,int) is already defined in class MyMath
        double math(int a, int b) {      // double error
        ^
    1 error
```

5. 重载也可以用于 main()

在 Java 程序设计时，也可以将重载应用于 main() 方法，不过 JVM 目前只接受 main() 的参数是"String[ ] args"。

程序实例 ch9_8_2.java：测试将重载应用于 main() 方法。

```
1  public class ch9_8_2 {
2      public static void main(String[] args) {
3          System.out.println("参数是String[] args");    // 参数是字符串数组
4      }
5      public static void main(String args) {
6          System.out.println("参数是String args");       // 参数是字符串
7      }
8      public static void main() {
9          System.out.println("没有参数是");               // 没有参数
10     }
11 }
```

执行结果

```
D:\Java\ch9>java ch9_8_2
参数是String[] args
```

6. 重载方法与数据类型升级

在设计重载方法时，可能会碰上传递参数找不到匹配的数据类型，这时编译程序会尝试将数据类型升级，下面是升级的方式图示。

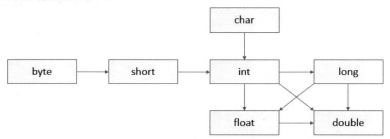

在上述图例中，char 可以升级为 int、long、float、double，int 可以升级为 long、float、double。

程序实例 ch9_8_3.java：在重载方法中数据类型升级的应用，在此实例中的第 12 行的 A.addition() 由于找不到匹配方法，此时第一个参数 5 是 int 类型，会被升级为 long 类型而去执行第 2 ～ 4 行的 addition() 方法。

```
1  class Math {
2      void addition(long x, int y) {        // 两个数字加法
3          System.out.println((x + y));
4      }
5      void addition(int x, int y, int z) {  // 三个数字加法
6          System.out.println((x + y + z));
7      }
8  }
9  public class ch9_8_3 {
10     public static void main(String[] args) {
11         Math A = new Math();              // Math类对象
12         A.addition(5, 10);                // 第一个int升级为long
13         A.addition(5, 10, 15);
14     }
15 }
```

执行结果

```
D:\Java\ch9>java ch9_8_3
15
30
```

程序实例 ch9_8_4.java：如果在重载中有找到匹配的方法，则不执行数据类型升级。程序第 2 ～ 4 行是 int 数字加法方法，第 5 ～ 7 行是 long 数字加法方法，第 12 行调用 addition() 时，由于已经找到第 2 ～ 4 行是 int 数字加法方法，所以就不去升级了。

```
1  class Math {
2      void addition(int x, int y) {              // 两个int数字加法
3          System.out.println("int加法:" + (x + y));
4      }
5      void addition(long x, long y) {            // 两个long数字加法
6          System.out.println("long加法:" + (x + y));
7      }
8  }
9  public class ch9_8_4 {
10     public static void main(String[] args) {
11         Math A = new Math();                    // Math类对象
12         A.addition(5, 10);                      // 不升级为long
13     }
14 }
```

执行结果 D:\Java\ch9>java ch9_8_4
int加法:15

如果找不到匹配的方法，而每一个方法都提供相类似的参数可以让数据类型升级，此时会造成模糊而产生错误。

程序实例 ch9_8_5.java：在 Math 类的重载方法中如果个别独立存在都可以提供升级，但是并存时，会造成模糊而产生编译时的错误。

```
1  class Math {
2      void addition(long x, int y) {             // long+int数字加法
3          System.out.println("int加法:" + (x + y));
4      }
5      void addition(int x, long y) {             // int+long数字加法
6          System.out.println("long加法:" + (x + y));
7      }
8  }
9  public class ch9_8_5 {
10     public static void main(String[] args) {
11         Math A = new Math();                    // Math类对象
12         A.addition(5, 10);                      // 产生ambiguous
13     }
14 }
```

执行结果 D:\Java\ch9>javac ch9_8_5.java
ch9_8_5.java:12: 错误: 对addition的引用不明确
                    A.addition(5, 10);   // 产生a
mbiguous
                    ^
    Math 中的方法 addition(long,int) 和 Math 中的方法 addition(int,long) 都匹配
1 个错误

9-1-4　this 关键词

在 8-7-4 节中在设计一般方法时有提到名称遮蔽的概念，当类内的方法所定义的局部变量与类的成员变量（也可称属性）相同时，方法会以局部变量优先。在这个环境下，如果确定要存取类的成员变量时，可以使用 this 关键词，如下：

`this.成员变数`

以上概念也可以应用在构造方法。若是以 ch9_6.java 为实例，它的第一个构造方法如下。

```
MyClass(int a) {
    age = a;
}
```

其实上述将局部变量设为 a，从程序设计观点看最大缺点是程序不容易阅读，如果将局部变量设为 age，整个设计如下所示。

```
MyClass(int age) {
    age = age;
}
```

程序变得比较容易阅读，但是上述会发生名称遮蔽现象造成错误，在这时就可以使用 this 关键词，如下所示。

```
MyClass(int age) {
    this.age = age;
}
```

上述语句不仅语法正确，同时程序容易阅读。

程序实例 ch9_9.java：使用 this 关键词重新设计 ch9_6.java，在该程序中为了区分成员变量和局部变量，使用了不同名称，这个程序将用 this 关键词，因为局部变量与成员变量的名称相同，整个程序应该更容易阅读。

```
4      MyClass(int age) {              // 构造方法参数是一个整数
5          this.age = age;            // 设置年龄
6      }
7      MyClass(String name) {         // 构造方法参数是一个字符串
8          this.name = name;          // 设置姓名
9      }
10     MyClass(int age, String name) { // 构造方法参数是一个整数和字符串
11         this.age = age;            // 设置年龄
12         this.name = name;          // 设置姓名
13     }
```

执行结果 与 ch9_6.java 相同。

this 的另外一个用法是，可以使用它调用另一个构造方法，特别是在构造方法中有一部分设置已经存在另一个构造方法了，这时可以调用另一构造方法，省略这部分的构造。这个用法的主要观念是让整个程序的设计具有一致性，可以避免太多设置造成疏忽而产生不协调。

程序实例 ch9_10.java：先看没有用 this 关键词调用另一个构造方法的执行结果，假设要建立 NBA 球员数据，使用两个构造方法，一个是建立球员姓名，另一个是同时建立年龄与姓名，下面是这个程序设计。

```
1  class NBAPlayers {
2      int age = 28;                          // 年龄
3      String name;                           // 姓名
4      NBAPlayers(String name) {              // 构造方法参数是一个字符串
5          this.name = name;                  // 设置姓名
6      }
7      NBAPlayers(String name, int age) {     // 构造方法参数是一个整数和字符串
8          this.name = name;                  // 设置姓名
9          this.age = age;                    // 设置年龄
10     }
11     void printInfo() {                     // 输出成员变量
12         System.out.println(name);          // 输出姓名
13         System.out.println(age);           // 输出年龄
14     }
15 }
16 public class ch9_10 {
17     public static void main(String[] args) {
18         NBAPlayers A = new NBAPlayers("LeBron James", 30);
19         A.printInfo();
20     }
21 }
```

执行结果
```
D:\Java\ch9>java ch9_10
LeBron James
30
```

上述第 2 行是随意默认 NBA 的平均年龄，重点是第 8 行其实所做的事情和 4 ～ 6 行的构造方法相同，这时就可以使用 this 关键词调用构造方法。

程序实例 ch9_11.java：重新设计 ch9_10.java，在构造方法中使用 this 调用其他构造方法。

```
1  class NBAPlayers {
2      int age = 28;                              // 年龄
3      String name;                               // 姓名
4      NBAPlayers(String name) {                  // 构造方法参数是一个字符串
5          this.name = name;                      // 设置姓名
6      }
7      NBAPlayers(String name, int age) {         // 构造方法参数是一个整数和字符串
8          this(name);                            // 设置姓名
9          this.age = age;                        // 设置年龄
10     }
11     void printInfo() {                         // 输出成员变量
12         System.out.println(name);              // 输出姓名
13         System.out.println(age);               // 输出年龄
14     }
15 }
16 public class ch9_11 {
17     public static void main(String[] args) {
18         NBAPlayers A = new NBAPlayers("LeBron James", 30);
19         A.printInfo();
20     }
21 }
```

执行结果　与 ch9_10.java 相同。

上述第 8 行使用 this(name) 调用原先第 4 ～ 6 行的 NBAPlayers(String name) 构造方法。

9-2　类的访问权限——封装

学习类至今可以看到我们可以从 main() 方法直接引用所设计类内的成员变量（属性）和方法，像这种类内的成员变量可以让外部引用的称为公有（public）属性，而可以让外部引用的方法称公有方法。任何类的属性与方法可供外部随意存取，这个设计最大的风险是会有信息安全的疑虑。

程序实例 ch9_12.java：这是一个简单的 TaipeiBank 类，这个类建立对象完成后，会将存款金额（balance）设为 0，但是可以在 main() 方法中随意设置 balance，即可以获得目前的存款余额。

```
1  class TaipeiBank {
2      String name;                               // 开户者姓名
3      int balance;                               // 存款金额
4      TaipeiBank(String name) {
5          this.name = name;                      // 设置开户者姓名
6          this.balance = 0;                      // 设置开户金额是0
7      }
8      void get_balance() {                       // 列出开户者的存款余额
9          System.out.println(name + " 目前存款余额" + balance);
10     }
11 }
12 public class ch9_12 {
13     public static void main(String[] args) {
14         TaipeiBank A = new TaipeiBank("Hung");
15         A.get_balance();
16         A.balance = 1000;                      // 设置存款金额
17         A.get_balance();
18     }
19 }
```

执行结果

```
D:\Java\ch9>java ch9_12
Hung 目前存款余额 0
Hung 目前存款余额 1000
```

上述程序设计最大的风险是可以由 TaipeiBank 类外的 main() 方法随意改变存款余额，如此造成信息上的不安全。其概念可以参考下图。

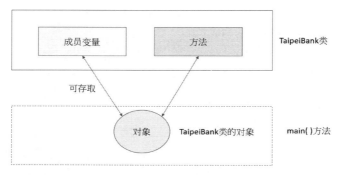

为了确保类内的成员变量（属性值）的安全，其实有必要限制外部无法直接存取类内的成员变量（属性值）。这其实就是将类的成员变量隐藏起来，未来如果想要存取被隐藏的成员变量时，须使用此类的方法，外部无法得知类内如何运作，这个概念就是所谓的封装（Encapsulation），有时候也可以称为信息隐藏（Information Hiding）。此时程序设计应如下所示。

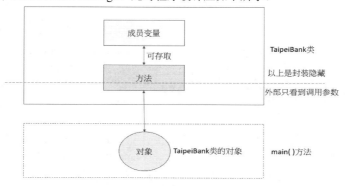

9-2-1　类成员的访问控制

至今所设计类内的方法大都是没有加上存取修饰符（Access Modifier），也可称为 no modifier，其实可以将访问控制分成 4 个等级。

Modifier	Class	Package	Subclass	World
public	Y	Y	Y	Y
protected	Y	Y	Y	N
no modifier	Y	Y	N	N
private	Y	N	N	N

上述列表指出类成员有关存取修饰符的权限，下面将分别说明。

（1）public：可解释为公开，如果将类的成员变量或方法设为 public 时，本身类（class）、同一包（package）、子类（subclass）或其他类（world）都可以存取。

（2）protected：可解释为保护，如果将类的成员变量或方法设为 protected 时，本身类（class）、同一包（package）或子类（subclass）可以存取，其他类（world）则不可以存取。

（3）no modifier：如果类的成员变量或方法没有修饰词 no modifier 时，本身类（class）、同一包（package）可以存取。子类（subclass）或其他类（world）则不可以存取。

（4）private：可解释为私有，如果将类的成员变量或方法设为 private 时，除了本身类（class）可以存取。同一包（package）、子类（subclass）或其他类（world）都不可以存取。

在这里出现了一个新名词——同一包（package），基本上笔者将每一章的程序范例都是放在同一个文件夹，当程序编译后 .class 都是在相同文件夹，在相同文件夹的类就会被视为同一包。程序若是有多个类，经过编译后此程序的类一定是在相同文件夹下，所以一定是同一包。读者可以发现每个程序的 main() 方法虽然与我们所建立的类属于不同的类，但是可以在 main() 方法内存取 no modifier 的成员变量与方法。

经过上述的解说后，若是再回过头来看程序实例 ch9_12.java，可以发现在该程序中，TaipeiBank 类内的成员变量与方法都是 no modifier 的访问控制等级。

```
1  class TaipeiBank {
2      String name;                        // 开户者姓名
3      int balance;                        // 存款金额
4      TaipeiBank(String name) {
5          this.name = name;               // 设置开户者姓名
6          this.balance = 0;               // 设置开户金额是0
7      }
8      void get_balance() {                // 列出开户者的存款余额
9          System.out.println(name + " 目前存款余额" + balance);
10     }
```

上述表示是no modifier等级

在本章笔者将针对 public 与 private 做说明，有关 protected 则在未来介绍更多概念时再做解说，可参考 14-1-6 节。

程序实例 ch9_13.java：测试 private 存取修饰符，重新设计 ch9_12.java，将成员变量的 balance 设为 private，此时程序就会有错误产生。

```
1  class TaipeiBank {
2      private String name;                // 开户者姓名
3      private int balance;                // 存款金额
4      TaipeiBank(String name) {
5          this.name = name;               // 设置开户者姓名
6          this.balance = 0;               // 设置开户金额是0
7      }
8      void get_balance() {                // 列出开户者的存款余额
9          System.out.println(name + " 目前存款余额" + balance);
10     }
11 }
12 public class ch9_13 {
13     public static void main(String[] args) {
14         TaipeiBank A = new TaipeiBank("Hung");
15         A.get_balance();
16         A.balance = 1000;               // 设置存款金额
17         A.get_balance();
18     }
19 }
```

执行结果

```
D:\Java\ch9>javac ch9_13.java
ch9_13.java:16: 错误: balance 在 TaipeiBank 中是 private 访问控制
                A.balance = 1000;                              // 设置
存款金额

1 个错误
```

上述指出 balance 是 private，所以在 main() 程序 16 行设置此值时产生错误。

了解了本节内容后，最后要提醒的是，构造方法（constructor）可以是 no modifier 访问控制等级，这是本章至今所使用的设计方式。当然也可以将构造方法设为 public 等级，但是要注意不可将构造方法设为 private 等级，如果设为 private 等级 new 运算符将无法调用，这样就无法设置对象的初始状态。

9-2-2　设计具有封装效果的程序

继续用 TaipeiBank 的实例说明，程序设计时若是想要类内的成员变量（属性）是安全的，无法由外部随意存取，必须将成员变量设计为 private。为了要可以存取这些 private 的成员变量，必须在 TaipeiBank 类内设计可以供 main() 方法内调用的 public 方法执行存取作业。例如，可以设计下列两个方法，分别是存款和提款。

```
saveMoney()          // 存款
withdrawMoney()      // 提款
```

另外有一点要注意的是，构造方法必须设为 public，因为如果设为 private，则 new 就无法调用构造方法。

程序实例 ch9_14.java：设计可以存款与提款的 TaipeiBank 类，在这个程序的 main() 方法中只能执行调用存款、提款与输出余额方法，至于 TaipeiBank 类内部如何运作，main() 方法中无法得知。

```
1  class TaipeiBank {
2      private String name;              // 开户者姓名
3      private int balance;              // 存款金额
4      public TaipeiBank(String name) {
5          this.name = name;             // 设置开户者姓名
6          this.balance = 0;             // 设置开户金额是0
7      }
8      public void saveMoney(int money) {    // 存款
9          this.balance += money;
10     }
11     public void withdrawMoney(int money) {  // 提款
12         this.balance -= money;
13     }
14     public void get_balance() {           // 列出开户者的存款余额
15         System.out.println(name + " 目前存款余额" + balance);
16     }
17 }
18 public class ch9_14 {
19     public static void main(String[] args) {
20         TaipeiBank A = new TaipeiBank("Hung");
21         A.get_balance();
22         A.saveMoney(1000);             // 存款1000
23         A.get_balance();
24         A.withdrawMoney(500);          // 提款500
25         A.get_balance();
26     }
27 }
```

执行结果

```
D:\Java\ch9>java ch9_14
Hung 目前存款余额 0
Hung 目前存款余额 1000
Hung 目前存款余额 500
```

最后要留意的是，如果类内设计的方法很明确是只供此类内的其他方法调用，不对外公开也请设为 private，这样可以避免被外部误用。

程序实例 ch9_15.java：这是一个扩充 ch9_14.java 的程序，主要是执行汇率计算，假设台币与美金的汇率是 1：30，在换汇的时候银行会收总金额 1% 的手续费，但是如果目前存款金额大于或等于 10000 时，手续费将降为总金额的 0.8%。这个程序的重点是，在第 21 ~ 25 行建立一个 private double cal_rate() 方法，只有 TaipeiBank 类的其他方法才可调用，这个方法的功能是实际计算美金兑换台币的结果，然后会回传 double 类型的计算结果。在第 16 ～ 20 行建立一个 public double usa_to_taiwan() 方法，这个方法主要是供外部调用，外界只能看到这一层的使用参数，无法了解内部如何处理，此例是供 main() 方法调用，这个方法同时也会回传 double 类型的计算结果。

```java
 1 class TaipeiBank {
 2     private String name;                        // 开户者姓名
 3     private int balance;                        // 存款金额
 4     private int rate = 30;                      // 汇率
 5     private double service_charge = 0.01;       // 手续费率
 6     public TaipeiBank(String name) {
 7         this.name = name;                       // 设置开户者姓名
 8         this.balance = 0;                       // 设置开户金额是0
 9     }
10     public void saveMoney(int money) {         // 存款
11         this.balance += money;
12     }
13     public void withdrawMoney(int money) {     // 提款
14         this.balance -= money;
15     }
16     public double usa_to_taiwan(int usaD) {    // 换汇计算
17         if ( this.balance >= 10000 )           // 如果存款大于或等于10000元
18             this.service_charge = 0.008;       // 手续费率0.008
19         return cal_rate(usaD);
20     }
21     private double cal_rate(int usaD) {         // 真实计算换汇金额
22         double result;
23         result = usaD * rate * (1 - service_charge);    // 换汇结果
24         return result;                         // 返回换汇结果
25     }
26     public void get_balance() {                // 列出开户者的存款余额
27         System.out.println(name + " 目前存款余额" + balance);
28     }
29 }
30 public class ch9_15 {
31     public static void main(String[] args) {
32         TaipeiBank A = new TaipeiBank("Hung");
33         int usdallor = 50;
34         A.saveMoney(5000);                     // 存款5000
35         System.out.println(usdallor + " 美金可以兑换" + A.usa_to_taiwan(usdallor)
36                             + "台币");
37         A.saveMoney(15000);                    // 存款15000
38         System.out.println(usdallor + " 美金可以兑换" + A.usa_to_taiwan(usdallor)
39                             + "台币");
40     }
41 }
```

执行结果

```
D:\Java\ch9>java ch9_15
50 美金可以兑换 1485.0 台币
50 美金可以兑换 1488.0 台币
```

9-3　static 关键词

　　static 有全局与静态的意义，这是一个修饰词，可以用于修饰成员变量、成员方法或是在程序中有一个独立的 static 程序代码区块。其实当用 public 修饰 static 的成员变量和成员方法时，本质上就成了全局变量和全局方法。

　　类的静态（static）成员与非静态成员最大的差别是静态（static）成员无需实体（instance）就可以直接存取，非静态成员必须先用 new 建立一个实体（instance）才可以访问，所谓的实体即是指对象。

9-3-1　static 成员变量

　　如果一个类的成员变量有 static 修饰时，表示所有此类的对象可以共享此 static 成员变量，而不是每一个此类的对象有一份各自独立的成员变量，也因为如此所以又称全局变量。

程序实例 ch9_16.java：没有 static 修饰词时，建立对象并输出对象内容。

```
1   class Person {
2       public int age;                              // 每一个对象有一份此数据
3       public String name;                          // 每一个对象有一份此数据
4       public void output() {
5           System.out.println("Name: " + name);
6           System.out.println("Age:  " + age);
7       }
8   }
9
10  public class ch9_16 {
11      public static void main(String[] args) {
12          Person P1 = new Person();
13          P1.name = "Peter";
14          P1.age = 20;
15          Person P2 = new Person();
16          P2.name = "John";
17          P2.age = 30;
18          P1.output();
19          P2.output();
20      }
21  }
```

执行结果

```
D:\Java\ch9>java ch9_16
Name: Peter
Age:  20
Name: John
Age:  30
```

可以用下列内存图示说明上述实例。

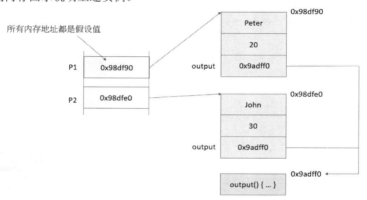

从上图可以了解，类对象的成员变量会各自有一份独立的数据区，至于成员方法则是独立存在，各类对象则是有指向此方法的内存区。

程序实例 ch9_17.java：重新设计 ch9_16.java，将 age 设为 static，然后看这个程序的执行结果。

```
1   class Person {
2       public static int age;                       // 所有对象共享此份数据
3       public String name;                          // 每一个对象有一份此数据
4       public void output() {
5           System.out.println("Name: " + name);
6           System.out.println("Age:  " + age);
7       }
8   }
9
10  public class ch9_17 {
11      public static void main(String[] args) {
12          Person P1 = new Person();
13          P1.name = "Peter";
14          P1.age = 20;
15          Person P2 = new Person();
16          P2.name = "John";
17          P2.age = 30;
18          P1.output();
19          P2.output();
20      }
21  }
```

执行结果

```
D:\Java\ch9>java ch9_17
Name: Peter
Age:  30
Name: John
Age:  30
```

在上述执行结果可以发现，在第 14 行设置 Peter 的年龄是 20，但是执行结果显示 Peter 的年龄是 30，主要是因为在第 2 行将 age 设为 static，这时所有的对象将共享此静态（static）成员变量。可以用下列内存图示说明上述实例，当执行完第 14 行后内存图示如下所示。

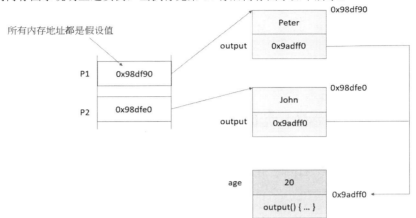

当执行完第 17 行后内存图示如下所示。

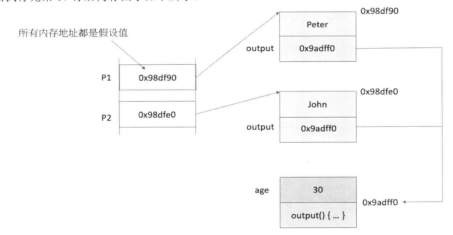

由于静态（static）只有一份，所以最后列出 Peter 和 John 的岁数是 30。

9-3-2　使用类名称直接存取

在 9-3 节有说明不需要实体（instance）就可以直接存取静态（static）成员变量，所使用的就是直接用类名称存取 static 成员变量。

程序实例 ch9_18.java：这是一个直接使用类名称存取 static 成员变量的实例，可参考第 15 行和第 20 行，读者可以发现在建立对象前或是建立对象后存取 static 成员变量。

```
1 class Person {
2     public static int age;              // 所有对象共享此份数据
3     public String name;                 // 每一个对象有一份此数据
4     public Person(String name) {
5         this.name = name;
6     }
7     public void output() {
8         System.out.println("Name: " + name);
```

```
 9            System.out.println("Age:  " + age);
10        }
11 }
12
13 public class ch9_18 {
14     public static void main(String[] args) {
15         Person.age = 20;                      // 可以在声明对象前设置age
16         Person P1 = new Person("Peter");
17         Person P2 = new Person("John");
18         P1.output();
19         P2.output();
20         Person.age = 30;                      // 也可以在声明对象后设置age
21         P1.output();
22         P2.output();
23     }
24 }
```

执行结果
```
D:\Java\ch9>java ch9_18
Name: Peter
Age:  20
Name: John
Age:  20
Name: Peter
Age:  30
Name: John
Age:  30
```

9-3-3 静态成员变量的初始区块

静态初始化区块是指 Java 在类的声明中，增加 static 左右大括号区块，然后在这个区块中可以初始化此类的 static 成员变量。它的使用语法如下：

```
static {
    XXXX;
}
```

程序实例 ch9_19.java：静态初始化区块的使用说明，这个程序的第 4 ～ 6 行就是静态初始化区块。

```
 1 class NBAteam {
 2     public static String team;            // 所有对象共享此份数据
 3     public String name;                   // 每一个对象有一份此数据
 4     static {                              // static的初始区块
 5         team = "Warriors";
 6     }
 7     public NBAteam(String name) {
 8         this.name = name;
 9     }
10     public void output() {
11         System.out.println("Team: " + team);
12         System.out.println("Name: " + name);
13     }
14 }
15
16 public class ch9_19 {
17     public static void main(String[] args) {
18         NBAteam t1 = new NBAteam("Curry");
19         NBAteam t2 = new NBAteam("Durant");
20         t1.output();
21         t2.output();
22         NBAteam.team = "Golden State";
23         t1.output();
24         t2.output();
25     }
26 }
```

执行结果
```
D:\Java\ch9>java ch9_19
Team: Warriors
Name: Curry
Team: Warriors
Name: Durant
Team: Golden State
Name: Curry
Team: Golden State
Name: Durant
```

上述第 22 行可以使用"类名称 . 静态成员变量"存取，我们又称之为类变量（Class Variable）。而后需要建立对象，然后使用"对象名称 . 静态成员变量"存取，我们又称之为实体变量（Instance Variable）。

9-3-4 将 static 成员变量应用于人数总计

由于 static 成员变量具有共享的特性，所以在使用上应该将它应用在具有全局变量的概念的地方，下面将使用一个实例，将 static 成员变量应用于人数总计。

程序实例 ch9_20.java：这个程序的 static 成员变量 counter 在第 2 行设置，另外还设置了人员 id 和人员姓名 name，每次建立 NBAteam 对象时，都会执行构造方法（第 8 ～ 10 行），更新人数总计同时将当时人数总计设置给 id，也当作 id 编号。

```
1  class NBAteam {
2      public static int counter;              // 所有对象共享此份数据
3      public int id;                          // 人员id
4      public String name;                     // 人员姓名
5      static {                                // static的初始区块
6          counter = 0;
7      }
8      public NBAteam() {
9          id = ++counter;                     // 同时设置id和人数总计
10     }
11     public void output() {
12         System.out.println("id:" + id + "  Name: " + name);
13         System.out.println("共有 " + counter + " 名成员");
14     }
15 }
16
17 public class ch9_20 {
18     public static void main(String[] args) {
19         NBAteam t1 = new NBAteam();
20         t1.name = "Durant";
21         t1.output();
22         NBAteam t2 = new NBAteam();
23         t2.name = "Curry";
24         t2.output();
25     }
26 }
```

执行结果

```
D:\Java\ch9>java ch9_20
id:1  Name: Durant
共有 1 名成员
id:2  Name: Curry
共有 2 名成员
```

9-3-5　static 方法

static 除了可以应用于类的成员变量，也可以应用于类的方法。一个标识为 static 的方法，除了可以使用类对象名称调用外，也可以使用类名称调用。

程序实例 ch9_21.java：这个程序主要是展示在没有建立任何类对象时，仍然可以使用类名称调用 static 方法，然后这个程序也展示了正常使用类对象名称调用 static 方法。

```
1  class PrintSample {
2      public static void output() {
3          System.out.println("测试static方法");
4      }
5  }
6
7  public class ch9_21 {
8      public static void main(String[] args) {
9          PrintSample.output();        // 类名称调用static方法
10         PrintSample A = new PrintSample();
11         A.output();                  // 类对象名称调用static方法
12     }
13 }
```

执行结果

```
D:\Java\ch9>java ch9_21
测试static方法
测试static方法
```

在设计 static 方法时须留意不可使用 this 关键词、非 static 的成员变量和非 static 的方法，因为我们可以在没有声明类对象情况下使用 static 成员变量和方法，而非 static 的成员变量和非 static 的方法需要在有对象的情况下才可以使用。

9-3-6　认识 main()

当程序加载一个 Java 文件时，会先去寻找 main()，所以必须将 main() 声明为 public，由于其他方法会回传数据给 main()，而 main() 则无须回传任何数据，所以将 main() 声明为 void。由于程序一执行时，main() 就会加载到内存内，所以必须将它声明为 static。所以我们看到了下面 main() 的声明。

```
public static void main(String[ ] args)
```

看了以上叙述，可以说 main() 其实就是 public static void 的方法。另外，启动程序时如果有参数要传入程序，可以使用参数列（String[ ] args），这是字符串数组，args 是 Java 程序设计师习惯使用的字符串数组变量名称，也可以使用其他任何名称。

9-3-7　final 关键词与 static 成员变量

在 3-4 节有介绍 final 关键词的用法，其实也可以将它应用于 static 成员变量。当设计一个类时，如果 static 成员变量的数据是固定的，未来不再更改，则可以将 final 关键词应用于 static 成员变量上。

程序实例 ch9_22.java：假设悠游卡最多储值空间是 1000 元，我们使用 final static 成员变量 valueAdd 定义此变量，这是一个尝试修改 final static 成员变量 valueAdd 造成程序错误的实例。

```
1  class IcCard {
2      final static int valueAdd = 1000;
3  }
4
5  public class ch9_22 {
6      public static void main(String[] args) {
7          IcCard A = new IcCard();
8          A.valueAdd = 2000;    // 企图修改final static成员变量产生错误
9      }
10 }
```

执行结果
```
D:\Java\ch9>javac ch9_22.java
ch9_22.java:8: 错误: 无法为最终变量valueAdd分配值
          A.valueAdd = 2000;            // 企图修改final static成员变量
产生错误
1 个错误
```

程序实操题

1. 请重新设计 ch9_8.java，将重载改为求传递参数的最大值，请设计三个名称相同的方法 getMax，其他概念可参考该程序。

2. 请建立一个 Months 类，请用构造方法初始化英文月份的字符串，请建立一个 inputMonths() 方法，读者可以使用此方法输入 1 ～ 12 整数值，这个类可以响应相对应的英文月份。

3. 请参考 ch9_15.java 增加台币换美金功能，相当于设计 taiwan_to_usa() 方法，手续费率与美金换台币功能相同。

4. 请设计 Math 类，在这个类内设计 static 方法，可以计算平方、立方和阶乘。

5. 请重新设计 ch9_20.java，在成员变量内增加 age 记录年龄，方法是增加 printTeam() 方法，可以列出目前球队所有成员。

6. 请完成设计下列程序。

```
1  class DemoConstructor {            9          this.name = name;
2      int age;                       10     }
3      String name;                   11 }
4      DemoConstructor() {            12 public class ex9_6 {
5          // 请设计这个部分          13     public static void main(String[] args) {
6      }                              14         // 请设计这个部分
7      DemoConstructor(String name, int age) {  15     }
8          this.age = age;            16 }
```

执行结果如下：
```
John 20
Peter 22
```

习题

一、判断题

1（O）. 所谓的构造方法（constructor）就是设计类对象完成后，类自行完成的初始化工作。

2（O）. 构造方法的名称与类方法的名称是相同的。

3（X）. 构造方法的返回值可以用 return 返回。

4（O）. 重载的概念可以应用于构造方法，也可以应用于一般类方法。

5（O）. 有一个方法设计如下，下面的语句将导致名称遮蔽现象。

```
MyClass(int info){
    info = info;
}
```

6（X）. 如果类的成员变量或方法没有存取修饰词，其他类不可存取，但是子类可以存取。

7（X）. 设计构造方法时，也可以将此方法声明为 private，方便 main() 在声明类对象时，可以同时用 new 调用构造方法。

8（O）. 一个类内如果有 static 成员变量时，如果建立了 A 对象与 B 对象，则 A 对象与 B 对象是共享此 static 成员变量内容。

9（X）. 可以使用"类名称 . 变量名称"存取的变量，称为实体变量。

10（O）. 经过 final 修饰过的 static 成员变量，其值不可更改。

二、选择题

1（D）. 下列哪一个是构造方法的数据类型？

    A. void   B. int   C. double   D. 以上皆非

2（D）. 下列叙述哪一个错误？

    A. 重载是同时有多个名称相同的方法

    B. 重载可以用在类方法或构造方法

    C. 在重载中，Java 是根据参数数量和数据类型，选择符合的方法处理

    D. 在重载中，Java 是根据参数的值，选择符合方法处理

3（A）. 有一个方法如下，下列哪一个不是方法签章的内容？

void math（int a，double b）

    A. void   B. math   C. int   D. double

4（D）. 面向对象程序设计哪一个存取修饰符的受限制最多？

    A. public   B. protected   C. no modifier   D. private

5（A）. 下列哪一个成员无需实体就可以存取？

    A. static 成员   B. public 成员   C. protected 成员   D. private 成员

6（D）. 下列哪一个说法正确？

    A. 设计 static 方法可以使用 this 关键词

    B. 设计 static 方法可以使用非 static 的成员变量

    C. 设计 static 方法可以使用非 static 的成员方法

    D. 设计 static 不可使用 this 关键词、非 static 的成员变量和非 static 的方法

7（D）. 下列有关 main() 的声明哪一项是正确的？

    A. private static void main()   B. void main()

    C. public void main()   D. public static void main()

第 1 0 章

内建 Math 和 Random 类

本章摘要

　　讲解到此，相信读者已经有了一定的基础，在继续往下讲解更多面向对象的程序设计概念时，笔者想要讲解几个在 Java 程序设计时常用的内建标准类，有了这些内建标准类的知识，以后再举实例时，可以更加活用所讲解的范例。内建标准类的全名是 Java Standard Class Library（可翻译为"标准类库"），或是也可以称为 Java API（**A**pplication **P**rogramming **I**nterface，应用程序编程接口）。这一章的重点是 Math 类。

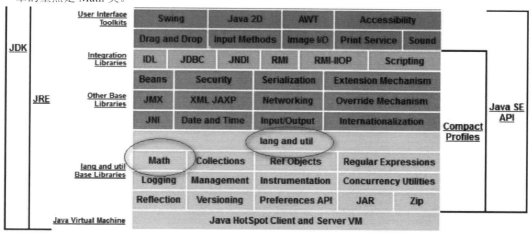

　　Java 的 Math 类内有许多数学上常用的计算方法，聪明地使用这些工具可以节省开发程序的时间。在 Math 类内的常量与方法都声明为静态（static），使用时可以用下面语法。

```
Math.PI                    // 获得圆周率
Math.random()              // 求随机数
```

　　未来各节会有实例说明，此外本章也将讲解在 java.util 内的 Random 类，这是一个更有弹性产生随机数的类。

10-1 数学常量

　　Math 类提供两个数学 static 常量，如下所示。

常量名称	说明
E	数学的自然数 e，值为 2.718 281 828 459 045
PI	圆周率 π，值为 3.141 592 653 589 793

程序实例 ch10_1.java：列出 Java 内 Math 类的自然数 E 和圆周率 PI。

```
1  public class ch10_1 {
2      public static void main(String[] args) {
3          System.out.println("E  = " + Math.E);         // 输出 Math.E
4          System.out.println("PI = " + Math.PI );       // 输出 Math.PI
5      }
6  }
```

执行结果
```
D:\Java\ch10>java ch10_1
E  = 2.718281828459045
PI = 3.141592653589793
```

10-2 随机数的应用

Math 类内有 random() 方法，这个方法可以产生大于或等于 0，以及小于或等于 1 的双倍精度浮点数（double）随机数。

```
0 <= Math.random() <= 1
```

一般程序设计师常用上述方法产生电子游戏的输赢，例如，若是期待计算机赢的比例是 60%，可以由上述产生的随机数，设置只要值介于 0.0 和 0.6 就算计算机赢。

程序实例 ch10_2.java：产生 10 笔介于 0.0 和 1.0 之间的值。

```java
1  public class ch10_2 {
2      public static void main(String[] args) {
3          double[] ran = new double[10];
4
5          for ( int i = 0; i < 10; i++ ) {
6              ran[i] = Math.random();
7              System.out.printf("%5.2f ", ran[i]);        // 输出随机数
8          }
9      }
10 }
```

执行结果
```
D:\Java\ch10>java ch10_2
 0.08  0.94  0.07  0.84  0.50  0.61  0.48  0.79  0.58  0.54
```

如果想要产生某一区间的随机数字，可以使用下列公式。

```
Math.random() * ( 区间上限值 - 区间下限值 + 1 ) + 区间下限值
```

程序实例 ch10_3.java：产生 10 笔掷骰子产生 1 ～ 6 的随机数。

```java
1  public class ch10_3 {
2      public static void main(String[] args) {
3          int[] dice = new int[10];
4
5          for ( int i = 0; i < 10; i++ ) {
6              dice[i] = (int) (Math.random() * ( 6 - 1 + 1)) + 1;
7              System.out.printf("%d ", dice[i]);        // 打印骰子随机数
8          }
9      }
10 }
```

执行结果
```
D:\Java\ch10>java ch10_3
2 4 5 2 2 4 1 5 5 1
```

程序实例 ch10_4.java：请输入购买大乐透彩券数量，本程序可以产生此数量的开奖号码，一组大乐透彩券的号码有 6 组，每组编号介于 1 和 49 之间。

```java
1  import java.util.Scanner;
2  public class ch10_4 {
3      public static void main(String[] args) {
4          int[] lottery = new int[50];
5          Scanner scanner = new Scanner(System.in);
6
7          System.out.print("请输入购买大乐透券数量:");
8          int num = scanner.nextInt();                                          // 读取购买大乐透数量
9
10         for ( int i = 1; i <= num; i++) {                                     // 处理购买大乐透数量
11             System.out.printf("%d : \t", i);                                  // 输出第几组大乐透数据
12             for ( int n = 1; n <= 49; n++)                                    // 处理lottery[n]=n, n = 1-49
13                 lottery[n] = n;
14             int counter = 1;                                                  // 各组大乐透数字编号
15             while ( counter <= 6 ) {                                          // 一组大乐透有6个数字
16                 int lotteryNum = (int) (Math.random() * (49 - 1 + 1)) + 1;    // 产生大乐透号码
17                 if (lottery[lotteryNum] == 0)                                 // 如果是0表示此数字已经产生
18                     continue;                                                 // 返回while循环
19                 else {
20                     System.out.printf("%d  \t", lotteryNum);                  // 产生新的大乐透数字
21                     lottery[lotteryNum] = 0;                                  // 将此数组索引设为0
22                     counter++;                                                // 将大乐透数字编号加1
23                 }
24             }
25             System.out.printf("\n");                                         // 换行输出
26         }
27     }
28 }
```

```
D:\Java\ch10>java ch10_4
请输入购买大乐透券数量：5
1 :    49      22      19      45      31
2 :    33      12      48      36      28      39
3 :    5       15      33      23      19      47
4 :    36      8       39      32      2       43
5 :    39      1       4       29      21      10
```

这个程序设计思路是，在第 12、13 行建立了 lottery[1] ～ lottery[49]，其实 lottery[0] 是未使用，主要是将 lottery[n]=n，当此数字出现后便将 lottery[n] 设为 0，以后凡是数字重复出现，便会执行程序第 19 行的 continue，重新产生乐透号码。

10-3　求较大值 max()/ 较小值 min()

虽然可以使用 Java 的 if … else 或 ?: 获得两个数字比较的较大值或较小值，不过 Java 的 Math 类仍提供下列两个方法，可以求得较大值或较小值。

```
static 数据类型 max ( 数据类型 x，数据类型 y)        // 返回 x，y 的较大值
static 数据类型 min ( 数据类型 x，数据类型 y)        // 返回 x，y 的较小值
```

上述数据类型可以是 int、long、float、double。

程序实例 ch10_5.java：求三个 int 的较大值与两个 double 的较小值。

```
1  public class ch10_5 {
2      public static void main(String[] args) {
3          int x1 = 30;                              // 定义三个整数int
4          int x2 = 50;
5          int x3 = 80;
6          int maxV;
7          maxV = Math.max(Math.max(x1, x2), x3);    // 求三个值的较大值
8          System.out.println("3个数值的较大值是：" + maxV);
9          double y1 = 5.5;                          // 定义两个双倍精度浮点数double
10         double y2 = 3.6;
11         double minV;
12         minV = Math.min(y1, y2);                  // 求两个值的较小值
13         System.out.println("2个数值的较小值是：" + minV);
14     }
15 }
```

```
D:\Java\ch10>java ch10_5
3个数值的较大值是：80
2个数值的较小值是：3.6
```

10-4　求绝对值 abs()

Math 类提供 abs() 方法可以求得绝对值。

```
static 数据类型 abs ( 数据类型 x)           // 返回 x 的绝对值
```

上述数据类型可以是 int、long、float、double。

程序实例 ch10_6.java：列出绝对值。

```
1  public class ch10_6 {
2      public static void main(String[] args) {
3          int x1 = -30;                             // 定义两个整数int
4          int x2 = 50;
5          System.out.println("-30的绝对值是：" + Math.abs(x1));
6          System.out.println(" 50的绝对值是：" + Math.abs(x2));
7          double y1 = -5.5;                         // 定义两个双倍精度浮点数double
8          double y2 = 3.6;
9          System.out.println("-5.5的绝对值是：" + Math.abs(y1));
10         System.out.println(" 3.6的绝对值是：" + Math.abs(y2));
11     }
12 }
```

```
D:\Java\ch10>java ch10_6
-30的绝对值是：30
50的绝对值是：50
-5.5的绝对值是：5.5
3.6的绝对值是：3.6
```

10-5　四舍五入 round()

下列是 Math 类有关四舍五入的 round() 方法。

```
static int round(float x)          // 返回四舍五入后的 int 类型 x 整数值
static long round(double x)        // 返回四舍五入后的 long 类型 x 整数值
```

程序实例 ch10_7.java：四舍五入 round() 的应用。

```
1  public class ch10_7 {
2      public static void main(String[] args) {
3          int x1 = -30;                              // 定义两个整数int
4          int x2 = 50;
5          System.out.println("-30的绝对值是:" + Math.abs(x1));
6          System.out.println(" 50的绝对值是:" + Math.abs(x2));
7          double y1 = -5.5;                          // 定义两个双倍精度浮点数double
8          double y2 = 3.6;
9          System.out.println("-5.5的绝对值是:" + Math.abs(y1));
10         System.out.println(" 3.6的绝对值是:" + Math.abs(y2));
11     }
12 }
```

执行结果

```
D:\Java\ch10>java ch10_7
-30的绝对值是 : 30
 50的绝对值是 : 50
-5.5的绝对值是 : 5.5
 3.6的绝对值是 : 3.6
```

10-6　返回最接近的整数值 rint()

下列是 Math 类的 rint() 方法，这是采用 Bankers Rounding 概念，如果处理位数左边是奇数则使用四舍五入，如果处理位数左边是偶数则使用五舍六入，可参考 ch10_8.java。

```
static double rint(double x)       // 返回最接近 double 类型 x 整数
```

程序实例 ch10_8.java：使用 rint() 返回最接近的 double 类型整数，这个程序的关键是当小数点后的数字是 5 时，可参考 7 ～ 10 行，碰上这种情况如果个位数字的值是奇数则进位返回，如果个位数字的值是偶数则不进位返回，相当于个位数字的结果需为偶数值。

```
1  public class ch10_8 {
2      public static void main(String[] args) {
3          double x1 = -3.499;                        // 定义double
4          double x2 = -3.51;
5          System.out.println("-3.49的rint()值是:" + Math.rint(x1));
6          System.out.println("-3.51的rint()值是:" + Math.rint(x2));
7          double y1 = 5.5;                           // 定义double
8          double y2 = 4.5;
9          System.out.println("5.5 的rint()值是:" + Math.rint(y1));
10         System.out.println("4.5 的rint()值是:" + Math.rint(y2));
11     }
12 }
```

执行结果

```
D:\Java\ch10>java ch10_8
-3.49的rint()值是 : -3.0
-3.51的rint()值是 : -4.0
5.5 的rint()值是 : 6.0
4.5 的rint()值是 : 4.0
```

10-7　求近似值 ceil()/floor()

下面是 Math 类有关求近似值的 ceil() 和 floor() 方法，其实可以将 ceil() 方法想成是天花板，可以将小数值无条件进位到整数；可以将 floor() 方法想成是地板，可以无条件舍去小数值，只取整数。

```
static double ceil(double x)       // 返回大于或等于 x 的 double 最小整数
static double floor(double x)      // 返回小于或等于 x 的 double 最大整数
```

程序实例 ch10_9.java：ceil() 和 floor() 的应用。

```
1  public class ch10_9 {
2      public static void main(String[] args) {
3          double x = -3.49;                          // 定义double
4          System.out.println("-3.49的ceil() 值是:" + Math.ceil(x));
5          System.out.println("-3.49的floor()值是:" + Math.floor(x));
6          double y = 5.5;                            // 定义double
7          System.out.println("5.5 的ceil() 值是:" + Math.ceil(y));
8          System.out.println("5.5 的floor()值是:" + Math.floor(y));
9      }
10 }
```

执行结果

```
D:\Java\ch10>java ch10_9
-3.49的ceil() 值是：-3.0
-3.49的floor()值是：-4.0
5.5  的ceil() 值是：6.0
5.5  的floor()值是：5.0
```

10-8　一般的数学运算方法

Math 类也提供一般数学运算的方法，可参考下列说明。

```
static double sqrt(double x)                // 返回 x 的开根号值
static double cbrt(double x)                // 返回 x 的立方根值
static double pow(double x, double y)       // 返回 x 的 y 次方值
static double exp(double x)                 // 返回自然对数 e 的 x 次方值
static double log(double x)                 // 返回 e 为底的 x 对数值
static double log10(double x)               // 返回 10 为基底的 x 对数值
```

程序实例 ch10_10.java：一般数学方法的应用。

```
1  public class ch10_10 {
2      public static void main(String[] args) {
3          double x = 4.0;                            // 定义double
4          System.out.println("sqrt(4.0)值是:" + Math.sqrt(x));
5          x = 8.0;
6          System.out.println("cbrt(8.0)值是:" + Math.cbrt(x));
7          x = 3.0;
8          System.out.println("ceil(3.0, 4)值是:" + Math.pow(x, 4));
9          x = 2.0;
10         System.out.println("exp(2.0)值是:" + Math.exp(x));
11         x = 2.7;
12         System.out.println("log(2.7)值是:" + Math.log(x));
13         x = 10.0;
14         System.out.println("log10(10.0)值是:" + Math.log10(x));
15     }
16 }
```

执行结果

```
D:\Java\ch10>java ch10_10
sqrt(4.0)值是：2.0
cbrt(8.0)值是：2.0
ceil(3.0, 4)值是：81.0
exp(2.0)值是：7.38905609893065
log(2.7)值是：0.9932517730102834
log10(10.0)值是：1.0
```

其实对上述常用的数学方法而言，最常用的是 pow() 方法，可以使用这个方法计算银行复利或是股票投资报酬的复利计算。

程序实例 ch10_11.java：假设投资第一银行股票 10 万每年可以获得 6% 利润，所获得的 6% 利润次年将变成本金继续投资，请列出未来 20 年每年本金和。

```
1  public class ch10_11 {
2      public static void main(String[] args) {
3          double rate = 0.06;              // 利率
4          double capital = 100000;         // 本金
5          double capitalInfo;
6          for ( int i = 1; i <= 20; i++ ) {
7              capitalInfo = capital * Math.pow((1.0 + rate), i);
8              System.out.printf("第 %2d 年后本金和是 %10.2f\n", i, capitalInfo);
9          }
10     }
11 }
```

执行结果
```
D:\Java\ch10>java ch10_11
第  1 年后本金和是  106000.00
第  2 年后本金和是  112360.00
第  3 年后本金和是  119101.60
第  4 年后本金和是  126247.70
第  5 年后本金和是  133822.56
第  6 年后本金和是  141851.91
第  7 年后本金和是  150363.03
第  8 年后本金和是  159384.81
第  9 年后本金和是  168947.90
第 10 年后本金和是  179084.77
第 11 年后本金和是  189829.86
第 12 年后本金和是  201219.65
第 13 年后本金和是  213292.83
第 14 年后本金和是  226090.40
第 15 年后本金和是  239655.82
第 16 年后本金和是  254035.17
第 17 年后本金和是  269277.28
第 18 年后本金和是  285433.92
第 19 年后本金和是  302559.95
第 20 年后本金和是  320713.55
```

由以上执行结果可以看到，在经过 20 年后本金和已经达到 320713 了，其实这就是平时投资复利的威力。建议读者将获利改成目前银行利率 1%，然后重新执行此程序，再将二者做比较，这样就可以知道平时如何可以好好利用复利的投资威力了。

10-9 三角函数的应用

大多数程序语言都提供三角函数的运算，Java 的 Math 类也提供下列几个三角函数运算。

```
static double sin(double x)          // 返回三角函数正弦值
static double cos(double x)          // 返回三角函数余弦值
static double tan(double x)          // 返回三角函数正切值
static double asin(double x)         // 返回三角函数反正弦值
static double acos(double x)         // 返回三角函数反余弦值
static double atan(double x)         // 返回三角函数反正切值
```

上述 x 是弧度值，这和人们习惯的角度不同，圆周长是 2π，1 弧度的计算方式如下。

1 弧度 = 360 / 2π，约等于 = 57.29°

为了协助读者方便将弧度转成人们熟悉的角度，Math 类提供了弧度与角度的转换函数。

```
static double toDegree(double 弧度)     // 将弧度转成角度
static double toRadians(double 角度)    // 将角度转成弧度
```

程序实例 ch10_12.java：计算 0、45、90 …、315、360 角度的 sin() 与 cos() 值。

```java
1 public class ch10_12 {
2     public static void main(String[] args) {
3         double rad = 0;                    // 弧度
4         for ( int deg = 0; deg <= 360; deg += 45) {
5             rad = Math.toRadians(deg);
6             System.out.printf("角度 %3d \t sin(%5.3f)= %10.8f \t cos(%5.3f) = %10.8f \n",
7                             deg, rad, Math.sin(rad), rad, Math.cos(rad));
8         }
9     }
10 }
```

```
D:\Java\ch10>java ch10_12
角度   0      sin(0.000)= 0.00000000     cos(0.000) = 1.00000000
角度  45      sin(0.785)= 0.70710678     cos(0.785) = 0.70710678
角度  90      sin(1.571)= 1.00000000     cos(1.571) = 0.00000000
角度 135      sin(2.356)= 0.70710678     cos(2.356) = -0.70710678
角度 180      sin(3.142)= 0.00000000     cos(3.142) = -1.00000000
角度 225      sin(3.927)= -0.70710678    cos(3.927) = -0.70710678
角度 270      sin(4.712)= -1.00000000    cos(4.712) = -0.00000000
角度 315      sin(5.498)= -0.70710678    cos(5.498) = 0.70710678
角度 360      sin(6.283)= -0.00000000    cos(6.283) = 1.00000000
```

10-10　Random 类

在 java.util 内有 Random 类也可以产生一系列随机数，可用下列方式引入此 Random 类对象。

```
import java.util.Random;
    ...
Random ran = new Random();                    // 声明 Random 对象 ran
```

声明上述 Random 对象后，可以使用下列方法产生随机数。

nextInt()：返回 int 类型值范围均匀分布的随机数。

nextInt(int n)：返回大于等于 0 但小于 n 的均匀分布随机数。

nextLong()：返回 long 类型值均匀分布范围的随机数。

nextFloat()：返回大于等于 0.0 但小于 1.0 均匀分布的 float 类型随机数。

nextDouble()：返回大于等于 0.0 但小于 1.0 均匀分布的 double 类型随机数。

nextBoolean()：返回均匀分布的 boolean 值。

程序实例 ch10_13.java：分别产生 10 组 0 ～ 99 和 int 整数值范围间的随机数。

```
1  import java.util.Random;
2  public class ch10_13 {
3      public static void main(String[] args) {
4          Random ran = new Random();
5          for ( int i = 0; i < 10; i++ ) {
6              System.out.printf("%d \t", ran.nextInt(100));    // 产生0~99随机数
7              System.out.printf("%d \n", ran.nextInt());       // 产生int值范围随机数
8          }
9      }
10 }
```

```
D:\Java\ch10>java ch10_13
89      1725827362
27      30642201
89      183239339
49      442845719
22      -1970754852
83      -1458837388
1       1396320130
41      -614825985
0       1143185445
49      403898930
```

程序实操题

1. 请设计猜大小游戏，在设计时请让计算机有 80% 赢的机会，每次猜完会询问是否继续。设计的相关细节，读者可以自行发挥。

2. 请扩充程序实例 ch10_4.java，请设计产生一组大乐透号码，然后将自己所产生的计算机选号做兑奖动作。

3. 请扩充程序实例 ch10_4.java，请将程序修改为产生威力彩号码，相当于多了一组特别号。同时计算机选号结束后，可自动产生正式威力彩号码，然后请执行兑奖作业。

4. 请扩充程序实例 ch10_11.java，请分别列出获利是 1.2%、6%、10% 的未来 20 年本金和的结果。

5. 使用 Random 类重新设计 ch10_4.java。

6. 请设计一个扑克牌发牌程序，每次执行可以列出 4 个人所得到的牌。

习题

一、判断题

1（O）. Math.PI 是 Math 类的数学常量。

2（X）. Math.max() 可以返回数组的最大值。

3（X）. x 是 double 值是 4.5，Math.rint(x) 可以返回 4.0。

二、选择题

1（B）. Math.random() 可以产生下列哪一个区间的值？

    A. 0.0 < Math.random() < 1.0   B. 0.0 <= Math.random() <= 1.0

    C. 0.0 < Math.random() < 100.0   D. 0.0 <= Math.random() <= 100.0

2（D）. 使用 abs() 方法时，所传递的参数不可以是下列哪一个数据类型？

    A. int   B. float   C. double   D. char

3（C）. 下列哪一个是四舍五入的方法？

    A. ceil()   B. floor()   C. round()   D. cbrt()

4（B）. 下列哪一个是小数数据舍去方法？

    A. ceil()   B. floor()   C. round()   D. rint()

5（A）. 下列哪一个是小数数据进位方法？

    A. ceil()   B. floor()   C. round()   D. rint()

6（C）. 如果想计算银行未来 10 年复利的本利和，可以使用下列哪一个方法？

    A. sqrt()   B. cbrt()   C. pow()   D. exp()

第 11 章

日期与时间类

本章摘要

　　在使用 Java 设计应用程序时，难免会需要使用一些时间或日期信息，本章将介绍 Java 所提供的相关类在这方面的应用。

11-1 Date 类

这个类是在 java.util 下面,我们可以很轻松地使用此类获得目前系统日期与时间信息。

程序实例 ch11_1.java:打印目前系统日期和时间。

```
1  import java.util.*;
2  public class ch11_1 {
3     public static void main(String[] args) {
4        Date date = new Date();                        // 建立Date对象date
5        System.out.println("现在系统日期:" + date);       // 输出现在系统日期
6     }
7  }
```

执行结果
```
D:\Java\ch11>java ch11_1
现在系统日期 : Thu Aug 30 05:09:32 CST 2018
```

过去笔者使用 import 时,常常只是将相关的类引入,上述第一行是另一种用法,这个"java.util.*"相当于将 java.util 以下所有有需求的类名称引入。建立了 Date 对象后,可以使用下列方法计算自 1970 年 1 月 1 日 00:00:00AM 以来至建立 Date 对象的毫秒数。

```
long getTime( );   // 以长整数返回毫秒数
```

程序实例 ch11_2.java:计算自 1970 年 1 月 1 日 00:00:00AM 以来至建立 Date 对象的毫秒数。

```
1  import java.util.*;
2  public class ch11_2 {
3     public static void main(String[] args) {
4        Date date = new Date();                            // 建立Date对象date
5        System.out.println("毫秒数:" + date.getTime());      // 输出现在毫秒数
6     }
7  }
```

执行结果
```
D:\Java\ch11>java ch11_2
毫秒数 : 1535577209787

D:\Java\ch11>java ch11_2
毫秒数 : 1535577340391
```

上述程序每次执行,由于运行时间点不同,每次都会显示不同的递增结果。

另一个很重要的方法是 System.currentTimeMillis(),这个方法会返回自 1970 年 1 月 1 日 00:00:00AM 以来到目前时间点的毫秒数,这个方法最常见的应用是可以协助我们计算执行某个小程序或游戏所花的时间。

程序实例 ch11_3.java:使用 System.currentTimeMillis() 方法计算程序实例 ch6_10.java 猜数字游戏所花的时间。

```
1  import java.util.*;
2  public class ch11_3 {
3     public static void main(String[] args) {
4        long startDate, endDate;                           // 记录时间开始与结束
5        final int pwd = 70;                                // 密码数字
6        int num;                                           // 存储所猜的数字
7        Scanner scanner = new Scanner(System.in);
8        startDate = System.currentTimeMillis();            // 记录时间开始
9        for ( ; ; ) {                                      // 这是无限循环
10           System.out.print("请猜0-99的数字:");
11           num = scanner.nextInt();                        // 读取输入数字
12           if ( num == pwd ) {
13              System.out.println("恭喜猜对了!!");
14              endDate = System.currentTimeMillis();        // 记录时间结束
15              break;
16           }
17           System.out.println("猜错了请再答一次!");
18        }
19        System.out.printf("所花时间 %d 毫秒", (endDate-startDate));
20     }
21  }
```

执行结果
```
D:\Java\ch11>java ch11_3
请猜0~99的数字 : 99
猜错了请再答一次!
请猜0~99的数字 : 88
猜错了请再答一次!
请猜0~99的数字 : 70
恭喜猜对了!!
所花时间 9179 毫秒
```

其实有关 Date 类的相关方法与知识还有很多,但是自从 Java 8 后,有提供新的日历与时间处理方式,所以不再介绍这些旧的功能。

11-2　Java 8 后的新日期与时间类

从 Java 8 后在 java.time 这个包（Package）内增加了新的与时间和日期相关的 API，最基本的特点是将日期与时间区分为不同类，同时日期与时间格式符合人们平常使用的习惯，支持多种日历方法。

11-2-1　LocalDate 类

这个类主要表示日期，默认格式是"yyyy-MM-dd"，可以使用 now() 方法获得目前系统日期。

程序实例 ch11_4.java：列出目前系统日期。

```
1 import java.time.*;
2 public class ch11_4 {
3     public static void main(String[] args) {
4         LocalDate today = LocalDate.now();
5         System.out.println("现在日期:" + today);
6     }
7 }
```

执行结果
```
D:\Java\ch11>java ch11_4
现在日期 : 2018-08-30
```

上述 now() 使用时，如果不加入任何参数，如上所示，系统默认是 Clock.systemDefaultZone()，也就是目前操作系统的默认时区，如果想要更进一步了解时区可以参考 java.time 下的 ZoneDateTime 类。在获得系统日期后，也可以使用下列方法获得个别有关日期的信息。

```
int getYear()            // 获得年份
int getMonth()           // 获得月份，是英文字符串月份
int getMonthValue()      // 获得月份，是 1 ~ 12 月份
int getDayOfWeek()       // 获得星期，是英文字符串星期
int getDayOfMonth()      // 获得当月日期
int getDayofYear()       // 获得当年日期
```

程序实例 ch11_5.java：不仅列出目前系统日期，同时列出个别日期信息。

```
 1 import java.time.*;
 2 public class ch11_5 {
 3     public static void main(String[] args) {
 4         LocalDate today = LocalDate.now();
 5         System.out.println("现在日期:" + today);
 6         System.out.println("    年份:" + today.getYear());
 7         System.out.println("英文月份:" + today.getMonth());
 8         System.out.println("    月份:" + today.getMonthValue());
 9         System.out.println("英文星期:" + today.getDayOfWeek());
10         System.out.println("当月日期:" + today.getDayOfMonth());
11         System.out.println("当年日期:" + today.getDayOfYear());
12     }
13 }
```

执行结果
```
D:\Java\ch11>java ch11_5
现在日期 : 2018-08-30
年份 : 2018
英文月份 : AUGUST
月份 : 8
英文星期 : THURSDAY
当月日期 : 30
当年日期 : 242
```

在 LocalDate 类中也常常可以使用 of() 方法，可以设置年（year）、月（month）、日（dayOfMonth）。

```
public static LocalDate.of(int year, int month, int dayOfMonth)
public static LocalDate.of(int year, Month month, int dayOfMonth)
```

程序实例 ch11_6.java：以两种方式设置年、月、日。

```
1  import java.time.*;
2  public class ch11_6 {
3      public static void main(String[] args) {
4          LocalDate today = LocalDate.of(2020, 1, 20);
5          System.out.println("新的日期：" + today);
6          LocalDate newtoday = LocalDate.of(2020, Month.FEBRUARY, 20);
7          System.out.println("新的日期：" + newtoday);
8      }
9  }
```

执行结果

```
D:\Java\ch11>java ch11_6
新的日期：2020-01-20
新的日期：2020-02-20
```

11-2-2　LocalTime 类

这是一个不含时区的类，默认格式是"hh:mm:ss:zzz"，zzz 是纳秒。可以使用 now() 方法获得目前系统时间。

程序实例 ch11_7.java：获得目前系统时间。

```
1  import java.time.*;
2  public class ch11_7 {
3      public static void main(String[] args) {
4          LocalTime today = LocalTime.now();
5          System.out.println("现在时间：" + today);
6      }
7  }
```

执行结果

```
D:\Java\ch11>java ch11_7
现在时间：05:35:07.519492
```

当获得系统时间后，可以使用下列方法获得个别有关时间的信息。

```
int getHour()                   // 获得时 Hour
int getMinute()                 // 获得分
int getSecond()                 // 获得秒
int getNano()                   // 获得纳秒
```

程序实例 ch11_8.java：不仅列出目前系统时间，同时列出个别时间信息。

```
1  import java.time.*;
2  public class ch11_8 {
3      public static void main(String[] args) {
4          LocalTime today = LocalTime.now();
5          System.out.println("现在时间：" + today);
6          System.out.println("    时：" + today.getHour());
7          System.out.println("    分：" + today.getMinute());
8          System.out.println("    秒：" + today.getSecond());
9          System.out.println("  奈秒：" + today.getNano());
10     }
11 }
```

执行结果

```
D:\Java\ch11>java ch11_8
现在时间：05:38:13.756144100
    时：5
    分：38
    秒：13
  奈秒：756144100
```

在 LocalTime 类中也常常可以使用 of() 方法，可以设置时（hour）、分（minute）、秒（second）、纳秒（nanoOfSecond）。

```
public static LocalTime.of(int hour, int minute)
public static LocalTime.of(int hour, int minute, int second)
public static LocalTime.of(int hour, int minute, int second, int nanoOfSecond)
```

程序实例 ch11_9.java：使用三种参数方法重新设置时间。

```
1  import java.time.*;
2  public class ch11_9 {
3      public static void main(String[] args) {
4          LocalTime timenow = LocalTime.of(11, 30);
5          System.out.println("新的时间：" + timenow);
6          timenow = LocalTime.of(11, 40, 30);
7          System.out.println("新的时间：" + timenow);
8          timenow = LocalTime.of(11, 50, 30, 300000000);
9          System.out.println("新的时间：" + timenow);
10     }
11 }
```

执行结果

```
D:\Java\ch11>java ch11_9
新的时间：11:30
新的时间：11:40:30
新的时间：11:50:30.300
```

11-2-3　LocalDateTime 类

可以同时显示日期和时间 "yyyy-MM-ddTHH:mm:ss.zzz"，zzz 是纳秒。可以使用 now() 方法获得目前系统日期和时间。

程序实例 ch11_10.java：列出目前系统日期和时间。

```
1  import java.time.*;
2  public class ch11_10 {
3      public static void main(String[] args) {
4          LocalDateTime today = LocalDateTime.now();
5          System.out.println("现在日期与时间:" + today);
6      }
7  }
```

执行结果

```
D:\Java\ch11>java ch11_10
现在日期与时间 : 2018-08-30T05:45:16.073299200
```

当获得系统时间后，可以使用下列方法获得个别有关日期与时间的信息。

```
int getYear()                    // 获得年份
int getMonth()                   // 获得月份，是英文字符串月份
int getMonthValue()              // 获得月份，是 1 ~ 12 月份
int getDayOfWeek()               // 获得星期，是英文字符串星期
int getDayOfMonth()              // 获得当月日期
int getDayofYear()               // 获得当年日期
int getHour()                    // 获得时
int getMinute()                  // 获得分
int getSecond()                  // 获得秒
int getNano()                    // 获得纳秒
```

程序实例 ch11_11.java：不仅列出系统日期与时间，同时也列出个别日期与时间信息。

```
1  import java.time.*;
2  public class ch11_11 {
3      public static void main(String[] args) {
4          int year, month, monthValue, dayofWeek, dayofMonth, dayofYear;
5          LocalDateTime today = LocalDateTime.now();
6          System.out.println("现在日期:" + today);
7          System.out.println("    年分:" + today.getYear());
8          System.out.println("英文月份:" + today.getMonth());
9          System.out.println("    月份:" + today.getMonthValue());
10         System.out.println("英文星期:" + today.getDayOfWeek());
11         System.out.println("当月日期:" + today.getDayOfMonth());
12         System.out.println("当年日期:" + today.getDayOfYear());
13         System.out.println("      时:" + today.getHour());
14         System.out.println("      分:" + today.getMinute());
15         System.out.println("      秒:" + today.getSecond());
16         System.out.println("    纳秒:" + today.getNano());
17      }
18  }
```

执行结果

```
D:\Java\ch11>java ch11_11
现在日期 : 2018-08-30T05:48:38.007849200
年分 : 2018
英文月份 : AUGUST
月份 : 8
英文星期 : THURSDAY
当月日期 : 30
当年日期 : 242
时 : 5
分 : 48
秒 : 38
纳秒 : 7849200
```

在 LocalDateTime 类中也常常使用 of() 方法，可以设置年（year）、月（month）、日（dayOfMonth）、时（hour）、分（minute）、秒（second）、纳秒（nanoOfSecond）。

```
public static LocalDateTime of(int year, int month, int dayOfMonth)
public static LocalDateTime of(int year, Month month, int dayOfMonth)
public static LocalDateTime of(int year, Month month, int dayOfMonth, int hour,
int minute)
public static LocalDateTime of(int year, Month month, int dayOfMonth, int
hour, int minute, int second)
public static LocalDateTime of(int year, Month month, int dayOfMonth, int
```

```
hour, int minute, int second, int nanoOfSecond)
    public static LocalDateTime of(LocalDate date, LocalTime time)
```

程序实例 ch11_12.java：设置日期与时间程序。

```
 1  import java.time.*;
 2  public class ch11_12 {
 3      public static void main(String[] args) {
 4          LocalDateTime datetime = LocalDateTime.of(2020, 2, 10, 11, 30);
 5          System.out.println("新的日期时间 :" + datetime);
 6          datetime = LocalDateTime.of(2020, 2, 10, 11, 40, 30);
 7          System.out.println("新的日期时间 :" + datetime);
 8          datetime = LocalDateTime.of(2020, 2, 10, 11, 50, 30, 300000000);
 9          System.out.println("新的日期时间 :" + datetime);
10      }
11  }
```

执行结果

```
D:\Java\ch11>java ch11_12
新的日期时间 : 2020-02-10T11:30
新的日期时间 : 2020-02-10T11:40:30
新的日期时间 : 2020-02-10T11:50:30.300
```

11-2-4 时间戳 Instant 类

Instant 是一个时间戳类，可以使用 now() 会返回瞬间时间点。

程序实例 ch11_13.java：列出时间戳或称瞬间时间点。

```
 1  import java.time.*;
 2  public class ch11_13 {
 3      public static void main(String[] args) {
 4          Instant datetime = Instant.now();        // 建立Instant对象datetime
 5          System.out.println("时间戳:" + datetime);  // 输出时间戳
 6      }
 7  }
```

执行结果

```
D:\Java\ch11>java ch11_13
时间戳 : 2018-08-29T21:55:11.934380500Z
```

11-2-5 Duration 类

这个类主要用于计算两个时间戳的时间间距，例如，若是猜数字游戏可以设置起点时间戳是 from，当游戏完成可以设置结束点的时间戳是 to，然后可以通过 Duration.between() 方法列出间隔时间。对于 Duration 类而言，可以使用 LocalDateTime 类产生时间戳，也可以使用 Instant 类产生时间戳。

程序实例 ch11_14.java：使用 Duration 类配合 LocalDateTime 产生时间戳重新设计 ch11_3.java。

```
 1  import java.time.*;
 2  import java.util.*;
 3  public class ch11_14 {
 4      public static void main(String[] args) {
 5          LocalDateTime from, to;              // 记录时间开始与结束
 6          final int pwd = 70;                  // 密码数字
 7          int num;                             // 存储所猜的数字
 8          Scanner scanner = new Scanner(System.in);
 9          from = LocalDateTime.now();          // 记录时间开始
10          for ( ; ; ) {                        // 这是无限循环
11              System.out.print("请猜0-99的数字:");
12              num = scanner.nextInt();         // 读取输入数字
13              if ( num == pwd ) {
14                  System.out.println("恭喜猜对了!!");
15                  to = LocalDateTime.now();    // 记录时间结束
16                  break;
17              }
18              System.out.println("猜错了请再答一次!");
19          }
20          Duration dura = Duration.between(from, to);
21          System.out.println("所花时间总天数 " + dura.toDays());
22          System.out.println("所花时间小时数 " + dura.toHours());
23          System.out.println("所花时间分钟数 " + dura.toMinutes());
24          System.out.println("所花时间总秒数 " + dura.toSeconds());
25          System.out.println("所花时间毫秒数 " + dura.toMillis());
26          System.out.println("所花时间奈秒数 " + dura.toNanos());
27      }
28  }
```

执行结果

```
D:\Java\ch11>java ch11_14
请猜0~99的数字 : 99
猜错了请再答一次!
请猜0~99的数字 : 88
猜错了请再答一次!
请猜0~99的数字 : 70
恭喜猜对了!!
所花时间总天数 0
所花时间小时数 0
所花时间分钟数 0
所花时间总秒数 19
所花时间毫秒数 19850
所花时间奈秒数 19850135400
```

程序实例 ch11_15.java：使用 Duration 类配合 Instant 产生时间戳重新设计 ch11_14.java，下面只列出与 ch11-14.java 不一样的地方。

```
3  public class ch11_15 {
4      public static void main(String[] args) {
5          Instant from, to;                    // 记录时间开始与结束
6          final int pwd = 70;                  // 密码数字
7          int num;                             // 存储所猜的数字
8          Scanner scanner = new Scanner(System.in);
9          from = Instant.now();                // 记录时间开始
10         for ( ; ; ) {                        // 这是无限循环
11             System.out.print("请猜0-99的数字：");
12             num = scanner.nextInt();         // 读取输入数字
13             if ( num == pwd ) {
14                 System.out.println("恭喜猜对了!!");
15                 to = Instant.now();          // 记录时间结束
16                 break;
17             }
18             System.out.println("猜错了请再答一次!");
19         }
```

执行结果　与 ch111_4.java 类似。

11-2-6　Period 类

它的本质和 Duration 类类似，可以通过 Period.between() 方法列出间隔时间，但是 Period 主要是以年月日列出一段时间，所以它只能接受 LocalDate 类对象的 of() 方法的返回值当参数。以后如果想要取得个别年月日信息可以使用下列方法。

```
int getYears()        // 获得年信息
int getMonths()       // 获得月信息
int getDays()         // 获得日信息
```

程序实例 ch11_16.java：获得两个日期戳的间距。

```
1  import java.time.*;
2  public class ch11_16 {
3      public static void main(String[] args) {
4          Period period = Period.between( LocalDate.of(2020, 5, 1),
5                                          LocalDate.of(2022, 6, 5));
6          System.out.println("年：" + period.getYears());
7          System.out.println("月：" + period.getMonths());
8          System.out.println("日：" + period.getDays());
9      }
10 }
```

执行结果

```
D:\Java\ch11>java ch11_16
年：2
月：1
日：4
```

程序实操题

1. 请重新设计 ch11_3.java，首先将第 5 行程序设置的密码数字改为随机数产生 0 ～ 99 的数字，当猜太大会提示猜小一点儿，当猜太小会提示猜大一点儿，最后列出所花时间。

2. 请使用 ch11_15.java 的概念重新设计上一个习题。

3. 请列出从 1990 年 1 月 1 日到 2020 年 8 月 10 日，总共经过了几年几月几日。

习题

一、判断题

1（X）. System.currentTimeMillis() 可以返回纳秒数。

2（X）. Date 类是 Java 8 后新增的日期与时间类。

3（O）. Instant 是时间戳类，可以使用 now() 返回瞬间时间点。

二、选择题

1（A）. 下列哪一个是 LocalDate 类的方法可以设置年月日信息？

    A. of()　　　　　　B. newTime()　　　　　C. LocalSetDate()　　　　D. LocalSetTime()

2（C）. 下列哪一个是 LocalTime 类的方法可以获得目前系统时间？

    A. getHour()　　　　B. of()　　　　　　　C. now()　　　　　　D. between()

3（D）. LocalDateTime 的最小时间单位是什么？

    A. 日　　　　　　　B. 秒　　　　　　　C. 毫秒　　　　　　D. 纳秒

4（A）. 下列哪一个类对象的 of() 返回值适合用在 Period 类对象当 between() 方法的参数？

    A. LocalDate　　　　B. LocalTime　　　　C. LocalDateTime　　　　D. Date

第 1 2 章

字符与字符串类

本章摘要

这一章将介绍在 Java 程序设计期间常碰上的字符与字符串有关的类，以及相关知识。

12-1　字符 Character 类

在 3-2-3 节介绍了字符（char）数据类型的相关知识，对于这些字符数据 Java 在 java.lang 下层有提供 Character 类，我们可以使用 Character 类内的方法，对字符数据执行更多操作。

方法	说明
static boolean isDigit(char ch)	是否是数字字符
static boolean isISOControl(char ch)	是否是 ISO 控制字符
static boolean isLetter(char ch)	是否是字母字符
static boolean isLetterOrDigit(char ch)	是否是数字或字母字符
static boolean isLowerCase(char ch)	是否是小写字母字符
static boolean isSpaceChar(char ch)	是否是 Unicode 的空格符
static boolean isUpperCase(char ch)	是否是大写字母字符
static char toLowerCase(char ch)	将字符转成小写
static char toUpperCase(char ch)	将字符转成大写
static int digit(char ch，int radix)	将字符转成指定基底（radix）的数值，如果不能转换则返回 –1
static char forDigit(int n，int radix)	返回数值 n 在基底数值的字符，如果数值不是基底数值的字符则返回空格符

Character 类属于基本数据类（Primitive Data Type Class）或称包装类（Wrapping class），第 18 章会对相关知识做更多说明。

程序实例 ch12_1.java：基本字符的判断。

```
1  public class ch12_1 {
2      public static void main(String[] args) {
3          char ch1 = 'A';
4          char ch2 = '5';
5          System.out.println("A 是大写字母 " + Character.isUpperCase(ch1));
6          System.out.println("A 是小写字母 " + Character.isLowerCase(ch1));
7          System.out.println("A 是字母字符 " + Character.isLetter(ch1));
8          System.out.println("A 是数字字符 " + Character.isDigit(ch1));
9          System.out.println("5 是数字字符 " + Character.isDigit(ch2));
10         System.out.println("5 是字母或数字 " + Character.isLetterOrDigit(ch2));
11         System.out.println("A 是字母或数字 " + Character.isLetterOrDigit(ch1));
12     }
13 }
```

执行结果

```
D:\Java\ch12>java ch12_1
A 是大写字母 true
A 是小写字母 false
A 是字母字符 true
A 是数字字符 false
5 是数字字符 true
5 是字母或数字 true
A 是字母或数字 true
```

程序实例 ch12_2.java：大小写字母的转换。

```
1  public class ch12_2 {
2      public static void main(String[] args) {
3          char ch1 = 'A';
4          char ch2 = 'b';
5          System.out.println("将 b 转成大写字母 " + Character.toUpperCase(ch2));
6          System.out.println("将 A 转成小写字母 " + Character.toLowerCase(ch1));
7      }
8  }
```

执行结果

```
D:\Java\ch12>java ch12_2
将 b 转成大写字母 B
将 A 转成小写字母 a
```

在 Java 程序设计中，中文字虽然不是大写字符或是小写字符，但是中文字属于字母字符（letter）。

程序实例 ch12_3.java：测试中文字"魁"属于哪一类的字符。

```
1  public class ch12_3 {
2      public static void main(String[] args) {
3          char ch = '魁';
4          System.out.println("魁 是大写字母 " + Character.isUpperCase(ch));
5          System.out.println("魁 是小写字母 " + Character.isLowerCase(ch));
6          System.out.println("魁 是字母字符 " + Character.isLetter(ch));
7          System.out.println("魁 是数字字符 " + Character.isDigit(ch));
8          System.out.println("魁 是字母或数字 " + Character.isLetterOrDigit(ch));
9      }
10 }
```

执行结果

```
D:\Java\ch12>java ch12_3
魁 是大写字母 false
魁 是小写字母 false
魁 是字母字符 true
魁 是数字字符 false
魁 是字母或数字 true
```

在 3-2-3 节介绍了字符 char 数据类型，在该节中的转义字符（Escape Character），例如，"\n" "\t" 等都算是控制字符，可以使用 isISOControl() 方法测试。

程序实例 ch12_4.java：使用 isISOControl() 测试一系列字符是否为控制字符。

```
1  public class ch12_4 {
2      public static void main(String[] args) {
3          char ch1 = '\n';
4          System.out.println("\\n 是控制字符" + Character.isISOControl(ch1));
5          ch1 = '\t';
6          System.out.println("\\t 是控制字符" + Character.isISOControl(ch1));
7          System.out.println("@  是控制字符" + Character.isISOControl('@'));
8          System.out.println("%  是控制字符" + Character.isISOControl('%'));
9      }
10 }
```

执行结果

```
D:\Java\ch12>java ch12_4
\n 是控制字符true
\t 是控制字符true
@  是控制字符false
%  是控制字符false
```

程序实例 ch12_5.java：digit() 方法的应用，返回某一字符在基底数字下所代表的数字，如果此字符不属于此基底的数字则返回 -1。在下列实例中，第 8 行的字符 'G' 不属于十六进制的数字所以返回 -1。

```
1  public class ch12_5 {
2      public static void main(String[] args) {
3          char ch = '1';
4          System.out.println("1 在十六进制中所代表的数值" + Character.digit(ch, 16));
5          System.out.println("9 在十六进制中所代表的数值" + Character.digit('9', 16));
6          System.out.println("A 在十六进制中所代表的数值" + Character.digit('A', 16));
7          System.out.println("F 在十六进制中所代表的数值" + Character.digit('F', 16));
8          System.out.println("G 在十六进制中所代表的数值" + Character.digit('G', 16));
9      }
10 }
```

执行结果

```
D:\Java\ch12>java ch12_5
1 在十六进制中所代表的数值1
9 在十六进制中所代表的数值9
A 在十六进制中所代表的数值10
F 在十六进制中所代表的数值15
G 在十六进制中所代表的数值-1
```

程序实例 ch12_6.java：forDigit() 方法的应用，这个程序会返回数值 n 在基底数值的字符，如果数值不是基底数值的字符则返回空格符，例如，第 7 行由于 16 不属于十六进制（0 ~ 15）系统的字符，所以返回空格符。

```
1  public class ch12_6 {
2      public static void main(String[] args) {
3          System.out.println("0 在十六进制中所代表的字符" + Character.forDigit(0, 16));
4          System.out.println("9 在十六进制中所代表的字符" + Character.forDigit(9, 16));
5          System.out.println("A 在十六进制中所代表的字符" + Character.forDigit(10, 16));
6          System.out.println("F 在十六进制中所代表的字符" + Character.forDigit(15, 16));
7          System.out.println("G 在十六进制中所代表的字符" + Character.forDigit(16, 16));
8      }
9  }
```

执行结果

```
D:\Java\ch12>java ch12_6
0 在十六进制中所代表的字符0
9 在十六进制中所代表的字符9
10在十六进制中所代表的字符a
15在十六进制中所代表的字符f
16在十六进制中所代表的字符
```

12-2　字符串的建立

在 3-3 节已经有简单介绍过字符串数据 String 类型了，字符串数据是指双引号之间任意个数字元符号的数据，当时也简短地说明可以使用 String 建立字符串变量，在接下来的章节将对字符串做完整的解说。

12-2-1　基本字符串类型声明

在 3-3 节中建立字符串所使用的是基本数据类型声明，语法如下：

```
String str = "字符串内容";                 // str 是字符串变量
```

经过上述声明后就可以使用字符串变量 str 的内容了，其实也可以将上述语法解释为，将 String 类当作数据类型，建立字符串变量或称字符串对象 str，同时建立了字符串内容。换句话说，当声明一个字符串变量时，相当于声明一个指到 String 对象的参照，最后产生一个 String 对象。12-2-2 节会介绍使用构造方法建立字符串对象的方式，其实读者可以将用基本字符串类型声明字符串变量，当作 Java 对 String 类的支持。

12-2-2　使用构造方法建立字符串对象

在 Java 语言中 String 也是一个类，也是在 java.lang 下层，可以使用建立类对象方式建立 String 字符串对象，然后再加以应用此字符串对象的内容。

构造方法	说明
String()	建立一个空字符串
String(char[ ] str)	建立 str 字符数组的字符串
String(char[ ] str, int index, int count)	建立 str 字符数组第 index 索引开始长度是 count 的字符串
String(String str)	建立 str 参数为内容的字符串对象副本
String(StringBuffer buffer)	建立 StringBuffer 对象为内容的字符串对象
String(StringBuilder builder)	建立 StringBuilder 对象为内容的字符串对象

程序实例 ch12_7.java：建立字符串对象再输出，同时使用中文字符串和英文字符串，读者可以进行比较。

```java
1  public class ch12_7 {
2      public static void main(String[] args) {
3          char[] ch1 = {'明', '志', '科', '技', '大', '学'};
4          char[] ch2 = {'M', 'I', 'N', 'G', '-', 'C', 'H', 'I'};
5          String str1 = new String();              // 建立空字符串
6          String str2 = new String(ch1);           // 建立中文内容字符串
7          String str3 = new String(ch2);           // 建立英文内容字符串
8          String str4 = new String(ch1, 2, 4);     // 建立索引2开始的中文字符串长度是4
9          String str5 = new String(ch2, 2, 4);     // 建立索引2开始的英文字符串长度是4
10         System.out.println("str1 = " + str1);
11         System.out.println("str2 = " + str2);
12         System.out.println("str3 = " + str3);
13         System.out.println("str4 = " + str4);
14         System.out.println("str5 = " + str5);
15     }
16 }
```

执行结果
```
D:\Java\ch12>java ch12_7
str1 =
str2 = 明志科技大学
str3 = MING-CHI
str4 = 科技大学
str5 = NG-C
```

对上述程序而言，第 5 行是建立字符串内容为 0 个字符的字符串，第 6 行则是针对第 3 行的字符数组 ch1 建立字符串内容，第 7 行是针对第 4 行的字符数组 ch2 建立字符串内容，第 8 行则是针对第 3 行的字符数组 ch1 从索引 2 开始建立字符串长度是 4 的字符串内容，第 9 行则是针对 4 行的字符数组 ch2 从索引 2 开始建立字符串长度是 4 的字符串内容。

程序实例 ch12_8.java：认识参照与副本的差异。

```
1 public class ch12_8 {
2    public static void main(String[] args) {
3        char[] ch1 = {'明', '志', '科', '技', '大', '学'};
4        String str1 = new String();               // 建立空字符串
5        String str2 = new String(ch1);            // 建立中文内容字符串
6        String str3 = new String(str2);           // 建立str2字符串副本
7        str1 = str2;                              // 相同参照
8        System.out.println("str1 = " + str1);
9        System.out.println("str2 = " + str2);
10       System.out.println("str3 = " + str3);
11       System.out.println("str1 = str2 " + (str1 == str2));    // 参照比较
12       System.out.println("str3 = str2 " + (str3 == str2));    // 副本比较
13   }
14 }
```

执行结果

```
D:\Java\ch12>java ch12_8
str1 = 明志科技大学
str2 = 明志科技大学
str3 = 明志科技大学
str1 = str2 true
str3 = str2 false
```

上述执行完第 6 行的副本设置后，相当于在内存内另外有一份相同内容的拷贝，此 str3 参照将指向此新的复制地址。当执行完第 7 行的"str1=str2"，这是相同参照概念，相当于 str1 参照也指向 str2，此时内存图示如下所示。

所有内存地址都是假设值

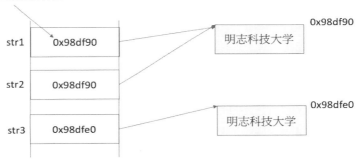

所以第 8、9、10 行都可以输出字符串"明志科技大学"。对于第 11 和 12 行的"=="而言，必须是字符串对象参照相同才算相同，所以第 11 行输出的结果是 true，第 12 行输出结果是 false。如果要比照字符串内容相同就算相同，12-3-8 节会介绍字符串对象的 equals() 方法。

12-2-3　再看 String 类的参照

从 12-2-1 节可以了解，Java 有支持使用基本字符串类型声明字符串变量，这相当于建立一个字符串对象，接着将用实例说明用这种方式相关参照的意义。

程序实例 ch12_9.java：使用基本字符串类型声明字符串变量，然后了解参照的意义。

```
1 public class ch12_9 {
2    public static void main(String[] args) {
3        String str1 = "明志科技大学";
4        String str2 = "明志科技大学";
5        String str3 = new String("明志科技大学");              // 副本
6        System.out.println("str1 = " + str1);
7        System.out.println("str2 = " + str2);
8        System.out.println("str3 = " + str3);
9        System.out.println("str1 = str2 " + (str1 == str2));   // 参照比较
10       System.out.println("str1 = str3 " + (str1 == str3));   // 参照比较
11       System.out.println("str2 = str3 " + (str2 == str3));   // 参照比较
12   }
13 }
```

执行结果

```
D:\Java\ch12>java ch12_9
str1 = 明志科技大学
str2 = 明志科技大学
str3 = 明志科技大学
str1 = str2 true
str1 = str3 false
str2 = str3 false
```

其实对上述第 3 ～ 5 行而言，声明字符串对象后内存内容如下。

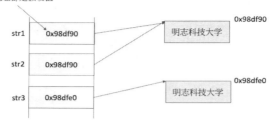

所以当在第 6 ～ 8 行输出字符串时，所有内容都是"明志科技大学"，但是输出参照比较时，第 9 行"str1 == str2"可以得到 true，因为参照是指向相同地址。至于第 10 行的"str1 == str3"和第 11 行的"str2 == str3"，因为参照是指向不同的内存地址所以得到 false。

其实在 Java 中以双引号包含的文字，编译程序会建立 String 对象来代表该文字，可以用 12-3 节的字符串方法 toLowerCase() 方法做测试，这个方法的功能是将字符串对象内容全部改为小写。

程序实例 ch12_9_1.java：验证双引号包含的文字是对象，测试方式可参考第 3 行，只有当双引号的字符串是对象时，这个程序才可以正常工作。

```
1 public class ch12_9_1 {
2     public static void main(String[] args) {
3         System.out.println("Hello! Java".toLowerCase());
4     }
5 }
```

执行结果

```
D:\Java\ch12>java ch12_9_1
hello! java
```

12-2-4 String 对象内存内容无法更改

String 类产生一个字符串对象后，此字符串对象所参照地址的内容是无法更改的，如果更改字符串内容 Java 会用含新内容的地址回传给此字符串对象。

程序实例 ch12_10.java：说明 Java 如何处理更改字符串内容的机制。

```
1 public class ch12_10 {
2     public static void main(String[] args) {
3         char[] ch = {'明', '志', '科', '技', '大', '学'};
4         String str = new String(ch);              // 建立中文内容字符串
5         System.out.println("str = " + str);
6         str = "MINGCHI University of Technology";  // 更改字符串内容
7         System.out.println("str = " + str);
8     }
9 }
```

执行结果

```
D:\Java\ch12>java ch12_10
str = 明志科技大学
str = MINGCHI University of Technology
```

上述程序执行完第 4 行后内存内容如下所示。

当执行完第 6 行后内存内容如下所示。

所有内存地址都是假设值

str　0x98dfe0 →

明志科技大学　0x98df90

MINGCHI University of Techlogy　0x98dfe0

至于原先参照 0x98df90 内存内容，当没有被参照后，Java 的垃圾回收机制会在适时将这个垃圾收集。

12-3　String 类的方法

String 类内含有许多处理字符串的方法，下面将列出最常用的一些方法，请读者记住当返回字符串时，所返回的是副本，原先内存的字符串内容将不被更改，接下来将依功能分别解说。

12-3-1　字符串长度相关的方法

方法	说明
int length()	可以返回字符串长度
Boolean isEmpty()	当 length() 为 0 时返回 true

程序实例 ch12_11.java：返回字符串长度，并判断是否为空字符串。

```
1  public class ch12_11 {
2      public static void main(String[] args) {
3          char[] ch1 = {'明', '志', '科', '技', '大', '学'};
4          char[] ch2 = {'M', 'I', 'N', 'G', '-', 'C', 'H', 'I'};
5          String str1 = new String(ch1);      // 建立中文内容字符串
6          String str2 = new String(ch2);      // 建立英文内容字符串
7          String str3 = new String();         // 建立空字符串
8          System.out.println("str1字符串内容 =" + str1);
9          System.out.println("str1字符串长度 =" + str1.length());
10         System.out.println("str1是空字符串 =" + str1.isEmpty());
11         System.out.println("str2字符串内容 =" + str2);
12         System.out.println("str2字符串长度 =" + str2.length());
13         System.out.println("str2是空字符串 =" + str2.isEmpty());
14         System.out.println("str3字符串内容 =" + str3);
15         System.out.println("str3字符串长度 =" + str3.length());
16         System.out.println("str3是空字符串 =" + str3.isEmpty());
17     }
18 }
```

执行结果

```
D:\Java\ch12>java ch12_11
str1字符串内容 = 明志科技大学
str1字符串长度 = 6
str1是空字符串 = false
str2字符串内容 = MING-CHI
str2字符串长度 = 8
str2是空字符串 = false
str3字符串内容 =
str3字符串长度 = 0
str3是空字符串 = true
```

12-3-2　大小写转换

方法	说明
String toLowerCase()	可以将字符串的英文字母转为小写
String toUpperCase()	可以将字符串的英文字母转为大写

程序实例 ch12_12.java：将字符串转为小写和大写。

```
1  public class ch12_12 {
2      public static void main(String[] args) {
3          String str1 = "Ming-Chi Institute of Technology";
4          String str2 = "Ming-Chi University of Technology";
5          System.out.println("str1转换小写前 =" + str1);
6          System.out.println("str1转换小写后 =" + str1.toLowerCase());
7          System.out.println("str2转换大写前 =" + str2);
8          System.out.println("str2转换大写后 =" + str2.toUpperCase());
9      }
10 }
```

执行结果

```
D:\Java\ch12>java ch12_12
str1转换小写前 = Ming-Chi Institute of Technology
str1转换小写后 = ming-chi institute of technology
str2转换大写前 = Ming-Chi University of Technology
str2转换大写后 = MING-CHI UNIVERSITY OF TECHNOLOGY
```

12-3-3　字符的查找

这一节所介绍的方法与下一节所介绍的方法是一样的，但是这一节所用的查找参数是字符（char），下一节所用的查找参数是字符串（String）。另外，读者需谨记索引位置是从 0 开始计数。

方法	说明
int indexOf(int ch)	返回字符串第一次出现 ch 字符的索引位置
int indexOf(int ch，int index)	返回字符串从 index 起第一次出现 ch 字符的索引位置
int lastIndexOf(int ch)	返回字符串最后一次出现 ch 字符的索引位置
int lastIndexOf(int ch，int index)	返回字符串从 index 起最后一次出现 ch 字符的索引位置，相当于反向第一次出现索引位置

如果找不到指定的 ch 字符，则返回 -1。

程序实例 ch12_13.java：字符查找的应用。

```
 1  public class ch12_13 {
 2      public static void main(String[] args) {
 3          String str = "Ming-Chi Institute of Technology";
 4          System.out.println("i字符最先出现位置 = " + str.indexOf('i'));
 5          System.out.println("i字符最后出现位置 = " + str.lastIndexOf('i'));
 6          System.out.println("i字符在index=5起最先出现位置 = " + str.indexOf('i', 5));
 7          System.out.println("i字符在index=5起最后出现位置 = " + str.lastIndexOf('i', 5));
 8          System.out.println("i字符在index=7起最先出现位置 = " + str.indexOf('i', 7));
 9          System.out.println("i字符在index=7起最后出现位置 = " + str.lastIndexOf('i', 7));
10          System.out.println("k字符最先出现位置 = " + str.indexOf('k'));
11          System.out.println("z字符最后出现位置 = " + str.lastIndexOf('z'));
12      }
13  }
```

执行结果

```
D:\Java\ch12>java ch12_13
i字符最先出现位置 = 1
i字符最后出现位置 = 13
i字符在index=5起最先出现位置 = 1
i字符在index=5起最后出现位置 = 1
i字符在index=7起最先出现位置 = 7
i字符在index=7起最后出现位置 = 7
k字符最先出现位置 = -1
z字符最后出现位置 = -1
```

上述由于字符串对象 str 内容没有 k 和 z 字符，所以最后第 10 和 11 行的返回值是 -1。

12-3-4　子字符串的查找

方法	说明
int indexOf(String str)	返回字符串第一次出现 str 子字符串的索引位置
int indexOf(String str，int index)	返回字符串从 index 起第一次出现 str 子字符串的索引位置
int lastIndexOf(String str)	返回字符串最后一次出现 str 子字符串的索引位置
int lastIndexOf(String str，int index)	返回字符串从 index 起最后一次出现 str 子字符串的索引位置，相当于反向第一次出现索引位置

如果找不到指定的 str 子字符串，则返回 -1。

程序实例 ch12_14.java：子字符串查找的应用。

```
 1  public class ch12_14 {
 2      public static void main(String[] args) {
 3          String str = "神鵰侠侣是杨过与小龙女的故事我最喜欢小龙女在古墓的日子";
 4          String s = "小龙女";
 5          System.out.println("小龙女最先出现位置 = " + str.indexOf(s));
 6          System.out.println("小龙女最后出现位置 = " + str.lastIndexOf(s));
 7          System.out.println("小龙女在index=15起最先出现位置 = " + str.indexOf(s, 15));
 8          System.out.println("小龙女在index=15起最后出现位置 = " + str.lastIndexOf(s, 15));
 9          System.out.println("郭襄最先出现位置 = " + str.indexOf("郭襄"));
10      }
11  }
```

执行结果

```
D:\Java\ch12>java ch12_14
小龙女最先出现位置 = 8
小龙女最后出现位置 = 18
小龙女在index=15起最先出现位置 = 18
小龙女在index=15起最后出现位置 = 8
郭襄最先出现位置 = -1
```

此外，另一个常见的子字符串查找方法如下。

方法	说明
boolean contains(CharSequence s)	如果字符串含 s 返回 true 否则返回 false

其实 CharSequence 是一个接口，在第 17 章会介绍接口这方面更完整的知识，目前读者只要了解 "CharSequence s" 参数可以是 String 对象、StringBuffer 对象或是 StringBuilder 对象即可，在此读者可以简单地将此参数想成是字符串对象。

程序实例 ch12_14_1.java：这是一个测试 contains() 方法的程序。

```
1  public class ch12_14_1 {
2      public static void main(String[] args) {
3          String str = "明志科技大学";
4          CharSequence cs = "明志";
5          System.out.println("str含cs字符串：" + str.contains(cs));
6          System.out.println("str含- 字符串：" + str.contains("-"));
7      }
8  }
```

执行结果

```
D:\Java\ch12>java ch12_14_1
str含cs字符串 : true
str含- 字符串 : false
```

12-3-5 截取字符串的子字符串或字符

方法	说明
char charAt(int index)	返回指定索引的 char 字符
String substring(int beginIndex)	返回指定索引 beginIndex 起的新子字符串
String substring(int beginIndex，int endIndex)	返回指定索引 beginIndex 至 endIndex-1 的新子字符串
void getChars(int srcBegin，int srcEnd，char[ ] dst，int dstBegin)	将字符串从 srcBegin 开始至 srcEnd-1 结束字符串复制至 dst 目标数组 dstBegin 位置开始
char[ ] toCharArray()	这是复制一份字符串到字符数组

程序实例 ch12_15.java：截取字符串的子字符串或字符的应用。

```
1  public class ch12_15 {
2      public static void main(String[] args) {
3          String str = "神雕侠侣是杨过与小龙女的故事";
4          System.out.println("索引2的字符 =" + str.charAt(2));
5          System.out.println("索引5新字符串 =" + str.substring(5));
6          System.out.println("索引5-11新字符串 =" + str.substring(5, 11));
7          char[] ch = str.toCharArray();        // 将字符串对象str转成字符数组ch
8          System.out.println(ch);               // 打印字符数组内容
9          System.out.println("打印部分字符数组内容 =" + ch[0] + ch[1] + ch[2] + ch[3]);
10     }
11 }
```

执行结果

```
D:\Java\ch12>java ch12_15
索引2的字符 = 侠
索引5新字符串 = 杨过与小龙女的故事
索引5-11新字符串 = 杨过与小龙女
神雕侠侣是杨过与小龙女的故事
打印部分字符数组内容 = 神雕侠侣
```

上述程序执行完第 3 行后 str 字符串对象内容如下。

上述程序第 4 行将可以得到下面字符。

上述程序第 5 行将可以得到下面字符串。

上述程序第 6 行将可以得到下列字符串。

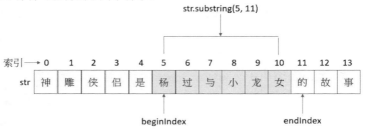

程序实例 ch12_16.java：getChars() 方法的应用。

```
1  public class ch12_16 {
2      public static void main(String[] args) {
3          String str = "神雕侠侣是杨过与小龙女的故事";
4          char[] ch = new char[15];
5          str.getChars(5, 11, ch, 0);
6          System.out.println(ch);
7      }
8  }
```

执行结果
```
D:\Java\ch12>java ch12_16
杨过与小龙女
```

12-3-6　字符串的替换

方法	说明
String replace(char oldChar，char newChar)	用 newChar 新字符替换 oldChar 旧字符
String replace(CharSequence target，CharSequence replacement)	将所有 targe 字符串用 replacement 字符串替换
String trim()	删除开头和结尾的空格符，包含制表符 \t 或换行字符 \n 等

程序实例 ch12_17.java：字符串内容替换的应用，这个程序首先会将第 3 行的 str1 字符串内所有的 j 字符用 i 字符替换，可参考第 6 行的替换方式，替换结果会返回给 str4 字符串。然后会将第 4 行的 str2 字符串内所有的 Institute 字符串用 University 字符串替换，可参考第 7 行的替换方式，替换结果会返回给 str5 字符串。然后会将第 5 行的 str3 字符串内所有的"郭襄"字符串用"小龙女"字符串替换，可参考第 8 行的替换方式，替换结果会返回给 str6 字符串。

```
1  public class ch12_17 {
2      public static void main(String[] args) {
3          String str1 = "Mjng-Chj Institute of Technology";
4          String str2 = "Ming-Chi Institute of Technology";
5          String str3 = "神雕侠侣是杨过与郭襄的故事";
6          String str4 = str1.replace('j', 'i');                     // 字符替换
7          String str5 = str2.replace("Institute", "University");    // 字符串替换
8          String str6 = str3.replace("郭襄", "小龙女");               // 中文字符串替换
9          System.out.println("str4 = " + str4);
10         System.out.println("str5 = " + str5);
11         System.out.println("str6 = " + str6);
12     }
13 }
```

执行结果
```
D:\Java\ch12>java ch12_17
str4 = Ming-Chi Institute of Technology
str5 = Ming-Chi University of Technology
str6 = 神雕侠侣是杨过与小龙女的故事
```

程序实例 ch12_18.java：删除字符串前方与后方空格的应用。在这个程序中特别将 str1 和 str2 字符串前后加上空白，读者可以比较删除结果。另外，在这个程序中也测试了删除制表符 \t 和换行字符 \n。

```
 1  public class ch12_18 {
 2      public static void main(String[] args) {
 3          String str1 = " Ming-Chi Institute of Technology ";
 4          String str2 = " 神雕侠侣是杨过与郭襄的故事 ";
 5          String str3 = "\t大侠杨过\n";
 6          System.out.printf("使用trim前str1=/%s/\n", str1);
 7          String str4 = str1.trim();
 8          System.out.printf("使用trim后str4=/%s/\n", str4);
 9          System.out.printf("使用trim前str2=/%s/\n", str2);
10          String str5 = str2.trim();
11          System.out.printf("使用trim后str5=/%s/\n", str5);
12          System.out.printf("使用trim前str3=/%s/\n", str3);
13          String str6 = str3.trim();
14          System.out.printf("使用trim后str6=/%s/\n", str6);
15      }
16  }
```

执行结果

```
D:\Java\ch12>java ch12_18
使用trim前str1=/ Ming-Chi Institute of Technology /
使用trim后str4=/Ming-Chi Institute of Technology/
使用trim前str2=/ 神雕侠侣是杨过与郭襄的故事 /
使用trim后str5=/神雕侠侣是杨过与郭襄的故事/
使用trim前str3=/        大侠杨过
/
使用trim后str6=/大侠杨过/
```

12-3-7　字符串的连接

方法	说明
String concat(String str)	这是字符串的连接方法

另外，Java 也可以用 "+" 当作字符串的连接符号。

程序实例 ch12_19.java：字符串的连接应用。

```
 1  public class ch12_19 {
 2      public static void main(String[] args) {
 3          String str1 = "神雕";
 4          String str2 = "侠侣";
 5          String str3 = str1.concat(str2);
 6          String str4 = str1 + str2;
 7          System.out.println("str3 = " + str3);
 8          System.out.println("str4 = " + str4);
 9      }
10  }
```

执行结果

```
D:\Java\ch12>java ch12_19
str3 = 神雕侠侣
str4 = 神雕侠侣
```

12-3-8　字符串的比较

方法	说明
int compareTo(String anotherString)	比较字符串内容，如果返回 0 则表示相同，如果返回 >0 则表示字符串字符顺序较大，如果返回 <0 则表示字符顺序较小
int compareToIgnoreCase(String anotherString)	与上一方法相同，但是忽略字符大小写
boolean equals(Object anObject)	将字符串内容与对象做比较，若是相同则返回 true，否则返回 false
boolean equalsIgnoreCase(String anotherString)	将两个字符串内容做比较，比较时忽略大小写
boolean endsWith(String suffix)	检查字符串是否以 suffix 字符串当后缀
boolean startsWith(String prefix)	检查字符串是否以 prefix 字符串当前缀
boolean startsWith(String prefix, int index)	检查字符串在 index 索引处是否以 prefix 字符串当前缀

上述 boolean 值方法如果是真，则返回 true，否则返回 false。

程序实例 ch12_20.java：使用 equals() 方法重新设计 ch12_8.java，本程序主要是将原先使用 "=="改为 equals() 方法做比较。

```
1  public class ch12_20 {
2      public static void main(String[] args) {
3          char[] ch1 = {'明', '志', '科', '技', '大', '学'};
4          String str1 = new String();              // 建立空字符串
5          String str2 = new String(ch1);           // 建立中文内容字符串
6          String str3 = new String(str2);          // 建立str2字符串副本
7          str1 = str2;                             // 相同参照
8          System.out.println("str1 = " + str1);
9          System.out.println("str2 = " + str2);
10         System.out.println("str3 = " + str3);
11         System.out.println("str1 = str2 " + str1.equals(str2)); // 字符串内容比较
12         System.out.println("str3 = str2 " + str3.equals(str2)); // 字符串内容比较
13     }
14 }
```

执行结果

```
D:\Java\ch12>java ch12_20
str1 = 明志科技大学
str2 = 明志科技大学
str3 = 明志科技大学
str1 = str2 true
str3 = str2 true
```

程序实例 ch12_21.java：使用 equals() 方法重新设计 ch12_9.java，本程序主要是将原先使用 "=="改为 equals() 方法做比较。

```
1  public class ch12_21 {
2      public static void main(String[] args) {
3          String str1 = "明志科技大学";
4          String str2 = "明志科技大学";
5          String str3 = new String("明志科技大学");       // 副本
6          System.out.println("str1 = " + str1);
7          System.out.println("str2 = " + str2);
8          System.out.println("str3 = " + str3);
9          System.out.println("str1 = str2 " + str1.equals(str2)); // 字符串内容比较
10         System.out.println("str1 = str3 " + str1.equals(str3)); // 字符串内容比较
11         System.out.println("str2 = str3 " + str2.equals(str3)); // 字符串内容比较
12     }
13 }
```

执行结果

```
D:\Java\ch12>java ch12_21
str1 = 明志科技大学
str2 = 明志科技大学
str3 = 明志科技大学
str1 = str2 true
str1 = str3 true
str2 = str3 true
```

程序实例 ch12_22.java：字符串内容比较的应用。这个程序会分别使用需考虑大小写的 compareTo() 和不需考虑大小写的 compareToIgnoreCase() 做比较。

```
1  public class ch12_22 {
2      public static void main(String[] args) {
3          String str1 = "A123456789";
4          String str2 = "a123456789";
5          int result1 = str1.compareTo(str2);
6          if (result1 == 0)
7              System.out.println("考虑大小写 str1 == str2是true");
8          else
9              System.out.println("考虑大小写 str1 == str2是false");
10         int result2 = str1.compareToIgnoreCase(str2);
11         if (result2 == 0)
12             System.out.println("不考虑大小写str1 == str2是true");
13         else
14             System.out.println("不考虑大小写str1 == str2是false");
15     }
16 }
```

执行结果

```
D:\Java\ch12>java ch12_22
考虑大小写  str1 == str2是false
不考虑大小写str1 == str2是true
```

程序实例 ch12_23.java：startsWith() 和 endsWith() 方法的应用。

```
1  public class ch12_23 {
2      public static void main(String[] args) {
3          String str1 = "Ming-Chi Institute of Technology";
4          System.out.println("前缀词是Ming-Chi    : " + str1.startsWith("Ming-Chi"));
5          System.out.println("前缀词是MING-CHI    : " + str1.startsWith("MING-CHI"));
6          System.out.println("后缀词是Technology  : " + str1.endsWith("Technology"));
7          System.out.println("后缀词是TECHNOLOGY  : " + str1.endsWith("TECHNOLOGY"));
8          System.out.println("Index 9是Institute : " + str1.startsWith("Institute", 9));
9          System.out.println("Index 9是INSTITUTE : " + str1.startsWith("INSTITUTE", 9));
10     }
11 }
```

执行结果

```
D:\Java\ch12>java ch12_23
前缀词是Ming-Chi   : true
前缀词是MING-CHI   : false
后缀词是Technology : true
后缀词是TECHNOLOGY : false
Index 9是Institute : true
Index 9是INSTITUTE : false
```

12-3-9　字符串的转换

方法	说明
static String copyValueOf(char[ ] data)	将 data 字符数组转成字符串
static String copyValueOf(char[ ] data，int index，int count)	将 data 字符数组从 index 索引开始长度是 count 的字符转成字符串
static String valueOf(boolean b)	将 boolean 值转成字符串
static String valueOf(char c)	将字符转成字符串
static String valueOf(char[] data)	将 data 字符数组转成字符串
static String valueOf(char[] data, int index，int count)	将 data 字符数组从 index 索引开始长度是 count 的字符转成字符串
static String valueOf(double d)	将 double 值转成字符串
static String valueOf(float f)	将 float 值转成字符串
static String valueOf(int i)	将 int 值转成字符串
static String valueOf(long l)	将 long 值转成字符串

程序实例 ch12_24.java：将字符数组转成字符串的应用。

```java
1  public class ch12_24 {
2      public static void main(String[] args) {
3          char[] ch = {'明', '志', '科', '技', '大', '学'};
4
5          System.out.println(String.copyValueOf(ch));
6          System.out.println(String.copyValueOf(ch, 2, 4));
7          System.out.println(String.valueOf(ch));
8          System.out.println(String.valueOf(ch, 2, 4));
9      }
10 }
```

执行结果

```
D:\Java\ch12>java ch12_24
明志科技大学
科技大学
明志科技大学
科技大学
```

程序实例 ch12_25.java：分别将字符、整数、长整数、浮点数、双倍精度浮点数、布尔值转成字符串的应用，为了让读者了解这些数据类型已经转为字符串，程序第 15 行特别用字符串 %s 格式化输出转换结果，同时程序第 16 行则用"+"符号将字符串做连接然后在第 17 行输出。

```java
1  public class ch12_25 {
2      public static void main(String[] args) {
3          char c = 'A';
4          String str1 = String.valueOf(c);      // 字符转字符串
5          int i = 55;
6          String str2 = String.valueOf(i);      // 整数转字符串
7          long l = 66L;
8          String str3 = String.valueOf(l);      // 长整数转字符串
9          float f = 5.5f;
10         String str4 = String.valueOf(f);      // 浮点数转字符串
11         double d = 6.6;
12         String str5 = String.valueOf(d);      // 双倍精度浮点数转字符串
13         boolean b = true;
14         String str6 = String.valueOf(b);      // 布尔值转字符串
15         System.out.printf("%s%s%s%s%s%s\n",str1,str2,str3,str4,str5,str6);
16         String str = str1+str2+str3+str4+str5+str6;      // 字符串的连接
17         System.out.println(str);
18     }
19 }
```

执行结果

```
D:\Java\ch12>java ch12_25
A55665.56.6true
A55665.56.6true
```

12-3-10　字符串的 split() 方法

这个方法可以将英文字符串依据参数分割成字符串数组，最常用的参数是转义字符"\s"，此时可以分割整段句子，然后可以计算出此句子含有多少字。

程序实例 ch12_25_1.java：使用 split() 方法将英文句子拆成字符串数组。

```
1  public class ch12_25_1 {
2      public static void main(String[] args) {
3          String str = "I love Java.";
4          String[] words = str.split("\\s");   // 使用空白分割成字符串words数组
5          System.out.printf("str句子有 %d 个字\n", words.length);
6          for (String w:words) {
7              System.out.println(w);
8          }
9      }
10 }
```

执行结果

```
D:\Java\ch12>java ch12_25_1
str句子有 3 个字
I
love
Java.
```

12-4 StringBuffer 类

StringBuffer 类一般中文又称为字符串缓冲区类，它与 String 类一样均是在 java.lang 下层，StringBuffer 类与 String 类虽然同样是用于处理字符串。它们之间的差别在于 String 类的对象无法更改内容，例如，增加字符串长度、缩小字符串长度或更改内容，所以使用 String 类时不会碰上 Java 编译程序需处理重新分配内存空间的问题。做 Java 程序设计时若是碰上需要更改字符串内容时，可以用 StringBuffer 类对象取代，这个类在建立对象时不会限定长度，程序设计时如果碰上需要增加字符串长度、缩小字符串长度或更改内容，Java 编译程序会在同一个内存内处理，同时不会建立新对象放置修改后的内容。

既然 StringBuffer 类的字符串对象可以更改字符串内容，当然 Java 有提供一系列相关的方法，下面将分小节说明。

12-4-1 建立 StringBuffer 类对象

下面是建立 StringBuffer 类对象有关的构造方法。

构造方法	说明
StringBuffer()	建立默认长度是 16 个字符的空字符串缓冲区对象
StringBuffer(int capacity)	建立指定长度的空字符串缓冲区对象，Java 会额外配置 16 个字符空间，可参考 ch12_27.java
StringBuffer(String str)	建立字符串缓冲区对象
StringBuffer(CharSequence seq)	建立 CharSequence 内容的字符串缓冲区对象

程序实例 ch12_26.java：建立 StringBuffer 对象的应用。

```
1  public class ch12_26 {
2      public static void main(String[] args) {
3          String str1 = "明志科技大学";
4          StringBuffer bstr1 = new StringBuffer(str1);
5          System.out.println(bstr1);
6          StringBuffer bstr2 = new StringBuffer("明志科技大学");
7          System.out.println(bstr2);
8          CharSequence str2 = "台湾科技大学";
9          StringBuffer bstr3 = new StringBuffer(str2);
10         System.out.println(bstr3);
11     }
12 }
```

执行结果

```
D:\Java\ch12>java ch12_26
明志科技大学
明志科技大学
台湾科技大学
```

12-4-2　处理字符串缓冲区长度和容量

方法	说明
int capacity()	返回字符串缓冲区容量
int ensureCapacity(int minimumCapacity)	配置字符串缓冲区最小容量，如果参数大于目前容量最后容量是旧容量乘 2 再加 2。如果小于旧容量则不更改
int length()	返回字符串缓冲区对象长度
int setLength(int newLength)	设置字符串缓冲区对象长度

程序实例 ch12_27.java：认识字符串缓冲区对象长度与容量，第 5 ～ 7 行是输出设置好字符串缓冲区对象后，直接输出此对象内容、长度和容量。第 10 ～ 13 行则是更改容量，读者可以体会容量修改结果。第 16 ～ 23 行则是更改长度，读者可以体会长度修改结果。

```
1  public class ch12_27 {
2      public static void main(String[] args) {
3          String str = "明志科技大学";
4          StringBuffer bstr = new StringBuffer(str);
5          System.out.println("字符串缓冲区对象内容　：" + bstr);
6          System.out.println("字符串缓冲区对象长度　：" + bstr.length());
7          System.out.println("字符串缓冲区对象容量　：" + bstr.capacity());
8  // 以下更改字符串缓冲区容量
9          System.out.println("以下重点是更改字符串缓冲区容量");
10         bstr.ensureCapacity(10);        // 小于旧容量原容量不更改
11         System.out.println("新字符串缓冲区对象容量：" + bstr.capacity());
12         bstr.ensureCapacity(30);        // 大于旧容量原容量乘2再加2
13         System.out.println("新字符串缓冲区对象容量：" + bstr.capacity());
14 // 以下更改字符串缓冲区对象长度
15         System.out.println("以下重点是更改字符串缓冲区对象长度");
16         bstr.setLength(8);              // 将字符串缓冲区对象长度改为8
17         System.out.println("新字符串缓冲区对象内容：" + bstr);
18         System.out.println("新字符串缓冲区对象长度：" + bstr.length());
19         System.out.println("新字符串缓冲区对象容量：" + bstr.capacity());
20         bstr.setLength(4);              // 将字符串缓冲区对象长度改为4
21         System.out.println("新字符串缓冲区对象内容：" + bstr);
22         System.out.println("新字符串缓冲区对象长度：" + bstr.length());
23         System.out.println("新字符串缓冲区对象容量：" + bstr.capacity());
24     }
25 }
```

执行结果

```
D:\Java\ch12>java ch12_27
字符串缓冲区对象内容　：明志科技大学
字符串缓冲区对象长度　：6
字符串缓冲区对象容量　：22
以下重点是更改字符串缓冲区容量
新字符串缓冲区对象容量：22
新字符串缓冲区对象容量：46
以下重点是更改字符串缓冲区对象长度
新字符串缓冲区对象内容：明志科技大学
新字符串缓冲区对象长度：8
新字符串缓冲区对象容量：46
新字符串缓冲区对象内容：明志科技
新字符串缓冲区对象长度：4
新字符串缓冲区对象容量：46
```

12-4-3　字符串缓冲区内容修改的方法

方法	说明
StringBuffer append(type data)	type 可以是整数、长整数、浮点数、双倍精度浮点数、字符、字符数组字符串等，然后将这些数据加在原对象后方
StringBuffer append(char[ ] str, int index, int len)	将字符数组 index 位置 len 长度加在原对象后方
StringBuffer insert(int index，type data)	type 可以是整数、长整数、浮点数、双倍精度浮点数、字符、字符数组字符串等，然后将这些数据加在原对象指定 index 位置
StringBuffer insert(int index，char[ ] str，int offset，int len)	将字符数组 offset 位置 len 长度加在原对象 index 位置
StringBuffer delete(int start，int end)	删除指定字符串区间内容，start 索引包含，end 索引不包含
StringBuffer deleteCharAt(index)	删除指定 index 位置字符串内容
StringBuffer reverse()	将字符串缓冲区内容顺序反转

程序实例 ch12_28.java：append()、insert()、delete()、deleteCharAt() 方法的应用。

```
1  public class ch12_28 {
2      public static void main(String[] args) {
3          String str = "Java";
4          char[] ch1 = {'入', '门', '迈', '向', '高', '手', '之', '路'};
5          char[] ch2 = {'王', '者', '归', '来'};
6          StringBuffer bstr = new StringBuffer(str);
7          System.out.println("bstr : " + bstr);
8          bstr.append('X');           // 后面插入"X"
9          System.out.println("bstr : " + bstr);
10         bstr.append(ch2);           // 后面插入"王者归来"
11         System.out.println("bstr : " + bstr);
12 // insert()方法的应用
13         bstr.insert(5, ch1);        // 索引5插入"入门迈向高手之路"
14         System.out.println("bstr : " + bstr);
15 // deleteCharAt()方法的应用
16         bstr.deleteCharAt(14);      // 删除"者"
17         System.out.println("bstr : " + bstr);
18 // delete()方法的应用
19         bstr.delete(14, 16);        // 删除"归来"
20         System.out.println("bstr : " + bstr);
21 // 再看append()方法
22         bstr.append(ch2, 1, 3);     // 增加"者归来"
23         System.out.println("bstr : " + bstr);
24     }
25 }
```

执行结果

```
D:\Java\ch12>java ch12_28
bstr : Java
bstr : JavaX
bstr : JavaX王者归来
bstr : JavaX入门迈向高手之路王者归来
bstr : JavaX入门迈向高手之路王归来
bstr : JavaX入门迈向高手之路王
bstr : JavaX入门迈向高手之路王者归来
```

程序实例 ch12_29.java：字符串反转排列的应用。

```
1  public class ch12_29 {
2      public static void main(String[] args) {
3          String str = "Java";
4          StringBuffer bstr = new StringBuffer(str);
5          System.out.println("bstr : " + bstr);
6          bstr.reverse();
7          System.out.println("bstr : " + bstr);
8      }
9  }
```

执行结果

```
D:\Java\ch12>java ch12_29
bstr : Java
bstr : avaJ
```

12-4-4 设置与替换

方法	说明
StringBuffer replace(int start，int end，String str)	用 str 替换索引 start 至 end-1 的字符串缓冲区内容
void setCharAt(int index，char ch)	在 index 索引位置的字符由 ch 字符取代

程序实例 ch12_30.java：字符串缓冲区部分内容被替换的应用。

```
1  public class ch12_30 {
2      public static void main(String[] args) {
3          String str = "Java 入门迈向高手之路王者归来";
4          StringBuffer bstr = new StringBuffer(str);
5          System.out.println("bstr : " + bstr);
6          bstr.setCharAt(4, 'X');
7          System.out.println("bstr : " + bstr);
8          bstr.replace(5,7, "快乐学习");
9          System.out.println("bstr : " + bstr);
10     }
11 }
```

执行结果

```
D:\Java\ch12>java ch12_30
bstr : Java 入门迈向高手之路王者归来
bstr : JavaX入门迈向高手之路王者归来
bstr : JavaX快乐学习迈向高手之路王者归来
```

12-4-5 复制子字符串

方法	说明
Void getChars(int srcBegin，int srcEnd，char[ ] dst，int dstBegin)	将字符串从 srcBegin 索引至 srcEnd-1 的子字符串复制至字符数组 dstBegin 索引

程序实例 ch12_31.java：将子字符串"迈向高手"复制至 ch 字符数组索引 2 位置。

```
1  public class ch12_31 {
2      public static void main(String[] args) {
3          String str = "Java 入门迈向高手之路王者归来";
4          StringBuffer bstr = new StringBuffer(str);
5          char[] ch = {'入', '门', '彻', '底', '研', '究', '之', '路'};
6          bstr.getChars(7, 11, ch, 2);
7          System.out.print("bstr : ");
8          for (char i:ch)
9              System.out.print(i);
10     }
11 }
```

执行结果

```
D:\Java\ch12>java ch12_31
bstr : 入门迈向高手之路
```

12-5　StringBuilder 类

StringBuilder 类所提供的方法与 StringBuffer 相同，然而这两个类的差异如下。

StringBuilder 类是 Java 5 中开始有的类，它的执行速度较快，但是在多线程环境中，不保证可以运作，本书将在第 21 章说明多线程。所以如果需要讲求程序执行速度，但是确定是在单线程环境，则可以使用 StringBuilder 类。

程序实例 ch12_32.java：使用 StringBuilder 类重新设计 ch12_27.java，其实这个程序只是更改了第 4 行，将 StringBuffer 改为 StringBuilder。

```
4          StringBuilder bstr = new StringBuilder(str);
```

执行结果　与 ch12_27.java 相同。

12-6　字符串数组的应用

在 7-6 节 Java 命令行参数中，有说明过简单字符串数组的概念，其实经过本章内容，我们学会了许多字符串类的方法，可以活用此字符串数组概念。

程序实例 ch12_33.java：简单建立字符串数组与打印。

```
1  public class ch12_33 {
2      public static void main(String[] args) {
3          String[] topSchools = new String[3];
4          topSchools[0] = "明志科大";
5          topSchools[1] = "台湾科大";
6          topSchools[2] = "台北科大";
7          for (String topSchool:topSchools)
8              System.out.println("台湾著名科技大学：" + topSchool);
9      }
10 }
```

执行结果

```
D:\Java\ch12>java ch12_33
台湾著名科技大学： 明志科大
台湾著名科技大学： 台湾科大
台湾著名科技大学： 台北科大
```

程序实例 ch12_34.java：假设有一系列的文件名是以字符串数组方式存储，这个程序会输出 Java 文件的名称，同时本程序使用另一种建立字符串数组方式，本程序设计时相当于将 java 扩展名的文件输出出来。

```
1  public class ch12_34 {
2      public static void main(String[] args) {
3          String[] files = {"ch1.docx", "ch2.java", "ch3.xlxs",
4          "ch4.java", "ch5.c"};
5          for (int i = 0; i < files.length; i++)
6              if (files[i].endsWith("java"))      // 比对扩展名是java
7                  System.out.println(files[i]);   // 输出扩展名是java
8      }
9  }
```

执行结果

```
D:\Java\ch12>java ch12_34
ch2.java
ch4.java
```

程序实操题

1. 以字符数组建立字符串方式建立自己就读学校的英文字符串，然后将列出字符串长度，同时将字符串改为大写。

2. 建立一个字符串 "abcdefghijklmnopqrstuvwxyz"，然后输入一个英文字母，同时程序可以输出此字母的索引位置。如果不是输入字符串内的小写英文字母，则输出输入错误。

3. 建立一个字符串 "abcdefghijklmnopqrstuvwxyz"，然后将 'n' 字符改为 'm' 字符，然后将 'x' 字符改为 'y' 字符，最后输出此结果字符串。

4. 有一段叙述如下：

   神雕侠侣是杨过与小龙女的故事，我喜欢小龙女在古墓的生活片段，小龙女清新脱俗美若天仙。

   请用程序计算 "小龙女" 出现次数。

5. 请设计一个字符串 "Java 11"，请在此字符串后面加上 "I love Java 11"。

6. str1 字符串内容是 "java"，str2 字符串内容是 "Java"，请分别使用 compareTo()、compareToIgnoreCase()、equals()、equalsIgnoreCase() 做比较并输出结果。

7. 有一系列文件如下：

   ch1_1.docx, ch1_2.c, ch2_1.java, ch2_2.pptx, ch3_1.c, ch3_2.java

   （1）请列出所有 ch1 开头的文件。

   （2）请列出所有 C 语言文件，扩展名是 C 的文件。

8. 请输入一行英文句子，本程序可以将每一单字字母改成大写，然后输出此字母。

习题

一、判断题

1（O）. 在 Java 程序设计中，中文字在 Character.isLetter() 测试下会返回 true。

2（O）. 有一个构造方法如下：

```
String(char[ ] ch)
```

   上述语句表示可以将 ch 字符数组建立为一个字符串对象。

3（X）. Java 中将单引号间的系列字符当作字符串。

4（X）. 在使用 "==" 做字符串对象内容比较时，如果是内容相同的副本，返回值是 true。

5（O）. String 类产生一个字符串对象后，此字符串对象所参照地址的内容是无法更改的。

6（X）. int lastIndexOf(int ch) 将返回字符 ch 第一次出现的索引位置。

7（O）. 在使用 boolean equals(String str) 做字符串对象内容比较时，如果是内容相同的副本，返回值是 true。

8（X）. 相较于 StringBuilder 类，StringBuffer 类的方法有较快的处理速度。

9（X）. String 类的 reverse() 方法可以将字符串缓冲区内容顺序反转。

10（O）. StringBuilder 类适合多线程工作。

二、选择题

1（C）. 下列哪一个字符经过 Character.isISOControl() 测试会返回 true ？

    A. @   B. $ C. \t   D. #

2（C）. 下列哪一个方法可以复制一份字符串到字符数组？

    A. char charAt(int index)   B. String substring(int beginIndex)

    C. char[ ] toCharArray()   D. int lastIndexOf(int ch)

3（A）. String trim() 无法删除下列哪一个开头或结尾的字符？

    A. @   B. \t   C. \n   D. 空格符

4（C）. 如果想要找寻某工作目录的 Java 文件，下列哪一个方法适合此工作？

    A. boolean equals(String str)   B. int compareTo(String anotherString)

    C. boolean endsWith(String str)   D. boolean startsWith(String str)

5（D）. 下列哪一个方法是 String 类的方法？

    A. append()   B. insert()   C. delete()   D. copyValueOf()

第 1 3 章

正则表达式

　　正则表达式（Regular Expression）的发明人是美国数学家、逻辑学家史提芬·克莱尼（Stephen Kleene）。正则表达式的主要功能是执行模式的比对与查找，使用正则表达式处理这类问题，读者会发现整个工作变得更简洁容易。

　　Java 有提供正则表达式的包 java.util.regex，但是在介绍这个包下的正则表达式前，笔者想先用所学的 Java 硬功夫一步一步引导读者，同时先介绍与正则表达式有关的 String 方法，期待读者可以完全了解相关知识，最后再介绍 java.util.regex。

13-1　使用 Java 硬功夫查找文字

如果现在打开手机的联络信息可以看到，台湾地区手机号码的格式如下。

```
0952-282-020                    # 可以表示为 xxxx-xxx-xxx，每个 x 代表一个 0 ~ 9 数字
```

从上述可以发现手机号码格式是由 4 个数字，1 个连字符号，3 个数字，1 个连字符号，3 个数字所组成。

程序实例 ch13_1.py：用传统知识设计一个程序，然后判断字符串是否有含台湾地区的手机号码格式。

```
 1 public class ch13_1 {
 2     public static boolean taiwanPhone(String str) {
 3         if (str.length() != 12)          // 如果长度不是12
 4             return false;                // 返回非手机号码格式
 5         for ( int i = 0; i <= 3; i++ )   // 如果索引前4个字符出现非数字字符
 6             if (Character.isDigit(str.charAt(i)) == false)
 7                 return false;            // 返回非手机号码格式
 8         if (str.charAt(4) != '-')        // 如果不是'-'字符
 9             return false;                // 返回非手机号码格式
10         for ( int i = 5; i <= 7; i++ )   // 如果索引5~7字符出现非数字字符
11             if (Character.isDigit(str.charAt(i)) == false)
12                 return false;            // 返回非手机号码格式
13         if (str.charAt(8) != '-')        // 如果不是'-'字符
14             return false;                // 返回非手机号码格式
15         for ( int i = 9; i <= 11; i++ )  // 如果索引9~11字符出现非数字字符
16             if (Character.isDigit(str.charAt(i)) == false)
17                 return false;            // 返回非手机号码格式
18         return true;                     // 通过以上考验传回true
19     }
20     public static void main(String[] args) {
21         System.out.println("I love Java :是台湾手机号码" + taiwanPhone("I love Java"));
22         System.out.println("0952-909-090:是台湾手机号码" + taiwanPhone("0952-909-090"));
23         System.out.println("1111-1111111:是台湾手机号码" + taiwanPhone("111-11111111"));
24     }
25 }
```

执行结果

```
D:\Java\ch13>java ch13_1
I love Java :是台湾手机号码false
0952-909-090:是台湾手机号码true
1111-1111111:是台湾手机号码false
```

　　上述程序第 3 和 4 行是判断字符串长度是否 12，如果不是则表示这不是台湾地区手机号码格式。程序第 5 ~ 7 行是判断字符串前 4 码是不是数字，如果不是则表示这不是台湾地区手机号码格式。程序第 8 ~ 9 行是判断这个字符是不是 "-"，如果不是则表示这不是台湾地区手机号码格式。程序第 10 ~ 12 行是判断字符串索引 [5][6][7] 码是不是数字，如果不是则表示这不是台湾地区手机号码格式。程序第 13 ~ 14 行是判断这个字符是不是 "-"，如果不是则表示这不是台湾地区手机号码格式。程序第 15 ~ 17 行是判断字符串索引 [9][10][11] 码是不是数字，如果不是则表示这不是台湾地区手机号码格式。如果通过了以上所有测试，表示这是台湾地区手机号码格式，程序第 18 行返回 True。

　　在真实的环境应用中，可能需面临一段文字，这段文字内穿插一些数字，然后必须将手机号码从这段文字抽离出来。

程序实例 ch13_2.py：将电话号码从一段文字中抽离出来。

```
1  public class ch13_2 {
2      public static boolean taiwanPhone(String str) {
3          if (str.length() != 12)                          // 如果长度不是12
4              return false;                                 // 返回非手机号码格式
5          for ( int i = 0; i <= 3; i++ )                    // 如果索引前4个字符出现非数字字符
6              if (Character.isDigit(str.charAt(i)) == false)
7                  return false;                             // 返回非手机号码格式
8          if (str.charAt(4) != '-')                         // 如果不是'-'字符
9              return false;                                 // 返回非手机号码格式
10         for ( int i = 5; i <= 7; i++ )                    // 如果索引5~7字符出现非数字字符
11             if (Character.isDigit(str.charAt(i)) == false)
12                 return false;                             // 返回非手机号码格式
13         if (str.charAt(8) != '-')                         // 如果不是'-'字符
14             return false;                                 // 返回非手机号码格式
15         for ( int i = 9; i <= 11; i++ )                   // 如果索引9~11字符出现非数字字符
16             if (Character.isDigit(str.charAt(i)) == false)
17                 return false;                             // 返回非手机号码格式
18         return true;                                      // 通过以上考验传回true
19     }
20     public static void parseString(String str) {
21         boolean notFoundSignal = true;                    // 忘记没找到电话号码为true
22         for ( int i = 0; i < (str.length()-11); i++ ) {   // 用循环逐步抽取12个字符做测试
23             String msg = new String();                    // 建立空字符串
24             msg = str.substring(i, i+12);                 // 取得字符串
25             if (taiwanPhone(msg)) {
26                 System.out.println("电话号码是 : " + msg);
27                 notFoundSignal = false;
28             }
29         }
30         if ( notFoundSignal )                             // 如果没有找到电话号码则输出
31             System.out.println(str + " 字符串不含电话号码");
32     }
33     public static void main(String[] args) {
34         String msg1 = "Please call my secretary using 0930-919-919 or 0952-001-001";
35         String msg2 = "请明天17:30和我一起参加明志科大教师节晚餐";
36         String msg3 = "请明天17:30和我一起参加明志科大教师节晚餐，可用0933-080-080联络我";
37         parseString(msg1);
38         parseString(msg2);
39         parseString(msg3);
40     }
41 }
```

执行结果

```
D:\Java\ch13>java ch13_2
电话号码是 : 0930-919-919
电话号码是 : 0952-001-001
请明天17:30和我一起参加明志科大教师节晚餐 字符串不含电话号码
电话号码是 : 0933-080-080
```

从上述执行结果可以成功地从一个字符串分析，然后将电话号码分析出来。分析方式的重点是程序第 20 ～ 32 行的 parseString 方法，这个方法重点是第 22 ～ 29 行，这个循环会逐步抽取字符串的 12 个字符做比对，将比对字符串放在 msg 字符串变量内。下面是各循环次序的 msg 字符串变量内容。

```
msg = 'Please call '      # 第1次 [0]  ～ [11]

msg = 'lease call m'      # 第2次 [1]  ～ [12]

msg = 'ease call my'      # 第3次 [2]  ～ [13]
...

msg = '0930-919-919'      # 第31次 [30] ～ [41]
...

msg = '0952-001-001'      # 第48次 [47] ～ [58]
```

程序第 21 行将没有找到电话号码 notFoundSignal 设为 True，如果有找到电话号码，程序第 27 行将 notFoundSignal 标识为 False，当 parseString() 函数执行完，notFoundSignal 仍是 True，表示没找到电话号码，所以第 31 行打印字符串不含电话号码。

上述使用所学的 Java 硬功夫虽然解决了问题，但是若是将电话号码改成中国大陆手机号（xxx-xxxx-xxxx）、美国手机号（xxx-xxx-xxxx）或是一般公司的电话，整个号码格式不一样，要重新设计可能需要一些时间。不过不用担心，接下来将讲解 Java 的正则表达式，可以轻松解决上述困扰。

13-2　使用 String 类处理正则表达式

在 String 类中与正则表达式有关的方法如下。

方法	说明
boolean matches(String regex)	返回字符串是否符合正则表达式，如果比对结果符合会返回 true，否则返回 false
String replaceAll(String regex，String replacement)	将符合正则表达式的字符串全部用另一字符串取代
String replaceFirst(String regex，String replacement)	将第一个符合正则表达式的字符串全部另一字符串取代

13-2 节将只介绍 matches() 方法，其他将在 13-5 节分别说明。

13-2-1　正则表达式基础

在 13-1 节使用 isDigit() 方法判断字符是否 0 ～ 9 的数字。

正则表达式是一种文本模式的表达方法，在这个方法中使用 \d 表示 0 ～ 9 的数字字符。由转义字符的概念可知，将 \d 表达式当字符串放入字符串内需增加 "\"，所以整个正则表达式的使用方式是 "\\d"。

程序实例 ch13_3.java：用正则表达式判断输入是否是 0 ～ 9 的数字。

```
1  import java.util.Scanner;
2  public class ch13_3 {
3      public static void main(String[] args) {
4          String str = new String( );
5          String pattern = "\\d";            // 设置正则表达式
6          Scanner scanner = new Scanner(System.in);
7          System.out.println("请输入任意字符串：");
8          str = scanner.next();              // 以字符串方式读取输入
9          if (str.matches(pattern))          // 正则表达式比对
10             System.out.printf("%s：是0~9数字\n", str);
11         else
12             System.out.printf("%s：不是0~9数字\n", str);
13     }
14 }
```

执行结果

```
D:\Java\ch13>java ch13_3      D:\Java\ch13>java ch13_3      D:\Java\ch13>java ch13_3
请输入任意字符串：            请输入任意字符串：            请输入任意字符串：
9                            a                            11
9：是0~9数字                 a：不是0~9数字               11：不是0~9数字
```

上述程序的正则表达式是在第 5 行设置，输入会以字符串方式读入并存储在 str 字符串对象，经过第 9 行的 str.matches(pattern) 方法处理后，如果输入是 0 ～ 9 的数字，则返回 true，否则返回 false。

上述用 "\\d" 代表一个数字，以这个概念可以使用 4 个 "\\d" 处理 4 个数字。

程序实例 ch13_4.java：判断输入的数字是不是 4 个 0 ～ 9 的数字。

```
1  import java.util.Scanner;
2  public class ch13_4 {
3      public static void main(String[] args) {
4          String str = new String( );
5          String pattern = "\\d\\d\\d\\d";        // 设置正则表达式
6          Scanner scanner = new Scanner(System.in);
7          System.out.println("请输入任意字符串：");
8          str = scanner.next();                   // 以字符串方式读取输入
9          if (str.matches(pattern))               // 正则表达式比对
10             System.out.printf("%s : 是4个0~9数字\n", str);
11         else
12             System.out.printf("%s : 不是4个0~9数字\n", str);
13     }
14 }
```

执行结果

```
D:\Java\ch13>java ch13_4      D:\Java\ch13>java ch13_4      D:\Java\ch13>java ch13_4
请输入任意字符串：            请输入任意字符串：            请输入任意字符串：
1234                         12a5                         0952
1234 : 是4个0~9数字          12a5 : 不是4个0~9数字         0952 : 是4个0~9数字
```

扩充上述实例可以将前一节的手机号码 xxxx-xxx-xxx 改用下列正则表达方式表示。

"\\d\\d\\d\\d-\\d\\d\\d-\\d\\d\\d"

程序实例 ch13_5.java：使用正则表达式重新设计 ch13_1.java，执行字符串是否是台湾地区手机号码的判断。

```
1  public class ch13_5 {
2      public static void main(String[] args) {
3          String str1 = "I love Java";
4          String str2 = "0952-909-090";
5          String str3 = "1111-1111111";
6          String pattern = "\\d\\d\\d\\d-\\d\\d\\d-\\d\\d\\d";
7          System.out.println("I love Java :是台湾手机号码" + str1.matches(pattern));
8          System.out.println("0952-909-090:是台湾手机号码" + str2.matches(pattern));
9          System.out.println("1111-1111111:是台湾手机号码" + str3.matches(pattern));
10     }
11 }
```

执行结果   与 ch13_1.java 相同。

13-2-2　使用大括号 { } 处理重复出现的字符串

下列是目前的正则表达式所查找的字符串模式。

"\\d\\d\\d\\d-\\d\\d\\d-\\d\\d\\d"

可以看到 "\d" 重复出现，对于重复出现的字符串可以用大括号内部加上重复次数方式表达，所以上述模式可以用下列方式表达。

"\\d{4}-\\d{3}-\\d{3}"

程序实例 ch13_6.java：用正则表达式处理重复出现的字符串，重新设计 ch13_5.java。

```
6          String pattern = "\\d{4}-\\d{3}-\\d{3}";
```

执行结果   与 ch13_1.java 相同。

13-2-3　处理市区电话字符串方式

先前所用的实例是手机号码，试想想看如果改用市区电话号码的比对，假设有一个台北市的电话号码区号是 02，号码是 28350000，说明如下。

```
02-28350000                        # 可用 xx-xxxxxxxx 表达
```

此时正则表达式可以用下列方式表示。

```
"\\d{2}-\\d{8}"
```

程序实例 ch13_7.java：用正则表达式判断字符串是不是台北市的电话号码。

```
 1  public class ch13_7 {
 2      public static void main(String[] args) {
 3          String str1 = "I love Java";
 4          String str2 = "02-23339999";
 5          String str3 = "111-1111111";
 6          String pattern = "\\d{2}-\\d{8}";        // 设置正则表达式
 7          System.out.println("I love Java : 是台北市区号码" + str1.matches(pattern));
 8          System.out.println("02-23339999 : 是台北市区号码" + str2.matches(pattern));
 9          System.out.println("111-1111111 : 是台北市区号码" + str3.matches(pattern));
10      }
11  }
```

执行结果
```
D:\Java\ch13>java ch13_7
I love Java : 是台北市区号码false
02-23339999 : 是台北市区号码true
111-1111111 : 是台北市区号码false
```

13-2-4　用括号分组

用括号分组是指用小括号隔开群组，一方面可以让正则表达式更加清晰易懂，另一方面可以将分组的正则表达式执行更进一步的处理。可以用下列方式重新规划程序实例 ch13_6.java 的表达式。

```
"\\d{4}(-\\d{3}){2}"
```

上述是用小括号分组 "-\\d{3}"，此分组需重复两次。

程序实例 ch13_8.java：用括号分组正则表达式的字符串内容。

```
 1  public class ch13_8 {
 2      public static void main(String[] args) {
 3          String str1 = "I love Java";
 4          String str2 = "0952-909-090";
 5          String str3 = "(111)-1111111";
 6          String pattern = "\\d{4}(-\\d{3}){2}";        // 正则表达式以小括号处理分组
 7          System.out.println("I love Java    : 是台北市区号码" + str1.matches(pattern));
 8          System.out.println("0952-909-090 : 是台北市区号码" + str2.matches(pattern));
 9          System.out.println("(111)-1111111 : 是台北市区号码" + str3.matches(pattern));
10      }
11  }
```

执行结果　与 ch13_1.java 相同。

其实上述程序的重点是第 6 行，在这里列出如何使用小括号分组正则表达式的字符串内容。上述程序可以获得在需要 4 个 0 ～ 9 数字字符后，需有连续两个 "-***"，* 是 0 ～ 9 的数字字符，正则表达式才会认可是相同的比对。

13-2-5　用小括号处理区域号码

在一般电话号码的使用中，常看到区号是用小括号包围，如下所示。

```
(02)-26669999
```

在处理小括号时，如果字符串是含此小括号，正则表达式处理方式是加上 "\\" 字符串，例如 "\\(和 \\)"，可参考下列实例。

程序实例 ch13_9.java：在区号中加上括号，重新处里 ch13_7.java。

```
1  public class ch13_9 {
2      public static void main(String[] args) {
3          String str1 = "02-23339999";
4          String str2 = "(02)-23339999";
5          String str3 = "(111)-1111111";
6          String pattern = "\\(\\d{2}\\)-\\d{8}";      // 在正则表达式以括号处理区城号码
7          System.out.println("02-23339999   是台北市区号码" + str1.matches(pattern));
8          System.out.println("(02)-23339999 是台北市区号码" + str2.matches(pattern));
9          System.out.println("(111)-1111111 是台北市区号码" + str3.matches(pattern));
10     }
11 }
```

执行结果

```
D:\Java\ch13>java ch13_9
02-23339999    ：是台北市区号码false
(02)-23339999  ：是台北市区号码true
(111)-1111111  ：是台北市区号码false
```

上述语句可以获得区号加上括号，正则表达式才会认可是相同的比对，甚至 str1 其实也是正确的区号，但是这个程序限制区号需加上括号，所以 str1 比对的结果返回 false。

13-2-6　使用管道 |

|(pipe) 在正则表示法中称为管道，使用管道可以同时查找比对多个字符串，例如，如果想要查找 Mary 和 Tom 字符串，可以使用下列表示。

　　　pattern = "Mary|Tom"　　　　　　　　// 注意单引号' 或 | 旁不可留空白

程序实例 ch13_10.java：重新设计 ch13_8.java 和 ch13_9.java，让含括号的区号与不含括号的区号都可被视为正确的电话号码。

```
1  public class ch13_10 {
2      public static void main(String[] args) {
3          String str1 = "02-23339999";
4          String str2 = "(02)-23339999";
5          String str3 = "(111)-1111111";
6          // 在正则表达式中含括号与不含括号处理区号
7          String pattern = "\\(\\d{2}\\)-\\d{8}|\\d{2}-\\d{8}";
8          System.out.println("02-23339999   是台北市区号码" + str1.matches(pattern));
9          System.out.println("(02)-23339999 是台北市区号码" + str2.matches(pattern));
10         System.out.println("(111)-1111111 是台北市区号码" + str3.matches(pattern));
11     }
12 }
```

执行结果

```
D:\Java\ch13>java ch13_10
02-23339999    ：是台北市区号码true
(02)-23339999  ：是台北市区号码true
(111)-1111111  ：是台北市区号码false
```

上述程序的重点是第 7 行，由上述执行结果可以得到第 8 行区号没有括号返回 true，第 9 行区号有括号也返回 true。

13-2-7　使用？问号做查找

在正则表达式中若是某些括号内的字符串或正则表达式可有可无（如果有，最多一次），执行查找时都算成功，例如，na 字符串可有可无，表达方式是（na）?。

程序实例 ch13_11.java：使用？查找的实例，这个程序会测试三个字符串。

```
1  public class ch13_11 {
2      public static void main(String[] args) {
3          String str1 = "Johnson";
4          String str2 = "Johnnason";
5          String str3 = "John";
6          String pattern = "John((na)?son)";      // 正则表达式
7          System.out.println("Johnson   : " + str1.matches(pattern));
8          System.out.println("Johnnason : " + str2.matches(pattern));
9          System.out.println("John      : " + str3.matches(pattern));
10     }
11 }
```

执行结果

```
D:\Java\ch13>java ch13_11
Johnson   : true
Johnnason : true
John      : false
```

有时候如果居住在同一个城市，在留电话号码时，可能不会留区号，这时就可以使用本功能了。

程序实例 ch13_12.java：这个程序在比对电话号码时，如果省略区号也可以视为比对正确。在这个程序第 6 行，为后面的 8 个数字的电话号码也加上小括号，这也算是正则表达式的小括号分组，主要是要让正则表达式比较容易阅读。

```
1  public class ch13_12 {
2      public static void main(String[] args) {
3          String str1 = "02-23339999";
4          String str2 = "23339999";
5          String str3 = "(111)-1111111";
6          String pattern = "(\\d{2}-)?(\\d{8})";
7          System.out.println("02-23339999  : 是台北市区号码" + str1.matches(pattern));
8          System.out.println("23339999     : 是台北市区号码" + str2.matches(pattern));
9          System.out.println("(111)-1111111: 是台北市区号码" + str3.matches(pattern));
10     }
11 }
```

执行结果

```
D:\Java\ch13>java ch13_12
02-23339999    : 是台北市区号码true
23339999       : 是台北市区号码true
(111)-1111111  : 是台北市区号码false
```

13-2-8　使用 * 号做查找

在正则表达式中若是某些字符串或正则表达式可出现 0 到多次，执行查找时都算成功，例如，na 字符串可出现 0 到多次，表达方式是（na）*。

程序实例 ch13_13.java：这个程序的重点是第 6 行的正则表达式，其中，字符串 na 的出现次数可以是 0 次到多次。

```
1  public class ch13_13 {
2      public static void main(String[] args) {
3          String str1 = "Johnson";
4          String str2 = "Johnnason";
5          String str3 = "Johnnananason";
6          String pattern = "John((na)*son)";        // na由0到多均可
7          System.out.println("Johnson       : " + str1.matches(pattern));
8          System.out.println("Johnnason     : " + str2.matches(pattern));
9          System.out.println("Johnnananason : " + str3.matches(pattern));
10     }
11 }
```

执行结果

```
D:\Java\ch13>java ch13_13
Johnson       : true
Johnnason     : true
Johnnananason : true
```

13-2-9　使用 + 号做查找

在正则表达式中若是某些字符串或正则表达式可出现一次到多次，执行查找时都算成功，例如，na 字符串可出现到多次，表达方式是（na）+。

程序实例 ch13_14.py：这个程序的重点是第 6 行的正则表达式，其中字符串 na 的出现次数可以是一次到多次。由于第 3 行的 str1 字符串 Johnson 不含 na，所以第 7 行返回 false。

```
1  public class ch13_14 {
2      public static void main(String[] args) {
3          String str1 = "Johnson";
4          String str2 = "Johnnason";
5          String str3 = "Johnnananason";
6          String pattern = "John((na)+son)";        // na由1到多均可
7          System.out.println("Johnson       : " + str1.matches(pattern));
8          System.out.println("Johnnason     : " + str2.matches(pattern));
9          System.out.println("Johnnananason : " + str3.matches(pattern));
10     }
11 }
```

执行结果

```
D:\Java\ch13>java ch13_14
Johnson       : false
Johnnason     : true
Johnnananason : true
```

13-2-10　查找时使用大括号设置比对次数区间

在 13-2-2 节有使用过大括号，当时讲解 "\\d{3}" 代表重复三次，也就是大括号中的数字是设置重复次数。可以将这个概念应用在查找一般字符串，例如，（son）{3} 代表所查找的字符串是 "sonsonson"，如果有一字符串是 "sonson"，则查找结果是不符。大括号除了可以设置重复次数，也可以设置范围，例如，（son）{3, 5} 代表所查找的字符串如果是 "sonsonson" "sonsonsonson" 或 "sonsonsonsonson" 都算是相符合的字符串。（son）{3, 5} 正则表达式相当于下列表达式。

((son)(son)(son))|((son)(son)(son)(son))|((son)(son)(son)(son)(son))

程序实例 ch13_15.py：设置查找 son 字符串重复 3 ～ 5 次都算查找成功。

```
 1  public class ch13_15 {
 2      public static void main(String[] args) {
 3          String str1 = "son";
 4          String str2 = "sonson";
 5          String str3 = "sonsonson";
 6          String str4 = "sonsonsonson";
 7          String str5 = "sonsonsonsonson";
 8          String pattern = "(son){3,5}";          // son由3到5次均可
 9          System.out.println("son              : " + str1.matches(pattern));
10          System.out.println("sonson           : " + str2.matches(pattern));
11          System.out.println("sonsonson        : " + str3.matches(pattern));
12          System.out.println("sonsonsonson     : " + str4.matches(pattern));
13          System.out.println("sonsonsonsonson : " + str5.matches(pattern));
14      }
15  }
```

执行结果

```
D:\Java\ch13>java ch13_15
son              : false
sonson           : false
sonsonson        : true
sonsonsonson     : true
sonsonsonsonson : true
```

使用大括号时，也可以省略第一个或第二个数字，这相当于不设置最小或最大重复次数。例如，（son）{3, } 代表重复三次以上都符合，（son）{, 10} 代表重复 10 次以下都符合。

13-2-11 正则表达式量次的表

下表表示前述各节有关正则表达式量次的符号。

正则表达式	说明
X?	X 出现 0 次或 1 次
X*	X 出现 0 次至多次
X+	X 出现 1 次至多次
X{n}	X 出现 n 次
X{n, }	X 出现 n 次至多次
X{, m}	X 出现 0 次至 m 次
X{n, m}	X 出现 n 次至 m 次

13-3 正则表达式的特殊字符

为了不让一开始学习正则表达式太复杂，在前面 4 节只介绍了 \d，同时穿插介绍一些字符串的查找。我们知道 \d 代表的是数字字符，也就是 0 ～ 9 的阿拉伯数字，如果使用管道 | 的概念，\d 相当于是下列正则表达式。

(0|1|2|3|4|5|6|7|8|9)

这一节将针对正则表达式的特殊字符做一个完整的说明。

13-3-1 特殊字符表

字符	使用说明
.	任何字符均可
\d	0 ～ 9 的整数
\D	0 ～ 9 的整数以外的其他字符
\s	空白、定位、Tab 键、换行、换页字符
\S	除了空白、定位、Tab 键、换行、换页字符以外的其他字符
\w	数字、字母和下画线 _ 字符，[A-Z, a-z, 0-9 _]
\W	数字、字母和下画线 _ 字符，[a-z, a-z, 0-9 _] 以外的其他字符

下列是一些使用上述正则表达式的实例说明。

```
pattern = "\\w+"         // 意义是不限长度的数字、字母和下画线字符
pattern = "John\\w*"     // John 开头后面接 0 至多个数字、字母和下画线字符
```

程序实例 ch13_16.java：测试正则表达式 "\\w+"。

```
1 public class ch13_16 {
2     public static void main(String[] args) {
3         String str1 = "98_ad";
4         String str2 = "@!ad9";
5         String pattern = "\\w+";
6         System.out.println("98_ad : " + str1.matches(pattern));
7         System.out.println("@!ad9 : " + str2.matches(pattern));
8     }
9 }
```

执行结果

```
D:\Java\ch13>java ch13_16
98_ad : true
@!ad9 : false
```

pattern = "\\d+"：表示不限长度的数字。

pattern = "\\s"：表示空格。

pattern = "\\w+"：表示不限长度的数字、字母和下画线字符连续字符。

程序实例 ch13_17.java：测试正则表达式 "\\d+\\s+\\w+"。

```
1 public class ch13_17 {
2     public static void main(String[] args) {
3         String str1 = "1 cats";
4         String str2 = "32 dogs";
5         String str3 = "a pigs";
6         String pattern = "\\d+\\s+\\w+";
7         System.out.println("1 cats  : " + str1.matches(pattern));
8         System.out.println("32 dogs : " + str2.matches(pattern));
9         System.out.println("a pigs  : " + str3.matches(pattern));
10     }
11 }
```

执行结果

```
D:\Java\ch13>java ch13_17
1 cats  : true
32 dogs : true
a pigs  : false
```

13-3-2　单一字符使用通配符 "."

通配符 "." 表示可以查找除了换行字符以外的所有字符，但是只限定一个字符。

程序实例 ch13_18.java：测试正则表达式 ".at"。

```
1 public class ch13_18 {
2     public static void main(String[] args) {
3         String str1 = "cat";
4         String str2 = "hat";
5         String str3 = "flat";
6         String str4 = "at";
7         String str5 = " at";
8         String pattern = ".at";
9         System.out.println("cat  : " + str1.matches(pattern));
10         System.out.println("hat  : " + str2.matches(pattern));
11         System.out.println("flat : " + str3.matches(pattern));
12         System.out.println("at   : " + str4.matches(pattern));
13         System.out.println(" at  : " + str5.matches(pattern));
14     }
15 }
```

执行结果

```
D:\Java\ch13>java ch13_18
cat  : true
hat  : true
flat : false
at   : false
 at  : true
```

13-3-3　字符分类

Java 可以使用中括号来设置字符区间，可参考下列范例。

[a-z]：代表 a ～ z 的小写字符。

[A-Z]：代表 A ～ Z 的大写字符。

[aeiouAEIOU]：代表英文发音的元音字符。

[2-5]：代表 2 ～ 5 的数字。

程序实例 ch13_19.java：测试正则表达式"[A-Z]"和"[2-5]"。

```
1  public class ch13_19 {
2      public static void main(String[] args) {
3          String str1 = "c";
4          String str2 = "K";
5          String str3 = "1";
6          String str4 = "3";
7          String pattern = "[A-Z]";
8          System.out.println("c : " + str1.matches(pattern));
9          System.out.println("K : " + str2.matches(pattern));
10         pattern = "[2-5]";
11         System.out.println("1 : " + str3.matches(pattern));
12         System.out.println("3 : " + str4.matches(pattern));
13     }
14 }
```

执行结果

```
D:\Java\ch13>java ch13_19
c : false
K : true
1 : false
3 : true
```

13-3-4　字符分类的 ^ 字符

在前一节字符的处理中，如果在中括号内的左方加上 ^ 字符，意义是查找不在这些字符内的所有字符。

程序实例 ch13_20.java：测试正则表达式"[^A-Z]"和"[^2-5]"。

```
1  public class ch13_20 {
2      public static void main(String[] args) {
3          String str1 = "c";
4          String str2 = "K";
5          String str3 = "1";
6          String str4 = "3";
7          String pattern = "[^A-Z]";
8          System.out.println("c : " + str1.matches(pattern));
9          System.out.println("K : " + str2.matches(pattern));
10         pattern = "[^2-5]";
11         System.out.println("1 : " + str3.matches(pattern));
12         System.out.println("3 : " + str4.matches(pattern));
13     }
14 }
```

执行结果

```
D:\Java\ch13>java ch13_20
c : true
K : false
1 : true
3 : false
```

13-3-5　所有字符使用通配符".*"

若是将通配符"."与"*"组合，可以查找所有字符，意义是查找 0 到多个通配符（换行字符除外）。

程序实例 ch13_21.java：测试正则表达式".*"。

```
1  public class ch13_21 {
2      public static void main(String[] args) {
3          String str1 = "cd%@_";
4          String str2 = "K***l";
5          String pattern = ".*";
6          System.out.println("cd%@_ : " + str1.matches(pattern));
7          System.out.println("K***l : " + str2.matches(pattern));
8      }
9  }
```

执行结果

```
D:\Java\ch13>java ch13_21
cd%@_ : true
K***l : true
```

13-4　matches() 方法的万用程序与功能扩充

其实也可以使用现有知识设计一个 matches() 方法的万用程序，也就是读者可以用输入方式先输入正则表达式，将其放在 pattern 字符串对象，然后读者可以输入任意字符串，此程序可以响应是否符合正则表达式。

程序实例 ch13_22.java：设计比对正则表示法的万用程序，这个程序会要求输入正则表达式，然后要求输入任意字符串，最后告知所输入的任意字符串是否符合正则表达式。

```
1  import java.util.Scanner;
2  public class ch13_22 {
3      public static void main(String[] args) {
4          Scanner scanner = new Scanner(System.in);
5          String pattern = new String();        // 正则表达式字符串对象
6          String str = new String();            // 测试字符串对象
7
8          System.out.print("请输入正则表达式字符串:");
9          pattern = scanner.next();
10         System.out.print("请输入测试字符串:");
11         str = scanner.next();
12         System.out.println("比对结果 " + str.matches(pattern));
13     }
14 }
```

执行结果

```
D:\Java\ch13>java ch13_22
请输入正则表达式字符串：[0-7]
请输入测试字符串：8
比对结果 false
```

```
D:\Java\ch13>java ch13_22
请输入正则表达式字符串：[0-7]
请输入测试字符串：6
比对结果 true
```

```
D:\Java\ch13>java ch13_22
请输入正则表达式字符串：.at
请输入测试字符串：cat
比对结果 true
```

```
D:\Java\ch13>java ch13_22
请输入正则表达式字符串：.at
请输入测试字符串：My hat
比对结果 false
```

现在使用 matches() 方法判断某一字符串是否符合正则表达式，但是，正则表达式更重要的功能是可以让我们在一段文字中查找符合正则表达式的字符串，甚至将这些字符串用别的文字取代。如果想要使用 matches() 方法协助处理整段文字，可以在正则表达式前面与后面加上 ".*"。例如，如果要查找字符串段落是否含 "apple"，可以参考下列方式设置正则表达式模式。

```
pattern = ".*apple.*";
```

不过后面将会介绍正则表达式的包 java.util.regex，可以很方便地处理这方面的问题。

13-5　再谈 String 类有关的正则表达方法

13-5-1　replaceFirst() 方法

replaceFirst() 方法可以将段落内第一个符合的子字符串用另一个字符串取代，相关语法可参考 13-2 节。

程序实例 ch13_23.java：将段落内符合 pattern 正则表达式的第一个字符串用指定字符串取代。

```
1  public class ch13_23 {
2      public static void main(String[] args) {
3          String str = "Hello! Java! I love Java.";
4          String pattern = "Java";          // 正则表达式
5          System.out.println(str.replaceFirst(pattern, "Python"));
6          pattern = ".*(Java).*";            // 新的正则表达式
7          System.out.println(str.replaceFirst(pattern, "Python"));
8      }
9  }
```

执行结果

```
D:\Java\ch13>java ch13_23
Hello! Python! I love Java.
Python
```

这个程序做了两次测试，在第 3 行比对字符串段落内含有两个"Java"字符串，在第 4 行设置第一次正则表达式此时 pattern 内容是"Java"表示这是单纯的字符串内容比对，第 5 行执行 replaceFirst() 方法后，指将字符串段落内第一个"Java"用"Python"取代，所以获得第一个执行结果。第 6 行设置第二次正则表达式此时 pattern 内容是".*（Java）.*"表示只要内容含有"Java"字符串，整个字符串段落将用"Python"字符串取代，所以获得的第二个执行结果是"Python"字符串。

正规表达式的用途有许多，例如，有时候为了隐私不外泄，可以将段落内的手机号码用 *** 取代。

程序实例 ch13_24.java：将字符串段落内的手机号码用"****-***-***"取代。

```
1  public class ch13_24 {
2      public static void main(String[] args) {
3          String str = "请明天17:30和我一起参加明志科大教师节晚餐,可用0933-080-080联络我";
4          String pattern = "\\d{4}(-\\d{3}){2}";        // 正则表达式以小括号处理分组
5          System.out.println(str.replaceFirst(pattern, "****-***-***"));
6      }
7  }
```

执行结果
```
D:\Java\ch13>java ch13_24
请明天17:30和我一起参加明志科大教师节晚餐, 可用****-***-***联络我
```

13-5-2 replaceAll() 方法

replaceAll() 方法可以将段落内全部符合的子字符串用另一个字符串取代，相关语法可参考 13-2 节。

程序实例 ch13_25.java：用 replaceAll() 方法取代 replaceFirst() 方法，重新设计 ch13_23.java，可以得到第 3 行字符串段落的两个字符串"Java"都被"Python"取代了。

```
1  public class ch13_25 {
2      public static void main(String[] args) {
3          String str = "Hello! Java! I love Java.";
4          String pattern = "Java";        // 正则表达式
5          System.out.println(str.replaceAll(pattern, "Python"));
6      }
7  }
```

执行结果
```
D:\Java\ch13>java ch13_25
Hello! Python! I love Python.
```

程序实例 ch13_26.java：用 replaceAll() 方法取代正则表达式符合字符串的实例。

```
1  public class ch13_26 {
2      public static void main(String[] args) {
3          String str = "Please call my secretary using 0930-919-919 or 0952-001-001";
4          String pattern = "\\d{4}(-\\d{3}){2}";        // 正则表达式
5          String newstr = "0930-***-***";
6          System.out.println(str.replaceAll(pattern, newstr));
7      }
8  }
```

执行结果
```
D:\Java\ch13>java ch13_26
Please call my secretary using 0930-***-*** or 0930-***-***
```

13-6 正则表达式的包

除了 String 类内有方法支持正则表达式外，Java 也提供了 java.util.regex 包，这个包主要是由下列三个类组成。

Pattern 类：主要是正则表达式引擎的模式，本节重点。

Matcher 类：为输入的字符串对象进行匹配或更改字符串操作，本节重点。

PatternSyntaxException 类：表示正则表达式中的语法错误。

下列是 Matcher 类常用的方法。

方法	说明
boolean matches()	测试字符串是否符合正则表达式
boolean find()	查找与正则表达式符合的下一个子字符串
boolean find(int start)	在指定起始索引查找与正则表达式符合的下一个子字符串
String group()	返回符合的子串行
int start()	返回符合的子串行起始索引
int end()	返回符合的子串结束始索引
String replaceAll(String replacement)	替换符合的所有子字符串
String replaceFirst(String replacement)	替换符合的第一个子字符串

下列是 Pattern 类常用的方法。

方法	说明
Static Pattern compile(String reges)	编译正则表达式
Matcher matcher(CharSequence input)	由所输入的字符串建立 Matcher 对象
Static boolean matches(String regex，CharSequence input)	这是一个 compile() 和 matcher() 的组合
String pattern()	返回正则表达式模式

13-6-1　基本字符串的比对

程序实例 ch13_27.java：使用 java.util.regex 执行正则表达式字符串的比对应用。

```java
1 import java.util.regex.*;
2 public class ch13_27 {
3     public static void main(String[] args) {
4         String str = "0952-001-001";
5         String pattern = "\\d{4}(-\\d{3}){2}";        // 正则表达式
6 // 方法1
7         Pattern p = Pattern.compile(pattern);         // 编译正则表达式
8         Matcher m = p.matcher(str);                   // 比对
9         System.out.println("方法1 : " + m.matches());
10 // 方法2
11         System.out.println("方法2 : " + Pattern.matches(pattern, str));
12     }
13 }
```

执行结果
```
D:\Java\ch13>java ch13_27
方法1 : true
方法2 : true
```

程序实例 ch13_28.java：使用 java.util.regex 执行正则表达式字符串的比对应用。

```java
1 import java.util.regex.*;
2 public class ch13_28 {
3     public static void main(String[] args) {
4         System.out.println(Pattern.matches("[abc]?", "a"));    // true
5         System.out.println(Pattern.matches("[abc]?", "ab"));   // 最多一个字符
6         System.out.println(Pattern.matches("[abc]+", "ab"));   // true
7         System.out.println(Pattern.matches("[abc]*", "ab"));   // true
8         System.out.println(Pattern.matches("\\D", "a"));       // true
9         System.out.println(Pattern.matches("\\D", "1"));       // 不可是数字
10        System.out.println(Pattern.matches("\\D*", "abc"));    // true
11    }
12 }
```

执行结果
```
D:\Java\ch13>java ch13_28
true
false
true
true
true
false
true
```

程序实例 ch13_29.java：使用 java.util.regex 执行正则表达式字符串的比对应用。

```
1  import java.util.regex.*;
2  public class ch13_29 {
3     public static void main(String[] args) {
4        System.out.println(Pattern.matches("[a-zA-Z0-9]{6}", "aK2APL"));
5        System.out.println(Pattern.matches("[a-zA-Z0-9]{6}", "abc10"));     // 太短
6        System.out.println(Pattern.matches("[a-zA-Z0-9]{6}", "abPL0981"));  // 太长
7        System.out.println(Pattern.matches("[23][0-9]{7}", "28229999"));
8        System.out.println(Pattern.matches("[23][0-9]{7}", "93990011"));    // 开头错
9        System.out.println(Pattern.matches("[23][0-9]{7}", "2300000"));     // 太短
10       System.out.println(Pattern.matches("[23][0-9]{7}", "230000011"));   // 太长
11    }
12 }
```

执行结果

```
D:\Java\ch13>java ch13_29
true
false
false
true
false
false
```

13-6-2　字符串的查找

程序实例 ch13_30.java：这个程序会查找字符串段落，如果有符合的则返回所查找的字符串，同时返回字符串的起始和结束索引位置。

```
1  import java.util.regex.*;
2  public class ch13_30 {
3     public static void main(String[] args) {
4        String msg = "Please call my secretary using 0930-919-919 or 0952-001-001";
5        String pattern = "\\d{4}(-\\d{3}){2}";          // 正则表达式
6        Pattern p = Pattern.compile(pattern);
7        Matcher m = p.matcher(msg);
8        boolean found = false;                          // 默认found是false
9        while (m.find()) {
10          System.out.println(m.group()                // 列出所找到的字符串
11             + "字符串找到了起始索引是" + m.start()
12             + "终止索引是" + m.end());
13          found = true;                                // 找到了所以是true
14       }
15       if (!found)                                     // 如果没找到
16          System.out.println("查找失败");
17    }
18 }
```

执行结果
```
D:\Java\ch13>java ch13_30
0930-919-919 字符串找到了起始索引是 31 终止索引是 43
0952-001-001 字符串找到了起始索引是 47 终止索引是 59
```

13-6-3　字符串的替换

程序实例 ch13_31.java：字符串替换的应用。程序第 9 行会将第一个比对成功的字符串用"C*A **"替换，程序第 10 行会将全部比对成功的字符串用"C*A **"替换。

```
1  import java.util.regex.*;
2  public class ch13_31 {
3     public static void main(String[] args) {
4        String msg = "CIA Mark told CIA Linda that secret USB had given to CIA Peter.";
5        String pattern = "CIA \\w*";                    // 正则表达式
6        String replace = "C*A **";                      // 新字符串
7        Pattern p = Pattern.compile(pattern);
8        Matcher m = p.matcher(msg);
9        System.out.println(m.replaceFirst(replace));    // 取代第一个出现的字符串
10       System.out.println(m.replaceAll(replace));      // 替换全部字符串
11    }
12 }
```

执行结果
```
D:\Java\ch13>java ch13_31
C*A ** told CIA Linda that secret USB had given to CIA Peter.
C*A ** told C*A ** that secret USB had given to C*A **.
```

程序实操题

1. 中国大陆手机号码格式是 xxx-xxxx-xxxx，x 代表数字，请重新设计 ch13_1.py，可以判断号码是否为中国大陆手机号码。

2. 中国大陆手机号码格式是 xxx-xxxx-xxxx，x 代表数字，请重新设计 ch13_6.py，可以判断号码是否为中国大陆手机号码。

3. 有一文本文件内容如下：

> 我喜欢看小龙女与杨过，不仅因为小龙女美丽，杨过在戏中
> 所扮演的角色更是让我喜欢。

请读者设计查找字符串"小龙女""杨过"，同时列出字符串出现的次数。这个程序应该采用交互式设计，程序执行时要求输入欲查找的字符串，然后列出查找结果，接着询问是否继续查找，是（y 或 Y）则继续，否（n 或 N）则结束。

其实如果将一部小说使用上述分析每个人物出现的次数，就可以知道哪些人物是主角，哪些人物是配角。

4. 请将程序实例 ch13_22.java 改为循环，每次比对完成，会询问是否继续输入欲比对的字符串。

5. 以 java.util.regex 重新设计程序实例 ch13_22.java 万用比对程序。

6. 请设计一个程序，这个程序可以查找下列格式的电话号码。

```
12345678                    # 没有区号
02 12345678                 # 区号与电话号码间没有空格
02-12345678                 # 区号与电话号码间使用 - 分隔
(02)-12345678               # 区号有小括号
02-12345678 ext 123         # 有分机号
02-12345678 ext. 123        # 有分机号，ext. 右边有 .
```

7. 台湾地区有些地方的电话号码是区号两位数，电话号码 7 位数，请设计程序，可以接受 7 位数或 8 位数的电话号码。

8. 请参考 ch13_30.java 设计一个正则表达式，可以解析字符串段落内的电子邮件，可以用下列邮件做测试。

我的电子邮件地址是 abc@deepstone.com，我的朋友小明的电子邮件地址是 abc@deepstone.com.tw，小张的电子邮件地址是 a9_1@mit.edu，梁院长的电子邮件地址是 s1@mcut.edu.tw，老蔡的电子邮件地址是 k8@open.cc。

习题

一、判断题

1（O）. 下列正则表达式 pattern 是查找 Mary 或 Tom。

```
pattern = "Mary|Tom";
```

2（X）. 下列表达式可以查找所有字符，意义是查找 0 到多个通配符（换行字符除外）。

```
Pattern = "*.";
```

3（X）. 下列语句可以返回 true。

```
System.out.println(Pattern.matches("[abc]?", "ab"));
```

4（O）. 下列语句可以返回 true。

```
System.out.println(Pattern.matches("[abc]+", "ab"));
```

5（O）. 下列语句可以返回 true。

```
System.out.println(Pattern.matches("[abc]*", "abbbbbba"));
```

6（X）. 下列语句可以返回 true。

```
System.out.println(Pattern.matches("\D", "1"));
```

7（X）. 在 java.util.regex 中，使用 find() 方法查找到字符串时，可以返回所查找到的字符串。

二、选择题

1（C）. 下列哪一个符号限定重复 5 次？

    A.（5）   B. [5]   C. {5}   D. |5|

2（A）. 下列哪一个符号代表 0 或 1 次？

    A. ?   B. *   C. +   D. [0-1]

3（B）. 下列哪一个符号代表 1 或多次？

    A. ?   B. *   C. +   D. [0-1]

4（B）. 下列哪一个字符代表 0 ～ 9 以外的其他字符？

    A. \d   B. \D   C. \s   D. \S

5（C）. 下列哪一个代表不限长度的数字、字母和下画线字符连续字符？

    A. \d+   B. \s*   C. \w+   D. \s+

6（D）. 下列哪一个是单一字符使用的通配符？

    A. +   B. *   C. ?   D. .

7（D）. 下列哪一个是查找不在这些字符的所有字符？

    A. +   B. *   C. ?   D. ^

14

第 1 4 章

继承与多态

本章摘要

第 10 ～ 13 章介绍了 Java 所提供的类，如果熟悉这些类的方法就可以很轻松地调用，这样可以节省程序开发的时间。

在真实的程序设计中，可能会设计许多类，部分类的属性 (或称成员变量) 与方法可能会重复，这时如果可以有机制将重复的部分只写一次，其他类可以直接引用这个重复的部分，这样可以让整个 Java 设计变的简洁易懂，这个机制就是本章的主题之一——继承。

本章另一个重要主题是多态，在这里使用截至本章所介绍的知识，讲解实践多态的方法与概念。

14-1　继承

在介绍本节内容前，如果读者对于类成员的访问控制已经生疏了，建议重新复习 9-2-1 节。

在面向对象程序设计中，类是可以继承的，其中，被继承的类称为父类或超类或基类，继承的类称为子类或衍生类。类继承的最大优点是许多父类的方法或属性，在子类中不用重新设计，可以直接引用，另外，子类也可以有自己的属性与方法。

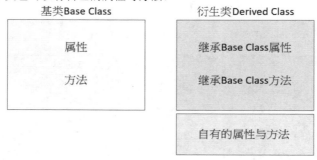

14-1-1　从三个简单的 Java 程序谈起

程序实例 ch14_1.java：这是一个 Animal 类，这个类的属性（成员变量）是 name，代表动物的名字。然后有两个方法，分别是 eat() 和 sleep()，这两个方法会分别列出 "**name** 正在吃食物" 和 "**name** 正在睡觉"。

```
1  class Animal {
2      private String name;                    // 动物名字
3      Animal(String name) {                   // 构造方法设置名字
4          this.name = name;
5      }
6      public void eat() {                     // 方法eat
7          System.out.println(name + "正在吃食物");
8      }
9      public void sleep() {                   // 方法sleep
10         System.out.println(name + "正在睡觉");
11     }
12 }
13 public class ch14_1 {
14     public static void main(String[] args) {
15         Animal animal = new Animal("Lily");
16         animal.eat();
17         animal.sleep();
18     }
19 }
```

执行结果
```
D:\Java\ch14>java ch14_1
Lily正在吃食物
Lily正在睡觉
```

程序实例 ch14_2.java：这是一个 Dog 类，这个类的属性（成员变量）是 name，代表动物的名字。然后有三个方法，分别是 eat()、sleep() 和 barking()，这三个方法会分别列出 "**name** 正在吃食物" "**name** 正在睡觉" 和 "**name** 正在叫"。

```
1  class Dog {
2      private String name;                    // 动物名字
3      Dog (String name) {                     // 构造方法设置名字
4          this.name = name;
5      }
6      public void eat( ) {                    // 方法eat
7          System.out.println(name + "正在吃食物");
8      }
9      public void sleep( ) {                  // 方法sleep
10         System.out.println(name + "正在睡觉");
11     }
12     public void barking() {                 // 方法barking
13         System.out.println(name + "正在叫");
14     }
15 }
16 public class ch14_2 {
17     public static void main(String[] args) {
18         Dog dog = new Dog("Haly");
19         dog.eat();
20         dog.sleep();
21         dog.barking();
22     }
23 }
```

执行结果

```
D:\Java\ch14>java ch14_2
Haly正在吃食物
Haly正在睡觉
Haly正在叫
```

程序实例 ch14_3.java：这是一个 Bird 类，这个类的属性（成员变量）是 name，代表动物的名字。然后有三个方法，分别是 eat()、sleep() 和 flying()，这三个方法会分别列出 "**name** 正在吃食物" "**name** 正在睡觉" 和 "**name** 正在飞"。

```
1  class Bird {
2      private String name;                    // 动物名字
3      Bird (String name) {                    // 构造方法设置名字
4          this.name = name;
5      }
6      public void eat() {                     // 方法eat
7          System.out.println(name + "正在吃食物");
8      }
9      public void sleep() {                   // 方法sleep
10         System.out.println(name + "正在睡觉");
11     }
12     public void flying() {                  // 方法fly
13         System.out.println(name + "正在飞");
14     }
15 }
16 public class ch14_3 {
17     public static void main(String[] args) {
18         Bird bird = new Bird("Cici");
19         bird.eat();
20         bird.sleep();
21         bird.flying();
22     }
23 }
```

执行结果

```
D:\Java\ch14>java ch14_3
Cici正在吃食物
Cici正在睡觉
Cici正在飞
```

可以使用下图，列出上述三个主要类的成员变量与方法。

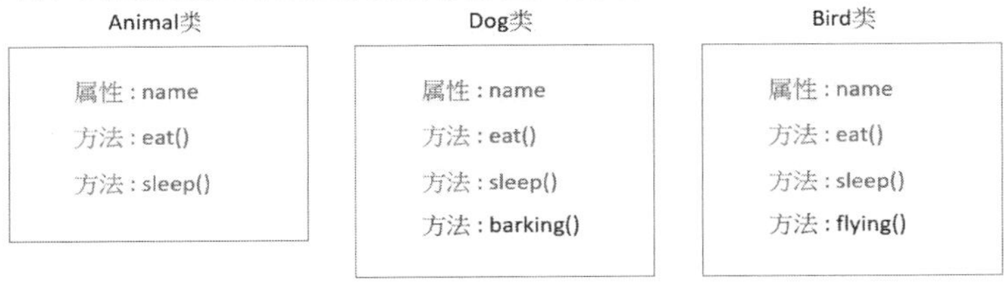

Animal类	Dog类	Bird类
属性：name 方法：eat() 方法：sleep()	属性：name 方法：eat() 方法：sleep() 方法：barking()	属性：name 方法：eat() 方法：sleep() 方法：flying()

其实 Dog 类和 Bird 类都是动物，由上图关系可以看出 Dog 类、Bird 类与动物 Animal 类都有相同的属性 name，同时有相同的方法 eat() 和 sleep()，然后 Dog 类有属于自己的方法 barking()，Bird 类有属于自己的方法 flying()。

如果将上述三个程序写成一个程序，则将创造一个冗长的程序代码，可是如果利用 Java 面向对象的继承概念，整个程序将简化许多。

14-1-2 继承的语法

Java 的继承需使用关键词 **extends**，语法如下。

```
class 子类名称 extends 父类名称 {
    // 子类属性
    // 子类方法
}
```

若是从 Animal 类和 Dog 类关系看，Animal 类是 Dog 类的父类，也可称 Dog 类是 Animal 类的子类，Dog 类可以继承 Animal 类，可以用下列方式设计 Dog 类。

```
Class Dog extends Animal {
    // Dog 类属性
    // Dog 类方法
}
```

程序实例 ch14_4.java：将程序实例 ch14_1.java 和 ch14_2.java 做简化省略属性，组成一个程序，以体会子类 Dog 继承父类 Animal 的方法。

```
1  class Animal {
2      public void eat() {              // Animal方法eat
3          System.out.println("正在吃食物");
4      }
5      public void sleep() {            // Animal方法sleep
6          System.out.println("正在睡觉");
7      }
8  }
9  class Dog extends Animal {
10     public void barking() {          // Dog类自有的方法barking
11         System.out.println("正在叫");
12     }
13 }
14 public class ch14_4 {
15     public static void main(String[] args) {
16         Dog dog = new Dog();
17         dog.eat();                   // dog继承Animal方法eat()
18         dog.sleep();                 // dog继承Animal方法sleep()
19         dog.barking();               // Dog类自有的方法
20     }
21 }
```

执行结果

```
D:\Java\ch14>java ch14_4
正在吃食物
正在睡觉
正在叫
```

上述由于 Dog 类继承了 Animal 类，所以 dog 对象可以正常使用父类 Animal 的 eat() 和 sleep() 方法，这样 Dog 类就可以省略重写 eat() 和 sleep() 方法，达到重用程序代码、精简程序，也减少错误发生。下列是上述程序的图示。

上述 Dog 类继承了 Animal 类，可以称之为单一继承。

14-1-3　观察父类构造方法的启动

正常的类一定有属性，当我们声明建立子类对象时，可以利用子类本身的构造方法初始化自己的属性。至于所继承的父类属性，则是由父类自身的构造方法初始化父类本身的属性。其实建立一个子类的对象时，Java 在调用子类的构造方法前会先调用父类的构造方法。其实这个概念很简单，子类继承了父类的内容，所以子类在建立本身对象前，一定要先初始化所继承父类的内容，下列程序实例将验证这个概念。

程序实例 ch14_5.java：建立一个 Dog 类的对象，观察在启动本身的构造方法前，父类 Animal 的构造方法会先被启动。

```
1  class Animal {
2      Animal() {                         // Animal构造方法
3          System.out.println("执行Animal构造方法 … ");
4      }
5      public void eat() {                // Animal方法eat
6          System.out.println("正在吃食物");
7      }
8      public void sleep() {              // Animal方法sleep
9          System.out.println("正在睡觉");
10     }
11 }
12 class Dog extends Animal {
13     Dog() {                            // Dog构造方法
14         System.out.println("执行Dog构造方法 … ");
15     }
16     public void barking() {            // Dog类自有的方法barking
17         System.out.println("正在叫");
18     }
19 }
20 public class ch14_5 {
21     public static void main(String[] args) {
22         Dog dog = new Dog();
23         dog.eat();                     // dog继承Animal方法eat()
24         dog.sleep();                   // dog继承Animal方法sleep()
25         dog.barking();                 // Dog类自有的方法
26     }
27 }
```

执行结果

```
D:\Java\ch14>java ch14_5
执行Animal构造方法 …
执行Dog构造方法 …
正在吃食物
正在睡觉
正在叫
```

上述程序在第 22 行声明 Dog 类的 dog 对象时，会先启动父类的构造方法，所以输出第一行字符串"执行 Animal 构造方法"，然后输出第二行字符串"执行 Dog 构造方法"。

14-1-4　父类属性是 public 子类初始化父类属性

现在扩充程序实例 ch14_5.java，扩充父类的属性 name，同时将 name 声明为 public，由于子类可以继承父类所有的 public 属性，所以这时可以由子类的构造方法初始化父类的属性 name。

程序实例 ch14_6.java：这个程序基本上是组合了 ch14_1.java 和 ch14_2.java，但是将父类 Animal 的属性 name 声明为 public。

```java
1  class Animal {
2      public String name;              // 定义动物名字
3      public void eat() {              // Animal方法eat
4          System.out.println(name + "正在吃食物");
5      }
6      public void sleep() {            // Animal方法sleep
7          System.out.println(name + "正在睡觉");
8      }
9  }
10 class Dog extends Animal {
11     Dog(String name) {               // Dog构造方法
12         this.name = name;            // 构造父类name属性
13     }
14     public void barking() {          // Dog类自有的方法barking
15         System.out.println(name + "正在叫");
16     }
17 }
18 public class ch14_6 {
19     public static void main(String[] args) {
20         Dog dog = new Dog("Haly");
21         dog.eat();                   // dog继承Animal方法eat()
22         dog.sleep();                 // dog继承Animal方法sleep()
23         dog.barking();               // Dog类自有的方法
24     }
25 }
```

执行结果

```
D:\Java\ch14>java ch14_6
Haly正在吃食物
Haly正在睡觉
Haly正在叫
```

上述程序第 11 ～ 13 行在子类的构造方法中，建立了父类的 name 属性。虽然上述程序简单好用，但是却失去了信息封装隐藏的效果。

14-1-5　父类属性是 private 调用父类构造方法

在 Java 面向对象概念中，如果父类属性是 private，此时无法使用前一节的概念在子类的构造方法内初始化父类属性，也就是说，父类属性的初始化工作交由父类处理。程序实例 ch14_6.java 的第 20 行内容如下。

```
Dog dog = new Dog("Haly");
```

声明子类的对象 dog 时，同时将此对象 dog 的名字 Haly 传给子类 Dog 的构造方法，然后需将所接收到的参数（此例是 name），调用父类的构造方法传递给父类，这样未来就可以利用父类的方法间接继承父类的 private 属性，但是请记住子类无法直接继承父类的 private 属性。子类构造方法调用父类的构造方法，并不是直接调用构造方法名称，而是需使用保留字 super，此实例的调用方法如下：

```
super(name);      // super 可以启动父类构造方法，name 是所传递的参数
```

若是延续先前实例，整个设计的概念图形如下，程序代码可参考 ch14_7.java。

程序实例 ch14_7.java：这个程序第 2 行首先会将父类 Animal 的 name 声明为 private，然后第 3 ～ 5 行是 Animal 的构造方法。程序第 15 行是将所接收到的 name 字符串，利用 super(name)，呼叫父类的构造方法，这样就可以执行父类初始化工作。

```
1  class Animal {
2      private String name;              // 定义动物名字
3      Animal(String name) {             // 构造方法设置名字
4          this.name = name;
5      }
6      public void eat() {               // Animal方法eat
7          System.out.println(name + "正在吃食物");
8      }
9      public void sleep() {             // Animal方法sleep
10         System.out.println(name + "正在睡觉");
11     }
12 }
13 class Dog extends Animal {
14     Dog(String name) {                // Dog构造方法
15         super(name);                  // 调用父类构造方法
16     }
17     public void barking() {           // Dog夹自有的方法barking
18         System.out.println("正在叫");
19     }
20 }
21 public class ch14_7 {
22     public static void main(String[] args) {
23         Dog dog = new Dog("Haly");
24         dog.eat();                    // dog继承Animal方法eat()
25         dog.sleep();                  // dog继承Animal方法sleep()
26         dog.barking();                // Dog夹自有的方法
27     }
28 }
```

执行结果

```
D:\Java\ch14>java ch14_7
Haly正在吃食物
Haly正在睡觉
正在叫
```

读者可能会觉得奇怪，为何上述执行结果的第 3 行输出，只输出"正在叫"，没有输出"Haly 正在叫"。原因是第 18 行内容如下。

System.out.println ("正在叫") ;

读者可能会觉得奇怪，为什么程序代码不是如下：

System.out.println(name + "正在叫") ;

如果写了上面一行程序代码，将会有下列错误产生。

ch14_7_1.java:18: 错误：name 在 Animal 中是 private 访问控制
　　　　　　System.out.println(name + "正在叫");

这是因为 name 在父类是声明为 private，第 18 行是子类的 barking() 方法，依据 9-2-1 节类成员的访问控制可以知道，当声明为 private 时，子类是无法存取父类的 **private** 属性的。笔者将错误的实例放在 ch14_7_1.java，读者可以试着去编译，即可看到上述错误。

14-1-6　存取修饰符 protected

在介绍面向对象程序设计至今，尚未介绍过访问控制 protected，这是介于 public 和 private 之间的访问权限，当一个类的属性或方法声明为此存取修饰符时，在这个访问权限下，这个类、相同包（Package）、子类都可以使用或继承此类的属性或方法。

程序实例 ch14_8.java：将 Animal 的 name 属性声明为 protected，这时程序第 18 行就可以继承父类的成员变量 name 了。

```
1  class Animal {
2      protected String name;              // 声明protected存取修饰符定义动物名字
3      Animal(String name) {               // 构造方法设置名字
4          this.name = name;
5      }
6      public void eat() {                 // Animal方法eat
7          System.out.println(name + "正在吃食物");
8      }
9      public void sleep() {               // Animal方法sleep
10         System.out.println(name + "正在睡觉");
11     }
12 }
13 class Dog extends Animal {
14     Dog(String name) {                  // Dog构造方法
15         super(name);                    // 声明父类构造方法
16     }
17     public void barking() {             // Dog类自有的方法barking
18         System.out.println(name + "正在叫"); // 可以继承name了
19     }
20 }
21 public class ch14_8 {
22     public static void main(String[] args) {
23         Dog dog = new Dog("Haly");
24         dog.eat();                      // dog继承Animal方法eat()
25         dog.sleep();                    // dog继承Animal方法sleep()
26         dog.barking();                  // Dog类自有的方法
27     }
28 }
```

执行结果

```
D:\Java\ch14>java ch14_8
Haly正在吃食物
Haly正在睡觉
Haly正在叫
```

当我们将父类的属性声明为 protected 访问控制时，其实也可以在子类的构造方法内直接设置父类的 protected 属性内容了。

程序实例 ch14_9.java：这个程序主要是省略父类的构造方法，然后在子类的构造方法内设置父类的属性，可参考第 12 行。

```
1  class Animal {
2      protected String name;              // 声明protected存取修饰符定义动物名字
3      public void eat() {                 // Animal方法eat
4          System.out.println(name + "正在吃食物");
5      }
6      public void sleep() {               // Animal方法sleep
7          System.out.println(name + "正在睡觉");
8      }
9  }
10 class Dog extends Animal {
11     Dog(String name) {                  // Dog构造方法
12         this.name = name;               // 直接设置动物名字
13     }
14     public void barking() {             // Dog类自有的方法barking
15         System.out.println(name + "正在叫"); // 可以继承name了
16     }
17 }
18 public class ch14_9 {
19     public static void main(String[] args) {
20         Dog dog = new Dog("Haly");
21         dog.eat();                      // dog继承Animal方法eat()
22         dog.sleep();                    // dog继承Animal方法sleep()
23         dog.barking();                  // Dog类自有的方法
24     }
25 }
```

执行结果

```
D:\Java\ch14>java ch14_9
Haly正在吃食物
Haly正在睡觉
Haly正在叫
```

读者应该发现该程序也是简单好用，同时又具有信息封装隐藏的效果。

14-1-7　分层继承

一个类可以有多个子类，若是以 14-1-1 节的三个程序实例为例，可以规划下列继承关系。

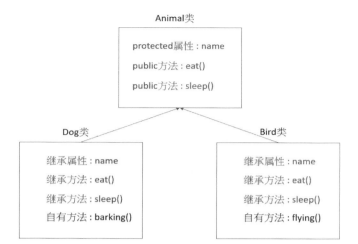

上述继承关系又称分层继承。

程序实例 ch14_10.java：将 ch14_1.java、ch14_2.java、ch14_3.java 三个程序，利用继承的特性，浓缩成一个程序。

```
 1  class Animal {
 2      protected String name;                    // 声明 protected 存取修饰符定义动物名字
 3      public void eat() {                       // Animal 方法 eat
 4          System.out.println(name + "正在吃食物");
 5      }
 6      public void sleep() {                     // Animal 方法 sleep
 7          System.out.println(name + "正在睡觉");
 8      }
 9  }
10  class Dog extends Animal {
11      Dog(String name) {                        // Dog 构造方法
12          this.name = name;                     // 调用父类构造方法
13      }
14      public void barking() {                   // Dog 类自有的方法 barking
15          System.out.println(name + "正在叫");  // 可以继承 name 了
16      }
17  }
18  class Bird extends Animal {
19      Bird(String name) {                       // Bird 构造方法
20          this.name = name;                     // 调用父类构造方法
21      }
22      public void flying() {                    // Bird 类自有的方法 flying
23          System.out.println(name + "正在飞");  // 可以继承 name 了
24      }
25  }
26  public class ch14_10 {
27      public static void main(String[] args) {
28          Dog dog = new Dog("Haly");
29          dog.eat();                            // dog 继承 Animal 方法 eat()
30          dog.sleep();                          // dog 继承 Animal 方法 sleep()
31          dog.barking();                        // Dog 类自有的方法
32          Bird bird = new Bird("Cici");
33          bird.eat();                           // bird 继承 Animal 方法 eat()
34          bird.sleep();                         // bird 继承 Animal 方法 sleep()
35          bird.flying();                        // bird 类自有的方法
36      }
37  }
```

执行结果

```
D:\Java\ch14>java ch14_10
Haly正在吃食物
Haly正在睡觉
Haly正在叫
Cici正在吃食物
Cici正在睡觉
Cici正在飞
```

读者应该发现程序缩短了许多，同时在规划大型 Java 应用程序时，如果尽量使用继承类则不仅可以避免错误，维持封装隐藏特性，还可以缩短程序开发时间。

14-1-8 多层次继承

在程序设计时，也许会碰上一个子类底下衍生了另一个子类，这就是所谓的多层次继承，下列是参考图例。

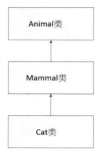

从上图可以看到，哺乳 Mammal 类继承了动物 Animal 类，猫 Cat 类继承了 Mammal 类，在这种多层次继承下，Cat 类可以继承 Mammal 和 Animal 所有类的内容。下列程序将说明 Cat 类如何存取 Animal 和 Mammal 类的内容。

程序实例 ch14_11.java：多层次继承的应用，在这个程序中 Animal 类内含有 protected 属性 name 和 public 方法 eat()。Mammal 类内含有 protected 属性 favorite_food 和 favoriteFood()。Cat 类自己有一个 public 方法 jumping()，同时继承了 Animal 和 Mammal 类的内容。

```java
1  class Animal {
2      protected String name;              // 声明protected存取修饰符定义动物名字
3      Animal(String name) {               // 构造方法初始化name
4          this.name = name;
5      }
6      public void eat() {                 // Animal方法eat
7          System.out.println(name + "正在吃食物");
8      }
9  }
10 class Mammal extends Animal {
11     protected String favorite_food;
12     Mammal(String name, String favorite_food) {    // 构造方法初始化name
13         super(name);                                // 调用父类构造方法
14         this.favorite_food = favorite_food;         // 最喜欢的食物
15     }
16     public void favoriteFood() {
17         System.out.println(name + " 喜欢吃 " + favorite_food);
18     }
19 }
20 class Cat extends Mammal {
21     Cat(String name, String favorite_food) {        // Cat构造方法
22         super(name, favorite_food);                 // 调用父类构造方法
23     }
24     public void jumping() {                          // Cat类自有的方法jumping
25         System.out.println(name + "正在叫");         // 可以继承name了
26     }
27 }
28 public class ch14_11 {
29     public static void main(String[] args) {
30         Cat cat = new Cat("lucy", "fish");
31         cat.eat();                      // cat继承Animal方法eat()
32         cat.favoriteFood();             // cat继承Mammal方法favoriteFood()
33         cat.jumping();                  // cat类自有的方法
34     }
35 }
```

执行结果

```
D:\Java\ch14>java ch14_11
lucy正在吃食物
lucy 喜欢吃 fish
lucy正在叫
```

读者需特别留意程序第 12 ～ 15 行的 Mammal 构造方法，在这个构造方法中有两条命令，如下所示。

```
super(name);                    // 必须放在构造方法最前面
this.favorite_food = favorite_food;
```

请记住，super(name) 必须放在前面，也就是先处理父类的构造方法，完成后再处理本身的构造方法，否则编译时会有错误。

14-1-9　继承类总结与陷阱

Java 的继承类可分成下列几种。

（1）单一继承（**Single Inheritance**），如下图所示。

（2）分层继承（**Hierarchical Inheritance**），如下图所示。

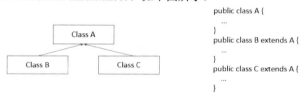

（3）多层次继承（**Multi-Level Inheritance**），如下图所示。

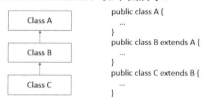

（4）多重继承（Multiple Inheritance）。

需特别留意的是目前 Java 为了简化语言同时降低复杂性，现在并没有支持多重继承（Multiple Inheritance），所谓的多重继承图示如下。

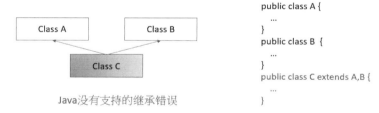

Java没有支持的继承错误

不过在面向对象程序设计语言中，部分程序语言支持多重继承，例如 Python。

14-1-10　常见的继承程序设计

笔者在撰写 Java 程序时有自己的思维，常看别人设计的 Java 程序也有他们的思维，条条大路通罗马，只要程序执行结果正确即可。本书前面几节讲解继承时，所用的程序逻辑如下方左图，其实可以看到有些人设计继承逻辑如下方右图，读者可以依自己喜好选择一种方式。

接下来的程序实例，则是使用上方右图概念设计继承程序。

程序实例 ch14_12.java：设计一个类 MyMath，这个类可以计算加法 add 和减法 sub。另外，设计主程序入口类 ch14_12，这个类继承 MyMath 类，同时本身有除法 mul 方法。

```java
1  class MyMath {
2      protected int result;              // 声明protected存取修饰符定义计算结果
3      public void add(int x, int y) {    // MyMath类方法add
4          this.result = x + y;
5          System.out.println("加法结果:" + this.result);
6      }
7      public void sub(int x, int y) {    // MyMath类方法sub
8          this.result = x - y;
9          System.out.println("减法结果:" + this.result);
10     }
11 }
12 public class ch14_12 extends MyMath {
13     public void mul(int x, int y) {    // ch14_12类方法mul
14         result = x * y;
15         System.out.println("乘法结果:" + result);
16     }
17     public static void main(String[] args) {
18         ch14_12 obj = new ch14_12();   // 定义ch14_12类对象
19         int a1 = 50, a2 = 5;
20         obj.add(a1, a2);               // 调用继承方法add()
21         obj.sub(a1, a2);               // 调用继承方法sub()
22         obj.mul(a1, a2);               // 调用自己的类方法mul()
23     }
24 }
```

执行结果

```
D:\Java\ch14>java ch14_12
加法结果 : 55
减法结果 : 45
乘法结果 : 250
```

上述程序最重要的是 ch14_12 这个类有 main() 方法表示是程序入口，第 18 行声明对象时，是声明 ch14_12 类的对象，剩下的则和以前相同。

14-1-11 父类与子类有相同的成员变量名称

设计程序时有时会碰上父类内的属性（也可称成员变量）与子类的属性有相同的名称，这时两个成员变量是各自独立的，在子类的成员变量显示的是子类成员变量的内容，在父类的成员变量显示的是父类成员变量的内容。

程序实例 ch14_13.java：子类的成员变量名称与父类成员变量名称相同的应用。由这个程序可以验证 Father 类和 Child 类的成员变量名称 x，尽管名称相同，但是各自有不同的内容空间。

```java
1  class Father {
2      protected int x = 50;
3  }
4  class Child extends Father {
5      protected int x = 100;
6  }
7  public class ch14_13 {
8      public static void main(String[] args) {
9          Father father = new Father();  // 建立父类对象
10         Child child = new Child();     // 建立子类对象
11         System.out.println("输出Father类x : " + father.x);
12         System.out.println("输出Child 类x : " + child.x);
13     }
14 }
```

执行结果

```
D:\Java\ch14>java ch14_13
输出Father类 x : 50
输出Child 类 x : 100
```

另外，当子类的成员变量名称与父类成员变量名称相同时，子类若是想存取父类的成员变量，可以使用 super 关键词，方法如下。

```
super.x                 // 假设父类成员变量名称是 x
```

程序实例 ch14_14.java：父类 Father 与子类 Child 有相同的成员变量名称，在子类同时输出此相同名称的成员变量，此时的重点是程序第 7 行，在此使用"super.x"，输出了父类的成员变量 x。

```
1  class Father {
2      protected int x = 50;
3  }
4  class Child extends Father {
5      protected int x = 100;
6      public void printInfo(){
7          System.out.println("输出Father类x：" + super.x);
8          System.out.println("输出Child 类x：" + x);
9      }
10 }
11 public class ch14_14 {
12     public static void main(String[] args) {
13         Father father = new Father();   // 建立父类对象
14         Child child = new Child();      // 建立子类对象
15         child.printInfo();
16     }
17 }
```

执行结果
```
D:\Java\ch14>java ch14_14
输出Father类 x：50
输出Child 类 x：100
```

14-2　IS-A 和 HAS-A 关系

面向对象程序设计一个很大的优点是程序代码可以重新使用，一个方法是使用 14-1 节所介绍的继承实例，其实继承就是 **IS-A** 关系，将在 14-2-1 节说明。另一个方法是使用 **HAS-A** 关系的概念，在 HAS-A 观念中又可以分为聚合（Aggregation）和组合（Composition），将分别在 14-2-2 和 14-2-3 节说明。

14-2-1　IS-A 关系与 instanceof

IS-A 其实是"is a kind of"的简化说法，代表父子间的继承关系。假设有下列的类定义。

```
class Animal {                          // 定义 Animal 类
  ...
}
class Fish extends Animal {             // 定义 Fish 类继承 Animal
  ...
}
class Bird extends Animal {             // 定义 Bird 类继承 Animal
  ...
}
class Eagle extends Bird{               // 定义 Eagle 类继承 Bird
  ...
}
```

从上述定义可以获得下列结论。

（1）Animal 类是 Fish 的父类。

（2）Animal 类是 Bird 的父类。

（3）Fish 类和 Bird 类是 Animal 的子类。

（4）Eagle 类是 Bird 类的子类和 Animal 类的孙子类。

如果现在用 IS-A 关系，可以如下这样解释。

（1）Fish is a kind of Animal(鱼是一种 (IS-A) 动物)。

（2）Bird is a kind of Animal(鸟是一种 (IS-A) 动物)。

（3）Eagle is a kind of Bird(老鹰是一种 (IS-A) 鸟)。

（4）Eagle is a kind of Animal(所以：老鹰是一种 (IS-A) 动物)。

在 Java 语言中关键词 instanceof 主要是可以测试某个对象是不是属于特定类，如果是则返回 true，否则返回 false。语法如下。

```
objectX  instanceof  ClassName
```

程序实例 ch14_15.java：IS-A 关系与 instanceof 关键词的应用。

```
 1 class Animal {
 2 }
 3 class Fish extends Animal {
 4 }
 5 class Bird extends Animal {
 6 }
 7 class Eagle extends Bird {
 8 }
 9 public class ch14_15 {
10     public static void main(String[] args) {
11         Animal animal = new Animal();
12         Fish fish = new Fish();
13         Bird bird = new Bird();
14         Eagle eagle = new Eagle();
15         System.out.println("Fish is Animal  : " + (fish instanceof Animal));
16         System.out.println("Bird is Animal  : " + (bird instanceof Animal));
17         System.out.println("Eagle is Bird   : " + (eagle instanceof Bird));
18         System.out.println("Eagle is Animal : " + (eagle instanceof Animal));
19     }
20 }
```

执行结果
```
D:\Java\ch14>java ch14_15
Fish is Animal  : true
Bird is Animal  : true
Eagle is Bird   : true
Eagle is Animal : true
```

14-2-2　HAS-A 关系——聚合

聚合（**Aggregation**）的 **HAS-A** 关系主要是决定某一类是否 HAS-A 某一事件，例如，A 类的属性（成员变量）其实是由另一个类所组成，此时可以称 "**A HAS-A B（或 A has a B）**"，这也是一种 Java 程序设计时让程序代码精简的方法，同时可以减少错误。可以参考下面实例。

```
public class Speed {
...

}
```

```
public class Car {
    private Speed sp;      // Car 类的成员变量 sp 是 Speed 类对象
}
```

以上述程序代码而言，简单地说可以在 Car 类中操作 Speed 类，例如，可以直接引用 Speed 类关于车速的方法，所以不用在 SportCar 类中处理有关车速的方法，如果上述程序还有其他相关的类程序需要用到 Speed 类的方法时，也可以直接引用。

程序实例 ch14_16.java：一个简单聚合（Aggregation）的 Has-A 关系实例。

```
1  class MyMath {                                // 处理圆半径的平方值
2      protected int square(int x) {
3          return x*x;
4      }
5  }
6  class Circle {
7      protected MyMath obj;                      // Aggregation
8      public double getArea(int radius) {
9          obj = new MyMath();                    // 建立MyMath对象
10         int rSquare = obj.square(radius);      // 程序代码可重复使用
11         return Math.PI*rSquare;                // 返回圆面积
12     }
13 }
14 public class ch14_16 {
15     public static void main(String[] args) {
16         Circle circle = new Circle();          // 建立Circle对象
17         double area = circle.getArea(10);      // 计算圆面积
18         System.out.printf("圆面积是：%6.2f\n", area);
19     }
20 }
```

执行结果

```
D:\Java\ch14>java ch14_16
圆面积是 ： 314.16
```

其实上述实例可以说 **Circle** HAVE-A **MyMath** 关系，可以用下列图示说明上述实例。

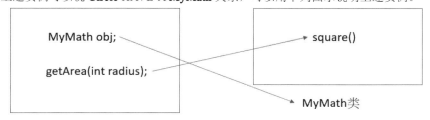

Circle类

对上述实例而言，第 7 行声明 MyMath 类是 Circle 类的成员变量，在这种情形下就可以在 Circle 类或相关子类引用 MyMath 类的内容，这样就可以达到精简程序代码的目的，因为程序代码可以重复使用。程序第 9 行是声明 MyMath 类对象 obj，有了这个 obj 对象第 10 行就可以透过此对象调用 MyMath 类的 square() 方法返回平方值（此程序代表圆半径的平方），然后第 11 行可以返回圆面积（**PI** 乘圆半径）。

其实在 Java 程序设计时，如果类间没有 IS-A 关系时，HAS-A 关系的聚合是一个很好地将程序代码重复使用达到精简程序代码的目的。

程序实例 ch14_17.java：员工数据建立的应用。在这个程序中有一个 HomeTown 类，这个类含有员工地址家乡城市信息。Employee 则是员工类，这个员工类有一个成员变量是 HomeTown 类对象，所以可以说关系是 **Employee** HAVE-A **HomeTown**。这个程序会先建立员工数据，然后输出。

215

```
1  class HomeTown {                                    // 员工家乡HomeTown类
2      protected String city, state, country;
3      HomeTown(String city, String state, String country) {
4          this.city = city;                           // 城市
5          this.state = state;                         // 省
6          this.country = country;                     // 国别
7      }
8  }
9  class Employee {                                     // 员工Employee类
10     int id;                                          // 员工编号
11     int age;                                         // 员工年龄
12     char gender;                                     // 性别
13     String name;                                     // 名字
14     HomeTown hometown;                               // Aggregation家乡城市
15     Employee(int id, int age, char gender, String name, HomeTown hometown) {
16         this.id = id;
17         this.age = age;
18         this.gender = gender;
19         this.name = name;
20         this.hometown = hometown;
21     }
22     public void printInfo() {                        // 输出员工信息
23         System.out.println("员工编号:" + id + "\t" +
24                            "员工年龄:" + age + "\t" +
25                            "员工性别:" + gender + "\t" +
26                            "员工姓名:" + name);
27         System.out.println("城市:" + hometown.city + "\t" +
28                            "省份:" + hometown.state + "\t" +
29                            "国别:" + hometown.country);
30     }
31 }
32 public class ch14_17 {
33⊕     public static void main(String[] args) {
34         HomeTown hometown = new HomeTown("徐州", "江苏", "中国");      // 家乡对象
35         Employee em = new Employee(10, 29, 'F', "周佳", hometown);   // 员工对象
36         em.printInfo();
37     }
38 }
```

执行结果
```
D:\Java\ch14>java ch14_17
员工编号:10        员工年龄:29        员工性别:F        员工姓名:周佳
城市:徐州          省份:江苏          国别:中国
```

上述程序第 34 行是初始化 **HomeTown** 类家乡信息，设置好后 hometown 对象就会有家乡信息的参照。程序第 35 行是初始化 Employee 类员工信息，需留意 hometown 对象被当作参数传递，设置好后 em 对象就可以调用 printInfo() 方法输出员工信息。

14-2-3 HAS-A 关系——组合

组合（Composition）其实是一种特殊的聚合（Aggregation），基本概念是可以引用其他类对象成员变量或方法达到重复使用程序代码精简程序的目的。

接下来用 Car 类的实例说明 IS-A 关系和 HAS-A 关系的组合。

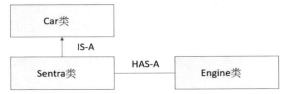

程序实例 ch14_18.java：这个程序包含三个类，Car 类定义了车子最高速度 maxSpeed 和颜色 color，然后分别可以用 **setMaxSpeed()** 和 setColor() 方法设置它们的最高速度和颜色，printCarInfo() 方法则是输出车子最高时速和车子颜色。Sentra 类是 Car 类的子类，所以 Sentra

对象可以调用 Car 的方法，可参考第 36 ～ 38 行。Sentra 类的方法 SentraShow() 在第 16 行声明
了 Engine 类对象，这也是 **HAS-A** 关系组合（Composition）的关键，因为声明后它就可以调用
Engine 类的方法，可参考第 17 ～ 19 行。

```
1  class Car {
2      private int maxSpeed;
3      private String color;
4      public void setMaxSpeed(int maxSpeed) {        // 设置最高速度方法
5          this.maxSpeed = maxSpeed;
6      }
7      public void setColor(String color) {           // 设置车子颜色方法
8          this.color = color;
9      }
10     public void printCarInfo() {
11         System.out.println("车子最高时速：" + maxSpeed +"\n车子外观颜色：" + color);
12     }
13 }
14 class Sentra extends Car {                          // 继承Car类
15     public void SentraShow() {                      // Sentra类自有方法
16         Engine sentraEngine = new Engine();         // Composition
17         sentraEngine.starting();                    // 引擎启动
18         sentraEngine.running();                     // 引擎运转
19         sentraEngine.stopping();                    // 引擎停止
20     }
21 }
22 class Engine {                                      // 是Sentra类的属性
23     public void starting() {                        // Engine类自有方法
24         System.out.println("引擎启动");
25     }
26     public void running() {                         // Engine类自有方法
27         System.out.println("引擎运转");
28     }
29     public void stopping() {                        // Eigine类自有方法
30         System.out.println("引擎停止");
31     }
32 }
33 public class ch14_18 {
34     public static void main(String[] args) {
35         Sentra sentra = new Sentra();
36         sentra.setMaxSpeed(220);                    // 使用继承Car方法
37         sentra.setColor("蓝色");                     // 使用继承Car方法
38         sentra.printCarInfo();                      // 继承Car方法输出信息
39         sentra.SentraShow();                        // 展示引擎运作
40     }
41 }
```

执行结果

```
D:\Java\ch14>java ch14_18
车子最高时速：220
车子外观颜色：蓝色
引擎启动
引擎运转
引擎停止
```

组合（Composition）的限制比较多，它的组件不能单独存在，以上述实例而言，相当于 Sentra
类和 Engine 类不能单独存在。

14-3　Java 程序代码太长的处理

在程序设计时，如果觉得程序代码太长可以将各类独立成一个文件，每个文件的名称必须是类
名称，扩展名是 **java**，同时每个独立文件的类要声明为 **public**。请留意必须在相同文件夹。
程序实例 ch14_19.java：以 ch14_17.java 为实例，将此程序分成 ch14_19.java 、Employee.java 、
HomeTown.java，下面为三个程序内容。

　　ch14_19.java

```
1 public class ch14_19 {
2     public static void main(String[] args) {
3         HomeTown hometown = new HomeTown("徐州", "江苏", "中国");      // 家乡对象
4         Employee em = new Employee(10, 29, 'F', "周佳", hometown);   // 员工对象
5         em.printInfo();
6     }
7 }
```

Employee.java

```
1  public class Employee {                          // 员工Employee类
2      int id;                                      // 员工编号
3      int age;                                     // 员工年龄
4      char gender;                                 // 性别
5      String name;                                 // 名字
6      HomeTown hometown;                           // Aggregation家乡城市
7      Employee(int id, int age, char gender, String name, HomeTown hometown) {
8          this.id = id;
9          this.age = age;
10         this.gender = gender;
11         this.name = name;
12         this.hometown = hometown;
13     }
14     public void printInfo() {                    // 输出员工信息
15         System.out.println("员工编号:" + id + "\t" +
16                            "员工年龄:" + age + "\t" +
17                            "员工性别:" + gender + "\t" +
18                            "员工姓名:" + name);
19         System.out.println("城市:" + hometown.city + "\t" +
20                            "省份:" + hometown.state + "\t" +
21                            "国别:" + hometown.country);
22     }
23 }
```

HomeTown.java

```
1  public class HomeTown {                          // 员工家乡HomeTown类
2      protected String city, state, country;
3      HomeTown(String city, String state, String country) {
4          this.city = city;                        // 城市
5          this.state = state;                      // 省
6          this.country = country;                  // 国别
7      }
8  }
```

执行结果　与 ch14_17.java 相同。

上述所有程序是在 D:/Java/ch14 文件夹下，相关内容可参考下列图示。

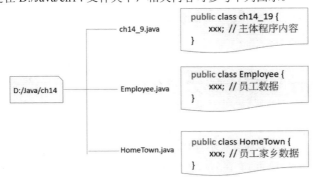

上述程序在编译与执行时与一个文件是相同的，如下所示。

```
D:\Java\ch14>javac ch14_19.java

D:\Java\ch14>java ch14_19
员工编号:10        员工年龄:29        员工性别:F        员工姓名:周佳
城市:徐州          省份:江苏          国别:中国
```

在编译 ch14_19.java 时，由于程序内有建立 **HomeTown** 和 Employee 类对象（第 **3** 和 4 行），

这是在 ch14_19.java 内没有的，所以 Java 编译程序会自动在相同文件夹内寻找 HomeTown 和 Employee 类的程序文件，以此例而言是去寻找 HomeTown.java 和 Employee.java，然后一起编译这些文件。在执行 ch14_19 时，Java 的执行程序也会去寻找相同文件夹下的相关类文件，以此例而言是 HomeTown.class 和 Employee.class，这是执行程序期间所需要的文件，最后执行然后列出结果。

在 Java 语言中规定了独立的类文件需使用类名称当作文件名，这样让编译程序在找寻相关的类文件时变得容易，当然管理也变得简单，特别是在规划大型程序的设计上。

以上只是当程序变得更大更复杂时，笔者先简介的 Java 程序分割的方法与概念，第 19 章还会介绍与大型程序的规划与设计相关的知识——建立包（Package）。

在结束本节前，笔者还想介绍将一个文件的类分拆成多个文件的重要优点，当我们将 HomeTown 和 Employee 类的 HomeTown.java 和 Employeejava.java 的文件独立后，未来所有其他程序可以随时调用它们，相当于可以达到资源共享的目的，这个概念特别是对于大型应用程序开发非常重要，在一个程序开发团队中，每一个人需要开发一些类，然后彼此可以分享，这样可以提升程序开发的效率。这就好像我们学习 Java 时，很多时候是学习调用许多 Java API，然后将这些 API 应用在自己的程序内，其实这些 Java API 是许多前辈的 **Java** 程序设计师或甲骨文公司的 **Java** 研发单位开发的，然后让所有 Java 学习者共享与使用，使用者可以不用重新开发这些 API，只要会用即可，增加学习效率。

程序实例 ch14_19_1.java：相较于 ch14_19.java，这是一个完全独立的程序，这个程序可以调用 HomeTown 和 Employee 类，然后执行属于自己的应用。

```
1  public class ch14_19_1 {
2      public static void main(String[] args) {
3          HomeTown hometown = new HomeTown("长沙", "湖南", "中国");       // 家乡对象
4          Employee em = new Employee(12, 29, 'F', "刘姗庆", hometown);  // 员工对象
5          em.printInfo();
6      }
7  }
```

执行结果
```
D:\Java\ch14>java ch14_19_1
员工编号:12      员工年龄:29      员工性别:F      员工姓名:刘姗庆
城市:长沙        省份:湖南        国别:中国
```

14-4　重写

14-4-1　基本定义

重写（Override）是在子类中遵守下面规则重写父类的方法，这样可以扩充父类的功能。

（1）名称不变、返回值类型不变、参数列表不变。

（2）访问权限不可比父类低，例如，父类是 public，子类不可是 protected。

（3）构造方法不能重写。

（4）static 方法不能重写。

（5）声明为 final 方法不能重写。

程序实例 ch14_20.java：重写的基本应用。

```
1  class Animal {
2      public void moving() {
3          System.out.println("动物可以活动");
4      }
5  }
6  class Cat extends Animal {
7      public void moving() {
8          System.out.println("猫可以走路和跳");
9      }
10 }
11 public class ch14_20 {
12     public static void main(String[] args) {
13         Animal a = new Animal();    // 父类动物对象
14         Cat c = new Cat();          // 子类猫对象
15         a.moving();                 // 调用父类moving()方法
16         c.moving();                 // 调用子类moving()方法
17     }
18 }
```

执行结果

```
D:\Java\ch14>java ch14_20
动物可以活动
猫可以走路和跳
```

14-4-2　super 关键词应用于 Override

当需要在子类调用父类中被重写的方法时，可以用 super 关键词。

程序实例 ch14_21.java：使用 super 调用父类中被重写的方法。

```
1  class Animal {
2      public void moving() {
3          System.out.println("动物可以活动");
4      }
5  }
6  class Cat extends Animal {
7      public void moving() {
8          super.moving();             // 调用父类的moving()方法
9          System.out.println("猫可以走路和跳");
10     }
11 }
12 public class ch14_21 {
13     public static void main(String[] args) {
14         Cat c = new Cat();          // 子类猫对象
15         c.moving();                 // 调用子类moving()方法
16     }
17 }
```

执行结果

```
D:\Java\ch14>java ch14_21
动物可以活动
猫可以走路和跳
```

14-4-3　重写方法时访问权限不可比父类严

设计程序时可以针对类方法设置访问权限，在子类中重写方法时可以更改方法的访问权限，但是子类只能让重写的方法访问权限更松，不可以让访问权限更严。

程序实例 ch14_22.java：让重写方法的访问权限更松的实例，父类 moving() 的访问权限是 protected，重写的子类 moving() 访问权限是 public。

```
1  class Animal {
2      protected void moving() {       // 访问权限是protected
3          System.out.println("动物可以活动");
4      }
5  }
6  class Cat extends Animal {
7      public void moving() {          // 访问权限变松为public
8          System.out.println("猫可以走路和跳");
9      }
10 }
11 public class ch14_22 {
12     public static void main(String[] args) {
13         Animal a = new Animal();    // 父类动物对象
14         Cat c = new Cat();          // 子类猫对象
15         a.moving();                 // 调用父类moving()方法
16         c.moving();                 // 调用子类moving()方法
17     }
18 }
```

执行结果

```
D:\Java\ch14>java ch14_22
动物可以活动
猫可以走路和跳
```

程序实例 ch14_23.java：让重写方法的访问权限更严的实例，父类 moving() 的访问权限是 public，重写的子类 moving() 访问权限是 protected，结果程序产生错误。

```
 1  class Animal {
 2      public void moving() {        // 访问权限是public
 3          System.out.println("动物可以活动");
 4      }
 5  }
 6  class Cat extends Animal {
 7      protected void moving() {     // 访问权限变严为protected
 8          System.out.println("猫可以走路和跳");
 9      }
10  }
11  public class ch14_23 {
12      public static void main(String[] args) {
13          Animal a = new Animal();    // 父类动物对象
14          Cat c = new Cat();          // 子类猫对象
15          a.moving();                 // 调用父类moving()方法
16          c.moving();                 // 调用子类moving()方法
17      }
18  }
```

执行结果
```
D:\Java\ch14>javac ch14_23.java
ch14_23.java:7: 错误: Cat中的moving()无法覆盖Animal中的moving()
        protected void moving() {             // 访问权限变严为protected

    正在尝试分配更低的访问权限; 以前为public
1 个错误
```

14-4-4 不能重写 static 方法

static 方法不能重写。

程序实例 ch14_24.java：重写 static 方法结果错误的实例。

```
 1  class Animal {
 2      public static void moving() {    // static方法
 3          System.out.println("动物可以活动");
 4      }
 5  }
 6  class Cat extends Animal {
 7      public void moving() {           // 重新定义static方法产生错误
 8          System.out.println("猫可以走路和跳");
 9      }
10  }
11  public class ch14_24 {
12      public static void main(String[] args) {
13          Animal a = new Animal();    // 父类动物对象
14          Cat c = new Cat();          // 子类猫对象
15          a.moving();                 // 调用父类moving()方法
16          c.moving();                 // 调用子类moving()方法
17      }
18  }
```

执行结果
```
D:\Java\ch14>javac ch14_24.java
ch14_24.java:7: 错误: Cat中的moving()无法覆盖Animal中的moving()
        public void moving() {                // 重新定义static方法产生错误

    被覆盖的方法为static
1 个错误
```

14-4-5 不能重写 final 方法

有时候设计类时只是想让方法供子类调用，可以将此方法声明为 final，经声明为 final 的方法是不能重写的。

程序实例 ch14_25.java：重写 final 方法产生错误的应用。

```
 1  class Animal {
 2      public (final) void moving() {        // 声明为final方法
 3          System.out.println("动物可以活动");
 4      }
 5  }
 6  class Cat extends Animal {
 7      (public void moving() {)              // 重新定义final方法产生错误
 8          System.out.println("猫可以走路和跳");
 9      }
10  }
11  public class ch14_25 {
12      public static void main(String[] args) {
13          Animal a = new Animal();   // 父类动物对象
14          Cat c = new Cat();         // 子类猫对象
15          a.moving();                // 调用父类moving()方法
16          c.moving();                // 调用子类moving()方法
17      }
18  }
```

执行结果

```
D:\Java\ch14>javac ch14_25.java
ch14_25.java:7: 错误: Cat中的moving()无法覆盖Animal中的moving()
        public void moving() {        // 重新定义final方法产生错误
                    ^
    被覆盖的方法为final
1 个错误
```

14-4-6 @Overload

Java 在重写方法时，提供了 @Override **注释**（Annotation），这个注释是给编译程序的提示，告诉编译程序以下方法是重写父类方法，请确认参数是否相同。使用时只要写在重写方法前即可，如果程序不加此注释也不会错。

程序实例 ch14_25_1.java：增加 @Overload 重新设计 ch14_20.java，其实这个程序只是在重写的方法 public void moving() 前增加 @Override 注释。

```
 6  class Cat extends Animal {
 7      @Override
 8      public void moving() {
 9          System.out.println("猫可以走路和跳");
10      }
11  }
```

执行结果

与 ch14_20.java 相同。

如果读者未来设计大型程序，在重写方法时强烈建议加上此 @Override 注释，这样可以方便未来自己或他人阅读程序时可以很快知道方法的用途。本书程序范例比较少加上此注释，原因是程序短小，另外也限于篇幅。

14-5 重载父类的方法

在 9-1-3 节已介绍过重载（Overload），这个概念也可以应用于子类使用与父类相同名称重载父类的方法。

程序实例 ch14_26.java：子类重载父类的 moving() 方法，但是多了字符串参数。

```
1  class Animal {
2      public void moving() {                    // 父类的moving()方法
3          System.out.println("动物可以活动");
4      }
5  }
6  class Cat extends Animal {
7      public void moving(String msg) {          // 多重定义父类的moving()方法
8          System.out.println(msg);
9      }
10 }
11 public class ch14_26 {
12     public static void main(String[] args) {
13         Cat c = new Cat();                    // 子类猫对象
14         c.moving();                           // 调用父类moving()方法
15         c.moving("猫可以走路和跳");            // 调用子类moving()方法
16     }
17 }
```

执行结果

```
D:\Java\ch14>java ch14_26
动物可以活动
猫可以走路和跳
```

上述第 13 行建立子类 Cat 的对象 c，第 14 行对象 c 调用 moving() 方法时，会先在子类寻找有没有适合的方法可以执行，由于找不到所以会去父类寻找，最后执行父类的 moving() 方法。第 15 行对象 c 调用 moving() 方法，由于有字符串参数，这符合本身所属类 moving() 方法，所以就执行本身类的方法。

14-6　多态

多态（Polymorphism）是指一个方法具有多种功能，其实多态（**Polymorphism**）字意的由来是两个希腊文文字"**poly**"意义是"许多"、"**morphs**"意义是"形式"，所以中文译为多态。Java 程序语言有以下两种多态。

（1）静态多态（Static Polymorphism）又称编译时多态。

（2）动态多态（Dynamic Polymorphism）又称执行时多态。

本节将针对我们拥有的知识说明多态，后面讲解更多 Java 知识（抽象类 Abstract Class 和接口 Interface）时，还会介绍更多有关多态的知识。

14-6-1　编译时多态

在 9-1-3 节介绍了方法的重载，从该章节知道可以设计相同名称的方法，然后根据方法内的参数类型、参数数量、参数顺序的区别，决定调用哪一个方法，这个决定是在 Java 程序编译期间处理，所以又称作编译时多态。

典型的实例可以参考程序实例 ch9_8.java。

14-6-2　执行时多态

这一节的内容是迈向高手才会用到的，笔者也将用实例说明。执行时多态或称动态多态是指调用方法时是在程序执行时期解析对重写方法的调用过程，解析的方式是看变量所参考的类对象。

在正式以实例解说执行时多态前笔者想先介绍一个名词 **Upcasting**，可以翻译为向上转型，基本概念是一个本质是子类，但是将它当作父类来看待，然后将父类的参考指向子类对象。为何要这样？主要是父类能存取的成员方法，子类都有，甚至子类经过了重写后，有比父类更好更丰富的方法。

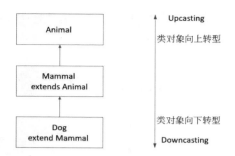

1. 向上转型

例如，有两个类如下。

```
class Parent { }
class Child extends Parent { }
```

当用下面方式声明时，就是 Upcasting。

Parent A = new Child();   // Upcasting

执行时多态存在的三个必要条件如下。

（1）有继承关系。

（2）子类有重写方法。

（3）父类变量对象参考到子类对象。

当使用执行时多态时，Java 会先检查父类有没有该方法，如果没有则会有错误产生程序终止，如果有则会调用变量对象参考子类同名的方法，多态的好处是若是设计大型程序可以很方便扩展，同时可以对所有的类重写的方法进行调用。

程序实例 ch14_27.java：执行时多态的应用。

```
 1  class School {
 2      public void demo() {            // 父类的demo()方法
 3          System.out.println("明志科大");
 4      }
 5  }
 6  class Department extends School {
 7      public void demo() {            // 重新定义父类的demo()方法
 8          System.out.println("明志科大机械系");
 9      }
10  }
11  public class ch14_27 {
12      public static void main(String[] args) {
13          School A = new School();
14          School B = new Department();        // Upcasting
15          A.demo();                           // 调用父类demo()方法
16          B.demo();                           // 调用子类demo()方法
17      }
18  }
```

执行结果

```
D:\Java\ch14>java ch14_27
明志科大
明志科大机械系
```

对于程序第 14 行所声明的是父类 School 对象 B 变量，但是这个 B 变量所参考的内容是子类 Department，这时 Department 子类对象被 B 变量 Upcasting 了，Java 在执行时会依据 B 变量所参考的对象执行 demo() 方法，所以程序第 16 行所输出的是"明志科大机械系"。

程序实例 ch14_28.java：执行时多态的应用。这个程序会重写对象参考，然后程序会依参考所指类对象然后输出利率。

```
1  class Bank {
2      public double RateInterest() {        //  Bank类的利率方法
3          return 0;
4      }
5  }
6  class FirstBank extends Bank {
7      public double RateInterest() {        // 重新定义利率方法
8          return 1.05;
9      }
10 }
11 class TaishinBank extends Bank {
12     public double RateInterest() {        // 重新定义利率方法
13         return 1.1;
14     }
15 }
16 public class ch14_28 {
17     public static void main(String[] args) {
18         Bank A = new Bank();
19         System.out.println("Bank利率:" + A.RateInterest());
20         A = new FirstBank();
21         System.out.println("First Bank利率:" + A.RateInterest());
22         A = new TaishinBank();
23         System.out.println("Taishin Bank利率:" + A.RateInterest());
24     }
25 }
```

执行结果

```
D:\Java\ch14>java ch14_28
Bank利率 : 0.0
First Bank利率 : 1.05
Taishin Bank利率 : 1.1
```

程序实例 ch14_29.java：这个程序主要是第 17 行，也可以在程序中更改参照，原先 A 对象参照是 Bank 类，这一行将参照改为 FirstBank 类。

```
1  class Bank {
2      public void demoInterest() {        //  输出利率
3          System.out.println("Bank利率:" + 0);
4      }
5  }
6  class FirstBank extends Bank {
7      public void demoInterest() {        //  输出利率
8          System.out.println("Bank利率:" + 1.05);
9      }
10 }
11 public class ch14_29 {
12     public static void main(String[] args) {
13         Bank A = new Bank();
14         A.demoInterest();
15         FirstBank B = new FirstBank();
16         B.demoInterest();
17         A = B;                           // 更改参考
18         A.demoInterest();
19     }
20 }
```

执行结果

```
D:\Java\ch14>java ch14_29
Bank利率 : 0
Bank利率 : 1.05
Bank利率 : 1.05
```

本章最后要讲的是，执行时多态的 Upcasting 概念不能用在属性的成员变量，可参考下列实例。

程序实例 ch14_30.java：方法可以重写，但是成员变量内容将不适用。

```
1  class Bank {
2      int balance = 10000;
3  }
4  class FirstBank extends Bank {
5      int balance = 50000;
6  }
7  public class ch14_30 {
8      public static void main(String[] args) {
9          Bank A = new FirstBank();    // Upcasting
10         System.out.println(A.balance);
11     }
12 }
```

执行结果

```
D:\Java\ch14>java ch14_30
10000
```

从上述执行结果可以看到，尽管对象 A 的参照指向 FirstBank 类对象，但是 A.balance 的内容仍是 Bank 类的 balance 内容。

2. 向下转型

基本概念是一个本质是父类，但是将它当作子类来看待，然后将子类的参考指向父类对象。另外，使用向下转型时常会发生程序编译期间正确，但是在执行期间发生 ClassCastException 异常。最后如果一定需要使用向下转型，必须使用强制，接下来将用实例说明向下转型的方法、用途与常见的错误。

程序实例 ch14_31.java：向下转型的方法。

```
 1 class Animal {
 2     public void walk() {
 3         System.out.println("Animal is walking.");
 4     }
 5 }
 6 class Dog extends Animal {
 7     public void walk() {
 8         System.out.println("Dog is walking");
 9     }
10 }
11 class Cat extends Animal {
12     public void walk() {
13         System.out.println("Cat is walking");
14     }
15 }
16 public class ch14_31 {
17     public static void main(String[] args) {
18         Animal animal = new Dog();          // Upcasting
19         animal.walk();
20         Dog dog = (Dog) animal;             // Downcasting
21         dog.walk();
22 // Error frequently
23 //      Dog dog = (Dog) new Animal();
24     }
25 }
```

执行结果
```
D:\Java\ch14>java ch14_31
Dog is walking
Dog is walking
```

必须记住不论是向上转型或是向下转型，父类对象参考都是指向子类对象，读者由上述执行结果应可看到。对于上述而言，第 18 行是将 Dog 对象 dog 向上转型为 Animal 对象 animal，但是这个 animal 对象本质上仍是 Dog，所以可以用第 20 行的方法执行向下转型，虽然第 20 行语法也可以称作强制转型，但是对于 Java 程序设计师而言，还是喜欢称这是向下转型。

程序设计时最常看到的错误是使用程序第 23 行做向下转型，编译时正确但是执行时产生 **ClassCastException** 异常。若是以上述实例而言，Animal 类是 Dog 类和 Cat 类的父类，"new Animal()" 所产生的对象也许是 Dog 或 Cat，在执行时会造成模糊，所以无法用这种方式执行向下转型。甚至即使在程序设计中，Animal 类只有一个子类 Dog，Java 也会在执行期间产生错误。如果将第 23 行拆解成下列程序代码，其实也是一样的错误。

```
Animal animal = new Animal();
Dog dog = (Dog) animal;                      // runtime 错误
```

接着读者可能会想向下转型的目的是什么？当我们将一个子类对象向上转型后，基本上这个子类对象的其他方法是被遮蔽无法调用的，如果想要重新使用这个子类对象的其他方法，则可以使用向下转型。

程序实例 ch14_32.java：重新设计 ch14_31.java，执行向上转型然后向下转型，最后可以使用 Dog 类的 eat() 方法。

```
1  class Animal {
2      public void walk() {
3          System.out.println("Animal is walking.");
4      }
5  }
6  class Dog extends Animal {
7      public void walk() {
8          System.out.println("Dog is walking");
9      }
10     public void eat( ) {
11         System.out.println("Dog is eating");
12     }
13 }
14 public class ch14_32 {
15     public static void main(String[] args) {
16         Animal animal = new Dog();      // Upcasting
17         animal.walk();
18         Dog dog = (Dog) animal;         // Downcasting
19         dog.walk();
20         dog.eat();                      // reuse the method
21     }
22 }
```

执行结果

```
D:\Java\ch14>java ch14_32
Dog is walking
Dog is walking
Dog is eating
```

在程序设计时为了避免向下转型时发生执行时错误，可以用 14-2-1 节介绍的 instanceof 关键词，先确认对象的本质，如果返回值是 true 再执行向下转型，这样可以避免发生执行时产生 **ClassCastException** 异常，造成程序终止。

程序实例 ch14_33.java：重新设计 ch14_31.java，增加向下转型前执行 instanceof 关键词。

```
1  class Animal {
2      public void walk() {
3          System.out.println("Animal is walking.");
4      }
5  }
6  class Dog extends Animal {
7      public void walk() {
8          System.out.println("Dog is walking");
9      }
10 }
11 public class ch14_33 {
12     public static void main(String[] args) {
13         Animal animal = new Dog();      // Upcasting
14         animal.walk();
15         if (animal instanceof Dog) {
16             Dog dog = (Dog) animal;     // Downcasting
17             dog.walk();
18         }
19     }
20 }
```

执行结果

与 ch14_31.java 相同。

14-7 静态绑定与动态绑定

调用方法与方法本身的连接称作绑定，有以下两种绑定类型。

（1）静态绑定：有时候也称为早期绑定，主要是指在编译期间绑定产生，所以重载方法都算是静态绑定。

（2）动态绑定：有时候也称为晚期绑定，主要是指在执行期间绑定产生，所以重写方法都算是动态绑定。

14-8　嵌套类别

为了数据安全，程序设计时有时会将一个类设计为另一个类的成员，这也是本节的主题。

嵌套类是指一个类可以有另一个类当作它的成员，有时将拥有内部类的类称外部类，依附在一个类内的类称为内部类。

假设外部类称为 OuterClass，内部类称为 InnerClass，则语法如下。

```
class OuterClass {
    class InnerClass {
        xxx;                    // InnerClass 内部程序代码
    }
}
```

基本上可以将内部类分成以下三种。

（1）内部类（Inner Class）；

（2）方法内部类（Method-local Inner Class）；

（3）匿名内部类（Anonymous Inner Class）。

14-8-1　内部类

至今所设计的类存取类型是 public 或 no modifier，一个在内部的类可以将它声明为 private，这样就可以限制外部的类存取。

程序实例 ch14_34.java：一个简单内部类的应用。

```
1  class School {
2      private class Motto {                // Inner class
3          public void printInfo() {
4              System.out.println("勤劳朴实");
5          }
6      }
7      void display() {                     // 读取Inner class
8          Motto meobj = new Motto();       // 建立内部类motto对象
9          meobj.printInfo();
10     }
11 }
12 public class ch14_34 {
13     public static void main(String[] args) {
14         School sc = new School();         // 定义School对象
15         sc.display();                     // 调用display()方法
16     }
17 }
```

执行结果　D:\Java\ch14>java ch14_34
勤劳朴实

在上述实例中，读者可能会想，是否可以直接用主程序所建的 School 对象 sc，调用内部类 motto 的方法 printInfo()？可参考程序实例 ch14_34_1.java。

```
14          School sc = new School();        // 定义School对象
15          //sc.display();                   // 调用display()方法
16          sc.printInfo();                   // 直接调用内部类的方法
```

如果这样会产生编译错误，如下所示。

```
D:\Java\ch14>javac ch14_34_1.java
ch14_34_1.java:16: 错误: 找不到符号
            sc.printInfo();                  // 直接调用内部类的方法
    符号:   方法 printInfo()
    位置:   类型为School的变量 sc
1 个错误
```

程序设计时也可以在主程序中为内部类建立对象，假设延用先前声明，假设外部类称为 OuterClass，内部类称为 InnerClass，我们必须先声明外部类对象，再由此外部类对象建立内部类对象。

这时由主程序声明内部类对象 inner 的语法如下。

```
OuterClass outer = new OuterClass();                        // 声明外部类对象
OuterClass.InnerClass inner = outer.new InnerClass();  // 声明内部类对象
```

程序实例 ch14_35.java：在主程序中声明一个类的内部类对象的应用。

```
1  class School {
2      class Motto {                          // Inner class
3          public void printInfo() {
4              System.out.println("勤劳朴实");
5          }
6      }
7  }
8  public class ch14_35 {
9      public static void main(String[] args) {
10         School sc = new School();          // 定义School对象
11         School.Motto inner = sc.new Motto(); // 建立内部类对象
12         inner.printInfo();                 // 直接调用内部类的方法
13     }
14 }
```

执行结果　与 ch14_34.java 相同。

程序实例 ch14_36.java：使用内部类的应用，这个程序会用内部类取得成员变量学生人数数据。

```
1  class School {
2      int students = 400;                    // 学生人数
3      class Mis {                            // 定义资管系类
4          public int getNum() {
5              return students;               // 返回学生人数
6          }
7      }
8  }
9  public class ch14_36 {
10     public static void main(String[] args) {
11         School sc = new School();          // 定义School对象
12         School.Mis inner = sc.new Mis();   // 建立内部类对象
13         System.out.println("学生人数:" + inner.getNum());
14     }
15 }
```

执行结果
```
D:\Java\ch14>java ch14_36
学生人数 : 400
```

14-8-2 方法内部类

在 Java 语言中可以将类写在方法内，这时这个类可以当作局部变量一样使用，同时只有这个方法可以使用此类，所以只可以在此方法内声明此对象。

程序实例 ch14_37.java：在方法内建立内部类的应用。

```
1  class School {
2      void college() {                          // college()方法
3          int students = 400;                   // 学生人数
4          class Mis {                           // 定义资管系类
5              public int getNum() {
6                  return students;              // 返回学生人数
7              }
8          }
9          Mis inner = new Mis();                // 建立内部类对象
10         System.out.println("学生人数：" + inner.getNum());
11     }
12 }
13 public class ch14_37 {
14     public static void main(String[] args) {
15         School sc = new School();             // 定义School对象
16         sc.college();
17     }
18 }
```

执行结果　与 ch14_36.java 相同。

14-8-3　匿名内部类

一个没有名称的类称为匿名类，这种类在声明时就同时建立它的对象，通常将它应用在继承类或是接口（可参考第 17 章）中重写方法时，它的语法如下：

```
OuterClass inner = new OuterClass() {           // 匿名类的对象名称是 inner
    public void mymethod() {
        xxx;
    }
};                        // 留意有 ；符号
```

程序实例 ch14_38.java：匿名内部类的应用。程序第 8 ～ 12 行是匿名内部类，在这里有 moving() 方法重写了类 Animal 的 moving() 方法，同时也建立了对象 inner，第 13 行则是用 inner 对象调用 moving() 方法。

```
1  class Animal {
2      public void moving() {
3          System.out.println("动物可以活动");
4      }
5  }
6  public class ch14_38 {
7      public static void main(String[] args) {
8          Animal inner = new Animal() {      // 声明匿名内部类对象
9              public void moving() {
10                 System.out.println("猫可以走路和跳");
11             }
12         };
13         inner.moving();                    // 执行 调用moving()方法
14     }
15 }
```

执行结果
```
D:\Java\ch14>java ch14_38
猫可以走路和跳
```

上述实例第 8 行定义了匿名内部类的对象 inner，如果感觉这个类对象可能只使用一次，以后不再使用也可以省略定义对象 inner，直接使用匿名内部类调用方法。

程序实例 ch14_39.java：这是重新设计 ch14_38.java，主要是省略定义对象 inner，直接使用匿名内部类调用方法。

```
8          new Animal() {                     // 没有声明 对象
9              public void moving() {
10                 System.out.println("猫可以走路和跳");
11             }
12         }.moving();                        // 直接调用方法
```

执行结果　与 ch14_38.java 相同。

14-8-4　匿名类当作参数传送

有些 Java 程序的方法在设计时可以接受类、抽象类、接口当作参数，此时也可以将匿名类当作参数传递给方法。

程序实例 ch14_40.java：将匿名类当作参数传递给方法的应用。

```
1  class Animal {
2      String moving() {
3          return "动物可以活动";
4      }
5  }
6  class myCat {
7      public void showMsg(Animal obj) {    // 接收类当参数
8          System.out.println("匿名类当参数传送:" + obj.moving());
9      }
10 }
11 public class ch14_40 {
12     public static void main(String[] args) {
13         myCat obj = new myCat();           // 建立MyCat类对象
14         obj.showMsg(new Animal() {         // 所传递的参数是匿名内部类
15             public String moving() {
16                 return "猫可以走路和跳";
17             }
18         });
19     }
20 }
```

执行结果

```
D:\Java\ch14>java ch14_40
匿名类当参数传送：猫可以走路和跳
```

上述程序第 14 ～ 18 行内容如下。

```
obj.showMsg(new Animal( ){          // 所传递的参数是匿名内部类
    public String moving( ){
            return "猫可以走路和跳";
    }
});
```

上述加粗字体部分就是当作参数的匿名类。

程序实操题

1. 扩充程序 ch14_10.java，为 Animal 类增加 String id 编号，int age 年龄，然后在声明类对象时需要增加 id 和 age，例如：

   ```
   Dog dog = new Dog("Haly", "001", 5);
   ```
   每一个 System.out.println() 均需要加上上述 id 和 age 信息。

2. 设计一个分层继承，有一个 School 类含 protected String title 属性设置学校名称，protected String name 属性是学生名字，含有 demo() 方法可以输出 title 和 name。这个 School 类有两个子类，分别是 ME（机械）与 EE（电机）类，这两个类都有 protected String department 属性是记录科系和 dempME() 或 DemoEE() 方法可以输出科系。请设计程序分别用 ME 和 EE 类建立三条数据然后输出学校名称、科系名称和学生名字。

3. 请用重写方式，重新设计上一个程序，在输出部分名称全部都是 demo()，School 类的输出程序可以输出 title 和 name，在 ME 和 EE 类的 demo 则可以增加输出科系名称。

4. 扩充程序实例 ch14_11.java，在 Animal 类内增加 protected String id 属性，在每次的输出中必须在名字左边增加 id 编号。

5. 参考 14-1-10 节 ch14_12.java 文件方式，将程序实例 ch14_9.java 改成这种模式。

6.　请改写程序实例 ch14_16.java，改成计算圆柱体积，所以程序必须增加圆柱高度。

7.　请扩充程序实例 ch14_17.java，Employee 类增加 int salary 薪资，HomeTown 类增加 String street 街道名称和 int Num 门牌号码，请建立 5 条数据然后输出。

8.　请扩充程序实例 ch14_18.java，Car 类增加 private String brand 车子厂牌，private int year 车子出厂年份。所以必须在 Car 类增加 setBrand() 和 setYear() 方法，另外，在 printCarInfo() 方法内必须输出上述信息。

9.　请设计执行时多态，Animal 类有一个 eat() 方法可以输出"eating"，Cat 类是 Animal 类的子类有一个 eat() 方法可以输出"eating fish"，BabyCat 类是 Cat 类的子类有一个 eat() 方法可以输出"eating milk"，请参考 Upcasting 概念设计程序可以分别输出下列数据。

```
eating
eating fish
eating milk
```

习题

一、判断题

1（O）. 如果 Cat 类是 Animal 类的子类，可以用下列方式设计 Cat 类。

```
class Cat extends Animal {
    ...
}
```

2（X）. 如果 B 类是 A 类的子类，则子类的构造方法会先被启动。

3（O）. 如果 B 类是 A 类的子类，若是将 A 类的属性声明为 public，最大的缺点是失去了信息封装隐藏的效果。

4（X）. Java 不允许在子类存取父类 protected 访问控制的属性。

5（X）. 子类不可以调用被重写的方法。

6（O）. 在子类重写父类的方法时，访问权限不可设比父类别方法更严。

7（O）. 重载也算是多态的一种。

8（X）. 重载也算是执行时期多态的一种。

9（O）. 父类的参考指向子类对象称为 Upcasting。

10（X）. 设计大型程序时，可以将类独立成一个文件，这时扩展名是 java，同时要将类声明为 private。

11（X）. 静态绑定的发生时间是在 runtime 期间。

12（X）. 动态绑定的发生时间是在 compile 期间。

二、选择题

1（C）. 类继承的关键词是什么？

　　A. derived　　　　B. super　　　　　　C. extends　　　　　　D. static

2（B）. 子类构造方法调用父类的构造方法所使用的关键词是什么？

　　A. derived　　　　B. super　　　　　　C. extends　　　　　　D. static

3（D）. 有一个 Java 程序如下，请指出执行结果。

```
class Animal {
    private String name;
    Animal(String name) {
        this.name = name;
    }
    public void eat() {
        System.out.println(name + " eating");
    }
}
class Dog extends Animal {
    Dog(String name) {
        super(name);
    }
    public void barking() {
        System.out.println(" barking");
    }
}
public class test {
    public static void main(String[] args) {
        Dog dog = new Dog("CiCi");
        dog.eat();
    }
}
```

    A. name eating   B. eating   C. CiCi Barking   D. CiCi eating

4（B）. 下列哪一种继承目前 Java 没有支持？

    A. Sing Ineritance   B. Multiple Ineritance   C. Multi-Level Inheritance   D. Hierarchical Inheritance

5（D）. 有一段程序代码如下。

```
public class A {
    ...
}
public class B extends A {
    ...
}
public class C extends A {
    ...
}
```

这是怎样的继承关系？

    A. Sing Ineritance   B. Multiple Ineritance   C. Multi-Level Inheritance   D. Hierarchical Inheritance

6（A）. 下列哪一个语句与继承关系和执行时多态有关？

    A. IS-A   B. HAS-A   C. Aggregation   D. Composition

7（A）. 有一段程序代码如下。

```
class Animal {
}
class Fish extends Animal {
}
class Bird extends Animal {
}
class Eagle extends Bird {
}
public class test1 {
    public static void main(String[] args) {
        Eagle eagle = new Eagle();
        System.out.println(eagle instanceof Animal);
    }
}
```

返回值是什么？

    A. true   B. false   C. eagle   D. Animal

8（D）. 在重写概念中下列哪一项错误？

    A. 名称不变   B. 返回值类型不变   C. 参数列表不变   D. 访问权限

9（C）. 下列哪一种方法可以重写？

    A. 构造方法   B. static 方法   C. main() 方法   D. 声明为 final 方法

10（B）. 下列哪一个不是执行时多态的必要条件？

    A. IS-A   B. HAS-A

    C. Overridding   D. 父类变量对象参考到子类对象

15

第 1 5 章

Object 类

本章摘要

　　Object 类更详细地说是 java.lang.Object 类，也可以说 Object 类是 java.lang 类库的子类，也是 Java 最高层级的类，也就是所有 Java 类的父类，也可以说所有 Java 对象都隐含继承了 Object 的 public、protected 方法，例如，hashCode()、equals()、toString()、getClass() 等。既然可以继承，当然也可以依据程序需要重写这些方法，本章将详细说明在 Object() 类中较常用的方法，以及实践重写这些方法。

　注　在 Object 类中部分被声明为 "final" 的方法是无法重写的，例如，notify()、wait() 等。

15-1　认识扩充 Object 类

定义一个 Animal 类时，可参考下面说明。

```
public class Animal {
    xxx;
}
```

表面上它的类图示如下。

其实上述 Animal 类定义相当于下面定义。

```
public class Animal extends Object {
    xxx;
}
```

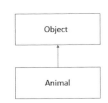

若将前面几章所学的 String、StringBuffer、Scanner 等类绘制成图表，可以用下面方式表达。

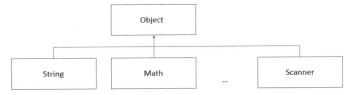

15-2　Object 类的方法

下表只列出本章将介绍的方法。

方法	说明
public int hashCode()	返回哈希码数值
public boolean equals(Object obj)	对象的比对，"=="的比对
public int toString()	返回对象的字符串
public final Class getClass()	返回调用 getClass 所属类

15-3　认识哈希码与 hashCode()

15-3-1　认识哈希码

哈希（Hash）其实是一个人名，他发明哈希算法的主要目的是在集合中提高查找特定元素的效率。所谓的哈希码（hashCode）方法是指根据一个规则或称一个算法将对象相关信息（例如，对象的字符串、对象本身），映像成一个数值，这个数值就是哈希码，有时也称散列值。有的 JVM 处理哈希码方法映像的返回值是内存地址，有的则不是，只能说与内存地址有关联。

不过对于初学者建议将其想成物理地址，这样比较容易学习。假设有一个集合内含不重复的
1000 个元素，存储规则是将这些元素依据它们的哈希码存储至指定物理地址。现在想要插入一个新
元素到集合内，依照直觉经验可能需比较 1000 次才可以知道这个元素是否重复，这是不科学的方
法。当我们懂了哈希算法后，可以先计算这个元素的哈希码，这样一下子就可以定位到物理地址，
如果这个物理地址目前没有元素，就表示可以直接存储不用再比较了。如果这个物理地址已经有元
素，下一步调用 equals() 方法（将在 15-4 节说明）做更进一步比较，如果相同就表示这个元素重复
可以不用存储了，如果不相同则将这个元素存储在其他物理地址。这样一来整个比较次数就大大降
低，几乎只要比较一两次就可以了，所以哈希码可以大大提高工作效率。

Java 对于对象的 hashCode() 和 equals() 方法定义如下。

（1）两个相等对象使用 equals() 方法比较会返回 true，在调用 hashCode() 时会返回相同的哈希
码值。

（2）如果两个对象的哈希码值相同，这两个对象不一定相同。

读者可能会觉得奇怪，为何哈希码值相同对象却不一定相同？下面用一个简单的例子说明，假
设设计哈希码算法是计算 10 的余数当哈希码，依此概念存储元素，可以顺利存储 1，2，…，10 等元
素。当要存储 11 时，此时获得的哈希码值是 1，这和 1 的哈希码值相同，可是 11 和 1 是不同的两
个值。其实这种情况叫哈希冲突（Hash Collision），一个好的哈希码算法必须尽量避免冲突发生。

15-3-2　hashCode()

这个方法可以返回哈希码值，调用方式如下。

对象 .hashCode();

程序实例 ch15_1.java：输出 hashcode 的应用。

```
1  public class ch15_1 {
2      public static void main(String[] args) {
3          String msg1 = "DeepStone";              // 定义对象msg1
4          int hd1 = msg1.hashCode();              // 计算哈希码
5          System.out.println("DeepStone的hashCode : " + hd1);
6          String msg2 = msg1;                     // 定义对象msg2
7          int hd2 = msg2.hashCode();              // 计算哈希码
8          System.out.println("DeepStone的hashCode : " + hd2);
9          String msg3 = "明志科大";               // 定义对象msg3
10         int hd3 = msg3.hashCode();              // 计算哈希码
11         System.out.println("明志科大的hashCode : " + hd3);
12         String msg4 = new String("明志科大");   // 定义对象msg4
13         int hd4 = msg4.hashCode();              // 计算哈希码
14         System.out.println("明志科大的hashCode : " + hd4);
15     }
16  }
```

执行结果
```
D:\Java\ch15>java ch15_1
DeepStone的hashCode : 12607161
DeepStone的hashCode : 12607161
明志科大的hashCode : 802887359
明志科大的hashCode : 802887359
```

上述程序实例的对象是字符串，在介绍第 12 章 String 类的方法时未介绍 hashCode() 方法，
其实 String 类内有 hashCode() 方法，由于 String 类是 Object 类的子类，所以可以说 String 类的
hashCode() 方法是重写的 hashCode() 方法。所以程序实例 ch15_1.java 所得到的 hashcode 其实是
String 类重写的方法。不过由上述内容也可以看到相同内容的字符串 hashcode 是相同的。

StringBuilder 类没有重写 hashCode() 方法，所以定义此类对象在调用此方法时可以调用 Object
类的 hashCode() 方法。

程序实例 ch15_2.java：分别调用 String 类的 hashCode() 和 Object 类的 hashCode()，测试相同字符串内容的哈希码 hashcode，结果发现不同的 hashCode() 会产生不同的结果。

```
1  public class ch15_2 {
2      public static void main(String[] args) {
3          String msg1 = "DeepStone";                          // 定义String对象msg1
4          int hd1 = msg1.hashCode();                          // String类哈希码
5          System.out.println("String类DeepStone的hashCode : " + hd1);
6          StringBuilder msg2 = new StringBuilder(msg1);       // 定义StringBuilder对象msg2
7          int hd2 = msg2.hashCode();                          // StringBuilder类哈希码
8          System.out.println("Object类DeepStone的hashCode : " + hd2);
9          String msg3 = "明志科大";                            // 定义String对象msg3
10         int hd3 = msg3.hashCode();                          // String类哈希码
11         System.out.println("String类明志科大的hashCode   : " + hd3);
12         StringBuilder msg4 = new StringBuilder(msg3);       // 定义StringBuilder对象msg4
13         int hd4 = msg4.hashCode();                          // StringBuilder类哈希码
14         System.out.println("Object类明志科大的hashCode   : " + hd4);
15     }
16 }
```

执行结果
```
D:\Java\ch15>java ch15_2
String类DeepStone的hashCode : 12607161
Object类DeepStone的hashCode : 606548741
String类明志科大的hashCode : 802887359
Object类明志科大的hashCode : 1528637575
```

其实也可以为一个对象建立哈希码 hashcode，也许以后可以用于比较对象是否相同。

程序实例 ch15_3.java：为一个对象产生哈希码 hashcode，这是使用 Object 类的 hashCode() 方法。

```
1  class Animal {
2      String name = "Dog";
3      int age = 5;
4  }
5  public class ch15_3 {
6      public static void main(String[] args) {
7          Animal animal = new Animal();
8          int hd = animal.hashCode(); // Animal类对象的哈希码
9          System.out.println("animal的hashCode : " + hd);
10     }
11 }
```

执行结果
```
D:\Java\ch15>java ch15_3
animal的hashCode : 2008017533
```

15-4　equals() 方法

第 12-3-8 节讲字符串的比较时曾经讲解了 equals() 方法，在该节的比较中只要字符串内容相同即返回 true。同时也曾经在 12-2-2 节以程序实例说明参照的比较，必须是指同一对象才算相同。在 Object 类内的 equals() 方法由于是被继承，本身不知未来继承的类为何，所以是设计为需要参照相同才算相同。

程序实例 ch15_4.java：测试 Object 类的 equals() 方法，由执行结果可知必须参照相同，所获得的结果才相同。

```
1  class Animal {
2      String name = "Dog";
3      int age = 5;
4  }
5  public class ch15_4 {
6      public static void main(String[] args) {
7          Animal A = new Animal();
8          Animal B = new Animal();
9          Animal C = B;
10         System.out.println("A = B : " + A.equals(B));   // 使用Object的equals
11         System.out.println("A = C : " + A.equals(C));   // 使用Object的equals
```

```
12           System.out.println("B = C : " + B.equals(C));    // 使用Object的equals
13       }
14 }
```

执行结果
```
D:\Java\ch15>java ch15_4
A = B : false
A = C : false
B = C : true
```

程序实例 ch15_5.java：使用相同的字符串内容，测试 String 类与 Object 类的 equals() 方法，可以得到对 String 类而言字符串内容相同就算相同，对 Object 类而言必须参照相同才算相同。

```
1 public class ch15_5 {
2     public static void main(String[] args) {
3         String str1 = "明志科大";                             // 定义String对象str1
4         StringBuilder strB1 = new StringBuilder(str1);        // 定义StringBuilder对象msg2
5         String str2 = new String("明志科大");                  // 定义String对象str2
6         StringBuilder strB2 = new StringBuilder(str2);        // 定义StringBuilder对象str2
7
8         System.out.println("使用String类的equals : " + str1.equals(str2));
9         System.out.println("使用Object类的equals : " + strB1.equals(strB2));
10    }
11 }
```

执行结果
```
D:\Java\ch15>java ch15_5
使用String类的equals : true
使用Object类的equals : false
```

15-5 toString() 方法

Object 类的 toString() 方法功能是返回代表对象的字符串，一般在类中常常可以看到程序设计师重写这个方法，在解说重写前，笔者想先解说这个 Object 类的 toString() 方法，这个方法所返回字符串格式如下。

类名称 @ 哈希码值

在使用 System.out.println() 执行输出对象时，所调用的就是 Object 类的 toString() 方法。

程序实例 ch15_6.java：测试 Object 的 toString() 方法。

```
1 class Animal {
2     String name = "Dog";
3     int age = 5;
4 }
5 public class ch15_6 {
6     public static void main(String[] args) {
7         Animal animal = new Animal();
8         System.out.println("列出对象:" + animal);    // 使用Object的toString()
9     }
10 }
```

执行结果
```
D:\Java\ch15>java ch15_6
列出对象 : Animal@18e8568
```
类名称 ——→ | | | ——→ 哈希码
                @

由于对于一般使用者而言，宁愿看到的是对象实际内容而不是哈希码，所以必须重写此 toString() 方法。

程序实例 ch15_7.java：重新设计 ch15_6.java，同时重写 toString() 方法，然后列出字符串格式是 "Dog 今年 5 岁"。

```
1  class Animal {
2      String name = "Dog";
3      int age = 5;
4      @Override
5      public String toString() {                    // 重写toString()
6          return this.name + " 今年 " + this.age + " 岁";
7      }
8  }
9  public class ch15_7 {
10     public static void main(String[] args) {
11         Animal animal = new Animal();
12         System.out.println("列出对象：" + animal);       // 使用重写的toString()
13     }
14 }
```

执行结果
```
D:\Java\ch15>java ch15_7
列出对象：Dog 今年 5 岁
```

15-6　getClass() 方法

这个方法可以返回对象所属的类。

程序实例 ch15_8.java：getClass() 方法的应用。

```
1  class MyClass {
2  }
3  public class ch15_8 {
4      public static void main(String[] args) {
5          char[] ch = {'明', '志', '科', '技', '大', '学'};
6          String str = new String(ch);
7          MyClass obj = new MyClass();
8          System.out.println("ch 类：" + str.getClass());
9          System.out.println("obj类：" + obj.getClass());
10     }
11 }
```

执行结果
```
D:\Java\ch15>java ch15_8
ch 类：class java.lang.String
obj类：class MyClass
```

在 12-2-2 节已说明 String 是 java.lang 下层的类，由上述程序实例获得了验证。虽然 Myclass 类内没有内容，但是使用 getClass() 方法仍然可以输出此对象 obj 的类名称。

程序实操题

1. 重新设计 ch15_1.java，将 msg 内容改成你的中文和英文名字。

2. 重新设计 ch15_2.java，将 msg 内容改成你的中文和英文名字。

3. 建立下列类，同时以三组不同数据产生此类的 Hashcode。

```
class Employee {
    String name;
    int age;
String hometown;
    String country;
}
```

4. 重复习题 3，计算三组数据的 Hashcode，然后使用 equals() 方法彼此比较和列出比较结果。

5. 重复习题 3，然后使用 Object 类的 toString() 方法列出三组数据的结果。

6. 请针对习题 3，设计一个 toString() 方法，可以列出下列结果。

Name　　　　　今年 age 岁　　　　家乡是 hometown　　　　国籍是 country

习题

一、判断题

1（O）. Hashcode 算法应用于数据查询可以增快查询速度。

2（X）. 两个对象如果 Hashcode 相同，一定是内容相同的对象。

3（X）. Object 类的 equals() 方法，比较时只要内容相同就会返回 true。

二、选择题

1（B）. 下面什么是 Java 最高层级的类？

　　A. String　　　　　B. Object　　　　　C. Math　　　　　D. System

2（D）. 下列哪一个数据无法转成 Hashcode？

　　A. 整数　　　　　B. 字符串　　　　　C. 对象　　　　　D. 以上皆非

3（C）. 以下哪一个结果可能是 Object 类 toString() 方法返回的结果？

　　A. animal#ab45980　　B. animal$33887799　　C. animal@adsf8964　　D. animal00998877

第 16 章

抽象类

　　Java 使用 **abstract** 关键词声明的类称为抽象类，在这个类中它可以有抽象方法也可以有实体方法（就像前几章所设计的方法一样）。本章将讲解如何建立抽象类，为何使用抽象类，以及抽象类的语法规则。

　　Java 的抽象概念很重要的理念是隐藏工作细节，对于使用者而言，仅知道如何使用这些功能。例如，"+"符号可以执行数值的加法，也可以执行字符串的连接，可是我们不知道内部程序如何设计这个"+"符号的功能。

16-1 使用抽象类的场合

先看一个程序实例。

程序实例 ch16_1.java：有一个 Shape 类内含计算绘制外型的 draw() 方法，Circle 类和 Rectangle 类则是继承 Shape 类，然后这两个子类会执行外型绘制。

```java
1  class Shape {
2      public void draw( ) {                          // 纯定义
3      }
4  }
5  class Rectangle extends Shape {                    // 定义Rectangle矩形类
6      public void draw() {                           // 绘制矩形
7          System.out.println("绘制矩形");
8      }
9  }
10 class Circle extends Shape {                       // 定义Circle圆形类
11     public void draw() {                           // 绘制圆
12         System.out.println("绘制圆");
13     }
14 }
15 public class ch16_1 {
16     public static void main(String[] args) {
17         Rectangle rectangle = new Rectangle();     // 定义rectangle对象
18         Circle circle = new Circle();              // 定义circle对象
19         rectangle.draw();
20         circle.draw();
21     }
22 }
```

执行结果
```
D:\Java\ch16>java ch16_1
绘制矩形
绘制圆
```

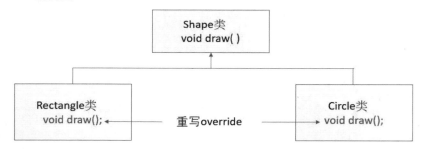

对于上述 Shape 类而言它定义了绘制外型的方法 draw()，但是它不是具体的对象所以无法提供如何实际绘制外型，Rectangle 类和 Circle 类继承了 Shape 类，这两个类针对自己的外型特点重写绘制外型的 draw() 方法，由上述可知 Shape 类的存在主要是让整个程序定义更加完整，它本身不处理任何工作，真正的工作交由子类完成，其实这就是一个适合使用抽象类的场合。

我们扩充上述概念再看一个类似但是稍微复杂的实例。

程序实例 ch16_2.java：有一个 Shape 类内含计算面积的 area() 方法，Circle 类和 Rectangle 类则是继承 Shape 类，然后这两个子类会执行面积计算。

```
1  class Shape {
2      public double area( ) {                          // 纯定义
3          return 0;
4      }
5  }
6  class Rectangle extends Shape {                       // 定义Rectangle矩形类
7      protected double height, width;                   // 定义宽width和高height
8      Rectangle(double height, double width) {          // 构造方法
9          this.height = height;
10         this.width = width;
11     }
12     public double area() {                            // 计算矩形面积
13         return height * width;
14     }
15 }
16 class Circle extends Shape {                          // 定义Circle圆形类
17     protected double r;                               // 定义半径r
18     Circle(double r) {                                // 构造方法
19         this.r = r;
20     }
21     public double area() {                            // 计算圆面积
22         return Math.PI * r * r;
23     }
24 }
25 public class ch16_2 {
26     public static void main(String[] args) {
27         Rectangle rectangle = new Rectangle(2, 3);    // 定义rectangle对象
28         Circle circle = new Circle(2);                // 定义circle对象
29         System.out.println("矩形面积 : " + rectangle.area());
30         System.out.println("圆面积　 : " + circle.area());
31     }
32 }
```

执行结果
```
D:\Java\ch16>java ch16_2
矩形面积 : 6.0
圆面积   : 12.566370614359172
```

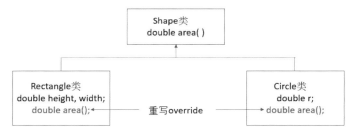

对于上述 Shape 类而言它定义了计算面积的方法 area()，但是它不是具体的对象，所以无法提供如何实际计算面积，Rectangle 类和 Circle 类继承了 Shape 类，这两个类针对自己的外型特点重写计算面积的 area() 方法，由上述可知 Shape 类的存在主要是让整个程序定义更加完整，它本身不处理任何工作，真正的工作交由子类完成，其实这就是一个适合使用抽象类的场合。

16-2　抽象类基本概念

抽象类的定义基本上是在定义类名称的 class 左边加上 abstract 关键词，若以 ch16_1.java 为例，定义方式如下。

```
abstract classShape {
    xxx;
}
```

因为是抽象类，本身所定义的方法是交由子类重写，抽象类可以想成是一个模板，然后由子类依自己的情况对此模板扩展和构造，然后由子类对象执行，所以抽象类不能建立对象，若是尝试建立抽象类的对象，在编译阶段会有错误产生。

程序实例 ch16_3.java：尝试建立抽象类对象产生编译错误的实例。

```
1  abstract class Shape {
2      public void draw( ) {                            // 纯定义
3      }
4  }
5  class Rectangle extends Shape {                      // 定义Rectangle矩形类
6      public void draw() {                             // 绘制矩形
7          System.out.println("绘制矩形");
8      }
9  }
10 class Circle extends Shape {                         // 定义Circle圆形类
11     public void draw() {                             // 绘制圆
12         System.out.println("绘制圆");
13     }
14 }
15 public class ch16_3 {
16     public static void main(String[] args) {
17         Shape shape = new Shape();                   // 定义Shape类对象Error
18     }
19 }
```

执行结果
```
D:\Java\ch16>javac ch16_3.java
ch16_3.java:17: 错误：Shape是抽象的；无法实例化
         Shape shape = new Shape();                 // 定义Shape类对象Error
                       ^
    1 个错误
```

上述程序错误主要在第 17 行，错误原因是为抽象类 Shape 声明一个对象。

程序实例 ch16_4.java：设计我的第一个正确的抽象类程序，现在对抽象类稍做简化，重新设计 ch16_1.java。

```
1  abstract class Shape {                               // 定义抽象类Shape
2      public void draw( ) {                            // 纯定义
3      }
4  }
5  class Circle extends Shape {                         // 定义Circle圆形类
6      public void draw() {                             // 绘制圆
7          System.out.println("绘制圆");
8      }
9  }
10 public class ch16_4 {
11     public static void main(String[] args) {
12         Circle circle = new Circle();               // 定义circle对象
13         circle.draw();
14     }
15 }
```

执行结果
```
D:\Java\ch16>java ch16_4
绘制圆
```

经上述第一行声明后，可以知道 Shape 类已经是正确的抽象类了。

16-3 抽象方法的基本概念

在 ch16_4.java 的抽象类看到第 2、3 行是 Shape 类的 draw() 方法，这个方法基本上没有执行任何具体工作，主要功能是让继承的子类可以重写，对于这种特性的方法可以将它定义为抽象方法，设计抽象方法的基本要求如下。

（1）抽象方法没有实体内容。

（2）抽象方法声明需用";"结尾。

（3）抽象方法必须被子类重写。

（4）如果类内有抽象方法，这个类必须被声明为抽象类。

在定义抽象方法时，须留意返回值类型必须一致，如果方法内有参数则此参数必须保持。声明抽象方法非常简单，无须定义主体，若是以 ch16_4.java 的 Shape 类的 draw() 为例，可用下列方式定义抽象方法。

```
public abstract void draw();
```

如果所设计的方法访问权限是 no modifier（可参考 9-2-1 节），则用下列方式定义抽象方法。

```
abstract void draw();
```

程序实例 ch16_5.java：重新设计 ch16_4.java，用抽象概念定义抽象类的 draw() 方法，程序的重点是第 2 行。

```
1  abstract class Shape {                          // 定义抽象类Shape
2      public abstract void draw();                // 定义抽象方法
3  }
4  class Circle extends Shape {                    // 定义Circle圆形类
5      public void draw() {                        // 绘制圆
6          System.out.println("绘制圆");
7      }
8  }
9  public class ch16_5 {
10     public static void main(String[] args) {
11         Circle circle = new Circle();           // 定义circle对象
12         circle.draw();
13     }
14 }
```

执行结果　与 ch16_4.java 相同。

在设计抽象方法时，必须留意返回值类型，可参考下列实例。

程序实例 ch16_6.java：用抽象类与抽象方法重新设计程序实例 ch16_2.java，下面只是列出 Shape 类的设计，其他程序代码则完全相同。

```
1  abstract class Shape {                          // 定义抽象类
2      public abstract double area();              // 定义抽象方法
3  }
```

执行结果　与 ch16_2.java 相同。

上述程序的重点是必须保持抽象方法的返回值类型必须保持一致，此例是 **double**。

16-4　抽象类与抽象方法概念整理

抽象类与抽象方法概念整理如下：

（1）一个抽象类如果没有子类去继承，是没有功能的。

（2）抽象类的抽象方法必须有子类重写，如果没有子类重写会有编译错误。

（3）如果抽象类的抽象方法没有子类重写，那么这个子类也将是一个抽象类。

（4）如果声明了抽象方法，一定要为此方法声明抽象类，在普通类内是不会存在抽象方法的。但是，如果我们声明了抽象类，不一定要在此类内声明抽象方法，可参考 ch16_4.java。

（5）抽象类可以有抽象方法和普通方法。

程序实例 ch16_7.java：抽象类可以有抽象方法和普通方法的实例应用。

```
1  abstract class Car {
2      abstract void run();                    // 抽象方法
3      void refuel() {                         // 实体普通方法
4          System.out.println("汽车加油");
5      }
6  }
7  class Bmw extends Car {                     // 定义car子类Bmw
8      public void run() {                     // 重新定义run方法
9          System.out.println("安全驾驶中 ...");
10     }
11 }
12 public class ch16_7 {
13     public static void main(String[] args) {
14         Bmw bmw = new Bmw();                // 定义Bmw类对象bmw
15         bmw.refuel();
16         bmw.run();
17     }
18 }
```

执行结果

```
D:\Java\ch16>java ch16_7
汽车加油
安全驾驶中 ...
```

在上述实例中 Car 是一个抽象类，在此类内定义了抽象方法 run() 和普通方法 refuel()，程序第 15 和 16 行分别调用这两个方法，结果可以正常执行。

程序实例 ch16_8.java：重新设计 ch16_7.java，一个抽象类的抽象方法没有被继承的子类重写产生错误的实例。

```
1  abstract class Car {
2      abstract void run();                    // 抽象方法
3      void refuel() {                         // 实体普通方法
4          System.out.println("汽车加油");
5      }
6  }
7  class Bmw extends Car {                     // 定义car子类Bmw
8  }
9  public class ch16_8 {
10     public static void main(String[] args) {
11         Bmw bmw = new Bmw();                // 定义Bmw类对象bmw
12         bmw.refuel();
13     }
14 }
```

执行结果

```
D:\Java\ch16>javac ch16_8.java
ch16_8.java:7: 错误: Bmw不是抽象的，并且未覆盖Car中的抽象方法run()
class Bmw extends Car {                                             // 定义car子类Bmw
      ^
1 个错误
```

如果上述程序要执行，可以将 Bmw 类声明为抽象类，然后再建立一个孙子类 Type750 继承 Bmw 类，这个孙子类内含重写 Car 类的抽象方法 run()。

程序实例 ch16_9.java：重新设计 ch16_8.java，将 Bmw 也设为抽象类，然后底下再增设 Type750 孙子类，由此孙子类完成重写抽象方法 run()。

```
1  abstract class Car {
2      abstract void run();                    // 抽象方法
3      void refuel() {                         // 实体普通方法
4          System.out.println("汽车加油");
5      }
6  }
7  abstract class Bmw extends Car {            // Bmw子类定义为抽象类
8  }
9  class Type750 extends Bmw {                 // 继承Bmw类
10     public void run() {                     // 重新定义run方法
11         System.out.println("安全驾驶中 ...");
12     }
13 }
14 public class ch16_9 {
15     public static void main(String[] args) {
16         Type750 bmw = new Type750();        // 定义Type750类对象bmw
17         bmw.refuel();
18         bmw.run();
19     }
20 }
```

执行结果   与 ch16_7.java 相同。

16-5　抽象类的构造方法

设计 Java 程序时也可将构造方法或属性（成员变量）的概念应用于抽象类。

程序实例 ch16_10.java：增加构造方法重新设计 ch16_7.java。

```
1  abstract class Car {
2      abstract void run();                    // 抽象方法
3      Car () {                                // 构造方法
4          System.out.println("有车子了");
5      }
6      void refuel() {                         // 实体普通方法
7          System.out.println("汽车加油");
8      }
9  }
10 class Bmw extends Car {                      // 定义car子类Bmw
11     public void run() {                      // 重新定义run方法
12         System.out.println("安全驾驶中 ...");
13     }
14 }
15 public class ch16_10 {
16     public static void main(String[] args) {
17         Bmw bmw = new Bmw();                 // 定义Bmw类对象bmw
18         bmw.refuel();
19         bmw.run();
20     }
21 }
```

执行结果

```
D:\Java\ch16>java ch16_10
有车子了
汽车加油
安全驾驶中 ...
```

在上述程序第 17 行，当建立对象 bmw 时，就会执行抽象类 Car 的构造方法，所以最先输出的是 "有车子了"。

16-6　使用 Upcasting 声明抽象类的对象

我们无法为抽象类声明对象，但是可以使用 14-6-2 节所介绍的向上转型的概念，使用抽象类声明对象，由于所声明的对象参考是子类的对象，所以可以正常执行工作。其实目前常常可以看到有些 Java 程序设计师使用这个概念执行抽象类对象声明。

程序实例 ch16_11.java：使用向上转型概念重新设计 ch16_7.java。

```
14         Car bmw = new Bmw();                 // Upcasting
```

执行结果　与 ch16_7.java 相同。

16-7　抽象类与方法的程序应用

在 16-3 节介绍定义抽象方法时，如果方法内有参数则此参数需保持，接下来将举一个抽象方法内有参数的例子。

程序实例 ch16_12.java：这是一个加法与乘法运算的抽象类与抽象方法实例。MyMath 是抽象类，此类有两个抽象方法，笔者定义了方法返回值是 int 类型，同时两个方法都有需传递的参数，在定义子类 MyTest 时，则重写了 add() 和 mul() 方法。

```
1  abstract class MyMath {                         // 抽象类
2      abstract int add(int n1, int n2);           // 抽象add方法
3      abstract int mul(int n1, int n2);           // 乘法
4      void output() {                             // 实体普通方法
5          System.out.println("我的计算器");
6      }
7  }
8  class MyTest extends MyMath {                    // 定义MyMath子类MyTest
9      public int add(int num1, int num2) {        // 重新定义add方法
10         return num1 + num2;
11     }
12     public int mul(int num1, int num2) {        // 重新定义mul方法
13         return num1 * num2;
14     }
15 }
16 public class ch16_12 {
17     public static void main(String[] args) {
18         MyMath obj = new MyTest();              // Upcasting
19         obj.output();
20         System.out.println("加法结果 : " + obj.add(3, 8));
21         System.out.println("乘法结果 : " + obj.mul(3, 8));
22     }
23 }
```

执行结果
```
D:\Java\ch16>java ch16_12
我的计算器
加法结果 : 11
乘法结果 : 24
```

程序实操题

1. 请设计 Car 类同时有 demo() 抽象方法，请建立 Nissan、BMW、Toyota 等类继承 Car 类，这些类内含车型、车外观颜色、车价、出厂年份等属性，然后重新设计 demo() 方法可以显示相关信息。

2. 请以抽象类的概念重新设计 ch14_28.java。

3. 请扩充设计 ch16_6.java，增加计算圆周长和矩形周长的方法。

4. 请扩充设计 ch16_6.java，Shape 类的子类增加 Cylinder（圆柱），同时将计算面积改成计算体积。

5. 请扩充设计 ch16_12.java，增加定义抽象方法减法和除法。

6. 请扩充设计 ch16_12.java，增加三个参数的抽象方法。

   ```
   abstract int add(int n1, int n2, int n3);

   abstract int mul(int n1, int n2, int n3);
   ```

   上述语句分别可以执行三个数字相加（n1+n2+n3）与相减（n1-n2-n2）。

习题

一、判断题

1（X）.抽象类内的方法一定是抽象方法。

2（O）.抽象方法是虚拟的，必须要继承的子类依需要重写此方法。

3（O）.一个类内含抽象方法，这个类一定是一个抽象类。

4（X）. 为抽象类定义一个实体对象时，就可以调用抽象方法执行其功能。

5（X）. 抽象类没有构造方法。

二、选择题

1（B）. 下列哪一项叙述错误？

  A. 抽象方法没有实体内容   B. 抽象方法内没有参数

  C. 声明抽象方法需用 ";" 结尾   D. 抽象方法必须被子类重写

2（D）. 下列哪一项叙述错误？

  A. 抽象类可以有抽象方法和普通方法

  B. 如果抽象类的抽象方法没有子类重写，那么这个子类也将是一个抽象类

  C. 一个抽象类如果没有子类去继承，是没有功能的

  D. 抽象类的**抽象方法**必须有**子类重写**，如果没有子类重写会有执行错误

17

第 1 7 章

接口

本章摘要

第 16 章讲解了抽象类，当普通类继承了抽象类后，其实就形成了 **IS-A** 关系。例如，我们声明鸟抽象类 Bird，可以定义飞行抽象方法 flying()，现在建立一个老鹰 Eagle 类继承 Bird 类，然后可以让老鹰类重写飞行 flying() 方法，在这种关系下可以说老鹰是一种鸟，所以说这是 **IS-A** 关系。

本章所要说明的接口（Interface）就比较像是"有同类的行为"，例如，鸟会飞行，飞机也会飞行，然而这是两个完全不同的物种，只因为飞行，如果让鸟类去继承飞机类或是让飞机类去继承鸟类，都是不恰当的。这时就可以使用本章所介绍的接口解决这方面的问题，可以设计飞行 **Fly** 接口，然后在这个接口内定义 **flying()** 抽象方法，所定义的抽象方法让飞机类别和鸟类去实现（implements），这也是接口的基本概念。

17-1 认识接口

接口（Interface）和类（class）相似但是它不是类，接口可以像类一样拥有方法和成员变量，但是方法全部是抽象方法，同时抽象方法默认的访问控制是 **public**、**abstract**。成员变量默认的访问控制是 public、static、final，由于初始化后就不能更改所以又称为常量变量。

注　Java 8 以后新增 **Default** 方法（17-3-1 节说明）和 **Static** 方法（17-3-2 节说明）。Java 9 以后新增 **Private** 方法（17-4-1 节说明）和 **Private Static** 方法（17-4-2 节说明）。

在 Java 7 以前在抽象类的定义中，一个抽象类可以有抽象方法与非抽象方法，所以有时又将抽象类称为部分抽象。在接口中只能有抽象方法，所以可以将接口称为完全抽象。

接口的定义方式如下。

```
interface 接口名称 {
    // 定义成员变量
    // 定义方法
}
```

例如，下面是一个接口的实例。

```
interface MyInterface {
    int x = 10;                    // 定义成员变量
    void myMethod();               // 定义方法
}
```

之前有说在接口内定义成员变量时默认的访问控制是 public、static、final，定义方法时默认的访问控制是 **public**、**abstract**。读者可能感觉奇怪为何笔者不是遵照上述概念定义成员变量与方法？如下所示。

```
interface MyInterface {
    public static final int x = 10;    // 定义成员变量
    public abstract void myMethod();   // 定义方法
}
```

其实可以省略声明，Java 编译程序会自动完成上述工作。

最后读者要留意以下两点。

（1）由于所有接口的方法都是抽象方法，所以要使用该接口的类必须完全实现所有的抽象方法，相关语法可参考 ch17_1.java。

（2）由于所有接口的方法均是 public，在类实现这些方法时必须声明方法为 **public**。

程序实例 ch17_1.java：设计一个 Fly 接口，然后让 Bird 类和 Airplane 类实作 Fly 类的 flying() 方法。

```
1   interface Fly {                          // 定义接口
2       void flying();                       // 抽象flying方法
3   }
4   class Bird implements Fly {              // 定义Bird类实现Fly接口
5       public void flying() {               // 实现flying方法
6           System.out.println("鸟在飞行");
7       }
8   }
9   class Airplane implements Fly {          // 定义Airplane类实现Fly接口
10      public void flying() {               // 实现flying方法
11          System.out.println("飞机在飞行");
12      }
13  }
14  public class ch17_1 {
15      public static void main(String[] args) {
16          Fly bird = new Bird();           // Upcasting
17          bird.flying();
18          Fly airplane = new Airplane();   // Upcasting
19          airplane.flying();
20      }
21  }
```

执行结果

```
D:\Java\ch17>java ch17_1
鸟在飞行
飞机在飞行
```

可以用下列图示说明上述程序实例。

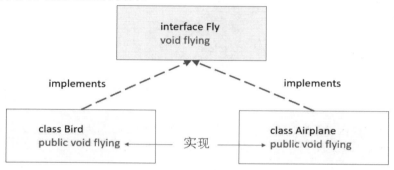

另外，在声明对象时，是用向上转型方式声明对象，当然读者也可以使用下列方式分别声明 Bird 和 Airplane 类对象。

```
Bird bird = new Bird();
Airplane airplane = new Airplane() :
```

17-2 接口的成员变量

一个接口可以有成员变量，之前在接口内定义成员变量时默认的访问控制是 public、static、final，这表示成员变量是大家可以取得 **public**，只有一份由所有实现的类共享 **static**，这个值不可更动 **final**。

注 由于程序执行后此成员变量的值不可更改，所以它一定是需要在接口设计中设置初值，通常可以将固定不会更改的值设为接口的成员变量，这种变量称为常量，例如，程序实例 ch16_6.java 中的 Math.PI，此例是用 Java 的内建 Math 类，如果想简化 PI 值为 3.14，可以在接口设计中直接定义此常量值。

程序实例 ch17_2.java：使用接口重新设计 ch16_6.java，这是一个计算圆形和矩形的程序，在 ch16_6.java 中将 Shape 声明为抽象类，在这个程序则是将 Shape 声明为接口，这个程序的重点是展示了设置接口成员常量的初值与取得此成员常量初值的方法。当然另一个重点是由于是 static，所以所有的实现类是共享此接口成员常量。

```java
1  interface Shape {                                    // 定义接口Shape
2      double PI = 3.14;                                // 定义接口数据成员
3      double area( );                                  // 定义抽象方法
4  }
5  class Rectangle implements Shape {                   // 定义Rectangle实现Shape
6      protected double height, width;                  // 定义宽width和高height
7      Rectangle(double height, double width) {         // 构造方法
8          this.height = height;
9          this.width = width;
10     }
11     public double area() {                           // 计算矩形面积
12         return height * width;
13     }
14 }
15 class Circle implements Shape {                      // 定义Circle实现Shape
16     protected double r;                              // 定义半径r
17     Circle(double r) {                               // 构造方法
18         this.r = r;
19     }
20     public double area() {                           // 计算圆面积
21         return PI * r * r;                           // PI是public可以直接用
22     }
23 }
24 public class ch17_2 {
25     public static void main(String[] args) {
26         Rectangle rectangle = new Rectangle(2, 3);   // 定义rectangle对象
27         Circle circle = new Circle(2);               // 定义circle对象
28         System.out.println("矩形面积    : " + rectangle.area());
29         System.out.println("圆面积      : " + circle.area());
30         System.out.println("Shape.PI    : " + Shape.PI);       // 可直接由Shape存取
31         System.out.println("circle.PI   : " + circle.PI);      // 可由circle对象存取
32         System.out.println("rectangle.PI : " + rectangle.PI);  // 可由rectangle对象存取
33     }
34 }
```

执行结果

```
D:\Java\ch17>java ch17_2
矩形面积     : 6.0
圆面积       : 12.56
Shape.PI     : 3.14
circle.PI    : 3.14
rectangle.PI : 3.14
```

上述程序的说明图示如下。

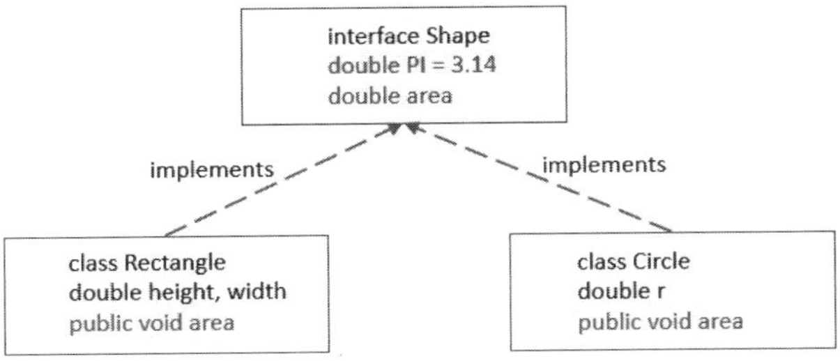

上述程序的另一个重点是，展示了如何使用接口的成员常量 PI，如果是实现接口的类，可以直接调用 PI，可参考第 21 行。由于 PI 是 static，所以可以直接通过接口名称取得，可参考第 30 行。另外也可以由对象取得，可参考第 31、32 行。

17-3　Java 8 新增加接口内容

Java 8 后在接口中可以有下列内容。

（1）**Constant variable** 成员常量（原 Java 7 已有）；

（2）**Abstract methods** 抽象方法（原 Java 7 已有）；

（3）**Defaults methods** 默认方法；

（4）**Static methods** 静态方法。

17-3-1 Default 方法

Default 方法是 Java 8 以后才有的功能，是指在接口内的方法只要是声明为 Default，则可以在此方法内撰写内容，相当于这个方法的实现是在接口内完成。因此继承它的类可以不用实现此 Default 方法。这个功能主要是考虑到未来 Java 的兼容能力，因为用这个方法可以在旧的接口中很容易增加新的功能。举例来说，假设过去设计的程序内含接口，此接口有多个抽象方法，如果有多个类实现此接口，如果要为此接口扩充功能，必须先写一个抽象方法，然后所有实现此接口的类均要更新。有了 Default 方法，可以在接口中新增 Default 方法，其他实现此接口的类内容均无须更动，效率会提升很多。

这个方法另外有以下三大特色。

（1）**Default** 方法可以继承。

（2）可以重新将 **Default** 方法声明为抽象方法。

（3）可以重写此方法。

注 后面会介绍一个类继承了两个接口或多个接口，如果发生有同样名称的 Default 方法，则此类一定要重写该方法，否则在编译期间会有错误。

程序实例 ch17_3.java：Default 方法的简单应用。

```
1  interface Bird {                      // 定义Bird接口
2      void showMe();                    // 抽象showMe方法
3      default void action() {           // Default方法
4          System.out.println("我会飞");
5      }
6
7  }
8  class Eagle implements Bird {         // 定义Eagle类实现Bird
9      public void showMe() {            // 重新定义showMe方法
10         System.out.println("我是鸟");
11     }
12 }
13 public class ch17_3 {
14     public static void main(String[] args) {
15         Eagle eagle = new Eagle();        // 建立eagle对象
16         eagle.showMe();
17         eagle.action();
18     }
19 }
```

执行结果

```
D:\Java\ch17>java ch17_3
我是鸟
我会飞
```

上述程序第 3 ~ 5 行是 Default 方法 action，由于它本身在接口内已经完成实现，所以 Eagle 类虽然实现 Bird 类，但是不用实现此 Default 方法 action。在程序第 17 行可以通过 Eagle 类的 eagle 对象调用。

下面将用程序实例解析为何有了 Default 方法未来程序功能扩充时，可以增加程序设计效率。

程序实例 ch17_4.java：接口是交通工具 Vehicle，这个交通工具接口目前已取得品牌 getbrand 与车辆 run 方法。

```
1  interface Vehicle {                          // 定义Vehicle接口
2      String getBrand();                        // 抽象方法取得车辆品牌
3      String run();                             // 抽象方法定义安全驾驶中
4  }
5  class Car implements Vehicle {
6      private String brand;
7      Car(String brand) {                       // 构造方法设置车辆品牌
8          this.brand = brand;
9      }
10     public String getBrand() {                // 取得车辆品牌
11         return brand;
12     }
13     public String run() {                     // 安全驾驶中 ...
14         return "安全驾驶中 ... ";
15     }
16 }
17 public class ch17_4 {
18     public static void main(String[] args) {
19         Vehicle car = new Car("TOYOTA");
20         System.out.println(car.getBrand());
21         System.out.println(car.run());
22     }
23 }
```

执行结果

```
D:\Java\ch17>java ch17_4
TOYOTA
安全驾驶中 ...
```

假设现在要为上述 Vehicle 接口扩充新功能 alarmOn 和 alarmOff，如果采用原先设计方法如下。

（1）在 Vehicle 接口内设计抽象方法 alarmOn 和 alarmOff。

（2）为所有实现的类增加设计 alarmOn 和 alarmOff 实现方法，此例是 Car。

但是使用 default 方法，只要在 Vehicle 接口内设计 default 的 alarmOn 和 alarmOff 方法即可。

程序实例 ch17_5.java：为 ch17_4.java 的 Vehicle 接口扩充新功能 alarmOn 和 alarmOff。

```
1  interface Vehicle {                          // 定义Vehicle接口
2      String getBrand();                        // 抽象方法取得车辆品牌
3      String run();                             // 抽象方法定义安全驾驶中
4      default String alarmOn() {                // default方法开启警告灯
5          return "开启警告灯";
6      }
7      default String alarmOff() {               // default方法关闭警告灯
8          return "关闭警告灯";
9      }
10 }
11 class Car implements Vehicle {
12     private String brand;
13     Car(String brand) {                       // 构造方法设置车辆品牌
14         this.brand = brand;
15     }
16     public String getBrand() {                // 取得车辆品牌
17         return brand;
18     }
19     public String run() {                     // 安全驾驶中 ...
20         return "安全驾驶中 ... ";
21     }
22 }
23 public class ch17_5 {
24     public static void main(String[] args) {
25         Vehicle car = new Car("TOYOTA");
26         System.out.println(car.getBrand());
27         System.out.println(car.run());
28         System.out.println(car.alarmOn());
29         System.out.println(car.alarmOff());
30     }
31 }
```

执行结果

```
D:\Java\ch17>java ch17_5
TOYOTA
安全驾驶中 ...
开启警告灯
关闭警告灯
```

17-3-2　static 方法

static 方法也是 Java 8 以后才有的功能，请复习 9-3-5 节。在接口中增加 static 方法时可以用 "接口名称 . 方法名称"调用。在接口内增加 static 方法与在类内增加 static 方法是相同的。

程序实例 ch17_6.java：扩充 ch17_5.java，主要是增加 static 方法 rpmUp 提升引擎转速，每执行一次增加 50 转，设计细节可参考第 10 ～ 12 行。未来程序调用是直接使用接口名称和方法名称 Vehicle.rpmUp，可参考第 33 行。

```
1  interface Vehicle {                              // 定义Vehicle接口
2      String getBrand();                           // 抽象方法取得车辆品牌
3      String run();                                // 抽象方法定义安全驾驶中
4      default String alarmOn() {                   // default方法开启警告灯
5          return "开启警告灯";
6      }
7      default String alarmOff() {                  // default方法关闭警告灯
8          return "关闭警告灯";
9      }
10     static int rpmUp(int rpm) {                  // static增加引擎转速
11         return rpm + 50;
12     }
13 }
14 class Car implements Vehicle {
15     private String brand;
16     Car(String brand) {                          // 构造方法设置车辆品牌
17         this.brand = brand;
18     }
19     public String getBrand() {                   // 取得车辆品牌
20         return brand;
21     }
22     public String run() {                        // 安全驾驶中 ...
23         return "安全驾驶中 ... ";
24     }
25 }
26 public class ch17_6 {
27     public static void main(String[] args) {
28         Vehicle car = new Car("TOYOTA");
29         System.out.println(car.getBrand());
30         System.out.println(car.run());
31         System.out.println(car.alarmOn());
32         System.out.println(car.alarmOff());
33         System.out.println(Vehicle.rpmUp(3000));  // 调用static方法
34     }
35 }
```

执行结果

```
D:\Java\ch17>java ch17_6
TOYOTA
安全驾驶中 ...
开启警告灯
关闭警告灯
3050
```

其实 Java 8 后接口增加 static 方法主要是将类似的功能方法凝聚，这样可以不用建立太多对象。

17-4　Java 9 新增加接口内容

Java 9 后在接口中可以有下列内容。

（1）**Constant variable** 变量（原 Java 7 已有）；

（2）**Abstract methods** 抽象方法（原 Java 7 已有）；

（3）**Defaults methods** 默认方法（原 Java 8 已有）；

（4）**Static methods** 静态方法（原 Java 8 已有）；

（5）**Private methods** 私有方法（Java 9 新功能）；

（6）**Private Static methods** 私有静态方法（Java 9 新功能）。

接口内 Private 方法存在时主要可以让接口内的程序代码可以重复使用，例如，如果两个 Default 方法要互相分享程序代码，可以使用 Private 方法完成，读者需要留意的是实现的类无法调用这些程序代码。下面是使用 Private 方法的几个规则。

（1）**Private** 方法只能在接口内使用。

（2）**Private** 方法不能抽象化。

（3）**Private static** 方法可以在接口内的 **static** 和 **non-static** 方法内使用。

（4）**Private non-static** 方法不能在 **Private static** 方法内使用。

程序实例 ch17_7.java：Private 方法和 Private Static 方法的基本应用。

```
1  interface LearnJava {                          // 定义LearnJava接口
2      abstract void method1();                   // 定义抽象方法
3      default void method2() {                   // 定义default方法
4          method4();                             // private方法在default方法内
5          method5();                             // static方法在non-static方法内
6          System.out.println("这是default方法");
7      }
8      public static void method3() {             // 定义static方法
9          method5();                             // static方法在其他static方法内
10         System.out.println("这是static方法");
11     }
12     private void method4(){                    // 定义private方法
13         System.out.println("这是private方法");
14     }
15     private static void method5(){             // 定义private static方法
16         System.out.println("这是private static方法");
17     }
18 }
19 class Learning implements LearnJava {          // 实现LearnJava界面
20     public void method1() {
21         System.out.println("这是abstract方法");
22     }
23 }
24 public class ch17_7 {
25     public static void main(String[] args){
26         LearnJava obj = new Learning();
27         obj.method1();                         // 调用抽象方法
28         obj.method2();                         // 调用default方法
29         LearnJava.method3();                   // 调用static方法
30     }
31 }
```

执行结果

```
D:\Java\ch17>java ch17_7
这是abstract方法
这是private方法
这是private static方法
这是default方法
这是private static方法
这是static方法
```

这个程序的执行顺序如下。

（1）第 27 行调用 method1，会先执行接口第 2 行抽象方法 method1，然后执行第 20 ～ 22 行实现的方法 method1，所以输出"这是 **abstract** 方法"。

（2）第 28 行调用 method2，这是 Default 方法，内部第 4 行是调用 method4，所以执行第 12 ～ 14 行的 private 方法 method4，所以输出"这是 **private** 方法"。接着执行第 5 行调用 method5，所以执行第 15 ～ 17 行的 private static 方法 method5，所以输出"这是 **private static** 方法"。然后执行第 6 行，输出"这是 **default** 方法"。

（3）第 29 行调用第 8 ～ 10 行的 LearnJava 的接口 static 方法 method3，会先执行第 9 行的 method5 方法，所以执行第 15 ～ 17 行的 private static 方法 method5，所以输出"这是 **private static** 方法"。然后执行第 10 行，输出"这是 **static** 方法"。

程序实例 ch17_8.java：这是接口含私有方法的应用，在 MyMath 接口内含有 Default addEven 方法可以计算序列数组偶数和，Default addOdd 方法可以计算序列数组奇数和，这两个方法均是调用 add 私有方法执行运算，这样就可以重复使用 add 私有方法内的程序代码。在调用 add 方法时，如果第一个参数是 true 是传递偶数运算，如果第一个参数是 false 是传递奇数运算。

```
1  interface MyMath                              // 定义MyMath接口
2  {
3      default int addEven(int... nums) {        // 定义default方法
4          return add(true, nums);               // 偶数加法运算
5      }
6      default int addOdd(int... nums) {         // 定义default方法
7          return add(false, nums);              // 奇数加法运算
8      }
9      private int add(boolean flag, int... nums) {  // 定义private方法
10         int sumodd, sumeven;                  // 定义奇数加总和偶数加总
11         sumodd = sumeven = 0;                 // 初始化加总
12         for ( int num:nums) {                 // 遍历数组
13             if ((num % 2) == 1 )              // true则是奇数
14                 sumodd += num;                // 奇数加总
15             else
16                 sumeven += num;               // 偶数加总
17         }
18         if (flag)                             // 如果true
19             return sumeven;                   // 返回偶数加总
20         else
21             return sumodd;                    // 返回奇数加总
22     }
23 }
24 public class ch17_8 implements MyMath {
25     public static void main(String[] args) {
26         MyMath obj = new ch17_8();
27         int evenSum = obj.addEven(1,2,3,4,5,6,7,8,9,10);  // 执行加总偶数
28         System.out.println(evenSum);
29         int oddSum = obj.addOdd(1,2,3,4,5,6,7,8,9,10);    // 执行加总奇数
30         System.out.println(oddSum);
31     }
32 }
```

执行结果

```
D:\Java\ch17>java ch17_8
30
25
```

17-5 基本接口的继承

在 Java 中一个类可以继承另一个类，一个类可以实现一个接口，一个接口也可以继承另一个接口。

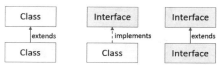

当发生一个子接口继承一个父接口时，一个类如果实现子接口，则须同时实现子接口和父接口的抽象方法。

程序实例 ch17_9.java：这是一个接口继承的程序，Animal 是父接口，Bird 是继承 Animal 的子接口，Eagle 类第 11 ～ 13 行实现 Bird 接口的 flying 抽象方法，第 8 ～ 10 行实现了 Bird 的父接口 Animal 接口的 showMe 抽象方法，这个程序第 17 行建立了 Eagle 类的 eagle 对象，然后调用所实现的方法。

```
1  interface Animal {                     // 定义Animal接口
2      void showMe();                     // 抽象showMe方法
3  }
4  interface Bird extends Animal {        // 定义Interface接口继承Animal
5      void flying();                     // 抽象flying方法
6  }
7  class Eagle implements Bird {          // 定义Eagle类实现Birds
8      public void showMe() {             // 实现showMe方法
9          System.out.println("我是动物");
10     }
11     public void flying() {             // 实现flying方法
12         System.out.println("我是老鹰我会飞");
13     }
14 }
15 public class ch17_9 {
16     public static void main(String[] args) {
17         Eagle eagle = new Eagle();     // 建立eagle对象
18         eagle.showMe();
19         eagle.flying();
20     }
21 }
```

执行结果

```
D:\Java\ch17>java ch17_9
我是动物
我是老鹰我会飞
```

上述程序的接口与类图示如下。

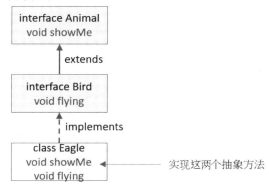

17-6　接口多重继承

Java 语言的类不支持多重继承，可参考 14-1-9 节。不过在接口的实现中是可以使用多重继承，所谓的多重继承可参考下图，目前一个类可以实现多个接口，一个接口可以继承多个接口。

基本程序设计与基本接口的继承概念相同，当一个类实现多个接口时，需要实现这些接口的所有抽象方法。当一个接口继承多个接口时，继承此接口的类需要实现此接口以及它所有继承接口的抽象方法。

假设 A 类同时继承 B 与 C 接口，语法如下。

```
interface B {
    void b();              // 抽象方法 b()
}
interface C {
    void c;                // 抽象方法 c()
}
class A implementsB, C { // 请留意语法
                          // 实现 b 和 c;
}
```

程序实例 ch17_10.java：一个类实现两个接口的应用，Fly 类将实现 Bird 接口的 birdFly 抽象方法和 Airplane 接口的 airplaneFly 抽象方法。

```
1  interface Bird {                      // 定义Bird接口
2      void birdFly();                   // 抽象birdFly方法
3  }
4  interface Airplane {                  // 定义Airplane接口
5      void airplaneFly();               // 抽象airplaneFly方法
6  }
7  class Fly implements Bird, Airplane {  // 定义Fly类实现Bird和Airplane
8      public void birdFly() {           // 实现birdFly方法
9          System.out.println("鸟用翅膀飞");
10     }
11     public void airplaneFly() {       // 实现airplaneFly方法
12         System.out.println("飞机用引擎飞");
13     }
14 }
15 public class ch17_10 {
16     public static void main(String[] args) {
17         Fly obj = new Fly();          // 建立obj对象
18         obj.birdFly();
19         obj.airplaneFly();
20     }
21 }
```

执行结果

```
D:\Java\ch17>java ch17_10
鸟用翅膀飞
飞机用引擎飞
```

上述程序的接口与类的图示如下。

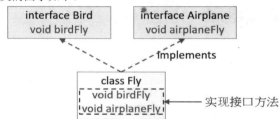

程序实例 ch17_11.java：一个接口 InfoFly 继承了 Bird 和 Airplane 接口的应用，Fly 类将实现 InfoFly 接口的 birdFly 抽象方法和它所继承的 Airplane 接口的 airplaneFly 抽象方法和 Bird 接口的 birdFly 方法。

```
1  interface Bird {                      // 定义Bird接口
2      void birdFly();                   // 抽象birdFly方法
3  }
4  interface Airplane {                  // 定义Airplane接口
5      void airplaneFly();               // 抽象airplaneFly方法
6  }
7  interface Fly extends Bird, Airplane {  // 定义Fly接口继承Bird和Airplane
8      void pediaFly( );                 // 抽象pediaFly方法
9  }
10 class InfoFly implements Fly {
11     public void birdFly() {           // 实现birdFly方法
12         System.out.println("鸟用翅膀飞");
13     }
14     public void airplaneFly() {       // 实现airplaneFly方法
15         System.out.println("飞机用引擎飞");
16     }
17     public void pediaFly() {          // 实现pediaFly方法
18         System.out.println("飞行百科");
19     }
20 }
21 public class ch17_11 {
22     public static void main(String[] args) {
23         InfoFly obj = new InfoFly();  // 建立obj对象
24         obj.birdFly();
25         obj.airplaneFly();
26         obj.pediaFly();
27     }
28 }
```

执行结果

```
D:\Java\ch17>java ch17_11
鸟用翅膀飞
飞机用引擎飞
飞行百科
```

上述程序的接口与类图示如下。

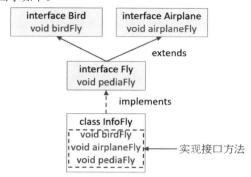

接口可以多重继承的另一个原因是不会产生模糊的现象，例如，即使碰上两个接口有相同抽象类名称，程序也可以执行。

程序实例 ch17_12.java：Bird 和 Airplane 接口有同样名称的抽象方法 flying()，InfoFly 类实现了 Bird 和 Airplane 接口，此时对象调用 flying() 方法时不会有冲突与模糊，因为所执行的方法是 InfoFly 类重写的方法。

```
1  interface Bird {                          // 定义Bird接口
2      void flying();                        // 抽象flying方法
3  }
4  interface Airplane {                      // 定义Airplane接口
5      void flying();                        // 抽象flying方法
6  }
7  class InfoFly implements Bird, Airplane {
8      public void flying() {                // 实现flying方法
9          System.out.println("正在飞行");
10      }
11 }
12 public class ch17_12 {
13     public static void main(String[] args) {
14         InfoFly obj = new InfoFly();      // 建立obj对象
15         obj.flying();
16     }
17 }
```

执行结果
```
D:\Java\ch17>java ch17_12
正在飞行
```

上述程序的接口与类图示如下。

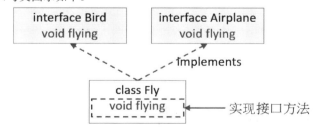

17-7　实现时发生成员变量有相同名称

程序设计时如果发生实现时两个接口有相同的常量名称，这时会有模糊现象发生，导致程序在编译时的错误。

程序实例 ch17_13.java：类 Petty 实现了 Dog 和 Cat 接口，这两个接口有相同的成员变量 age，程序编译时第 11 行产生模糊的错误。

```
1  interface Dog {                                           // 定义Dog接口
2      int age = 5;
3      void running();                                       // 抽象running方法
4  }
5  interface Cat {                                           // 定义Cat接口
6      int age = 6;
7      void running();                                       // 抽象running方法
8  }
9  class Pet implements Dog, Cat {                           // 类Pet
10     public void running() {                               // 实现running方法
11         System.out.println("我的宠物是 " + age + " 岁正在跑"); // 错误
12     }
13 }
14 public class ch17_13 {
15     public static void main(String[] args) {
16         Pet obj = new Pet();                              // 建立obj对象
17         obj.running();
18     }
19 }
```

执行结果
```
D:\Java\ch17>javac ch17_13.java
ch17_13.java:11: 错误: 对age的引用不明确
                System.out.println(" 我的宠物是" + age + "岁正在跑"); // 错误
            Dog 中的变量 age 和 Cat 中的变量 age 都匹配
1 个错误
```

为了解决这类问题，Java 提供可以使用"接口名称．成员变量"方式，可用此语法直接指定是用哪一个接口的成员变量。上述程序的接口与类图示如下。

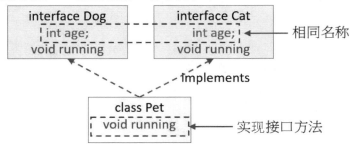

程序实例 ch17_14.java：使用"接口名称．成员变量"方式重新设计 ch17_13.java，这个程序只修改了第 11 行。

```
11         System.out.println("我的宠物是 " + Dog.age + " 岁正在跑");
```

执行结果
```
D:\Java\ch17>java ch17_14
我的宠物是 5 岁正在跑
```

17-8 类重写 Default 方法

类是可以重写接口的 Default 方法，这时会发生类方法名称与接口的 Default 方法名称相同，这时类重写的方法有较高优先执行顺序。

程序实例 ch17_15.java：Pet 类实现了 Dog 和 Cat 接口，其中，Dog 和 Cat 接口均有 running() 方法，Pet 类重写了此方法。

```
1  interface Dog {                          // 定义Dog接口
2      default void running() {             // Default running方法
3          System.out.println("狗在跑");
4      }
5  }
6  interface Cat {                          // 定义Cat接口
7      default void running() {             // Default running方法
8          System.out.println("猫在跑");
9      }
10 }
11 class Pet implements Dog, Cat {          // 定义Pet类
12     public void running() {              // 重新定义running方法
13         System.out.println("动物在跑");
14     }
15 }
16 public class ch17_15 {
17     public static void main(String[] args) {
18         Pet obj = new Pet();             // 建立obj对象
19         obj.running();
20     }
21 }
```

执行结果　D:\Java\ch17>java ch17_15
动物在跑

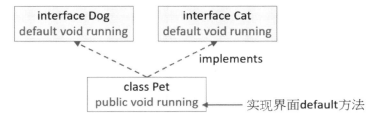

实现界面default方法

读者可能会想要使用特定父接口的 Default 方法，此时可以使用下列语法：

接口名称 **.super.Default** 方法名称

程序实例 ch17_16.java：扩充类 Pet 的设计，在 running() 方法内增加调用 Dog 和 Cat 的 Default running() 方法。

```
12     public void running() {              // 重新定义running方法
13         System.out.println("动物在跑");
14         Dog.super.running();             // 调用Dog接口的running方法
15         Cat.super.running();             // 调用Cat接口的running方法
16     }
```

执行结果　D:\Java\ch17>java ch17_16
动物在跑
狗在跑
猫在跑

17-9　一个类同时继承类与实现接口

假设一个类 A 继承了类 B 同时实现接口 C，语法如下。

```
class A extends B implements C {
    xxx;
}
```

程序实例 ch17_17.java：一个类同时继承类与实现接口的应用，对读者而言最重要的是第 9 行的语法。

```
1  interface Dog {                              // 定义Dog接口
2      void running();                          // 抽象running方法
3  }
4  class Horse {                                // 定义Horse类
5      public void who() {                      // 一般方法who
6          System.out.println("我是马");
7      }
8  }
9  class Pet extends Horse implements Dog {     // Pet继承Horse实现Dog
10     public void running() {                  // 实现running方法
11         System.out.println("宠物在跑");
12     }
13 }
14 public class ch17_17 {
15     public static void main(String[] args) {
16         Pet obj = new Pet();                 // 建立obj对象
17         obj.who();
18         obj.running();
19     }
20 }
```

执行结果
```
D:\Java\ch17>java ch17_17
我是马
宠物在跑
```

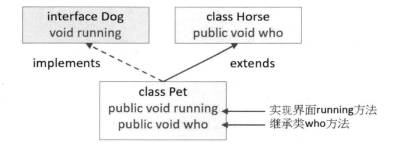

17-10　类分别继承父类与实现接口发生方法名称冲突

如果所继承的类的方法与实现接口的 Default 方法名称相同，这时会发生名称冲突，此时类的方法有优先执行顺序。如果想要执行接口的 Default 方法，可以使用下面语法。

　　接口名称 **.super.Default** 方法名称

可参考下列实例第 21 和 22 行。

程序实例 ch17_18.java：有两个接口分别为 Dog 和 Cat，这两个接口有抽象方法 who 和 Default 方法 running()。有一个 Horse 类，这个类有 running() 方法。类 Pet 继承类 Horse，同时实现 Dog 和 Cat 接口的 running() 方法。这个程序会建立 Pet 类对象 obj，然后第 28 行调用 running() 方法，现在会发生 running() 名称相同的冲突，如果发生这个现象类名称优先执行，相当于是执行继承 Horse 类的 running() 方法。

```
1  interface Dog {                          // 定义Dog接口
2      void who();                          // 定义抽象方法who
3      default void running() {             // Default running方法
4          System.out.println("狗在跑");
5      }
6  }
7  interface Cat {                          // 定义Cat接口
8      void who();                          // 定义抽象方法who
9      default void running() {             // Default running方法
10         System.out.println("猫在跑");
11     }
12 }
13 class Horse {
14     public void running() {
15         System.out.println("马在跑");
16     }
17 }
18 class Pet extends Horse implements Dog, Cat {   // 定义Pet类
19     public void who() {                  // 实现who方法
20         System.out.println("我是宠物");
21         Dog.super.running();             // Dog界面的running
22         Cat.super.running();             // Cat界面的running
23     }
24 }
25 public class ch17_18 {
26     public static void main(String[] args) {
27         Pet obj = new Pet();             // 建立obj对象
28         obj.running();                   // 类优先
29         obj.who();                       // 调用who
30     }
31 }
```

执行结果

```
D:\Java\ch17>java ch17_18
马在跑
我是宠物
狗在跑
猫在跑
```

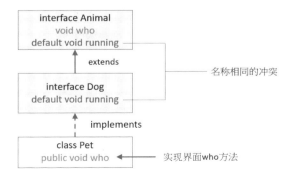

上述程序第 28 行是执行第 14 ~ 16 行所继承 Horse 类的 running() 方法，第 29 行是执行 19 ~ 23 行实现 who 方法。第 21 行是调用 Dog 接口的 Default 方法 running()，第 22 行是调用 Cat 接口的 Default 方法 running()。

17-11　多层次继承中发生 Default 方法名称相同

可参考下列图示。

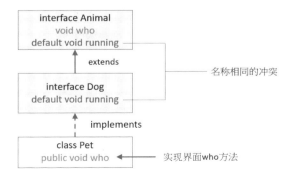

其中，接口 Dog 继承接口 Animal，类 Pet 实现接口 Dog，如果发生 Pet 类对象调用 running() 方法，此时发生父接口 Animal 和子接口 Dog 均有 running() 方法，这时是子接口的 running() 方法被启动。

程序实例 ch17_19.java：多层次继承时，发生父接口 Animal 和子接口 Dog 均有 running() 方法，这时是子接口的 running() 方法被启动。

```
1  interface Animal {                          // 定义Animal接口
2      void who();                             // 定义抽象方法who
3      default void running() {                 // Default running方法
4          System.out.println("动物在跑");
5      }
6  }
7  interface Dog extends Animal {              // 定义Dog接口
8      default void running() {                 // Default running方法
9          System.out.println("狗在跑");
10     }
11 }
12 class Pet implements Dog {                   // 定义Pet类
13     public void who() {                      // 实现who方法
14         System.out.println("我是动物");
15     }
16 }
17 public class ch17_19 {
18     public static void main(String[] args) {
19         Pet obj = new Pet();                 // 建立obj对象
20         obj.running();                       // 子界面优先
21         obj.who();                           // 调用who
22     }
23 }
```

执行结果
```
D:\Java\ch17>java ch17_19
狗在跑
我是动物
```

程序第 20 行调用 running() 时是执行 Dog 接口第 8 ～ 10 行的 running() 方法，所以第 1 行输出是"狗在跑"，第 21 行调用 who() 则是执行 Pet 类第 13 ～ 15 行的 who() 方法。

17-12 名称冲突的钻石问题

可参考下列图示，如果仔细看箭头流向类似一颗钻石，所以又称为钻石问题。

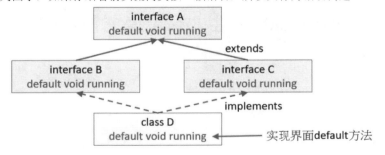

其实可以将上述图示拆解，先不看 interface A，那么可以参考 17-8 节，由于类 D 是实现接口 C 和 B，接口 C 和 B 是继承 A，这时程序要可顺利编译必须重写三个接口共同名称的 Default 方法 running()，所以当类 D 的对象调用 running() 时，是类 D 内重写的 running() 被执行，如果要调用其他接口的 running() 方法，可以采用"接口名称 **.super.Default** 方法名称"。

程序实例 ch17_20.java：钻石方法的解析。

```
1  interface A {                              // 定义A接口
2      default void running() {               // Default running方法
3          System.out.println("我是A");
4      }
5  }
6  interface B extends A {                    // 定义B接口
7      default void running() {               // Default running方法
8          System.out.println("我是B");
9      }
10 }
11 interface C extends A {                    // 定义C接口
12     default void running() {               // Default running方法
13         System.out.println("我是C");
14     }
15 }
16 class D implements B, C {                   // 定义D类
17     public void running() {                // 重新定义running方法
18         System.out.println("我是D");
19     }
20     public void who() {
21         B.super.running();
22         C.super.running();
23     }
24 }
25 public class ch17_20 {
26     public static void main(String[] args) {
27         D obj = new D();                   // 建立obj对象
28         obj.running();                     // 类优先
29         obj.who();                         // 调用who
30     }
31 }
```

执行结果

```
D:\Java\ch17>java ch17_20
我是D
我是B
我是C
```

上述程序第 28 行会执行类 D 的第 17 ～ 19 行重写的 running() 方法，第 29 行则是调用类 D 第 20 ～ 23 行的 who() 方法。

程序实操题

1. 扩充设计 ch17_1.java，增加 Eagle 类实现 Fly 接口的 flying() 方法，输出 "老鹰在飞"，当然在主程序中需要建立 Eagle 类对象，然后调用 flying() 方法。

2. 更改设计 ch17_2.java，将类 Rectangle 更改为立体方块 Cube 类，这个类可以计算立体方块体积，所以必须将成员变量改为长、宽、高，变量名称可以自行设置。将类 Circle 更改为圆柱体 Cylinder，所以必须增加成员变量高，变量名称可以自行设置。当然程序第 30 ～ 32 行对此程序而言是无意义的，可以删除。

3. 扩充设计 ch17_2.java，类 Rectangle 增加可以计算矩形周长，类 Circle 增加可以计算圆周长。当然程序第 30 ～ 32 行对此程序而言是无意义的，可以删除。

4. 扩充设计 ch17_5.java，在 Vehicle 接口中增加下列 Default 功能。

String starting()：可以输出 "车辆启动系统检查中 … "。
String ending()：可以输出 "车辆停驻完成，车辆保全启动中 … "。
当然必须在主程序中调用以上功能。

5. 扩充设计 ch17_8.java，增加 Default addSum 方法可以计算数组总和，由于同样是调用 add 方法，所以需修改 add 方法与调用 add 方法参数调用方式。

6. 扩充设计 ch17_10.java，增加飞行球 FlyingBall 接口，此接口有 ballFly() 抽象方法，Fly 类相当

于同时实现 Bird、Airplane、Flying 接口，实现 ballFly() 方法时需输出"飞行球用球飞"。

7. 有一个程序片段如下：

```
1 interface MyMath {
2     void add(int x, int y);          // 加法
3     void sub(int x, int y);          // 减法
4     void mul(int x, int y);          // 乘法
5     void div(int x, int y);          // 除法
6 }
7 interface AdvancedMath {
8     void mod(int x, int y);
9 }
10 class Cal implements MyMath, AdvancedMath {
11     // 读者需要设计此类内容
12 }
13 public class ex17_7 {
14     public static void main(String[] args) {
15         Cal obj = new Cal();          // 建立obj对象
16         obj.add(10, 5);
17         obj.output();                 // 输出"结果 = 15"
18         obj.sub(10, 5);
19         obj.output();                 // 输出"结果 = 5"
20         obj.mul(10, 5);
21         obj.output();                 // 输出"结果 = 50"
22         obj.div(10, 5);
23         obj.output();                 // 输出"结果 = 2"
24         obj.mod(10, 5);
25         obj.output();                 // 输出"结果 = 0"
26     }
27 }
```

请设计类别 Cal 的内容。

8. 有一个程序片段如下：

```
1 interface MyScore {
2     void ScoreMax();                 // 最高分
3     void SoreMin();                  // 最低分
4     void ScoreAve();                 // 平均
5 }
6 interface MyTest extends MyScore {
7     void ShowScore();
8 }
9 class MyStuTime implements MyTest {
10     protected String name;           // 姓名
11     protected String Chinese;        // 国文成绩
12     protected int math;              // 数学成绩
13     protected int physics;           // 物理成绩
14     protected int english;           // 英文成绩
15     // 读者需要设计此类内容
16 }
17 public class ex17_8 {
18     public static void main(String[] args) {
19         MyStuTime obj = new MyStuTime("John", 98, 97, 100, 99);
20         obj.showScore();
21     }
22 }
```

执行结果

```
姓名:John
国文成绩:98
英文成绩:97
数学成绩:100
物理成绩:99
最高分:100
最低分:97
平均:99.00
```

请设计 MyStuTime 类内容。

习题

一、判断题

1（X）. 接口的抽象方法默认的访问权限是 private。

2（X）. 在 Java 9 的环境中，接口的方法全部是抽象方法。

3（O）. 在 Java 7 的环境中，接口的方法全部是抽象方法。

4（O）. Java 接口内常量变量的值是不可更改的，同时只有一份供所有实现的类使用。

5（X）. Java 的接口内的 Default 方法是 static 方法。

6（O）. Java 9 后接口增加 Private methods，主要是可以让接口内的程序代码可以重复使用。

7（O）. 在 Java 中一个类可以继承另一个类，一个类可以实现一个接口，一个接口也可以继承另一个接口。

8（X）. 一个类实现两个接口时，如果发生两个接口有相同名称的抽象方法时，程序在编译时会有错误发生。

二、选择题

1（D）. 下列哪一项不是接口常量变量的访问权限？

　　A. public　　　　　　　B. static　　　　　　　C. final　　　　　　　　D. protected

2（C）. 下列哪一项关于 Default 方法的叙述是错误的？

　　A. Default 方法可以继承　　　　　　　　B. 此方法对日后程序扩充与兼容有帮助

C. 不可以重新定义这个方法　　　　　D. 可以重新将 Default 方法声明为抽象方法

3（D）. 下列哪一个方法是 Java 9 才有的功能？

    A. Abstract methods　　　　　　　　B. Default methods

    C. Static methods　　　　　　　　　　D. Private methods

4（A）. 下列有关 Java 接口内的 Private 方法叙述哪一项是错误的？

    A. Private non-static 方法可以在 Private static 方法内使用

    B. Private static 方法可以在接口内的 static 和 non-static 方法内使用

    C. Private 方法不能抽象化

    D. Private 方法只能在接口内使用

5（D）. 下列有关 Java 接口与继承哪一个错误？

    A. 一个类别可以实现一个接口　　　　B. 一个类别可以实现多个接口

    C. 一个接口可以继承多个接口　　　　D. 一个接口可以继承一个类

6（D）. 有一个类图示如下。

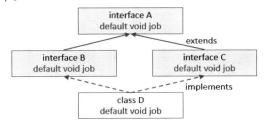

假设类 D 对象调用 job() 方法时，哪一个方法被启动？

    A. 界面 A　　　　　B. 界面 B　　　　　　C. 界面 C　　　　　　　D. 类 D

7（C）. 有一个类图示如下。

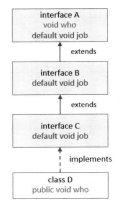

假设类 D 对象调用 job() 方法时，哪一个方法被启动？

    A. 界面 A　　　　　B. 界面 B　　　　　　C. 界面 C　　　　　　　D. 类 D

第 １ ８ 章

Java 包装类

本章摘要

18-1 基本概念

在 4-9-1 节介绍了几个方法可以将整数转成字符串输出，例如，假设 a 是整数，使用 Interger. toBinaryString(a) 可以将整数 a 转成二进制字符串输出，究竟这是如何办到的？

或是下列实例可以执行两个不同数据类型——字符串与整数相连接。

程序实例 ch18_1.java：执行字符串与整数相连接。

```
 1  public class ch18_1 {
 2      public static void main(String[] args) {
 3          int x = 5;                          // 整数x
 4          String str = "wrapping";            // 建立字符串str
 5          System.out.println("我是整数 x   " + x);
 6          System.out.println("我是字符串str " + str);
 7          str = str + x;                      // 字符串与整数连接
 8          System.out.println("字符串与整数的连接 " + str);
 9      }
10  }
```

执行结果

```
D:\Java\ch18>java ch18_1
我是整数 x  5
我是字符串str wrapping
字符串与整数的连接 wrapping5
```

整数不是对象，但是却执行了类似对象的功能，其实在 Java 内每个基本数据类型都有对应的类，当有需要时 Java 编译程序会自动将基本类型数据转成相对应的类，若是以上述为例其实是将整数转成整数对象，所以可以执行上述工作。当然若是有需要时，Java 编译程序也可以将整数对象转成整数。

18-2 认识包装类

若是以 18-1 节为例基本数据类型指的是整数 int，在 Java 中基本数据类型其实是指以下 8 种数据类型数据。

基本数据类型	基本数据类	基本数据类型	基本数据类
boolean	**Boolean**	float	**Float**
byte	**Byte**	int	**Integer**
char	**Char**	long	**Long**
double	**Double**	short	**Short**

在 java.lang 中上述基本数据类是专门用对象方式包装基本数据类型，所以有人称上述类为基本数据类，也有人称为包装类或是类型包装类。上述包装类的类说明图如下所示。

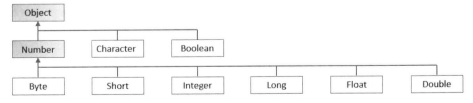

由上图可以看出 Character 类和 Boolean 类的父类是 Object 类，其他数值类型（Byte、Short、Integer、Long、Float、Double）的类基本上是 **Number** 类的子类，Number 类其实是一个抽象类，在 Number 类内有一些专门处理数值数据的方法，后面会做说明。

18-3　认识自动封箱与拆箱

当基本类型的数据因为运算的需要，Java 编译程序自动建立相对应的类对象代表该数据，也可想成将数据包装成相对应对象（可想成一个箱子）代表该数据，由于这是编译程序自动执行没有人为操作，所以也称自动封箱或是简称封箱。

相反，若是将 Java 编译程序因为需要开箱将对象取出转成一般数据类型，称为拆箱。

18-4 节会用程序讲解这方面的知识。

18-4　建立包装类对象

这一节主要是讲解下列三个主题。

（1）使用构造方法建立类对象。

（2）自动封箱的实例

（3）拆箱的实例。

18-4-1　使用构造方法建立包装类对象

可以使用构造方法，建立包装类对象。也可以使用自动封箱方式建立类对象，下面将以实例解说。

程序实例 ch18_2.java：使用构造方法建立包装类对象，这个程序是用 Integer 类为例，同时使用 getClass() 方法列出对象所属的类。

```
1  public class ch18_2 {
2      public static void main(String[] args) {
3          // 方法 1
4          int x = 5;                        // 整数x
5          Integer xObj = new Integer(x);    // 整数对象xObj
6          // 方法2
7          Integer yObj = new Integer(10);   // 整数 对象yObj
8
9          System.out.println("xObj所属类：" + xObj.getClass());
10         System.out.println("yObj所属类：" + yObj.getClass());
11     }
12 }
```

执行结果　在 Java 10 环境本程序会有类过时问题，此时可以用下列方式编译此 Java 程序。

```
D:\Java\ch18>javac -Xlint ch18_2.java
ch18_2.java:5: 警告: [deprecation] Integer中的Integer(int)已过时
        Integer xObj = new Integer(x);          // 整数对象xObj
                       ^
ch18_2.java:7: 警告: [deprecation] Integer中的Integer(int)已过时
        Integer yObj = new Integer(10);         // 整数对象yObj
                       ^
2 个警告
```

读者可以不必理会上述警告。

```
D:\Java\ch18>java ch18_2
xObj所属类：class java.lang.Integer
yObj所属类：class java.lang.Integer
```

上述是用 Integer 类为实例，其实可以将上述概念应用于其他类。在建立 Boolean 对象时，如果所设置的内容不是 true，则代表是 false。

程序实例 ch18_3.java：建立 Boolean 对象，同时将内容设为"DeepStone"并观察执行结果。

```
1  public class ch18_3 {
2      public static void main(String[] args) {
3          Boolean bo = new Boolean("DeepStone");  // Boolean对象bo
4          System.out.println("bo内容    : " + bo);
5          System.out.println("bo所属类 : " + bo.getClass());
6      }
7  }
```

执行结果

```
D:\Java\ch18>java ch18_3
bo内容      : false
bo所属类    : class java.lang.Boolean
```

从上述执行结果可以看到对象 bo 的构造内容是"DeepStone"，是非 true 字符串，所以输出时是 false。

18-4-2　自动封箱的实例

在 18-3 节有说明自动封箱的概念，其实也可以用这个概念直接建立类对象。

程序实例 ch18_4.java：使用自动封箱建立整数类对象。

```
1  public class ch18_4 {
2      public static void main(String[] args) {
3  // autoboxing自动封箱方法
4          int x = 5;                          // 整数x
5          Integer xObj = x;                   // 整数对象xObj
6          System.out.println("xObj所属类 : " + xObj.getClass());
7      }
8  }
```

执行结果

```
D:\Java\ch18>java ch18_4
xObj所属类 : class java.lang.Integer
```

程序实例 ch18_5.java：将第 4、5 行简化为一行，重新设计 ch18_4.java。

```
1  public class ch18_5 {
2      public static void main(String[] args) {
3  // autoboxing自动封箱方法
4          Integer xObj = 5;                   // 整数对象xObj
5          System.out.println("xObj所属类: " + xObj.getClass());
6      }
7  }
```

执行结果　与 ch18_4.java 相同。

第 12-1 节说明了字符数据，当时并没有说明字符对象的概念，其实可以使用上述方式建立字符对象。

程序实例 ch18_6.java：建立字符对象。

```
1  public class ch18_6 {
2      public static void main(String[] args) {
3  // autoboxing自动封箱方法
4          Character ch = 'a';                 // 字符对象ch
5          System.out.println("ch所属类 : " + ch.getClass());
6      }
7  }
```

执行结果

```
D:\Java\ch18>java ch18_6
ch所属类 : class java.lang.Character
```

读者需留意，上述程序是用建立对象方式说明编译程序使用了自动封箱，其实在程序中时时可以见到应用自动封箱的例子，也就是说自动封箱不是一定发生在建立类对象时。

18-4-3　拆箱的实例

程序设计当有需要时，编译程序就会自动执行拆箱工作。

程序实例 ch18_7.java：编译程序自动封箱与拆箱的实例。

```
1 public class ch18_7 {
2     public static void main(String[] args) {
3 // autoboxing
4         Integer x = 10;              // autoboxing自动封箱
5         x = x + 20;                  // unboxing拆箱
6         System.out.println(x);
7     }
8 }
```

执行结果

```
D:\Java\ch18>java ch18_7
30
```

上述第 5 行是执行整数对象 **x** 和 20 相加，这时编译程序就会自动执行拆箱，所以变成整数 **x** 加 20。

18-5 使用 valueOf() 建立对象

本节开始所介绍的 Number 类方法，这些方法已经被数值类型（Byte、Short、Integer、Long、Float、Double）的类实现了，所以可以顺利地使用它们。

ValueOf() 是一个 static 方法，它有以下三种使用格式。

```
static Integer valueOf(int i)                // 返回整数对象
static Integer valueOf(String s)             // 字符串转为整数返回整数对象
static Integer valueOf(String s, int radix)  // 返回基底为 radix 的整数对象
```

上述是以整数 Integer 为实例，也可以将它应用于其他 Number 类。另外，上述 i 代表整数，s 代表字符串，此字符串内含整数数据，radix 是基底，可由此决定返回的对象值。

程序实例 ch18_8.java：将 valueOf( ) 应用于整数。

```
1 public class ch18_8 {
2     public static void main(String[] args) {
3         Integer x = Integer.valueOf(10);
4         Integer y = Integer.valueOf("101");
5         Integer b2 = Integer.valueOf("10111", 2);    // 基底二进制
6         Integer b8 = Integer.valueOf("15", 8);        // 基底八进制
7         Integer b16 = Integer.valueOf("18a", 16);     // 基底十六进制
8         System.out.println(x);
9         System.out.println(y);
10        System.out.println(b2);
11        System.out.println(b8);
12        System.out.println(b16);
13        System.out.println(x.getClass());             // 列出返回值类
14    }
15 }
```

执行结果

```
D:\Java\ch18>java ch18_8
10
101
23
13
394
class java.lang.Integer
```

上述特别需留意的是 valueOf(**String s**, int radix)，radix 是基底，**s** 字符串内容不可以有超出基底的数据。例如，如果基底设为 2，s 字符串内容不可以有非 1 或 0 的值，如果有则在程序执行期间会有错误。如果基底设为 8，s 字符串内容不可以有 8、9 或 10 的值，如果有则在程序执行期间会有错误。

程序实例 ch18_9.java：将 valueOf() 应用于其他类型的数据。

```
1 public class ch18_9 {
2     public static void main(String[] args) {
3         Double x = Double.valueOf(10);         // Double类
4         Float y = Float.valueOf("101");        // Float类
5         System.out.println(x);
6         System.out.println(y);
7         System.out.println(x.getClass());      // 列出返回值x类
8         System.out.println(y.getClass());      // 列出返回值y类
9     }
10 }
```

执行结果

```
D:\Java\ch18>java ch18_9
10.0
101.0
class java.lang.Double
class java.lang.Float
```

18-6　取得 Number 类对象的值

Number 抽象类有一个 **xxx**Value() 方法，可以将包装对象转换成 **xxx** 数据类型然后返回。

```
byte byteValue();                    // byte 类型返回
short shortValue();                  // short 类型返回
int intValue();                      // int 类型返回
long longValue();                    // long 类型返回
float floatValue();                  // float 类型返回
double doubleValue();                // double 类型返回
```

特别需留意的是溢位，也就是如果数据大于转换结果数据可以容纳的范围，这时结果可能不可预期，可参考下列实例。

程序实例 ch18_10.java：xxxValue() 方法的应用。

```
1  public class ch18_10 {
2      public static void main(String[] args) {
3          Integer x = new Integer(1000);                          // Integer类
4          Double y = new Double(22.3456);                         // Double类
5          System.out.println("intValue(x)    : " + x.intValue());
6          System.out.println("byteValue(x)   : " + x.byteValue());
7          System.out.println("doubleValue(x) : " + x.doubleValue());
8          System.out.println("intValue(y)    : " + y.intValue());
9          System.out.println("byteValue(y)   : " + y.byteValue());
10         System.out.println("doubleValue(y) : " + y.doubleValue());
11     }
12 }
```

执行结果

```
D:\Java\ch18>java ch18_10
intValue(x)    : 1000
byteValue(x)   : -24
doubleValue(x) : 1000.0
intValue(y)    : 22
byteValue(y)   : 22
doubleValue(y) : 22.3456
```

上述第 2 行输出结果是溢位，此时输出结果无法预期。另外，也可以留意经过 xxxValue() 方法后，可以更改原先对象数据类型。例如，x 是整数类对象，第 3 行输出转换成 double 数据类型。y 是 Double 类对象，第 4 行输出转成 int 数据类型。

18-7　包装类的常量

除了 Boolean 类外，其他的包装类均有下列三个常量。

MAX_VALUE：最大值。

MIN_VALUE：最小值。

SIZE：二进制位数。

有了上述常量，可以很容易地获得任一种数据类型的最大值、最小值和特定数据所占的二进制位数，也可想成内存空间大小。

程序实例 ch18_11.java：列出基本数据类型的最大值、最小值和特定数据所占的二进制位数。

```
1 public class ch18_11 {
2    public static void main(String[] args) {
3        System.out.println("byte 二进制位数: " + Byte.SIZE);
4        System.out.println("最大值: Byte.MAX_VALUE:" + Byte.MAX_VALUE);
5        System.out.println("最小值: Byte.MIN_VALUE:" + Byte.MIN_VALUE + "\n");
6
7        System.out.println("short 二进制位数: " + Short.SIZE);
8        System.out.println("最大值: Short.MAX_VALUE:" + Short.MAX_VALUE);
9        System.out.println("最小值: Short.MIN_VALUE:" + Short.MIN_VALUE + "\n");
10
11       System.out.println("Integer 二进制位数: " + Integer.SIZE);
12       System.out.println("最大值: Integer.MAX_VALUE:" + Integer.MAX_VALUE);
13       System.out.println("最小值: Integer.MIN_VALUE:" + Integer.MIN_VALUE + "\n");
14
15       System.out.println("Long 二进制位数: " + Long.SIZE);
16       System.out.println("最大值: Long.MAX_VALUE:" + Long.MAX_VALUE);
17       System.out.println("最小值: Long.MIN_VALUE:" + Long.MIN_VALUE + "\n");
18
19       System.out.println("Float 二进制位数: " + Float.SIZE);
20       System.out.println("最大值: Float.MAX_VALUE:" + Float.MAX_VALUE);
21       System.out.println("最小值: Float.MIN_VALUE=" + Float.MIN_VALUE + "\n");
22
23       System.out.println("Double 二进制位数: " + Double.SIZE);
24       System.out.println("最大值: Double.MAX_VALUE:" + Double.MAX_VALUE);
25       System.out.println("最小值: Double.MIN_VALUE:" + Double.MIN_VALUE + "\n");
26
27       System.out.println("Character 二进制位数: " + Character.SIZE);
28       System.out.println("最大值: Character.MAX_VALUE:" + (int) Character.MAX_VALUE);
29       System.out.println("最小值: Character.MIN_VALUE:" + (int) Character.MIN_VALUE);
30   }
31 }
```

执行结果
```
D:\Java\ch18>java ch18_11
byte 二进制位数: 8
最大值: Byte.MAX_VALUE:127
最小值: Byte.MIN_VALUE:-128

short 二进制位数: 16
最大值: Short.MAX_VALUE:32767
最小值: Short.MIN_VALUE:-32768

Integer 二进制位数: 32
最大值: Integer.MAX_VALUE:2147483647
最小值: Integer.MIN_VALUE:-2147483648

Long 二进制位数: 64
最大值: Long.MAX_VALUE:9223372036854775807
最小值: Long.MIN_VALUE:-9223372036854775808

Float 二进制位数: 32
最大值: Float.MAX_VALUE:3.4028235E38
最小值: Float.MIN_VALUE=1.4E-45

Double 二进制位数: 64
最大值: Double.MAX_VALUE:1.7976931348623157E308
最小值: Double.MIN_VALUE:4.9E-324

Character 二进制位数: 16
最大值: Character.MAX_VALUE:65535
最小值: Character.MIN_VALUE:0
```

此外，Float 和 Double 类另外有三个常量，分别是 NaN、NEGATIVE_INFINITY、POSITIVE_INFINITY，也可以用程序列出其值。

程序实例 ch18_12.java：列出 NaN、NEGATIVE_INFINITY、POSITIVE_INFINITY 内容。

```
1 public class ch18_12 {
2    public static void main(String[] args) {
3        System.out.println("Float.NaN:" + Float.NaN);
4        System.out.println("Float.NEGATIVE_INFINITY=" + Float.NEGATIVE_INFINITY);
5        System.out.println("Float.POSITIVE_INFINITY=" + Float.POSITIVE_INFINITY);
6        System.out.println("Double.NaN:" + Double.NaN);
7        System.out.println("Double.NEGATIVE_INFINITY=" + Double.NEGATIVE_INFINITY);
8        System.out.println("Double.POSITIVE_INFINITY=" + Double.POSITIVE_INFINITY);
9    }
10 }
```

执行结果
```
D:\Java\ch18>java ch18_12
Float.NaN:NaN
Float.NEGATIVE_INFINITY=-Infinity
Float.POSITIVE_INFINITY=Infinity
Double.NaN:NaN
Double.NEGATIVE_INFINITY=-Infinity
Double.POSITIVE_INFINITY=Infinity
```

18-8　将基本数据转成字符串 toString()

Java 也可以使用 toString() 将基本数据转成字符串，方法如下，下列方法也适合使用其他基本数据类型。

String toString()：将基本数据变量转成字符串。

static String toString(int i)：将特定的整数 i 转成字符串。

程序实例 ch18_13.java：将基本数据转成字符串的应用。

```
 1  public class ch18_13 {
 2      public static void main(String[] args) {
 3          Integer x = 32;                             // Integer类
 4          Double y = 123.456;                         // Double类
 5          System.out.println(x.toString());
 6          System.out.println(Integer.toString(200));
 7          System.out.println(y.toString());
 8          System.out.println(Double.toString(456.789));
 9      }
10  }
```

执行结果

```
D:\Java\ch18>java ch18_13
32
200
123.456
456.789
```

另外，如果想将整数转成二进制、八进制或十六进制，可复习 4-9-1 节。

18-9　将字符串转成基本数据类型 parseXXX()

这个方法 parseXXX() 可以将字符串转成基本数据，XXX 是指数据类型，这个功能特别适合用于读取屏幕输入，可以先用字符串方式读入，然后再将输入数据转成适当类型，它可以有一个参数或两个参数。

```
static int parseInt(String s, int radix)    // parseByte, parseShort, parseInt, parseLong
static int parseInt(String s)               // 除了上述，也适用parseFloat, parseDouble
```

也可以将上述 radix 设置字符串是二、八、十、十六进制。

程序实例 ch18_14.java：parseInt() 和 parseDouble() 方法的应用。

```
 1  public class ch18_14 {
 2      public static void main(String[] args) {
 3          int i = Integer.parseInt("127");
 4          int i2 = Integer.parseInt("101", 2);        // 字符串是二进制
 5          int i8 = Integer.parseInt("101", 8);        // 字符串是八进制
 6          int i16 = Integer.parseInt("101", 16);      // 字符串是十六进制
 7          double d = Double.parseDouble("100.0123");  // 字符串是Double类
 8
 9          System.out.println(i);
10          System.out.println(i2);
11          System.out.println(i8);
12          System.out.println(i16);
13          System.out.println(d);
14      }
15  }
```

执行结果

```
D:\Java\ch18>java ch18_14
127
5
65
257
100.0123
```

特别留意在 parseInt(String s, radix) 方法下，如果设置 radix，则字符串 s 的内容不可有不合法的字符串，否则会在程序运行期间发生错误。例如，下列是错误的范例。

```
parseInt("120", 2);     // 二进制由 0 或 1 组成，不可有 2
parseInt("810", 8);     // 八进制由 0，1 … 7 组成，不可有 8
```

18-10　比较方法

18-10-1　比较是否相同 equals()

这个方法可以比较两个对象是否相同，适合用于所有包装类对象，主要是将调用的对象与参数对象做比较。

```
public boolean equals(Object obj)
```

如果相同则返回 true，否则返回 false，相等的条件是参数有相同对象类型、同时值相同。

程序实例 ch18_15.java：equals() 的应用。

```
1  public class ch18_15 {
2      public static void main(String[] args) {
3          Integer a = 10;
4          Integer b = 20;
5          Integer c = 10;
6          short d = 10;
7          Boolean e = true;
8          Boolean f = false;
9          Boolean g = true;
10
11         System.out.println(a.equals(b));
12         System.out.println(a.equals(c));
13         System.out.println(a.equals(d));
14         System.out.println(e.equals(f));
15         System.out.println(e.equals(g));
16     }
17 }
```

执行结果

```
D:\Java\ch18>java ch18_15
false
true
false
false
true
```

18-10-2 比较大小 compareTo()

这个比较大小方法适用于 Number 对象，可以将调用方法对象与方法内的参数对象做比较。注意必须相同数据类型才可以比较，否则会有执行时的错误。

```
public int compareTo(NumberSubClass referenceName)
```

如果调用方法对象小于参数则返回 –1。

如果调用方法对象等于参数则返回 0。

如果调用方法对象大于参数则返回 1。

程序实例 ch18_16.java：比较大小 compareTo() 的应用。

```
1  public class ch18_16 {
2      public static void main(String[] args) {
3          Integer a = 10;
4          Integer b = 20;
5
6          System.out.println(a.compareTo(b));
7          System.out.println(a.compareTo(5));
8          System.out.println(a.compareTo(10));
9          System.out.println(a.compareTo(15));
10     }
11 }
```

执行结果

```
D:\Java\ch18>java ch18_16
-1
1
0
-1
```

程序实操题

1. valueOf() 方法的测试，这是一系列二进制数据。

   1010   11111111   100100

   请计算 valueOf("x", 2) 的结果，x 是上述值。

2. 请使用习题 1 的数据，计算 valueOf("x", 8) 的结果。

3. 请使用习题 1 的数据，计算 valueOf("x", 16) 的结果。

4. valueOf() 方法的测试，这是一系列八进制数据。

   1010   11111111   100100

   请计算 valueOf("x", 8) 的结果，x 是上述值。

5.　请使用习题 4 的数据，计算 valueOf("x", 16) 的结果。

6.　valueOf() 方法的测试，这是一系列十六进制数据。

101f　　　　　　　　　11111aaff　　　　　　　　　10010f

7.　有下列数据，请分别用 intValue() 和 doubleValue() 列出结果。

100　　　　　　　　　50.5　　　　　　　　　60.99

8.　请输入类名称，本程序可以列出此类的最大值、最小值、二进制位数。

9.　请输入数字数据，但是程序用字符串方式读取，本程序可以判断这个数字字符串是否符合二进制、八进制、十进制或十六进制表达。例如，如果输入是：

100100：回应符合二进制、八进制、十进制或十六进制。

899100：回应符合十进制或十六进制。

abcdef9：回应符合十六进制。

567q98：数字输入错误。

10.　请输入任意两个数字，第一个数字是 A，第二个数字是 B，本程序用读取字符串方式读取，然后解析 A 与 B 的比较关系。列出"A＞B"或"A＝＝B"或"A＜B"。

习题

一、判断题

1（X）. String 类是基本数据类的一种。

2（O）. 基本数据类又称包装类。

3（O）. Number 类是抽象类。

4（X）. 封箱只能在构造方法内进行。

5（O）. eauals() 和 compareTo() 方法都可判断对象内容是否相同。

6（X）. intValue() 返回的是整数对象。

二、选择题

1（X）. 下列哪一个类不是实现 Number 类？

A. Byte　　　　　　　B. Character　　　　　　C. Integer　　　　　　D. Double

2（A）. 将基本数据转成相对应数据类型的对象。

A. Autoboxing　　　　B. Unboxing　　　　　　C. Upcasting　　　　　D. Downcasting

3（B）. valueOf() 方法不适合使用在下列哪一个类？

A. Byte　　　　　　　B. Character　　　　　　C. Integer　　　　　　D. Double

4（D）. 下列哪一个方法不是 xxxValue() 方法的 xxx？

A. byteValue()　　　　B. floatValue()　　　　　C. shortValue()　　　　D. booleanValue()

5（B）. 下列哪一个类没有 MAX_VALUE 常数？

A. Character　　　　　B. Boolean　　　　　　C. Byte　　　　　　　D. Double

6（D）. 下列哪一个方法是错误的？

A. parseInt("100001", 2)　　　　　　　　B. parseInt("777560", 8)

C. parseInt("abcdef ",16)　　　　　　　　D. parseInt("888777",8)

19

第 1 9 章

设计包

　　在 14-3 节有介绍当程序太长时，可以将类独立成一个文件，因此在程序实例 ch14_19.java 中，一个程序被拆成三个文件，同时也叙述了将类拆成独立文件的优点，本章所述的设计包基本上是该节概念的扩充，特别是规划企业的大型程序时，很少是由一个人独立完成，如果你是一个大型程序设计的主持人，通过本章的概念适当地规划与分工，将可以事半功倍。

　　此外在大型程序分割时，每一个独立的文件，必须将类声明为 public，在包中则依访问控制而定，本章也将讲解这方面的知识。

19-1　复习包名称的导入

19-1-1　基本概念

在 4-9 节和 4-10 节有说明包导入的声明，当时由于尚未进入 Java 的面向对象主题，因此只能粗浅的说明，经过前面 18 章的学习，现在是完整说明包的使用与设计的时候了。

整个包和类的关系就好像是操作系统文件夹与文件的关系，若以 4-9-2 节所导入的 java.util.Scanner 类为例，可以说包名称是 java.util，类名称是 Scanner。如果再更进一步细分，我们说 **Scanner** 类属于 **java** 包中的 **util** 包，util 是 java 包的子包。

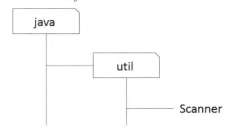

在包结构中各包之间是用 "." 分隔，包与类之间也是用 "." 分隔。有时候可以称 util 是 java 的子包，但是大多时候是用 java.util 形容这个包。对于上述 Scanner 类而言，如果称之为 "**java.util.Scanner**"，这种表示法称为完整名称。如果直接用 "**Scanner**" 类称之，这种表示法称为简名。

如果以操作系统的观念来看，可以说在 java 文件夹下的 util 文件夹中有一个文件 Scanner。例如，在 Windows 操作系统中可以用 java\util\Scanner 表示，在 UNIX 或 Linux 中可以用 java/util/Scanner 表示。

在类名称导入声明中，可以使用以下两种方式声明。

1. 单类导入声明

它的声明方式如下。

```
import 完整名称;
```

当程序使用上述声明时，程序内容就可以使用简名。

程序实例 ch19_1.java：导入完整名称，然后程序内容可以使用简名导入类，请输入半径，这个程序可以计算圆周长。

```
1  import java.util.Scanner;                    // 单类导入声明
2  public class ch19_1 {
3      public static void main(String[] args) {
4          double r;
5          Scanner scanner = new Scanner(System.in);
6
7          System.out.print("请输入圆半径 : ");
8          r = scanner.nextDouble();            // 读取半径
9          System.out.println("圆周长 : " + (2 * Math.PI * r));
10     }
11 }
```

执行结果

```
D:\Java\ch19>java ch19_1
请输入圆半径 : 10
圆周长 : 62.83185307179586
```

上述因为程序第 1 行有单类导入声明，所以程序第 5 行可以使用 Scanner 简名。

程序实例 ch19_2.java：重新设计 ch19_1.java，但是程序第一行没有单类导入声明，所以程序第 5 行必须使用完整名称。

```
1  public class ch19_2 {
2      public static void main(String[] args) {
3          double r;
4          java.util.Scanner scanner = new java.util.Scanner(System.in);
5
6          System.out.print("请输入圆半径 : ");
7          r = scanner.nextDouble();              // 读取半径
8          System.out.println("圆周长 : " + (2 * Math.PI * r));
9      }
10 }
```

执行结果　与 ch19_1.java 相同。

2. 依需求导入类声明

如果程序需要声明包内的多个类，依照单类导入声明它的工作量会变得很大，Java 提供下列简便的声明方式。

```
import 包名称 .*;
```

在这种声明下，包内所有的类名称都可以使用简名，许多人会误以为上述声明是将包中所有的类名称导入，其实若看它的英文文义 "**on demand declaration**"，原意是依需求，所以只有程序有用到的类名称才会被导入，然后可以用简名的方式在程序内引用它们。

程序实例 ch19_3.java：这是一个猜数字游戏，所猜的数字介于 0 和 9 之间。程序主要是讲解依需求导入类的应用，这个程序会使用 java.util 包内的 Random 和 Scanner 类，因为在第一行已经使用 "import java.util.*"，所以程序内可以使用简名，可参考第 4 行和第 7 行。

```
1  import java.util.*;                          // 依需求导入类声明
2  public class ch19_3 {
3      public static void main(String[] args) {
4          Random ran = new Random();            // 属于java.util.Random
5          int pwd = ran.nextInt(10);            // 产生0~9间的目标数字
6          int num;                              // 存储所猜数字
7          Scanner scanner = new Scanner(System.in); // 属于java.util.Scanner
8
9          for ( ; ; ) {                          // 这是无限循环
10             System.out.print("请猜0-9的数字 : "); 
11             num = scanner.nextInt();           // 读取输入数字
12             if ( num == pwd ) {                // 如果猜对
13                 System.out.println("恭喜猜对了!!");
14                 break;
15             }
16             if ( num > pwd )                   // 提示用户猜数字方向
17                 System.out.println("猜错了请猜小一点!!");
18             else
19                 System.out.println("猜错了请猜大一点!!");
20         }
21     }
22 }
```

执行结果

```
D:\Java\ch19>java ch19_3
请猜0~9的数字 : 5
猜错了请猜大一点!!
请猜0~9的数字 : 7
恭喜猜对了!!
```

这里再补充一次，"import java.util.*" 是只导入程序有需求的类名称，所以上述程序其实只有导入 "java.util.Random" 和 "java.util.Scanner"。

19-1-2　不同包名称冲突

使用包时，可能会发生不同包内有相同的名称，这时就会发生名称冲突的问题，例如，在 java.util 和 java.sql 包内都有 Date 类，如果使用下列方式设计程序就会发生错误。

```
import java.sql.*;
import java.util.*;
```

```
...
Date date = new Date( );              // 错误发生
```

上述错误原因是，当使用简名建立对象 date 时，编译程序不知道要使用哪一个包的 Date 类从而产生模糊。

程序实例 ch19_4.java：不同包名称冲突产生编译错误。

```
1  import java.util.*;                       // 依需求导入java.util类声明
2  import java.sql.*;                        // 依需求导入java.sql类声明
3  public class ch19_4 {
4      public static void main(String[] args) {
5          Date date = new Date();           // 错误声明
6      }
7  }
```

执行结果
```
D:\Java\ch19>javac ch19_4.java
ch19_4.java:5: 错误: 对Date的引用不明确
              Date date = new Date();                    // 错误声明

   java.sql 中的类 java.sql.Date 和 java.util 中的类 java.util.Date 都匹配
ch19_4.java:5: 错误: 对Date的引用不明确
              Date date = new Date();                    // 错误声明

   java.sql 中的类 java.sql.Date 和 java.util 中的类 java.util.Date 都匹配
2 个错误
```

因此，在有名称冲突时需要使用完整名称，设计如下所示。

```
import java.sql.*;

import java.util.*;

...

java.util.Date date1 = new java.util.Date();        // Date 使用 java.util 包
```

程序实例 ch19_5.java：重新设计 ch19_4.java，使用完整名称方式建立类对象。

```
1  import java.util.*;                       // 依需求导入java.util类声明
2  import java.sql.*;                        // 依需求导入java.sql类声明
3  public class ch19_5 {
4      public static void main(String[] args) {
5          java.util.Date date = new java.util.Date(); // 完整名称建立对象
6      }
7  }
```

执行结果　这个程序编译正确，但是没有输出。

为了避免上述情况发生，资深的 Java 程序设计师其实在程序设计时比较喜欢采用单类导入声明。

19-1-3　包层次声明的注意事项

在依需求导入类声明时需要特别留意包层次，例如，在 java 包内的 util 包内的 jar 包内有 JarFile 类，完整名称是 "**java.util.jar.JarFile**"，如果要导入时，必须完全列出各层的包，下列是正确的导入语法。

```
import java.util.jar.*          // 正确，完全列出各层包
```

下列是错误的导入语法。

```
import java.util.*              // 错误，没有完全列出各层包
```

19-1-4　静态 static 成员导入声明

除了类导入声明外，Java 也允许使用 import 执行静态 static 成员的导入，这种导入称为静态导入，语法如下。

```
import static 类名称 . 变量名称 ;          // 单静态变量导入声明
import static 类名称 .*;                  // 依需求导入静态方法声明
```

程序实例 ch19_6.java：使用单静态变量导入声明重新设计 ch19_1.java，可参考第 2 行，然后可参考第 10 行，可以使用 PI 取代 Math.PI。

```
 1  import java.util.Scanner;                      // 单类导入声明
 2  import static java.lang.Math.PI;               // 单静态常数导入声明
 3  public class ch19_6 {
 4      public static void main(String[] args) {
 5          double r;
 6          Scanner scanner = new Scanner(System.in);
 7
 8          System.out.print("请输入圆半径 : ");
 9          r = scanner.nextDouble();              // 读取半径
10          System.out.println("圆周长 : " + (2 * PI * r));  // 省略了 Math
11      }
12  }
```

执行结果　　与 ch19_1.java 相同。

在 java.lang 包 Math 类中有一系列的静态方法，下面将分成没有依需求导入静态方法与有依需求导入静态方法做说明。

程序实例 ch19_7.java：没有依需求导入静态方法，处理数学运算，所以这时调用方法时需要使用完整名称：**Math** 类名称 . 静态成员名称，可参考第 3 和 4 行。

```
1  public class ch19_7 {
2      public static void main(String[] args) {
3          System.out.println(Math.abs(10));       // 绝对值运算
4          System.out.println(Math.sqrt(4));       // 求平方根
5      }
6  }
```

执行结果

```
:\Java\ch19>java ch19_'
 0
 .0
```

程序实例 ch19_8.java：重新设计 ch19_7.java，有依需求导入静态方法可参考第 1 行，处理数学运算，所以这时调用方法时可以使用简名，省略 Math 类名称，可参考第 4 和 5 行。

```
1  import static java.lang.Math.*;                 // 静态方法导入声明
2  public class ch19_8 {
3      public static void main(String[] args) {
4          System.out.println(abs(10));            // 绝对值运算
5          System.out.println(sqrt(4));            // 求平方根
6      }
7  }
```

执行结果　　与 ch19_7.java 相同。

屏幕显示与键盘输入分别是 System.out 和 System.in，其实也可以导入它们，然后就可以使用 out 和 in 执行输出和输入。

程序实例 ch19_9.java：重新设计 ch19_6.java，导入 System.out 和 System.in，然后在程序内使用简名。

```
1  import java.util.Scanner;              // 单类导入声明
2  import static java.lang.Math.PI;       // 单静态变量导入声明
3  import static java.lang.System.in;     // 单静态变量in导入声明
4  import static java.lang.System.out;    // 单静态变量out导入声明
5  public class ch19_9 {
6      public static void main(String[] args) {
7          double r;
8          Scanner scanner = new Scanner(in);      // in取代System.in
9
10         out.print("请输入圆半径 : ");             // out取代System.out
11         r = scanner.nextDouble();                // 读取半径
12         out.println("圆周长 : " + (2 * PI * r)); // out取代System.out
13     }
14 }
```

执行结果　与 ch19_6.java 相同。

虽然获得了想要的结果，但是上述程序只是笔者为了要讲解包的 import 功能所举的实例，可以用炫形容上述程序，实际上笔者不建议读者使用这种方式设计程序，因为 in 和 out 会迷惑一些 Java 程序设计师。

19-2 设计 java 包基础知识

java 包指的是一些类似接口、类和子包所组成的，基本上可以将 java 的包分为以下两种类型。

（1）java 内建包，例如，lang、awt、io、swing 等，聪明地使用这些包可以在未来设计 Java 程序时事半功倍。

（2）使用者定义包。这也是本章的主题，笔者将在本章介绍设计和使用包的相关知识。

当程序越来越大时，也可以在包内建立子包，下面是 java 内建包的简化图。

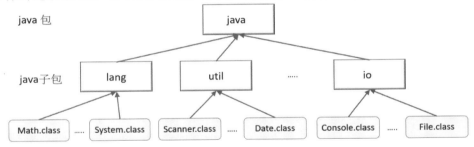

其实整个 java 包的结构简化图可参考上图，从外部看 java 可以将 java 视为一个包，然后 java.lang 可以视为 java 包的子包，当然 java.util 和 java.io 也可以视为 java 包的子包。每个子包下面可能有更小的子包或是类。但是在设计包时，可以将单独设计的包称为包，如果设计的程序复杂，也可以在所设计的包内增加设计子包。

19-3 java 包的优点

使用 java 包规划大型程序的优点如下。

1. 解决类别名称的冲突问题

当规划大型程序时，很重要的思路是要将所设计的类与大家共享，在共享类阶段难免会发生类名称相同的问题，这时会发生以下两种可能。

第一是要求分享者更改类名称。这时分享者的程序将需要重新处理，同时如果已经有其他人引用这些类的程序也需要更改，这将是一项很大的工程，同时在修改的过程中也容易发生错误。

第二是修改自己的程序。同样地，自己程序所有相关的类名称均需要修改，虽然这次修改完成，但是难保下次不会碰上同样的情形，造成程序维护的困难。

不用担心，笔者将会完整说明 java 包如何处理这类问题，让整个名称冲突问题将不再是问题。

2. 将类依功能分类

在规划程序时可以依功能将类分类管理，这样可以让未来程序的维护与管理变得简单。

3. 保护访问控制

在 java 包下，可以提供各类的访问控制，这样可以让程序获得更好的保护。

19-4　建立、编译与执行包

19-4-1　建立包基础知识

建立包第一步是将类包装在包中，这时需使用 **package** 关键词，相当于要将包装在包中的所有类文件第一行加上下列叙述。

```
package    包名称；
```

假设所建的包名称是 myMath，则第一行如下。

```
package    myMath;          // 包第一个字母是小写
```

如果读者留意一下可以发现包 java、lang、util 的第一个字母都是小写，其实这是包的命名规则。

一个 Java 程序可以没有包的声明，但是不可以有两个以上包的声明，也就是可以存在 0 或 1 个包声明。如果一个 Java 程序没有包声明，称这个程序的类别属于无名包，其实前面章节所有的程序都属于无名包。无名包内的类完整名称和简名是一样的。在实际应用上短小的、测试用或是用完就丢的类建议放入无名包，其他有用的、未来可以供自己或他人引用的则建议放入包内。

假设有一个包 myMath，这个包下有 Add 和 Mul 类，相关说明图如下。

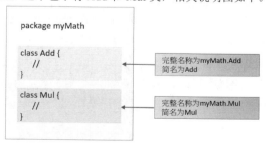

在建立包时需留意包名称与类名称不要同名，不过如果读者有遵循 Java 命名规则，则不会有这种现象产生，因为类名称第一个字母是大写，包第一个字母是小写。

在同一个包中，可以使用简名执行类之间互相调用。

19-4-2　包与文件夹

建立包最简单的方式是将程序代码（扩展名是 java）与类文件（扩展名是 class）放在与包相同名称的文件夹中，其中，类程序代码是我们设计的程序文件，须将类程序代码编译为类文件。

案例 ch19_10：以下内容是在 **ch19_10** 文件夹中。

此项目要建的包名称是 myMath，在执行建立包的项目前，首先要在目前工作文件夹下建立以包名称为名的文件夹 myMath，然后将类程序代码建在以此包为名称的文件夹内。

程序实例 CalAdd.java：建立简单数学包 myMath，在这个包内只有一个类文件 CalAdd.java，这个类文件的 CalAdd 类主要是包含一个执行加法运算的 add() 方法，功能是将所传入的值相加后返回。

```
1 package myMath;              // 建立包myMath
2 public class CalAdd {        // 类名称是CalAdd
3     public int add(int x, int y){
4         return x + y;        // 返回加法运算结果
5     }
6 }
```

上述建立 CalAdd.java 程序代码成功后，这时的文件夹结构如下。

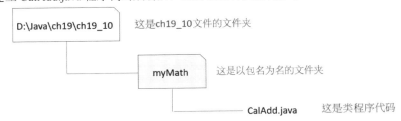

由于此方法计划给外部类使用，所以第 2 行声明为 public。

19-4-3　编译包

如果没有使用任何 java 整合环境软件，当然首先是要进入以包名称为名的文件夹 myMath，然后在 DOS 命令提示字符环境可以使用下列语法编译包。

```
javac 文件名                   // 此例相当于 "javac CalAdd.java"
```

下列是笔者进入 myMath 文件夹成功编译 CalAdd.java 后的画面。

D:\Java\ch19\ch19_10\myMath>javac CalAdd.java

D:\Java\ch19\ch19_10\myMath>

其实在 DOS 提示信息环境，也可以在 D:\Java\ch19\ch19_10 编译底下 myMath 文件夹内的 CalAdd.java，可参考下列实例。

编译成功后，可以在 myMath 文件夹内建立类文件 CalAdd.class，这时的文件夹结构如下。

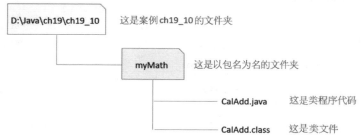

19-4-4　执行包

下面是笔者设计的 ch19_10.java 内容，主要是在程序前方 import 所建的包 myMath，这个程序放在 D:/Java/ch19/ch19_10 文件夹内。此时文件夹结构如下。

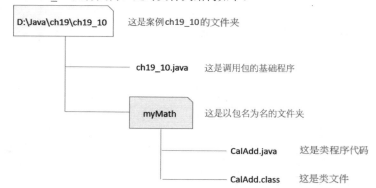

程序实例 ch19_10.java：应用包的基础程序，这个程序会在我们所设计的 myMath 类内建立对象 obj，然后传入整数执行加法运算，最后输出结果。

```
1 import myMath.CalAdd;                        // 单类导入声明
2 public class ch19_10 {
3     public static void main(String args[]){
4         CalAdd obj = new CalAdd();
5         System.out.println(obj.add(5, 10)); // 执行加法运算
6     }
7 }
```

在这个实例中可以使用过去编译和执行 Java 程序的方式编译与执行此 ch19_10.java，下列是执行画面。

```
D:\Java\ch19\ch19_10>javac ch19_10.java     ←———— 编译程序ch19_10.java

D:\Java\ch19\ch19_10>java ch19_10     ←———— 执行程序ch19_10.java
15     ←———— 执行结果
```

19-4-5　使用包但是没有导入包

在 19-1-1 节已说明 import 关键词的完整意义，所以也可以不用 import，但是仍然可以使用 myMath 包，这时候就需要使用完整名称"包名称 . 类名称"。

案例 ch19_11：以下内容是在 **ch19_11** 文件夹。

　　myMath 包文件 **CalAdd.java**：这个程序内容与 ~ch19_10/CalAdd.java 相同。下面是编译 CalAdd. java 的过程。

```
D:\Java\ch19\ch19_11\myMath>javac CalAdd.java

D:\Java\ch19\ch19_11\myMath>
```

程序实例 ch19_11.java，不使用 import 关键词重新设计 ch19_10.java，读者可以参考第 3 行调用类名称方式。

```
1  public class ch19_11 {
2      public static void main(String args[]){
3          myMath.CalAdd obj = new myMath.CalAdd();    // 使用完整名称
4          System.out.println(obj.add(5, 10));          // 执行加法运算
5      }
6  }
```

　　编译过程与执行结果
```
D:\Java\ch19\ch19_11>javac ch19_11.java

D:\Java\ch19\ch19_11>java ch19_11
15
```

19-4-6　建立含多个类文件的包

　　在真实的环境中我们所设计的包一定会含有多个类，在编译程序阶段必须编译所有的类文件。

案例 ch19_12：以下内容是在 **ch19_12** 文件夹中。

　　假设在 D:/Java/ch19/ch19_12 文件夹下所建的包名称是 myMath，这个包有两个类文件，分别是 CalAdd.java 和 CalMul.java。

　　myMath 包文件 **CalAdd.java**：这个程序内容与 ~ch19_11/CalAdd.java 相同。

　　myMath 包文件 **CalMul.java**：执行乘法运算，这个程序的内容如下。

```
1  package myMath;              // 建立包myMath
2  public class CalMul {        // 类名称是CalMul
3      public int mul(int x, int y){
4          return x * y;        // 返回乘法运算结果
5      }
6  }
```

下列是编译包的过程。

D:\Java\ch19\ch19_12\myMath>javac CalAdd.java

D:\Java\ch19\ch19_12\myMath>javac CalMul.java

D:\Java\ch19\ch19_12\myMath>

程序实例 ch19_12.java：执行加法运算，由于这个程序只有使用 myMath 包的一个类所以可以使用第 1 行方式导入单一类名称，当然第 1 行也可以改为一次导入所有包类"**import myMath.***"（可参考 ch19_13.java）。

```
1  import myMath.CalAdd;                      // 单类导入声明
2  public class ch19_12 {
3      public static void main(String args[]){
4          CalAdd obj = new CalAdd();
5          System.out.println(obj.add(5, 10)); // 执行加法运算
6      }
7  }
```

编译过程与执行结果

D:\Java\ch19\ch19_12>javac ch19_12.java

D:\Java\ch19\ch19_12>java ch19_12
15

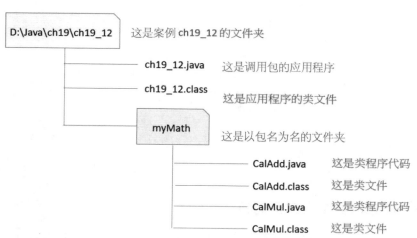

案例 ch19_13：以下内容是在 ch19_13 文件夹中。

myMath 包文件 **CalAdd.java**：这个程序内容与 ~ch19_12/CalAdd.java 相同。

myMath 包文件 **CalMul.java**：这个程序内容与 ~ch19_12/CalMul.java 相同。

程序实例 ch19_13.java：这个应用程序内容与 ch19_12.java 几乎完全相同，只有在 ch19_13.java 的第一行使用"import myMath.*"。

```
1  import myMath.*;                           // 依需求类声明
2  public class ch19_13 {
3      public static void main(String args[]){
4          CalAdd obj = new CalAdd();
5          System.out.println(obj.add(5, 10)); // 执行加法运算
6      }
7  }
```

编译过程与执行结果

```
D:\Java\ch19\ch19_13\myMath>javac CalAdd.java

D:\Java\ch19\ch19_13\myMath>javac CalMul.java

D:\Java\ch19\ch19_13\myMath>cd ..

D:\Java\ch19\ch19_13>javac ch19_13.java

D:\Java\ch19\ch19_13>java ch19_13
15
```

19-5　包与应用程序分属不同文件夹

企业发展一个大型程序通常可以将工作分成开发阶段、测试阶段、完成阶段，在测试阶段可能就会将包移到不同的文件夹，这样所有研发团队的成员可以针对此包做测试，因此会产生包与设计的应用程序在不同的文件夹工作。这个时候很重要的工作就是在编译阶段需让 java 编译程序知道包所在的文件夹位置，在运行时需让 JVM 知道包和应用程序所在的位置。

另外，所开发的程序在完成阶段要公开给大众使用时，如果是用很平凡的名称，命名就要很小心，否则容易和现有的名称冲突，建议可以使用与网址相反的排列方法，例如，本公司网址是 deepstone.com，所建的包是 abc，则完整名称可以是如下。

```
com.deepstone.abc
```

如果是一个大公司，各部门建立自己的包，为了有所区分，可以在名称前增加部门类，例如，资管（MIS）部门与研发（Research）部门，所建的完整名称可以如下。

```
com.deepstone.mis.abc                      // MIS 部门的包 abc
com.deepstone.research.abc                 // Research 部门的包 abc
```

案例 ch19_14

以下 myMath 包内容是在 D:\Java\myMath 文件夹中。

myMath 包文件 **CalAdd.java**：这个程序内容与 ~ch19_13/CalAdd.java 相同。
myMath 包文件 **CalMul.java**：这个程序内容与 ~ch19_13/CalMul.java 相同。

以下内容是在 D:\Java\ch19\ch19_14 文件夹中。

程序实例 ch19_14.java：这个应用程序内容与 ch19_13.java 几乎完全相同，只有更改文件名，下列是成功编译 myMath 包的画面。

```
D:\Java\myMath>javac CalAdd.java

D:\Java\myMath>javac CalMul.java
```

注　如果一个包内含有许多类程序代码，也可以用下列方式一次编译所有类程序代码。

```
D:\Java\myMath>javac *.java

D:\Java\myMath>
```

接着必须要编译 ch19_14.java 应用程序，此时 javac 需搭配 -cp 参数，然后指出包 myMath 所在的文件夹路径，下面是成功编译 ch19_14.java 的画面。

```
D:\Java\ch19\ch19_14>javac -cp D:\Java ch19_14.java

D:\Java\ch19\ch19_14>
```

下面是此项目目前的文件夹结构图。

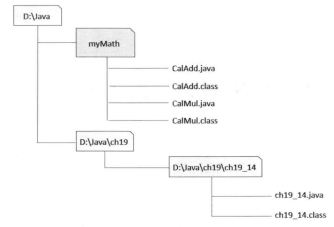

上述参数 cp 的全名是 classpath，在此可以解释为类路径，也就是告诉编译程序到 D:\Java 文件夹路径找寻包的类文件。下列是成功执行 ch19_14.java 后的界面。

```
D:\Java\ch19\ch19_14>java -cp .;D:\Java ch19_14
15
```

从上述可以看到".:D:\Java"，其中"."代表目前文件夹，这是要指引 JVM 执行程序所需的 ch19_14.class 在目前文件夹，如果有多个文件夹路径要指引，彼此可以用分号";"隔开。

如果常常需要执行上述相关的设置，建议可以直接更改环境变量 classpath，更改方式可以分为临时或是永久。

1. 临时更改环境变量 classpath

可以直接在 DOS 提示信息环境下设置，延续上述实例，下面是设置方式。

```
set classpath=.;D:\Java
```

下列是执行实例。

```
D:\Java\ch19\ch19_14>set classpath=.;D:\Java        ← 设置环境变量

D:\Java\ch19\ch19_14>javac ch19_14.java             ← 编译程序

D:\Java\ch19\ch19_14>java ch19_14                    ← 执行程序
15
```

上述持续有效直到关闭 DOS 提示信息窗口，下次重新开启 DOS 提示信息窗口时需重新设置。

2. 永久更改环境变量 classpath

如果面临需要永远使用此路径设置，此时可以更改操作系统的环境变量，这里将以 Windows 操作系统为实例说明，首先开启"设置"→"控制面板"→"系统和安全"→"系统"，单击"高级系统设置"。出现"系统属性"对话框，单击"高级"标签，再单击"环境变量"按钮。

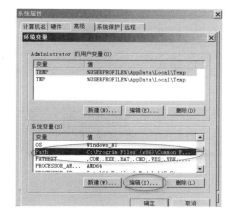

出现"环境变量"对话框,在"系统变量"中选择 Path,然后单击"编辑"按钮。然后在变量值字段末端增加路径设置即可,设置完后请单击"确定"按钮。

19-6 建立子包

当开发的程序越来越庞大时,为了有良好的管理,可能需要在某包下建立另一个包,那么新建立的包就是所谓的子包。

案例 ch19_15

延续我们的实例,假设要在 myMath 下建立 subMath 包,使用 **ch19_13** 项目做修改,那么整个文件夹结构图如下。

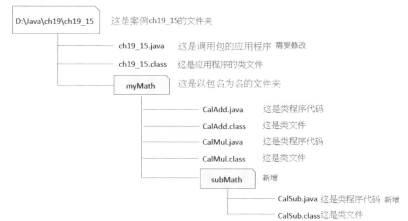

myMath.subMath 包内的 **CalSub.java**：必须先建立 subMath 文件夹，然后在此文件夹下建立此程序，它的程序代码如下。

```
1 package myMath.subMath;              // 建立子包subMath
2 public class CalSub {                // 类名称是CalSub
3    public int sub(int x, int y){
4        return x - y;                 // 返回减法运算结果
5    }
6 }
```

第一行"package myMath.subMath"意义是在 myMath 底下建立子包 subMath。

myMath 包文件 **CalAdd.java**：这个程序内容与 ~ch19_13/CalAdd.java 相同。

myMath 包文件 **CalMul.java**：这个程序内容与 ~ch19_13/CalMul.java 相同。

程序实例 ch19_15.java：这个程序会调用 myMath 和 myMath.subMath 包，所以程序前两行执行声明，最后会执行加法与减法运算，同时返回执行结果。

```
1 import myMath.*;                     // 依需求类声明
2 import myMath.subMath.*;             // 依需求类声明
3 public class ch19_15 {
4    public static void main(String args[]){
5        CalAdd obj1 = new CalAdd();
6        CalSub obj2 = new CalSub();
7        System.out.println(obj1.add(5, 10));   // 执行加法运算
8        System.out.println(obj2.sub(5, 10));   // 执行减法运算
9    }
10 }
```

下面是整个项目 ch19_15 的编译过程以及执行结果。

```
D:\Java\ch19\ch19_15>javac myMath\subMath\CalSub.java    ← 编译subMath的CalSub.java

D:\Java\ch19\ch19_15>javac myMath\CalAdd.java            ← 编译myMath的CalAdd.java

D:\Java\ch19\ch19_15>javac myMath\CalMul.java            ← 编译myMath的CalMul.java

D:\Java\ch19\ch19_15>javac ch19_15.java                 ← 编译应用程序ch19_15.java

D:\Java\ch19\ch19_15>java ch19_15                       ← 执行ch19_15
15
-5                                                       ← 列出执行结果
```

在结束本节内容前，笔者要提醒读者注意以下几点。

（1）程序内如果有 package 和 import 时，package 应该先执行。

（2）一个类只能有一个 package 声明，但是可以有多个 import 声明。

（3）可参考 ch19_15，当"import myMath.*"时，并不包括 myMath 底下的子包，所以 ch19_15.java 同时也有"import myMath.subMath"的。

19-7 包的访问控制

在 9-2-1 节有说明过类成员访问控制，由于当时没有包的知识，所以并没有针对包的访问控制做太多说明。下面是存取修饰符（Access Modifier）在包中的说明。

Modifier	说明
public	公开，所有地方都可以调用
protected	自身类、同一包或子类可以存取，其他类则不可以存取
no modifier	自身类、同一包可以存取
private	只有自身类可以存取

在本书的实例中，都是将应用程序与包分开设计，为了要让应用程序可以调用，所有的包类都是声明为 public，有时候会看到有些应用程序是在相同包内，这时就可以省略 public 声明，记住：当省略时就是 no modifier。

下面是同一包相同类有关访问控制的说明，基本上同类的成员方法可以存取所有的其他方法或属性。

```
A.java

package x;
public class A {
    public     void method1() { xxx }    // public
    protected void method2() { xxx }    // protected
               void method3() { xxx }    // no modifier
    private    void method4() { xxx }    // private

    void test(A a ) {                     // 相同类
        a.method1();                      // 呼叫OK
        a.method2();                      // 呼叫OK
        a.method3();                      // 呼叫OK
        a.method4();                      // 呼叫OK
    }
}
```

下列是相同包不同类有关访问控制的说明，重点是同一包的外部类无法存取 private 成员。

```
A.java

package x;
public class A {
    public     void method1() { xxx }    // public
    protected void method2() { xxx }    // protected
               void method3() { xxx }    // no modifier
    private    void method4() { xxx }    // private
}
```

```
B.java

package x;
class B {
    void test(A a ) {                     // 相同包
        a.method1();                      // 呼叫OK
        a.method2();                      // 呼叫OK
        a.method3();                      // 呼叫OK
        a.method4();                      // 呼叫NO
    }
}
```

下列是不同包有关访问控制的说明，重点是只能存取 public 成员。

```
A.java

package x;                               // 包x
public class A {
    public     void method1() { xxx }    // public
    protected void method2() { xxx }    // protected
               void method3() { xxx }    // no modifier
    private    void method4() { xxx }    // private
}
```

```
C.java

package y;                               // 包y
Import  x.A;
Class C {
    void test(A a ) {                     // 不同包
        a.method1();                      // 呼叫OK
        a.method2();                      // 呼叫NO
        a.method3();                      // 呼叫NO
        a.method4();                      // 呼叫NO
    }
}
```

19-8　将抽象类应用于包

最后再举一个实例，在包中也可以使用抽象类，方法与概念是相同的，不过抽象类默认是 public，所以可以不用再用 public 声明。

案例 ch19_16

在这个项目中 Dog 类会实现 Animal 类，所建的包名称是 animals。

animals 包 **Animal.java**：由于抽象类默认是 public，所以第 2 行不用声明 public。

```
1 package animals;
2 interface Animal {
3     public void eat();            // 调用方法eat
4     public void travel();         // 调用方法travel
5 }
```

animals 包 Dog.java：

```
1 package animals;
2 public class Dog implements Animal {
3     public void eat() {
4         System.out.println("狗在吃食物");
5     }
6     public void travel() {
7         System.out.println("狗去旅行");
8     }
9 }
```

程序实例 ch19_16.java：这个应用程序主要是调用 Dog 类的 eat() 和 travel() 方法，然后输出结果。

```
1 import animals.*;                        // 单类导入声明
2 public class ch19_16 {
3     public static void main(String args[]){
4         Dog obj = new Dog();
5         obj.eat();
6         obj.travel();
7     }
8 }
```

下面是编译和执行结果。

```
D:\Java\ch19\ch19_16>javac animals\Animal.java

D:\Java\ch19\ch19_16>javac animals\Dog.java

D:\Java\ch19\ch19_16>javac ch19_16.java

D:\Java\ch19\ch19_16>java ch19_16
狗在吃食物
狗去旅行
```

19-9　将编译文件送至不同文件夹的方法

本章最后要介绍一个编译方法，可以将所编译的类文件送至不同文件夹，至今在编译包时都是将编译产生的类文件（*.class）放在执行编译时所在的工作文件夹，概念图示如下。

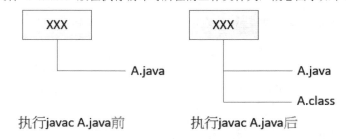

其实可以在使用 javac 时增加 **-d** 参数，将编译产生的类文件送至不同工作文件夹，语法如下。

```
javac -d dir javafilename
```

如果想要将编译的包文件（ex.java）产生的类文件放在目前文件夹下的包文件夹下，其中包文件夹将自动产生，语法如下。

```
javac -d . ex.java
```

此时文件夹结构图如下。

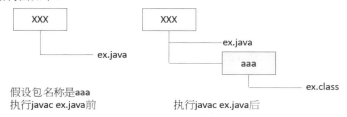

假设包名称是aaa
执行javac ex.java前

执行javac ex.java后

如果想要将所编译的包文件（ex.java）产生的类文件放在 D:\ 文件夹下，此时编译程序会在 D:\ 文件夹下建立包文件夹，再将编译包文件产生的类文件放在此包文件夹下，语法如下。

```
java -d D:\ ex.java
```

案例 ch19_17

这是一个产生 id 编号的程序设计，IdCreater.java 和 ch19_17.java 这两个程序都是放在 D:\Java\ch19\ch19_17 文件夹内。对读者而言可能会碰上新的语法如第 6 ～ 9 行，其实这也不是新语法，只不过使用 static 一次定义了两行命令（第 6 ～ 9 行），通常这种概念是应用于一个程序只设置一次。因为产生一次编号后，以后再建立对象时，就采用累加方式，可参考第 10 ～ 12 行的构造方法。

程序实例 IdCreater.java：内容如下。

```
1  package id;                          // 建立包id
2  import java.util.Random;             // 导入单一类名称声明
3  public class IdCreater {             // 类名称是IdCreater
4      private int id;
5      private static int idInitial;    // 初始化id编号
6      static {                         // 静态初始化id编号
7          Random ran = new Random();
8          idInitial = ran.nextInt(10) * 1000;
9      }
10     public IdCreater( ) {            // 构造方法
11         id = ++idInitial;           // 产生id编号
12     }
13     public int getID() {            // 返回id编号
14         return id;
15     }
16 }
```

程序实例 ch19_17.java：内容如下。

```
1  import id.IdCreater;                                        // 导入自建单一类名称声明
2  public class ch19_17 {
3      public static void main(String args[]){
4          IdCreater n1 = new IdCreater();                     // 建立n1对象
5          IdCreater n2 = new IdCreater();                     // 建立n2对象
6          IdCreater n3 = new IdCreater();                     // 建立n3对象
7
8          System.out.println("n1的编号是 : " + n1.getID()); // 获得与输出编号
9          System.out.println("n2的编号是 : " + n2.getID()); // 获得与输出编号
10         System.out.println("n3的编号是 : " + n3.getID()); // 获得与输出编号
11     }
12 }
```

执行结果

```
D:\Java\ch19\ch19_17>javac -d . IdCreater.java

D:\Java\ch19\ch19_17>javac ch19_17.java

D:\Java\ch19\ch19_17>java ch19_17
n1的编号是 : 4001
n2的编号是 : 4002
n3的编号是 : 4003
```

上述程序编译前后的文件夹结构如下。

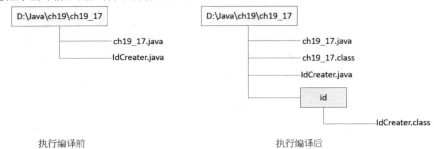

执行编译前　　　　　　　　　　　执行编译后

程序实操题

1. 请参考 ch19_1.java，将程序改为输入半径，可以输出圆面积。

2. 请参考 ch19_2.java，将程序改为输入半径，可以输出圆面积。

3. 请建立一个包 circle，这个包中有一个抽象类定义了计算圆面积方法 area()，及计算圆周长方法 length()，所以必须设计一个类实现这两个方法，这个类也是属于包 circle。然后必须设计一个应用程序，要求输入半径，程序会列出圆面积和圆周长。

4. 请扩充前一个习题，将包改为 cylinder，这个包有一个抽象类定义了计算圆面积方法 area()、计算圆周长方法 length() 和计算圆柱体积的方法 volume()，所以必须设计一个类实现这三个方法，这个类也是属于包 circle()。然后必须设计一个应用程序，要求输入半径和高度，如果高度非 0，程序会列出圆柱体积。如果高度是 0 程序会列出圆面积和圆周长。

5. 请扩充项目 ch19_10，增加可以执行减法、乘法、除法。同时执行加、减、乘、除的数字由屏幕输入。

6. 请参考项目 ch19_15，在包 subMath 底下新增包 divMath，执行减法运算，另外，执行加、减、乘、除的数字由屏幕输入。

7. 请参考项目 ch19_16，在包 Animal 下增加 Cat 类，这个类除了实现 Animal 抽象类的方法外，同时增加两个 public 方法 run() 和 sleep()，至于方法内容则是分别输出"猫在跑步""猫在睡觉"。你的应用程序必须调用所有 Dog 和 Cat 类的方法，验证结果。

8. 请修改项目 ch19_17，让程序产生三位数字的编号，同时建立 10 个对象测试。

9. 请建立一个包 mySort，这个包有 MySort 类，主要有两个方法分别是可以执行整数数组排序，以及列出从小到大排序结果，请设计一个应用程序可以传入整数数组，然后可以列出结果。

习题

一、判断题

1（X）.Java 语言在包结构中，包与包的间隔符号是";"。

2（O）.Java 语言在类名称导入声明中，如果是采用单类导入声明，在程序内可以使用简名使用该类声明。

3（X）. 在 Java 语言中如果使用了 java.lang 以外的类，一定要先执行导入声明。

4（O）. 使用系统时难免会发生不同包有相同的类名称，此时可以使用完整名称避免模糊问题发生。

5（O）. 一个 Java 程序如果没有声明包名称，可以称之为无名包。

6（X）. 程序设计时如果有使用 package 和 import，import 必须放在 package 前面。

二、选择题

1（B）. 在包结构中，包与类的间隔符号是什么？

　　A. ;　　　　　　　　B. .　　　　　　　　C. ,　　　　　　　　D. ~

2（D）. 下面哪一项不是 java 包的优点？

　　A. 解决名称冲突的问题　　　　　　B. 类内容可以获得更好的保护

　　C. 可以更好地规划所设计的类　　　D. 程序执行速度更快

3（C）. 下列哪一个名称适合作包名称？

　　A. ABC　　　　　　B. Abc　　　　　　C. abc　　　　　　D. 以上都是

4（C）. 哪一个存取修饰词是相同包和相同类可以存取？

　　A. publlic　　　　　B. protected　　　　　C. no modifier　　　　D. private

5（B）. 哪一个存取修饰词是自身类、同一包或子类可以存取，其他类则不可以存取？

　　A. publlic　　　　　B. protected　　　　　C. no modifier　　　　D. private

第 20 章

程序异常的处理

　　程序异常（Exception）的处理是 Java 程序设计最重要的特性之一，这个功能可以让程序不因异常而中止。本章主要内容是说明程序错误的类型、认识异常，以及处理异常。

20-1 认识程序错误的类别

不论是新人或是程序设计高手，在写程序期间一定会碰上错误，基本上可以将这些错误分成以下三类。

1. 语法错误

语法错误通常可以在程序编译阶段发现，然后编译程序会列出错误，Java 语言的编译程序除了指出错误，也会指出是第几行发生错误，通常初学计算机语言的人或是接触一个新的程序语言时比较容易有这一类的错误。

例如，某段叙述后面忘了加分号 ";"、关键词名称拼错、漏了左大括号 "{" 或是漏了右大括号 "}" 等。当发生这些错误时，只要有足够的程序设计经验通常很容易修正解决。

2. 语义错误

这是指程序的语法正确，所以程序可以正常编译，当然程序也可以正常执行，可是程序的执行结果不是预期的结果。例如，设计圆面积公式是 "PI * r * r"，结果在程序设计时写成计算圆周长的公式 "2 * PI * r"。或是要执行整数数组由小到大的排序，结果设计成由大到小的排序。

3. 程序执行期间错误

这种错误是指程序的语法正确，所以程序已经编译成功了，但是程序在执行期间产生错误，基本上程序的语意是正确的，但是程序发生了一些程序设计师没有预期的状况，以下是常发生的状况。

（1）执行除法运算时整数除以 0。
（2）语法是执行打开文件，可是执行期间发现文件不存在。
（3）在数组的运算中，程序发生索引值超出索引范围。
（4）执行加、减、乘、除运算，期待使用者输入整数，可是用户输入字符。

过去碰上这类的问题，程序会中止执行，然后 Java 会提供可能错误原因的消息。可是我们会发现有时候我们不希望程序中止，希望程序可以继续执行，这时可以通过本章即将介绍的技术避开这个问题，让程序继续执行。

此外，程序发生执行期间错误时，Java 会抛出错误消息，这些错误消息可能比较笼统，我们可以使用本章所学的知识，更具体地描绘错误原因，这样对程序用户或是程序开发者更有帮助。

本章所要说明的就是程序执行期间错误，我们又将这类错误称为异常（Exception）。

20-2 认识简单的异常实例

在进一步介绍前，笔者将举出几个异常实例，同时帮助读者了解 Java 如何响应异常。

20-2-1　除数为 0 的异常

程序实例 ch20_1.java：除数为 0 的错误。

```
 1  public class ch20_1 {
 2      public static int myDiv(int x, int y) {
 3          return x / y;
 4      }
 5      public static void main(String args[]){
 6          System.out.println(myDiv(6, 2));  // 输出6/2除法结果
 7          System.out.println(myDiv(8, 0));  // 输出8/0除法结果
 8          System.out.println(myDiv(9, 4));  // 输出9/4除法结果
 9      }
10  }
```

执行结果

异常类名称

异常原因除数为0

```
D:\Java\ch20>java ch20_1
3
Exception in thread "main" java.lang.ArithmeticException: / by zero
        at ch20_1.myDiv(ch20_1.java:3)
        at ch20_1.main(ch20_1.java:7)
```

异常发生位置，方法myDiv, 第3行

异常发生位置, main, 第7行

从上述执行结果可以看到线程（将在第 21 章说明这个概念）main 产生异常，同时可以看到异常的类名称、原因、位置，甚至由 main 那一行引导的也列出来了。细看程序执行可以发现程序正常执行第 6 行的除法结果，但是到了第 7 行因为除数为 0 所以程序中止，第 8 行尽管程序正确，但也因程序中止而无法执行。

由上述实例可以看到，如果没有适当地撰写异常处理程序代码，用简单的语句表示 Java 所执行的动作如下。

（1）抛出异常信息。

（2）中止程序执行。

本章的重点就是帮助读者认识程序异常，同时使用 Java 所提供的工具撰写异常处理程序代码，让程序在异常发生时可以处理异常，然后继续执行。若是以 ch20_1.java 为例，有了异常处理程序处理第 7 行除数为 0 的错误，然后可以继续往下执行，此时可以列出第 8 行的除法结果，相关细节第 20-4-1 节会用程序实例 ch20_5.java 说明。

20-2-2　使用者输入错误的异常

程序实例 ch20_2.java：这是一个可以输出矩形"*"符号的程序，至于输出多大的矩形"*"符号则是由用户所输入的整数而定。

```
 1  import java.util.Scanner;
 2  public class ch20_2 {
 3      public static void main(String[] args) {
 4          int x;
 5          Scanner scanner = new Scanner(System.in);
 6          System.out.print("请输入整数 : ");
 7          x = scanner.nextInt();                 // 读取输入
 8          for ( int i = 0; i < x; i++ ) {        // 这是外圈
 9              for ( int j = 0; j < x; j++ ) {    // 这是内圈
10                  System.out.print("*");         // 输出符号
11              }
12              System.out.println();              // 换行输出
13          }
14      }
15  }
```

执行结果

```
D:\Java\ch20>java ch20_2
请输入整数 : 5
*****
*****
*****          ← 正常输出
*****
*****   输入错误              异常类名称

D:\Java\ch20>java ch20_2
请输入整数 : p
Exception in thread "main" java.util.InputMismatchException
        at java.base/java.util.Scanner.throwFor(Unknown Source)
        at java.base/java.util.Scanner.next(Unknown Source)
        at java.base/java.util.Scanner.nextInt(Unknown Source)
        at java.base/java.util.Scanner.nextInt(Unknown Source)
        at ch20_2.main(ch20_2.java:7) ← 异常发生位置, main, 第7行
```

上述程序第一次执行时由于有正确输入整数，可以得到正确结果。第二次输入时，因为输入错误，预期要输入整数但是输入了字符，此时发生异常，由于本程序没有设计异常处理程序代码因此程序中止。

20-2-3　数组运算发生索引值超出范围

程序实例 ch20_3.java：这是一个计算数组和的程序，但是程序设计错误造成索引值超出数组索引范围，结果异常发生程序中止。

```java
 1 public class ch20_3 {
 2     public static void main(String[] args) {
 3     int[] x = {5, 6, 7, 8, 9};
 4     int sum = 0;
 5         for ( int i = 0; i <= x.length; i++ ) {      // 加法循环
 6             sum += x[i];                             // 加法总计
 7             System.out.printf("索引值 : %d,  加总结果 : %d\n", i, sum);
 8         }
 9     }
10 }
```

执行结果

```
D:\Java\ch20>java ch20_3
索引值 : 0,  加总结果 : 5
索引值 : 1,  加总结果 : 11        异常类名称        索引5造成异常
索引值 : 2,  加总结果 : 18
索引值 : 3,  加总结果 : 26
索引值 : 4,  加总结果 : 35
Exception in thread "main" java.lang.ArrayIndexOutOfBoundsException: 5
        at ch20_3.main(ch20_3.java:6) ← 异常发生位置, main, 第6行
```

上述程序编译时正确，在执行时可以看到第 3 行设置的数组索引值范围是 0 ～ 4，但是程序第 6 行却发生了要处理索引值是 5，执行 x[5] 的运算，所以造成异常，由于本程序没有设计异常处理程序代码因此程序中止。

20-2-4　其他常见的异常

1. NullPointerException

例如，字符串是 null，却试着输出此字符串长度就会发生这个异常。

```
String str = null;
System.out.println(s.length()); // 将产生 NullPointerException
```

2. NumberFormatException

例如，有一个非数值字符串，但是却想要将此非数值字符串转成整数，此时会发生这个异常。

```
String str = "Taipei";
int x = Integer.parseInt(str);   // 将产生 NumberFormatException
```

3. StringIndexOutOfBoundsException

如果尝试取得字符串内的某一个字符，索引此字符时发生超出索引范围时，会产生这个异常，在字符串内可以用 charAt(int index) 取得 index 索引的字符。

```
String str = "Taipei";
char c = str.charAt(10);                  // 将产生 StringIndexOutOfBoundsException
```

20-3 处理异常方法

本节将分两部分讲解程序异常，20-3-1 节将从程序设计师的观点避免异常发生，20-3-2 节则是认识 Java 处理异常的机制，另外，20-3-3 节也将简单介绍 Java 处理异常的类。

20-3-1 程序设计师处理异常方式

早期的程序语言没有提供功能处理异常，要处理类似 20-2 节的异常需要大量地使用 if … else 命令。虽然解决了程序的异常，但是大量使用 if … else 也让程序变得复杂，不容易阅读，同时无法捕捉到所有的错误，造成程序的设计效率较差。下面举例说明传统处理异常的方法。

程序实例 ch20_4.java：使用传统观念处理异常，避免除数为 0 造成程序中止。

```
1  public class ch20_4 {
2      public static int myDiv(int x, int y) {
3          if ( y == 0 ) {       // 检查除数是否为0，如果是则不执行除法运算
4              System.out.print("除数为0异常发生：");
5              return 0;
6          }
7          else
8              return x / y;
9      }
10     public static void main(String args[]){
11         System.out.println(myDiv(6, 2)); // 输出6/2除法结果
12         System.out.println(myDiv(8, 0)); // 输出8/0除法结果
13         System.out.println(myDiv(9, 4)); // 输出9/4除法结果
14     }
15 }
```

执行结果

```
D:\Java\ch20>java ch20_4
3
除数为0异常发生 : 0
2
```

上述程序虽然避免了除数为 0 的异常，但是对于复杂的程序，这个处理方式会造成程序设计的杂乱与复杂，同时也无法一一看出问题所在，也许在程序的许多地方需要重复处理避免除数为 0 的异常，因此程序设计效率会下降。

20-3-2 再谈 Java 处理异常方式

当 Java 程序发生异常时，会依异常的种类产生一个相符类的异常对象，在这个对象内包含异常的相关信息，然后抛出异常。当目前运行的线程收到异常信息后，线程会去找寻是否有异常处理程序代码，此时会发生两个状况。

（1）状况 1：如果找到异常处理程序代码，就交给它处理，处理完成后可以回到异常发生位置继续往下执行，20-4 节开始会介绍设计这类异常处理程序代码。

（2）状况 2：会逐步往前回溯（回到调用此方法的位置）看看是否可以找到处理这个异常的异常处理程序代码，每次找寻过程均会被记录在异常对象内，如果一直找到程序最上层的 main，还是没有找到，程序会输出所有异常原因以及回溯的记录，然后程序中止。

再看一次 ch20_1.java 的执行结果，可以看到 Java 处理异常的回溯过程，以及列出异常原因和回溯的记录。

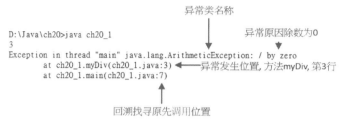

20-3-3　异常类 Throwable

如果仔细看 ch20_1.java 至 ch20_3.java，每个执行结果都可以看到异常的类名称，例如 ch20_1.java：java.lang.ArithmeticException，其实 Java 的异常类有许多，本节将从 Throwable 类说起。

Java 内部有 Throwable 类，这是所有异常的父类，所有异常都是它的子类或更深层次的衍生类所产生的对象，例如，ArrayIndexOutOfBoundException、InputMismatchException、ArithmeticException 等。Throwable 类有两个子类，分别是 Error 和 Exception，如下所示。

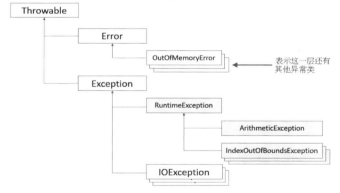

1. Error 类

Error 类的异常是一个严重的问题，许多原因是因为系统资源不足所产生的，例如，内存空间不够、硬件资源不足等，此类的异常一般不会在我们所设计的异常处理程序中处理，所以可以直接称为错误（Error）比较恰当。不过笔者还是简单地介绍此类的错误，如果更细地解说 Error 类结构，则它的底层有许多个子类代表不同类型的错误，下列举三个子类说明。

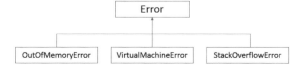

（1）OutOfMemoryError：每个应用程序在启动时 JVM 都会配置默认的堆栈（Heap）空间，这个堆栈空间因空间不足，无法使程序正常运作，所产生的错误。

（2）VirtualMachineError：当 JVM 资源已经耗尽或是内部出现问题无法解决时，就会抛出这个错误。

（3）StackOverflowError：由于应用程序递归太深，造成内存不足发生的错误。

2. Exception

根据 Java 对异常的处理方式，可以将异常类别分为非检查异常（Unchecked Exception）和检查异常（Checked Exception）。下面是 Exception 类更细的结构图。

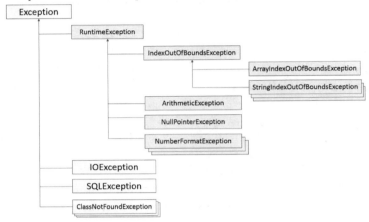

（1）非检查异常：在上图中 RuntimeException 类以及衍生自它的所有类都是一种非检查的异常，表示编译程序不会检查你所设计的程序是否对这类异常做处理，所以这类异常不会在编译阶段被发现。这种异常都是发生在程序执行阶段，例如，ArrayIndexOutOfBoundException、ArithmeticException 等。这也是本章主题，20-4 节起将说明使用 Java 捕捉与处理这些异常。

（2）检查异常：除了程序执行阶段以外的异常都是检查异常，编译程序会检查设计师是否对这些异常程序有做处理，如果没有处理就会出现编译错误，例如，IOException、SQLException 等。

20-4 try-catch

如果读者是第一次学习程序异常处理，可能对于捕捉会比较陌生，捕捉的名称主要是来自关键词 catch，基本上可以将 try-catch 分成 try 区块和 catch 区块。

1. try 区块

在编写程序时，如果感觉某些语句可能会导致异常，可以将它们放在 try 区块内。

```
try {
    // 可能发生异常的语句
}
```

上述 try 区块可以是许多条语句，只要任一条语句发生异常，就会产生异常对象，立即中止不再往下执行，离开 try 区块，然后进入 catch 区块。

2. catch 区块

这个区块是处理异常的地方，这个区块必须放在 try 区块后面，一个 try 区块可以有多个 catch 区块。

```
catch(异常类 e) {
    // 处理异常，这个区块的程序又称异常处理程序
}
```

在上述区块中，catch() 内第一个参数异常类是指如果捕捉到这个异常或是这个异常的子类时，就跳到这个 catch 区块执行工作。catch() 内第二个参数 e 是一个异常对象，可以由这个对象获得异常的信息。

我们可以将 try 区块和 catch 区块结合，这个结合是指，当程序进入 try 区块时，会检查是否发生异常，如果没有异常或是异常不是 catch 参数所指的异常类，则会跳出 catch 区块，然后程序继续往下执行。如果发生异常同时这个异常是 catch 参数所指的异常类，表示捕捉到异常了，这时会先执行 catch 区块，然后程序再往下执行。

```
try {
    // 可能发生异常的语句
}
catch(异常类 e) {
    // 处理异常
}
```

上述语句中如果 catch 没有捕捉到异常，则程序仍然是会中止。

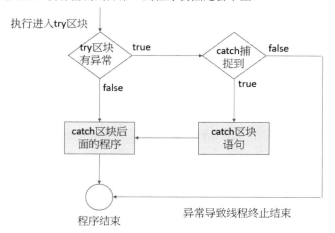

20-4-1　简单的 try-catch 程序实例

程序实例 ch20_5.java：重新设计 ch20_1.java，这个程序会捕捉除数为 0 所产生的异常，当捕捉到后会依 catch 区块内容输出信息。

```
1 public class ch20_5 {
2     public static String myDiv(int x, int y) {
3         try {
4             return Integer.toString(x/y);     // 将整数转成字符串
5         }
6         catch(ArithmeticException e) {        // 此区块捕捉除数为0的异常
7             System.out.println("除数为0的异常" + e);
8             return "执行除法运算时须避开除数为0的";
9         }
10    }
11    public static void main(String args[]){
12        System.out.println(myDiv(6, 2));      // 输出6/2除法结果
13        System.out.println(myDiv(8, 0));      // 输出8/0除法结果
14        System.out.println(myDiv(9, 4));      // 输出9/4除法结果
15    }
16 }
```

执行结果

这是e对象内容

```
D:\Java\ch20>java ch20_5
3
除数为0的异常java.lang.ArithmeticException: / by zero
执行除法运算时须避开除数为0的
2
```

如果我们是公司的 MIS 人员，设计的程序是给一般没有太强计算机背景的员工使用，所以在 catch 区块列出错误时，应尽量采取一般人可以懂的语句，所以 catch 区块在语句错误时应小心用词，以亲切易懂的语句为主。

程序实例 ch20_6.java：这个程序中故意将第 6 行的异常写错，所以没有捕捉到异常，因此程序仍然会提前结束。

```
6             catch(NullPointerException e) {      // 此区块捕捉除数为0的异常
```

执行结果

输出异常描述

```
D:\Java\ch20>java ch20_6
3
Exception in thread "main" java.lang.ArithmeticException: / by zero
        at ch20_6.myDiv(ch20_6.java:4)        ◄── 输出回溯过程
        at ch20_6.main(ch20_6.java:13)
```

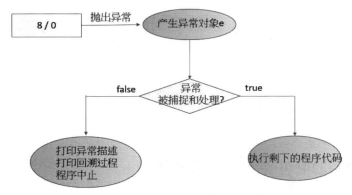

程序实例 ch20_7.java：捕捉索引值超出数组索引范围区间的异常。

```
1  public class ch20_7 {
2      public static void main(String[] args) {
3      int[] x = {5, 6, 7, 8, 9};
4      int sum = 0;
5          for ( int i = 0; i <= x.length; i++ ) {        // 加法循环
6              try {
7                  sum += x[i];                           // 加法总计
8              }
9              catch(ArrayIndexOutOfBoundsException e) {
10                 System.out.println("索引值i超出范围" + e);
11                 break;                    // 由于索引超出范围所以直接跳出循环
12             }
13             System.out.printf("索引值：%d，  加总结果：%d\n", i, sum);
14         }
15     }
16 }
```

执行结果
```
D:\Java\ch20>java ch20_7
索引值：0,    加总结果：5
索引值：1,    加总结果：11
索引值：2,    加总结果：18
索引值：3,    加总结果：26
索引值：4,    加总结果：35
索引值i超出范围java.lang.ArrayIndexOutOfBoundsException: 5
```

20-4-2　简单多个 catch 区块的应用

有时候有的叙述可能会有两个异常，特别是发生在使用者输入的时候，这时如果必须设计可以捕捉两种异常的 catch 区块，有两个方法可以使用，第一个是使用两个 catch 区块，catch 区块理论上是可以持续扩充的，因此可以捕捉更多异常，此时语法如下。

```
try {
    // 可能发生异常的语句
}
catch(异常类1e) {
    // 处理异常
}
catch(异常类2e) {
    // 处理异常
}
```

上述语法中如果异常发生会执行第一个 catch 区块，如果没有捕捉到，就会到执行第二个 catch 区块。
程序实例 ch20_8.java：读者输入两个数字，然后程序可以执行数学除法运算。列出三个执行结果，第一个是正常的结果，第二个是除数为 0 的异常，第三个是输入非数字，在读取时就有异常产生。

```
1  import java.util.*;
2  public class ch20_8 {
3      public static void main(String[] args) {
4          int x1, x2;
5          Scanner scanner = new Scanner(System.in);
6
7          System.out.println("请输入2个整数(数字间用空白隔开)：");
8          try {
9              x1 = scanner.nextInt();
10             x2 = scanner.nextInt();
11             System.out.println("数字除法结果是：" + (x1 / x2));
12         }
13         catch(ArithmeticException e) {
14             System.out.println("除数为0的异常" + e);
15         }
16         catch(InputMismatchException e) {
17             System.out.println("输入数据类型错误" + e);
18         }
19         System.out.println("ch20_8.java程序结束");
20     }
21 }
```

执行结果
```
D:\Java\ch20>java ch20_8
请输入2个整数(数字间用空白隔开)：
20 5
数字除法结果是：4
ch20_8.java程序结束

D:\Java\ch20>java ch20_8
请输入2个整数(数字间用空白隔开)：
20 0
除数为0的异常java.lang.ArithmeticException: / by zero
ch20_8.java程序结束

D:\Java\ch20>java ch20_8
请输入2个整数(数字间用空白隔开)：
20 p
输入数据类型错误java.util.InputMismatchException
ch20_8.java程序结束
```

第二种异常捕捉多个异常方式是在 catch() 参数内使用 "|" 分隔多个异常类，以这种方式也可以扩充到捕捉更多的异常。

```
try {
    // 可能发生异常的语句
}
catch(异常类 1| 异常类 2  e) {
    // 处理异常
}
```

程序实例 ch20_9.java：使用 "|" 符号重新设计 ch20_8.java，这个程序的重点是第 13 行。

```
1  import java.util.*;
2  public class ch20_9 {
3      public static void main(String[] args) {
4          int x1, x2;
5          Scanner scanner = new Scanner(System.in);
6
7          System.out.println("请输入2个整数(数字间用空白隔开) : ");
8          try {
9              x1 = scanner.nextInt();
10             x2 = scanner.nextInt();
11             System.out.println("数字除法结果是 : " + (x1 / x2));
12         }
13         catch(ArithmeticException|InputMismatchException e) {
14             System.out.println("输入错误" + e);
15         }
16         System.out.println("ch20_9.java程序结束");
17     }
18 }
```

执行结果   与 ch20_8.java 相同。

20-5 捕捉上层的异常

在讲解这个概念前，再看一次 RuntimeException 异常的结构图。

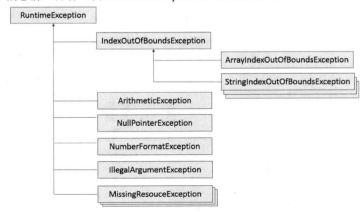

从上图可以看到异常类的衍生关系，所谓的捕捉上层异常的概念是，当我们捕捉一个异常类时，衍生自它的异常类都可以捕捉。例如，如果在 catch() 参数中捕捉的是 IndexOutOfBoundsException，则它底下的两个异常如下所示，都会被捕捉。

```
ArrayIndexOutOfBoundsException
StringIndexOutOfBoundsException
```

程序实例 ch20_10.java：捕捉的是 IndexOutOfBoundsException，它的子类异常也将被捕捉。

```
1  public class ch20_10 {
2      public static void main(String[] args) {
3          try {
4              String str = "Ming-Chi";
5              char c = str.charAt(3);
6              System.out.println("c字符是 : " + c);
7              c = str.charAt(10);                    // 异常发生
8              System.out.println("c字符是 : " + c);
9          }
10         catch(IndexOutOfBoundsException e) {
11             System.out.println("索引超出范围" + e);
12         }
13         System.out.println("ch20_10.java程序结束");
14     }
15 }
```

执行结果

程序捕捉的是IndexOutOfBoundsException
结果它的子类异常被捕捉了

```
D:\Java\ch20>java ch20_10
c字符是 : g
索引超出范围java.lang.StringIndexOutOfBoundsException: String index out of range
: 10
ch20_10.java程序结束
```

　　了解了以上概念，同理，也可以捕捉 RuntimeException 异常，这样它底下所有的异常都会被捕捉。通常程序设计师会将捕捉 RuntimeException 异常放在多个 catch 区块的最后面，这样就可以确定程序并捕捉到所有的异常。

程序实例 ch20_11.java：使用捕捉 RuntimeException 重新设计 ch20_9.java。

```
1  import java.util.*;
2  public class ch20_11 {
3      public static void main(String[] args) {
4          int x1, x2;
5          Scanner scanner = new Scanner(System.in);
6  
7          System.out.println("请输入2个整数(数字间用空白隔开) : ");
8          try {
9              x1 = scanner.nextInt();
10             x2 = scanner.nextInt();
11             System.out.println("数字除法结果是 : " + (x1 / x2));
12         }
13         catch(ArithmeticException e) {              // 捕捉除数为0
14             System.out.println("除数为0 : " + e);
15         }
16         catch(StringIndexOutOfBoundsException e) {  // 捕捉索引超出范围
17             System.out.println("字符串超出索引" + e);
18         }
19         catch(RuntimeException e) {                 // 捕捉其他所有异常
20             System.out.println("异常发生" + e);
21         }
22         System.out.println("ch20_11.java程序结束");
23     }
24 }
```

执行结果

```
D:\Java\ch20>java ch20_11
请输入2个整数(数字间用空白隔开) :
20 0
除数为0 : java.lang.ArithmeticException: / by zero
ch20_11.java程序结束

D:\Java\ch20>java ch20_11
请输入2个整数(数字间用空白隔开) :
20 y
异常发生java.util.InputMismatchException
ch20_11.java程序结束
```

从上述执行结果看到，前面 catch 区块没有捕捉到的 InputMismatchException 异常，最后由 RuntimeException 捕捉到。

20-6 try/catch/finally

这是一个捕捉异常的完美机制，前面几节虽然介绍了捕捉单一异常、多个异常、捕捉上层异常，Java 还提供了 finally 区块，不论有没有捕捉到异常，程序都会执行这个 finally 区块。因此，这是一个执行重要程序代码的地方，这个区块常用于关闭连接或是汇流。

在使用上 finally 区块必须放在 catch 区块后面，语法如下。

```
try {
    // 可能发生异常的语句
}
catch(异常类 e) {
    // 处理异常
}
finally {
    // 不论是否异常都会执行此 finally 区块
}
```

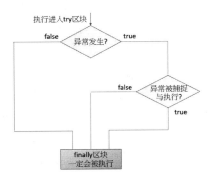

使用 finally 区块必须留意下列几点。

（1）使用 finally 区块前面一定要有 try 区块。

（2）如果 try 区块没有异常，finally 区块在 try 区块后执行。如果有异常，catch 区块将在 finally 区块前执行。

（3）如果 finally 区块内发生异常，它的异常方式与在其他区块相同。

（4）即使 try 区块包含 return、break 或 continue，finally 区块也会执行。

程序实例 ch20_12.java：异常没有发生时，观察 finally 区块执行情形。

```
1  public class ch20_12 {
2      public static void main(String[] args) {
3          try {                        // 没有异常
4              String str = "明志科技大学";
5              char c = str.charAt(3);
6              System.out.println("c字符是 : " + c);
7          }
8          catch(StringIndexOutOfBoundsException e) {
9              System.out.println("字符串超出索引" + e);
10         }
11         finally {
12             System.out.println("一定会执行finally区块");
13         }
14     }
15 }
```

执行结果

```
D:\Java\ch20>java ch20_12
c字符是 : 技
一定会执行finally区块
```

程序实例 ch20_13.java：发生异常，同时此异常被捕捉到了。这个程序的字符串长度是 6，但是却想要取得索引是 10 的字符，所以发生异常。可以发现捕捉到异常了，但是仍会执行 finally 区块内容。

```
5              char c = str.charAt(10);        // 异常发生
```

执行结果

```
D:\Java\ch20>java ch20_13
字符串超出索引java.lang.StringIndexOutOfBoundsException: index 10, length 6
一定会执行finally区块
```

程序实例 ch20_14.java：发生异常，同时此异常没有被 catch 区块捕捉到。这个程序的异常是 StringIndexOutOfBoundsException，但是 catch 区块却是尝试去捕捉 ArithmeticException 异常，可以发现最后仍会执行 finally 区块内容，然后程序才中止，所以没有执行第 14 行内容。

```
1  public class ch20_14 {
2      public static void main(String[] args) {
3          try {                            // 没有异常
4              String str = "明志科技大学";
5              char c = str.charAt(10);
6              System.out.println("c字符是 : " + c);
7          }
8          catch(ArithmeticException e) {
9              System.out.println("除数为0的错误" + e);
10         }
11         finally {
12             System.out.println("一定会执行finally区块");
13         }
14         System.out.println("ch20_14.java程序结束");
15     }
16 }
```

执行结果
```
D:\Java\ch20>java ch20_14
一定会执行finally区块
Exception in thread "main" java.lang.StringIndexOutOfBoundsException: index 10,l
ength 6
        at java.base/java.lang.String.checkIndex(Unknown Source)
        at java.base/java.lang.StringUTF16.checkIndex(Unknown Source)
        at java.base/java.lang.StringUTF16.charAt(Unknown Source)
        at java.base/java.lang.String.charAt(Unknown Source)
        at ch20_14.main(ch20_14.java:5)
```

程序实例 ch20_15.java：验证 try 语句即使有 return，也一定会执行 finally 区块的语句。

```
1  public class ch20_15 {
2      public static String myTest() {
3          try {
4              return "明志科技大学";
5          }
6          finally {
7              System.out.println("这是finally block");
8              System.out.println("即使try区块有return语句也会执行");
9          }
10     }
11     public static void main(String[] args) {
12         System.out.println(ch20_15.myTest());
13     }
14 }
```

执行结果
```
D:\Java\ch20>java ch20_15
这是finally block
即使try区块有return语句也会执行
明志科技大学
```

上述程序在执行 return 语句返回前，会先执行 finally 区块，所以先输出第 7、8 行语句，再执行 return 语句。

20-7　Throwable 类

在 20-3 节有介绍，Java 内部的 Throwable 类是所有异常的父类，所有异常都是它的子类或更深层次的衍生类所产生的对象，这个 Throwable 对象有三个常用的方法，提供更多相关信息。

String getMessage()：可以返回异常的说明字符串。

String toString()：返回异常的消息。

void printStackTrace()：可以回溯显示程序调用的执行过程。

程序实例 ch20_16.java：重新设计 ch20_5.java，增加调用 Throwable 类的方法。

```
1  public class ch20_16 {
2     public static String myDiv(int x, int y) {
3        try {
4           return Integer.toString(x/y);        // 将整数转成字符串
5        }
6        catch(ArithmeticException e) {           // 此区块捕捉除数为0的异常
7           System.out.println("除数为0的异常   : " + e);
8           System.out.println("toString        : " + e.toString());
9           System.out.println("getMessage      : " + e.getMessage());
10          System.out.println("以下是e.printStackTrace内容");
11          e.printStackTrace();
12          System.out.println("==========================");
13          return "执行除法运算时须避免除数为0的";
14       }
15    }
16    public static void main(String args[]){
17       System.out.println(myDiv(6, 2));         // 输出6/2除法结果
18       System.out.println(myDiv(8, 0));         // 输出8/0除法结果
19       System.out.println(myDiv(9, 4));         // 输出9/4除法结果
20    }
21 }
```

执行结果

```
D:\Java\ch20>java ch20_16
3
除数为0的异常   : java.lang.ArithmeticException: / by zero
toString        : java.lang.ArithmeticException: / by zero
getMessage      : / by zero
以下是e.printStackTrace内容
java.lang.ArithmeticException: / by zero
        at ch20_16.myDiv(ch20_16.java:4)
        at ch20_16.main(ch20_16.java:18)
==========================
执行除法运算时须避免除数为0的
2
```

读者可以比较第 7、8 行的输出结果是相同的。

20-8 自行抛出异常 throw

Java 语言定义了异常发生的条件，例如，除数为 0 会抛出 ArithmeticException；欲取得超出数组索引值范围的元素，会抛出 ArrayIndexOutOfBoundException 异常。

Java 语言也允许自行定义异常的规则，然后使用 throw 关键词抛出异常。例如，目前有些金融机构在客户建立网络账号时，会要求密码长度必须在 5 到 8 个字符间，也可以设置如果密码长度不在 5 ～ 8 字符则自行抛出异常。throw 语法格式如下。

```
throw new exception_class("exception message");
```

exception_class 是目前 Java 内部的异常类，可以自行选择，exception message 则是自行定义异常的声明。

程序实例 ch20_17.java：设置密码与实际测试密码是否符合，笔者自定义的密码长度必须在 5 ～ 8 个字符间，密码是在第 12 行设置，这是使用字符串数组方式处理，然后使用循环方式一一测试密码是否符合规定。第 2 ～ 10 行的 pwdCheck() 方法则是可以测试密码是否符合规定，如果是 true 则执行第 4 行输出 "密码内容成功"，如果是 false 则执行第 7 行输出 "密码内容失败"，然后执行第 8 行抛出异常。

```
1  public class ch20_17 {
2     public static void pwdCheck(String pwdStr) {
3        if (pwdStr.length()>=5 && pwdStr.length()<=8) {            // 密码长度在5~8之间
4           System.out.println("密码内容成功 : " + pwdStr);          // true,输出正确
5        }
6        else {                                                     // false
7           System.out.println("密码内容失败 : " + pwdStr);          // 输出失败
8           throw new StringIndexOutOfBoundsException("密码长度不符规定");  // 抛出异常
9        }
10    }
11    public static void main(String args[]){
12       String[] pwd = {"123456", "123456789", "1234567" };        // 密码字符串数组
13       for ( int i = 0; i < pwd.length; i++ ) {                   // 检查所有元素
14          pwdCheck(pwd[i]);
15       }
16       System.out.println("测试密码愉快");                          // 程序结束输出祝福词
17    }
18 }
```

执行结果

```
D:\Java\ch20>java ch20_17
密码内容成功 : 123456
密码内容失败 : 123456789
Exception in thread "main" java.lang.StringIndexOutOfBoundsException: 密码长度不
符规定
        at ch20_17.pwdCheck(ch20_17.java:8)
        at ch20_17.main(ch20_17.java:14)
```

　　这个程序内有 pwdCheck() 方法，这个方法会检查密码长度，如果长度小于 5 或是长度大于 8 都抛出异常。密码的字符串数组有三个元素，由于执行第二个元素时就发生异常，我们没有对此设计处理程序，所以程序直接抛出异常就结束执行了，因此看不到第三个元素的测试结果，当然也看不到程序执行第 16 行输出祝福词。

程序实例 ch20_18.java：扩充程序实例 ch20_17.java，主要是增加设计异常处理程序，所以这个程序不会异常中止。程序会对密码字符串数组的所有元素内容做检查。

```java
 1  public class ch20_18 {
 2      public static void pwdCheck(String pwdStr) {
 3          if (pwdStr.length()>=5 && pwdStr.length()<=8) {      // 密码长度在5~8之间
 4              System.out.println("密码内容成功： " + pwdStr);     // true,输出正确
 5          }
 6          else {                                               // false
 7              System.out.println("密码内容失败： " + pwdStr);     // 输出失败
 8              throw new StringIndexOutOfBoundsException("密码长度不符规定");  // 抛出异常
 9          }
10      }
11      public static void main(String args[]){
12          String[] pwd = {"123456", "123456789", "1234567" };  // 密码字符串数组
13          for ( int i = 0; i < pwd.length; i++ ) {             // 检查所有元素
14              try {                                            // try区块
15                  pwdCheck(pwd[i]);
16              }
17              catch(StringIndexOutOfBoundsException e) {       // catch区块
18                  System.out.println("Error! " + e);           // 异常处理程序
19                  e.printStackTrace();                         // 回溯显示
20              }
21          }
22          System.out.println("测试密码愉快");                    // 程序结束输出祝福词
23      }
24  }
```

执行结果
```
D:\Java\ch20>java ch20_18
密码内容成功： 123456
密码内容失败： 123456789
Error! java.lang.StringIndexOutOfBoundsException: 密码长度不符规定
java.lang.StringIndexOutOfBoundsException: 密码长度不符规定
        at ch20_18.pwdCheck(ch20_18.java:8)
        at ch20_18.main(ch20_18.java:15)
密码内容成功： 1234567
测试密码愉快
```

20-9　方法抛出异常 throws

　　假设有一个 try-catch 语句如下。

```
try {
    // 可能发生异常的语句，这段语句可能重复发生
}
catch(异常类 1e) {
    // 处理异常
}
catch(异常类 2e) {
    // 处理异常
}
```

　　如果程序设计时碰上多次重复出现可能发生异常的语句，那么每次均要编写相同的 try-catch 语句是一件烦琐的事情，同时程序代码也会变得很长。解决方式是建立一个方法，在这个方法中加上

throws 语句，同时声明异常类。然后在 try-catch 语句中调用此方法。这个方法的语法如下。

```
方法名称 ( 参数 … ) throws 异常类 1, 异常类 2, … {
    // 可能发生异常的语句；
}
```

这时程序结构如下。

```
public void myMethod() throws 异常类 1, 异常类 2 {
        // 可能发生异常的语句；
    }
    public static void main(String[] args) {
    {
try {
    myMethod();
}
catch ( 异常类 1e ) {
    // 处理异常
}
catch ( 异常类 2e ) {
    // 处理异常
}
    }
```

上述在 myMethod() 方法发生异常时，myMethod() 方法并不会去处理，而是将异常交给调用它的地方处理，若是以上述为例，可以知道将返回 main() 内 try-catch 相对应的区块处理。需留意是在 myMethod() 方法抛出 throws 声明的异常类，必须在原调用中有相对应的异常处理程序，否则程序会有编译错误。

程序实例 ch20_19.java：方法抛出异常 throws 关键词的应用。在这个程序中 try 区块基本上是调用 myMethod() 方法，然后在 myMethod() 方法名称右边设置异常类。

```
1  public class ch20_19 {
2      public static void myMethod(int x1, int x2) throws ArithmeticException {
3          System.out.println("数字除法结果是：" + (x1 / x2));
4      }
5      public static void main(String[] args) {
6          int[][] x = {{10, 2}, {10, 0}, {10, 5}};    // 二维数组存储数据
7          for ( int i = 0; i < x.length; i++ ) {      // 循环处理测试数据
8              try {
9                  myMethod(x[i][0], x[i][1]);         // 调用方法处理测试数据
10             }
11             catch(ArithmeticException e) {          // 捕捉异常
12                 System.out.println("除数为0的异常" + e);
13             }
14         }
15     }
16 }
```

执行结果

```
D:\Java\ch20>java ch20_19
数字除法结果是：5
除数为0的异常java.lang.ArithmeticException: / by zero
数字除法结果是：2
```

程序实例 ch20_20.java：使用 throws 抛出多个声明异常，这个程序基本上是重新设计 ch20_8.java。

```
1  import java.util.*;
2  public class ch20_20 {
3      public static void myMethod() throws ArithmeticException, InputMismatchException {
4          Scanner scanner = new Scanner(System.in);
5          int x1, x2;
6          System.out.println("请输入2个整数(数字间用空白隔开) : ");
7          x1 = scanner.nextInt();                        // 读取第1个数字
8          x2 = scanner.nextInt();                        // 读取第2个数字
9          System.out.println("数字除法结果是 : " + (x1 / x2));
10     }
11     public static void main(String[] args) {
12         try {
13             myMethod();                                // 可能发生异常的语句
14         }
15         catch(ArithmeticException e) {                 // 除数为0的异常
16             System.out.println("除数为0的异常" + e);
17         }
18         catch(InputMismatchException e) {              // 数据错误的异常
19             System.out.println("输入数据类型错误" + e);
20         }
21     }
22 }
```

执行结果

```
D:\Java\ch20>java ch20_20
请输入2个整数(数字间用空白隔开)：
20 10
数字除法结果是 : 2

D:\Java\ch20>java ch20_20
请输入2个整数(数字间用空白隔开)：
20 0
除数为0的异常java.lang.ArithmeticException: / by zero

D:\Java\ch20>java ch20_20
请输入2个整数(数字间用空白隔开)：
20 y
输入数据类型错误java.util.InputMismatchException
```

在 20-3-3 节曾经讲解，异常类分为非检查异常（Unchecked Exception）和检查异常（Checked Exception），其实方法 throws 所抛出的异常主要是应用在检查异常，相当于如果原调用位置没有这类的异常处理程序，程序在编译时期就会有错误产生。

此外，本节前两个程序实例都是在相同类中使用方法抛出异常，很多时候需要在不同类抛出异常，可参考下列程序实例。

程序实例 ch20_21.java：这个程序另外建立了 MyThrows 类，然后在这个类内可以看到 myMethod 方法，这个方法声明了异常类，异常类的产生使用 throw 关键词，然后用循环（第 12 ～ 23 行）数字，触发可能产生的异常类。

```
1  import java.io.*;
2  class MyThrows {                                   // MyThrows类
3      void myMethod(int n) throws IOException, ClassNotFoundException {
4          if (n == 1)
5              throw new IOException("IOException发生了");
6          else
7              throw new ClassNotFoundException("ClassNotFoundException发生了");
8      }
9  }
10 public class ch20_21 {
11     public static void main(String[] args) {
12         for ( int i = 1; i <= 2; i++ ) {
13             try {
14                 MyThrows obj = new MyThrows();
15                 obj.myMethod(i);                     // 可能发生异常的语句
16             }
17             catch(IOException e) {                   // IOException异常
18                 System.out.println("IOException : " + e);
19             }
20             catch(ClassNotFoundException e) {        // ClassNotFoundException异常
21                 System.out.println("ClassNotFoundException : " + e);
22             }
23         }
24     }
25 }
```

执行结果
```
D:\Java\ch20>java ch20_21
IOException : java.io.IOException: IOException发生了
ClassNotFoundException : java.lang.ClassNotFoundException: ClassNotFoundExceptio
n发生了
```

20-10 使用者自定义异常类

Java 内部已经定义了许多异常类，例如 ArithmeticException 等，同时也定义了在一定条件下触发这些异常。在 20-8 节说明了如何根据 throw 关键词抛出异常，其实可以自行创建自己的异常类，然后用 throw 关键词抛出自行建立的异常类。

由于所有的程序执行期间的异常类均是继承 Exception 类，所以设计自己的异常类时必须继承这个类。

```
class 自定义异常类名称 extends Exception {
    // 定义成员

}
```

由于继承了 Exception 类，所以即使在自定义类内没有设置成员变量或成员方法，也可以让程序运行。

程序实例 ch20_22.java：简单自定义异常类 MyException 的设计，我们没有为这个自定义异常类设计任何成员变量或法，这个程序由第 8 行的 throw 触发异常。

```
 1  class MyException extends Exception {          // MyException类
 2
 3  }
 4  public class ch20_22 {
 5      public static void main(String[] args) {
 6          try {
 7              System.out.println("try区块");
 8              throw new MyException();               // 抛出异常
 9          }
10          catch(MyException e) {                     // MyException异常()
11              System.out.println("catch区块");
12              System.out.println("我的异常类MyException : " + e);
13              e.printStackTrace();                   // 回溯输出
14          }
15      }
16  }
```

执行结果
```
D:\Java\ch20>java ch20_22
try区块
catch区块
我的异常类MyException : MyException
MyException
        at ch20_22.main(ch20_22.java:8)
```

上述程序运行原则是第 8 行触发异常，然后进入 catch 区块，执行第 11 ~ 13 行，由于继承了 Exception 类，所以第 12 行可以输出 e，第 13 行可以调用 printStackTrace() 方法。

程序实例 ch20_23.java：基本上这是 ch20_22.java 的扩充，主要是在自建的类内增加了成员变量 str，构造方法和成员方法 toString()。另外，在第 14 行抛出异常时，会传递一个字符串信息（"异常信息"）。读者可以观察执行结果与程序实例 ch20_22.java 的差异。

```
1  class MyException extends Exception {           // MyException类
2      String str;
3      MyException(String msg) {                   // 将信息传给str
4          str = msg;
5      }
6      public String toString( ) {
7          return ("我定义的MyException发生了 " + str);
8      }
9  }
10 public class ch20_23 {
11     public static void main(String[] args) {
12         try {
13             System.out.println("try区块");
14             throw new MyException("异常信息");    // 抛出异常的语句
15         }
16         catch(MyException e) {                   // MyException异常
17             System.out.println("catch区块");
18             System.out.println("MyException : " + e);
19             e.printStackTrace();                 // 回溯输出
20         }
21     }
22 }
```

执行结果

```
D:\Java\ch20>java ch20_23
try区块
catch区块
MyException : 我定义的MyException发生了 异常信息
我定义的MyException发生了 异常信息
        at ch20_23.main(ch20_23.java:14)
```

程序实例 ch20_24.java：这是一个银行存款提款的应用，当发生提款金额大于存款金额时，将会发生异常，同时列出缺少的金额。

```
1  class NotEnoughException extends Exception {    // 自行定义异常
2      private int shortAmount;                     // 异常时所欠金额
3      public NotEnoughException(int shortAmount) {
4          this.shortAmount = shortAmount;          // 设置所欠余额
5      }
6      public double getShortAmount() {             // 取得所欠余额
7          return shortAmount;                      // 返回所欠余额
8      }
9  }
10 class MyBank {
11     private int balance;                         // 存款余额
12     public void deposit(int cashin) {            // 存款
13         balance += cashin;
14     }
15     public void withdraw(int cashout) throws NotEnoughException { // 提款
16         if(cashout <= balance) {                 // 检查提款是否小于存款余额
17             balance -= cashout;                  // true账户正常扣款
18         }
19         else {                                   // false
20             int shortA = cashout - balance;      // 计算缺少金额
21             throw new NotEnoughException(shortA); // 抛出异常将缺少金额给异常类
22         }
23     }
24     public double getBalance() {                 // 返回余额
25         return balance;
26     }
27 }
28 public class ch20_24 {
29     public static void main(String [] args) {
30         MyBank obj = new MyBank();
31         System.out.println("存款1000元 ... ");
32         obj.deposit(1000);
33         try {
34             System.out.println("提款500元 ... ");
35             obj.withdraw(500);
36             System.out.println("提款600元 ... ");
37             obj.withdraw(600);
38         }
39         catch(NotEnoughException e) {
40             System.out.println("存款金额不足 : " + e.getShortAmount());
41             e.printStackTrace();
42         }
43     }
44 }
```

执行结果

```
D:\Java\ch20>java ch20_24
存款1000元 ...
提款500元 ...
提款600元 ...
存款金额不足 : 100.0
NotEnoughException
        at MyBank.withdraw(ch20_24.java:21)
        at ch20_24.main(ch20_24.java:37)
```

这个程序的关键点是当发生提款金额大于存款金额时，第 21 行会抛出异常，同时在抛出异常时会将缺少金额传递给自定义的异常类 NotEngoughException。这个异常类有构造方法，第 3 ～ 5 行会接收此缺少金额值，第 40 行则可列出缺少金额。

程序实操题

1. 请参考程序实例 ch20_3.java，用三个完整程序示范下列三个错误。

   ```
   NullPointerException
   NumberFormatException
   StringIndexOutOfBoundsException
   ```

2. 请参考 ch20_4.java 设计一个避免索引值超出数组索引范围的程序。

3. 请重新设计 ch20_8.java，改为循环读取输入，每次循环完成会询问是否继续，输入 y 或 Y 则循环继续，否则程序结束。

4. 请自行参考 ch20_18.java 设计抛出异常，它的原则是满 18 岁才可以投票，请建立一个岁数数组，然后一一读取数组内容，如果满 18 岁输出"欢迎投票"，如果不满 18 岁，抛出异常同时输出"年龄不符"。

5. 请自行定义使用 throw 抛出异常的规则，所读学校科系的入学标准：①学测成绩是 58 分；②数学是 12 分，如果没达到这个标准就抛出异常同时输出"谢谢申请"，如果达到标准就输出"欢迎入学"。上述数据必须设计循环由屏幕输入，每次循环完成会询问是否继续，输入 y 或 Y 则循环继续，否则程序结束。

6. 增加设计 ch20_24.java，当 deposit() 方法发生存款金额是负值时，也将抛出异常。

习题

一、判断题

1（O）. 一个程序即使语法和语意正确仍可能在执行时发生错误。

2（O）. 程序执行期间错误又称异常。

3（X）. 字符串是 null，却试着输出此字符串长度就会发生 NumberFormatException。

4（X）. OutOfMerrorError 是应用程序递归太深，造成内存不足发生的错误。

5（X）. IOException 是属于非检查异常类。

6（O）. 在编写程序时，如果感觉某些语句可能会导致异常，可以将它们放在 try 区块内。

7（O）. catch 区块是处理异常的地方。

8（X）. 在 try-catch-finally 区块定义中，如果没捕捉到异常才会执行 finally 区块。

9（X）. 自行抛出异常 throw 是在方法签名上定义。

10（X）. 方法抛出的异常主要是应用于非检查异常。

二、选择题

1（C）. 下列哪一个是程序执行期间的错误？

   A. 除法的除数为 0

   B. 数组的运算中，程序发生索引值超出索引范围

   C. 语法的关键词拼错

   D. 执行加、减、乘、除运算，期待使用者输入整数，可是用户输入字符

2（D）. 除数为 0 产生的异常是什么？

A. NumberFormatException　　　　　　B. StringIndexOutOfBoundsException

C. InputMismatchException　　　　　　D. ArithematicException

3（B）. 索引值超出数组索引范围的异常是什么？

A. NumberFormatException　　　　　　B. StringIndexOutOfBoundsException

C. InputMismatchException　　　　　　D. ArithematicException

4（A）. 有一个非数值字符串，但是我们却想要将此非数值字符串转成整数，此时会发生什么异常？

A. NumberFormatException　　　　　　B. StringIndexOutOfBoundsException

C. InputMismatchException　　　　　　D. ArithematicException

5（C）. 期待输入整数，但是输入了字符，此时会发生什么异常？

A. NumberFormatException　　　　　　B. StringIndexOutOfBoundsException

C. InputMismatchException　　　　　　D. ArithematicException

6（C）. 所有异常的父类是什么？

A. Exception　　　　　B. Error　　　　　　C. Throwable　　　　　D. RuntimeException

7（B）. 硬件资源不足常会产生哪一类错误？

A. Exception　　　　　B. Error　　　　　　C. ArithematicException　　D. RuntimeException

8（D）. 执行捕捉 RuntimeException 时，无法捕捉到下列哪一类异常？

A. NumberFormatException　　　　　　B. StringIndexOutOfBoundsException

C. InputMismatchException　　　　　　D. IOException

第 2 1 章

多线程

本章摘要

　　如果打开计算机看到在 Windows 操作系统下可以同时执行多个应用程序，例如，当使用浏览器下载数据期间，可以使用 Word 编辑文件，同时间可能 Outlook 通知收到了一封电子邮件，其实这种作业类型就称多任务作业（mutitasking）。

　　相同的概念可以应用于程序设计，我们可以使用 Java 设计一个程序，在程序运行期间，我们称之为进程（process），一个进程可以内含多个线程（threading）。过去使用 Java 所设计的程序只专注执行一件事情，也可以称之为进程内有单线程，本章将讲解一个程序可以内含多个线程，相当于同时执行工作。

21-1 认识程序、进程、线程

在进入本章主题前首先说明几个专有名词，这对于读者学习本章内容会有帮助。

1. 程序

我们依据计算机语言规则，例如 Java，所写的程序代码，存储在硬盘后尚未执行，这时可以将程序代码称为程序（program）。

2. 进程

在计算机操作系统，例如 Windows 或 Mac OS 操作系统中，启动或称执行所写的程序代码，这时在操作系统工作区的程序就称作进程。

3. 线程

在 Java 程序设计时，默认一个进程只有一个线程，Java 语言也支持在一个进程中设计多个线程，这也是本章的主要内容，且让这些线程同时工作。当只有一个线程时，这个线程默认名称是 **main**。

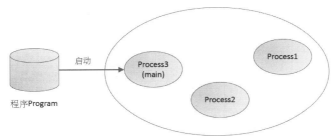

如果所设计的程序有多个线程时，例如，有 main、t1（**T** 是线程 Thread 的缩写）、t2、t3，此时结构图示如下。

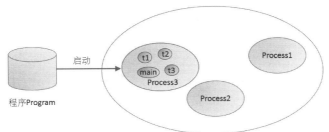

Java 语言的 java.lang.Thread 类可以让使用者设计相关的线程运行，在此首先简单介绍取得线程的名称。Thread 类的 currentThread() 方法可以取得目前的线程对象，有了这个对象可以使用下列三个与线程名称有关的方法。

getName()：取得线程名称。

setName()：设置线程名称。

getId()：取得线程的 ID 编号。

程序实例 ch21_1.java：验证当一个进程只有一个线程时，此线程的名称是 main。这个程序同时会将线程名称改为 MyThread，然后再输出一次线程。同时这个程序也会列出线程 Id。

```
1  public class ch21_1 {
2      public static void main(String args[]){
3          Thread thread = Thread.currentThread();        // 建立目前线程对象
4          System.out.println("目前线程名称: " + thread.getName());
5          thread.setName("MyThread");                     // 更改线程名称
6          System.out.println("目前线程名称: " + thread.getName());
7          System.out.println("目前线程ID  : " + thread.getId());
8      }
9  }
```

执行结果

```
D:\Java\ch21>java ch21_1
目前线程名称: main
目前线程名称: MyThread
目前线程ID  : 1
```

21-2　认识多任务作业

多任务作业（Multitasking）就是在同一时间可以执行多种工作，这样可以让 CPU 的使用达到最高效率。有以下两种多任务作业类型。

1. Process-based Mutitasking（Multiprocessing）

当操作系统内部同时有多个进程时，这就是 Process-based 的多任务作业。

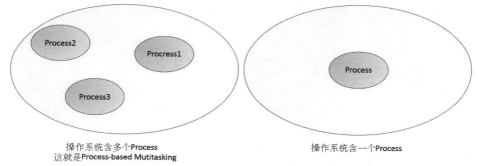

操作系统含多个Process
这就是Process-based Mutitasking

操作系统含一个Process

2. Thread-based Mutitasking（Multithreading）

当一个进程内含多个线程同时在执行工作时，这就是 Thread-based 的多任务作业。

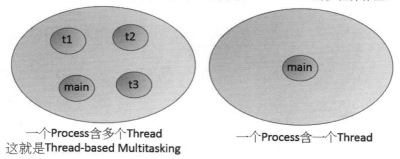

一个Process含多个Thread
这就是Thread-based Multitasking

一个Process含一个Thread

21-2-1　Process-based Mutitasking 的特点

（1）每个进程在执行时，都有独立的内存空间。

（2）进程又称重量级进程。

（3）各进程间的信息传递是昂贵的。

（4）从一个进程切换到另一个进程需要分别保留和下载缓存器、内存映像、更新串行等。

21-2-2　Thread-based Mutitasking 的特点

（1）线程彼此是共享内存空间。

（2）线程又称轻量级进程。

（3）各线程间的信息传递是廉价的。

21-3　Java 的多线程

21-3-1　认识线程

　　线程是进程的最小单元，也可将它称为子进程，每个线程有独立的执行路径。当一个线程发生异常，它不会影响其他线程的工作，同时多个线程彼此是共享内存空间。

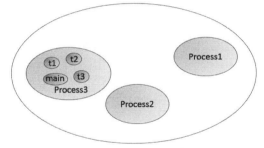

操作系统Windows或Mac OS或Linux …

　　如上图所示线程是在进程内工作，在操作系统内可以有多个进程，在进程内可以有多个线程。

21-3-2　多线程的优点

（1）由于各线程间是独立的，所以可以同时完成多个工作。

（2）因为可以同时完成多个工作，所以执行效率比较高。

（3）由于各线程间是独立的，如果单个线程发生异常不会影响其他线程工作。

（4）线程间由于是共享内存空间，线程间工作切换与通信成本很低。

21-4　线程的生命周期

　　Java 线程的生命周期是由 JVM 管理的，可以分成以下 5 个状态。

1. 新建 New

刚建立的线程，在调用 start() 方法前的状态。

2. 可运行 Runnable

已经调用 start() 的线程，但是并不是处于运行状态。

3. 正在运行 Running

已经调用 start() 的线程，同时处于运行状态。

4. 无法运行 Non-Runnable（Blocked）

线程仍然活着，但是可能是休眠或被阻挡中，目前无法运行。

5. 中止 Terminated

线程终止了。

21-5　建立线程

有以下两种方法可以建立线程。

（1）继承 Thread 类。

（2）实现 Runnable 接口。

21-5-1　Thread 类

Thread 类有提供构造方法和一般成员方法让我们建立和操作线程，这个类基本上是继承 Object 类和实现 Runnable 接口。

下列是 Thread 类的构造方法。

```
Thread()                              // 线程名称是默认的
Thread(String name)                   // name 是线程的名称
Thread(Runnable r)
Thread(Runnable r, String name)
```

下列是 Thread 类常用的方法。

方法	说明
void run()	空方法，需重定义
void start()	JVM 调用 run() 启动线程
void sleep(long milliiseconds)	让线程休息，单位是 ms
void join()	等待线程死亡
void join(long milliiseconds)	等待线程在指定毫秒内死亡
int getPriority()	返回线程的优先等级
int setPriority(int priority)	设置线程的优先等级
String getName()	取得线程的名称
void setNmae()	设置线程的名称
Thread currentThread()	返回目前的线程参照
int getID()	返回线程 ID
Thread.State getState()	返回线程状态
boolean isAlive()	返回线程是否仍存在
void yield()	让目前正在执行的线程暂时暂停
void suspend()	暂停线程
void resume()	恢复线程
void stop()	停止线程
boolean isDaemon()	返回线程是否是守护线程
void setDaima(boolean b)	将线程标注为守护线程
void interrupt()	中断线程
boolean isInterrupted()	返回线程是否被中断
static boolean interrupt()	返回目前线程是否被中断

在使用 start() 方法建立新线程后，可以使用 start() 方法启动这个线程，这时 start() 所运行的工作如下。

（1）将线程状态从 New 状态移到 Runnable 状态。

（2）执行类继承来的 run() 方法。

由于 Thread 类的 run() 方法是空方法，所以当我们设计一个继承 Thread 类的子类后，需要重新定义此方法。

程序实例 ch21_2.java：建立一个新的线程，采用默认名称方式，这个程序会让此线程输出"Thread 运行中 … "，同时这个程序也会输出默认的线程名称。

```
1 class MultiThread extends Thread {
2     public void run() {                  // 重新定义run方法
3         System.out.println("Thread运行中 ...");
4     }
5 }
6 public class ch21_2 {
7     public static void main(String args[]){
8         MultiThread t = new MultiThread();   // 建立目前线程对象
9         t.start();
10        System.out.println(" 输出默认的线程名称: " + t.getName());
11    }
12 }
```

执行结果

```
D:\Java\ch21>java ch21_2
Thread运行中 ...
输出默认的线程名称: Thread-0
```

327

Java 王者归来——从入门迈向高手

如果想要在建立线程对象时，就给这个线程命名，可以通过构造方法在参数内增加名称字符串。

程序实例 ch21_3.java：使用构造方法设置线程的名称，重新设计。

```
1  class MultiThread extends Thread {
2      MultiThread(String name) {              // 构造方法
3          super(name);                        // 设置线程名称
4      }
5      public void run() {                     // 重新定义run方法
6          System.out.println("Thread运行中 ...");
7      }
8  }
9  public class ch21_3 {
10     public static void main(String args[]){
11         MultiThread t = new MultiThread("Horse");  // 建立目前线程对象
12         t.start();
13         System.out.println(" 输出默认的线程名称: " + t.getName());
14     }
15 }
```

执行结果

```
D:\Java\ch21>java ch21_3
Thread运行中 ...
输出默认的线程名称: Horse
```

21-5-2 多线程的赛马程序设计

当程序只有一个线程时，通常设计程序是采用循序渐进方式，必须前一条命令执行完成，才会执行下一条命令。

程序实例 ch21_4.java：以传统方式设计赛马程序，为了简化笔者让赛马只跑 10 个循环，这样可以方便观察执行结果。

```
1  class HorseRacing {
2      private String name;                    // 马匹名称变量
3      HorseRacing(String name) {              // 构造方法
4          this.name = name;                   // 设置马匹名称
5      }
6      public void run() {                     // 定义run方法
7          for (int i = 1; i <= 10; i++)       // 设置跑10圈
8              System.out.println(name + " 正在跑第" + i + " 圈 ... ");
9      }
10 }
11 public class ch21_4 {
12     public static void main(String args[]){
13         HorseRacing t1 = new HorseRacing("Horse1"); // 建立Horse1对象
14         HorseRacing t2 = new HorseRacing("Horse2"); // 建立Horse2对象
15         t1.run();
16         t2.run();
17     }
18 }
```

执行结果

```
Horse1 正在跑第 9  圈  ...
Horse1 正在跑第 10 圈  ...
Horse2 正在跑第 1  圈  ...
Horse2 正在跑第 2  圈  ...
Horse2 正在跑第 3  圈  ...
Horse2 正在跑第 4  圈  ...
Horse2 正在跑第 5  圈  ...
Horse2 正在跑第 6  圈  ...
Horse2 正在跑第 7  圈  ...
Horse2 正在跑第 8  圈  ...
Horse2 正在跑第 9  圈  ...
Horse2 正在跑第 10 圈  ...
```

以上程序最大的特点是，程序代码一定是循序方式执行，所以上述程序必须是第 15 行执行完毕，才会执行第 16 行，相当于 Horse1 跑完，才让 Horse2 跑。

程序实例 ch21_5.java：以线程的概念重新设计 ch21_4.java 赛马程序，这个程序设计了两个线程，然后让这两个线程跑 1000 圈，并观察执行结果。

```
1  class HorseRacing extends Thread {          // 继承Thread类
2      private String name;
3      HorseRacing(String name) {              // 构造方法
4          super(name);                        // 设置名称
5      }
6      public void run() {                     // 定义run方法
7          for (int i = 1; i <= 1000; i++)
8              System.out.println(getName() + " 正在跑第" + i + " 圈 ... ");
9      }
10 }
11 public class ch21_5 {
12     public static void main(String args[]){
13         HorseRacing t1 = new HorseRacing("Horse1"); // 建立线程对象
14         HorseRacing t2 = new HorseRacing("Horse2"); // 建立线程对象
15         t1.start();
16         t2.start();
17     }
18 }
```

执行结果

```
Horse1 正在跑第 999  圈  ...
Horse2 正在跑第 997  圈  ...
Horse1 正在跑第 1000 圈  ...
Horse2 正在跑第 998  圈  ...
Horse2 正在跑第 999  圈  ...
Horse2 正在跑第 1000 圈  ...

Horse1 正在跑第 997  圈  ...
Horse2 正在跑第 999  圈  ...
Horse1 正在跑第 998  圈  ...
Horse2 正在跑第 1000 圈  ...
Horse1 正在跑第 999  圈  ...
Horse1 正在跑第 1000 圈  ...
```

上述程序在执行时，会有不同结果，例如，左图是 Horse1 先完成 1000 圈，右图是 Horse2 先完成 1000 圈。由上述可以看到多线程与传统单个线程不同，Horse1 线程与 Horse2 线程是交替运行，这也代表这两个线程是一起运行，至于哪一匹马可以先完成 1000 圈，完全视谁先抢到 CPU 资源而定。下面是单个线程与多线程的执行过程比较图。

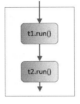

ch25_4.java单个线程

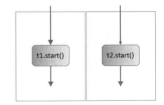

ch25_4.java多线程

21-5-3 Runnable 接口

如果你今天设计一个类已经继承了其他的类，可是你又希望这个类可以继承 Thread 类，这时会抵触 Java 语言的规则 "一个类不可以多重继承"。本书第 17 章有说明接口（interface），此时就是使用实现接口的时机，Java 的 Runnable 接口有定义线程抽象的 run() 方法，我们可以将所要执行的动作放在 run() 方法即可。

run() 方法也是 Runnable 接口唯一的方法。

程序实例 ch21_6.java：使用 Runnable 接口建立线程的应用。

```
1  class A implements Runnable {           // 实现A界面
2      public void run() {                  // 定义run方法
3          System.out.println("A is running");
4      }
5  }
6  public class ch21_6 {
7      public static void main(String args[]){
8          A a = new A();                   // 建立a对象
9          Thread t = new Thread(a);        // 建立t线程
10         t.start();
11     }
12 }
```

执行结果

```
D:\Java\ch21>java ch21_6
A is running
```

需要留意的是类 A 实现了 Runnable 接口后，第 8 行所建立的类 A 的对象 a 仍不是一个线程对象，必须使用 Thread 声明对象，再将对象 a 当作参数，这样才算正式建立线程完成。

程序实例 ch21_7.java：使用 Runnable 接口重新设计 ch21_5.java，这个程序所列出的 Horse1 和 Horse2 并不是系统内部的线程名称，只是笔者在 HorseRacing 类所设置的名称。

```
1  class HorseRacing implements Runnable {       // 实现Runnable界面
2      private String name;
3      HorseRacing(String name) {                // 构造方法
4          this.name = name;                     // 设置名称
5      }
6      public void run() {                       // 定义run方法
7          for (int i = 1; i <= 1000; i++)
8              System.out.println(name + " 正在跑第 " + i + " 圈 ... ");
9      }
10 }
11 public class ch21_7 {
12     public static void main(String args[]){
13         HorseRacing hr1 = new HorseRacing("Horse1");// 建立HorsRacing对象
14         HorseRacing hr2 = new HorseRacing("Horse2");// 建立HorsRacing对象
15         Thread t1 = new Thread(hr1);          // 建立t1线程
16         Thread t2 = new Thread(hr2);          // 建立t2线程
17         t1.start();
18         t2.start();
19     }
20 }
```

执行结果 与 ch21_5.java 类似，每次运行可能结果都不同。

21-6 再看 Java 线程的工作原理

在讲解多线程时，强调这是多任务作业，可以设计多线程同步执行，其实真正在系统内一次只执行一件工作，然后每一次线程分配到极短暂的时间执行工作，如下所示。

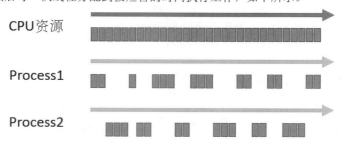

因为系统内部切换很快，所以我们直觉会认为是同时有多个线程在工作。如果线程有许多时，至于是哪一个线程可以排到使用片段的 CPU 资源，则是由 JVM 的线程调度程序决定的。

21-7 让线程进入睡眠

在 Thread 类内有 sleep() 方法，这个方法可以让线程进入睡眠，睡眠多久由 sleep() 的参数值决定，单位是 ms，1000ms 等于 1s。Thread 类所提供的方法声明如下。

```
public static void sleep(long milliseconds) throws InterruptedException
```

上述声明中有 "**throws InterruptedException**"，表示这个方法在使用时需写在 try-catch 区块内，可参考 ch21_8.java 第 7 ～ 12 行，或是使用时直接在方法右边加上上述声明。

程序实例 ch21_8.java：这个程序主要是重新设计 ch21_5.java，增加第 9 行让线程睡眠 0.5s，然后让赛马所跑的圈数缩小。

```
1  class HorseRacing extends Thread {                    // 继承Thread类
2      HorseRacing(String name) {                        // 构造方法
3          super(name);                                  // 设置名称
4      }
5      public void run() {                               // 定义run方法
6          for (int i = 1; i <= 5; i++) {
7              try {
8                  sleep(500);                           // 线程睡眠0.5s
9              }
10             catch(InterruptedException e) {
11                 System.out.println(e);
12             }
13             System.out.println(getName() + " 正在跑第 " + i + " 圈 ... ");
14         }
15     }
16 }
17 public class ch21_8 {
18     public static void main(String args[]){
19         HorseRacing t1 = new HorseRacing("Horse1"); // 建立线程对象
20         HorseRacing t2 = new HorseRacing("Horse2"); // 建立线程对象
21         t1.start();
22         t2.start();
23     }
24 }
```

执行结果　可以发现每次执行结果也将不同。

```
D:\Java\ch21>java ch21_8      D:\Java\ch21>java ch21_8
Horse2 正在跑第 1 圈  ...      Horse1 正在跑第 1 圈  ...
Horse1 正在跑第 1 圈  ...      Horse2 正在跑第 1 圈  ...
Horse2 正在跑第 2 圈  ...      Horse2 正在跑第 2 圈  ...
Horse1 正在跑第 2 圈  ...      Horse1 正在跑第 2 圈  ...
Horse1 正在跑第 3 圈  ...      Horse1 正在跑第 3 圈  ...
Horse2 正在跑第 3 圈  ...      Horse2 正在跑第 3 圈  ...
Horse2 正在跑第 4 圈  ...      Horse2 正在跑第 4 圈  ...
Horse1 正在跑第 4 圈  ...      Horse1 正在跑第 4 圈  ...
Horse1 正在跑第 5 圈  ...      Horse2 正在跑第 5 圈  ...
Horse1 正在跑第 5 圈  ...      Horse2 正在跑第 5 圈  ...
```

21-8　线程的 join() 方法

许多时候主要线程（可想成 main 线程）生成并启动子线程，如果子线程需要大量运算，主线程往往需要等待子线程的执行结果，此时可以使用这个方法。这个方法可以挡住其他的线程工作，直到这个子线程完成工作，其他的线程才开始工作。Thread 类所提供的 join() 方法声明如下。

```
public void join() throw InterruptedException
```

程序实例 ch21_9.java：这个程序在运行时，job1 启动后，同时在第 25 行调用 join() 方法，这时 job1 线程可以独占 CPU 资源直到执行完毕，其他线程才开始工作。

```
1  class Xjoin extends Thread {          // 继承Thread类
2      Xjoin(String name) {              // 构造方法
3          super(name);                  // 设置名称
4      }
5      public void run() {               // 定义run方法
6          for (int i = 1; i <= 5; i++) {
7              try {
8                  sleep(500);           // 线程睡眠0.5 s
9              }
10             catch(InterruptedException e) {
11                 System.out.println(e);
12             }
13             System.out.println(getName() + " is running : " + i);
14         }
15     }
16 }
17 public class ch21_9 {
18     public static void main(String args[]){
19         Xjoin job1 = new Xjoin("Job1");   // 建立线程对象job1
20         Xjoin job2 = new Xjoin("Job2");   // 建立线程对象job2
21         Xjoin job3 = new Xjoin("Job3");   // 建立线程对象job3
22         job1.start();
23         try {
24             job1.join();                  // Job1优先执行到结束
25         }
26         catch(InterruptedException e) {
27             System.out.println(e);
28         }
29         job2.start();
30         job3.start();
31     }
32 }
```

执行结果

```
D:\Java\ch21>java ch21_9
Job1 is running : 1
Job1 is running : 2
Job1 is running : 3
Job1 is running : 4
Job1 is running : 5
Job2 is running : 1
Job3 is running : 1
Job2 is running : 2
Job3 is running : 2
Job3 is running : 3
Job2 is running : 3
Job3 is running : 4
Job2 is running : 4
Job2 is running : 5
Job3 is running : 5
```

21-9　线程的优先级值

在操作系统中，CPU 资源是被分割成一小段，然后平均分配给线程。Java 内的线程有优先级，优先级值为 1 ～ 10，数值越大优先级高，这些优先级值可以供 JVM 的排序程序参考。

Thread 类内与优先级值有关的方法如下。

```
public int getPriority();                    // 取得优先级值
public int setPriority(int priority);        // 设置优先级值，例如：setPriority(3)
```

此外，Thread 类内有三个常数可以使用，分别如下。

MIN_PRIORITY：优先级值是 1。

NORM_PRIORITY：优先级值是 5。

MAX_PRIORITY：优先级值是 10。

程序实例 ch21_10.java：设置马 Horse、兔子 Rabbit、乌龟 Turtle 赛跑，在设置前先取得默认的优先级值，然后输出优先级值，从输出结果可以知道线程默认的优先级值是 5，然后分别设置 Horse 优先级值是 MAX_PRIORITY、Rabbit 优先级值是 NORM_PRIORITY、Turtle 优先级值是 MIN_PRIORITY，然后再输出一次优先级值。需留意，赛跑期间，这个程序每次执行结果均会不同。

```
1  class XPriority extends Thread {                    // 继承Thread类
2      XPriority(String name) {                        // 构造方法
3          super(name);                                // 设置名称
4      }
5      public void run() {                             // 定义run方法
6          for (int i = 1; i <= 10; i++) {
7              System.out.println(getName() + " is running : " + i);
8          }
9      }
10 }
11 public class ch21_10 {
12     public static void main(String args[]){
13         XPriority rabbit = new XPriority("Rabbit");    // 线程对象rabbit
14         XPriority turtle = new XPriority("Turtle");    // 线程对象turtle
15         XPriority horse = new XPriority("Horse");      // 线程对象horse
16         System.out.println(rabbit.getName()+"优先级值 : "+rabbit.getPriority());
17         System.out.println(turtle.getName()+"优先级值 : "+turtle.getPriority());
18         System.out.println(horse.getName()+"优先级值 : "+horse.getPriority());
19         rabbit.setPriority(Thread.NORM_PRIORITY);      // 设置中优先
20         turtle.setPriority(Thread.MIN_PRIORITY);       // 设置低优先
21         horse.setPriority(Thread.MAX_PRIORITY);        // 设置高优先
22         System.out.println(rabbit.getName()+"优先级值 : "+rabbit.getPriority());
23         System.out.println(turtle.getName()+"优先级值 : "+turtle.getPriority());
24         System.out.println(horse.getName()+"优先级值 : "+horse.getPriority());
25         rabbit.start();
26         turtle.start();
27         horse.start();
28     }
29 }
```

执行结果

```
D:\Java\ch21>java ch21_10           Horse is running : 7
Rabbit优先级值 : 5                   Turtle is running : 5
Turtle优先级值 : 5                   Turtle is running : 6
Horse优先级值 : 5                    Turtle is running : 7
Rabbit优先级值 : 5                   Turtle is running : 8
Turtle优先级值 : 1                   Turtle is running : 9
Horse优先级值 : 10                   Rabbit is running : 3
Rabbit is running : 1               Rabbit is running : 4
Turtle is running : 1               Rabbit is running : 5
Turtle is running : 2               Turtle is running : 10
Horse is running : 1                Horse is running : 8
Horse is running : 2                Rabbit is running : 6
Turtle is running : 3               Horse is running : 9
Rabbit is running : 2               Horse is running : 10
Turtle is running : 4               Rabbit is running : 7
Horse is running : 3                Rabbit is running : 8
Horse is running : 4                Rabbit is running : 9
Horse is running : 5                Rabbit is running : 10
Horse is running : 6
```

21-10　守护线程

守护线程（Daemon Thread）是一种存在后台为一般线程提供服务的线程，例如，垃圾回收线程就是一种守护线程。

在默认情况下，所有的线程都不是 Daemon 线程。在默认情况下，如果一个程序建立了主线程与其他子线程时，在所有线程工作结束，程序才会结束。因为如果主线程若是先结束，将退回所有所占据的资源给操作系统，如果子线程仍在执行，将会因没有资源造成程序崩溃。

但是当设计一个线程是 Daemon 线程时，主线程若是想要结束执行会检查剩下线程的属性。

（1）如果此时剩下线程的 Daemon 属性是 true，表示 Daemon 线程仍在执行，其他非 Daemon 线程执行结束，程序将不等待 Daemon 线程，也会自行结束，同时终止此 Daemon 线程工作。

（2）如果此时剩下线程的 Daemon 属性是 false，主线程会等待线程结束，再结束工作。

21-10-1　关于守护线程的重点

（1）目的是服务一般线程，同时在后台工作。
（2）它是一种低优先级的线程。
（3）它的生命周期视一般线程而定，一般线程结束，它也会结束。

21-10-2　JVM 终止守护线程原因

守护线程的存在是在后台提供一般线程服务，如果一般线程都运行终止，自然守护线程就没有存在的价值，所以 JVM 会在没有一般线程工作的情况下，终止守护线程。

21-10-3　Thread 类内有关守护线程的方法

```
public void setDaemon(boolean status)        // 设置线程为守护或非守护线程
public boolean isDaemon()                     // 返回是否为守护线程
```

程序实例 ch21_11.java：观察守护线程的操作，这个程序在执行时，将不等待守护线程结束，而自行结束工作，由于程序已经结束，所以看不到第 11 行 Daemon Exiting 的输出。

```
1  class XDaemon extends Thread {                        // 继承Thread类
2      public void run() {                               // 定义run方法
3          if (Thread.currentThread().isDaemon()) {
4              System.out.println(" Daemon Starting ... ");
5              try {
6                  sleep(5000);                           // 线程睡眠5s
7              }
8              catch(InterruptedException e) {
9                  System.out.println(e);
10             }                                          // 休息
11             System.out.println(" Daemon Exiting ... ");
12         }
13         else {
14             System.out.println(" non-Daemon Starting ... ");
15             System.out.println(" non-Daemon Exiting  ... ");
16         }
17     }
18 }
19 public class ch21_11 {
20     public static void main(String args[]){
21         XDaemon d = new XDaemon();                     // 线程对象d
22         XDaemon nd = new XDaemon();                    // 线程对象nd
23         d.setDaemon(true);                             // 设为Daemon线程
24         d.start();
25         nd.start();
26     }
27 }
```

执行结果

```
D:\Java\ch21>java ch21_11
Daemon Starting ...
non-Daemon Starting ...
non-Daemon Exiting  ...

D:\Java\ch21>
```

程序实例 ch21_12.py：重新设计 ch21_11.py，但是将 Daemon 线程的属性设为 false，在观察执行结果时可以发现主线程有等待非 Daemon 线程结束，主线程才结束工作。

```
23        d.setDaemon(false);                    // 设为非Daemon线程
```

执行结果
```
D:\Java\ch21>java ch21_12
non-Daemon Starting ...
non-Daemon Starting ...
non-Daemon Exiting ...
non-Daemon Exiting ...
```

由于所有线程默认都是非守护线程，所以若是上述程序删除第 23 行，也可以得到相同结果，笔者将这个程序存储在 ch21_12_1.java 内，读者可以自行测试。

21-11 Java 的同步

线程的特点是彼此共享内存空间，但是如果没有机制处理共享资源，可能造成线程间互相干扰，最后共享内存的内容有错乱。

21-11-1 同步的目的

同步的目的主要如下。
（1）防止线程彼此干扰。
（2）防止不一致的问题。

21-11-2 同步的形式

有以下两种方式可以同步。
（1）进程（process）同步。
（2）线程（thread）同步。

21-11-3 线程同步

线程同步又可分为相互排斥和线程间的通信。
相互排斥又可分成以下三类。
（1）同步方法：本节重点。
（2）同步区块：可参考 21-13 节。
（3）静态同步：可参考 21-14 节。
线程间的通信可参考 21-16 节。

21-11-4 了解未同步所产生的问题

程序实例 ch21_13.java：在未同步情况下，这个程序让 t1 和 t2 线程同时处理循环的输出。

```
1  class Demo {
2      public void printDemo(int n) {
3          for(int i = 1; i <= 5; i++) {
4              System.out.println("输出 : "  + (i * n) );
5              try {
6                  Thread.sleep(500);          // 睡眠0.5 s
7              }
8              catch(Exception e) {
9                  System.out.println(e);
10             }
11         }
12     }
13 }
14 class JobThread1 extends Thread {        // 继承Thread类
15     Demo  PD;
16     JobThread1(Demo pd) {                // 构造方法
17         this.PD = pd;
18     }
19     public void run() {                  // 定义run方法
20         PD.printDemo(10);                // 输出结果
21     }
22 }
23 class JobThread2 extends Thread {        // 继承Thread类
24     Demo  PD;
25     JobThread2(Demo pd) {                // 构造方法
26         this.PD = pd;
27     }
28     public void run() {                  // 定义run方法
29         PD.printDemo(100);               // 输出结果
30     }
31 }
32 public class ch21_13 {
33     public static void main(String args[]) {
34         Demo obj = new Demo();
35         JobThread1 t1 = new JobThread1(obj);
36         JobThread2 t2 = new JobThread2(obj);
37         t1.start();
38         t2.start();
39     }
40 }
```

执行结果

```
D:\Java\ch21>java ch21_13
输出 : 100
输出 : 10
输出 : 20
输出 : 200
输出 : 300
输出 : 30
输出 : 400
输出 : 40
输出 : 500
输出 : 50
```

　　上述每次执行结果均会不相同，从上述很明显可以看到循环输出顺序彼此是受到干扰的。所谓的同步就是可以让某个线程在使用一个内存资源时，同时可以锁住此资源让其他线程无法接触。

21-11-5　同步方法

　　如果在方法名称前面加上 synchronized 关键词，这个方法就是同步方法，可参考程序实例 ch21_14.java。同步方法最重要的是可以锁住共享的资源，也就是任何一个线程调用同步方法时，可以自动锁住共享资源，直到这个线程完成工作才会将共享资源释出。

程序实例 ch21_14.java：重新设计 ch21_13.java，使用同步方法，这个程序主要是在 printDemo() 方法前方增加 synchronized 关键词。

```
2      public synchronized void printDemo(int n) {
```

执行结果

```
D:\Java\ch21>java ch21_14
输出 : 10
输出 : 20
输出 : 30
输出 : 40
输出 : 50
输出 : 100
输出 : 200
输出 : 300
输出 : 400
输出 : 500
```

上述程序不论执行多少次结果都相同，从上述执行结果可以看到，当一个线程在执行 printDemo() 方法时，就已经锁住资源，直到这个方法执行结束才释出资源。所以 t1 线程运行此 printDemo 方法完成，才轮到 t2 线程运行此 printDemo() 方法。

21-12 匿名类

匿名类是指一个类没有名称，只有类的本体。有时候我们设计类时只会用一次，不会重复使用，如果因此建立这个类显得不太有意义，此时可以使用匿名类，简化程序设计。

如果要声明一个线程对象，可以使用下列方式声明。

```
Thread t = new Thread() {
    public void run() {
            xxx;
    }
}
```

程序实例 ch21_15.java：以匿名类方式重新设计 ch21_14.java，其中，JobThread1 和 JobThread2 类使用匿名类方式设计，读者应该可以看到程序简化了许多。

```
 1  class Demo {
 2      public synchronized void printDemo(int n) {
 3          for(int i = 1; i <= 5; i++) {
 4              System.out.println("输出 : " + (i * n) );
 5              try {
 6                  Thread.sleep(500);          // 睡眠0.5 s
 7              }
 8              catch(Exception e) {
 9                  System.out.println(e);
10              }
11          }
12      }
13  }
14  public class ch21_15 {
15      public static void main(String args[]) {
16          Demo obj = new Demo();
17          Thread t1 = new Thread() {
18              public void run() {              // 定义run方法
19                  obj.printDemo(10);           // 输出结果
20              }
21          };
22          Thread t2 = new Thread() {
23              public void run() {              // 定义run方法
24                  obj.printDemo(100);          // 输出结果
25              }
26          };
27          t1.start();
28          t2.start();
29      }
30  }
```

执行结果　与 ch21_14.java 相同。

上述使用匿名类时，也可以不建立实名对象，直接使用下列语句启动线程。

```
new Thread() {
    puclic void run() {
            xxx;
    }
}.start();
```

这样可以让设计更简洁，程序实例 ch21_15_1.java 就是采用这种方式设计的，这时就不用声明 t1 和 t2 线程对象。下面是主程序代码的内容，读者可以关注第 17 ～ 21 行以及 22 ～ 26 行的设计。

```
14  public class ch21_15_1 {
15      public static void main(String args[]) {
16          Demo obj = new Demo();
17          new Thread() {
18              public void run() {              // 定义run方法
19                  obj.printDemo(10);           // 输出结果
20              };
21          }.start();
22          new Thread() {
23              public void run() {              // 定义run方法
24                  obj.printDemo(100);          // 输出结果
25              };
26          }.start();
27      }
28  }
```

21-13　同步区块

假设一个方法内有 100 行程序代码，只有 10 行程序代码需要做同步，这时就可以使用同步区块的概念了。我们可以将需要做同步的程序代码放在同步区块内，语法如下。

```
synchronized ( 对象 ) {
    // 区块代码
}
```

程序实例 ch21_16.java：使用同步区块的概念重新设计 ch21_14.java。

```
1   class Demo {
2       public void printDemo(int n) {          // 异步方法
3           synchronized(this) {                // 同步区块
4               for(int i = 1; i <= 5; i++) {
5                   System.out.println("输出： " + (i * n) );
6                   try {
7                       Thread.sleep(500);      // 睡眠0.5 s
8                   }
9                   catch(Exception e) {
10                      System.out.println(e);
11                  }
12              }
13          }
14      }
15  }
```

执行结果

与 ch21_14.java 相同。

上述只输出 Demo 类，其他内容与 ch21_14.java 相同，其实同步区块概念很简单，只是将要锁住资源的程序代码使用同步方式锁住。

21-14　同步静态方法

如果将同步应用于静态方法，那么被锁住的资源是类，而不是对象，由于类被锁住了，所以也可以达到同步的效果。

设计同步静态方法非常容易，只要在静态方法前面加上关键字 synchronized 即可。

程序实例 ch21_17.java：同步静态方法的应用，这个程序的重点是第 2 行，在 static void 前方加上了 synchronized 关键词。

```
1  class Demo {
2      synchronized static void printDemo(int n) { // 同步静态方法
3          for(int i = 1; i <= 5; i++) {
4              System.out.println("输出 : "  + (i * n) );
5              try {
6                  Thread.sleep(500);              // 睡眠0.5秒
7              }
8              catch(Exception e) {
9                  System.out.println(e);
10             }
11         }
12     }
13 }
14 class JobThread1 extends Thread {       // 继承Thread类
15     public void run() {                 // 定义run方法
16         Demo.printDemo(10);             // 输出结果
17     }
18 }
19 class JobThread2 extends Thread {       // 继承Thread类
20     public void run() {                 // 定义run方法
21         Demo.printDemo(100);            // 输出结果
22     }
23 }
24 class JobThread3 extends Thread {       // 继承Thread类
25     public void run() {                 // 定义run方法
26         Demo.printDemo(1000);           // 输出结果
27     }
28 }
29 public class ch21_17 {
30     public static void main(String args[]) {
31         JobThread1 t1 = new JobThread1();
32         JobThread2 t2 = new JobThread2();
33         JobThread3 t3 = new JobThread3();
34         t1.start();
35         t2.start();
36         t3.start();
37     }
38 }
```

执行结果

```
D:\Java\ch21>java ch21_17
输出 : 10
输出 : 20
输出 : 30
输出 : 40
输出 : 50
输出 : 100
输出 : 200
输出 : 300
输出 : 400
输出 : 500
输出 : 1000
输出 : 2000
输出 : 3000
输出 : 4000
输出 : 5000
```

21-15　认识死锁

死锁也是 Java 内多线程的一个学问，最常见的是 A 线程拥有资源 A 需要资源 B 被 B 线程锁住，B 线程拥有资源 B 需要资源 A 被 A 线程锁住，这就造成死锁。所以设计程序的时候要小心，避免这个现象发生。

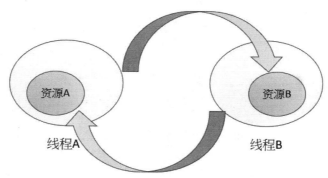

程序实例 ch21_18.java：一个死锁的程序说明，基本上 t1 线程拥有 Account 资源，所需要的 Pwdword 资源被 t2 线程锁住。t2 线程拥有 Pwdword 资源，所需要的 Account 资源被 t1 线程锁住。要结束此程序需要按 Ctrl+C 组合键。

```
1  public class ch21_18 {
2      public static void main(String args[]) {
3          String str1 = "Account";                // 资源1
4          String str2 = "Pwdword";                // 资源2
5          Thread t1 = new Thread() {              // 想先后锁住Account, Pwdword
6              public void run() {                 // 定义run方法
7                  synchronized(str1) {
8                      System.out.println("线程1: 锁住Account");
9                      try {
10                         Thread.sleep(300);       // 睡眠0.3 s
11                     }
12                     catch(Exception e) {
13                         System.out.println(e);
14                     }
15                     synchronized(str2) {
16                         System.out.println("线程1: 锁住Pwdword");
17                     }
18                 }
19             }
20         };
21         Thread t2 = new Thread() {              // 想先后锁住Pwdword, Account
22             public void run() {                 // 定义run方法
23                 synchronized(str2) {
24                     System.out.println("线程2: 锁住Pwdword");
25                     try {
26                         Thread.sleep(300);       // 睡眠0.3 s
27                     }
28                     catch(Exception e) {
29                         System.out.println(e);
30                     }
31                     synchronized(str1) {
32                         System.out.println("线程2: 锁住Account");
33                     }
34                 }
35             }
36         };
37         t1.start();
38         t2.start();
39     }
40 }
```

执行结果
```
D:\Java\ch21>java ch21_18
线程1: 锁住Account
线程2: 锁住Pwdword
```

21-16　线程内部通信

线程的内部通信机制主要是可以让一个线程在关键时刻先暂停，让另一个线程进入先运行。这时候需要使用 wait()、notify()、notifyAll() 方法。

21-16-1　wait() 方法

可以让目前线程释放锁，同时等待其他线程通知 notify() 或 notifyAll()，或是等待时间终了，它的语法如下。

```
public final void wait() throws InterruptedException
public final void wait(long timeout) throws InterruptedException
```

再度提醒，比照 21-7 节的概念，上述声明中有 "throws InterruptedException"，表示这个方法在使用时需写在 try-catch 区块内，或是使用时直接在方法右边加上上述声明。

21-16-2　notify() 方法

唤醒等待的线程，如果有多个线程在等待，则选择其中一个线程。它的语法如下。

```
public final void notify()
```

21-16-3　notifyAll() 方法

将所有等待的线程唤醒，它的语法如下。

```
public final void notifyAll()
```

程序实例 ch21_19.java：存款与提款的同步设计，这个程序第 1 ～ 23 行是 Bank 类，在这个类内有同步方法 withdraw()，如果有发生存款不足想提款，则执行第 8 行的 wait() 进入等待。这个程序另一个重要的同步方法是第 17 ～ 22 行的 deposit()，当存款完成后会执行 notify()，相当于唤醒原先因为存款金额不足进入等待的线程。

```
1  class Bank{
2      int balance = 10000;              // 存款余额
3      synchronized void withdraw(int amount){  // 参数amount是提款金额
4          System.out.println("取款");
5          while (balance < amount) {
6              System.out.println("金额不足，无法取款，等待存款");
7              try{
8                  wait();                // 等待
9              }
10             catch(Exception e){
11                 System.out.println(e);
12             }
13         }
14         balance -= amount;            // 计算提款后余额
15         System.out.println("取款完成");
16     }
17     synchronized void deposit(int amount){
18         System.out.println("存款");
19         balance += amount;            // 加总存款余额
20         System.out.println("存款完成");
21         notify();                     // 通知
22     }
23 }
24 public class ch21_19 {
25     public static void main(String args[]){
26         Bank bank = new Bank();
27         Thread t1 = new Thread(){     // 提款对象
28             public void run(){
29                 bank.withdraw(15000);  // 提款15000
30             }
31         };
32         t1.start();
33         Thread t2 = new Thread(){     // 存款对象
34             public void run(){
35                 bank.deposit(10000);   // 存款10000
36             }
37         };
38         t2.start();
39     }
40 }
```

执行结果

```
D:\Java\ch21>java ch21_19
取款
金额不足，无法取款，等待存款
存款
存款完成
取款完成
```

这一实例假设是存款的完美状态，假设第 35 行只存 500 元，很明显存款金额仍是不足，这时程序的执行结果为何？这将是本书的习题。

在同步领域最著名的应用是使用 wait() 和 notify() 方法处理生产者和消费者同步，接下来将以实例说明此应用。

程序实例 ch21_20.java：这个程序除了主程序外有三个类。

　　Factory 类：这个类主要是由第 8 ～ 26 行的同步生产方法 produce() 和第 27 ～ 44 行的同步生产方法 consume() 所组成。produce() 方法的思路是第 9 ～ 15 行如果有库存就停止生产让自己等待，第 19 行有库存时同时也会通知消费。consume() 方法的概念是第 28 ～ 34 行如果没有库存会让自己等待，第 35 行如果有库存就消费，第 36 行消费完成库存是 0 用 empty=true 表示，第 37 行没有库存时会通知生产。

　　Producer 类：生产类，第 65 ～ 68 行是一个无限循环生产产品，Factory 是它的成员变量。

　　Consumer 类：消费类，第 53 ～ 55 行是一个无限循环消费产品，Factory 是它的成员变量。

```
1  import java.util.Random;
2  class Factory {
3      private int product;              // 产品
4      private boolean empty;            // 判别库存
5      Factory() {
6          this.empty = true;            // 库存是空的
7      }
8      public synchronized void produce(int newProduct) {
9          while (!this.empty) {
10             try {
11                 wait();               // 有库存生产需等待
12             } catch (InterruptedException e) {
13                 System.out.println(e);
14             }
15         }
16         product = newProduct;         // newProduct是产品
17         System.out.println("生产 : " + newProduct);
18         empty = false;
19         notify();                     // 有库存通知可以消费
20         try {
21             Thread.sleep(500);        // 睡眠0.5 s
22         }
23         catch(Exception e) {
24             System.out.println(e);
25         }
26     }
27     public synchronized void consume() {
28         while (empty) {
29             try {
30                 wait();               // 没有库存消费需等待
31             } catch (InterruptedException e) {
32                 e.printStackTrace();
33             }
34         }
35         empty = true;
36         System.out.println("消费 : " + product);
37         notify();                     // 没有库存通知可以生产
38         try {
39             Thread.sleep(500);        // 睡眠0.5 s
40
41         catch(Exception e) {
42             System.out.println(e);
43         }
44     }
45  }
46  class Consumer extends Thread {      // 消费类
47      private Factory factory;         // Factory类是成员变量
48      public Consumer(Factory factory) {
49          this.factory = factory;
50      }
51      public void run() {
52          int data;
53          while (true) {               // 无限循环消费
54              factory.consume();
55          }
56      }
57  }
58  class Producer extends Thread {      // 生产类
59      private Factory factory;         // Factory类是成员变量
60      public Producer(Factory factory) {
61          this.factory = factory;
62      }
63      public void run() {
64          Random rand = new Random();
65          while (true) {               // 无限循环生产
66              int n = rand.nextInt(1000);
67              factory.produce(n);
68          }
69      }
70  }
71  public class ch21_20 {
72      public static void main(String[] args) {
73          Factory factory = new Factory();
74          Producer p = new Producer(factory);
75          Consumer c = new Consumer(factory);
76          System.out.println("同时按Ctrl+C可中断程序");
77          p.start();
78          c.start();
79      }
80  }
```

执行结果
```
D:\Java\ch21>java ch21_20
同时按Ctrl+C可中断程序
生产 : 142
消费 : 142
生产 : 257
消费 : 257
生产 : 108
消费 : 108
```

程序实操题

1. 请建立两个线程，名称分别是 job1 和 job2，建立完成后，请使用 getName() 方法分别输出这两个线程的名称，同时也输出默认线程的名称。

2. 请参考 ch21_5.java 设计 5 匹马赛跑，总共跑 15 圈，然后输出结果。

3. 请使用 Runnable 接口方式重新设计习题 2。

4. 重新设计习题 2，以随机数产生 5 匹马的优先级值，然后用这个随机优先级值运行赛跑，总共跑 15 圈，然后输出结果。

5. 请重新设计 ch21_13.java，将 JobThread1 和 JobThread2 改成只用一个类 JobThread，仍能完成这个实例。

6. 使用匿名类重新设计 ch21_16.java。

7. 使用匿名类重新设计 ch21_17.java。

8. 重新设计 ch21_19.java，让第 35 行的存款是 500 元，请输出执行结果，并说明此结果。

9. 请参考 ch21_20.java，设计一个线程可以输出奇数，另一个线程可以输出偶数，使用同步概念打印 1 ～ 10 的值。

10. 请参考 ch21_20.java，该程序重点是有产品就通知消费，请扩充程序为库存有 5 笔产品后才通知消费，一样保持库存为 0 时才开始生产产品。

习题

一、判断题

1（X）. 在多任务作业环境，一个线程可以有多个进程。

2（X）. 每个线程都有独立的内存空间。

3（O）. 线程是进程的最小单元。

4（O）. 设计 Java 程序的多线程程序时，其实一次只能有一个线程取得 CPU 资源。

5（X）. Runnable 类是 Java 提供建立线程的类。

6（X）. 主线程必须等到守护线程执行结束才可以结束。

二、选择题

1（A）. 轻量级进程指的是什么？
    A. Thread   B. Process   C. Program   D. Deadlock

2（C）. 在线程的运行中，启动哪一个方法可以自动启动 run() 方法？
    A. resume()   B. isAlive()   C. start()   D. join()

3（A）. 哪一种方法所锁住的资源是类？
    A. Sychronized Static Method   B. Synchronized Block
    C. Synchronized Method   D. Sychronized Class

4（D）. 如果一个线程使用 wait() 让自己进入休眠，可以用哪一个方法唤醒？
    A. start()   B. run()   C. getState()   D. notify()

5（B）. 下列哪一个是 Runnable 接口定义的抽象方法？
    A. start()   B. start()   C. interrupt()   D. join()

第 2 2 章

输入与输出

本章摘要

Java 是使用流处理输入与输出 I/O（Input/Output），所有相关类均是在 java.io 包内。在前面章节为了程序可以运行笔者有使用一些相关输入与输出的类了，本章将做完整的说明。

注 本章所读取的文件都是前面实例所建的文件，建议读者依顺序阅读。

22-1 认识流

流是指一系列的数据，在 Java 中可以想成是 byte 数据的组合，由于这些数据像水流一样在信道间流动，所以又称为串流。

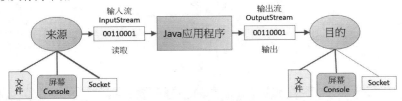

如上图所示，不论是来源或目的，数据是以三种方式呈现的，分别是文件（File）、屏幕（Console）和套接字（Socket）。当 Java 应用程序从来源（可以是文件、屏幕、Socket）读取数据时，所经过的流称为输入流（InputStream）。反之，当 Java 应用程序输出数据到目的（可以是文件、屏幕、Socket）时，所经过的流称为输出串流（OutputStream）。

依传输的文件大小又可将流分为以 byte 为传输单位（8b）的字节流（Byte Streams）和以 char 为传输单位（16b）的字符流（Character Streams）。

1. 字节流 Byte Streams

字节流最上层的抽象类分别是 **InputStream**（输入）和 **OutputStream**（输出），其他则是衍生于这两个类。这类是位导向的输入与输出，可以读取或写入二进制（Binary）文件。除了一般文本文件也可以用在读取或写入图片文件、声音文件、影片文件。

2. 字符流 Character Streams

字符流最上层的抽象类分别是 **Reader**（输入）和 **Writer**（输出），这两个最顶层的类其衍生类数量较少，不过大部分的方法用法和字节流的各子类方法类似。这类是字符 **char** 为导向的输入与输出，可以读一般文本文件。

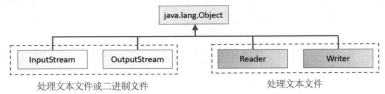

接下来将针对上述类做更多说明。

22-2 InputStream 和 OutputStream 类

InputStream 和 OutputStream 这两个类均是抽象类，主要是以字节（byte）为单位执行数据的读取与输出。

InputStream 是所有以字节（byte）为单位执行数据读取相关类的父类，下面是类的阶层图。
注：笔者没有画出所有类。

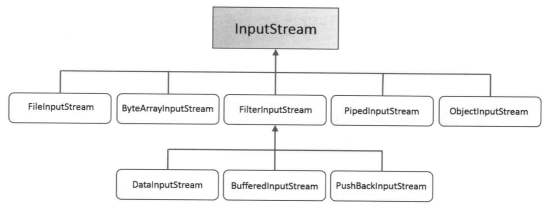

下面是常用的 InputStream 类的抽象方法。

（1）public abstract int read() **throws IOException**：从输入流中读取第一个 byte 的数据，如果所读取的是 -1，表示已经读到文件末端。

（2）public int availabe() **throws IOException**：返回估计有多少 bytes 数据可以读取。

（3）public void close() **throws IOException**：关闭输入流。

提醒：上述每一个方法后面均有 **throws IOException**，这表示在使用这个方法时放在 try-catch 区块，或是使用时在方法后面加上 throws IOException 标记。也可以应用在 OutputStream 相关类。

OutputStream 是所有以字节（byte）为单位执行数据输出相关类的父类，下面是类的层次图。

注：完整层次图非常复杂，笔者只画出常用类。

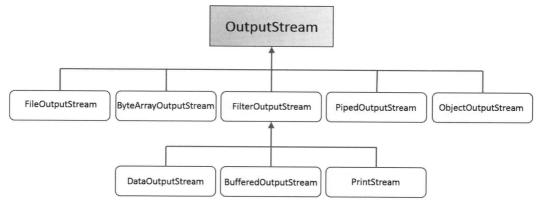

下面是常用 OutputStream 的抽象方法。

（1）public void write(int) **throws IOException**：将一个 byte 写到输出流。

（2）public void write(byte[ ])**throws IOException**：将一个 byte 数组写到输出流。

（3）public void flush() throws **IOException**：强制将流数据输出。

（4）public void close() throws **IOException**：关闭输出流。

一般而言不会直接使用上述方法，而是根据这些类衍生的子类做相关的文件处理。

22-3 适用 byte 数据文件输入与输出的类

FileInputStream 类主要是用于 byte 数据的输入，FileOutputStream 类主要是用于 byte 数据的输出，它们分别实现 InputStream 和 OutputStream 类。

22-3-1 FileOutputStream 类

FileOutputStream 是一个输出流，主要是将 byte 数据输出到文件，虽然也可以使用这个方法执行字符（char，这是 16b）的输出，不过建议如果输出字符数据可以使用 FileWriter，可参考 22-6-1 节。读者需要特别留意，在 Java 中执行文件处理时通常是由相关类的构造方法（Constructor）建立对象，然后才使用它的一般成员方法，例如，read() 或 write() 执行更进一步的文件操作。FileOutputStream 的构造方法如下，在构造方法中的文件名可以使用完整路径或是相对路径，如果不含路径只有文件名，代表文件是在目前文件夹下。

FileOutputStream(String name)：建立指定名称的输出流文件对象，未来数据将写入此文件内。

FileOutputStream(String name, Boolean a)：与上述相同，但是若 a 是 true，会将输出数据附加在原文件后面。

它的声明如下。

```
public class FileOutputStream extends OutputStream
```

常用的方法如下。

void write(int b)：将 byte 数据输出到文件流。

void write(byte[ ] ary)：将数组 ary 输出到文件流。

void close()：关闭文件输出流，用在执行完 write() 后，所输出的数据才会正式输出到指定的文件。

程序实例 ch22_1.java：将 byte 数据输出到文件 ch22_1.txt 的实例，第 5 行所建的 obj 又称输出流对象，未来输出操作都需要使用它，可参考第 6、7 行。

```
1 import java.io.*;
2 public class ch22_1 {
3     public static void main(String args[]){
4         try {
5             FileOutputStream obj = new FileOutputStream("D:\\Java\\ch22\\ch22_1.txt");
6             obj.write(70);                    // 输出Byte数据
7             obj.close();
8             System.out.println("输出成功!");
9         }
10        catch (IOException e) {
11            System.out.println(e);
12        }
13    }
14 }
```

执行结果 在命令提示符窗口可以用"type 文件名"输出文件内容。

```
D:\Java\ch22>java ch22_1
输出成功!

D:\Java\ch22>type ch22_1.txt
F
```

在 ch22_1.java 的程序第 5 行使用完整路径输出文件，其实可以简化，笔者目前工作文件夹是"D:\\Java\\ch22"，可以用直接写出文件名方式处理输出的文件。

```
ch22_2.txt              // 假设是输出至 D:\\Java\ch22\ch22_2.txt
```

程序实例 ch22_2.java：将字符串数据输出到 ch22_2.txt，读者需学习第 5 行书写方式。

```java
1  import java.io.*;
2  public class ch22_2 {
3      public static void main(String args[]){
4          try {
5              FileOutputStream obj = new FileOutputStream("ch22_2.txt");
6              String str = "明志科技大学MINGCHI University欢迎你们";
7              byte[] bArray = str.getBytes();        // 字符数组改为byte数组
8              obj.write(bArray);                     // 输出Byte数组数据
9              obj.close();
10             System.out.println("输出成功!");
11         }
12         catch (IOException e) {
13             System.out.println(e);
14         }
15     }
16 }
```

执行结果

```
D:\Java\ch22>java ch22_2
输出成功!

D:\Java\ch22>type ch22_2.txt
明志科技大学MINGCHI University欢迎你们
```

22-3-2　FileInputStream 类

FileInputStream 是一个输入流，主要是以 byte 方式读取文件数据，例如，可以读取图像、声音或影片文件。虽然也可以使用这个方法读取字符（char，这是 16b），不过建议如果读取字符数据可以使用 FileReader。可参考 22-6-2 节。FileInputStream 类的构造方法如下。

FileInputStream(String name)：建立 name 名称的 FileInputStream 类对象。

它的声明如下。

```java
public class FileIntputStream extends InputStream
```

常用的方法如下。

int available()：返回估计有多少 bytes 的数据可从输入流读取。

int read()：从输入流读取 1 个 byte 数据。

int read(byte[ ] b)：从输入流读取数据，存储至 b 数组。

void close()：关闭文件输入流，用在执行完 read() 后。

程序实例 ch22_3.java：读取 ch22_1.txt 内 1 个 byte 数据的应用。

```java
1  import java.io.*;
2  public class ch22_3 {
3      public static void main(String args[]){
4          try {
5              FileInputStream obj = new FileInputStream("ch22_1.txt");
6              int b = obj.read();                    // 读取1个Byte数据
7              System.out.println((char) b);          // Byte数据转为字符输出
8              obj.close();
9              System.out.println("读取成功!");
10         }
11         catch (IOException e) {
12             System.out.println(e);
13         }
14     }
15 }
```

执行结果

```
D:\Java\ch22>java ch22_3
F
读取成功!
```

以 byte 方式读取数据时其实不适合读取非英文文件数据，例如，中文字是 16b，以 byte 方式读取时每个中文字会被拆成两个 byte 数据，会造成无法识别。

程序实例 ch22_4.java：读取 ch22_2.java 所建的含中英文字的 ch22_2.txt，这个程序会读取文件所有的内容同时输出，碰上中文字会有无法识别的情况。

```java
1  import java.io.*;
2  public class ch22_4 {
3      public static void main(String args[]){
4          try {
5              FileInputStream obj = new FileInputStream("ch22_2.txt");
6              int b = obj.read();                      // 读取1个Byte数据
7              while ((b = obj.read()) != -1) {         // 是否读到文件末端
8                  System.out.print((char) b);          // Byte数据转为字符输出
9              }
10             obj.close();
11             System.out.println("读取成功!");
12         }
13         catch (IOException e) {
14             System.out.println(e);
15         }
16     }
17 }
```

执行结果

```
D:\Java\ch22>java ch22_4
÷???????鈥?§ MINGCHI University ???????读取成功!
```

中文字部分出现无法识别的现象

22-3-3 图片文件复制的实例

笔者有说过 FileInputStream 和 FileOutputStream 类可以执行二进制文件的复制，本节将以图片文件复制作为 22-3 节的结束。

程序实例 ch22_5.java：在 ch22 文件夹中有"洪锦魁1.jpg"文件，另外复制一份为"洪锦魁2.jpg"。

```java
1  import java.io.*;
2  public class ch22_5 {
3      public static void main(String args[]){
4          try {
5              FileInputStream src = new FileInputStream("洪锦魁1.jpg");
6              FileOutputStream dst = new FileOutputStream("洪锦魁2.jpg");
7
8              System.out.println("文件大小 : " + src.available());
9              byte[] pic = new byte[src.available()];       // 建立pic数组
10
11             src.read(pic);                                // 从输入流读取图文件数据存入pic数组
12             dst.write(pic);                               // 将pic数组数据写到输出串流
13             src.close();
14             dst.close();
15             System.out.println("图文件拷贝");
16         }
17         catch (IOException e) {
18             System.out.println(e);
19         }
20     }
21 }
```

执行结果

在 ch22 文件夹可以看到两份图片。

```
D:\Java\ch22>java ch22_5
档案大小 : 166763
图文件拷贝
```

洪锦魁
1.jpg

洪锦魁
2.jpg

上述关键是第 11 和 12 行，读者可想成第 11 行是读取来源文件数据，第 12 行是将数据写入目标文件。

22-4　使用缓冲区处理 byte 数据文件输入与输出

　　BufferedOutputStream 类和 BufferedInputStream 类这两个类也适合用于处理 byte 的文件，其重要特点是它是将一部分计算机内部快速内存设为缓冲区存储数据，输入与输出是通过缓冲区，所以读取或写出时比需通过计算机线与外部硬盘或屏幕联机的方式效率更高。

　　这种方式也有缺点，因为数据是写入缓冲区，所以如果没有适当将缓冲区数据写入磁盘，若是发生宕机或系统宕机，可能会遗失数据。

　　缓冲区的工作原理是，程序读取数据时是到输入缓冲区读数据，如果缓冲区数据没有了，会从磁盘来源文件读数据至缓冲区，然后程序再将数据读入。输出数据时其实是将数据写入至输出缓冲区，如果缓冲区数据满了或是关闭缓冲流时，才会将数据从缓冲区输出至磁盘目标文件内。

22-4-1　BufferedOutputStream 类

　　使用 BufferedOutputStream 类的 write() 方法时，数据实际是写入输出缓冲区，缓冲区已满时，才将数据写入目的地，所以要将数据写入目的地需再增加 flush() 方法。

BufferedOutputStream 的声明如下。

public class BufferedOutputStream extends FilterOutputStream

BufferedOutputStream 构造方法下。

BufferedOutputStream(OutputStream obj)：建立输出流的缓冲区。

BufferedOutputStream(OutputStream obj, int size)：建立 size 大小的输出流的缓冲区，默认是 512B。

　　如果更完整地解释，可以将构造方法用下列方法表示。

BufferedOutputStream buf = new BufferedOutputStream(new FileOutputStream(name));

　　上述语句相当于将 FileOutputStream 类的对象当作 BufferedOutputStream 类构造方法的参数，本书程序设计时为了容易懂，通常会将上述构造方法用两行表示，例如，如果文件是 ch22_6.java，则可以用下列两行表示。

FileOutputStream **obj** = new FileOutputStream("ch22_6.txt");

BufferedOutputStream buf = new BufferedOutputStream(**obj**);

　　常用方法如下。

void newLine()：加入行分隔符。

void write(int b)：将 byte 数据输出到缓冲区流。

void wirte(byte[ ] b, int off, int len)：将 b 数组 off 位置 len 长度的数据输出到缓冲区流。

void flush()：将缓冲区流数据写入目的地。

void close()：关闭缓冲流。

程序实例 ch22_6.java：将字符串写入文件 ch22_6.txt 的应用。

```
1  import java.io.*;
2  public class ch22_6 {
3      public static void main(String args[]){
4          try {
5              FileOutputStream obj = new FileOutputStream("ch22_6.txt");
6              BufferedOutputStream buf = new BufferedOutputStream(obj);
7              String str = "Welcome to MINGCHI University of Technology";
8              byte[] bArray = str.getBytes();        // 字符数组改为byte数组
9              buf.write(bArray);                     // Byte数组输出到缓冲区
10             buf.flush();                           // 缓冲区数据写入目的地
11             obj.close();
12             System.out.println("输出成功!");
13         }
14         catch (IOException e) {
15             System.out.println(e);
16         }
17     }
18 }
```

执行结果

```
D:\Java\ch22>java ch22_6
输出成功!

D:\Java\ch22>type ch22_6.txt
Welcome to MINGCHI University of Technology
```

22-4-2　BufferedInputStream 类

使用 BufferedInputStream 类的 read() 读取数据时，并不是读取来源的数据，实际上是读取输入缓冲区流的数据，当缓冲区的数据不足时，此类才会从输入流提取数据给 read()。每次缓冲区数据被读取或被跳过后，缓冲区会自动从输入流中填充数据。

BufferedInputStream 的声明如下。

public class BufferedInputStream extends FilterOutputStream

BufferedInputStream 构造方法如下。

BufferedInputStream(InputStream obj)：建立输入流的缓冲区。

BufferedInputStream(InputStream obj, int size)：建立 size 大小的输出流的缓冲区，默认是 2048B。

常用方法如下。

void read(int b)：读取输入缓冲区流的第 1 个 byte 数据。

void wirte(byte[ ] b, int off, int len)：读取输入缓冲区流 b 数组 off 位置 len 长度的数据。

void close()：关闭输入流以及释放相关系统资源。

程序实例 ch22_7.java：读取 ch22_6.java 所建的 ch22_6.txt，这个程序会用缓冲区方式读取文件所有内容同时输出到屏幕。

```
1  import java.io.*;
2  public class ch22_7 {
3      public static void main(String args[]){
4          try {
5              FileInputStream obj = new FileInputStream("ch22_6.txt");
6              BufferedInputStream buf = new BufferedInputStream(obj);
7              int b;                                 // 暂时存储byte数据
8              while ((b = buf.read()) != -1) {
9                  System.out.print((char) b);        // Byte数据输出到屏幕
10             }
11             buf.close();
12             obj.close();
13             System.out.println("\nBufferedInputStream测试成功!");
14         }
15         catch (IOException e) {
16             System.out.println(e);
17         }
18     }
19 }
```

执行结果

```
D:\Java\ch22>java ch22_7
Welcome to MINGCHI University of Technology
BufferedInputStream测试成功!
```

22-5　Writer 和 Reader 类

Writer 和 Reader 这两个类均是抽象类，主要是以 16b 的字符 char 为单位执行数据的读取（Reader）与输出（Writer）。

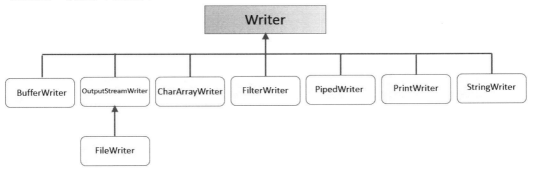

下面是常用的 Writer 定义的方法。

（1）**append(char c)**：插入字符到文件末端。

（2）**abstract void flush()**：强制将流数据输出。

（3）**abstract void close()**：先强制将流数据输出，再关闭流。

（4）**void write(int i)**：输出单一字符。

（5）**void write(char[ ] c)**：输出 c 数组。

（6）**abstract void write(char[ ] c, int off, int len)**：输出长度为 len，off 位置开始的 c 数组。

（7）**write(String s)**：输出字符串 s。

（8）**write(char[ ] c, int off, int len)**：输出长度为 len，off 位置开始的 c 字符串。

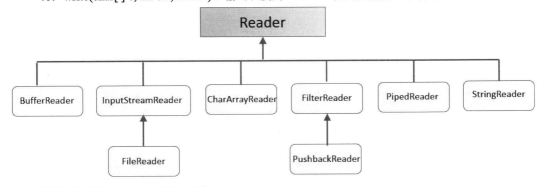

下面是常用的 Reader 定义的方法。

（1）**abstract void close()**：关闭流然后释放资源。

（2）**int read(int i)**：读一个字符。

（3）**int read(char[ ] c)**：将数据读到数组 c。

（4）**abstract void read(char[ ] c, int off, int len)**：读取长度为 len，放在 off 位置开始的 c 数组。

（5）**boolean ready()**：返回是否准备好供读取。

（6）**long skip(long n)**：跳读 n 个字符。

22-6　字符读取与写入 FileReader 类与 FileWriter 类

这是以字符为单位的输入与输出，这也是 Java 程序设计师最常用的输入与输出类。由于是字符导向（16b），所以非英文语系的文字可以顺利读取与写入，例如中文字。

22-6-1　FileWriter 类

可以用字符方式输出至文件，碰上字符串可以直接写出不用再转成字符数组。下面是它的声明：

puclic class FileWriter extends OutputStreamWriter

下面是构造方法。

FileWriter(String file)：使用 file 字符串名称建立一个文件对象。

FileWriter(String file, boolean a)：使用 file 字符串名称建立一个文件对象，如果 a 是 true 则可将数据附在后面。

下面是常用方法。

void writer(String str)：输出字符串到文件对象。

void writer(char c)：输出字符到文件对象。

void writer(char[ ] c)：输出字符数组到文件对象。

void flush()：强制将流数据输出。

void close()：关闭文件对象。

程序实例 ch22_8.java：使用 FileWriter 重新设计 ch22_2.java 将字符串输出到文件。

```
 1  import java.io.*;
 2  public class ch22_8 {
 3      public static void main(String args[]){
 4          try {
 5              FileWriter fw = new FileWriter("ch22_8.txt");
 6              String str = "明志科技大学MINGCHI University欢迎你们";
 7              fw.write(str);                  // 输出Byte数组数据
 8              fw.close();
 9              System.out.println("输出成功!");
10          }
11          catch (IOException e) {
12              System.out.println(e);
13          }
14      }
15  }
```

执行结果

```
D:\Java\ch22>java ch22_8
输出成功!

D:\Java\ch22>type ch22_8.txt
明志科技大学MINGCHI University欢迎你们
```

程序实例 ch22_8_1.java：在 ch22_8.txt 文件末端增加字符串"新北市泰山乡"。

```
1  import java.io.*;
2  public class ch22_8_1 {
3      public static void main(String args[]){
4          try {
5              FileWriter fw = new FileWriter("ch22_8.txt", true);
6              fw.write('\n');                    // 加上换行符
7              String str = "新北市泰山乡";
8              fw.write(str);                     // 输出Byte数组数据
9              fw.close();
10             System.out.println("输出成功!");
11         }
12         catch (IOException e) {
13             System.out.println(e);
14         }
15     }
16 }
```

执行结果

```
D:\Java\ch22>java ch22_8_1
输出成功!

D:\Java\ch22>type ch22_8.txt
明志科技大学MINGCHI University欢迎你们
新北市泰山乡
```

22-6-2　FileReader 类

可以用字符方式读取文件内容，下面是它的声明。

puclic class FileReader extends OutputStreamReader

下面是构造方法。

FileReader(String file)：使用 file 字符串名称建立一个文件对象。

下面是常用方法。

int read()：读取字符，如果返回值是 -1 表示读到文件末端。

void close()：关闭文件流。

程序实例 ch22_9.java：读取文件 ch22_8.txt，由于读取字符时返回的是整数，所以第 8 行需将整数转成字符，然后第 9 行可以顺利输出。

```
1  import java.io.*;
2  public class ch22_9 {
3      public static void main(String args[]){
4          int i;
5          try {
6              FileReader fr = new FileReader("ch22_8.txt");
7              while ( (i = fr.read()) != -1 ) {    // 读字符直到文件末端
8                  char ch = (char) i;              // 将整数转成字符
9                  System.out.print(ch);           // 输出字符
10             }
11             fr.close();
12             System.out.println("\n输出成功!");
13         }
14         catch (IOException e) {
15             System.out.println(e);
16         }
17     }
18 }
```

执行结果

```
D:\Java\ch22>java ch22_9
明志科技大学MINGCHI University欢迎你们
新北市泰山乡
输出成功!
```

程序实例 ch22_10.java：文本文件的复制，这个程序欲复制的来源文件是 ch22_8.txt，目标文件是 ch22_10.txt。

```
1  import java.io.*;
2  public class ch22_10 {
3      public static void main(String args[]) throws IOException {
4          int i;
5          FileReader fr = new FileReader("ch22_8.txt");
6          FileWriter fw = new FileWriter("ch22_10.txt");
7          while ( (i = fr.read()) != -1 ) {    // 读字符直到文件末端
8              char ch = (char) i;              // 将整数转成字符
9              fw.write(ch);                    // 输出到文件
10         }
11         fr.close();
12         fw.close();
13         System.out.println("复制文件成功!");
14     }
15 }
```

```
D:\Java\ch22>java ch22_10
复制文件成功!

D:\Java\ch22>type ch22_8.txt
明志科技大学MINGCHI University欢迎你们          ◀━━━━  来源文件
新北市泰山乡
D:\Java\ch22>type ch22_10.txt
明志科技大学MINGCHI University欢迎你们          ◀━━━━  目的文件
新北市泰山乡
```

22-7 字符数据输入与输出 BufferedReader/BufferedWriter 类

本节概念与 22-4 节的 BufferedOutputStream/BufferedInputStream 类似，差异是本节这两个类是处理字符数据（16b）的输入与输出类。

22-7-1 BufferedWriter 类

BufferedWriter 主要是提供缓冲区让输出执行效率更高，继承 Writer 类，在处理 characters 导向的字符输出时，特别适合用于数组、字符、字符串的输出。它的声明如下。

public class BufferedWriter extends Writer

它的构造方法如下。

BufferedWriter(Writer wrt)：使用默认空间建立输出字符缓冲区流。

BufferedWriter(Writer wrt, int size)：使用 size 空间建立输出字符缓冲区流。

常用方法如下。

void newLine()：加入行分隔符。

void write(int b)：将 byte 数据输出到缓冲区流。

void wirte(char[ ] b, int off, int len)：将 b 数组 off 位置 len 长度的数据输出到缓冲区流。

void write(String s, int off, int len)：将 b 字符串 off 位置 len 长度的数据输出到缓冲区流。

void flush()：将缓冲区流数据写入目的地。

void close()：先 flush 再关闭缓冲流。

程序实例 ch22_11.java：将字符串数据分批输出到 ch22_11.txt。

```
1  import java.io.*;
2  public class ch22_11 {
3      public static void main(String args[]) throws IOException {
4          FileWriter writer = new FileWriter("ch22_11.txt");
5          BufferedWriter bw = new BufferedWriter(writer);
6          String str = "明志科技大学欢迎你们";
7          bw.write(str, 0, 6);               // 输出部分字符串数据
8          bw.newLine();                       // 写出换行符
9          bw.write(str, 6, str.length()-6);   // 输出部分字符串数据
10         bw.close();
11         System.out.println("输出成功!");
12     }
13 }
```

```
D:\Java\ch22>java ch22_11
输出成功!

D:\Java\ch22>type ch22_11.txt
明志科技大学
欢迎你们
```

22-7-2 BufferedReader 类

BufferReader 类继承了 Reader 类，主要是可以从输入流中读取字符导向的文件，甚至还可以使

用 readLine() 方法读取整行数据。它的声明如下。

　　public class BufferedReader extends Reader

　　它的构造方法如下。

　　BufferedReader(Reader rd)：使用默认空间建立输入字符缓冲区流。

　　BufferedReader(Reader, int size)：使用 size 空间建立输入字符缓冲区流。

　　常用方法如下。

　　int read()：读取一个字符。

　　int read(char[ ] b, int off, int len)：读取 len 长度数据放到 b 数组 off 位置。

　　String readLine()：读取整行数据。

　　void close()：先关闭缓冲流，然后释放所有资源。

程序实例 ch22_12.java：读取 ch22_11.txt，然后输出。

```
1  import java.io.*;
2  public class ch22_12 {
3      public static void main(String args[]) throws IOException {
4          FileReader fr = new FileReader("ch22_11.txt");
5          BufferedReader br = new BufferedReader(fr);
6          int i;
7          while ((i = br.read()) != -1)          // 循环读到文件末端
8              System.out.print((char)i);          // 输出字符数据
9          fr.close();
10         br.close();
11     }
12 }
```

执行结果

```
D:\Java\ch22>java ch22_12
明志科技大学
欢迎你们
```

程序实例 ch22_13.java：这是一个读取整行输入的应用，重点是第 7 行，读取成功后，会输出欢迎字符串。

```
1  import java.io.*;
2  public class ch22_13 {
3      public static void main(String args[]) throws IOException {
4          InputStreamReader ir = new InputStreamReader(System.in);
5          BufferedReader br = new BufferedReader(ir);
6          System.out.print("请输入名字：");
7          String name = br.readLine();          // 用读取整行数据读取名字
8          System.out.println(name + "欢迎你");      // 输出欢迎信息
9      }
10 }
```

执行结果

```
D:\Java\ch22>java ch22_13
请输入名字：Jiin-Kwei Hung
Jiin-Kwei Hung欢迎你

D:\Java\ch22>java ch22_13
请输入名字：洪锦魁
洪锦魁欢迎你
```

程序实例 ch22_14.java：程序要求输入名字，如果输入 q 则程序结束。

```
1  import java.io.*;
2  public class ch22_14 {
3      public static void main(String args[]) throws IOException {
4          InputStreamReader ir = new InputStreamReader(System.in);
5          BufferedReader br = new BufferedReader(ir);
6          String str = "str";                   // 暂定字符串内容
7          System.out.println("输入q则程序结束 ");
8          while (!str.equals("q")) {            // q循环结束
9              System.out.print("请输入名字：");
10             str = br.readLine();              // 读取整行数据
11             System.out.println("你的输入是：" + str);  // 输出所读取的数据
12         }
13     }
14 }
```

执行结果

```
D:\Java\ch22>java ch22_14
输入q则程序结束
请输入名字：Jiin-Kwei Hung
你的输入是：Jiin-Kwei Hung
请输入名字：q
你的输入是：q
```

22-8　System 类

　　System 类不属于 java.io 包，而是 java.lang 包，Java 文件执行时会用默认方式加载，所以不必 import 它。至今所有的程序实例输出都与 System 类有关，所以先简单说明此类。

在 Java 的 System 类内有三个针对屏幕的流是自动产生的。

System.out：标准屏幕输出，是 java.io.PrintStream 类的衍生类。

System.in：标准屏幕输入，是 java.io.InputStream 类的衍生类。

System.err：系统错误时在屏幕输出错误信息，父类与 System.out 相同。

程序实例 ch22_15.java：System.out、System.err、System.in 流的基本应用，下列第 9 行的 System. in.read() 会读入一个字符，然后以 ASCII 码值方式传给 ch 整数变量。

```java
1  import java.io.IOException;
2  public class ch22_15 {
3      public static void main(String args[]){
4          int ch;
5          System.out.println("输出一般信息 ");        // System.out
6          System.err.println("输出ERR信息 ");        // System.err
7          try {
8              System.out.println("请输入一个字符 ");
9              ch = System.in.read();                  // System.in，返回字符的码值
10             System.out.println(ch);                 // 输出码值
11         }
12         catch (IOException e) {
13             System.out.println(e);
14         }
15     }
16 }
```

执行结果

```
D:\Java\ch22>java ch22_15
输出一般信息
输出ERR信息
请输入一个字符
a
97
```

22-9　PrintStream 类

其实这是读者最熟悉的类了，过去就是使用此类处理数据的输出，通过本节的讲述相信读者可以更进一步体会 Java 的运行原理。虽然 PrintStream 类是衍生自 byte 导向的 FilterOutputStream 类，但是此类已经将数据包装成可以使用适当方式执行 Java 基本类型数据的输出，有了这些方法，处理数据的输出将更方便了。PrintStream 类另外的一个特点是它会自动执行强制将流数据输出，所以不用调用 flush() 方法，同时不用声明 IOException。它的声明如下。

public class PrintStream extends FilterOutputStream implements closeable, Appendable

它的构造方法如下。

PrintStream(String name)：建立 PrintStream 对象。

PrintStream(OutputStream out)：建立 PrintStream 对象，没有自动执行强制将流数据输出。

它的常用方法如下。

void print(boolean)：输出布尔值。

void print(char c)：输出字符。

void print(char[ ] c)：输出字符数组。

void print(int i)：输出整数。

void print(long l)：输出长整数。

void print(float f)：输出浮点数。

void print(double d)：输出双倍精度浮点数。

void print(String s)：输出字符串。

void print(Object obj)：输出对象。

void println(boolean)：输出布尔值。

void println(char c)：输出字符。

void println(char[ ] c)：输出字符数组。

void println(int i)：输出整数。

void println(long l)：输出长整数。

void println(float f)：输出浮点数。

void println(double d)：输出双倍精度浮点数。

void println(String s)：输出字符串。

void println(Object obj)：输出对象。

void printf(Object format, Object … args)：格式化输出，可参考 3-2-1 节。

void format(Object format, Object … args)：格式化输出。

所有前面章节使用的 print()、println()、printf() 方法都是输出到屏幕，其实如果彻底了解 Java 的 PrintStream 类，也可以将输出导向文件。

程序实例 ch22_16.java：使用 println() 方法，但是将输出导向文件 ch22_16.txt。

```
1  import java.io.*;
2  public class ch22_16 {
3      public static void main(String args[]) throws IOException {
4          FileOutputStream fo = new FileOutputStream("ch22_16.txt");
5          PrintStream ps = new PrintStream(fo);
6          String str = "王者归来";
7          ps.println(str);                          // 输出字符串数据
8          ps.println("Java入门迈向高手之路");        // 输出字符串数据
9          ps.println("作者:洪锦魁");                 // 输出字符串数据
10         int age = 35;
11         ps.println("作者今年 " + age + " 岁");      // 输出整数数据
12         ps.close();
13         fo.close();
14         System.out.println("输出成功!");            // 这是输出到屏幕
15     }
16 }
```

执行结果

```
D:\Java\ch22>java ch22_16
输出成功!

D:\Java\ch22>type ch22_16.txt
王者归来
Java入门迈向高手之路
作者:洪锦魁
作者今年 35 岁
```

22-10　Console 类

Console 可以解释为控制面板，在设计程序时一般是指屏幕。Console 类有提供方法可以让我们使用屏幕执行文字数据的输入与输出，特别是可以处理密码格式的数据输入，此时所输入的密码将不会在屏幕上显示。它的声明如下。

public final class Console extends Object inplements Flushable

它的常用方法如下。

Reader reader()：选取与控制面板关联的阅读器对象。

String readLine()：从屏幕读取整行数据。

String readLine()：使用格式化方式从屏幕读取数据。

char[ ] readPassword()：读密码，所输入密码将不会在屏幕上显示。

char[ ] readPassword(String fmt, Object … args)：使用格式化方式读取密码。

Console format(String fmt, Object … args)：使用格式化方式输出数据。

Console printf(String fmt, Object … args)：使用格式化方式输出数据。

void flush()：强制将流数据输出。

System 类有提供一个 static 方法 console()，可以返回一个 Console 类对象，例如，下列语句可以建立一个 Console 类的 cs 对象。

```
Console cs = System.console();  // 返回 Console 对象 cs
```

有了这个对象，就可以调用成员方法，执行屏幕的输入与输出。

程序实例 ch22_17.java：要求输入账号，程序会输出欢迎词，这个程序的特点是所有屏幕输入与输出都是由 cs 对象调用适当的方法处理。

```
1  import java.io.*;
2  public class ch22_17 {
3      public static void main(String args[]) {
4          Console cs = System.console();
5          cs.printf("请输入账号 : ");              // 提示信息
6          String account = cs.readLine();          // 读取账号
7          cs.printf("%s 欢迎回来!", account);       // 输出欢迎词
8      }
9  }
```

执行结果

```
D:\Java\ch22>java ch22_17
请输入账号 : deepstone
deepstone 欢迎回来!
```

程序实例 ch22_18.java：在屏幕输入密码的应用，所输入的密码将不在屏幕上显示。

```
1  import java.io.*;
2  public class ch22_18 {
3      public static void main(String args[]) {
4          Console cs = System.console();
5          cs.printf("请输入密码 : ");              // 提示信息
6          char[] ch = cs.readPassword();           // 读取密码
7          String pwd = String.valueOf(ch);         // 字符数组转成字符串
8          cs.printf("你所输入的密码是 : %s", pwd);  // 输出密码
9      }
10 }
```

执行结果

```
D:\Java\ch22>java ch22_18
请输入密码 : ◀────────────所输入密码将不在屏幕上显示
你所输入的密码是 : kwei
```

22-11 文件与文件夹的管理 File 类

File 类可以处理文件与文件夹（也可以称目录），文件与文件夹路径是使用抽象表示，使用时可以有相对路径与绝对路径。使用这个类可以执行建立文件夹、建立文件、删除文件夹、删除文件、更改文件或数据及名称、列出文件夹内容。下面是构造方法。

File(String pathname)：将路径字符串转换成抽象路径建立一个 File 对象。

File(String parent, String child)：从父路径字符串和子文件字符串建立一个 File 对象。

File(URI url)：将 URL 转成抽象路径建立一个 File 对象。

它的常用方法如下。

boolean createNewFile()：如果文件不存在则建立此空文件。

boolean canWrite()：测试可否编辑文件内容。

boolean canRead()：测试可否读文件内容。

boolean isAbsolute()：测试路径是否绝对路径。

boolean isDirectory()：测试路径是否文件夹。

boolean isFile()：测试路径是否文件。

boolean isHidden()：测试是否隐藏文件。

boolean mkdir()：建立文件夹。

boolean delete()：删除文件或文件夹。

boolean exists()：测试文件或文件夹是否存在。

boolean renameTo(FileDest)：更改文件或文件夹名称。

boolean setReadOnly()：配置文件或文件夹只能读。

boolean setWritable(boolean writable)：配置文件拥有者可以编辑此文件。

boolean setWritable(boolean writable, boolean ownerOnly)：配置文件拥有者或其他人可以编辑此文件。

String getAbsolutePath()：返回抽象路径的绝对路径。

String getName()：返回抽象路径的文件或文件夹的名称。

String getParent()：返回抽象路径的父文件或文件夹的名称，如果此路径没有父路径则返回 null。

String[ ] list()：返回指定路径下所有文件或文件夹名称，结果存在字符串数组内。

File[ ] listFiles()：返回指定路径下所有文件或文件夹的绝对路径名称，结果存在 File 对象数组内。

程序实例 ch22_19.java：以绝对路径建立一个文件，同时列出此文件的相关信息，例如，文件是否存在、文件名、父路径、是否文件、是否文件夹（目录）、是否绝对路径、是否可读、是否可擦写、是否可执行、设置为读、设置可擦写。

```
1  import java.io.*;
2  public class ch22_19 {
3      public static void main(String args[]) throws IOException {
4          File f = new File("d:\\Java\\ch22\\ch22_19.txt");           // 建立File对象
5          System.out.println("文件存在 : " + f.exists());              // 测试文件是否
6          if (f.createNewFile()) {                                    // 建立新文件
7              System.out.println("文件建立成功");
8              System.out.println("文件存在 : " + f.exists());          // 测试文件是否
9              System.out.println("文件名 : " + f.getName());           // 输出档名
10             System.out.println("父路径 : " + f.getParent());         // 父路径
11             System.out.println("绝对路径 : " + f.getAbsolutePath()); // 绝对路径
12             System.out.println("是文件  : " + f.isFile());           // 测试是否文件
13             System.out.println("是目录  : " + f.isDirectory());      // 测试是否目录
14             System.out.println("绝对路径 : " + f.isAbsolute());      // 是否绝对路径
15             System.out.println("可读   : " + f.canRead());           // 是否可读
16             System.out.println("可写   : " + f.canWrite());          // 是否可写
17             System.out.println("设只读 : " + f.setReadOnly());       // 设只读
18             System.out.println("可写   : " + f.canWrite());          // 是否可写
19             System.out.println("设可擦写 : " + f.setWritable(true)); // 设可写
20             System.out.println("可写   : " + f.canWrite());          // 是否可写
21         }
22         else
23             System.out.println("文件已存在建立失败");                // 输出建立失败
24     }
25 }
```

执行结果

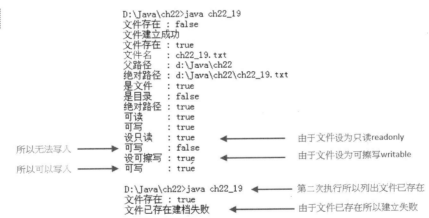

```
D:\Java\ch22>java ch22_19
文件存在 : false
文件建立成功
文件存在 : true
文件名    : ch22_19.txt
父路径    : d:\Java\ch22
绝对路径  : d:\Java\ch22\ch22_19.txt
是文件   : true
是目录   : false
绝对路径  : true
可读    : true
可写    : true
设只读   : true          ← 由于文件设为只读readonly
可写    : false          
设可擦写  : true          ← 由于文件设为可擦写writable
可写    : true

D:\Java\ch22>java ch22_19   ← 第二次执行所以列出文件已存在
文件存在 : true
文件已存在建档失败          ← 由于文件已存在所以建立失败
```

所以无法写入 →
所以可以写入 →

上述程序在第二次执行时，由于 ch22_19.txt 文件已经存在，所以执行时会出现建文件失败消息，如果这样再次执行可以先删除文件 del ch22_19.txt。另外，如果参考上述实例 d:\\Java\\ch22\\ch22_19.txt，可以得到 Java 设置父路径方式如下。

d:\Java\ch22\ch22_19.txt ← 文件路径pathname
　　　　　　　　　　　　　　　也称绝对路径

父路径(parent)　文件名(name)

如果第 4 行建立 File 对象，没有父路径只使用文件名，例如 ch22_19.txt，则所返回的父路径将是 null。请再看一次第 4 行的构造方法。

```
File f = new File("d:\\Java\\ch22\\ch22_19.txt");
```

在上述构造方法中，如果 d:\\Java\\ch22\\ch22_19.txt 文件不存在，则 f 对象指向 null，所以执行第 5 行 f.exists() 方法时得到 false。第 6 行执行 f.createNewFile() 方法时，会建立实体对象，所以执行第 8 行 f.exists() 方法时得到结果是 true。

在操作文件或文件夹时，常会对现存的文件做操作，例如，想要更改目前文件夹下的文件名，可以使用上述构造方法，这时就可以直接操作了。

程序实例 ch22_20.java：用现存的 ch22_19.txt 建立 File 对象，然后列出此文件是否存在，以及列出父路径和文件名。

```
1  import java.io.*;
2  public class ch22_20 {
3      public static void main(String args[]) throws IOException {
4          File f = new File("ch22_19.txt");           // 建立File对象
5          System.out.println("文件存在 : " + f.exists());     // 测试文件是否存在
6          System.out.println("文件名   : " + f.getName());    // 输出文件名
7          System.out.println("父路径   : " + f.getParent());  // 输出父路径
8      }
9  }
```

执行结果

```
D:\Java\ch22>java ch22_20
文件存在 : true
文件名   : ch22_19.txt
父路径   : null
```

上述程序执行第 4 行时，由于 ch22_19.txt 已经存在，所以可以直接对 f 对象操作。

程序实例 ch22_21.java：建立文件 ch22_21.txt。可以使用 mkdir() 方法建立文件夹 dir22_21，然后更改文件名为 mych22_21.txt，文件夹名称 mydir22_21。

```
1  import java.io.*;
2  public class ch22_21 {
3      public static void main(String args[]) throws IOException {
4  // 建立文件
5          File f = new File("ch22_21.txt");              // 建立File对象
6          if (f.createNewFile())                         // 建立新文件
7              System.out.println(f.getName( ) + " 文件建立成功");
8          else
9              System.out.println("文件已存在建立失败");         // 输出建立失败
10 // 建立文件夹(或称目录)
11         File fd = new File("dir22_21");                // 建立File对象
12         if (fd.mkdir())                                // 建立新文件夹
13             System.out.println(fd.getName() + " 文件夹建立成功");
14         else
15             System.out.println("文件夹已存在建立失败");       // 建文件夹失败
16 // 更改文件名
17         File newf = new File("mych22_21.txt");         // 建立新File对象
18         boolean bool = f.renameTo(newf);               // 更改文件名
19         System.out.println("更改文件名成功 : " + bool);   // 列出是否成功
20         System.out.println("新文件名 : " + newf.getName());
21 // 更改文件夹名称
22         File newfd = new File("mydir22_21");           // 建立新File对象
23         bool = fd.renameTo(newfd);                     // 更改文件夹名称
24         System.out.println("更改文件夹名称成功 : " + bool);  // 列出是否成功
25         System.out.println("新文件夹名称 : " + newfd.getName());
26     }
27 }
```

执行结果

```
D:\Java\ch22>java ch22_21
ch22_21.txt 文件建立成功
dir22_21 文件夹建立成功
更改文件名成功 : false
新文件名 : mych22_21.txt
更改文件夹名称成功 false
新文件夹名称 : mydir22_21
```

这时读者进入此文件夹可以看到所建的文件 mych22_21.txt 和文件夹 mydir22_21。

程序实例 ch22_22.java：使用 delete() 方法删除 ch22_21.java 所建的文件和文件夹。

```
1  import java.io.*;
2  public class ch22_22 {
3      public static void main(String args[]) throws IOException {
4  // 删除文件
5          File f = new File("mych22_21.txt");            // 建立File对象
6          boolean bool = f.delete();
7          System.out.println("删除文件成功  : " + bool);    // 删除文件成功
8  // 删除文件夹(或称目录)
9          File fd = new File("mydir22_21");              // 建立File对象
10         bool = fd.delete();
11         System.out.println("删除文件夹成功 : " + bool);   // 删除文件夹成功
12     }
13 }
```

执行结果

```
D:\Java\ch22>java ch22_22
删除文件成功    : true
删除文件夹成功 : true
```

程序实例 ch22_23.java：使用 String[ ] list() 方法，输出目前指定文件夹下的文件和目录名称。

```
1  import java.io.*;
2  public class ch22_23 {
3      public static void main(String args[]) throws IOException {
4          String[] paths;
5          File f = new File("d:\\Java\\ch22");        // 建立File对象
6          paths = f.list();                            // 取得文件和目录
7          for (String path:paths)
8              System.out.println(path);                // 输出文件和目录名称
9      }
10 }
```

执行结果　下面只列出部分执行结果。
D:\Java\ch22>java ch22_23
.metadata
ch22_1.class
ch22_1.java

程序实例 ch22_24.java：使用 File[ ] listFiles() 方法，输出目前指定文件夹下的文件和目录的绝对路径名称。

```
1  import java.io.*;
2  public class ch22_24 {
3      public static void main(String args[]) throws IOException {
4          File[] paths;
5          File f = new File("d:\\Java\\ch22");        // 建立File对象
6          paths = f.listFiles();                       // 取得文件和目录
7          for (File path:paths)
8              System.out.println(path);                // 输出文件和目录名称
9      }
10 }
```

执行结果　下面只列出部分执行结果。
D:\Java\ch22>java ch22_24
d:\Java\ch22\.metadata
d:\Java\ch22\ch22_1.class
d:\Java\ch22\ch22_1.java

程序实操题

1. 请参考执行图文件的复制，复制的图片可自行决定，复制来源与目的图文件的文件名都由屏幕输入。

2. 请执行声音文件的复制，复制的声音文件可自行决定，复制来源与目的声音文件的文件名都由屏幕输入。

3. 请扩充 ch22_7.java，增加输出总共的 byte 数。

4. 请重新设计 ch22_10.java，复制来源与目的文件的文件名都由屏幕输入。

5. 文件 A 内容如下。

   Java 入门迈向高手之路

   王者归来

   文件 B 内容如下。

   作者洪锦魁

   文件 C 内容如下。

   深石数位发行

   请将文件 A、文件 B、文件 C 合并成一个文件，然后输出。

6. 请参考程序实例 ch4_43.java，用本章所述的任一类重新设计该程序。

7. 请参考程序实例 ch4_45.java，用本章所述的任一类重新设计该程序。

8. 账号是 cshung 密码是 010101，请设计程序要求输入账号与密码，如果输入正确则响应"欢迎进入 **Java** 系统"，如果账号输入错误则响应"账号错误"，如果密码输入错误则响应"密码错误"。

9. 请设计程序执行下列工作。

   （1）列出目前工作文件夹。

（2）在目前工作文件夹底下建立 mywork 文件夹。

（3）请在 mywork 文件夹内建立 javaReport.txt。

（4）请在程序内建立字符串内容是约一百个字的学习 Java 心得报告，同时将此段内容放在 javaReport.txt 内。

（5）请将 javaReport.txt 设为只读文件。

习题

一、判断题

1（O）. Java 使用流处理输入与输出。

2（X）. 字符流适合用于读取图片文件。

3（O）. Byte 流适合用于读取二进制文件。

4（X）. 使用缓冲区处理数据的输入与输出会让执行速度变慢。

5（O）. FileWriter 类主要是处理字符方式输出数据。

二、选择题

1（B）. 在 InputStream 抽象方法中，读到什么数据代表读到文件末端？

    A. 0   B. -1   C. \n   D. !

2（D）. 下列哪一个不是二进制文件？

    A. 图片文件   B. 声音文件   C. 影片文件   D. 文本文件

3（B）. 下列哪一个方法有强制将输出流数据输出至目标文件的效果？

    A. write()   B. flush()   C. output()   D. done()

4（A）. 下列哪一项不是属于 System 类内针对屏幕自动产生的流？

    A. System.std   B. System.out   C. System.in   D. System.err

5（A）. 下列哪一个方法可以获得文件的绝对路径？

    A. getAbsolutePath()   B. getName()   C. getParent()   D. list()

第 2 3 章

压缩与解压缩文件

本章摘要

23-1 基本概念与认识 java.util.zip 包

在数据科学领域压缩（Compression）与解压缩（Decompression）是一门很重要的学问，除了我们熟知的数据经压缩后可以减少使用内存空间，在网络时代数据传输还可以减少传输量，同时增加传输速度。

在 Windows 操作系统中有提供 zip 格式的文件压缩与解压缩功能，方便人们平时使用，本章重点是讲解设计这方面的程序。

程序设计师以一般流方式读取数据然后以压缩格式（例如 zip 格式）输出至某文件，这就是所谓的压缩文件。程序设计师设计程序读取压缩格式的文件，然后以一般格式输出此文件，这就是所谓的解压缩文件。

Java 提供 java.util.zip 包可以执行 zip 兼容格式的文件压缩与解压缩，这也是本章的主题。

23-2 压缩文件

在 java.util.zip 内有提供 ZipOutputStream 类，可以使用它执行将一般文件以 zip 格式输出文件。ZipOutputStream 主要是使用 zip 格式将数据写入输出流。

在设计压缩程序时几个重点工作如下。

1. 建立 FileInputStream 对象

这个概念与 22-3-2 节相同，主要是为想要执行压缩的来源文件建立 FileInputStream 对象，这样要压缩的文件就可以用输入流供程序读取。如果要执行压缩的文件是 ch23_1.txt，想要建立 FileInputStream 对象是 src，则可用下列方式建立。

File fileToZip = new File("ch23_1.txt");

FileInputStream src = new FileInputStream(fileToZip);

也可简化为一行语句，如下。

FileInputStream src = new FileInputStream("ch23_1.txt");

2. 建立 ZipOutputStream 对象

例如，如果想要将最后压缩的结果存入 ch23_1.zip，可以使用下列方式建立此 ZipOutputStream 对象。

（1）建立 FileOutputStream 输出流对象。

（2）将 FileOutputStream 对象当作 ZipOutputStream 类构造方法的参数，就可以建立

ZipOutputStream 对象。

假设要建立 ZipOutputStream 对象名称是 dst，可参考下列程序代码实例。

```
FileOutputStream fileToSave = new FileOutputStream("ch23_1.zip");
ZipOutputStream dst = ZipOutputStream(fileToSave);   // dst 对象
```

3. 建立压缩文件项目 ZipEntry

我们可能将一个文件压缩、将多个文件压缩或将整个文件夹压缩，为了要记住所压缩文件的文件名或相关信息，在压缩文件时需使用压缩文件项目（ZipEntry）保存原先压缩的文件名以及一些相关文件信息，未来解压缩时才可以使用原文件名复原。这时需使用 ZipEntry 类的构造方法，同时参数是被压缩的文件名。

```
ZipEntry zipEntry = new ZipEntry(fileToZip.getName( )); // 建立压缩文件项目
dst.putNextEntry(zipEntry);                             // 存入压缩文件项目
```

4. 将来源文件以 zip 格式写入输出流

```
byte[] bytes = new byte[1024];                  // 设置 bytes 数组空间
int length;                                     // 读取数据长度
while((length = src.read(bytes)) >= 0) {        // 读取源数据
    dst.write(bytes, 0, length);                // 以 zip 格式写入数据
}
```

上述数组空间设为 1024，这个数字读者也可更改，了解了以上概念，相信压缩单一文件就是简单的事了。

23-2-1　压缩单一文件

这一节主要是叙述将一个文件压缩成一个 zip 文件。

程序实例 ch23_1.java：压缩单一文件。这个程序要压缩的文件是在第 6 行定义，文件名是 ch23_1.txt，压缩结果第 9 行设置是存储在 ch23_1.zip。

```
1  import java.io.*;
2  import java.util.zip.*;
3  public class ch23_1 {
4      public static void main(String[] args) throws IOException {
5  // 建立要压缩的文件File的对象src
6          File fileToZip = new File("ch23_1.txt");
7          FileInputStream src = new FileInputStream(fileToZip);
8  // 建立压缩目的位置对象
9          FileOutputStream zipToSave = new FileOutputStream("ch23_1.zip");
10         ZipOutputStream dst = new ZipOutputStream(zipToSave);
11 // 在压缩文件内建立压缩项目
12         ZipEntry zipEntry = new ZipEntry(fileToZip.getName());
13         dst.putNextEntry(zipEntry);
14 // byte方式读出未压缩文件src对象，然后以zip格式写入输出串流dst对象
15         byte[] bytes = new byte[1024];              // 设置的byte数组空间
16         int length;                                 // 记录读取byte数
17         while((length = src.read(bytes)) >= 0) {
18             dst.write(bytes, 0, length);            // 以zip格式写入输出串流
19         }
20         dst.close();                                // 关闭输出串流
21         src.close();                                // 关闭输入串流
22     }
23 }
```

执行结果 可以由执行结果看到 ch23_1.txt 的文件变小了。

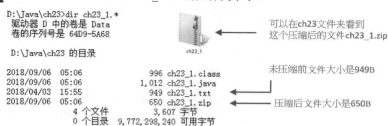

```
D:\Java\ch23>dir ch23_1.*
驱动器 D 中的卷是 Data
卷的序列号是 64D9-5A68

D:\Java\ch23 的目录

2018/09/06  05:06              996 ch23_1.class
2018/09/06  05:06            1,012 ch23_1.java
2018/04/03  15:55              949 ch23_1.txt
2018/09/06  05:06              650 ch23_1.zip
               4 个文件          3,607 字节
               0 个目录  9,772,298,240 可用字节
```

可以在ch23文件夹看到这个压缩后的文件ch23_1.zip

未压缩前 文件大小是949B

压缩后 文件大小是650B

23-2-2 压缩多个文件

这一节主要是叙述将多个文件压缩成一个 zip 文件，这一节介绍的实例是将多个文件放在字符串数组内。其实这样的设计不难，可以使用 foreach 循环，遍历字符串数组的元素就可以了。

程序实例 ch23_2.java：压缩多个文件的应用，要压缩的两个文件名是放在字符串数组 srcFiles 内，此例是要压缩 ch23_1.txt 和 ch23_2.txt，压缩结果是放在 ch23_2.zip 内。此程序的重点是第 9 ～ 23 行的 foreach 循环，这个循环会将 srcFiles 数组元素（要压缩的文件名）分别进行压缩处理。

```java
1  import java.io.*;
2  import java.util.zip.*;
3  public class ch23_2 {
4      public static void main(String[] args) throws IOException {
5          String[] srcFiles = { "ch23_1.txt","ch23_2.txt" };
6  // 建立压缩目的位置对象
7          FileOutputStream zipToSave = new FileOutputStream("ch23_2.zip");
8          ZipOutputStream dst = new ZipOutputStream(zipToSave);
9          for ( String srcFile:srcFiles ) {
10 // 建立要压缩的文件File的对象src
11             File fileToZip = new File(srcFile);
12             FileInputStream src = new FileInputStream(fileToZip);
13 // 在压缩文件内建立压缩项目
14             ZipEntry zipEntry = new ZipEntry(fileToZip.getName());
15             dst.putNextEntry(zipEntry);
16 // byte方式读出未压缩文件src对象，然后以zip格式写入输出串流dst对象
17             byte[] bytes = new byte[1024];          // 设置的byte阵列空间
18             int length;                             // 记录读取byte数
19             while((length = src.read(bytes)) >= 0) {
20                 dst.write(bytes, 0, length);        // 以zip格式写入输出串流
21             }
22             src.close();                            // 关闭输入串流
23         }
24         dst.close();                                // 关闭输出串流
25     }
26 }
```

执行结果 压缩结果是 1.24KB，原先两个文件是约 1.9KB，所以也达到压缩的目的了。

 ch23_2.zip　　修改日期: 2018/9/6 5:18　　创建日期: 2018/9/6 5:18
WinRAR ZIP 压缩文件　　大小: 1.24 KB

23-2-3 压缩整个文件夹

想要压缩整个文件夹，重点是要可以遍历文件夹，这时将使用 22-11 节所介绍的 File[ ] listFiles() 方法。下面先看程序内容，最后再做解说。

程序实例 ch23_3.java：压缩整个文件夹的应用。

```java
1  import java.io.*;
2  import java.util.zip.*;
3  public class ch23_3 {
4      public static void main(String[] args) throws IOException {
5  // 建立要压缩的文件夹File对象fileToZip
6          File fileToZip = new File("zip23");
7  // 建立压缩目的位置对象
8          FileOutputStream zipToSave = new FileOutputStream("ch23_3.zip");
9          ZipOutputStream dst = new ZipOutputStream(zipToSave);
10 // 调用方法处理整个文件夹的压缩
11         zipFile(fileToZip, fileToZip.getName(), dst);
12         dst.close();                              // 关闭输出串流
13     }
14 // Recursive function
15     private static void zipFile(File fileToZip, String fileName,
16                                 ZipOutputStream dst) throws IOException {
17         if (fileToZip.isHidden()) {               // 如果隐藏文件则不压缩
18             return;
19         }
20         if (fileToZip.isDirectory()) {            // 如果是文件夹则处理
21             File[] files = fileToZip.listFiles(); // 获得文件夹内所有文件
22             for (File file:files) {
23                 zipFile(file, fileName + "/" + file.getName(), dst);
24             }
25             return;
26         }
27 // 如果fileToZip不是隐藏文件也不是文件夹则执行压缩处理
28         FileInputStream src = new FileInputStream(fileToZip);
29 // 在压缩文件内建立压缩项目
30         ZipEntry zipEntry = new ZipEntry(fileToZip.getName());
31         dst.putNextEntry(zipEntry);
32 // byte方式读出未压缩文件src对象，然后以zip格式写入输出串流dst对象
33         byte[] bytes = new byte[1024];            // 设置的byte数组空间
34         int length;                               // 记录读取byte数
35         while((length = src.read(bytes)) >= 0) {
36             dst.write(bytes, 0, length);          // 以zip格式写入输出串流
37         }
38         src.close();                              // 关闭输入串流
39     }
40 }
```

执行结果

　ch23_3.zip　　　修改日期: 2018/9/6 5:25　　　创建日期: 2018/9/6 5:25
　　　　　　　　WinRAR ZIP 压缩文件　　大小: 1.24 KB

整个程序的重点是笔者自行设计的 zipFile() 压缩方法，这是一个递归调用，这个方法所传递的参数意义如下。

```
zipFile(File fileToZip, fileToZip.getName(), dst);        // 第15 ~ 39 行
```

fileToZip：要压缩的文件夹名称 File 对象。

fileToZip.getName()：文件夹或文件名。

dst：ZipOutputStream 对象。

在这个方法中第 17 ~ 19 行检查如果是隐藏文件则返回，因为这不是要压缩的文件。

程序关键是第 20 ~ 26 行，相关概念可参考下图。

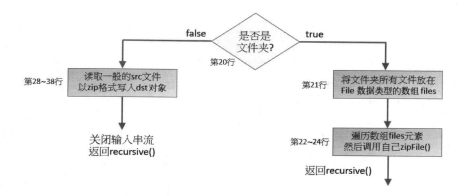

23-3 解压缩文件

所谓的解压缩文件是读取已经被压缩成 zip 格式的文件，然后用一般方式将此文件输出。在 java.util.zip 类中有 ZipInputStream 类，可以建立 ZipInputStream 对象，然后用这个对象读取 zip 格式的文件。

1. 建立 ZipInputStream 对象

程序关键是要建立 ZipInputStream 对象，然后用这个对象读取 zip 格式的文件，例如，如果想要建立 ZipOutputStream 对象 src：

（1）建立 FileInputStream 对象。

（2）将 FileInputStream 对象当作 ZipInputStream 类构造方法的参数，就可以建立 ZipInputStream 对象。

假设要解压缩 ch23_3.zip，建立 ZipInputStream 对象名称是 src，下面是程序代码实例。

```
FileInputStream srcFile = new FileInputStream("ch23_3.zip");
ZipInputStream src = ZipInputStream(srcFile);  // src 对象
```

2. 读取压缩文件项目

可以使用 getNextEntry() 读取压缩文件项目，这样就可以取得被压缩文件的对象（第 14 行），以后可以使用这个对象取得被压缩的文件名（第 16 行）。如果有需要还可以将文件名与路径结合（第 17 行），有了这个名称就可以在解压缩后将结果用原来的名称存储（第 18 行）。如果已经读到压缩文件项目末端，则 getNextEntry() 会返回 null，如果参考第 14 和 24 行，这时对象 zipEntry 的内容是 null。

程序实例 ch23_4.java：解压缩的实例，这个程序会将 ch23_3.java 所建立的 ch23_3.zip 文件解压缩，然后放在目前文件夹下的 myDir 文件夹内，同时保持原先的文件名。需留意如果重复执行此程序需先将 myDir 删除，程序才可以正常执行。

```
1  import java.io.*;
2  import java.util.zip.*;
3  public class ch23_4 {
4     public static void main(String[] args) throws IOException {
5        File mydir = new File("myDir");                          // 建立存放解压缩文件的文件夹
6        if (mydir.mkdir())                                       // 正式建立
7           System.out.println(mydir.getName() + "存储解压缩文件的文件夹建立成功");
8        else
9           System.out.println(mydir.getName() + "文件夹已存在建立失败");
10
11       byte[] buffer = new byte[1024];                          // 每次处理数组空间大小是1024
12       FileInputStream srcFile = new FileInputStream("ch23_3.zip");// 来源文件串流对象
13       ZipInputStream src = new ZipInputStream(srcFile);        // 建立ZipInputStream对象
14       ZipEntry zipEntry = src.getNextEntry();                  // 读取压缩文件内的项目
15       while(zipEntry != null){                                 // 如果不是null则解压缩
16          String fName = zipEntry.getName();                    // 取得要解压缩的文件名
17          File nName = new File(mydir + "/" + fName);           // 设置解压缩结果的路径和文件名
18          FileOutputStream dst = new FileOutputStream(nName);   // 声明输出对象
19          int len;
20          while ((len = src.read(buffer)) > 0) {                // 读取zip格式的文件
21             dst.write(buffer, 0, len);                         // 用普通格式输出
22          }
23          dst.close();                                          // 关闭输出串流
24          zipEntry = src.getNextEntry();                        // 取得下一个被压缩文件的项目
25       }
26       src.close();                                             // 关闭输入串流
27    }
28 }
```

执行结果
```
D:\Java\ch23>java ch23_4
myDir储存解压缩文件的文件夹建立成功
```

上述程序第 5～9 行是建立未来存放解压缩文件的文件夹，如果文件夹已经存在会有建立文件夹失败的消息。

程序实操题

1. 请重新设计程序实例 ch23_1.java，要压缩的文件需由屏幕输入。

2. 请重新设计程序实例 ch23_2.java，要压缩的文件需由屏幕输入。

3. 请重新设计程序实例 ch23_3.java，要压缩的文件夹需由屏幕输入。

4. 请由屏幕输入压缩文件名，然后你的程序可以执行解压缩。

5. 请重新设计 ch23_4.java，请由屏幕输入下列信息。

（1）解压缩的文件名。

（2）解压缩后的目录位置。

习题

一、判断题

1（O）. 以一般串流方式读取数据然后以压缩格式（例如 .zip 格式）输出至某文件，这就是所谓的压缩文件。

2（O）. 程序设计师设计程序读取压缩格式的文件，然后以一般格式输出此文件，这就是所谓的解压缩文件。

3（X）. 要将文件压缩成 zip 格式，一次只能压缩一个文件。

二、选择题

1（C）. 下列哪一项是 java.util.zip 所提供的文件压缩格式？

    A. rar   B. SHA   C. zip   D. CRC

2（C）. 执行解压缩时需要使用哪一个串流对象读取压缩文件？

    A. InputStream   B. OutputStream   C. ZipInputStream   D. ZipOutputStream

3（D）. 执行压缩时需要使用哪一个串流对象写入文件？

    A. InputStream   B. OutputStream   C. ZipInputStream   D. ZipOutputStream

第 2 4 章

Java Collection

本章摘要

　　可以将 Collection 想成一个聚集，在 Java 中针对程序设计的需要设计了各种数据结构或称框架，而将这些框架组织起来，就是所谓的 Java Collection，有时候也将它翻译为 Java 集合对象。由于集合所使用的概念是泛型数据类型，因此本章第一节将先介绍泛型（Generic）的知识，然后再进入 Java Collection。

24-1 认识泛型

24-1-1 泛型类

泛型主要目的是让程序代码变得简洁，假设一个类 MyData 内含有变量成员 obj，在过去可以设置这个变量是整数或是字符串，但是只能选择一种当作 obj 的数据类型，然后可以设计 setobj() 方法设置这个变量 obj 的内容。

假设我们期待 MyData 内的变量可以是整数也可以是字符串，同时适用时，这时多态的概念无法派上用场，因为多态只适合在可以有相同数据类型的不同参数方法上，这时就是泛型上场的时机了。

泛型的概念是用通用类型代表所有可能的数据类型，然后我们可以针对这个通用类型设计相关的变量成员和方法，在这种情况下即可解决多态无法处理的问题。下面将用程序解说。

程序实例 ch24_00.java：使用传统方法设置整数值和取回整数值。

```
1  class MyData {                          // 整数数据
2      int obj;
3      void setobj(int obj) {
4          this.obj = obj;                 // 设置整数
5      }
6      int getobj() {
7          return this.obj;                // 返回整数
8      }
9  }
10 public class ch24_00 {
11     public static void main(String[] args) {
12         MyData m = new MyData();         // 建立对象
13         m.setobj(10);                    // 设置整数值
14         System.out.println(m.getobj());  // 输出整数值
15     }
16 }
```

执行结果
```
D:\Java\ch24>java ch24_00
10
```

假设我们期待有相同的程序，当输入双精度浮点数、字符串等时也可以得到相同的结果。如果没有泛型则必须重新设计程序将所有的 int 改为 double，或是将所有的 int 改成 String。在泛型中，可以将变量类型设为通用类型，例如 <T>，这时可以用下列方式定义类。

```
class MyData <T> {          // 又称泛型类 (Generic class)
    Xxx;
}
```

未来声明 MyData 泛型类对象时，可以用下列方式。

```
MyData<Integer> m = new MyData<Integer>();      // 通用类型是整数
MyData<Double> d = new MyData<Double>();        // 通用类型是双倍精度浮点数
MyData<String> str = new MyData<String>();      // 通用类型是字符串
```

程序实例 ch24_01.java：将整数、双精度浮点数、字符串应用于泛型设置。读者可留意第 2 行变量的声明方式，这时没有菱形符号，第 3 行参数传递时用 T 当作数据类型，第 6 行设置方法的返回类型。

```
1  class MyData<T>{                                      // 泛型
2      private T obj;
3      void setobj(T obj) {
4          this.obj = obj;                               // 设置泛型
5      }
6      public T getobj() {
7          return this.obj;                              // 返回泛型
8      }
9  }
10 public class ch24_01 {
11     public static void main(String[] args) {
12         MyData<Integer> m = new MyData<Integer>();    // 建立整数对象
13         m.setobj(10);                                 // 设置整数值
14         System.out.println(m.getobj());               // 输出整数值
15         MyData<Double> d = new MyData<Double>();       // 建立双精度浮点数对象
16         d.setobj(10.0);                               // 设置双精度浮点数
17         System.out.println(d.getobj());               // 输出双精度浮点数
18         MyData<String> str = new MyData<String>();     // 建立字符串对象
19         str.setobj("王者归来");                         // 设置字符串
20         System.out.println(str.getobj());             // 输出字符串
21     }
22 }
```

执行结果

```
D:\Java\ch24>java ch24_01
10
10.0
王者归来
```

在上述程序中使用大写英文字母 T，当作泛型数据类型，其实也可以用其他字母取代，其实 **T** 有 **Type** 的意思，所以一般程序设计师喜欢用 **T** 当作泛型的数据类型，其他常见的泛型英文字母如下。

E：Element

K：Key

N：Number

V：Value

24-1-2　泛型方法

泛型除了可以应用于类别，也可以应用于方法，相当于方法内可以接受任何数据类型的参数。程序实例 ch24_02.java：泛型方法的应用。这是一个输出数组的程序，在这个程序中用 E 代表可以是任意元素，在实际程序中让程序输出整数数组和字符数组。

```
1  public class ch24_02 {
2      public static <E> void outputArray(E[] elements) {
3          for(E element:elements)
4              System.out.println(element);              // 输出元素
5      }
6      public static void main(String[] args) {
7          Integer[] intarray = {5, 10, 30, 50, 20};     // 定义整数数组
8          Character[] chararray = {'J','A','V','A'};     // 定义字符数组
9
10         System.out.println("整数数组");
11         outputArray(intarray);                        // 输出整数数组
12         System.out.println("字符数组");
13         outputArray(chararray);                       // 输出字符数组
14     }
15 }
```

执行结果

```
D:\Java\ch24>java ch24_02
整数数组
5
10
30
50
20
字符数组
J
A
V
A
```

24-1-3　泛型的通配符

本节所介绍的概念会用到 24-3 节的基本知识，建议读者看完 24-3 节后再回到此节。

符号 "?" 是 Java 的通配符，它代表任何类型，例如 "<? extends Number>"，代表任意 Number 的子类都可以被接受。

程序实例 ch24_03.java：这是泛型通配符的应用，整个程序的新思路如下。

```
demoShapes(ArrayList<? extends Shapes> lists) {                    // 第17行
```

上述方法所接受的参数是 **ArrayList** 数据类型，同时元素必须是继承 **Shapes** 类。

```
 1  import java.util.*;
 2  abstract class Shapes {                              // 抽象类Shapes
 3      abstract void demo();                            // 抽象方法demo
 4  }
 5  class Square extends Shapes {                        // Square继承Shapes
 6      void demo() {
 7          System.out.println("我是正方形");
 8      }
 9  }
10  class Circle extends Shapes {                        // Circle继承Shapes
11      void demo() {
12          System.out.println("我是圆形");
13      }
14  }
15  public class ch24_03 {
16  // <? extends Shapes>表示所有衍生自Shapes的类都可以执行
17      public static void demoShapes(ArrayList<? extends Shapes> lists) {
18          for(Shapes list:lists)
19              list.demo();                             // 执行demo
20      }
21      public static void main(String[] args) {
22          ArrayList<Square> alist1 = new ArrayList<Square>();
23          alist1.add(new Square());                    // alist1对象元素是Square类对象
24          ArrayList<Circle> alist2 = new ArrayList<Circle>();
25          alist2.add(new Circle());                    // alist2对象元素是Circle类对象
26          demoShapes(alist1);
27          demoShapes(alist2);
28      }
29  }
```

执行结果

```
D:\Java\ch24>java ch24_03
我是正方形
我是圆形
```

24-2 认识集合对象

Java 的集合对象属于 java.util 套件，它是由各种接口或类对象所组成，例如，有 Iterable、List、Queue、Set 等各种接口，也有 ArrayList、LlinkedList、Vector 等各种类。上述不论是接口对象或是类对象，都有各自的框架，可以针对这些框架特性执行查找、排序、插入、删除等。下面是集合对象基本结构图，其实还有一些细节未列出来。

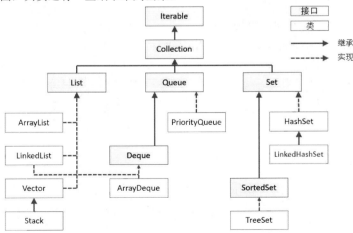

在上图中黑色区块是接口、白色区块是类。这些接口定义了许多抽象方法，但是它不定义相关细节，所有实现均是由类重新定义完成。

在 Java 中将学习集合的操作统一称为 Java Collection Framework，可以将此架构分成以下三个方面。

1. 接口

Collection 接口是所有 Java Collection 对象的父接口，在这个接口内有许多抽象方法定义了操作对象的基本方法。

2. 实现与类

我们使用类继承与实现的特点，在 Collection 类底层除了实现接口方法，也依据自己的特点增加一些方法，可以很轻松地使用这些方法操作集合对象。

3. 算法

在 java.util.* 内有一些应用于集合对象的有用方法，例如，排序、查找功能，这些方法是放在 Collections 类内，请留意最后有 s 字母。24-6 节将给出一个 shuffle() 方法，这个方法就是属于 Collections 类。

24-2-1　Iterable 接口

集合对象结构图最上方的是 Iterable 接口，此接口有以下三个抽象方法。

方法	说明
boolean hasNext()	如果迭代器内还有元素返回 true
Object next()	返回元素并将指针移至下一个元素
void remove()	删除迭代器返回的最后一个元素

24-2-2　Collection 接口

下列是 Collection 接口定义的抽象方法，有些方法类型是 boolean，表示如果执行成功会返回 true，否则返回 false。

方法	说明
boolean add(Object e)	插入一个元素 e
boolean addAll(Collection c)	将集合 c 的所有元素插入
boolean remove(Object e)	删除元素 e
boolean removeAll(Collection c)	将集合 c 的所有元素删除
boolean retainAll(Collection c)	保存集合 c 所有元素，其他删除
int size()	返回所有元素总数
void clear()	删除所有元素
boolean conatins(Object e)	如果含元素 e，返回 true
boolean conatinsAll(Collection c)	如果含集合 c 所有元素返回 true
Iterator iterator()	返回迭代器，可想成返回对象元素
Object[ ] toArray()	将对象转成数组
boolean isEmpty()	返回是否为空
boolean equals(Object e)	匹配两个集合是否相同
int hashCode()	返回哈希码

由于所有集合类（或接口）均是继承或实现 Collection 接口，所以可以看到各个类对象实现上述抽象方法。

24-3 List 接口

List 接口的主要特点是允许元素有重复，内部保持一定的数据顺序，使用索引存取元素。由于是继承 Collection 接口，因此它继承了所有 Collection 接口的方法，但是也增加了可以处理索引操作元素的方法，可参考下表。

方法	说明
void add(int index, Object o)	在 index 位置增加对象 o
boolean addAll(int index, Collection c)	在 index 位置增加 Collection c
Object get(int index)	取得索引元素值
Object set(int index, Object o)	设置 index 索引位置的对象内容
Object remove(int index)	删除 index 索引位置的元素
ListIterator listIterator()	返回 ListIterator 类的迭代器对象
ListIterator listIterator(int index)	从指定索引开始返回迭代器对象

以上方法需要使用类实现，所以下面将开始说明上述方法。

24-3-1 ArrayList 类

ArrayList 类是一种动态数组，可以利用索引方式存取元素，它的框架特点如下。

（1）可以拥有重复元素。

（2）内部会保持一定的序列。

（3）可以使用索引方式存取、插入、删除 ArrayList 内的元素。

（4）当执行插入或删除中间元素时，会造成大量元素移位所以操作速度有时会较花费时间。

它的构造方法如下。

构造方法	说明
ArrayList()	建立空的 ArrayList
ArrayList(Collection c)	建立含 Colleciton c 内容的 ArrayList
ArrayList(int capacity)	建立特定容量的 ArrayList

除了实现 Collection 接口或 List 接口方法外，它的其他常用方法如下。

方法	说明
Object[ ] toArray()	依顺序将元素转成数组
int indexOf(Object o)	返回最先发现对象 o 的索引，如果没找到返回 -1
int lastIndexOf(Object o)	返回最后发现对象 o 的索引，如果没找到返回 -1
void clear()	删除所有 ArrayList 元素
void trimToSize()	将 ArrayList 容量删除为目前元素的数量

（1）早期 Java Collection 声明：不建议采用。

早期的 Java 在声明 Collection 对象时可以不用声明对象类型，例如，可以使用下列方式声明。

```
ArrayList obj = new ArrayList();          // 早期声明方式
```

上述声明方式适用所有基本数据类型，但是在取得 ArrayList 内容时需要强制设置数据类型。

```
ArrayList obj = new ArrayList();          // 已经不建议采用
obj.add("OK");
String str = (String) obj.get(0);         // 强制转型，不建议采用
```

延续上述程序代码旧式声明，但是用 add() 操作不同类型数据时，会发生 runtime 错误，可参考下列程序代码。

```
obj.add("OK");
obj.add(50);                              // runtime 错误
```

（2）Java 5-9 版：流行多年。

从 Java 5 后 Collection 使用泛型声明，这个声明格式在进行声明时需要加上数据类型，如下所示。

```
ClassOrInterface<Type>                    // 泛型
```

例如，如果想要声明 ArrayList 内容是字符串，方法如下。

```
ArrayList <String>
```

下列是完整声明 ArrayList 字符串对象 list 的实例。

```
ArrayList<String> list = new ArrayList<String> ();
```

（3）Java 10 版声明：增加 var 关键词，将是未来的主流。

可以用 var 取代 **ArrayList<String>**，同样的声明，可以改成下列方法。

```
var list = new ArrayList<String> ();
```

上述语句可以简化程序设计师的开发体验，也就是可以随意定义变量，先不指出变量的类型。但这是新功能，如果整章都用这个语法表达，未来读者进入职场看到过去别人写的程序可能会不懂，所以整章会使用 Java 10 新语法与过去的旧语法交互使用。

需留意如果使用 Java 10 的 var 关键词新语法，这个程序必须在 JDK 10 版本下才可正确执行。

程序实例 ch24_1.java：遍历 ArrayList 的应用，这个程序会使用 foreach 循环（第 9、10 行）和建立迭代器对象（第 12 ～ 14 行），列出 ArrayList 对象的内容。

```
1  import java.util.*;
2  public class ch24_1 {
3      public static void main(String[] args) {
4          ArrayList<String> list = new ArrayList<String>();
5          list.add("北京");
6          list.add("香港");
7          list.add("台北");
8  // 遍历ArrayList使用foreach
9          for(String obj:list)
10             System.out.println(obj);
11 // 遍历ArrayList使用Iterator对象，如果还有元素itr.hasNext会返回true
12         Iterator<String> itr = list.iterator(); // 设置itr对象
13         while(itr.hasNext())                     // 遍历完成循环会中止
14             System.out.println(itr.next());      // 返回元素
15     }
16 }
```

D:\Java\ch24>java ch24_1
北京
香港
台北
北京
香港
台北

北京	香港	台北	ArrayList对象名称是list
Index = 0	1	2	

程序实例 ch24_2.java：请留意笔者使用新语法设计 AddAll() 方法的应用，这个程序会建立两个 ArrayList 对象，然后将 list2 对象插到 list1 对象后面，在输出 ArrayList 时，也可以直接输出对象，可参考第 12 行，此外，这个程序所增加的元素"台北"，将促使元素有重复。

```
1  import java.util.*;
2  public class ch24_2 {
3      public static void main(String[] args) {
4          var list1 = new ArrayList<String>();
5          list1.add("北京");
6          list1.add("香港");
7          list1.add("台北");
8          var list2 = new ArrayList<String>();
9          list2.add("南京");
10         list2.add("上海");
11         list2.add("台北");
12         list1.addAll(list2);                    // addAll方法
13         System.out.println("list1 : " + list1);
14     }
15 }
```

D:\Java\ch24>java ch24_2
list1 : [北京, 香港, 台北, 南京, 上海, 台北]

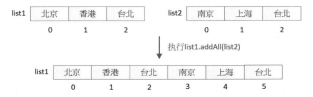

程序实例 ch24_3.java：在索引位置插入元素，以及取得特定索引元素的应用。

```
1  import java.util.*;
2  public class ch24_3 {
3      public static void main(String[] args) {
4          ArrayList<String> list = new ArrayList<String>();
5          list.add("北京");
6          list.add("香港");
7          list.add("台北");
8          System.out.println("list元素数量 : " + list.size());
9          System.out.println("list元素内容 : " + list);
10         list.add(1,"南京");                              // 插入索引1位置
11         System.out.println("list元素索引1 : " + list.get(1));   // 输出索引1内容
12         System.out.println("插入元素后");
13         System.out.println("list元素数量 : " + list.size());
14         System.out.println("list元素内容 : " + list);
15     }
16 }
```

D:\Java\ch24>java ch24_3
list元素数量 : 3
list元素内容 : [北京, 香港, 台北]
list元素索引1 : 南京
插入元素后
list元素数量 : 4
list元素内容 : [北京, 南京, 香港, 台北]

程序实例 ch24_4.java：removeAll() 方法的应用。这个程序会将要删除的元素放在 list2 对象，在这个程序中发生了要删除"上海"的操作，可是 list1 对象没有这个元素，此时程序会不予理会。

```
1  import java.util.*;
2  public class ch24_4 {
3      public static void main(String[] args) {
4          ArrayList<String> list1 = new ArrayList<String>();
5          list1.add("北京");
6          list1.add("香港");
7          list1.add("台北");
8          ArrayList<String> list2 = new ArrayList<String>();
9          list2.add("北京");
10         list2.add("上海");
11         list2.add("台北");
12         list1.removeAll(list2);            // removeAll方法
13         System.out.println("list1 : " + list1);
14     }
15 }
```

执行结果

```
D:\Java\ch24>java ch24_4
list1 : [香港]
```

程序实例 ch24_5.java：retainAll() 方法的应用。这个程序在执行时 list1 元素中只有 list2 对象有的元素才会被保留。

```
1  import java.util.*;
2  public class ch24_5 {
3      public static void main(String[] args) {
4          ArrayList<String> list1 = new ArrayList<String>();
5          list1.add("北京");
6          list1.add("香港");
7          list1.add("台北");
8          ArrayList<String> list2 = new ArrayList<String>();
9          list2.add("北京");
10         list2.add("上海");
11         list2.add("台北");
12         list1.retainAll(list2);            // retainAll方法
13         System.out.println("list1 : " + list1);
14     }
15 }
```

执行结果

```
D:\Java\ch24>java ch24_5
list1 : [北京, 台北]
```

前面程序实例 ArrayList 的元素都是 String，其实也可以是其他数据类型或是自定义的类当作元素，可参考下列实例。

程序实例 ch24_6.java：自建类 Book，然后将 Book 类当作 ArrayList 元素的应用。

```
1  import java.util.*;
2  class Book {
3      int id;                    // 图书编号
4      String bookTitle;          // 书籍名称
5      String author;             // 作者
6      public Book(int id, String bookTitle, String author) {
7          this.id = id;
8          this.bookTitle = bookTitle;
9          this.author = author;
10     }
11 }
12 public class ch24_6 {
13     public static void main(String[] args) {
14         ArrayList<Book> list = new ArrayList<Book>();
15         Book b1 = new Book(1001, "Java王者归来", "洪锦魁");
16         Book b2 = new Book(1002, "Python王者归来", "洪锦魁");
17         Book b3 = new Book(1003, "HTML5+CSS3王者归来", "洪锦魁");
18         list.add(b1);
19         list.add(b2);
20         list.add(b3);
21 // 遍历ArrayList使用foreach
22         for(Book obj:list)
23             System.out.println(obj.id + " " + obj.bookTitle + " " + obj.author);
24     }
25 }
```

执行结果

```
D:\Java\ch24>java ch24_6
1001 Java王者归来 洪锦魁
1002 Python王者归来 洪锦魁
1003 HTML5+CSS3王者归来 洪锦魁
```

Java 10 新概念 var 变量也可以应用于自定义类，可参考下列实例。

程序实例 ch24_6_1.java：使用 var 关键词重新设计 ch24_6.java。

```
14          var list = new ArrayList<Book>();
```

执行结果　与 ch24_6.java 相同。

程序实例 ch24_7.java：以整数当作 ArrayList 的元素，特别注意这是对象，所以整数是用 Integer 表示。这个程序同时执行更改了某个元素的内容，以及输出最先出现和最后出现元素值是 100 的索引位置。

```
1  import java.util.*;
2  public class ch24_7 {
3      public static void main(String[] args) {
4          ArrayList<Integer> list = new ArrayList<Integer>();
5          for (int i=10; i<=50; i+=10)
6              list.add(i);                // 建立list
7          System.out.println("插入元素前打印元素 : " + list);
8          list.set(1, 100);               // 更改索引1元素为100
9          list.add(100);                  // 末端插入元素100
10         System.out.println("编辑后打印元素   : " + list);
11         System.out.print("第一次出现100的元素索引 : ");
12         System.out.println(list.indexOf(100));
13         System.out.print("最后一次出现100的元素索引 : ");
14         System.out.println(list.lastIndexOf(100));
15     }
16 }
```

执行结果

```
D:\Java\ch24>java ch24_7
插入元素前打印元素 : [10, 20, 30, 40, 50]
编辑后打印元素   : [10, 100, 30, 40, 50, 100]
第一次出现100的元素索引   : 1
最后一次出现100的元素索引 : 5
```

24-3-2　LinkedList 类

LinkedList 类又称链接列表，这是学习数据结构非常重要的内容之一，可以利用索引方式存取元素，它的特点如下。

（1）可以拥有重复元素。

（2）内部会保持一定的序列。

（3）可以使用索引方式存取、插入、删除 LinkedList 内的元素。

（4）当执行插入或删除中间元素时，不会有元素移位，所以操作速度较快。

（5）LinkedList 可以应用于数据结构的 stack 和 queue，24-3-3 节会说明。

LinkedList 的结构图如下。

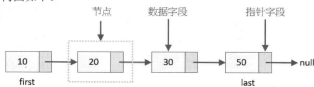

上图是数据结构中 LinkedList 的基本结构图，每个元素称为一个节点，每个节点至少有**两**个字段记录节点内容与指针，此指针会指向下一个节点的位置，如果所指的位置是 null，代表这是最后一个节点。Java 语言为了配合类对象的数据成员定义，可以使用下列方式代表 LinkedList 结构。

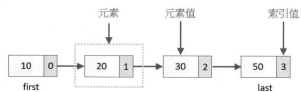

在上图中每个元素都有两个成员变量字段，一个存放元素值，另一个存放索引值。索引值是 0 的元素称为第一个元素 **first**，最后一个元素称为 **last**。上述指针箭头是虚构的，所以也可以用下列方式表示 LinkedList 结构。

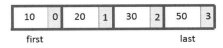

在 LinkedList 结构中，最常用的是在最前面或最后面位置插入元素，或是删除最前面或最后面位置的元素，每次执行完后，LinkedList 的顺序会改变，所以每个元素的索引值会变。例如，在起始位置插入元素 100，则结构如下所示。

它的构造方法如下。

构造方法	说明
LinkedList()	建立一个空的 LinkedList
LinkedList(Collection c)	建立包含 Collection 对象的 LinkedList

除了实现 Collection 接口或 List 接口方法外，它的其他常用方法如下。

方法	说明
void addFirst(Object o)	将元素插到 LinkedList 最前面
void addLast(Object o)	将元素插到 LinkedList 最后面
Object getFirst()	取得 LinkedList 最前面元素内容
Object getLast()	取得 LinkedList 最后面元素内容
Object removeFirst()	删除最前面元素并返回此元素内容
Object removeLast()	删除最后面元素并返回此元素内容

程序实例 ch24_8.java：建立 LinkedList 列表的应用，同时这个程序会在 LinkedList 前面和后面插入元素，最后输出第一个元素和最后一个元素的内容。

```
1  import java.util.*;
2  public class ch24_8 {
3      public static void main(String[] args) {
4          LinkedList<String> list = new LinkedList<String>();
5          list.add("北京");
6          list.add("香港");
7          list.add("台北");
8          System.out.println("增加前list : " + list);
9          list.addFirst("上海");
10         list.addLast("广州");
11         System.out.println("增加后list : " + list);
12         System.out.println("第一个元素　 : " + list.getFirst());
13         System.out.println("最后一个元素 : " + list.getLast());
14     }
15 }
```

执行结果

```
D:\Java\ch24>java ch24_8
增加前list : [北京, 香港, 台北]
增加后list : [上海, 北京, 香港, 台北, 广州]
第一个元素　 : 上海
最后一个元素 : 广州
```

程序实例 ch24_9.java：使用 LinkedList 重新设计 ch20_6.java。

```
1  import java.util.*;
2  class Book {
3      int id;                    // 图书编号
4      String bookTitle;          // 书籍名称
5      String author;             // 作者
6      public Book(int id, String bookTitle, String author) {
7          this.id = id;
8          this.bookTitle = bookTitle;
9          this.author = author;
10     }
11 }
12 public class ch24_9 {
13     public static void main(String[] args) {
14         var list = new LinkedList<Book>();
15         Book b1 = new Book(1001, "Java王者归来", "洪锦魁");
16         Book b2 = new Book(1002, "Python王者归来", "洪锦魁");
17         Book b3 = new Book(1003, "HTML5+CSS3王者归来", "洪锦魁");
18         list.add(b1);
19         list.add(b2);
20         list.add(b3);
21 // 遍历ArrayList使用foreach
22         for(Book obj:list)
23             System.out.println(obj.id + " " + obj.bookTitle + " " + obj.author);
24     }
25 }
```

执行结果

```
D:\Java\ch24>java ch24_9
1001 Java王者归来 洪锦魁
1002 Python王者归来 洪锦魁
1003 HTML5+CSS3王者归来 洪锦魁
```

程序实例 ch24_10.java：这个程序会先用循环建立一个含 5 个元素的 LinkedList，然后使用 removeFirst() 和 removeLast() 分别删除并返回第一个和最后一个元素值，最后再输出一次 LinkedList 内容。

```
1  import java.util.*;
2  public class ch24_10 {
3      public static void main(String[] args) {
4          LinkedList<Integer> list = new LinkedList<Integer>();
5          for (int i=10; i<=50; i+=10)
6              list.add(i);                    // 建立list
7          System.out.println("删除前 list : " + list);
8          System.out.println("删除第一个元素  : " + list.removeFirst());
9          System.out.println("删除最后一个元素: " + list.removeLast());
10         System.out.println("删除后 list : " + list);
11     }
12 }
```

执行结果

```
D:\Java\ch24>java ch24_10
删除前 list : [10, 20, 30, 40, 50]
删除第一个元素    : 10
删除最后一个元素 : 50
删除后 list : [20, 30, 40]
```

24-3-3　数据结构堆栈

堆栈是数据结构的概念，它的基本操作规则如下。

（1）只从结构的一端存取数据。

（2）所有数据都是以后进先出（Last In，First Out，LIFO）的原则或称先进后出（First In，Last Out，FILO）的原则处理数据。

下面是堆栈示意图，由左往右执行，在下图中列出先建立一个元素内容是 10 的堆栈，然后分别加入 20、30、50 的堆栈结构图。

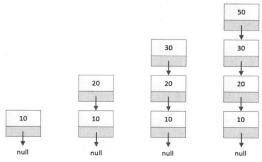

如果用 Java 观念看上述堆栈结构图，可以用下列方式重新绘制此图。

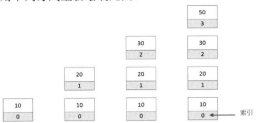

在堆栈概念中将数据加入堆栈的动作称为 **push**，如果有更多元素要加入堆栈中，可以加在最上方。取得堆栈数据的动作称为 pop，此时是从最上方开始取得元素内容，每执行一次 pop，堆栈会少一个元素，下面是 pop 示意图，由左往右执行，分别会返回 50、30、20。

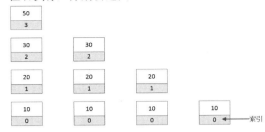

早期的程序语言没有类似 LinkedList 的结构，所以必须设计 push 和 pop 程序，其实使用了 Java 的 LinkedList，可以知道下列结论。

（1）addLast() 方法就是 push 程序。

（2）removeLast() 方法就是 pop 程序。

程序实例 ch24_11.java：使用 LinkedList 仿真数据结构堆栈 stack 的 push 和 pop 动作，这个程序会建立 5 个元素，然后仿真 pop 取得这 5 个元素。

```java
1 import java.util.*;
2 public class ch24_11 {
3     public static void main(String[] args) {
4         LinkedList<Integer> stack = new LinkedList<Integer>();
5         for (int i=10; i<=50; i+=10) {              // 模拟push
6             stack.addLast(i);                       // 建立stack
7             System.out.println("stack : " + stack);
8         }
9         int loop = stack.size();                    // 元素个数
10        for (int i=1; i<=loop; i++ ) {              // pop循环
11            System.out.printf("pop第%d个元素 %d : \n",i ,stack.removeLast());
12            System.out.println("stack : " + stack);
13        }
14    }
15 }
```

执行结果

```
D:\Java\ch24>java ch24_11
stack : [10]
stack : [10, 20]
stack : [10, 20, 30]
stack : [10, 20, 30, 40]
stack : [10, 20, 30, 40, 50]
pop第1个元素 50 :
stack : [10, 20, 30, 40]
pop第2个元素 40 :
stack : [10, 20, 30]
pop第3个元素 30 :
stack : [10, 20]
pop第4个元素 20 :
stack : [10]
pop第5个元素 10 :
stack : []
```

24-3-4　数据结构队列

队列是数据结构的概念，它的基本操作规则如下。

（1）从列表某一端读取数据，从另一端存入数据。

（2）所有数据都是以先进先出（First In，First Out，FIFO）的原则处理数据。

下列是队列示意图，由上往下执行，在下图中列出先建立一个元素内容是 10 的队列，然后分别加入 20、30、50 的队列结构图。

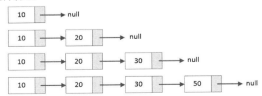

如果用 Java 的概念看上述队列结构图，可以用下列方式重新绘制此图。

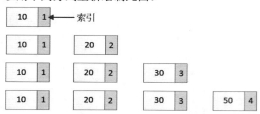

在队列概念中将数据加入队列的动作称为 **enqueue**，如果有更多元素要加入队列中，可以加在末端。取得队列数据的动作称为 **dequeue**，此时是从前端开始取得元素内容，每执行一次 dequeue，队列会少一个元素。下面是 dequeue 示

意图，由上往下执行，分别会返回 10、20、30。

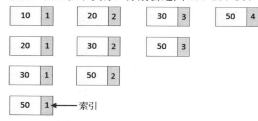

早期的程序语言没有类似 LinkedList 的结构，所以必须设计 enqueue 和 dequeue 程序，其实使用了 Java 的 LinkedList 架构，可以得到下列结论。

（1）addLast() 方法就是 enqueue 程序。

（2）removeFirst() 方法就是 dequeue 程序。

程序实例 ch24_12.java：使用 LinkedList 仿真数据结构队列 queue 的 enqueue 和 dequeue 动作，这个程序会建立 5 个元素，然后仿真 dequeue 取得这 5 个元素。

```
1  import java.util.*;
2  public class ch24_12 {
3      public static void main(String[] args) {
4          LinkedList<Integer> queue = new LinkedList<Integer>();
5          for (int i=10; i<=50; i+=10) {                  // 模拟enqueue
6              queue.addLast(i);                            // 建立queue
7              System.out.println("queue : " + queue);
8          }
9          int loop = queue.size();                         // 元素个数
10         for (int i=1; i<=loop; i++ ) {                   // dequeue循环
11             System.out.printf("dequeue第%d个元素 %d : \n",i ,queue.removeFirst());
12             System.out.println("queue : " + queue);
13         }
14     }
15 }
```

执行结果

```
D:\Java\ch24>java ch24_12
queue : [10]
queue : [10, 20]
queue : [10, 20, 30]
queue : [10, 20, 30, 40]
queue : [10, 20, 30, 40, 50]
dequeue第1个元素 10 :
queue : [20, 30, 40, 50]
dequeue第2个元素 20 :
queue : [30, 40, 50]
dequeue第3个元素 30 :
queue : [40, 50]
dequeue第4个元素 40 :
queue : [50]
dequeue第5个元素 50 :
queue : []
```

24-3-5 ListIterator 接口

在程序实例 ch24_1.java 中使用了 Iterator 对象遍历 List（子类 ArrayList）对象的元素，在 List 接口中有一个 ListIterator() 方法，可用它从前到后或是从后到前遍历所有 List 相关子类的对象元素。它的常用方法如下。

方法	说明
boolean hasNext()	往后遍历时，如果还有元素则返回 true
Object next()	返回下一个元素，同时指向下一个元素
boolean hasPrevious()	往前遍历时，如果还有元素返回 true
Object previous()	返回前一个元素，同时指向前一个元素

程序实例 ch24_13.java：建立 ListIterator 对象，然后从前往后遍历以及由后往前遍历。

```
1  import java.util.*;
2  public class ch24_13 {
3      public static void main(String[] args) {
4          ArrayList<String> list = new ArrayList<String>();
5          list.add("北京");
6          list.add("香港");
7          list.add("台北");
8  // 建立ListIterator对象litr和遍历
9          ListIterator<String> litr = list.listIterator();
10         System.out.println("从前面到后面遍历");
11         while(litr.hasNext())
12             System.out.println(litr.next());
13         System.out.println("从后面到前面遍历");
14         while(litr.hasPrevious())
15             System.out.println(litr.previous());
16     }
17 }
```

执行结果

```
D:\Java\ch24>java ch24_13
从前面到后面遍历
北京
香港
台北
从后面到前面遍历
台北
香港
北京
```

也可以将 var 关键词的概念应用在 ListIterator 对象。

程序实例 ch24_13_1.java：使用 var 关键词重新设计 ch24_13.java。

```
9          var litr = list.listIterator();
```

执行结果　与 ch24_13.java 相同。

24-4　Set 接口

Set 接口其实类似数学的集合，主要特点是不允许元素有重复。由于是继承 Collection 接口，因此它继承了所有 Collection 接口的方法，但是也增加了可以处理 Set 操作元素的方法，可参考下表。

方法	说明
boolean add(Object o)	增加对象 o，成功时返回 true
void clear ()	删除所有元素
boolean contains(Object o)	如果对象包含 o 返回 true
boolean isEmpyt()	如果对象没有元素返回 true
Iterator iterator()	返回迭代对象
boolean remove(Object o)	删除对象 o，成功时返回 true
int size()	返回对象的元素个数

以上方法需要使用类实现，所以下面将开始说明上述方法。

24-4-1　HashSet 类

24-3 节介绍的 List 接口其衍生类适用循序式将元素数据存入列表内，这种方式虽然简单好用，但是若是列表数据有几万条或更多时，整个操作列表的效率就会较差。

HashSet 类是使用哈希码表方式存储数据，在这个结构中所有元素是唯一的，但是内部的排列顺序和插入顺序不一定相同。它的构造方法如下。

构造方法	说明
HashSet()	建立一个新的、空的 HashSet 对象
HashSet(Collection c)	建立一个含 Collection 对象的 HashSet 对象
HashSet(int capacity)	建立一个 capacity 容量的 HashSet 对象

程序实例 ch24_14.java：这是一个建立 HashSet 的应用，笔者在第 5 行和第 8 行故意加入 "北京" 两次，由于 HashSet 具有每一个元素是唯一的，所以列出元素内容时可以看到 "北京" 只出现一次。另外，由第 9 行的输出可以看到 HashSet 的顺序与输入顺序不同。

```
1  import java.util.*;
2  public class ch24_14 {
3      public static void main(String[] args) {
4          HashSet<String> set = new HashSet<String>();
5          set.add("北京");
6          set.add("香港");
7          set.add("台北");
8          set.add("北京");                            // 笔者故意重复
9          System.out.println("HashSet内容     : " + set);
10         System.out.println("HashSet元素个数 : " + set.size());
11         System.out.println("HashSet是空的   : " + set.isEmpty());
12         System.out.println("HashSet包含香港 : " + set.contains("香港"));
13         set.remove("香港");                         // 删除元素香港
14         System.out.println("删除元素香港后");
15         System.out.println("HashSet包含香港 : " + set.contains("香港"));
16         System.out.println("HashSet内容     : " + set);
17         set.clear();                                // 删除所有元素
18         System.out.println("删除所有元素后");
19         System.out.println("HashSet是空的   : " + set.isEmpty());
20         System.out.println("HashSet内容     : " + set);
21     }
22  }
```

执行结果

```
D:\Java\ch24>java ch24_14
HashSet内容     : [香港, 台北, 北京]
HashSet元素个数 : 3
HashSet是空的   : false
HashSet包含香港 : true
删除元素香港后
HashSet包含香港 : false
HashSet内容     : [台北, 北京]
删除所有元素后
HashSet是空的   : true
HashSet内容     : []
```

程序实例 ch24_15.java：建立一个 HashSet 迭代对象，然后遍历此对象，读者可以发现遍历内容时的顺序与建立时的顺序是不同的。

```
1  import java.util.*;
2  public class ch24_15 {
3      public static void main(String[] args) {
4          var set = new HashSet<String>();
5          set.add("北京");
6          set.add("香港");
7          set.add("台北");
8          set.add("东京");
9          set.add("曼谷");
10         Iterator<String> itr = set.iterator();
11         while (itr.hasNext())
12             System.out.println("HashSet内容 : " + itr.next());
13     }
14  }
```

执行结果

```
D:\Java\ch24>java ch24_15
HashSet内容 : 香港
HashSet内容 : 曼谷
HashSet内容 : 东京
HashSet内容 : 台北
HashSet内容 : 北京
```

24-4-2　LinkedHashSet 类

这是 HashSet 类的子类，特点是可以有 null 元素，同时可以保存原始插入元素的顺序。它的构造方法如下。

构造方法	说明
LinkedHashSet()	建立一个新的、空的 HashSet 对象
LinkedHashSet(Collection c)	建立一个含 Collection 对象 c 的 HashSet 对象
LinkedHashSet(int capacity)	建立一个 capacity 容量的 HashSet 对象

程序实例 ch24_16.java：使用 LinkedHashSet 类重新设计 ch24_15.java，这时可以看到 LinkedHashSet 元素的插入顺序有被保存且与建立顺序相同。

```java
1  import java.util.*;
2  public class ch24_16 {
3      public static void main(String[] args) {
4          LinkedHashSet<String> set = new LinkedHashSet<String>();
5          set.add("北京");
6          set.add("香港");
7          set.add("台北");
8          set.add("东京");
9          set.add("曼谷");
10         Iterator<String> itr = set.iterator();
11         while (itr.hasNext())
12             System.out.println("LinkedHashSet内容 : " + itr.next());
13     }
14 }
```

执行结果

```
D:\Java\ch24>java ch24_16
LinkedHashSet内容 : 北京
LinkedHashSet内容 : 香港
LinkedHashSet内容 : 台北
LinkedHashSet内容 : 东京
LinkedHashSet内容 : 曼谷
```

24-4-3　TreeSet 类

这个类使用了树结构存储数据，它在插入数据时就已经保持了从小到大的排列顺序。它的几个特点如下。

（1）与 HashSet 一样，每个元素都是唯一的。

（2）保持由小到大的排列顺序。

（3）访问速度非常快。

它的构造方法如下。

构造方法	说明
TreeSet()	建立一个新的、空的 TreeSet 对象
TreeSet(Collection c)	建立一个含 Collection 对象 c 的 TreeSet 对象

除了实现 Set 接口方法外，它的一般方法如下。

方法	说明
Object first()	取得第一个元素，相当于最小元素
Object last()	取的最后一个元素，相当于最大元素

程序实例 ch24_17.java：建立一个 TreeSet 对象，然后列出此对象的第一个元素和最后一个元素，同时遍历此 TreeSet 对象。

```java
1  import java.util.*;
2  public class ch24_17 {
3      public static void main(String[] args) {
4          TreeSet<Integer> set = new TreeSet<Integer>();
5          set.add(8);
6          set.add(3);
7          set.add(11);
8          set.add(1);
9          set.add(6);
10         System.out.println("first : " + set.first());    // 取得第一个元素
11         System.out.println("last  : " + set.last());     // 取得最后一个元素
12         Iterator<Integer> itr = set.iterator();
13         while (itr.hasNext())
14             System.out.println("TreeSet内容 : " + itr.next());
15     }
16 }
```

执行结果

```
D:\Java\ch24>java ch24_17
first : 1
last  : 11
TreeSet内容 : 1
TreeSet内容 : 3
TreeSet内容 : 6
TreeSet内容 : 8
TreeSet内容 : 11
```

24-5　Map 接口

Java 的 Map 接口并不是 Collection 接口的子接口，而是一个独立的接口，如下所示。

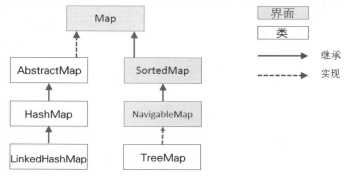

Map 的数据结构中每个元素是用"键（key）/ 值（value）"对方式存储，在 Map 数据结构中键（key）必须是唯一的。这个数据结构通常适合以键（key）为基础的操作，例如，查找、更新、删除元素。在原始的 Java 文件中，可以看到 Map 的表达式是 Map<K,V>，K 是键（key），V 是值（value）。下列是 Map 接口定义的抽象方法。

方法	说明
Object put(Object key, Object value)	将"键 / 值"对插入 Map
void putAll(Map map)	将整个 Map 插入这个 Map 内
Object remove(Object key)	依据"键"删除该"键 / 值"对
Object get(Object key)	依据"键"返回该值
boolean containsKey(Object key)	如果 Map 有"键"返回 true
Set keySet()	将 Map 转成含键（key）的 Set 对象
Set entrySet()	将 Map 转成键（key）、值（value）的 Set 对象

24-5-1　HashMap 类

HashMap 基本上是实现 Map 接口，其数据结构的特点如下。

（1）它的元素是唯一的。

（2）它没有维持插入次序。

（3）每个元素包含键和相对应的值。

（4）它允许有 null 键和 null 值。

它的构造方法如下：

构造方法	说明
HashMap()	建立一个空的 HashMap 对象
HashMap(Map m)	建立一个包含 m 对象的 MashMap 对象
HashMap(int capacity)	建立一个 capacity 容量的 HashMap 对象

由于实现了 Map 接口的方法，所以可以直接使用。

程序实例 ch24_18.java：建立一个 HashMap 对象的应用，这个程序第 4 ～ 7 行展示了建立
HashMap 对象的方法，同时也展示了 size()、isEmpty()、containsKey() 方法。

```java
1  import java.util.*;
2  public class ch24_18 {
3      public static void main(String[] args) {
4          HashMap<Integer, String> map = new HashMap<Integer, String>();
5          map.put(101, "明志科大");
6          map.put(102, "台湾科大");
7          map.put(103, "台北科大");
8
9          System.out.println("HashMap内容    : " + map);
10         System.out.println("HashMap元素个数 : " + map.size());
11         System.out.println("HashMap是空的   : " + map.isEmpty());
12         System.out.println("HashMap包含101  : " + map.containsKey(101));
13         map.remove(103);                        // 删除键值103
14         System.out.println("删除元素key=103后");
15         System.out.println("HashMap含key103 : " + map.containsKey(103));
16         System.out.println("HashMap内容    : " + map);
17         map.clear();                            // 删除所有元素
18         System.out.println("删除所有元素后");
19         System.out.println("HashMap是空的   : " + map.isEmpty());
20         System.out.println("HashMap内容    : " + map);
21     }
22 }
```

执行结果
```
D:\Java\ch24>java ch24_18
HashMap内容     : {101=明志科大, 102=台湾科大, 103=台北科大}
HashMap元素个数 : 3
HashMap是空的   : false
HashMap包含101  : true
删除元素key=103后
HashMap含key103 : false
HashMap内容     : {101=明志科大, 102=台湾科大}
删除所有元素后
HashMap是空的   : true
HashMap内容     : {}
```

Map 其实是可以用来做简易字典的查询，例如，可以建立 "英文 / 中文" 字典以配对方式存储
在 Map 内，以后可以由英文查询到中文字。接下来的实例除了字典查询外，也介绍了遍历 Map 对象
的方法，此时需使用 Map.Entry 接口。

在 Map 接口底下其实有一个子接口 Map.Entry，这个接口有提供方法可以遍历 Map 对象的
内容。

方法	说明
Object getKey()	取得键 Key
Object getValue()	取得值 Value

程序实例 ch24_19.java：建立一个含三个 "英文 / 中文" 配对的字典，第 11 行列出英文单词
"Taipei" 的查询。另外，程序第 13、14 行则是遍历字典。

```java
1  import java.util.*;
2  public class ch24_19 {
3      public static void main(String[] args) {
4          var map = new HashMap<String, String>();
5          map.put("Taipei", "台北");
6          map.put("Tokyo", "东京");
7          map.put("Singapore", "新加坡");
8
9          String str = "Taipei";                // 查找字典内容
10         System.out.println("简易字典查询");
11         System.out.println("Key = Taipei : " + map.get(str));
12         System.out.println("遍历字典");
13         for (Map.Entry m:map.entrySet())
14             System.out.printf("%12s : %s\n", m.getKey(), m.getValue());
15     }
16 }
```

执行结果
```
D:\Java\ch24>java ch24_19
简易字典查询
Key = Taipei : 台北
遍历字典
   Singapore : 新加坡
       Tokyo : 东京
      Taipei : 台北
```

读者可以留意,遍历 Map 的顺序不是当初建立 Map 的顺序,24-5-2 节会介绍 LinkedHashMap(),这个类可以保持当初建立 Map 的顺序。

24-5-2 LinkedHashMap 类

LinkedHashMap 基本上是继承 HashMap 类,其数据结构的特点如下。

（1）它的元素是唯一的。

（2）它可以保持当初建立 Map 的次序。

（3）每个元素包含键和相对应的值。

（4）它允许有 null 键和 null 值。

它的构造方法如下。

构造方法	说明
LinkedHashMap()	建立一个空的 LinkedHashMap 对象
LinkedHashMap(Map m)	建立一个包含 m 对象的 LinkedMashMap 对象
LinkedHashMap(int capacity)	建立一个 capacity 容量的 LinkedHashMap 对象

程序实例 ch24_20.java：使用 LinkedHashMap 类重新设计 ch24_19.java。

```
1  import java.util.*;
2  public class ch24_20 {
3      public static void main(String[] args) {
4          var map = new LinkedHashMap<String, String>();
5          map.put("Taipei", "台北");
6          map.put("Tokyo", "东京");
7          map.put("Singapore", "新加坡");
8
9          String str = "Taipei";                    // 查找字典内容
10         System.out.println("简易字典查询");
11         System.out.println("Key = Taipei : " + map.get(str));
12         System.out.println("遍历字典");
13         for (Map.Entry m:map.entrySet())
14             System.out.printf("%12s : %s\n", m.getKey(), m.getValue());
15      }
16  }
```

执行结果

```
D:\Java\ch24>java ch24_20
简易字典查询
Key = Taipei : 台北
遍历字典
      Taipei : 台北
       Tokyo : 东京
   Singapore : 新加坡
```

24-5-3 TreeMap 类

TreeMap 类使用了树结构存储数据,它使用了有效率的方法在存储数据时就已经保持了从小到大的排列顺序。它的几个特点如下。

（1）每个元素都是唯一的。

（2）保持由小到大的排列顺序。

（3）它不允许空的键 Key,但是可以有空的值 Value。

它的构造方法如下。

构造方法	说明
TreeMap()	建立一个空的 TreeMap 对象
TreeMap(Map m)	建立一个包含 m 对象的 TreeMap 对象
TreeMap(SortedMap sm)	建立一个包含 sm 对象的 TreeMap 对象

它的一般常用方法如下。

方法	说明
Object firstKey()	取得第一个键相当于最小键值
Object lastKey()	取得最后一个键相当于最大键值
SortedMap subMap(fromK, toKey)	取得大于或等于 fromK 但是小于 toKey 的 TreeMap 对象
SortedMap tailMap(fromK)	取得大于或等于 fromK 的 TreeMap 对象

程序实例 ch24_21.java：TreeMap 类的应用，这个程序第 4 ～ 8 行是建立 TreeMap 对象，第 10、11 行分别输出第一个和最后一个元素键值 Key，第 13、14 行是遍历 TreeMap。第 16 行是取得子 Map，同时此子 Map 的键值是大于等于 1003，但是小于 1006。第 18 行是取得字 Map，同时此子 Map 的键值是大于等于 1003。

```
1   import java.util.*;
2   public class ch24_21 {
3       public static void main(String[] args) {
4           TreeMap<Integer, String> map = new TreeMap<Integer, String>();
5           map.put(1001, "台北");
6           map.put(1003, "东京");
7           map.put(1009, "新加坡");
8           map.put(1005, "芝加哥");
9
10          System.out.println("第一个元素键值   : " + map.firstKey());
11          System.out.println("最后一个元素键值 : " + map.lastKey());
12          System.out.println("遍历字典");
13          for (Map.Entry m:map.entrySet())
14              System.out.printf("%12s : %s\n", m.getKey(), m.getValue());
15          System.out.println("取得子TreeMap");
16          System.out.println("键值在1003-1006之间 : " + map.subMap(1003,1006));
17          System.out.println("取得子TreeMap");
18          System.out.println("键值大于1003          : " + map.tailMap(1003));
19      }
20  }
```

执行结果

```
D:\Java\ch24>java ch24_21
第一个元素键值   : 1001
最后一个元素键值 : 1009
遍历字典
        1001 : 台北
        1003 : 东京
        1005 : 芝加哥
        1009 : 新加坡
取得子TreeMap
键值在1003-1006之间 : {1003=东京, 1005=芝加哥}
取得子TreeMap
键值大于1003          : {1003=东京, 1005=芝加哥, 1009=新加坡}
```

24-6　Java Collections Framework 算法

在 24-2 节有提到 Java Collections Framework 有三大部分，其中之一是算法（Algorithm），算法

是用 Collections 类存储，其中有 shuffle() 方法。

这个方法可以将集合元素重新排列，如果你欲设计扑克牌游戏，在发牌前可以使用这个方法将牌打乱重新排列，此程序当作是读者的习题。

程序实例 ch24_22.java：使用循环建立一个 ArrayList 对象，程序第 5、6 行的循环会执行 10 次，一次增加一个元素，所以最初会产生 1, …, 10 顺序的内容，然后第 8、9 行使用 shuffle() 方法将此对象重新排列 5 次。

```
1  import java.util.*;
2  public class ch24_22 {
3      public static void main(String[] args) {
4          ArrayList<Integer> list = new ArrayList<Integer>();
5          for (int i=1; i<=10; i++)
6              list.add(i);                    // 建立list
7          System.out.println("处理shuffle()前list元素 : " + list);
8          for (int i=1; i<=5; i++) {          // 循环执行5次
9              Collections.shuffle(list);      // 重新排列
10             System.out.println("处理shuffle()后list元素 : " + list);
11         }
12     }
13 }
```

执行结果
```
D:\Java\ch24>java ch24_22
处理shuffle()前list元素 : [1, 2, 3, 4, 5, 6, 7, 8, 9, 10]
处理shuffle()后list元素 : [1, 8, 4, 3, 7, 2, 10, 5, 6, 9]
处理shuffle()后list元素 : [5, 7, 4, 9, 1, 2, 8, 3, 10, 6]
处理shuffle()后list元素 : [1, 6, 2, 8, 10, 7, 9, 3, 4, 5]
处理shuffle()后list元素 : [6, 8, 5, 2, 7, 9, 10, 3, 1, 4]
处理shuffle()后list元素 : [5, 7, 3, 9, 2, 1, 8, 4, 6, 10]
```

将集合元素打乱，很适合老师用防止作弊的考题。例如，如果有 50 位学生，为了避免学生偷窥邻座的考卷，建议将出好的题目处理成集合，然后使用 for 循环执行 50 次 shuffle()，这样就可以得到 50 份考题相同但是次序不同的考卷。这个程序将当作习题。

程序实操题

1. 请使用循环建立一个含 1 ～ 100 的 ArrayList 对象 A，请处理这个对象，将可以用 13 整除的元素存储为对象 B，然后用直接输出对象名称方式输出对象。

2. 请使用随机数方法产生 20 个 1 ～ 20 的随机数，然后将这些结果建立为 LinkedList 对象和 HashSet 对象，同时使用 foreach、iterator 方式输出结果。另外，也请用 ListIterator 从头到尾以及从尾到头输出。

3. 请使用随机数方法产生 10 个 1 ～ 100 的随机数，然后将这些结果建立为 TreeSet 对象，请输出第一个元素和最后一个元素，请由小到大输出元素，同时也由大到小输出元素。

4. 请建立 10 个 "Key/Value" 配对的 "繁体 / 简体" 中文名词存储在 HashMap 简易字典内，然后在屏幕输入繁体名词，如果这个名词在简易字典内请输出简体名词，否则输出 "查无此字"，这是一个循环比对程序，要结束程序请输入 q。

5. 请参考 ch24_19.java，请建立一个含 20 个键 / 值配对的简单中英文字典，然后由屏幕输入英文，如果此英文在 Map 字典内则输出配对的中文字，如果找不到则输出 "字典查无此字"，这个程序是一个循环，如果输入 q 则离开循环程序结束。

6. 请重新设计上一个程序，将 20 个键 / 值配对放在 mydict.txt 内，所以字典是需要读取这个文件才可以建立。

7. 请建立一个扑克牌 ArrayList 对象，此对象内容是 1, …, 10, J, Q, K，然后请使用 shuffle() 方法，重新排列 10 次。

8. 将本章的判断题处理成集合对象，可以自行选用类，每一题当作一个元素，请处理 20 份次序打乱的题目。

9. 请参考下列表格建立为 TreeMap 对象，同时执行下列操作。

水果	单价
苹果	100
香蕉	30
芒果	50
西瓜	25

（1）列出最贵的水果以及其单价。

（2）列出最便宜的水果以及其单价。

（3）请列出上述表格。

习题

一、判断题

1（X）. Iterator 接口的 next() 会返回元素，然后删除所返回的元素。

2（O）. List 接口可以用索引存取元素。

3（X）. Map 接口可以用索引存取元素。

4（O）. ListIterator 与 Iterator 对象的最大差异是 ListIterator 对象可以双向遍历对象。

5（X）. 队列是一种先进后出的概念。

6（O）. LinkedHashSet 和 HashSet 的最大差异在于 LinkedHashSet 对象可以保存原始元素插入顺序。

二、选择题

1（D）. 与 Java Collection 算法有关的类是什么？

　　A. Collection　　　B. Iterator　　　　C. List　　　　D. Collections

2（C）. 下列哪个类对象的元素是唯一的？

　　A. ArrayList　　　B. LinkedList　　　C. HashSet　　　D. Vector

3（A）. 下列哪个类对象的元素不是唯一的？

　　A. ArrayList　　　B. TreeMap　　　　C. HashSet　　　D. LinkedHashSet

4（C）. 哪一个类结构可以很轻易地将元素插在前面或是后面，也可以删除最前面或是最后面的元素，也可以很方便地取得最前面和最后面的元素？

　　A. HashSet　　　　B. ArrayList　　　C. LinkedList　　　D. TreeMap

5（B）. 如果将 LinkedList 类对象想成堆栈 stack，可以将下列哪一个方法想成 push 程序？

　　A. addFirst()　　　B. addLast()　　　C. removeFirst()　　　D. removeLast()

6（D）. 如果将 LinkedList 类对象想成堆栈 stack，可以将下列哪一个方法想成 pop 程序？

　　A. addFirst()　　　B. addLast()　　　C. removeFirst()　　　D. removeLast()

7（A）. 下列哪一个类在插入时就保持了从小到大的数据顺序？

    A. TreeSet   B. HashSet   C. LinkedList   D. ArrayList

8（D）. 下列哪一个类是以"Key/Value"配对方式存储？

    A. TreeSet   B. HashSet   C. LinkedList   D. TreeMap

9（D）. 下列哪一个类适合用于设计简单的字典？

    A. LinkedList   B. TreeSet   C. HashSet   D. HashMap

10（A）. 下列哪一个方法可以将元素次序打乱重新排列？

    A. shuffle()   B. HashMap()   C. LinkedList()   D. TreeSet()

第 2 5 章

现代 Java 运算

本章摘要

　　Java 语言自从 Java 8 或 9 后增加了许多功能，有些功能已经融合在前面章节以实例说明，本章将前面尚未介绍的新功能融合在实例内解说。

25-1 增强版的匿名内部类

Java 9 设计匿名内部类时增加了类型推断的功能，在设计类时可以使用泛型代表数据类型，例如 T 或 Type 皆可，未来在声明时才正式定义数据类型，暂定的数据类型可以使用尖括号 "<" 和 ">" 括起来。

程序实例 ch25_1.java：类类型推断的应用。

```
1  abstract class StringAdd<T> {                          // 定义抽象类
2      abstract T display(T x, T y);
3  }
4  public class ch25_1 {
5      public static void main(String[] args) {
6          StringAdd<String> obj = new StringAdd<String>() {    // 尖括号中有数据类型
7              String display(String x, String y) {
8                  return x + y;
9              }
10         };
11         System.out.println(obj.display("Java", "王者归来"));
12     }
13 }
```

执行结果

```
D:\Java\ch25>java ch25_1
Java王者归来
```

上述程序在设计时没有定义抽象方法的数据类型，但是在第 6 行设计匿名类时有使用尖括号设置数据类型，可以得到抽象方法 display() 会返回字符串（String）。

同时如果它的数据类型可以推断时，在第 6 行使用 new 关键词时，后方的尖括号也可以省略数据类型的声明。

程序实例 ch25_2.java：重新设计 ch25_1.java，但是在第 6 行 new 关键词后方的尖括号内省略 "String"。

```
6          StringAdd<String> obj = new StringAdd<>() {    // 尖括号内没有数据类型
```

执行结果 与 ch25_1.java 相同。

25-2 Lambda 表达式

这是 Java 8 以后才有的功能，这个功能主要是提供一个清楚简洁的表达方式处理方法的调用。有时设计接口时，只设计一个抽象方法，这时这个抽象方法又称为功能接口，可以在接口上方标注 @FunctionalInterface（可选项），这个标注可以提醒自己或是未来参考此程序的人。此外，程序设计时若是有这个标注，在同一接口中若是多设计了一个抽象方法时，编译程序会指出错误。Lambda 表达式主要是应用于功能接口的调用，在 Java 中常看到的应用是 Java Collection 对象，例如，iterate 遍历元素的处理等。

它的语法如下。

(argument-list) -> { body }

（参数列表） -> { Lambda 表达式主体 }

（1）参数列表：可以是有参数，也可以没有参数。

（2）箭头符号 -> ：用于连接参数列表和 Lambda 表达式。

（3）Lambda 表达式主体内容。

在正式讲解 Lambda 表达式前，先看一个没有 Lambda 表达式处理匿名类实现接口的方式。

程序实例 ch25_3.java：使用匿名类实现接口。

```
1  interface Shapes {                         // 定义抽象类
2      public void draw();
3  }
4  public class ch25_3 {
5      public static void main(String[] args) {
6          int r = 5;                          // 圆半径
7          Shapes obj = new Shapes() {         // 匿名类
8              public void draw() {            // 重新定义draw()
9                  System.out.println("绘半径是 " + r + " 的圆");
10             }
11         };
12         obj.draw();
13     }
14 }
```

执行结果

```
D:\Java\ch25>java ch25_3
绘半径是 5 的圆
```

在上述 Shapes 接口中只有一个抽象方法，所以这个方法是功能接口，也就是可以使用 Lambda 表达式处理。

程序实例 ch25_4.java：使用 Lambda 表达式重新设计 ch25_3.java，读者应该可以看到第 8 行相较匿名类整个程序简洁许多。

```
1  @FunctionalInterface                        // 这是可选项
2  interface Shapes {                          // 定义抽象类
3      public void draw();
4  }
5  public class ch25_4 {
6      public static void main(String[] args) {
7          int r = 5;                          // 圆半径
8          Shapes obj = ()->{                  // Lambda表达式
9                  System.out.println("绘半径是 " + r + " 的圆");
10         };
11         obj.draw();
12     }
13 }
```

执行结果　与 ch25_3.java 相同。

上述实例的 Lambda 表达式如下。

```
( ) -> { System.out.println(" 绘半径是 " + r + " 的圆 ")};
```

25-2-1　Lambda 表达式有传递参数

使用 Lambda 时有时会需要传递参数，这时接口的抽象方法需要定义数据类型。

程序实例 ch25_5.java：Lambda 表达式有传第一个参数的应用，这个接口的抽象方法基本上是执行回传 name 字符串功能。

```
1  @FunctionalInterface                        // 这是可选项
2  interface Hi {                              // 定义抽象类
3      public String talking(String name);
4  }
5  public class ch25_5 {
6      public static void main(String[] args) {
7          Hi obj = (name)->{                  // Lambda表达式
8                  return "Hi! " + name;
9          };
10         System.out.println(obj.talking("Peter"));
11     }
12 }
```

执行结果

```
D:\Java\ch25>java ch25_5
Hi! Peter
```

上述程序第 7 行所传递的参数 name，可以有小括号，也可以省略小括号。

程序实例 ch25_6.java：重新设计 ch25_5.java，本程序第 7 行省略小括号。

```
7          Hi obj = name->{                    // Lambda表达式省略小括号
```

执行结果　与 ch25_5.java 相同。

25-2-2　Lambda 表达式没有 return

在 Lambda 表达式中如果只有一行也可以没有 return，同时如果表达式主体只有一行，也可以省略主体的大括号。

程序实例 ch25_7.java：处理加法运算的 Lambda 表达式。

```
1  @FunctionalInterface                    // 这是可选项
2  interface myMath {                      // 定义抽象类
3      int add(int x, int y);
4  }
5  public class ch25_7 {
6      public static void main(String[] args) {
7          myMath obj = (x, y)-> (x + y);       // Lambda表达式
8          System.out.println(obj.add(10, 20));
9      }
10 }
```

执行结果

```
D:\Java\ch25>java ch25_7
30
```

在上述第 7 行参数列表中没有标记 x,y 的数据类型，其实建议标注功能接口的数据类型。

程序实例 ch25_8.java：重新设计 ch25_7.java，这个程序标注 Lambda 表达式参数列表的数据类型。

```
7          myMath obj = (int x, int y)-> (x + y);   // Lambda表达式
```

执行结果　与 ch25_7.java 相同。

25-3　forEach()

这是一个新的方法，主要是可以遍历 Collection 元素，在 Iterable 接口中这是一个默认的方法，此方法内所传递的参数可以是 Lambda 表达式。

程序实例 ch25_9.java：使用 forEach() 方法，在这个方法内使用 Lambda 表达式。

```
1  import java.util.*;
2  public class ch25_9 {
3      public static void main(String[] args) {
4          ArrayList<String> list = new ArrayList<String>();
5          list.add("北京");
6          list.add("香港");
7          list.add("台北");
8  // 遍历ArrayList使用forEach()
9          list.forEach(info->System.out.println(info));
10     }
11 }
```

执行结果

```
D:\Java\ch25>java ch25_9
北京
香港
台北
```

上述 Lambda 表达式内容如下。

```
info->System.out.println(info)
```

info 是所要传递的参数，System.out.println(info) 则是表达式主体。

25-4　方法参照

这是 Java 8 后新增的功能，主要是使用方法参照功能接口的方法，也可以说这是一个紧凑简易版的 Lambda 表达式。其实所有使用 Lambda 表达式的地方，也都可以使用方法参照完成。可以将方法参照应用在下列三种条件。

（1）参考静态方法；

（2）参考实例方法；

（3）参考构造方法。

25-4-1　参考静态方法

参考静态方法时方法参照的语法如下。

```
containingClass::staticMethodName
```

程序实例 ch25_10.java：方法参照应用于静态方法。

```
1  @FunctionalInterface                    // 这是可选项
2  interface Message {                     // 定义抽象类
3      void msg();
4  }
5  class Test {
6      public static void talking() {
7          System.out.println("这是static method");
8      }
9  }
10 public class ch25_10 {
11     public static void main(String[] args) {
12         Message obj = (Test::talking);     // 方法参照
13         obj.msg();
14     }
15 }
```

执行结果

```
D:\Java\ch25>java ch25_10
这是static method
```

有些静态方法是内建在功能接口，也可以引用。

程序实例 ch25_11.java：使用方法参考重新设计 ch25_9.java。

```
1  import java.util.*;
2  public class ch25_11 {
3      public static void main(String[] args) {
4          ArrayList<String> list = new ArrayList<String>();
5          list.add("北京");
6          list.add("香港");
7          list.add("台北");
8  // 遍历ArrayList使用forEach()搭配method reference
9          list.forEach(System.out::println);  // 方法参照
10     }
11 }
```

执行结果　与 ch25_9.java 相同。

25-4-2　参考实例方法

参考实例方法时方法参照的语法如下。

```
containingObject::instanceMethodName
```

程序实例 ch25_12.java：方法参照应用于实例方法。

```
1  @FunctionalInterface                    // 这是可选项
2  interface Message {                     // 定义抽象类
3      void msg();
4  }
5  class Test {
6      public void talking() {
7          System.out.println("这不是static method");
8      }
9  }
10 public class ch25_12 {
11     public static void main(String[] args) {
12         Test obj = new Test();
13         Message msgObj = obj::talking;     // 方法参照
14         msgObj.msg();
15     }
16 }
```

执行结果

```
D:\Java\ch25>java ch25_12
这不是static method
```

25-4-3 参考构造方法

参考构造方法时方法参照的语法如下。

```
ClassName::new
```

程序实例 ch25_13.java：方法参照应用于构造方法。

```
1  @FunctionalInterface              // 这是可选项
2  interface Message {               // 定义抽象类
3      Test getMsg(String msg);
4  }
5  class Test {
6      Test(String msg) {
7          System.out.println(msg);
8      }
9  }
10 public class ch25_13 {
11     public static void main(String[] args) {
12         Message msgObj = Test::new;          // 方法参照
13         msgObj.getMsg("Constructor");
14     }
15 }
```

执行结果

```
D:\Java\ch25>java ch25_13
Constructor
```

25-5 Java 的工厂方法

这是 Java 9 后新增的功能，主要是应用于 Java Collection，可以很方便地建立少量数据的 List、Set、Map。例如，如果参考 ch24_1.java，在第 5 ～ 7 行使用"list.add()"方法增加元素，相当于需要调用三次 add() 方法，使用 Java 的工厂方法可以用 of() 方法，一次就可以完成 5 ～ 7 行的工作，不过这只适合于建立少量元素。

使用工厂方法所建的对象，它是不可更改的，尝试增加元素在运行时将抛出错误。

25-5-1 List 接口

工厂方法应用于 List 接口如下，E 代表数据类型。

方法	说明
static <E>List.Of()	返回没有元素 List
static <E>List.of(E e1)	返回 1 个元素
static <E>List.of(E e1, …., E en)	返回 n 个元素

上述方法可以一次建立多个元素，可参考下列实例。

程序实例 ch25_14.java：使用工厂方法重新设计 ch24_1.java，然后输出此 List 对象。

```
1  import java.util.*;
2  public class ch25_14 {
3      public static void main(String[] args) {
4          List<String> list = List.of("北京","香港","台北");
5  // 遍历List使用forEach搭配method reference
6          list.forEach(System.out::println);  // 方法参照
7      }
8  }
```

执行结果

```
D:\Java\ch25>java ch25_14
北京
香港
台北
```

程序实例 ch25_15.java：继续 ch25_14.java，尝试增加元素产生错误的实例。

```
5        list.add("kk");
```

执行结果
```
D:\Java\ch25>javac ch25_15.java        ← 编译正常

D:\Java\ch25>java ch25_15              ← 执行错误
Exception in thread "main" java.lang.UnsupportedOperationException
        at java.base/java.util.ImmutableCollections.uoe(Unknown Source)
        at java.base/java.util.ImmutableCollections$AbstractImmutableList.add(Un
known Source)
        at ch25_15.main(ch25_15.java:5)
```

25-5-2　Set 接口

工厂方法应用于 Set 接口如下。

方法	说明
static <E>Set.Of()	返回没有元素 List
static <E>Set.of(E e1)	返回 1 个元素
static <E>Set.of(E e1, ···, E e**n**)	返回 **n** 个元素

上述方法可以一次建立多个元素，可参考下列实例。

程序实例 ch25_16.java：使用 Set 接口重新设计 ch25_14.java。
```
1 import java.util.*;
2 public class ch25_16 {
3     public static void main(String[] args) {
4         Set<String> set = Set.of("北京","香港","台北");
5 // 遍历set使用forEach搭配method reference
6         set.forEach(System.out::println);    // 方法参照
7     }
8 }
```

执行结果　与 ch25_14.java 相同。

25-5-3　Map 接口

工厂方法应用于 Map 接口如下。

方法	说明
static <K, V>Map.Of()	返回没有元素 List
static <K, V>Map.of(K k1, V v1)	返回 1 个元素
static <K, V>Map.of(K k1,V v1, ···, K k**n**, V v**n**)	返回 **n** 个元素

上述方法可以一次建立多个元素，可参考下列实例。

程序实例 ch25_17.java：使用 Map 接口建立数据再输出。
```
1 import java.util.*;
2 public class ch25_17 {
3     public static void main(String[] args) {
4         Map<Integer,String> map = Map.of(101,"北京",102,"香港",103,"台北");
5         for (Map.Entry m:map.entrySet())
6             System.out.printf("%5s : %s\n", m.getKey(), m.getValue());
7     }
8 }
```

执行结果
```
D:\Java\ch25>java ch25_17
    103 : 台北
    102 : 香港
    101 : 北京
```

25-5-4 Map 接口的 ofEntries() 方法

在 Map 的使用中，也可以使用 Map.entry 建立相关 Map 对象，然后再使用 Map.ofEntries() 方法将实例的 Map.Entry() 对象组织起来。

程序实例 ch25_18.java：建立 Map.Entry 对象，然后使用 Map.ofEntries() 方法将对象组织起来，最后输出。

```
1  import java.util.*;
2  public class ch25_18 {
3      public static void main(String[] args) {
4          Map.Entry<Integer, String> map1 = Map.entry(101, "明志科大");
5          Map.Entry<Integer, String> map2 = Map.entry(102, "长庚科大");
6  // 使用Map.ofEntries()建立Map
7          Map<Integer, String> map = Map.ofEntries(map1, map2);
8          for (Map.Entry m:map.entrySet())                      // 输出内容
9              System.out.printf("%5s : %s\n", m.getKey(), m.getValue());
10
11     }
12 }
```

执行结果

```
D:\Java\ch25>java ch25_18
  101 : 明志科大
  102 : 长庚科大
```

25-6 Java 新的版本字符串格式

这是 Java 9 后新增的版本字符串格式，概念如下。

$MAJOR.$MINOR.$SECURITY.$PATCH

（1）$MAJOR：主要版本信息。

（2）$MINOR：次要版本信息。

（3）$SECURITY：安全版本信息，每次有修补安全问题时均会更新版本信息，例如，Java 9.2.6，表示主版本是 9，次版本是 2，安全版本信息是 6。

（4）$PATCH：修补版本信息，例如，Java 9.2.6+1，表示修补版本信息是 1。每次 $MAJOR、$MINOR、$SECURITY 有变动时，它会被设为 0。

下列是常用 Runtime.Version 类的方法。

方法	说明
int major()	主要版本信息
int minor()	次要版本信息
int security()	安全版本信息
Runtime.version Runtime.version()	取得 Runtime version 对象

程序实例 ch25_19.java：取得目前所使用 Java 版本信息。

```
1  public class ch25_19 {
2      public static void main(String[] args) {
3          Runtime.Version version = Runtime.version();
4          System.out.println("目前版本 "+version);
5          System.out.println("主要版本 "+version.major());
6          System.out.println("次要版本 "+version.minor());
7          System.out.println("安全版本 "+version.security());
8      }
9  }
```

执行结果

```
D:\Java\ch25>java ch25_19
目前版本 10.0.2+13
主要版本 10
次要版本 0
安全版本 2
```

程序实操题

1. 请利用随机数建立 10 个 1 ～ 100 的数字，然后存储在 ArrayList 对象内，请利用 Lambda 表达式输出此对象。

2. 重新设计前一个习题，改成用 forEach() 方法输出此对象。

3. 请使用工厂方法，配合 Map 接口，建立星期信息，如下所示。

   星期日　　　　Sunday

   星期一　　　　Monday

   …

   星期六　　　　Saturday

   请从屏幕输入"星期三"，然后可以列出相对应的英文字符串，这个程序是一个循环，如果输入 q 则离开循环程序结束。最后输出上述 Map 所有信息。

习题

一、判断题

1（O）. Lambda 表达式中的参数列表可以不传参数，用 () 代替。

2（O）. Lambda 表达式是一种比较简洁处理方法调用的方式。

3（X）. forEach() 方法与 Lambda 表达是共享的，主要是遍历数组的元素。

二、选择题

1（A）. 如果设计一个接口，这个接口只有一个抽象方法，这个方法又称作什么？

　　A. 功能接口 functional interface　　　　B. Lambda 表达式

　　C. 迭代方法　　　　　　　　　　　　　D. 静态方法 static method

2（D）. 方法参照不是应用在下列哪一种条件？

　　A. 参考静态方法 static method　　　　B. 参考实例方法 instance method

　　C. 参考构造方法 constructor　　　　　D. 成员变量 variable

3（C）. 有一个方法参照语句如下。

　　MyTest::new

　　可以推测此方法参照是应用在哪一个条件？

　　A. 参考静态方法 static method　　　　B. 参考实例方法 instance method

　　C. 参考构造方法 constructor　　　　　D. 成员变量 variable

第 2 6 章

窗口程序设计使用 AWT

本章摘要

　　早期 Java 上市时应用在图形接口的窗口程序设计所提供的是 AWT，其全名是 Abstract Window Toolkit，这是一个依赖平台包，所设计的程序在不同的操作系统平台所呈现的结果可能会有差异。AWT 也因此受到了程序设计师大量的批评，Java 标榜 "write one, run everywhere"，可是网络流传的却是 "write one, test everywhere"。

　　目前使用 Java 设计窗口应用程序的主流是 Swing，然而这个 Swing 的许多对象也是以 AWT 的 Container 类为基础开发的，所以本书也决定介绍 AWT。

26-1　AWT 类结构图

AWT 类的结构图如下所示。

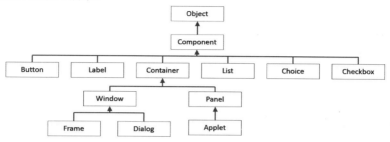

1. 容器

容器内可以放置功能按钮（Buttons）、文本框（TextArea）、标签（Label）等。窗口（**Window**）、框架（Frame）、对话框（Dialog）和面板（Panel）都是衍生自这个类。

2. 窗口

Window 也是一个容器，它没有边框和菜单，我们必须使用框架（Frame）或对话框（Dialog）建立窗口。

3. 面板

面板是没有边框和菜单的容器，但是可以有其他组件，例如，功能按钮、文本框。

4. 框架

框架有标题栏、菜单，同时可以有其他组件，例如，功能按钮、文本框等，这也是建立窗口程序最常用的组件。

从上图可以看到 Component 是所有窗口设计组件的最上层，所有类均是衍生自此类。下面是此类常用的方法。

方法	说明
void add(Component c)	插入一个 Component 组件
void setSize(int width, int height)	设置组件大小
String getName()	取得对象名称
void setName(String name)	设置对象名称
Color getBackground()	取得背景颜色
void setBackground(Color color)	设置背景颜色
Color getForeground()	取得前景颜色
void setForeground(Color color)	设置前景颜色
void setBounds(int x, int y, int w, int h)	设置对象显示区域，（x,y）是左上角坐标，宽 w，高 h
int getHeight()	取得对象高度
int getWidth()	取得对象宽度
boolean isVisible()	返回对象是否可以显示
void setVisible(boolean status)	更改组件是否可以显示，默认是 false
void setEnabled(boolean b)	设置对象为可使用状态
int getX()	返回对象的 x 轴坐标
int getY()	返回对象的 y 轴坐标

上述方法一般都是给继承的类使用。

26-2 Frame 类

建立窗口的步骤如下。

（1）设计 Frame 类对象，建立空白窗口。

（2）建立此 Frame 对象的组件。

注 Frame 中文字意是框架，但是它的主要功能是建立窗口，下面是它的构造方法。

构造方法	说明
Frame()	建立没有标题的窗口
Frame(String title)	建立 title 为标题的窗口

下列是 Frame 类常用的方法。

方法	说明
String getTitle()	取得窗口标题
void setTitle(String title)	设置窗口标题
Image getIconImage()	取得窗口最小化时的图标
void setIconImage(Image img)	设置窗口最小化时的图标
void setMenuBar(Menubar menubar)	设置菜单对象为 menubar
void remove(Menubar menubar)	移除菜单对象 menubar
boolean isResizeable()	如果可更改窗口大小返回 true
void setResizeable(boolean bool)	设置是否可更改窗口大小

程序实例 ch26_1.java：建立一个标题是"我的第一个 AWT 窗口程序"，width=200，height=150 的空白窗口。

```
1  import java.awt.*;                          // 引入类库
2  public class ch26_1 {
3      public static void main(String[] args) {
4          Frame frm = new Frame("我的第一个AWT窗口程序");
5          frm.setSize(200, 150);               // 宽200, 高150
6          frm.setVisible(true);                // 显示窗口
7      }
8  }
```

执行结果 下方右图是放大窗口后的结果。

上述窗口执行时默认是在屏幕左上角出现，由于宽度不够所以标题没有完整显示，可以放大或缩小窗口，也可以将窗口缩到最小。但是若是单击"关闭"按钮没有作用，这是属于窗口事件处理（Event Handling），将在第 27 章说明，如果现在想要关闭窗口，可以返回命令提示信息窗口，然后按 Ctrl+C 组合键。

上述程序是将 Frame 对象放在 main() 内，对上述程序而言，可以将 Frame 视为 ch26_1 类 main() 方法内的成员变量，设计窗口程序时也可以将 Frame 设为 ch26_1 类的成员变量，可参考下列实例。

程序实例 ch26_2.java：更改设计 Frame 对象方式，将 Frame 对象设为 ch26_2 类的成员变量，这个程序同时将窗口位置设为 200,100，同时设置窗口背景颜色是黄色，这个程序第 9 行设置窗口名称，这并不是指窗口标题，而是未来执行更复杂窗口程序时调用的名称，同时程序也会在命令提示符窗口列出一些窗口的相关信息。

```java
 1  import java.awt.*;                              // 引入类库
 2  public class ch26_2 {
 3      static Frame frm = new Frame("ch26_2");
 4      public static void main(String[] args) {
 5          frm.setSize(200, 152);                  // 宽200, 高152
 6          frm.setBackground(Color.yellow);        // 窗口背景是黄色
 7          frm.setLocation(200, 100);              // 左上角坐标(200, 100)
 8          frm.setVisible(true);                   // 显示窗口
 9          frm.setName("myWin");                   // 窗口名称
10  // 取得窗口状态图
11          System.out.println("窗口x轴坐标:" + frm.getX());
12          System.out.println("窗口y轴坐标:" + frm.getY());
13          System.out.println("窗口高度  :" + frm.getHeight());
14          System.out.println("窗口宽度  :" + frm.getWidth());
15          System.out.println("窗口名称  :" + frm.getName());
16          System.out.println("窗口背景色 :" + frm.getBackground());
17      }
18  }
```

执行结果　下列是命令提示字符窗口的结果，以及所设计的窗口。

```
D:\Java\ch26>java ch26_2
窗口x轴坐标 : 200
窗口y轴坐标 : 100
窗口高度    : 152
窗口宽度    : 200
窗口名称    : myWin
窗口背景色  : java.awt.Color[r=255,g=255,b=0]
```

26-3　窗口组件颜色的设置——Color 类

在程序 ch26_2.java 第 6 行使用 Color.yellow 设置背景颜色是黄色，Java 内有 java.awt.Color 类用于处理颜色，目前定义了 13 种颜色常量如下。

RED (255,0,0)	GREEN (0,255,0)	BLUE (0,0,255)	YELLOW (255,255,0)	CYAN (0,255,255)	MAGENTA (255,0,255)	WHITE (255,255,255)
BLACK (0,0,0)	GRAY (128,128,128)	LIGHT_GRAY	DARK_GRAY (64,64,64)	ORANGE (255,192,0)	PINK (255,175,175)	

在 JDK 1.1 中颜色常量是使用小写，JDK 1.2 版后增加大写，不过彼此是兼容的。也可以使用 Color() 构造方法自行设置颜色，如下所示。

Color(int red, int green, int blue);
　　　Color(float red, float green, float blue);
Color(int red, int green, int blue, float alpha);
　　　Color(float red, float green, float blue, float alpha);

上述参数 red、green、blue 分别代表 0 ～ 255 的值，这些数值越大代表该颜色越浓。上述 alpha 代表透明度，值为 0.0 ～ 1.0，0 代表完全透明，1 代表完全不透明。如果想取得个别组件的 RGB 值，可以使用 getRed()、getGreen()、getBlue()、getAlpha()。下列是常见色彩值组合的效果表，这些是十六进制表达式，前两位数字是 red，中间两位是 green，后面两位是 blue。

000000	000033	000066	000099	0000CC	0000FF
003300	003333	003366	003399	0033CC	0033FF
006600	006633	006666	006699	0066CC	0066FF
009900	009933	009966	009999	0099CC	0099FF
00CC00	00CC33	00CC66	00CC99	00CCCC	00CCFF
00FF00	00FF33	00FF66	00FF99	00FFCC	00FFFF
330000	330033	330066	330099	3300CC	3300FF
333300	333333	333366	333399	3333CC	3333FF
336600	336633	336666	336699	3366CC	3366FF
339900	339933	339966	339999	3399CC	3399FF
33CC00	33CC33	33CC66	33CC99	33CCCC	33CCFF
33FF00	33FF33	33FF66	33FF99	33FFCC	33FFFF
660000	660033	660066	660099	6600CC	6600FF
663300	663333	663366	663399	6633CC	6633FF
666600	666633	666666	666699	6666CC	6666FF
669900	669933	669966	669999	6699CC	6699FF
66CC00	66CC33	66CC66	66CC99	66CCCC	66CCFF
66FF00	66FF33	66FF66	66FF99	66FFCC	66FFFF

990000	990033	990066	990099	9900CC	9900FF
993300	993333	993366	993399	9933CC	9933FF
996600	996633	996666	996699	9966CC	9966FF
999900	999933	999966	999999	9999CC	9999FF
99CC00	99CC33	99CC66	99CC99	99CCCC	99CCFF
99FF00	99FF33	99FF66	99FF99	99FFCC	99FFFF
CC0000	CC0033	CC0066	CC0099	CC00CC	CC00FF
CC3300	CC3333	CC3366	CC3399	CC33CC	CC33FF
CC6600	CC6633	CC6666	CC6699	CC66CC	CC66FF
CC9900	CC9933	CC9966	CC9999	CC99CC	CC99FF
CCCC00	CCCC33	CCCC66	CCCC99	CCCCCC	CCCCFF
CCFF00	CCFF33	CCFF66	CCFF99	CCFFCC	CCFFFF
FF0000	FF0033	FF0066	FF0099	FF00CC	FF00FF
FF3300	FF3333	FF3366	FF3399	FF33CC	FF33FF
FF6600	FF6633	FF6666	FF6699	FF66CC	FF66FF
FF9900	FF9933	FF9966	FF9999	FF99CC	FF99FF
FFCC00	FFCC33	FFCC66	FFCC99	FFCCCC	FFCCFF
FFFF00	FFFF33	FFFF66	FFFF99	FFFFCC	FFFFFF

假设我们想用上述 Color() 方法设置色彩时，需加上 new，因为 setBackground() 方法的参数需是对象。

程序实例 ch26_3.java：使用 Color() 方法重新设计 ch26_2.java。

```
6        frm.setBackground(new Color(255,255,0)); // 窗口背景是黄色
```

执行结果　　与 ch26_2.java 相同。

26-4 标签 Label 类

设计窗口时难免需要在窗口位置建立标签，这是一个单行的字符串，一般用户无法编辑此字符串，但是程序设计师是可以编辑此文字的。它的构造方法如下。

构造方法	说明
Label()	这是没有文字的标签
Label(String text)	以字符串 text 当作标签
Label(String text, int align)	以字符串 text 当作标签，同时设置对齐方式，align 可以是 LABEL.LEFT、LABEL.CENTER、LABEL.RIGHT

它的常用方法如下。

方法	说明
String getText()	返回标签内容
void setText(String text)	设置标签内容
int getAlignment()	取得标签对齐方式，可能值是 Label.LEFT、Label.CENTER、Label.RIGHT
void setAlignment(int align)	设置标签对齐方式，可能值是 Label.LEFT、Label.CENTER、Label.RIGHT

程序实例 ch26_4.java：设计含标签的窗口。

```
1  import java.awt.*;                         // 引入类库
2  public class ch26_4 {
3      static Frame frm = new Frame("ch26_4");
4      static Label lab = new Label("明志科技大学");
5      public static void main(String[] args) {
6          frm.setSize(300, 200);              // 宽300,高200
7          frm.setBackground(Color.yellow);    // 窗口背景是黄色
8          lab.setForeground(Color.blue);      // 文字是蓝色
9          frm.add(lab);                       // 将标签加入窗口
10         frm.setVisible(true);               // 显示窗口
11
12     }
13 }
```

执行结果 下方左 / 右图分别是 **ch26_4.java**/ch26_5.java 的执行结果。

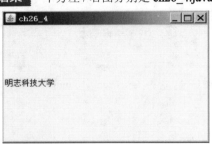 

程序实例 ch26_5.java：使用 Label.CENTER 参数将标签改为居中对齐。

```
4      static Label lab = new Label("明志科技大学", Label.CENTER);
```

程序实例 ch26_6.java：设计窗口含多个标签，同时使用 setBounds() 方法设置标签的位置。

```
1  import java.awt.*;                         // 引入类库
2  public class ch26_6 {
3      static Frame frm = new Frame("ch26_6");
4      static Label lab1 = new Label();        // Labe 对象lab1
5      static Label lab2 = new Label();        // Labe 对象lab2
6      public static void main(String[] args) {
7          frm.setLayout(null);                // 取消版面配置
8          frm.setSize(300, 200);              // 宽300,高200
9          frm.setBackground(Color.yellow);    // 窗口背景是黄色
10         lab1.setText("Java");               // 设置文字Java
11         lab1.setForeground(Color.blue);     // 文字是蓝色
12         lab1.setBounds(50, 50, 100, 30);    // 设置文字位置与大小
13         lab2.setText("Python");             // 设置文字Python
14         lab2.setForeground(Color.green);    // 文字是绿色
15         lab2.setBounds(50, 100, 100, 30);   // 设置文字位置与大小
16         frm.add(lab1);                      // 将标签lab1加入窗口
17         frm.add(lab2);                      // 将标签lab2加入窗口
18         frm.setVisible(true);               // 显示窗口
19
20     }
21 }
```

执行结果

上述第 7 行将版面配置设为 null，相当于取消版面配置，因为 Java 默认版面配置是边界版面配置（BorderLayout），在这个配置下会将窗口的每一个对象放大到与窗口相同大小，这时会造成所建立的第二个标签遮住第一个标签。同时，在上述程序中使用 setText() 方法建立标签内容，第 12 和 15 行则是设置标签放置的位置，左上角分别是（50, 50）、（50, 100），区间则相同，宽是 100，高是 30。

26-5　字型设置——Font 类

在设计窗口时可以使用 java.awt 类库的 Font 类设置窗口显示想要的字型，Font() 构造方法的语法如下。

```
public Font(String fontName, int style, int size)    // Font 构造方法
```

（1）**fontName**：字型名称，可以进入 Word 然后从中选择所要的字型，一般常用的有 Serief、Times New Roman、Arial 等。

（2）style：有一般 Font.PLAIN、粗体 Font.BOLD、斜体 Font.ITALIC，如果想要同时有粗体斜体，可以使用 Font.BOLD+Font.ITALIC。

（3）size：字号。

程序实例 ch26_7.java：Label 与 Font 搭配的应用。

```
1  import java.awt.*;                        // 引入类库
2  public class ch26_7 {
3      static Frame frm = new Frame("ch26_7");
4      static Label lab = new Label("Java王者归来");
5      public static void main(String[] args) {
6          frm.setLayout(null);                    // 取消版面配置
7          frm.setSize(300, 200);                  // 宽300, 高200
8          frm.setBackground(Color.yellow);        // 窗口背景是黄色
9          lab.setForeground(Color.blue);          // 文字是蓝色
10         lab.setBackground(Color.pink);          // 文字背景是粉红色
11         lab.setAlignment(Label.CENTER);         // 文字置中
12         lab.setLocation(50, 80);                // 设置文字区间
13         lab.setSize(150, 50);                   // 设置文字区间
14         lab.setFont(new Font("Serief", Font.BOLD+Font.ITALIC, 18));
15         frm.add(lab);                           // 将标签lab加入窗口
16         frm.setVisible(true);                   // 显示窗口
17     }
18 }
```

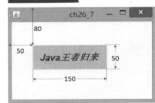

执行结果

可以使用 GraphicsEnvironment 类的 getAvailableFontFamilyNames() 方法获得系统所有的字型名称，getAllFonts() 方法则可获得所有构造 Font 的方法。

程序实例 ch26_7_1.java：列出所有的字型名称。

```
1  import java.awt.*;                        // 引入类库
2  public class ch26_7_1 {
3      public static void main(String[] args) {
4          GraphicsEnvironment graphicsEnv = GraphicsEnvironment.getLocalGraphicsEnvironment();
5  // 列出系统所有字型
6          String[] fontFamilyNames = graphicsEnv.getAvailableFontFamilyNames();
7          for (String fontFamilyName : fontFamilyNames) {
8              System.out.println(fontFamilyName);
9          }
10     }
11 }
```

执行结果　下列是部分结果。

```
Wingdings 3
仿宋
宋体
```

程序实例 ch26_7_2.java：列出 getAllFonts() 的构造方法。

```
1  import java.awt.*;                          // 引入类库
2  public class ch26_7_1 {
3      public static void main(String[] args) {
4          GraphicsEnvironment graphicsEnv = GraphicsEnvironment.getLocalGraphicsEnvironment();
5  // 列出系统所有字型
6          String[] fontFamilyNames = graphicsEnv.getAvailableFontFamilyNames();
7          for (String fontFamilyName : fontFamilyNames) {
8              System.out.println(fontFamilyName);
9          }
10     }
11 }
```

执行结果
```
java.awt.Font[family=Wingdings 3,name=Wingdings 3,style=plain,size=1]
java.awt.Font[family=仿宋,name=仿宋,style=plain,size=1]
java.awt.Font[family=宋体,name=宋体,style=plain,size=1]
```

26-6 Button 类

按钮是窗口组件中使用频率非常高的组件，可以设计按钮执行特定工作。下列是 Button 类的构造方法。

构造方法	说明
Button()	建立一个没有名称的按钮
Button(String title)	建立名称是 title 的按钮

下列是常用的方法。

方法	说明
String getLabel()	取得按钮名称
void setLabel(String title)	设置按钮名称

程序实例 ch26_8.java：在窗口内建立按钮。

```
1  import java.awt.*;                          // 引入类库
2  public class ch26_8 {
3      static Frame frm = new Frame("ch26_8");
4      static Button btn = new Button("Click me");
5      public static void main(String[] args) {
6          frm.setLayout(null);                // 取消版面配置
7          frm.setSize(300, 200);              // 宽300, 高200
8          frm.setBackground(Color.yellow);    // 窗口背景是黄色
9          btn.setBounds(100, 80, 100, 50);    // 设置按钮位置与大小
10         frm.add(btn);                       // 将btn加入窗口
11         frm.setVisible(true);               // 显示窗口
12     }
13 }
```

执行结果

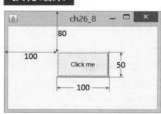

26-7 建立文字输入对象

在 AWT 内有两个与文字输入有关的类 TextField 和 TextArea，它们之间的差异在于 TextField 是处理单行文字输入，TextArea 则是允许多行文字输入。不过这两个与文字输入有关的类均是继承 java.awt.TextComponent 类，这个类有些方法可以继承给 TextField 和 TextArea 使用。下列是 TextComponent 类常用的方法。

方法	说明
Color getBackground()	取得背景颜色
void setBackground(Color c)	设置背景颜色
String getText()	取得文字区的文字
String getSelectedText()	取得文字区被选取的文字
void select(int start, int end)	选取 start 和 end 之间的文字
void selectAll()	选取所有文字
boolean isEditable()	返回是否可编辑
void setEditable(boolean b)	设置是否可编辑

26-7-1 TextField 类

这是一个单行输入的文本框,除了可以在此输入文字,Java 也可以将文字改成特定符号,防止被偷窥。这个类的构造方法如下。

构造方法	说明
TextField()	建立空白的文本框
TextField(int columns)	建立长度是 columns 的文本框
TextField(String text)	建立含 text 字符串的文本框
TextField(String text, int columns)	建立长度是 columns 同时含 text 字符串的文本框

它的一般方法如下。

方法	说明
Boolean echoCharIsSet()	返回是否会显示其他字符
int getColumn()	取得文本框长度
void setColumn()	设置文本框长度
char getEchoChar()	取得文本框响应的字符
void setEchoChar()	设置文本框响应的字符
void setText(String text)	设置文本框的文字

程序实例 ch26_9.java:建立三个 TextField 对象,第一个对象 txt1 是可以编辑的,在执行结果中,将原先字符串从 Editable 改为 Java。第二个对象 txt2 是不可以编辑的,所以执行结果无法更改内容。第三个对象 txt3 是输入会用 * 取代。

```java
1  import java.awt.*;                               // 引入类库
2  public class ch26_9 {
3      static Frame frm = new Frame("ch26_9");
4      static TextField txt1 = new TextField("Editable");
5      static TextField txt2 = new TextField("unEditable");
6      static TextField txt3 = new TextField("marked by symbol");
7      public static void main(String[] args) {
8          frm.setLayout(null);                      // 取消版面配置
9          frm.setSize(300, 200);                    // 宽300, 高200
10         frm.setBackground(Color.yellow);          // 窗口背景是黄色
11         txt1.setBounds(30, 40, 150, 20);
12         txt2.setBounds(30, 80, 150, 20);
13         txt3.setBounds(30, 120, 150, 20);
14         txt2.setEditable(false);                  // 设置txt2不可编辑
15         txt3.setEchoChar('*');                    // 设置txt3以*取代输入
16         frm.add(txt1);                            // 将txt1加入窗口
17         frm.add(txt2);                            // 将txt2加入窗口
```

```
18        frm.add(txt3);                    // 将txt3加入窗口
19        frm.setVisible(true);             // 显示窗口
20    }
21 }
```

执行结果　下方右图是笔者尝试编辑的结果。

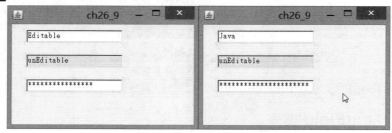

需留意上述 txt3 对象虽然使用 * 符号隐藏了原先的内容，但是如果使用 getText() 方法仍可以获得原先的内容。

26-7-2　TextArea 类

这是一个多行输入的文字区，这个类的构造方法如下。

构造方法	说明
TextArea()	建立空白文字区
TextArea(int rows, int cols)	建立 rows 行数，cols 长度的文字区
TextArea(String text)	建立 text 内容的文字区
TextArea(String text, int rows, int cols)	建立 text 内容，rows 行数，cols 长度的文字区
TextArea(String text, int rows, int cols, int scrollbars)	建立 text 内容，rows 行数，cols 长度的文字区，这个文字区含滚动条

在 java.awt.TextArea 中有关于设置是否含滚动条的数据成员定义如下，使用时前方要加上 TextArea，例如 **TextArea.SCROLLBARS_VERTICAL_ONLY**。

（1）**SCROLLBARS_NONE**：不含滚动条。

（2）**SCROLLBARS_HORIZONTAL_ONLY**：仅含水平滚动条。

（3）**SCROLLBARS_VERTICAL_ONLY**：仅含垂直滚动条。

（4）**SCROLLBARS_BOTH**：含水平和垂直滚动条。

需留意若是将水平滚动条加到文字区，文字区的自动换行功能会被取消，这个类常用的方法如下。

方法	说明
void append(String txt)	在目前文字区的文字之后加新文字 txt
int getColumns()	获得文字区的长度，用字符数作单位
void setColumns(int columns)	设置文字区的长度，用字符数作单位
int getRows()	获得文字区的行数
void setRows()	设置文字区的行数
int getScrollbarVisibility()	获得滚动条的显示状态
void setText(String text)	设置文字区的文字是 text

程序实例 ch26_10.java：建立文字区的应用，同时此文字区将含一个垂直滚动条，下列构造方法是设置建立两行，每行有 20 个字符长度的文字区。

```
1  import java.awt.*;                         // 引入类库
2  public class ch26_10 {
3      static Frame frm = new Frame("ch26_10");
4      static TextArea txt = new TextArea("TextArea",2,20,
5                             TextArea.SCROLLBARS_VERTICAL_ONLY);
6      public static void main(String[] args) {
7          frm.setLayout(null);                // 取消版面配置
8          frm.setSize(300, 200);              // 宽300, 高200
9          frm.setBackground(Color.yellow);    // 窗口背景是黄色
10         txt.setBounds(30, 40, 150, 50);     // 文字区位置与大小
11         frm.add(txt);                       // 将txt加入窗口
12         frm.setVisible(true);               // 显示窗口
13     }
14 }
```

执行结果

对于上述执行结果读者可能会觉得奇怪，在第 4 行设置文字区只有两行文字，可是执行结果不是如此，这是因为在第 10 行设置了文字区的大小。其实如果不使用版面配置，将在本章后面提到，构造方法的 rows 和 cols 参数是虚构的，程序填上此参数只是为了要满足建立文字区时同时有滚动条构造方法的需求。

26-8　Checkbox 类

Checkbox 类可以建立复选框，在 AWT 中复选框的特点是选取或是没有选取。下列是构造方法。

构造方法	说明
Checkbox()	建立一个复选框
Checkbox(String text)	建立一个名称是 text 的复选框
Checkbox(String text, boolean state)	如果 state 是 true，则建立一个名称是 text 的复选框，此复选框被选取
Checkbox(String text, boolean state, CheckboxGroup cbg)	建立复选框同时将它加入复选框组 cbg

下列是常用方法。

方法	说明
String getLabel()	获得复选框标签
boolean getState()	获得复选框是否被选取
void setState(boolean state)	设置复选框状态

一个群组的复选框可以复选，例如，想了解学生曾经学过哪些计算机语言，可以使用下列方式设计。

程序实例 ch26_11.java：列出学过哪些计算机语言的复选框。

```
1  import java.awt.*;                              // 引入类库
2  public class ch26_11 {
3      static Frame frm = new Frame("ch26_11");
4      static Checkbox cb1 = new Checkbox("Java");
5      static Checkbox cb2 = new Checkbox("Python");
6      static Checkbox cb3 = new Checkbox("C++");
7      public static void main(String[] args) {
8          frm.setLayout(null);                     // 取消版面配置
9          frm.setSize(300, 200);                   // 宽300，高200
10         frm.setBackground(Color.yellow);         // 窗口背景是黄色
11         cb1.setBounds(30, 50, 150, 50);          // 复选框cb1位置与大小
12         cb2.setBounds(30, 90, 150, 50);          // 复选框cb2位置与大小
13         cb3.setBounds(30, 130, 150, 50);         // 复选框cb3位置与大小
14         frm.add(cb1);                            // 将cb1加入窗口
15         frm.add(cb2);                            // 将cb2加入窗口
16         frm.add(cb3);                            // 将cb3加入窗口
17         frm.setVisible(true);                    // 显示窗口
18     }
19 }
```

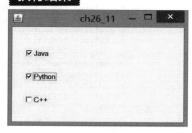

26-9　CheckboxGroup 类

26-8 节所述的复选框是可以复选的，可是常常会碰上群组选项中只能选一项，例如，要勾选学历，有三个选项"研究所""大学""高中"，这时一个人只能勾选一项，碰上这类问题，可以使用 CheckboxGroup 类将多个选项组织起来，这时复选框就成了选项按钮，在选项按钮中同一时间只有一个选项可以被选取。下列是构造方法。

构造方法	说明
CheckboxGroup()	建立一个选项按钮群组

下列是一般方法。

方法	说明
CheckboxGroup getCheckboxGroup()	获得复选框的组名
void setCheckboxGroup(CheckboxGroup cbg)	设置复选框群组

程序实例 ch26_12.java：列出可以选择学历的选项按钮设计，这个程序的默认选项研究所是在第 18 行设置，读者可以自行勾选，可以发现一次只有一项被选取。

```
1  import java.awt.*;                              // 引入类库
2  public class ch26_12 {
3      static Frame frm = new Frame("ch26_12");
4      static Checkbox cb1 = new Checkbox("研究所");
5      static Checkbox cb2 = new Checkbox("大学");
6      static Checkbox cb3 = new Checkbox("高中");
7      public static void main(String[] args) {
8          CheckboxGroup cbg = new CheckboxGroup();  // 建立选项按钮群组
9          frm.setLayout(null);                     // 取消版面配置
10         frm.setSize(300, 200);                   // 宽300，高200
11         frm.setBackground(Color.yellow);         // 窗口背景是黄色
12         cb1.setBounds(30, 50, 150, 50);          // 复选框cb1位置与大小
13         cb2.setBounds(30, 90, 150, 50);          // 复选框cb2位置与大小
14         cb3.setBounds(30, 130, 150, 50);         // 复选框cb3位置与大小
15         cb1.setCheckboxGroup(cbg);               // 将cb1加入群组cbg
16         cb2.setCheckboxGroup(cbg);               // 将cb2加入群组cbg
17         cb3.setCheckboxGroup(cbg);               // 将cb3加入群组cbg
18         cb1.setState(true);                      // 设定默认选项是cb1
19         frm.add(cb1);                            // 将cb1加入窗口
20         frm.add(cb2);                            // 将cb2加入窗口
21         frm.add(cb3);                            // 将cb3加入窗口
22         frm.setVisible(true);                    // 显示窗口
23     }
24 }
```

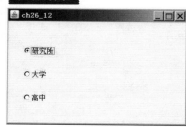

26-10　版面配置管理员

Java 的配置管理员主要是用于将窗口上的组件依据一定规则进行排列，同时也会依据窗口大小自动调整组件的大小和位置。在前面的程序实例中，都是使用下列语句将版面配置管理员设为 null。

```
frm.setLayout(null);
```

所以获得的都是组件的实际大小与位置，有时候使用版面配置管理员可以更方便地设计组件大小以及与窗口的相对位置关系，这将是本节的主题。在 Java 中版面配置管理员（LayoutManagers）是一个接口，有 5 个 AWT 相关的类实现此接口。

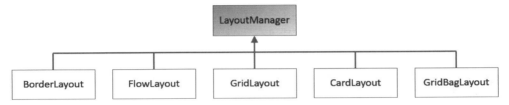

26-10-1　边界版面配置类

边界版面配置（BorderLayout）是 Frame（框架，由于一般都是将 Frame 当作窗口组件使用，所以一般将此解释为窗口）默认的边界版面配置，在这个配置下整个版面被分成 5 个区域：east、west、south、north 和 center。每个区域只能包含一个组件，BorderLayout 类为这 5 个区域设置了 5 个常量。

public static final int **EAST**

public static final int **WEST**

public static final int **SOUTH**

public static final int **NORTH**

public static final int **CENTER**

BorderLayout 类的构造方法如下。

构造方法	说明
BorderLayout()	建立 BorderLayout 对象
BorderLayout(int hgap, int vgap)	建立水平间距是 hgap，垂直间距是 vgap 的 BorderLayout 对象

它的一般方法如下。

方法	说明
int getHgap()	获得 BorderLayout 的水平间距
void setHgap(int hgap)	设置 BorderLayout 的水平间距
int getVgap()	获得 BorderLayout 的垂直间距
void setVgap(int vgap)	设置 BorderLayout 的垂直间距
void removeLayoutComponent(Component comp)	移除 BorderLayout 中的对象

特别需留意的是在 BorderLayout 版面配置下，由于会自动调整版面组件的大小或位置，所以无法使用 setSize()、setBounds() 等设置组件的大小。至于其他相关设计细节，将用程序解说。

程序实例 ch26_13.java：设计一个窗口，然后使用 BorderLayout 将窗口自动分成 5 个部分。程序第 5 行是建立 BorderLayout 对象 obj，第 6 行是设置窗口采用 obj 当作边界版面配置对象。第 8 ～ 12 行是将 5 个功能钮加到窗口内，过程中也设置了功能按钮名称和位置。

```
1  import java.awt.*;                              // 引入类库
2  public class ch26_13 {
3      static Frame frm = new Frame("ch26_13");
4      public static void main(String[] args) {
5          BorderLayout obj =  new BorderLayout(4, 2);
6          frm.setLayout(obj);                      // 设置版面配置方式
7          frm.setSize(300, 200);                   // 宽300, 高200
8          frm.add(new Button("东"), obj.EAST);
9          frm.add(new Button("西"), obj.WEST);
10         frm.add(new Button("南"), obj.SOUTH);
11         frm.add(new Button("北"), obj.NORTH);
12         frm.add(new Button("中"), obj.CENTER);
13         frm.setVisible(true);                    // 显示窗口
14      }
15  }
```

执行结果　下方右图是适度改变窗口大小的结果。

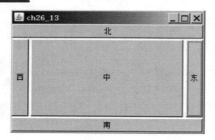

当使用 BorderLayout 管理员时，不一定是在有 5 个组件的情况，所以建议读者尝试使用不同组件数量和不同窗口宽与高的环境下测试这个版面配置功能。

程序实例 ch26_14.java：重新设计 ch26_13.java，然后使用东、西、中三个按钮测试此版面配置。

```
7          frm.setSize(300, 200);                   // 宽300, 高200
8          frm.add(new Button("东"), obj.EAST);
9          frm.add(new Button("西"), obj.WEST);
10         frm.add(new Button("中"), obj.CENTER);
11         frm.setVisible(true);                    // 显示窗口
```

执行结果　下方右图是适度改变窗口大小的结果。

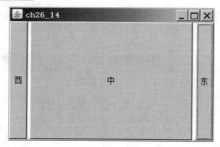

当然也建议读者将不同组件加进 BorderLayout 做测试。

26-10-2　方格版面配置类

方格版面配置（GridLayout）是将窗口的对象用矩形方格方式排列，每个组件放在一个矩形方格内，其实计算器上的按钮就是这种排列方式，下列是它的构造方法。

构造方法	说明
GridLayout()	建立一行方格版面配置对象
GridLayout(int rows, int cols)	建立 rows 行 cols 列对象
GridLayout(int rows, int cols, int hgap, int vgap)	建立 rows 行 cols 列，水平间距是 hgap，垂直间距是 vgap 的对象

它的一般方法如下。

方法	说明
int getColumns()	取得字段数 columns
void setColumn(int cols)	设置字段数
int getRows()	取得行数 rows
void setRows(int rows)	设置行数
int getHgap()	取得对象水平间距
void setHgap()	设置对象水平间距
int getVgap()	取得对象垂直间距
void setVgap()	设置对象垂直间距

程序实例 ch26_15.java：建立 2 行 3 列按钮的应用，这个程序设计时同时为每个按钮标注按钮名称。

```
1  import java.awt.*;                              // 引入类库
2  public class ch26_15 {
3      static Frame frm = new Frame("ch26_15");
4      public static void main(String[] args) {
5          GridLayout obj = new GridLayout(2,3);    // rows=2,cols=3
6          frm.setLayout(obj);                      // 设置版面配置方式
7          frm.setSize(300, 200);                   // 宽300,高200
8          frm.add(new Button("1"));
9          frm.add(new Button("2"));
10         frm.add(new Button("3"));
11         frm.add(new Button("4"));
12         frm.add(new Button("5"));
13         frm.add(new Button("6"));
14         frm.setVisible(true);                    // 显示窗口
15     }
16 }
```

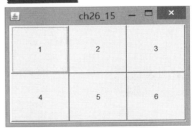

执行结果

26-10-3　流动式版面配置类

流动式版面配置（FlowLayout）是将窗口的对象由左到右排成一行，一行满了则跳到下一行排列，这是面板（panel）或 **applet** 默认的配置，FlowLayout 类默认 5 个常量设置编排方式。

（1）public static final int **LEFT**：可设置每行组件左侧对齐。

（2）public static final int **RIGHT**：可设置每行组件右侧对齐。

（3）public static final int **CENTER**：可设置每行组件居中对齐。

（4）public static final int **LEADING**：可设置每行组件容器前端对齐。

（5）public static final int **TRAILING**：可设置每行组件容器后端对齐。

下列是它的构造方法。

构造方法	说明
FlowLayout()	建立居中对齐，水平和垂直间距都是 5 个单位的流动版面配置
FlowLayout(int align)	依据 align 对齐方式，建立水平和垂直间距都是 5 个单位的流动版面配置
FlowLayout(int align, int hgap, int vgap)	依据 align 对齐方式，建立水平 hgap 间距和垂直 vgap 间距的流动版面配置

下列是一般方法。

方法	说明
int getAlignment()	获得版面对齐方式
void setAlignment(int align)	设置版面对齐方式
int getHgap()	获得水平版面间距
void setHgap(int hgap)	设置水平版面间距
int getVgap()	获得垂直版面间距
void setVgap(int vgap)	设置垂直版面间距

程序实例 ch26_16.java：设计流动版面配置内含 6 个按钮，这些按钮是靠右对齐（在第 5 行设置），建立读者可以放大窗口宽度或缩小窗口宽度，这样可以体会流动的意义。

```java
1  import java.awt.*;                          // 引入类库
2  public class ch26_16 {
3      static Frame frm = new Frame("ch26_16");
4      public static void main(String[] args) {
5          FlowLayout obj = new FlowLayout(FlowLayout.RIGHT);
6          frm.setLayout(obj);                  // 设置版面配置方式
7          frm.setSize(300, 200);               // 宽300, 高200
8          frm.add(new Button("1"));
9          frm.add(new Button("2"));
10         frm.add(new Button("3"));
11         frm.add(new Button("4"));
12         frm.add(new Button("5"));
13         frm.add(new Button("6"));
14         frm.setVisible(true);                // 显示窗口
15     }
16 }
```

执行结果

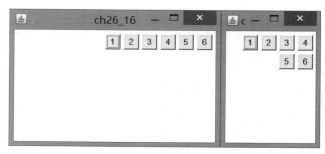

程序实例 ch26_16_1.java：将第 5 行改为 FlowLayout(FlowLayout.LEFT) 的应用。

```java
5          FlowLayout obj = new FlowLayout(FlowLayout.LEFT);
```

执行结果

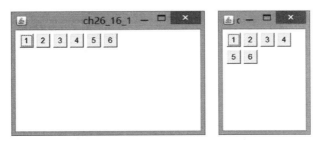

程序实例 ch26_17.java：设计流动版面配置内含 4 个文字区域，这些是居中对齐（在第 5 行设置），当分成两行显示时水平间距是 4、垂直间距是 8，建议读者放大窗口宽度或缩小窗口宽度，这样可以体会流动的意义。

```
1  import java.awt.*;                              // 引入类库
2  public class ch26_17 {
3      static Frame frm = new Frame("ch26_17");
4      public static void main(String[] args) {
5          FlowLayout obj =  new FlowLayout(FlowLayout.CENTER,4,8);
6          frm.setLayout(obj);                     // 设置版面配置方式
7          frm.setSize(300, 200);                  // 宽300, 高200
8          frm.add(new TextField("Java", 5));
9          frm.add(new TextField("入门迈向高手之路", 10));
10         frm.add(new TextField("王者归来", 5));
11         frm.add(new TextField("深石数字科技股份有限公司", 16));
12         frm.setVisible(true);                   // 显示窗口
13     }
14 }
```

执行结果

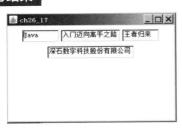 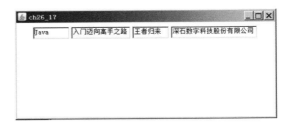

由上述执行结果可以看到，笔者设置了每个组件的大小，但是 AWT 并没有依照所设配置空间大小，对于英文内容配置了更多空间，中文内容空间显得不足。

26-10-4　卡片式版面配置类

卡片式版面配置（CardLayout）是将每个窗口的组件当作一层，每个组件有一个名称，同时组件会布满窗口区间，可以用组件名称设置显示的对象，下列是构造方法。

构造方法	说明
CardLayout()	建立卡片式版面配置
CardLayout(int hgap, int vgap)	建立卡片式版面配置，水平间距是 hgap、垂直间距是 vgap

下列是常用的一般方法。

方法	说明
void first(Container parent)	显示 Container 第一个对象
void previous(Container parent)	显示前一个对象
void next(Container parent)	显示下一个对象
void last(Container parent)	显示最后一个对象
void show(Container parent, String name)	显示 name 对象

程序实例 ch26_18.java：CardLayout 版面配置的应用，这个程序第 5 行设置窗口内的对象与窗口左右边框的水平间距是 50，上下边框的垂直间距是 30，这个窗口中建立三个按钮对象，第 11 行设置默认是显示第三个按钮。

```java
1  import java.awt.*;                              // 引入类库
2  public class ch26_18 {
3      static Frame frm = new Frame("ch26_18");
4      public static void main(String[] args) {
5          CardLayout obj = new CardLayout(50,30);
6          frm.setLayout(obj);                     // 设置版面配置方式
7          frm.setSize(300, 200);                  // 宽300,高200
8          frm.add(new Button("我是按钮 1"), "b1");
9          frm.add(new Button("我是按钮 2"), "b2");
10         frm.add(new Button("我是按钮 3"), "b3");
11         obj.show(frm, "b3");                    // 显示按钮3
12         frm.setVisible(true);                   // 显示窗口
13     }
14 }
```

执行结果

上述多层次版面每次只能显示一个对象，如果想要显示多个对象需使用面板，我们目前尚未介绍按钮事件，读者体会不出用途，第 27 章会介绍这方面的应用。

程序实操题

1. 设计一个 600×300 的窗口，此窗口的标题是自己的名字，窗口底色是粉红色。

2. 设计一个 300×180 的窗口，窗口标题是"MyWin"，窗口左上方坐标是（400,200），显示窗口期间同时在命令提示信息显示窗口 x 轴坐标、窗口 y 轴坐标、窗口高度、窗口宽度、窗口名称、窗口背景色。

3. 设计一个 600×400 的窗口，标题内容是"我的作业"，在窗口中建立一个标签，标签内容是自己的名字，请让标签居中对齐，可参考 ch26_4.java。

4. 请参考 ch26_7.java，将窗口底色改为灰色，字符串内容改为就读学校名称，字符串的颜色是黑色，字符串背景色是黄色。

5. 请建立一个 300×200 的窗口，此窗口含一个标签，内容是自己的名字，两个按钮，一个按钮名称是"确定"，另一个按钮名称是"取消"。标签大小与位置，以及按钮大小与位置可以自行设置。

6. 请建立下列格式的窗口，窗口内部规格可以自行设计。

A：

B：

7. 请参考 ch26_13.java，设计东、西、南、北 4 个按钮，每个按钮请设计不同颜色，请适度放大与缩小窗口，然后观察执行结果。

8. 请在流动式版面中设计一个标签，内容是"明天会更好"，然后设计两个按钮，按钮名称分别是"确定"与"取消"，按钮的底色是黄色。最后请放大或缩小窗口，然后观察执行结果。

9. 请使用循环方式重新设计 ch26_15.java，同时需建立 rows 是 5，cols 是 6，共 30 个按钮，数字编号是按钮名称。

习题

1. 设计一个 600×300 的窗口，此窗口的标题是自己的名字，窗口底色是粉红色。

2. 设计一个 300×180 的窗口，窗口标题是"MyWin"，窗口左上方坐标是（400,200），显示窗口期间同时在命令提示信息显示窗口 x 轴坐标、窗口 y 轴坐标、窗口高度、窗口宽度、窗口名称、窗口背景色。

3. 设计一个 600×400 的窗口，标题内容是"我的作业"，在窗口中建立一个标签，标签内容是自己的名字，请让标签居中对齐，可参考 ch26_4.java。

4. 请参考 ch26_7.java，将窗口底色改为灰色，字符串内容改为就读学校名称，字符串的颜色是黑色，字符串背景色是黄色。

5. 请建立一个 300×200 的窗口，此窗口内含一个标签，内容是自己的名字，两个按钮，一个按钮名称是"确定",另一个按钮名称是"取消"。标签大小与位置,以及按钮大小与位置可以自行设置。

6. 请建立下列格式的窗口,窗口内部规格可以自行设计。

A:

B:

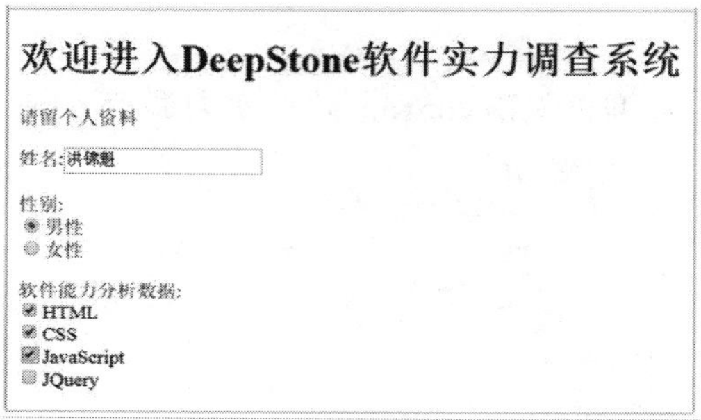

7. 请参考 ch26_13.java,设计东、西、南、北 4 个按钮,每个按钮请设计不同颜色,请适度放大与缩小窗口,然后观察执行结果。

8. 请在流动式版面设计一个标签,内容是"明天会更好",然后设计两个按钮,按钮名称分别是"确定"与"取消",按钮的底色是黄色。最后请放大或缩小窗口,然后观察执行结果。

9. 请使用循环方式重新设计 ch26_15.java,同时需建立 rows 是 5,cols 是 6,共 30 个按钮,数字编号将是按钮名称。

第 2 7 章

事件处理

　　第 26 章设计了窗口框架以及内部组件，但是并没有教读者如何更进一步操作它们。在使用所设计的窗口时我们会单击功能按钮、选择窗体、鼠标移动或单击等，这些动作在 Java 程序设计中称为事件。本章会将所产生的事件与所设计的组件结合，设计一系列相关的应用程序。

27-1 委派事件模式

所谓的委派事件模式是指当我们操作所设计的窗口应用程序时，会有操作的事件对象产生，此事件对象会被传递给事件倾听者（Action Listener），事件倾听者会依据事件的种类将工作交给适当的事件处理者（Event Handler）。

Java 程序设计师扮演的角色就是将事件倾听者与事件对象结合，最后设计事件处理者程序代码。所谓的结合在程序设计中是指事件倾听者向事件对象注册，这样未来事件对象产生时事件倾听者就会收到信息，然后指派给适当的事件处理者，整个说明流程可以参考下列说明图示。

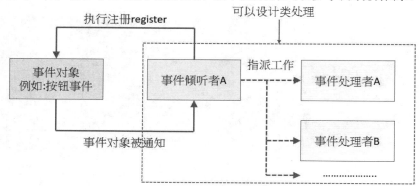

设计 Java 应用程序，当有单击按钮或菜单选择事件时，Java 的 ActionListener 接口将被通知，这是属于 java.awt.event 包，所以设计这类程序需在程序前面引入 "java.awt.event.*"，这个接口只有一个方法 actionPerformed()，事件处理程序就是设计在 actionPerformed() 方法内。这个抽象方法的声明格式如下。

```
public abstract void actionPerformed(ActionEvent e);
```

27-2 简单按钮事件处理

当了解了 27-1 节概念后，本节将以一个简单的实例说明应如何将其应用于程序设计，下列是一个先不考虑按钮事件处理的按钮程序设计。

程序实例 ch27_1.java：设计一个窗口，此窗口显示一个按钮，这个按钮是采用流动式版面配置，按钮名称是"请按我"，窗口底色是黄色，窗口宽度与高度是（300,200）。

```java
1  import java.awt.*;                            // 引入类库
2  public class ch27_1 {
3      static Frame frm = new Frame("ch27_1");
4      static Button btn = new Button("请按我");
5      public static void main(String[] args) {
6          frm.setLayout(new FlowLayout());      // 流动式版面配置
7          frm.setSize(200, 120);                // 宽200, 高120
8          frm.setBackground(Color.yellow);      // 窗口背景是黄色
9          frm.add(btn);                         // 将功能按钮加入窗口
10         frm.setVisible(true);                 // 显示窗口
11     }
12 }
```

执行结果

假设现在要扩充上述程序，当单击"请按我"按钮时，可以将窗口背景设为灰色，这时可以知道 Button 对象 btn 将是事件对象。

1. 执行注册

可以使用下列程序代码。

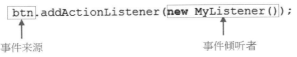

事件来源　　　　　　　　　　　　　　　事件倾听者

2. 自行设计一个类 MyListener()

这个类 MyListener 必须要实现 ActionListener 接口，然后用这个类的对象当作事件倾听者，下列是所设计的类程序。

此类实现 ActionListener

```
 6  // 担任事件倾听者和拥有事件处理者
 7    static class MyListener implements ActionListener{    // 内部类
 8      public void actionPerformed(ActionEvent e) {       // 事件处理者
 9         frm.setBackground(Color.gray);                  // 背景转呈灰色
10      }
11    }
```

事件处理者也就是事件处理程序

从上述语句也可以看到所设计的类程序，必须设计事件处理程序，同时此程序的名称是实现 ActionListener 接口唯一的方法 actionPerformed()。上述设计的事件处理程序内容是第 9 行将窗口背景设为灰色。

程序实例 ch27_2.java：实现当单击"请按我"按钮时，可以将窗口背景设为灰色。

```
 1  import java.awt.*;                                      // 引入类库
 2  import java.awt.event.*;                                // 因为有ActionEvent类
 3  public class ch27_2 {
 4     static Frame frm = new Frame("ch27_2");
 5     static Button btn = new Button("请按我");
 6  // 担任事件倾听者和拥有事件处理者
 7     static class MyListener implements ActionListener{    // 内部类
 8       public void actionPerformed(ActionEvent e) {        // 事件处理者
 9          frm.setBackground(Color.gray);                   // 背景转呈灰色
10       }
11     }
12     public static void main(String[] args) {
13        frm.setLayout(new FlowLayout());                   // 流动式版面配置
14        frm.setSize(200, 120);                             // 宽200, 高120
15        frm.setBackground(Color.yellow);                   // 窗口背景是黄色
16        btn.addActionListener(new MyListener());           // --- 注册
17        frm.add(btn);                                      // 将功能按钮加入窗口
18        frm.setVisible(true);                              // 显示窗口
19     }
20  }
```

执行结果

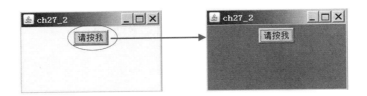

上述程序第 8 行的 "ActionEvent **e**"，其中，**e** 是一个参数名称，读者可以自行决定，ch27_4. java 会对此做实例说明。下列是 ch27_2.java 的工作流程图示。

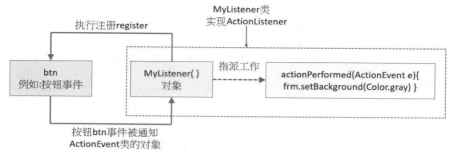

在 21-12 节曾经介绍匿名类（Anonymous Class），其实也可以使用此概念重新设计 ch27_2.ajva。
程序实例 ch27_3.java：使用匿名类重新设计 ch27_3.java。

```
1  import java.awt.*;                                    // 引入类库
2  import java.awt.event.*;
3  public class ch27_3 {
4      static Frame frm = new Frame("ch27_3");
5      static Button btn = new Button("请按我");
6      public static void main(String[] args) {
7          frm.setLayout(new FlowLayout());              // 流动式版面配置
8          frm.setSize(200, 120);                        // 宽200, 高120
9          frm.setBackground(Color.yellow);              // 窗口背景是黄色
10
11         btn.addActionListener(new ActionListener() {  // 注册
12             public void actionPerformed(ActionEvent e) { // 事件处理者
13                 frm.setBackground(Color.gray);
14             }
15         });
16
17         frm.add(btn);                                 // 将功能按钮加入
18         frm.setVisible(true);                         // 显示窗口
19     }
20 }
```

执行结果

与 ch27_2.java 相同。

上述程序的重点是第 11 ~ 15 行。

27-3 认识事件处理类

在 Java 中所谓的事件其实是指更改对象（可将对象想成窗口组件 Component 或是事件来源者）的状态，例如，单击按钮、拖曳鼠标等 .java.awt.event 提供了许多事件类，也提供了事件处理的事件倾听者接口，本节将做说明。事件又可以分为以下两大类。

（1）前景事件（Foreground Events）：这些事件是由使用者直接互动产生，例如，单击功能按钮、移动鼠标、通过键盘输入字符、选择窗体、拖动滚动条等。这也是本书的主轴。

（2）背景事件（Background Events）：例如，操作系统中断、软件失败、计时结束、作业完成等。

27-2 节针对事件先做简单实例说明，这一节将对事件做完整叙述，27-4 节起则是对常用的事件做分类解说。

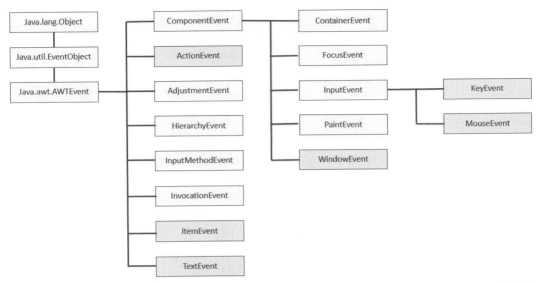

在 Java 中 java.awt.AWTEvent 类是所有事件类的最上层，如上所示，由于受限篇幅，本章将只介绍浅蓝色底的部分。其实每一种事件类又有属于该事件类的事件倾听者接口，例如，27-2 节介绍 ActionEvent 事件类的事件倾听者接口是 ActionListener。这些事件倾听者接口是继承 java.util. EventListener 接口，可参考下图。

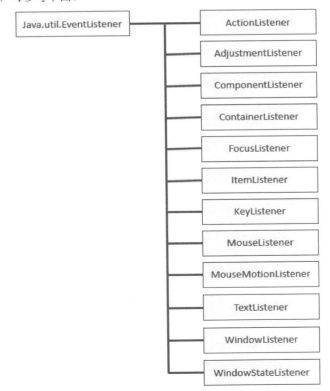

下表是事件来源与事件类关系表。

事件来源	事件类
Button	ActionEvent
Label	ActionEvent
MenuItem	ActionEvent
Checkbox	ActionEvent, ItemEvent
TextArea	ActionEvent, TextEvent
TextField	ActionEvent, TextEvent
Component	ComponentEvent, FocusEvent, KeyEvent, MouseEvent
Scrollbar	AdjustmentEvent
Window	WindowEvent

下表是事件类与事件倾听者接口关系表。

事件类	事件倾听者接口
ActionEvent	ActionListener
ItemEvent	ItemListener
TextEvent	TextListener
KeyEvent	KeyListener
AdjustmentEvent	AdjustmentListener
WindowEvent	WindowListener
MouseEvent	MouseListener, MouseMotionListener
ComponentEvent	ComponentListener
ContainerEvent	ContainerListener
FocusEvent	FocusListener

下表是常用事件来源的注册方法（Registration Methods）。

事件来源	注册方法
Button	addActionListener(ActionListener a) { }
Checkbox	addItemListener(ActionListener a) { }
Choice	addItemListener(ActionListener a) { }
Label	addActionListener(ActionListener a) { }
List	addActionListener(ActionListener a) { }
	addItemListener(ActionListener a) { }
MenuItem	addActionListener(ActionListener a) { }
TextArea	addActionListener(ActionListener a) { }
	addTextListener(ActionListener a) { }
TextField	addActionListener(ActionListener a) { }
	addTextListener(ActionListener a) { }

27-4 ActionEvent 事件类

当用户单击功能按钮、选择窗体、菜单对象、在文本框（Text Field）或文字区（Text Area）中输入字符串按 Enter 键后都会触发 ActionEvent 事件，然后产生 ActionEvent 事件对象传递给事件倾听者 ActionListener，可以使用此对象决定应该如何处理如何工作。这个类有以下两个重要的方法。

（1）String getActionCommand()：这是 ActionEvent 类自己的方法，可以回传字符串数据类型，这是所选对象的字符串名称，可以参考 ch27_4.java。

（2）Object getSource()：这是继承 EventObject 类的方法，可以回传事件来源数据类型，这是所选对象，可以参考 ch27_5.java。

同时这个 ActionEvent 类有方法可以取得在发生 ActionEvent 期间有哪一个修饰键被按。

int getModifiers()：可以获得事件发生时所按的键，可以是 Alt、Ctrl、Shift 或是这三个键的组合。下面是这三个修饰键的静态常数。

static int ALT_MASK：值是 512。

static int CTRL_MASK：值是 128。

static int SHIFT_MASK：值是 64。

程序实例 ch27_4.java：在窗口内设计三个按钮，有两个按钮可以更改窗口的背景颜色，另一个按钮可以结束窗口，第 17 行当单击结束按钮时，执行第 17 行 "exit(0)" 可以关闭窗口结束程序，exit() 方法是在 java.lang.System 类内，exit() 的参数必须是整数，通常 0 代表正常结束，若是其他数值代表非正常结束。

```java
import java.awt.*;                                    // 引入类库
import java.awt.event.*;                              // 因为有ActionEvent
public class ch27_4 {
    static Frame frm = new Frame("ch27_4");
    static Button btn1 = new Button("黄色");
    static Button btn2 = new Button("绿色");
    static Button btn3 = new Button("结束");
// 担任事件倾听者和拥有事件处理者
    static class myListener implements ActionListener{  // 内部类
        public void actionPerformed(ActionEvent e) {    // 事件处理者
            String str = e.getActionCommand();           // 取得所按对象名称
            if (str.equals("黄色"))
                frm.setBackground(Color.yellow);         // 背景转呈黄色
            else if(str.equals("绿色"))
                frm.setBackground(Color.green);          // 背景转呈黄色
            else
                System.exit(0);                          // 程序结束关闭窗口
        }
    }
    public static void main(String[] args) {
        frm.setLayout(new FlowLayout());                 // 流动式版面配置
        frm.setSize(200, 120);                           // 宽200,高120
        btn1.addActionListener(new myListener());        // --- 注册
        btn2.addActionListener(new myListener());        // --- 注册
        btn3.addActionListener(new myListener());        // --- 注册
        frm.add(btn1);                                   // 将黄色按钮加入窗口
        frm.add(btn2);                                   // 将绿色按钮加入窗口
        frm.add(btn3);                                   // 将结束按钮加入窗口
        frm.setVisible(true);                            // 显示窗口
    }
}
```

执行结果

上述程序最重要是第 10 ~ 19 行的 actionPerformed(ActionEvent e) 方法，这个方法使用参数 e 定义事件对象变量名称，可以使用 e 调用 getActionCommand() 方法获得事件来源名称。

程序实例 ch27_5.java：getSource() 方法的应用。这个程序执行时会出现"接受""拒绝""结束"三个按钮，当单击按钮时提示消息窗口会列出相对应的消息。同时这个程序使用 getSource() 判别是哪一个功能按钮被单击。读者须留意第 11 行取得按钮对象的方式，内容如下。

Button btn = (Button) e.getSource();

强制转型

返回值数据类型是 Button 对象，同时设置给 btn，可以由 btn 与 btn1 和 btn2 比较，就可以得到哪一个按钮被单击的信息。另外，由于 getSource() 有可能返回父类对象，所以使用（Button）强制转型。

```java
1  import java.awt.*;                                    // 引入类库
2  import java.awt.event.*;                              // 因为有ActionEvent
3  public class ch27_5 {
4      static Frame frm = new Frame("ch27_5");
5      static Button btn1 = new Button("接受");
6      static Button btn2 = new Button("拒绝");
7      static Button btn3 = new Button("结束");
8  // 担任事件倾听者和拥有事件处理者
9      static class myListener implements ActionListener{  // 内部类
10         public void actionPerformed(ActionEvent e) {    // 事件处理者
11             Button btn = (Button) e.getSource();        // 取得所单击对象
12             if (btn == btn1)
13                 System.out.println("你按了接受钮,感谢你");
14             else if(btn == btn2)
15                 System.out.println("你按了拒绝钮,很遗憾");
16             else {
17                 System.out.println("你按了结束钮,下回见");
18                 System.exit(0);                         // 程序结束关闭窗口
19             }
20         }
21     }
22     public static void main(String[] args) {
23         frm.setLayout(new FlowLayout());                // 流动式版面配置
24         frm.setSize(200, 120);                          // 宽200,高120
25         btn1.addActionListener(new myListener());       // --- 注册
26         btn2.addActionListener(new myListener());       // --- 注册
27         btn3.addActionListener(new myListener());       // --- 注册
28         frm.add(btn1);                                  // 将接受按钮加入窗口
29         frm.add(btn2);                                  // 将拒绝按钮加入窗口
30         frm.add(btn3);                                  // 将结束按钮加入窗口
31         frm.setVisible(true);                           // 显示窗口
32     }
33 }
```

执行结果

```
D:\Java\ch27>java ch27_5
你按了接受按钮,感谢你
你按了拒绝按钮,很遗憾
你按了结束按钮,下回见
```

27-5　ItemEvent 类

在 Windows 的选项被选取或取消选取时会触发 ItemEvent 事件，例如，Checkbox 被选取时，会产生 ItemEvent 事件对象传递给事件倾听者 ItemListener 接口，可以使用此对象决定应该如何处理工作。ItemListener 接口定义了下列 itemStateChanged() 方法。

```
public abstract void itemStateChanged(ItemEvent e);
```

此外，ItemEvent 类有提供静态常数成员。

static int DESELECTED：选项对象未被选取。

static int SELECTED：选项对象有被选取。

下列是相关方法。

方法	说明
Object getItem()	取得触发对象的 item
Int getStateChanged()	返回对象状态是 DESELECTED 或 SELECTED

程序实例 ch27_6.java：设计一个选项按钮，这个程序在执行最初窗口下方会显示 "你最爱的是："，此字符串是黄色底，然后当执行选择时会列出你的选择，程序第 25 和 26 行调用 addItemListener() 是执行注册。

```java
 1  import java.awt.*;                              // 引入类库
 2  import java.awt.event.*;                        // 因为有itemEvent
 3  public class ch27_6 {
 4      static Frame frm = new Frame("ch27_6");
 5      static Label lab1 = new Label("请选择你最爱的程序语言");
 6      static Label lab2 = new Label("你最爱的是：       ");
 7      static Checkbox cb1 = new Checkbox("Java");
 8      static Checkbox cb2 = new Checkbox("Python");
 9  // 担任事件倾听者和拥有事件处理者
10      static class myListener implements ItemListener{   // 内部类
11          public void itemStateChanged(ItemEvent e) {    // 事件处理者
12              Checkbox cb = (Checkbox) e.getSource();    // 取得所按选项
13              if (cb == cb1)
14                  lab2.setText("你最爱的是：Java");
15              else if(cb == cb2)
16                  lab2.setText("你最爱的是：Python");
17          }
18      }
19      public static void main(String[] args) {
20          frm.setLayout(new FlowLayout(FlowLayout.LEFT)); // 流动式版面配置
21          frm.setSize(200, 130);                          // 宽200, 高130
22          CheckboxGroup cbg = new CheckboxGroup();        // 建立选项按钮群组cbg
23          cb1.setCheckboxGroup(cbg);                      // 将cb1加入群组cbg
24          cb2.setCheckboxGroup(cbg);                      // 将cb2加入群组cbg
25          cb1.addItemListener(new myListener());          // --- 注册
26          cb2.addItemListener(new myListener());          // --- 注册
27          lab2.setBackground(Color.yellow);               // 文字背景是黄色
28          frm.add(lab1);                                  // 将lab1加入窗口
29          frm.add(cb1);                                   // 将cb1加入窗口
30          frm.add(cb2);                                   // 将cb2加入窗口
31          frm.add(lab2);                                  // 将lab2加入窗口
32          frm.setVisible(true);                           // 显示窗口
33      }
34  }
```

执行结果

上述程序刚开始执行时没有默认选项，这不是好的设计，选项按钮通常会有默认选项，可参考
ch26_12.java，笔者将这个概念当作本章习题。这个程序使用 getSource() 取得选项，也可以使用其他
方法。

27-6　TextEvent 类

在 Windows 的 TextField 或 TextArea 对象内容更改时会触发 TextEvent 或 ActionEvent 事件，这
一节的重点是说明 TextEvent 事件。例如，TextField 或 TextArea 的内容更改时，会产生 TextEvent 事
件对象传递给事件倾听者 TextListener 接口，可以使用此对象决定应该如何处理工作。TextListener
接口定义了下列 textValueChanged() 方法。

```
public abstract void textValueChanged(TextEvent e);
```

程序实例 ch27_7.java：这个程序会建立两个文字区 TextArea，分别设为 ta1 和 ta2 对象，然后可以
在 ta1 文字区输入，所输入的内容会同步复制到 ta2 文字区。程序设计时会将 ta2 文字区设为不可编
辑状态、背景是黄色。这个程序使用 GridLayout 版面配置方式，程序第 16 行调用 addTextListener()
执行注册。

```
1  import java.awt.*;                              // 引入类库
2  import java.awt.event.*;                        // 因为有TextEvent
3  public class ch27_7 {
4      static Frame frm = new Frame("ch27_7");
5      static TextArea ta1 = new TextArea("",10,40); // 默认显示垂直滚轴
6      static TextArea ta2 = new TextArea("",10,40); // 默认显示垂直滚轴
7  // 担任事件倾听者和拥有事件处理者
8      static class myListener implements TextListener{ // 实现 TextListener
9          public void textValueChanged(TextEvent e) {  // 事件处理者
10             ta2.setText(ta1.getText());               // 复制ta1内容到ta2
11         }
12     }
13     public static void main(String[] args) {
14         frm.setLayout(new GridLayout(2, 1));      // 方格版面配置
15         frm.setSize(200, 140);                    // 宽200, 高140
16         ta1.addTextListener(new myListener());    // --- 注册
17         ta2.setEditable(false);                   // 设为不可编辑
18         ta2.setBackground(Color.yellow);          // 文字背景是黄色
19         frm.add(ta1);                             // 将cb1加入窗口
20         frm.add(ta2);                             // 将cb2加入窗口
21         frm.setVisible(true);                     // 显示窗口
22     }
23 }
```

执行结果

程序启动后画面 　　笔者在上方窗口输入
所输入数据被复制到下方

程序实例 ch27_8.java：简单加法与减法的应用，这个程序建立了三个文本框字段，可以在第一个
和第二个文本框中输入阿拉伯数字，然后可以单击加法或减法按钮，最后可以在第三个文本框中看
到执行结果。

```
1  import java.awt.*;                                        // 引入类库
2  import java.awt.event.*;                                  // 因为有ActionEvent
3  public class ch27_8 {
4      static Frame frm = new Frame("ch27_8");
5      static TextField tf1 = new TextField();               // 建立TextField 1
6      static TextField tf2 = new TextField();               // 建立TextField 2
7      static TextField tf3 = new TextField();               // 建立TextField 3
8      static Button btnPlus = new Button("+");              // 建立加法button
9      static Button btnMinus = new Button("-");             // 建立减法button
10 // 担任事件倾听者和拥有事件处理者
11     static class myListener implements ActionListener{    // 实现ActionListener
12         public void actionPerformed(ActionEvent e) {      // 事件处理者
13             String str1 = tf1.getText();                  // 读取第一个数字
14             String str2 = tf2.getText();                  // 读取第二个数字
15             int x = Integer.parseInt(str1);               // 解析整数
16             int y = Integer.parseInt(str2);               // 解析整数
17             int result = 0;
18             if (e.getSource() == btnPlus)                 // 检查是否单击加法按钮
19                 result = x + y;                           // 执行加法
20             else if(e.getSource() == btnMinus)            // 检查是否单击减法按钮
21                 result = x - y;                           // 执行减法
22             tf3.setText(String.valueOf(result));          // 写入结果
23         }
24     }
25     public static void main(String[] args) {
26         frm.setLayout(null);                              // 不使用版面配置
27         frm.setSize(350, 280);                            // 宽350,高280
28         tf1.setBounds(100, 50, 150, 20);                  // 设置文本框位置
29         tf2.setBounds(100, 100, 150, 20);
30         tf3.setBounds(100, 150, 150, 20);

31         btnPlus.setBounds(100, 200, 60, 60);              // 设置按钮位置
32         btnMinus.setBounds(190, 200, 60, 60);
33         btnMinus.addActionListener(new myListener());     // --- 注册
34         btnPlus.addActionListener(new myListener());      // --- 注册
35         tf3.setBackground(Color.yellow);                  // 文字背景是黄色
36         frm.add(tf1);frm.add(tf2);frm.add(tf3);           // 将三个文本框加入窗口
37         frm.add(btnMinus);frm.add(btnPlus);               // 将两个按钮加入窗口
38         frm.setVisible(true);                             // 显示窗口
39     }
40 }
```

执行结果

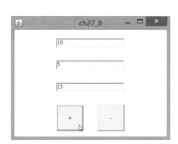 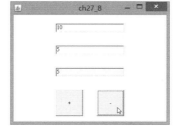

27-7 KeyEvent 类

　　KeyEvent 类基本上是继承了 InputEvent 类，在操作 Windows 时若是有按键事件发生会触发 KeyEvent 事件，这时会产生 KeyEvent 事件对象传递给事件倾听者 KeyListener 接口，可以使用此对象决定应该如何处理工作。KeyListener 接口定义了下列三个方法。

KeyListener 接口函数	说明
void keyPressed(KeyEvent e)	按下键
void keyReleased(KeyEvent e)	放开键
void keyTyped(KeyEvent e)	按下与放开键，不含 Action Key

上述所谓的 **Action Key** 是指键盘上的功能键，例如，F1～F12、PgUp、PgDn、Del、Insert、Home、End、Caps Lock、箭头键等。程序设计时须留意的是，我们必须实现上述三个方法，即使没有用到也需要定义。

下列是 KeyEvent 类常用的方法。

KeyEvent 类方法	说明
char getKeyChar()	返回所按字符
int getKeyCode()	返回所按字符码
public boolean isActionKey()	返回是否是 Action Key

程序实例 ch27_9.java：这个程序建立了一个标签和一个文字区，在文字区输入文字时，标签区将显示是触发哪一个事件处理器。程序执行过程中好像没有看到 keyPressed() 方法被启动，其实不然，因为时间太短被遮蔽了。如果读者删除第 13 和 16 行就可以看到 "Key Pressed" 被输出的证明，程序第 24 和 25 行调用 addKeyListener() 是执行注册。

```
1  import java.awt.*;                                    // 引入类库
2  import java.awt.event.*;                              // 因为有Event
3  public class ch27_9 {
4      static Frame frm = new Frame("ch27_9");
5      static Label lab = new Label();                    // 标签
6      static TextArea ta = new TextArea();               // 文本块
7  // 担任事件倾听者和拥有事件处理者
8      static class myListener implements KeyListener{    // 实现KeyListener
9          public void keyPressed(KeyEvent e) {          // KeyPressed事件处理者
10             lab.setText("Key Pressed");               // 输出Key Pressed
11         }
12         public void keyReleased(KeyEvent e) {         // KeyReleased事件处理者
13             lab.setText("Key Released");              // 输出Key Released
14         }
15         public void keyTyped(KeyEvent e) {            // KeyTyped事件处理者
16             lab.setText("Key Typed");                 // 输出Key Typed
17         }
18     }
19     public static void main(String[] args) {
20         frm.setLayout(null);                          // 不设版面配置
21         frm.setSize(200, 160);                        // 宽200,高160
22         lab.setBounds(30,50, 100, 20);                // 标签位置与大小
23         ta.setBounds(30, 80, 140, 60);                // 文本块位置与大小
24         lab.addKeyListener(new myListener());         // --- 注册
25         ta.addKeyListener(new myListener());          // --- 注册
26         frm.add(lab);                                 // 将lab加入窗口
27         frm.add(ta);                                  // 将ta加入窗口
28         frm.setVisible(true);                         // 显示窗口
29     }
30 }
```

执行结果

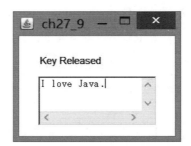

程序实例 ch27_10.java：这个程序基本上是修订 ch27_9.java，当输入句子时，会列出目前所输入的文字数和字符数。

```
1  import java.awt.*;                              // 引入类库
2  import java.awt.event.*;                        // 因为有Event
3  public class ch27_10 {
4      static Frame frm = new Frame("ch27_10");
5      static Label lab = new Label();             // 标签
6      static TextArea ta = new TextArea();        // 文本块
7  // 担任事件倾听者和拥有事件处理者
8      static class myListener implements KeyListener{   // 实现KeyListener
9          public void keyPressed(KeyEvent e) {}         // KeyPressed事件处理者
10         public void keyReleased(KeyEvent e) {         // KeyReleased事件处理者
11             String text = ta.getText();
12             String[] words = text.split("\\s");       // 空白分隔句子
13             lab.setText("字数：" + words.length + "  字符数：" + text.length());
14         }
15         public void keyTyped(KeyEvent e) {}           // KeyTyped事件处理者
16     }
17     public static void main(String[] args) {
18         frm.setLayout(null);                          // 不设版面配置
19         frm.setSize(300, 160);                        // 宽300，高160
20         lab.setBounds(30,50, 200, 20);                // 标签位置与大小
21         ta.setBounds(30, 80, 240, 60);                // 文本块位置与大小
22         lab.addKeyListener(new myListener());         // --- 注册
23         ta.addKeyListener(new myListener());          // --- 注册
24         frm.add(lab);                                 // 将lab加入窗口
25         frm.add(ta);                                  // 将ta加入窗口
26         frm.setVisible(true);                         // 显示窗口
27     }
28 }
```

执行结果

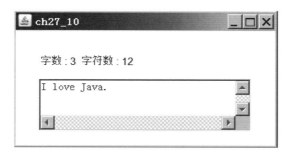

上述程序的关键是第 12 行 split("\\s") 方法，可以依空白分拆字符串，然后将返回字符串，第 13 行的 words.length 可以返回字符串数组元素数量，text.length() 可以返回字符串的长度。

27-8　KeyAdapter 类

KeyAdapter 类是抽象类，可以用更方便的方式处理 KeyEvent 事件。这个类是实现 KeyListener 接口，但是实现内容是空的，可以在设计倾听者时继承此类。此例是让 myListener 继承 KeyAdapter，这样可以只针对有需要的地方设计事件处理程序。

程序实例 ch27_11.java：使用继承 KeyAdapter 类重新设计 ch27_10.java，这个程序最大的差异是只设计 keyReleased() 方法，不用像前一个程序须同时加上空的 keyPressed() 和 keyTyped() 方法。

```
1  import java.awt.*;                              // 引入类库
2  import java.awt.event.*;                        // 因为有Event
3  public class ch27_11 {
4      static Frame frm = new Frame("ch27_11");
5      static Label lab = new Label();              // 标签
6      static TextArea ta = new TextArea();         // 文本块
7  // 担任事件倾听者和拥有事件处理者
8      static class myListener extends KeyAdapter{  // 继承KeyAdapter
9          public void keyReleased(KeyEvent e) {    // KeyReleased事件处理者
10             String text = ta.getText();
11             String[] words = text.split("\\s");  // 空白分隔句子
12             lab.setText("字数:" + words.length + "\t字符数:" + text.length());
13         }
14     }
15     public static void main(String[] args) {
16         frm.setLayout(null);                     // 不设版面配置
17         frm.setSize(300, 160);                   // 宽300,高160
18         lab.setBounds(30,50, 200, 20);           // 标签位置与大小
19         ta.setBounds(30, 80, 240, 60);           // 文本块位置与大小
20         lab.addKeyListener(new myListener());    // --- 注册
21         ta.addKeyListener(new myListener());     // --- 注册
22         frm.add(lab);                            // 将lab加入窗口
23         frm.add(ta);                             // 将ta加入窗口
24         frm.setVisible(true);                    // 显示窗口
25     }
26 }
```

执行结果　与 ch27_10.java 相同。

27-9　MouseEvent 类

MouseEvent 类基本上是继承 InputEvent 类，在操作 Windows 时若是有鼠标按键事件发生、移动鼠标、拖曳鼠标、鼠标光标进入或离开来源对象都会触发 MouseEvent 事件。下列是 MouseEvent 类常用的方法。

方法	说明
int getX()	返回按鼠标键时的 x 坐标
int getY()	返回按鼠标键时的 y 坐标
Point getPoint()	以 Point 类返回按鼠标键时的坐标

在 Java 是用 MouseListener 接口和 MouseMotionListener 接口当作事件倾听者，下面将分别说明。

27-9-1　MouseListener 接口

这个接口有 5 个方法，所以设计时需实现下列方法。

方法	说明
void mouseClicked(MouseEvent e)	在来源对象单击，包含按下与放开
void mouseEntered(MouseEvent e)	鼠标进入来源对象
void mouseExited(MouseEvent e)	鼠标离开来源对象
void mousePressed(MouseEvent e)	鼠标按下
void mouseReleased(MouseEvent e)	放开鼠标

程序实例 ch27_12.java：这个程序的来源是按钮 **btn**，将鼠标移入此按钮、移出此按钮、单击等，可以产生 MouseListener 事件。本程序会用标签 lab 对象显示鼠标动作，程序第 30 行调用 addMouseListener() 是执行注册。

```
1   import java.awt.*;                                  // 引入类库
2   import java.awt.event.*;                            // 因为有Event
3   public class ch27_12 {
4       static Frame frm = new Frame("ch27_12");
5       static Label lab = new Label();                 // 标签
6       static Button btn = new Button("Click Me");     // 按钮
7   // 担任事件倾听者和拥有事件处理者
8       static class myListener implements MouseListener{   // 实现MouseListener
9           public void mouseClicked(MouseEvent e) {    // mouseClicked事件处理者
10              lab.setText("Mouse Clicked");
11          }
12          public void mouseEntered(MouseEvent e) {    // mouseEntered事件处理者
13              lab.setText("Mouse Entered");
14          }
15          public void mouseExited(MouseEvent e) {     // mouseExited事件处理者
16              lab.setText("Mouse Exited");
17          }
18          public void mousePressed(MouseEvent e) {    // mousePressed事件处理者
19              lab.setText("Mouse Pressed");
20          }
21          public void mouseReleased(MouseEvent e) {   // mouseReleased事件处理者
22              lab.setText("Mouse Released");
23          }
24      }
25      public static void main(String[] args) {
26          frm.setLayout(null);                        // 不设版面配置
27          frm.setSize(300, 160);                      // 宽300, 高160
28          lab.setBounds(30,50, 200, 20);              // 标签位置与大小
29          btn.setBounds(120, 120, 60, 20);            // 按钮位置与大小
30          btn.addMouseListener(new myListener());     // --- 注册
31          frm.add(lab);                               // 将lab加入窗口
32          frm.add(btn);                               // 将btn加入窗口
33          frm.setVisible(true);                       // 显示窗口
34      }
35  }
```

执行结果

27-9-2　MouseAdapter 类

MouseAdapter 类是抽象类，可以用更方便的方式处理 MouseEvent 事件。这个类是实现 MouseListener 接口，但是实现内容是空的，可以在设计倾听者时继承此类。此例是让 myListener 继承 MouseAdapter，这样可以只针对有需要的地方设计事件处理程序。

程序实例 ch27_13.java：这个程序的来源者是 frm，当单击时会在提示信息窗口显示鼠标光标位置。

```
1  import java.awt.*;                                    // 引入类库
2  import java.awt.event.*;                              // 因为有Event
3  public class ch27_13 {
4      static Frame frm = new Frame("ch27_13");
5      // 担任事件倾听者和拥有事件处理者
6      static class myListener extends MouseAdapter{      // 继承MouseAdapter
7          public void mouseClicked(MouseEvent e) {       // mouseClicked事件处理者
8              System.out.println("坐标" + e.getX() + "," + e.getY());
9          }
10     }
11     public static void main(String[] args) {
12         frm.setLayout(null);                           // 不设版面配置
13         frm.setSize(300, 160);                         // 宽300、高160
14         frm.addMouseListener(new myListener());        // --- 注册
15         frm.setVisible(true);                          // 显示窗口
16     }
17 }
```

执行结果

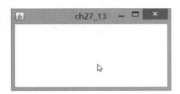

```
D:\Java\ch27>java ch27_13
坐标142,90
坐标193,134
```

27-9-3 MouseMotionListener 接口

这个接口有两个方法，所以设计时需实现下列方法。

方法	说明
void mouseDragged(MouseEvent e)	鼠标在来源对象上方拖曳
void mouseMoved(MouseEvent e)	鼠标在来源对象上方移动

程序实例 ch27_14.java：这个程序在执行时，上方的 xlab 和 ylab 标签会列出鼠标的 x 坐标和 y 坐标。Lab 标签则是记录目前鼠标是移动或拖曳，程序第 30 行调用 addMouseMotionListener() 是执行注册。

```
1  import java.awt.*;                                    // 引入类库
2  import java.awt.event.*;                              // 因为有Event
3  public class ch27_14 {
4      static Frame frm = new Frame("ch27_14");
5      static Label xlab = new Label();                  // 标签记录x轴
6      static Label ylab = new Label();                  // 标签记录y轴
7      static Label lab = new Label();                   // 记录事件
8  // 担任事件倾听者和拥有事件处理者
9      static class myListener implements MouseMotionListener{  // 实现MouseMotionListener
10         public void mouseDragged(MouseEvent e) {       // mouseDragged事件处理者
11             xlab.setText("x = " + e.getX());           // 输出x坐标
12             ylab.setText("y = " + e.getY());           // 输出y坐标
13             lab.setText("Mouse Dragged");              // 输出鼠标被拖曳
14         }
15         public void mouseMoved(MouseEvent e) {         // mouseMoved事件处理者
16             xlab.setText("x = " + e.getX());           // 输出x坐标
17             ylab.setText("y = " + e.getY());           // 输出y坐标
18             lab.setText("Mouse Moved");                // 输出鼠标被移动
19         }
20     }
21     public static void main(String[] args) {
22         frm.setLayout(null);                           // 不设版面配置
23         frm.setSize(200, 160);                         // 宽200、高160
24         xlab.setBounds(40, 50, 50, 20);                // xlab位置和大小
25         ylab.setBounds(120, 50, 50, 20);               // ylab位置和大小
26         lab.setBounds(50, 120, 100, 20);               // lab位置和大小
27         frm.add(xlab);                                 // 将xlab加入窗口
28         frm.add(ylab);                                 // 将ylab加入窗口
29         frm.add(lab);                                  // 将lab加入窗口
30         frm.addMouseMotionListener(new myListener());  // --- 注册
31         frm.setVisible(true);                          // 显示窗口
32     }
33 }
```

执行结果

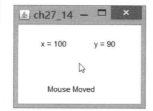

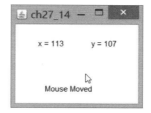

27-9-4　MouseMotionAdapter 类

MouseMotionAdapter 类是抽象类，可以用更方便的方式处理 MouseEvent 事件，这个类是实现 MouseMotionListener 接口，但是实现内容是空的，可以在设计倾听者时继承此类。此例是让 myListener 继承 MouseMotionAdapter，这样可以只针对有需要的地方设计事件处理程序。

程序实例 ch27_15.java：使用 MouseMotionAdapter 类重新设计 ch27_14.java，这个程序只有鼠标拖曳时才会显示鼠标光标位置以及 "Mouse Dragged" 字符串。

```java
1  import java.awt.*;                                    // 引入类库
2  import java.awt.event.*;                              // 因为有Event
3  public class ch27_15 {
4      static Frame frm = new Frame("ch27_15");
5      static Label xlab = new Label();                  // 标签记录x轴
6      static Label ylab = new Label();                  // 标签记录y轴
7      static Label lab = new Label();                   // 记录事件
8  // 担任事件倾听者和拥有事件处理者
9      static class myListener extends MouseMotionAdapter{ // 实现MouseMotionAdapter
10         public void mouseDragged(MouseEvent e) {      // mouseDragged事件处理者
11             xlab.setText("x = " + e.getX());          // 输出x坐标
12             ylab.setText("y = " + e.getY());          // 输出y坐标
13             lab.setText("Mouse Dragged");             // 输出鼠标被拖曳
14         }
15     }
16     public static void main(String[] args) {
17         frm.setLayout(null);                          // 不设版面配置
18         frm.setSize(200, 160);                        // 宽200, 高160
19         xlab.setBounds(40, 50, 50, 20);               // xlab位置和大小
20         ylab.setBounds(120, 50, 50, 20);              // ylab位置和大小
21         lab.setBounds(50, 120, 100, 20);              // lab位置和大小
22         frm.add(xlab);                                // 将xlab加入窗口
23         frm.add(ylab);                                // 将ylab加入窗口
24         frm.add(lab);                                 // 将lab加入窗口
25         frm.addMouseMotionListener(new myListener()); // --- 注册
26         frm.setVisible(true);                         // 显示窗口
27     }
28 }
```

执行结果

27-10　WindowEvent 类

当我们关闭窗口、缩小窗口、启动工作窗口等时都会产生窗口事件（WindowEvent），这时会产生 WindowEvent 事件对象传递给事件倾听者 WindowListener 接口，可以使用此对象决定应该如何处理工作。下列是 WindowEvent 类的方法。

方法	说明
Window getWindow()	返回触发事件的窗口
String paramString()	返回触发事件的窗口参数字符串

WindowListener 接口定义了下列 7 个方法。

方法	说明
void windowActivated(WindowEvent e)	非焦点窗口变焦点窗口
void windowClosed(WindowEvent e)	关闭窗口
void windowClosing(WindowEvent e)	正关闭窗口，可用此决定是否要关闭
void windowDeactivated(WindowEvent e)	由焦点窗口变非焦点窗口
void windowDeiconified(WindowEvent e)	窗口由最小化变一般状态
void windowIconified(WindowEvent e)	窗口由一般变非最小化
void windowOpened(WindowEvent e)	开启窗口

程序实例 ch27_16.java：这个程序只是实现 WindowListener 接口的方法，非常单纯，当我们操作 Window 时，提示消息窗口将列出窗口的操作项目，程序第 33 行调用 addWindowListener() 是执行注册。

```
1  import java.awt.*;                                    // 引入类库
2  import java.awt.event.*;                              // 因为有Event
3  public class ch27_16 {
4      static Frame frm = new Frame("ch27_16");
5  // 担任事件倾听者和拥有事件处理者
6      static class myListener implements WindowListener { // 实现WindowListener
7          public void windowActivated(WindowEvent e) {  // windowActivated事件处理者
8              System.out.println("windowActivated");
9          }
10         public void windowClosed(WindowEvent e) {     // windowClosed事件处理者
11             System.out.println("windowClosed");
12         }
13         public void windowClosing(WindowEvent e) {    // windowClosing事件处理者
14             System.out.println("windowClosing");
15             frm.dispose();                            // 释放frm窗口资源再关闭窗口
16         }
17         public void windowDeactivated(WindowEvent e) { // windowDeactivated事件处理者
18             System.out.println("windowDeactivated");
19         }
20         public void windowDeiconified(WindowEvent e) { // windowDeiconified事件处理者
21             System.out.println("windowDeiconified");
22         }
23         public void windowIconified(WindowEvent e) {  // windowIconified事件处理者
24             System.out.println("windowIconified");
25         }
26         public void windowOpened(WindowEvent e) {     // windowOpened事件处理者
27             System.out.println("windowOpened");
28         }
29     }
30     public static void main(String[] args) {
31         frm.setLayout(null);                          // 不设版面配置
32         frm.setSize(300, 160);                        // 宽300,高160
33         frm.addWindowListener(new myListener());      // --- 注册
34         frm.setVisible(true);                         // 显示窗口
35     }
36 }
```

执行结果

442

27-11 WindowAdapter 类

WindowAdapter 类是抽象类，可以用更方便的方式处理 WindowEvent 事件。这个类是实现 WindowListener 接口，但是实现内容是空的，可以在设计倾听者时继承此类。此例是让 myListener 继承 WindowAdapter，这样可以只针对有需要的地方设计事件处理程序。

程序实例 ch27_17.java：重新设计 ch27_16.java，但是简化为只重写 windowClosing() 方法。

```
1  import java.awt.*;                                    // 引入类库
2  import java.awt.event.*;                              // 因为有Event
3  public class ch27_17 {
4      static Frame frm = new Frame("ch27_17");
5  // 担任事件倾听者和拥有事件处理者
6      static class myListener extends WindowAdapter {    // 继承WindowAdapter
7          public void windowClosing(WindowEvent e) {     // windowClosing事件处理者
8              System.out.println("windowClosing");
9              frm.dispose();                             // 释放frm窗口资源再关闭窗口
10         }
11     }
12     public static void main(String[] args) {
13         frm.setLayout(null);                           // 不设版面配置
14         frm.setSize(300, 160);                         // 宽300, 高160
15         frm.addWindowListener(new myListener());       // --- 注册
16         frm.setVisible(true);                          // 显示窗口
17     }
18 }
```

执行结果

程序实操题

1. 请重新设计 ch27_4.java，增加白色与黑色功能按钮，若单击白色功能按钮则背景是白色，若单击黑色功能按钮则背景是黑色。

2. 请重新设计 ch27_5.java，请在功能按钮下方建立文字区，当单击接受、拒绝、结束时对应的字符串需在文字区显示。

3. 请扩充 ch27_6.java，增加 C++ 选项，同时默认最爱程序语言是 Java。另外，在最下方增加结束按钮，单击此按钮可以结束程序。

4. 请重新设计 ch27_7.java，窗口分成左右两边，在左边输入数据时，所输入数据在右边显示。

5. 请扩充 ch27_8.java，增加乘法、除法和求余数运算按钮。

6. 请修订 ch27_10.java，在文字区下方增加统计按钮，当单击统计按钮时才显示字数和字符数。

7. 请参考 ch27_12.java，在 Click Me 按钮上方增加文字区，当鼠标光标进入此文字区时，文字区显示 "Mouse Entered"。当鼠标光标离开此文本块时，文字区显示 "Mouse Exited"。当单击 Click Me 按钮时，文字区显示 "Mouse Click"。

8. 请参考 ch27_16.java，在窗口中增加文字区，窗口消息将在此显示，只有关闭窗口时才在提示消息窗口显示。

习题

1. 请重新设计 ch27_4.java，增加白色与黑色功能钮，若按白色功能钮则背景是白色，若按黑色功能钮则背景是黑色。

2. 请重新设计 ch27_5.java，请在功能钮下方建立文字区，当按接受、拒绝、结束时对应的字符串需在文字区显示。

3. 请扩充 ch27_6.java，增加 C++ 选项，同时默认最爱程序语言是 Java。另外最下方增加结束按钮，按此按钮可以结束程序。

4. 请重新设计 ch27_7.java，窗口分成左右 2 边，在左边输入数据时，所输入数据在右边显示。

5. 请扩充 ch27_8.java，增加乘法、除法和求余数运算按钮。

6 请修订 ch27_10.java，在文字区下方增加统计按钮，当按下统计按钮时才显示字数和字符数。

7. 请参考 ch27_12.java，在 Click Me 按钮上方增加文字区，当鼠标光标进入此文字区时，文字区显示 "Mouse Entered"。当鼠标光标离开此文本块时，文字区显示 "Mouse Exited"。当单击 Click Me 按钮时，文字区显示 "Mouse Click"。

8. 请参考 ch27_16.java，在窗口增加文字区，窗口消息将在此显示，只有关闭窗口时才在提示消息窗口显示。

第 28 章

再谈 AWT 对象

本章摘要

至今已经说明许多窗口组件了，AWT 仍有一些窗口组件尚未介绍，本章将补充说明。

28-1 列表（List）类

列表是指一次可以显示多个选项，同时一次也可以选择多个选项。在 Java AWT 中可以使用 List 类建立列表，建好后可以使用 add() 方法将选项置入列表。

28-1-1 建立列表

List 类继承 Component 类，下列是 List 类的构造方法。

构造方法	说明
List()	默认显示 4 行的列表
List(int rows)	显示 rows 行的列表
List(int rows, boolean multipleMode)	显示 rows 行的列表，可设置单选或复选

下列是 List 常用的方法，其中，列表索引（index）从 0 开始计数。

方法	说明
void add(String item)	将 item 加入列表末端
void add(String item, int index)	将 item 加入列表 index 位置
void deselect(int index)	取消 index 选项的选取
String getItem(int index)	返回 index 选项的 item
int getItemCount()	返回列表的项目数
String[ ] getItems()	将选单项目以字符串数组返回
int getRows()	返回列表显示的行数
int getSelectIndex()	返回被选取项目的 index，如果没有选取或多重选取则返回 −1
int[ ] getSelectIndexs()	返回被选取项目的 index
String getSelectedItem()	返回被选取项目
String[ ] getSelectedItems()	以字符串数组方式返回所有被选取项目
int getVisibleIndex()	返回最后用 makeVisible() 设置的项目
boolean isIndexSelected(int index)	返回 index 项目是否被选取
boolean isMultipleMode()	返回是否是复选模式
void remove(int position)	移除 position 位置的项目
void remove(String item)	移除 item 项目
void removeAll()	移除所有项目
void replaceItem(String newValue, int i)	用新 newValue 字符串取代 i 位置项目
void select(int index)	选取 index 项目
void setMultipleMode(boolean b)	设置选单是否复选

程序实例 ch28_1.java：建立列表的基本应用。这个程序列表中有 5 个项目，默认是 index 为 0 的选项，读者可以自行体验上下滚动列表。

```
1   import java.awt.*;                           // 引入类库
2   public class ch28_1 {
3       static Frame frm = new Frame("ch28_1");
4       static List lst = new List();
5       public static void main(String[] args) {
6           frm.setLayout(null);                 // 不设版面配置
7           frm.setSize(200, 160);               // 宽200, 高160
8           lst.setBounds(50, 50, 100, 60);      // 窗体位置与大小
9           lst.add("明志科大");                  // 将项目加入窗体
10          lst.add("台湾科大");
11          lst.add("台湾大学");
12          lst.add("清华大学");
13          lst.add("长庚大学");
14          lst.select(0);                       // 选取index 0项目
15          frm.add(lst);                        // 将窗体加入窗口
16          frm.setVisible(true);                // 显示窗口
17      }
18  }
```

程序实例 ch28_2.java：使用循环建立列表，此列表内含 6 个项目。

```
1   import java.awt.*;                           // 引入类库
2   public class ch28_2 {
3       static Frame frm = new Frame("ch28_2");
4       static List lst = new List();
5       public static void main(String[] args) {
6           frm.setLayout(new FlowLayout(FlowLayout.CENTER,20,20));
7           frm.setSize(200, 160);               // 宽200, 高160
8           for (int i=0; i < 6; i++)            // 建立index 0-5
9               lst.add("Item" + i);             // 将项目加入List
10          lst.select(0);                       // 选取index 0项目
11          frm.add(lst);                        // 将列表加入窗口
12          frm.setVisible(true);                // 显示窗口
13          System.out.println("Rows数量:" + lst.getRows());
14          System.out.println("Item数量:" + lst.getItemCount());
15      }
16  }
```

执行结果

```
D:\Java\ch28>java ch28_2
Rows数量 : 4
Item数量 : 6
```

程序实例 ch28_2_1.java：将 ch26_7_1.java 所产生的字型放入列表内。

```
1   import java.awt.*;                           // 引入类库
2   public class ch28_2_1 {
3       static Frame frm = new Frame("ch28_2_1");
4       static List lst = new List();
5       public static void main(String[] args) {
6           frm.setLayout(new FlowLayout(FlowLayout.CENTER,20,20));
7           frm.setSize(300, 160);               // 宽300, 高160
8           GraphicsEnvironment graphicsEnv = GraphicsEnvironment.getLocalGraphicsEnvironment();
9           String[] fontFamilyNames = graphicsEnv.getAvailableFontFamilyNames();
10          for (String fontFamilyName : fontFamilyNames)
11              lst.add(fontFamilyName);         // 将字型加入List
12          lst.select(0);                       // 选取index 0字型
13          frm.add(lst);                        // 将列表加入窗口
14          frm.setVisible(true);                // 显示窗口
15      }
16  }
```

执行结果

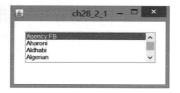

28-1-2 列表的事件处理

列表的项目被选取或取消选取时会产生 ItemEvent 事件，此事件相关细节可参考 27-5 节。

程序实例 ch28_3.java：重新设计 ch28_1.java，当选项有更改时在 TextField 字段将显示选项，同时这个程序采用流动版面配置（FlowLayout）。

```java
 1  import java.awt.*;                              // 引入类库
 2  import java.awt.event.*;                        // 因为有itemEvent
 3  public class ch28_3 {
 4      static Frame frm = new Frame("ch28_3");
 5      static List lst = new List();                // 建立List对象lst
 6      static TextField tf = new TextField();       // 建立TextField对象t
 7  // 担任事件倾听者和拥有事件处理者
 8      static class myListener implements ItemListener{  // 内部类
 9          public void itemStateChanged(ItemEvent e) {   // 事件处理者
10              String str = lst.getSelectedItem();       // 取得所按选项
11              tf.setText(str);                          // 将选项加入tf
12          }
13      }
14      public static void main(String[] args) {
15          frm.setLayout(new FlowLayout(FlowLayout.CENTER)); // 流动式版面配置
16          frm.setSize(200, 160);                       // 宽200, 高160
17          lst.add("明志科大");                          // 将项目加入列表
18          lst.add("台湾科大");
19          lst.add("台湾大学");
20          lst.add("清华大学");
21          lst.add("长庚大学");
22          lst.select(0);                               // 选取index 0项目
23          lst.addItemListener(new myListener());       // --- 注册
24          tf.setText(lst.getSelectedItem());           // 列出最初所选项目
25          frm.add(tf);                                 // 将tf加入窗口
26          frm.add(lst);                                // 将lst加入窗口
27          frm.setVisible(true);                        // 显示窗口
28      }
29  }
```

执行结果

28-2 下拉式列表（Choice）类

下拉式列表（choice）与列表（list）类似，差别在于下拉式列表一次只显示一个项目，同时一次也只能选取一个项目。它右边有向下箭头按钮，选择时可以看到一系列选项，如下图所示。

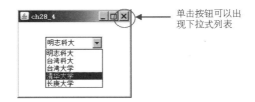

单击按钮可以出现下拉列表

28-2-1　建立下拉式列表

Choice 类继承 Component 类，下列是 Choice 类的构造方法。

构造方法	说明
Choice()	建立下拉式列表

下列是 Choice 常用的方法，其中，下拉式列表索引（index）从 0 开始计数。

方法	说明
void add(String item)	建立下拉式列表对象
String getItem(int index)	返回 index 位置的项目
int getSelectedIndex()	返回被选取项目的索引
String getSelectedItem()	返回被选取项目
void insert(String item, int index)	在 index 位置插入 item 项目
void remove(int position)	删除 position 位置的项目
void remove(String item)	删除 item 项目
void removeAll()	删除所有项目
void select(int pos)	选取 pos 位置的项目
void select(String item)	选取 item 项目

程序实例 ch28_4.java：建立下拉式列表的应用。

```java
 1  import java.awt.*;                         // 引入类库
 2  public class ch28_4 {
 3      static Frame frm = new Frame("ch28_4");
 4      static Choice ch = new Choice();
 5      public static void main(String[] args) {
 6          frm.setLayout(null);                // 不设版面配置
 7          frm.setSize(200, 160);              // 宽200，高160
 8          ch.setBounds(50, 50, 100, 60);      // 列表位置与大小
 9          ch.add("明志科大");                  // 将项目加入列表
10          ch.add("台湾科大");
11          ch.add("台湾大学");
12          ch.add("清华大学");
13          ch.add("长庚大学");
14          ch.select(0);                       // 选取index 0项目
15          frm.add(ch);                        // 将列表加入窗口
16          frm.setVisible(true);               // 显示窗口
17      }
18  }
```

执行结果

 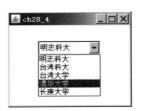

28-2-2　下拉式列表的事件处理

　　下拉式列表的项目被选取或取消选取时会产生 ItemEvent 事件, 此事件相关细节可参考 27-5 节。程序实例 ch28_5.java：这个程序会建立下拉式列表, 默认选项是黄色, 窗口背景显示选项的颜色是黄色。选项有更改时会依照所选的选项颜色更改窗口背景颜色, 同时这个程序采用流动版面配置（FlowLayout）。

```
1  import java.awt.*;                                    // 引入类库
2  import java.awt.event.*;                              // 因为有itemEvent
3  public class ch28_5 {
4      static Frame frm = new Frame("ch28_5");
5      static Choice ch = new Choice();                  // 建立Choice对象ch
6  // 担任事件倾听者和拥有事件处理者
7      static class myListener implements ItemListener{  // 内部类
8          public void itemStateChanged(ItemEvent e) {   // 事件处理者
9              String color = ch.getSelectedItem();       // 取得所选选项
10             if (color == "Yellow")
11                 frm.setBackground(Color.yellow);       // 设置背景是黄色
12             else if (color == "Gray")
13                 frm.setBackground(Color.gray);         // 设置背景是灰色
14             else if (color == "Green")
15                 frm.setBackground(Color.green);        // 设置背景是绿色
16         }
17     }
18     public static void main(String[] args) {
19         frm.setLayout(new FlowLayout(FlowLayout.CENTER)); // 流动式版面配置
20         frm.setSize(200, 160);                        // 宽200, 高160
21         ch.add("Yellow");                             // 将项目加入列表
22         ch.add("Gray");
23         ch.add("Green");
24         ch.select(0);                                 // 选取index 0项目
25         frm.setBackground(Color.yellow);              // 默认背景是黄色
26         ch.addItemListener(new myListener());         // --- 注册
27         frm.add(ch);                                  // 将Choice加入窗口
28         frm.setVisible(true);                         // 显示窗口
29     }
30 }
```

执行结果

28-3　菜单设计

　　想要设计菜单需要使用 MenuBar 类、Menu 类、MenuItem 类, 这三个类的继承关系如下：

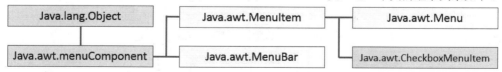

有关 MenuBar 对象、Menu 对象、MenuItem 对象的概念如下所示。

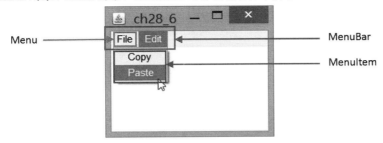

28-3-1　建立菜单

下列是 **MenuBar** 类的构造方法。

构造方法	说明
MenuBar()	建立 MenuBar 对象

下列是 MenuBar 类的常用方法。

方法	说明
Menu add(Menu m)	将 Menu 对象加入 MenuBar 对象
Menu getMenu(int index)	返回 index 位置的 Menu 对象
int getMenuCount()	返回 Menu 对象总数
void remove(int index)	删除 index 位置的 Menu 对象

下列是 **Menu** 类的构造方法。

构造方法	说明
Menu()	建立 Menu 对象
Menu(String label)	用 label 标签建立 Menu 对象

下列是 Menu 类的常用方法。

方法	说明
MenuItem add(MenuItem m)	将 MenuItem 对象加到 Menu 中
void add(String label)	将 label 标签加到 Menu 中
void addSeparator()	在目前位置增加分隔线
MenuItem getItem(int index)	返回 index 位置的 MenuItem 对象
int getItemCount()	返回 MenuItem 对象总数
void insert(MenuItem menuitem, int index)	在 index 位置插入 menuitem 对象
void insert(String label, int index)	在 index 位置插入 label 的 MenuItem 对象
void insertSeparator(int index)	在 index 位置增加分隔线
void remove(int index)	在 index 位置删除 MenuItem 对象
void removeAll()	删除所有 MenuItem 对象

下列是 **MenuItem** 类的构造方法。

构造方法	说明
MenuItem()	建立 MenuItem 对象
MenuItem(String label)	建立 label 名称的 MenuItem 对象
MenuItem(String label, MenuShortcut s)	建立含快捷键以 label 为名的 MenuItem 对象

下列是 MenuItem 类的常用方法。

方法	说明
String getLabel()	返回 MenuItem 标签
boolean isEnabled()	返回 MenuItem 是否可以使用
void setEnabled(boolean b)	设置 MenuItem 是否可以使用
void setLabel(String label)	设置 MenuItem 标签
void setShortcut(MenuShortcut s)	设置 MenuItem 标签的快捷键

建立菜单的步骤如下。

（1）分别建立 MenuBar、Menu、MenuItem 对象。

（2）使用 add() 方法将 Menu 对象加到 MenuBar 对象中。

（3）使用 add() 方法将 MenuItem 对象加到 Menu 对象中。

程序实例 ch28_6.java：建立菜单的应用。这个程序会建立 File 和 Edit 菜单，每个菜单内有一系列相关项目，其中，在 File 菜单中也增加了分隔线（第 17 行）。

```java
1  import java.awt.*;                                    // 引入类库
2  public class ch28_6 {
3      static Frame frm = new Frame("ch28_6");
4      static MenuBar mb = new MenuBar();                 // 建立MenuBar
5      static Menu menu1 = new Menu("File");              // 建立Menu
6      static Menu menu2 = new Menu("Edit");              // 建立Menu
7      static MenuItem mI1_1 = new MenuItem("New");       // 建立MenuItem
8      static MenuItem mI1_2 = new MenuItem("Save");      // 建立MenuItem
9      static MenuItem mI1_3 = new MenuItem("Exit");      // 建立MenuItem
10     static MenuItem mI2_1 = new MenuItem("Copy");      // 建立MenuItem
11     static MenuItem mI2_2 = new MenuItem("Paste");     // 建立MenuItem
12     public static void main(String[] args) {
13         mb.add(menu1);                                 // 在MenuBar加入File Menu
14         mb.add(menu2);                                 // 在MenuBar加入Edit Menu
15         menu1.add(mI1_1);                              // 将New加入File Menu
16         menu1.add(mI1_2);                              // 将Save加入File Menu
17         menu1.addSeparator();                          // 增加分隔线
18         menu1.add(mI1_3);                              // 将Exit加入File Menu
19         menu2.add(mI2_1);                              // 将Copy加入Edit Menu
20         menu2.add(mI2_2);                              // 将Paste加入Edit Menu
21         frm.setSize(200, 160);                         // 宽200, 高160
22         frm.setMenuBar(mb);                            // 设置frm菜单是mb对象
23         frm.setVisible(true);                          // 显示窗口
24     }
25 }
```

执行结果

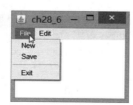
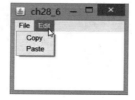

程序实例 ch28_7.java：在菜单内建立子菜单的应用。若是和 ch28_6.java 相比较，这个程序将 Edit
菜单以子菜单方式呈现在 File 菜单内。

```
1  import java.awt.*;                                  // 引入类库
2  public class ch28_7 {
3      static Frame frm = new Frame("ch28_7");
4      static MenuBar mb = new MenuBar();              // 建立MenuBar
5      static Menu menu = new Menu("File");            // 建立Menu
6      static Menu submenu = new Menu("Edit");         // 建立SubMenu
7      static MenuItem mI1 = new MenuItem("New");      // 建立MenuItem
8      static MenuItem mI2 = new MenuItem("Save");     // 建立MenuItem
9      static MenuItem mI3 = new MenuItem("Exit");     // 建立MenuItem
10     static MenuItem smI1 = new MenuItem("Copy");    // 建立MenuItem
11     static MenuItem smI2 = new MenuItem("Paste");   // 建立MenuItem
12     public static void main(String[] args) {
13         mb.add(menu);                               // 在MenuBar加入File Menu
14         menu.add(mI1);                              // 将New加入File Menu
15         menu.add(mI2);                              // 将Save加入File Menu
16         menu.addSeparator();                        // 增加分隔线
17         menu.add(submenu);                          // 增加submenu Edit
18         menu.addSeparator();                        // 增加分隔线
19         menu.add(mI3);                              // 将Exit加入File Menu
20         submenu.add(smI1);                          // 将Copy加入Edit SubMenu
21         submenu.add(smI2);                          // 将Paste加入Edit SubMenu
22         frm.setSize(200, 160);                      // 宽200,高160
23         frm.setMenuBar(mb);                         // 设置frm菜单是mb对象.
24         frm.setVisible(true);                       // 显示窗口
25     }
26 }
```

执行结果

 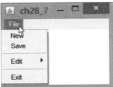 

28-3-2　菜单的事件处理

当选择菜单的选项时是触发 ActionEvent 事件，所以只要将相关事件处理写入 actionPerformed()
方法即可。

程序实例 ch28_8.java：这个程序会在窗口中央显示 Java 字符串，然后可以使用 Font 菜单的
Bold、Italic、Plain 项目更改 Java 为粗体、斜体和正常字体，若是执行 Exit 则程序结束。

```
1  import java.awt.*;                                  // 引入类库
2  import java.awt.event.*;                            // 因为有Event
3  public class ch28_8 {
4      static Frame frm = new Frame("ch28_8");
5      static MenuBar mb = new MenuBar();              // 建立MenuBar
6      static Menu menu = new Menu("Font");            // 建立Menu Font
7      static MenuItem mI1 = new MenuItem("Bold");     // 建立MenuItem
8      static MenuItem mI2 = new MenuItem("Italic");   // 建立MenuItem
9      static MenuItem mI3 = new MenuItem("Plain");    // 建立MenuItem
10     static MenuItem mI4 = new MenuItem("Exit");     // 建立MenuItem
11     static Label lab = new Label("Java",Label.CENTER); // 建立Label
12 // 担任事件倾听者和拥有事件处理者
13     static class myListener implements ActionListener{ // 内部类
14         public void actionPerformed(ActionEvent e) {   // 事件处理者
15             MenuItem item = (MenuItem) e.getSource();   // 取得所选选项
16             if (item == mI1)                            // 如果true建立BOLD
17                 lab.setFont(new Font("Times New Roman",Font.BOLD,36));
18             else if (item == mI2)                       // 如果true建立ITALIC
```

```
19                 lab.setFont(new Font("Times New Roman",Font.ITALIC,36));
20          else if (item == mI3)                    // 如果true建立PLAIN
21                 lab.setFont(new Font("Times New Roman",Font.PLAIN,36));
22          else if (item == mI4)
23                 frm.dispose();                     // 关闭窗口
24          }
25      }
26      public static void main(String[] args) {
27          mb.add(menu);                             // 在MenuBar加入File Menu
28          menu.add(mI1);                            // 将Bold加入File Menu
29          menu.add(mI2);                            // 将Italic加入File Menu
30          menu.add(mI3);                            // 将Plain加入File Menu
31          menu.addSeparator();                      // 增加分隔线
32          menu.add(mI4);                            // 将Exit加入File Menu
33          mI1.addActionListener(new myListener());  // --- 注册
34          mI2.addActionListener(new myListener());  // --- 注册
35          mI3.addActionListener(new myListener());  // --- 注册
36          mI4.addActionListener(new myListener());  // --- 注册
37          lab.setFont(new Font("Times New Roman",Font.PLAIN,36));
38          frm.add(lab);                             // 将Label加入窗口
39          frm.setSize(250, 160);                    // 宽250, 高160
40          frm.setMenuBar(mb);                       // 设置frm菜单是mb对象
41          frm.setVisible(true);                     // 显示窗口
42      }
43  }
```

执行结果

28-4 滚动条（Scrollbar）类

在 Windows 环境中常常可以看到滚动条方面的应用，在滚动条应用中使用者可以拖曳滑块在一定的区间中移动，在 Java 中可以用 Scrollbar 类处理相关功能。下列是滚动条相关定义图。

读者需留意的是滚动条滑块的大小会影响滚动条的最大值，例如，一个 0 ～ 100 的滚动条值，如果滚动条滑块宽度是 10，此滚动条实际产生的最大值是 90。

下列是 Scrollbar 类的构造方法。

构造方法	说明
Scrollbar()	建立垂直滚动条
Scrollbar(int orientation)	依方向建立滚动条
Scrollbar(int orientation, int value, int visible, int minimum, int maximum)	依方向建立滚动条，同时设置最初值、最大值、最小值和可视范围

滚动条可以使用下列类成员常量设置水平或垂直滚动条。

（1）**HORIZONTAL**：水平滚动条。

（2）VERTICAL：垂直滚动条。

下列是 Scrollbar 类的常用方法。

方法	说明
void addAdjustmentListener(AdjustmentListener I)	加入 AdjustmentEvent 事件倾听者
int getMaximum()	返回滚动条最大值
int getMinimum()	返回滚动条最小值
int getOrientation()	返回滚动条方向
int getValue()	返回滚动条值
int getVisibleAmount()	返回滚动条滑块可视大小
void setMaximum(int newMaximum)	设置滚动条最大值
void setMinimum(int newMinimum)	设置滚动条最小值
void setOrientation()	设置滚动条方向
void setValue(int newValue)	设置滚动条值
void setValues(int value, int visible, int minimum, int maximum)	设置滚动条值、滚动条滑块可视大小、最小值与最大值
void setVisibleAmount(int newValue)	设置滚动条滑块的可视大小

程序实例 ch28_9.java：建立垂直滚动条与水平滚动条的基本应用。读者可以在窗口内看到这两个滚动条。

```java
1  import java.awt.*;                                   // 引入类库
2  public class ch28_9 {
3      static Frame frm = new Frame("ch28_9");
4      static Scrollbar scv = new Scrollbar();          // 建立垂直滚动条
5      static Scrollbar sch = new Scrollbar(Scrollbar.HORIZONTAL); //水平
6      public static void main(String[] args) {
7          frm.setLayout(null);                         // 不设版面配置
8          scv.setBounds(50,50,15,100);                 // 垂直滚动条位置与大小
9          sch.setBounds(100,75,100,15);                // 水平滚动条位置与大小
10         frm.add(scv);                                // 垂直滚动条加入窗口
11         frm.add(sch);                                // 水平滚动条加入窗口
12         frm.setSize(250, 180);                       // 宽250, 高180
13         frm.setVisible(true);                        // 显示窗口
14     }
15 }
```

Scrollbar 类相对应的事件类是 AdjustmentEvent，此事件类的事件倾听者接口是 AdjustmentListener，这个事件倾听者只有定义一个方法。

```
adjustmentValueChanged(AdjustmentEvent e)
```

Scrollbar 类中若是想将事件来源者与事件倾听者执行注册，可使用下列方法。

```
sc.addAdjustmentListener(new MyListener );    // 可参考下列第 15 行
```

程序实例 ch28_10.java：拖动滚动条，标签将列出目前的滚动条值，这个滚动条的初值是 50，最大值是 100，最小值是 0。由于滚动条的可视宽度是 10，所以在拖曳滚动条时最大值将只有 90。

```
1  import java.awt.*;                                // 引入类库
2  import java.awt.event.*;                          // 因为有 Event
3  public class ch28_10 {
4      static Frame frm = new Frame("ch28_10");      // 建立垂直滚动条
5      static Scrollbar sc = new Scrollbar();        // 建立垂直滚动条
6      static Label lab = new Label();               // 建立标签
7  // 担任事件倾听者和拥有事件处理者
8      static class myListener implements AdjustmentListener{
9          public void adjustmentValueChanged(AdjustmentEvent e) {
10             lab.setText("垂直滚动条:" + sc.getValue()); // 取得滚动条值
11         }
12     }
13     public static void main(String[] args) {
14         frm.setLayout(null);                      // 不设版面配置
15         sc.addAdjustmentListener(new myListener()); // 注册
16         sc.setBounds(115,80,20,150);              // 设置滚动条位置与大小
17         sc.setValues(50,10,0,100);                // 设置滚动条相关值
18
19         lab.setAlignment(Label.CENTER);           // 设置标签中对齐
20         lab.setBounds(50,50,150,20);              // 设置标签位置与大小
21         lab.setText("垂直滚动条:" + sc.getValue()); // 输出标签
22
23         frm.add(sc);                              // 垂直滚动条加入窗口
24         frm.add(lab);                             // 标签加入窗口
25         frm.setSize(250, 250);                    // 宽250，高250
26         frm.setVisible(true);                     // 显示窗口
27     }
28 }
```

执行结果

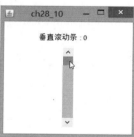

上述第 20 行虽然设置标签位置是在（50,50）位置开始放，但是第 19 行有设置居中对齐，所以标签会居中对齐。

28-5 对话框（Dialog）类

对话框是一种窗口，通常会在 Windows 操作系统的最上层显示，用户可以在此执行简单的输入。

有关对话框 AWT 类的结构图可参考 26-1 节，由该图可以看到 Dialog 类与 Frame 类一样均是继承 Window 类，所以可以知道 Dialog 类与 Frame 类有许多类似的特性，例如，可以在对话框内放置窗口的组件，例如，功能、标签等。下列是 Dialog 类的构造方法。

构造方法	说明
Dialog(Dialog owner)	建立没有标题的对话框,拥有者是另一个对话框（Dialog）
Dialog(Dialog owner, String title)	与上述相同但有标题
Dialog(Dialog owner, String title, boolean modal)	与上述相同,但是可以由布尔值 modal 设置主控
Dialog(Frame owner)	建立没有标题的对话框,拥有者是窗口（Frame）
Dialog(Frame owner, boolean modal)	与上述相同但可由 modal 设置主控
Dialog(Frame owner, String title)	建立有标题的对话框,拥有者是窗口（Frame）
Dialog(Frame owner, String title, boolean modal)	与上述相同但可由 modal 设置主控

下列是 Dialog 类的常用方法。

方法	说明
String getTitle()	返回对话框标题
boolean isModal()	返回对话框是否主控
boolean isResizable()	返回对话框是否可更改大小
void setModal(boolean modal)	设置对话框是否主控
void setResizable(boolean resizable)	对话框是否可更改大小
void setTitle(String title)	设置对话框标题
void setVisible(boolean b)	设置对话框是否显示

有关对话框需留意下列几点。

（1）对话框需设置拥有者,可以是 Frame 或另一对话框。

（2）对话框需用 setVisible(**true**) 设置显示或 setVisible(false) 设置不显示。

（3）主控（modal）对话框是指必须执行完成才可以回到拥有者窗口,非主控对话框则无此限制。

程序实例 ch28_11.java：建立对话框的基本应用。程序执行时单击 Demo 按钮,可以显示 MyDialog 对话框,在对话框内单击 Exit 按钮,可以结束显示对话框。

```
1  import java.awt.*;                                    // 引入类库
2  import java.awt.event.*;                              // 因为有Event
3  public class ch28_11 {
4      static Frame frm = new Frame("ch28_11");
5      static Button btn1 = new Button("Demo");
6      static Button btn2 = new Button("Exit");
7      static Dialog dialog = new Dialog(frm,"MyDialog");
8      static Label lab = new Label("欢迎使用对话框");
9  // 担任事件倾听者和拥有事件处理者
10     static class myListener implements ActionListener{
11         public void actionPerformed(ActionEvent e) {
12             Button btn = (Button) e.getSource( );
13             if (btn == btn1) {                         // 窗口按钮被单击
14                 dialog.setLayout(null);                // 不设置版面配置
15                 dialog.setSize(150,120);               // 对话框大小
16                 lab.setBounds(35,50,150,20);           // 标签位置与大小
17                 dialog.add(lab);                       // 标签加入对话框
18                 btn2.setBounds(70,80,30,20);           // 按钮位置与大小
19                 dialog.add(btn2);                      // 按钮加入对话框
20                 dialog.setVisible(true);               // 显示对话框
21             }
22             else if (btn == btn2) {                    // 对话框按钮被单击
23                 dialog.setVisible(false);              // 隐藏对话框
24             }
25         }
```

```
26        }
27        public static void main(String[] args) {
28            frm.setLayout(new FlowLayout());              // 设定版面配置
29            btn1.addActionListener(new myListener());     // 注册
30            btn2.addActionListener(new myListener());     // 注册
31            frm.add(btn1);                                 // 按钮加入窗口
32            frm.setSize(200, 150);                         // 宽200, 高150
33            frm.setVisible(true);                          // 显示窗口
34        }
35 }
```

执行结果

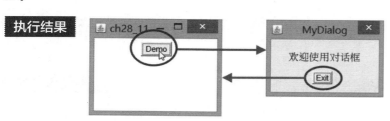

在这个程序设计中单击窗口的 Demo 按钮或是对话框的 Exit 按钮都会触发 ActionEvent 事件，可以由第 13 行或第 22 行的按钮名称比较，判别应执行哪一段程序代码。这个程序的另一个重点是在对话框内建立组件，其概念与在窗口（frame）中建立组件是相同的。

28-6 文件对话框（FileDialog）类

FileDialog 类是专门用来处理文件的对话框，例如，文件开启、存储等，这个对话框内已经包含一些常用的对象了。这个类是继承自 Dialog 类，如果参考 26-1 节的 AWT 类结构图，此类的位置如下。

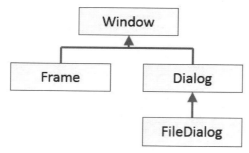

由于继承了 Dialog 类，所以 Dialog 类的方法也可以使用，这个类有两个成员常量。

static int **LOAD**：表示读取文件。

static int **SAVE**：表示存储文件。

下列是 FileDialog 类的构造方法。

构造方法	说明
FileDialog(Frame parent)	建立读取的文件对话框
FileDialog(Frame parent, String title)	建立含标题读取的文件对话框
FileDialog(Frame parent, String title, int mode)	建立含标题读取（mode=LOAD）或写入的文件对话框（mode=SAVE）

下列是 FileDialog 类常用的一般方法。

方法	说明
String getDirectory()	返回文件对话框所选取的文件夹
String getFile()	返回文件对话框所选取的文件名
int getMode()	返回对话框为 LOAD 或 SAVE
void setDirectory(String dir)	设置默认开启的文件夹
void setFile(String file)	设置默认开启的文件
void setMode(int mode)	配置文件对话框模式 LOAD 或 SAVE

程序实例 ch28_12.java：使用文件对话框开启文件的应用。笔者使用这个程序开启 ch28 文件夹内的 28_12.txt 文件。

```java
1  import java.awt.*;                                          // 引入类库
2  import java.awt.event.*;                                    // 因为有Event
3  import java.io.*;                                           // 文件读取
4  public class ch28_12 {
5      static Frame frm = new Frame("ch28_12");
6      static MenuBar mb = new MenuBar();                      // 建立MenuBar
7      static Menu menu = new Menu("File");                    // 建立Menu
8      static MenuItem open = new MenuItem("Open");            // 建立MenuItem
9      static FileDialog fd = new FileDialog(frm,"开启文件");
10     static TextArea ta = new TextArea();
11 // 担任事件倾听者和拥有事件处理者
12     static class myListener implements ActionListener{      // 内部类
13         public void actionPerformed(ActionEvent event) {    // 事件处理者
14             MenuItem item = (MenuItem) event.getSource();   // 取得所单击选项
15             if (item == open) {                             // 如果true读文件
16                 fd.setVisible(true);                        // 显示文件对话框
17                 String fileName = fd.getDirectory()+fd.getFile(); // 所选的文件
18                 try {
19                     FileInputStream src = new FileInputStream(fileName);
20                     byte[] fn = new byte[src.available()];  // 建立fn数组
21                     src.read(fn);                           // 从输入流读取数据存入fn数组
22                     ta.setText(new String(fn));             // 写入文字区
23                     src.close();
24                 }
25                 catch (IOException e) {
26                     System.out.println(e);
27                 }
28             }
29         }
30     }
31     public static void main(String[] args) {
32         mb.add(menu);                                       // 在MenuBar加入File Menu
33         menu.add(open);                                     // 将open加入File Menu
34         open.addActionListener(new myListener());           // 注册
35         BorderLayout br = new BorderLayout();               // 版面配置格式
36         frm.add(ta,br.CENTER);                              // 文字区在中央
37         frm.setSize(200, 160);                              // 宽200,高160
38         frm.setMenuBar(mb);                                 // 设置frm菜单是mb对象
39         frm.setVisible(true);                               // 显示窗口
40     }
41 }
```

执行结果

程序实操题

1. 请参考 ch28_2_1.java，请在字型列表下方增加标签，当选择某一种字型后，标签将以该字型重新显示。

2. 请扩充设计 ch28_3.java，在列表内增加自己所读的学校，同时当选择学校后，在列表下方增加 TextArea，列出所选学校的地址。

3. 请修订 ch28_5.java，在下拉列表下方增加 TextArea，用所选颜色更改 TextArea 的背景颜色。

4. 请扩充 ch28_8.java，增加 Color 菜单，这个菜单有 Blue、Green、Yellow 三种颜色选单，选择这些颜色时，可以更改标签的颜色。

5. 请扩充上一个习题，增加 About 菜单，这个菜单内有一个 about us 项目，若执行时会出现对话框，可参考 28-5 节，请在此对话框中简介自己，此对话框有 Exit 按钮，单击此按钮可以结束对话框。

6. 请扩充 ch28_12.java，当执行 Open 文件后窗口标题将改为所开启的文件名，在 File 菜单增加 Save as 和 Exit 项目。Save as 项目可以存储文件，文件存储后窗口标题改为所存储文件的名称，Exit 项目可以结束此程序。

习题

1. 请参考 ch28_2_1.java，请在字型列表下方增加标签，当选择某一种字型后，标签将以该字型重新显示。

2. 请扩充设计 ch28_3.java，在列表内增加自己所读的学校，同时当选择学校后，在列表下方增加 TextArea，列出所选学校的地址。

3. 请修订 ch28_5.java，在下拉式选单下方增加 TextArea，请将程序改为所选颜色将更改 TextArea 的背景颜色。

4. 请扩充 ch28_8.java，增加 Color 菜单，这个菜单有 Blue、Green、Yellow 等 3 种颜色选单，选择这些颜色时，可以更改标签的颜色。

5. 请扩充上一个习题，增加 About 菜单，这个菜单内有一个 about us 项目，若执行时会出现对话框，可参考 28-5 节，请在此对话框中填写自己的简介，此对话框有 Exit 钮，按此钮可以结束对话框。

6. 请扩充 ch28_12.java，当执行 Open 文件后窗口标题将改为所开启的文件名，在 File 菜单增加 Save as 和 Exit 项目。Save as 项目可以存储文件，文件存储后窗口标题改为所存储文件的名称，Exit 项目可以结束此程序。

第 2 9 章

使用 Swing 进行窗口程序设计

本章摘要

　　Swing 是完全由 Java 语言设计的组件，它是 JFC（Java Foundation Classes）的一部分，主要是用于图形用户接口（Graphics User Interface，GUI）的窗口应用程序设计，是一个独立于平台的组件，所设计的程序在所有平台会呈现相同结果，目前这也是主流程序设计师所使用的组件，也将是本章的主题。

　　有关 Swing 的使用可以留意下列事项。

- 每个 AWT 对象都有相对应的 Swing 对象取代，Swing 还提供了一些 AWT 没有的对象。

- AWT 所设计的窗口可能会因为操作系统不同而有不同的结果，Swing 所设计的窗口则是与平台无关，所有操作系统都可看到相同结果。

- AWT 组件又称重量级组件，Swing 组件称为轻量级组件。

- 在 Swing 类中提供类似 AWT 类的功能，但是 Swing 类大都会在类前方增加 **J** 字母，例如，AWT 是 Frame 类，Swing 是 JFrame 类；AWT 是 Button 类，Swing 是 JButton 类。

- Swing 事件的处理与 AWT 相同，所以可以将第 27 章的概念完全应用在此章内容。

29-1 Swing 层次结构图

下列是 Swing 层次结构的简化版图形。

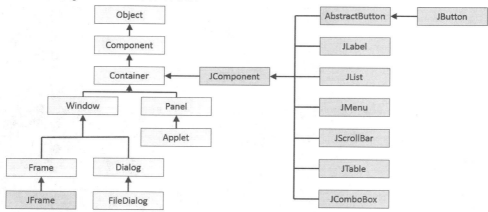

由上图可以看到，Swing 的 JComponent 是继承 java.awt.Container 类，甚至 JFrame 类是继承 AWT 的 Frame 类，这也是先介绍 AWT 的原因。下列是 Swing 常用 JComponent 的方法。

方法	说明
void add(Component c)	加入一个组件
void setSize(int width, int height)	设置组件的大小
void setLayout(LayoutManager m)	设置组件的版面配置
void setVisible(boolean b)	设置组件是否可显示，默认是不显示

29-2 JFrame 类

Swing 窗口的最基础是 **javax**.swing.Jframe 类，它继承了 java.awt.Frame 类，主要工作是扮演类似主窗口的角色，在这里面可以有标签（Label）、按钮（Button）、文字区（TextArea）等，组成一个图形用户接口（Graphics User Interface，GUI）。若是和 Frame 比较，JFrame 可以有 setDefaultCloseOperation() 方法，当单击窗口的"关闭"按钮 × 时，可以结束程序，可参考 ch29_1.java。

29-2-1 建立简单的 JFrame 窗口

JFrame 类的构造方法如下。

构造方法	说明
JFrame()	建立一个默认不显示，不含标题窗口
JFrame(String title)	建立一个默认不显示，含标题窗口

这个类有成员常量 EXIT_ON_CLOSE，放在 setDefaultCloseOperation() 方法内，执行时可以结束程序。

程序实例 ch29_1.java：建立一个不含任何组件的 JFrame 窗口，单击右上角的"关闭"按钮 ![X] 可以结束程序，读者须留意第一行，引入 Swing 的类库。

执行结果

```
1 import javax.swing.*;                          // 引入类库
2 public class ch29_1 {
3     static JFrame jfrm = new JFrame("ch29_1");
4     public static void main(String[] args) {
5         jfrm.setSize(200, 160);                // 宽200,高160
6 // setDefaultCloseOperation()可以让用户单击关闭按钮时结束程序
7         jfrm.setDefaultCloseOperation(jfrm.EXIT_ON_CLOSE);
8         jfrm.setVisible(true);                 // 显示窗口
9     }
10 }
```

29-2-2　JFrame 窗格的基本概念

Swing 窗口若是和 AWT 窗口比较是比较复杂的，在 Swing 中可以将 JFrame、JDialog、JWindow 视为一个容器，在里面可以有各种窗格。下面列举最简单的内容窗格（content pane）做说明。

程序设计时一般不是将组件直接放在 JFrame 窗口，而是将组件放在内容窗格（Content Pane）。Swing 又将窗口分成不同的内容窗格，例如，JRootPane、JTextPane、JDesktopPane、JScrollPane 等。不同窗格会有不同的功能，若想更进一步获得这方面的知识，可以参考 Java Swing 设计方面的书籍。

注　设计程序时若是 AWT 方式，将组件放在 JFrame 中也是可以。

下列是 JFrame 常用的方法。

方法	说明
void setIconImage(Image image)	设置窗口图标
Container getContentPane()	取得内容窗格
void setMenuBar(JmenuBar menubar)	设置菜单

至今所看到的窗口图标都是 ![icon]，但是也可以使用 setIconImage() 方法更改窗口图标，在此方法中 Image 是一个对象，需用 java.awt.Toolkit 类的下列方法将 gif 文件转成 Image 对象，下面是将 star.gif 转成 im 对象的实例。

```
Image im = Toolkit.getDefaultToolkit( ).getImage("star.gif")
```

程序实例 ch29_2.java：更改 Java 窗口的默认图标为 star.gif，读者需留意第 2 行所引入的类库。

```
1 import javax.swing.*;                          // 引入类库
2 import java.awt.*;                             // Image使用
3 public class ch29_2 {
4     static JFrame jfrm = new JFrame("ch29_2");
5     public static void main(String[] args) {
6         jfrm.setSize(200, 160);                // 宽200,高160
7 // 将star.gif转成Image对象im
8         Image im = Toolkit.getDefaultToolkit().getImage("star.gif");
9         jfrm.setIconImage(im);                 // 更改图标
10 // setDefaultCloseOperation()可以让用户单击关闭按钮时结束程序
11         jfrm.setDefaultCloseOperation(jfrm.EXIT_ON_CLOSE);
12         jfrm.setVisible(true);                 // 显示窗口
13     }
14 }
```

执行结果

29-3 JButton 类

在 Swing 中按钮 JButton 的概念与 AWT 的概念是相同的，不过更精致，也增加了一些功能，同时按钮也可以增加图案，甚至可以设置光标一般图案、光标进入按钮时的图案或光标在按下按键时的图案。JButton 类的构造方法如下。

构造方法	说明
JButton()	建立 JButton 对象
JButton(Icon icon)	建立 icon 为图标的 JButton 对象
JButton(String text)	建立标题是 text 的 JButton 对象
JButton(String text, Icon icon)	建立标题是 text，icon 为图标的 JButton 对象

由 29-1 节的层次图可知，JButton 是继承 AbstractButton，所以它的许多方法均是定义在 AbstractButton，下列是它的常用一般方法。

方法	说明
Icon getIcon()	返回按钮的图标
void setIcon(Icon icon)	设置一般按钮的图标为 icon
Icon getPressedIcon()	返回按钮被单击的图标
void setPressedIcon(Icon icon)	设置按钮被单击的图标为 icon
Icon getRolloverIcon()	返回光标在按钮上方的图标
void setRolloverIcon(Icon icon)	设置光标在按钮上方的图标为 icon
String getText()	返回按钮的标题
void setText(String s)	设置按钮的标题为 s 字符串
void setEnabled(boolean b)	可设置按钮是否可用

程序实例 ch29_3.java：在内容窗格（Content Pane）加上按钮的应用。这个程序最重要的是第 6 行，用 getContentPane() 方法取得内容窗格对象，然后在第 8 行将按钮放入内容窗格。

```
1  import javax.swing.*;                         // 引入类库
2  import java.awt.*;
3  public class ch29_3 {
4      static JFrame jfrm = new JFrame("ch29_3");
5      static JButton btn = new JButton("OK");
6      static Container ct  = jfrm.getContentPane();   // 取得内容窗格对象
7      public static void main(String[] args) {
8          ct.add(btn);                            // 在内容窗格建立按钮
9          jfrm.setSize(200, 160);                 // 宽200,高160
10         jfrm.setDefaultCloseOperation(jfrm.EXIT_ON_CLOSE);
11         jfrm.setVisible(true);                  // 显示窗口
12     }
13 }
```

执行结果

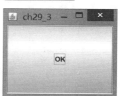

在上述实例中，没有设置 JButton 按钮大小，默认是将整个内容窗格（Content Pane）当作一个按钮。下列是参考版面配置的概念，让 Java 自动配置按钮的大小。

程序实例 ch29_3_1.java：将 Button 组件放在 JFrame 也可以运行。

```
1  import javax.swing.*;                              // 引入类库
2  import java.awt.*;
3  public class ch29_3_1 {
4      static JFrame jfrm = new JFrame("ch29_3_1");
5      static JButton btn = new JButton("OK");
6      public static void main(String[] args) {
7          jfrm.add(btn);                            // 在JFrame建立按钮
8          jfrm.setSize(200, 160);                   // 宽200,高160
9          jfrm.setDefaultCloseOperation(jfrm.EXIT_ON_CLOSE);
10         jfrm.setVisible(true);                    // 显示窗口
11     }
12 }
```

执行结果　与 ch29_3.java 相同。

程序实例 ch29_4.java：使用版面配置观念，重新设计 ch29_3.java，当单击 OK 按钮时，应该可以明显体会与 ch29_3.java 的差异。

```
1  import javax.swing.*;                              // 引入类库
2  import java.awt.*;
3  public class ch29_4 {
4      static JFrame jfrm = new JFrame("ch29_4");
5      static JButton btn = new JButton("OK");
6      static Container ct = jfrm.getContentPane();   // 取得内容窗格对象
7      public static void main(String[] args) {
8          ct.setLayout(new FlowLayout());           // 设置流动版面配置
9          ct.add(btn);                              // 在内容窗格建立按钮
10         jfrm.setSize(200, 160);                   // 宽200,高160
11         jfrm.setDefaultCloseOperation(jfrm.EXIT_ON_CLOSE);
12         jfrm.setVisible(true);                    // 显示窗口
13     }
14 }
```

执行结果

在 27-2 节学习了按钮的事件处理，可以将该节的概念应用在 Swing 的 JButton 内。

程序实例 ch29_5.java：将事件的概念应用在 Swing 设计的窗口程序，这个程序执行时，内容窗格背景是绿色，单击 Yellow 按钮后，内容窗格背景将呈黄色。

```
1  import javax.swing.*;                              // 引入类库
2  import java.awt.*;
3  import java.awt.event.*;
4  public class ch29_5 {
5      static JFrame jfrm = new JFrame("ch29_5");
6      static JButton btn = new JButton("Yellow");
7      static Container ct = jfrm.getContentPane();   // 取得内容窗格对象
8  // 担任事件倾听者和拥有事件处理者
9      static class myListener implements ActionListener{  // 内部类
10         public void actionPerformed(ActionEvent e) {     // 事件处理者
11             ct.setBackground(Color.yellow);             // 背景转呈黄色
12         }
13     }
14     public static void main(String[] args) {
15         ct.setLayout(new FlowLayout());           // 设置流动版面配置
16         ct.add(btn);                              // 在内容窗格建立按钮
17         btn.addActionListener(new myListener());  // --- 注册
18         ct.setBackground(Color.green);            // 内容窗格底色是绿色
19         jfrm.setSize(200, 160);                   // 宽200,高160
20         jfrm.setDefaultCloseOperation(jfrm.EXIT_ON_CLOSE);
21         jfrm.setVisible(true);                    // 显示窗口
22     }
23 }
```

执行结果

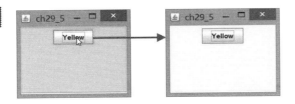

接下来将介绍在功能按钮内增加图案的方法。首先需用 ImageIcon 类建立对象，然后可以在功能按钮内增加图片。

程序实例 ch29_6.java：重新设计 ch29_4.java，但是此程序会为一般按钮（icon.gif）、光标进入按钮区（sun.gif）和单击按钮（moon.gif）增加图标。

```
1  import javax.swing.*;                              // 引入类库
2  import java.awt.*;
3  public class ch29_6 {
4      static JFrame jfrm = new JFrame("ch29_6");
5      static JButton btn = new JButton("OK");
6      static Container ct  = jfrm.getContentPane();   // 取得内容窗格对象
7      static ImageIcon icon =  new ImageIcon("star.gif");
8      static ImageIcon pressedIcon =  new ImageIcon("moon.gif");
9      static ImageIcon rolloverIcon =  new ImageIcon("sun.gif");
10     public static void main(String[] args) {
11         ct.setLayout(new FlowLayout());              // 设置流动版面配置
12         ct.add(btn);                                 // 在内容窗格建立按钮
13         btn.setIcon(icon);                           // 按钮有star.gif图
14         btn.setPressedIcon(pressedIcon);             // 按钮有moon.gif图
15         btn.setRolloverIcon(rolloverIcon);           // 按钮有sun.gif图
16         jfrm.setSize(200, 160);                      // 宽200, 高160
17         jfrm.setDefaultCloseOperation(jfrm.EXIT_ON_CLOSE);
18         jfrm.setVisible(true);                       // 显示窗口
19     }
20 }
```

执行结果 分别是一般按钮、光标进入按钮区和单击按钮时的图标。

29-4 JLabel 类

Swing 的 JLabel 类与 AWT 的 Label 功能类似，但是 JLabel 类支持在标签内加上图像，下面是构造方法。

构造方法	说明
JLabel()	建立 JLabel 对象
JLabel(String s)	建立标题是 s 的 JLabel 对象
JLabel(Icon i)	建立图标是 i 的 JLabel 对象
Jlabel(String s, Icon i, int horizontal alignment)	建立水平对齐为 LEFT、CENTER、RIGHT，标题是 s，图标是 i 的 JLabel 对象

下列是常用的一般方法。

方法	说明
String getText()	返回标签内容
void setText(String text)	设置标签内容
Icon getIcon()	返回标签图标
void setIcon(Icon i)	设置标签图标
Icon getDisabledIcon()	返回无作用的标签图标
void setDisabledIcon(Icon i)	设置无作用的标签图标
int getHorizontalAlignment()	返回标签沿 x 轴对齐方式
void setHorizontalAlignment(int align)	设置标签沿 x 轴对齐方式
void setHorizontalTextPosition(int pos)	设置标签在图标的 JLabel.LEFT、JLabel.CENTER 或 JLabel.RIGHT
void setVerticalTextPosition(int pos)	设置标签在图标的 JLabel.TOP 或 JLabel.CENTER 或 JLabel.BOTTOM
int getIconTextGap()	返回标签图标和文字距离
void setIconTextGap(int gap)	设置标签图标和文字距离

程序实例 ch29_7.java：建立含图标的标签与按钮，这个程序的重点是第 15 ~ 18 行，第 15 行是将文件转为 ImageIcon 对象，第 16 行是将 ImageIcon 对象设为标签的图标，第 17 行是设置标签内容为 "snow0.jpg"，第 18 行是将标签的文字内容放在图标水平中央，第 19 行是将标签的文字内容放在图标垂直上方，读者可以得到下列执行结果。另外，将组件放入内容窗格的顺序会影响排列方式，由于先放标签后放按钮，所以上方先显示标签，下方显示按钮。

```java
 1  import javax.swing.*;                                  // 引入类库
 2  import java.awt.*;
 3  public class ch29_7 {
 4      static JFrame jfrm = new JFrame("ch29_7");
 5      static Container ct  = jfrm.getContentPane();       // 取得内容窗格对象
 6      static JLabel lab = new JLabel();                   // 定义标签
 7  // 定义按钮图标和按钮
 8      static ImageIcon arrowLeft =  new ImageIcon("arrowleft.gif");
 9      static ImageIcon arrowRight =  new ImageIcon("arrowright.gif");
10      static JButton btn1 = new JButton("Prev", arrowLeft);   // 往前
11      static JButton btn2 = new JButton("Next", arrowRight);  // 往后
12      public static void main(String[] args) {
13          ct.setLayout(new FlowLayout());                 // 设置流动版面配置
14  // 设置标签和图标
15          ImageIcon labfig = new ImageIcon("snow0.jpg");  // 用在标签的图标
16          lab.setIcon(labfig);                            // 默认显示图标
17          lab.setText("snow0.jpg");
18          lab.setHorizontalTextPosition(JLabel.CENTER);   // 标签显示图标水平中央
19          lab.setVerticalTextPosition(JLabel.TOP);        // 标签显示图标垂直上方
20  // 将组件放入内容窗格
21          ct.add(lab);                                    // 在内容窗格建立标签
22          ct.add(btn1);                                   // 在内容窗格建立按钮
23          ct.add(btn2);                                   // 在内容窗格建立按钮
24  // 设置窗口大小和可以显示与结束程序
25          jfrm.setSize(800, 580);                         // 宽800, 高580
26          jfrm.setDefaultCloseOperation(jfrm.EXIT_ON_CLOSE);
27          jfrm.setVisible(true);                          // 显示窗口
28      }
29  }
```

执行结果

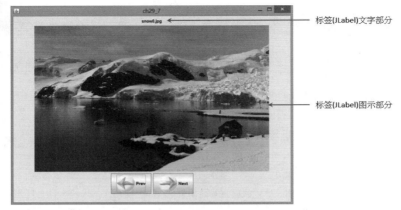

标签(JLabel)文字部分

标签(JLabel)图示部分

如果读者看上述按钮可以发现另一个问题，对 Prev 按钮而言，图标是在文字 Prev 的左边，对 Next 按钮而言，图标也是在文字 Next 的左边，其实对这类的功能按钮的协调性而言，若是可以将 Next 按钮的图标放在 Next 的右边将更佳，可参考下列实例。

程序实例 ch29_8.java：重新设计 ch29_7.java，将 Next 按钮的图标放在 Next 的右边，整个程序是增加下列两行，执行结果只输出功能按钮部分。

```
20  // 设置功能按钮 btn2 的 Next 字符串放在图标的左边
21      btn2.setHorizontalTextPosition(JButton.LEFT);  // 在 Next 字符串右边放图标
```

执行结果

程序实例 ch27_9.java：设计单击 Next 按钮可以显示下一张图片，单击 Prev 按钮可以显示上一张图片，这个程序有三张图片做测试。

```
1  import javax.swing.*;                              // 引入类库
2  import java.awt.*;
3  import java.awt.event.*;
4  public class ch29_9 {
5      static JFrame jfrm = new JFrame("ch29_9");
6      static Container ct  = jfrm.getContentPane();    // 取得内容窗格对象
7      static JLabel lab = new JLabel();               // 定义标签
8      static int index = 0;                           // 定义标签图标索引
9      static ImageIcon[] labfig = new ImageIcon[3];   // 用在标签的图标数组
10 // 定义按钮图标和按钮
11     static ImageIcon arrowLeft =  new ImageIcon("arrowleft.gif");
12     static ImageIcon arrowRight =  new ImageIcon("arrowright.gif");
13     static JButton btn1 = new JButton("Prev", arrowLeft);   // 往前
14     static JButton btn2 = new JButton("next", arrowRight);  // 往后
15 // 担任事件倾听者和拥有事件处理者
16     static class myListener implements ActionListener{      // 内部类
17         public void actionPerformed(ActionEvent e) {        // 事件处理者
18             JButton btn = (JButton) e.getSource();          // 获得按钮
19             int figLength = labfig.length;                  // 图标数量
20             if (btn==btn1 && index>0)                        // 单击Prev按钮设置新索引index值
21                 index--;
22             if (btn==btn2 && index<figLength-1)              // 单击Next按钮设置新索引index值
23                 index++;
24             lab.setText("snow" + index + ".jpg");           // 设置新标签图标
25             lab.setIcon(labfig[index]);                     // 设置新标签字符串
26         }
27     }
28     public static void main(String[] args) {
29         ct.setLayout(new FlowLayout());                     // 设置流动版面配置
30 // 设置标签和图标
```

```
31        labfig[0] = new ImageIcon("snow0.jpg");        // 图标索引0
32        labfig[1] = new ImageIcon("snow1.jpg");        // 图标索引1
33        labfig[2] = new ImageIcon("snow2.jpg");        // 图标索引2
34        lab.setIcon(labfig[0]);                        // 默认显示图标索引0
35        lab.setText("snow0.jpg");
36        lab.setHorizontalTextPosition(JLabel.CENTER);  // 水平中央
37        lab.setVerticalTextPosition(JLabel.TOP);       // 垂直上方
38 // 设置功能按钮btn2的Next字符串放在图标的左边
39        btn2.setHorizontalTextPosition(JButton.LEFT);  // 在Next字符串右边放图标
40 // 将组件放入内容窗格
41        ct.add(lab);                                   // 在内容窗格建立标签
42        ct.add(btn1);                                  // 在内容窗格建立按钮
43        ct.add(btn2);                                  // 在内容窗格建立按钮
44 // 执行注册
45        btn1.addActionListener(new myListener());      // --- 注册
46        btn2.addActionListener(new myListener());      // --- 注册
47 // 设置窗口大小和可以显示与结束程序
48        jfrm.setSize(600, 480);                        // 宽600, 高480
49        jfrm.setDefaultCloseOperation(jfrm.EXIT_ON_CLOSE);
50        jfrm.setVisible(true);                         // 显示窗口
51    }
52 }
```

执行结果

29-5　JCheckBox 类

在 Swing 中的 JCheckBox 类专注处理复选框，对复选框而言是可以执行复选，它的构造方法如下。

构造方法	说明
JCheckBox()	建立复选框
JCheckBox(String text)	建立含 text 标题的复选框
JCheckBox(String text, boolean b)	建立含 text 标题的复选框，如果 b 是 true 则同时勾选此复选框
JCheckBox(Icon icon)	建立图标是 icon 的复选框

它的常用方法如下。

方法	说明
void setText()	设置复选框内容
void setSelected(Boolean b)	设置复选框是否勾选
void setMnemonic(Char c)	设置 Alt+C 快捷键
Boolean isSelected(JCheckBox jcb)	返回是否勾选复选框

程序实例 ch29_10.java：建立复选框，其中，"旅游"复选框是在第 6 行声明时直接使用构造方法设置内容和勾选，另一个复选框在第 7 行声明时先不设内容与勾选，在第 11、12 行才设置内容与勾选。

```java
1  import javax.swing.*;                                 // 引入类库
2  import java.awt.*;
3  public class ch29_10 {
4      static JFrame jfrm = new JFrame("ch29_10");
5      static Container ct = jfrm.getContentPane();        // 取得内容窗格对象
6      static JCheckBox jcb1 = new JCheckBox("旅游",true); // 定义复选框
7      static JCheckBox jcb2 = new JCheckBox();            // 定义复选框
8      public static void main(String[] args) {
9          ct.setLayout(new FlowLayout());                 // 设置流动版面配置
10 // 设置复选框
11         jcb2.setText("篮球");                           // 设置复选框内容
12         jcb2.setSelected(true);                         // 勾选复选框
13 // 将组件放入内容窗格
14         ct.add(jcb1);                                   // 复选框
15         ct.add(jcb2);                                   // 复选框
16 // 设置窗口大小和可以显示与结束程序
17         jfrm.setSize(200, 120);                         // 宽200, 高120
18         jfrm.setDefaultCloseOperation(jfrm.EXIT_ON_CLOSE);
19         jfrm.setVisible(true);                          // 显示窗口
20     }
21 }
```

执行结果

程序实例 ch29_11.java：重新设计 ch29_10.java，这个程序是建立 Travel 和 Reading 复选框，同时设计按 Alt+T 组合键可以勾选或不勾选 Travel，按 Alt+R 组合键可以勾选或不勾选 Reading。

```java
1  import javax.swing.*;                                      // 引入类库
2  import java.awt.*;
3  public class ch29_11 {
4      static JFrame jfrm = new JFrame("ch29_11");
5      static Container ct  = jfrm.getContentPane();           // 取得内容窗格对象
6      static JCheckBox jcb1 = new JCheckBox("Travel",true);   // 定义复选框
7      static JCheckBox jcb2 = new JCheckBox();                // 定义复选框
8      public static void main(String[] args) {
9          ct.setLayout(new FlowLayout());                     // 设置流动版面配置
10 // 设置复选框
11         jcb2.setText("Reading");                            // 设置复选框内容
12         jcb2.setSelected(true);                             // 勾选复选框
13         jcb1.setMnemonic('T');                              // Alt+T可勾选
14         jcb2.setMnemonic('R');                              // Alt+R可勾选
15 // 将组件放入内容窗格
16         ct.add(jcb1);                                       // 复选框
17         ct.add(jcb2);                                       // 复选框
18 // 设置窗口大小和可以显示与结束程序
19         jfrm.setSize(200, 120);                             // 宽200, 高120
20         jfrm.setDefaultCloseOperation(jfrm.EXIT_ON_CLOSE);
21         jfrm.setVisible(true);                              // 显示窗口
22     }
23 }
```

执行结果

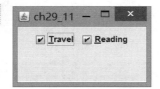

程序实例 ch29_12.java：餐饮计价系统的设计。

```
1  import javax.swing.*;                                    // 引入类库
2  import java.awt.*;
3  import java.awt.event.*;
4  public class ch29_12 {
5      static JFrame jfrm = new JFrame("ch29_12");
6      static Container ct  = jfrm.getContentPane();         // 取得内容窗格对象
7      static JLabel lab1 = new JLabel();                    // 定义标题标签
8      static JLabel lab2 = new JLabel();                    // 定义总金额标签
9      static JCheckBox jcb1 = new JCheckBox();              // 定义牛肉面复选框
10     static JCheckBox jcb2 = new JCheckBox();              // 定义肉丝面复选框
11     static JButton btn = new JButton("买单");             // 定义买单按钮
12 // 担任事件倾听者和拥有事件处理者
13     static class myListener implements ActionListener{    // 内部类
14         public void actionPerformed(ActionEvent e) {      // 事件处理者
15             int amount = 0;
16             if (jcb1.isSelected())                        // 牛肉面
17                 amount += 150;
18             if (jcb2.isSelected())                        // 肉丝面
19                 amount += 100;
20             lab2.setText("总金额 : "+Integer.toString(amount));
21         }
22     }
23     public static void main(String[] args) {
24         ct.setLayout(null);                               // 设置流动版面配置null
25 // 设置标签
26         lab1.setText("餐饮计价系统");
27         lab2.setText("总金额 : ");
28 // 设置复选框
29         jcb1.setText("牛肉面 : 150元");                    // 设置牛肉面复选框内容
30         jcb2.setText("肉丝面 : 100元");                    // 设置肉丝面复选框内容
31 // 设置版面
32         lab1.setBounds(50,50,150,20);
33         jcb1.setBounds(100,100,150,20);
34         jcb2.setBounds(100,130,150,20);
35         lab2.setBounds(100,170,150,20);
36         btn.setBounds(200,220,80,20);
37 // 将组件放入内容窗格
38         ct.add(lab1);                                     // 在内容窗格建立标题标签
39         ct.add(lab2);                                     // 在内容窗格建立总金额标签
40         ct.add(jcb1);                                     // 在内容窗格建立牛肉面复选框
41         ct.add(jcb2);                                     // 在内容窗格建立肉丝面复选框
42         ct.add(btn);                                      // 在内容窗格建立按钮
43 // 执行注册
44         btn.addActionListener(new myListener());          // --- 注册
45 // 设置窗口大小和可以显示与结束程序
46         jfrm.setSize(450, 300);                           // 宽450, 高300
47         jfrm.setDefaultCloseOperation(jfrm.EXIT_ON_CLOSE);
48         jfrm.setVisible(true);                            // 显示窗口
49     }
50 }
```

执行结果

29-6　JRadioButton 类

在 Swing 中 JRadioButton 类用于处理选项按钮，对选项按钮而言只能执行单选，它的构造方法如下。

构造方法	说明
JRadioButton()	建立选项按钮
JRadioButton(String text)	建立含 text 标题的选项按钮
JRadioButton(String text, boolean b)	建立含 text 标题的选项按钮，如果 b 是 true 则同时勾选此选项按钮
JRadioButton(Icon icon)	建立图标是 icon 的选项按钮

程序实例 ch29_13.java：建立可以选男性与女性的选项按钮。

```
 1  import javax.swing.*;                                        // 引入类库
 2  import java.awt.*;
 3  public class ch29_13 {
 4      static JFrame jfrm = new JFrame("ch29_13");
 5      static Container ct  = jfrm.getContentPane();              // 取得内容窗格对象
 6      static JRadioButton jrb1 = new JRadioButton("男性",true);  // 定义选项按钮
 7      static JRadioButton jcb2 = new JRadioButton("女性");       // 定义选项按钮
 8      public static void main(String[] args) {
 9          ct.setLayout(new FlowLayout());                       // 设置流动版面配置
10  // 将组件放入内容窗格
11          ct.add(jrb1);                                         // 选项按钮
12          ct.add(jcb2);                                         // 选项按钮
13  // 设置窗口大小和可以显示与结束程序
14          jfrm.setSize(200, 120);                               // 宽200,高120
15          jfrm.setDefaultCloseOperation(jfrm.EXIT_ON_CLOSE);
16          jfrm.setVisible(true);                                // 显示窗口
17      }
18  }
```

执行结果

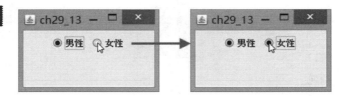

上述程序的确有选项按钮的效果，但是有发现 Java 的 Swing 在处理选项按钮时与处理复选框相同可以复选。如果想处理单选必须使用 ButtonGroup 类，将选项按钮组成群组，一个群组内的选项按钮只能单选一个对象。

程序实例 ch29_14.java：重新设计 ch29_13.java，只能选取单一男性或女性。这个程序最重要的是第 10 ~ 12 行使用 ButtonGroup 类建立群组，同时将选项按钮放入此群组。

```
 1  import javax.swing.*;                                        // 引入类库
 2  import java.awt.*;
 3  public class ch29_14 {
 4      static JFrame jfrm = new JFrame("ch29_14");
 5      static Container ct  = jfrm.getContentPane();              // 取得内容窗格对象
 6      static JRadioButton rb1 = new JRadioButton("男性",true);   // 定义选项按钮
 7      static JRadioButton rb2 = new JRadioButton("女性");        // 定义选项按钮
 8      public static void main(String[] args) {
 9          ct.setLayout(new FlowLayout());                       // 设置流动版面配置
10          ButtonGroup bg = new ButtonGroup();                   // 建立群组
11          bg.add(rb1);                                          // 选项按钮1放入群组
12          bg.add(rb2);                                          // 选项按钮2放入群组
13  // 将组件放入内容窗格
14          ct.add(rb1);                                          // 选项按钮
15          ct.add(rb2);                                          // 选项按钮
16  // 设置窗口大小和可以显示与结束程序
17          jfrm.setSize(200, 120);                               // 宽200,高120
18          jfrm.setDefaultCloseOperation(jfrm.EXIT_ON_CLOSE);
19          jfrm.setVisible(true);                                // 显示窗口
20      }
21  }
```

执行结果

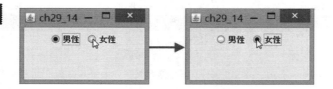

29-7　JOptionPane 类

这个类具有扮演对话框的角色，它的构造方法如下。

构造方法	说明
JOptionPane()	建立一个对话框对象
JOptionPane(Object msg)	建立一个显示 msg 的对话框对象

它的常用一般方法如下。

方法	说明
void showMessageDialog(Component parentComponent, Object msg)	在父组件内显示此对话框的 msg 消息

程序实例 ch29_15.java：延续 ch29_14.java，增加 Clicked 按钮，如果选择"男性"再单击 Clicked 按钮将出现对话框告知"你是男生"，如果选择"女性"再单击 Clicked 按钮将出现对话框告知"你是女生"。

```
1  import javax.swing.*;                                    // 引入类库
2  import java.awt.*;
3  import java.awt.event.*;
4  public class ch29_15 {
5      static JFrame jfrm = new JFrame("ch29_15");
6      static Container ct  = jfrm.getContentPane();          // 取得内容窗口对象
7      static JRadioButton rb1 = new JRadioButton("男性",true); // 定义选项按钮
8      static JRadioButton rb2 = new JRadioButton("女性");     // 定义选项按钮
9      static JButton btn = new JButton("Clicked");            // 定义按钮
10 // 担任事件倾听者和拥有事件处理者
11     static class myListener implements ActionListener{      // 内部类
12         public void actionPerformed(ActionEvent e) {        // 事件处理者
13             if (rb1.isSelected())
14                 JOptionPane.showMessageDialog(ct,"你是男生");
15             if (rb2.isSelected())                            // 肉丝面
16                 JOptionPane.showMessageDialog(ct,"你是女生");
17         }
18     }
19     public static void main(String[] args) {
20         ct.setLayout(null);                                 // 设置不用版面配置
21         ButtonGroup bg = new ButtonGroup();                 // 建立群组
22         bg.add(rb1);                                        // 选项按钮1放入群组
23         bg.add(rb2);                                        // 选项按钮2放入群组
24 // 设置版面
25         rb1.setBounds(100,50,100,20);
26         rb2.setBounds(100,100,100,20);
27         btn.setBounds(100,150,80,20);
28 // 将组件放入内容窗格
29         ct.add(rb1);                                        // 选项按钮
30         ct.add(rb2);                                        // 选项按钮
31         ct.add(btn);                                        // 按钮
32 // 执行注册
33         btn.addActionListener(new myListener());            // --- 注册
34 // 设置窗口大小和可以显示与结束程序
35         jfrm.setSize(300, 260);                             // 宽300, 高260
36         jfrm.setDefaultCloseOperation(jfrm.EXIT_ON_CLOSE);
37         jfrm.setVisible(true);                              // 显示窗口
38     }
39 }
```

执行结果

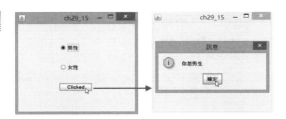

29-8 JList 类

JList 类与 AWT 的 List 类功能类似，可以在一系列选项中执行单选或是复选。下列是其构造方法。

构造方法	说明
JList()	建立一个 JList 对象
JList(ary[ ] listData)	使用 listData 建立一个 JList 对象
JList(ListModel<ary> listData)	使用各类对象建立一个 JList 对象

下列是常用方法。

方法	说明
void addListSelectionListener(ListSelectionList listener)	注册，未来选项有更改时可以调用事件处理者
Color getSelectionForeground()	返回前景颜色
void setSelectionForeground(Color selectionForeground)	设置前景颜色
Color getSelectionBackground()	返回背景颜色
void setSelectionBackground(Color selectionBackoreground)	设置背景颜色
int getSelectedIndex()	返回被选取最小的索引值
void setSelectedIndex(int index)	设置选取的索引值
Object getSelectedValue()	返回被选取的值
void setListData(Object[] listdata)	使用数组建立列表属性

程序实例 ch29_16.java：使用数组建立列表属性。

```java
1  import javax.swing.*;                               // 引入类库
2  import java.awt.*;
3  public class ch29_16 {
4      static JFrame jfrm = new JFrame("ch29_16");
5      static Container ct  = jfrm.getContentPane();    // 取得内容窗格对象
6      static JList<String> jlst = new JList<>();       // 建立JList
7      public static void main(String[] args) {
8          ct.setLayout(new FlowLayout());              // 设置 流动版面配置
9          String[] str = {"明志科大","台湾科大","台北科大","台湾大学","清华大学"};
10         jlst.setListData(str);                       // 使用字符串数组str建立窗体
11         jlst.setSelectedIndex(0);                    // 设置默认选取
12  // 将组件放入内容窗格
13         ct.add(jlst);                                // 窗体
14  // 设置窗口大小和可以显示与结束程序
15         jfrm.setSize(200, 160);                      // 宽200, 高160
16         jfrm.setDefaultCloseOperation(jfrm.EXIT_ON_CLOSE);
17         jfrm.setVisible(true);                       // 显示窗口
18      }
19  }
```

执行结果

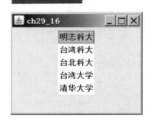

上述使用字符串数组简单好用，但是列表所显示的项目就被固定了。如果在程序执行期间想要增加或删除操作时，上述方法将无法工作，此时需使用 JList 的数据模型 ListModel 接口。使用 ListModel 接口建立列表项目时，所有项目是和 ListModel 捆绑在一起，此时进行项目的增加与操作都是在 ListModel 内执行。在 Java 中 ListModel 默认的实现类是 DefaultListModel，所以需使用此类建立列表的项目数据，操作细节可参考下列实例。

程序实例 ch29_17.java：使用 ListModel 重新设计 JList 列表，读者可留意第 9～15 行，使用 ListModel 建立列表项目方式。

```
1  import javax.swing.*;                              // 引入类库
2  import java.awt.*;
3  public class ch29_17 {
4      static JFrame jfrm = new JFrame("ch29_17");
5      static Container ct  = jfrm.getContentPane();   // 取得内容窗格对象
6      static JList<String> jlst = new JList<>();
7      public static void main(String[] args) {
8          ct.setLayout(new FlowLayout());             // 设置流动版面配置
9          DefaultListModel<String> lst = new DefaultListModel<>();
10         lst.addElement("明志科大");
11         lst.addElement("台湾科大");
12         lst.addElement("台北科大");
13         lst.addElement("台湾大学");
14         lst.addElement("清华大学");
15         jlst = new JList<>(lst);                     // 建立窗体
16         jlst.setSelectedIndex(0);                    // 设置默认选取
17 // 将组件放入内容窗格
18         ct.add(jlst);                                // 窗体
19 // 设置窗口大小和可以显示与结束程序
20         jfrm.setSize(200, 160);                      // 宽200, 高160
21         jfrm.setDefaultCloseOperation(jfrm.EXIT_ON_CLOSE);
22         jfrm.setVisible(true);                       // 显示窗口
23     }
24 }
```

执行结果　与 ch29_16.java 相同。

在上述实例中读者可能好奇，AWT 的 List 会自动建立滚动条，但是 JList 则不会自动建立滚动条。如果列表数据量够大，应如何建立滚动条，方便拖动列表项目？方法是使用 JScrollPane 类。实际使用方式可以参考下列实例。

程序实例 ch29_18.java：重新设计 ch29_17.java，让列表产生滚动条，其实整个程序除了第 15 ～ 19 行增加项目，只是更改将组件放入窗格的方式可参考第 23 行。第 23 行是将列表 lst 先加入滚动条窗格（ScrollPane），再将滚动条加入内容窗格。

```
1  import javax.swing.*;                              // 引入类库
2  import java.awt.*;
3  public class ch29_18 {
4      static JFrame jfrm = new JFrame("ch29_18");
5      static Container ct  = jfrm.getContentPane();   // 取得内容窗格对象
6      static JList<String> jlst = new JList<>();      // 窗体对象
7      public static void main(String[] args) {
8          ct.setLayout(new FlowLayout());             // 设置流动版面配置
9          DefaultListModel<String> lst = new DefaultListModel<>();
10         lst.addElement("明志科大");
11         lst.addElement("台湾科大");
12         lst.addElement("台北科大");
13         lst.addElement("台湾大学");
14         lst.addElement("清华大学");
15         lst.addElement("长庚科大");
16         lst.addElement("云林科大");
17         lst.addElement("虎尾科大");
18         lst.addElement("交通大学");
19         lst.addElement("中央大学");
20         jlst = new JList<>(lst);                     // 建立窗体
21         jlst.setSelectedIndex(0);                    // 设置默认选取
22 // 将组件放入内容窗格
23         ct.add(new JScrollPane(jlst));               // 窗体增加滚动条
24 // 设置窗口大小和可以显示与结束程序
25         jfrm.setSize(300, 220);                      // 宽300, 高220
26         jfrm.setDefaultCloseOperation(jfrm.EXIT_ON_CLOSE);
27         jfrm.setVisible(true);                       // 显示窗口
28     }
29 }
```

执行结果

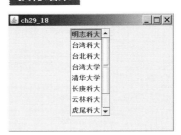

程序实例 ch29_19.java：上一个程序版面配置是使用 FlowLayout，如果使用不同版面配置将看到不一样的风格，本程序 19 行改为使用 BorderLayout 版面配置。

```
8              ct.setLayout(new BorderLayout());              // 设置边界版面配置
```

执行结果

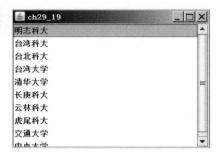

程序实例 ch29_20.java：这个程序是在内容窗格内建立两个列表，左边列表有滚动条和数据，右边列表是空的。双击左边列表某项目，此项目将被移动到右边列表。

```
1  import javax.swing.*;                                      // 引入类库
2  import java.awt.*;
3  import java.util.*;
4  import java.awt.event.*;
5  public class ch29_20 {
6      static JFrame jfrm = new JFrame("ch29_20");
7      static Container ct  = jfrm.getContentPane();           // 取得内容窗格对象
8      static JList<String> jlst1 = new JList<>();             // 窗体对象1
9      static JList<String> jlst2 = new JList<>();             // 窗体对象2
10     static Vector<String> vector = new Vector<String>();    // 窗体2的项目
11 // 担任事件倾听者和拥有事件处理者
12     static class myListener extends MouseAdapter{           // 内部类
13         public void mouseClicked(MouseEvent e) {            // 事件处理者
14             if (e.getSource() == jlst1)
15                 if (e.getClickCount() == 2) {               // 双击
16                     vector.add(jlst1.getSelectedValue());    // 取得选项
17                     jlst2.setListData(vector);               // 设定窗体2
18                 }
19         }
20     }
21     public static void main(String[] args) {
22         ct.setLayout(new GridLayout());                     // 设置方格版面配置
23         DefaultListModel<String> lst1 = new DefaultListModel<>();
24         lst1.addElement("明志科大");
25         lst1.addElement("台湾科大");
26         lst1.addElement("台北科大");
27         lst1.addElement("台湾大学");
28         lst1.addElement("清华大学");
29         lst1.addElement("长庚科大");
30         lst1.addElement("云林科大");

31         jlst1 = new JList<>(lst1);                           // 建立窗体
32 // 将组件放入内容窗格
33         ct.add(new JScrollPane(jlst1));                     // 窗体1增加滚动条
34         ct.add(new JScrollPane(jlst2));                     // 窗体2
35 // 注册倾听者
36         jlst1.addMouseListener(new myListener());           // 注册
37 // 设置窗口大小和可以显示与结束程序
38         jfrm.setSize(300, 160);                             // 宽300,高220
39         jfrm.setDefaultCloseOperation(jfrm.EXIT_ON_CLOSE);
40         jfrm.setVisible(true);                              // 显示窗口
41     }
42 }
```

双击项目将移动到右边

29-9　JColorChooser 类

这是一个颜色选择器类，可以建立一个颜色选择面板对话框，用户可以利用它选择想要的颜色。下列是此对话框内容，有 5 个标签，它的标题是 ch29_21.java 所建的标题，读者可以自行设置此标题。除了调色板标签读者可以在 ch29_21.java 看到外，下列是其他 4 个标签。

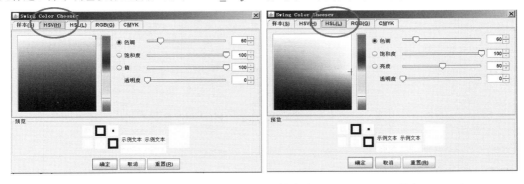

上图左方是 HSV 标签，HSV 是指色相（Hue）、饱和度（Saturation）、明度（Value）。

（1）色相（**H**）：是色彩基本属性，也就是颜色名称。例如，黄色。

（2）饱和度（**S**）：是指色彩纯度，越高越纯，越低则变灰，值为 0%～ 100%。

（3）明度（**V**）：值为 0%～ 100%。

上图右方是 HSL 标签，HSL 是指色相（Hue）、饱和度（Saturation）、亮度（Lightness）。

亮度（**L**）：值为 0%～ 100%。

上图左方是 RGB 标签，RGB 分别代表 Red（红色）、Green（绿色）、Blue（蓝色），可以利用这三种颜色调制想要的颜色。上图右方是 CMYK 标签，这是色印刷的套色模式，利用色料三色混合，再加上黑色油墨，形成 4 色全彩印刷。这 4 个颜色如下。

（1）C：**Cyan**，是指青色。

（2）M：**Magenta**，桃红色。

（3）Y：**Yellow**，黄色。

（4）K：blac**K**，黑色。

在上图中可以用移动各滑块调整色彩，它的构造方法如下。

构造方法	说明
JColorChooser()	建立默认是白色的对象
JColorChooser(Color initialColor)	建立指定色彩的对象

下列是常用一般方法。

方法	说明
Color getColor()	返回颜色选择面板所选的颜色
void serColor()	设置颜色选择面板的颜色
void serColor(int r, int g, int b)	使用 r、g、b 设置颜色选择面板的颜色
Color showDialog(Component c, String title, Color initialColor)	显示窗口上层是 c，标题是 title，色彩是 initialColor 的颜色选择面板

程序实例 ch29_21.java：建立一个窗口，此窗口下方有 My Color 按钮，单击此按钮可以出现色彩选择面板对话框，然后可以选择颜色。

```
1  import javax.swing.*;                                    // 引入类库
2  import java.awt.*;
3  import java.awt.event.*;
4  public class ch29_21 {
5      static JFrame jfrm = new JFrame("ch29_21");
6      static Container ct  = jfrm.getContentPane();         // 取得内容窗格对象
7      static JButton btn = new JButton("My Color");         // 建立My Color按钮
8      static JColorChooser jcc = new JColorChooser();       // 建立jcc色彩对象
9      static Color mycolor;                                 // 定义色彩
10 // 担任事件倾听者和拥有事件处理者
11     static class myListener implements ActionListener{    // 内部类
12         public void actionPerformed(ActionEvent e) {      // 事件处理者
13             mycolor = jcc.showDialog(jfrm,"Swing Color Chooser",Color.yellow);
14             ct.setBackground(mycolor);                     // 设置内容窗格背景
15         }
16     }
17     public static void main(String[] args) {
18         ct.setLayout(new BorderLayout());                 // 设置边界版面配置
19 // 将组件放入内容窗格
20         ct.add(btn, BorderLayout.NORTH);                  // 按钮在下方
21 // 注册倾听者
22         btn.addActionListener(new myListener());          // --- 注册
23 // 设置窗口大小和可以显示与结束程序
24         jfrm.setSize(200, 160);                           // 宽200, 高160
25         jfrm.setDefaultCloseOperation(jfrm.EXIT_ON_CLOSE);
26         jfrm.setVisible(true);                            // 显示窗口
27     }
28 }
```

执行结果

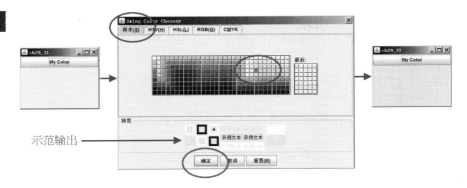

示范输出

29-10　JTextField 类

这个类的概念与 AWT 的 TextField 概念相同，它是继承 JTextComponent 类，下列是构造方法。

构造方法	说明
JTextField()	建立空白文本框
JTextField(String text)	建立含 text 的文本框
JTextField(int column)	建立 column 长度的文本框
JTextField(String text, int columns)	建立含 text 与 columns 长度的文本框

下列是常用一般方法。

方法	说明
void addActionListener(ActionListener i)	增加监听动作
int getColumns()	获得长度数
void setFont(Font f)	设置字型
void setHorizontalAlignment(int pos)	设置水平对齐方式

程序实例 ch29_22.java：使用 JTextField 类处理基本文本框输出的应用。

```
1  import javax.swing.*;                                  // 引入类库
2  import java.awt.*;
3  public class ch29_22 {
4      static JFrame jfrm = new JFrame("ch29_22");
5      static Container ct  = jfrm.getContentPane();       // 取得内容窗格对象
6      static JTextField tf1 = new JTextField("欢迎");      // 建立文本框
7      static JTextField tf2 = new JTextField("深石");      // 建立文本框
8      public static void main(String[] args) {
9          ct.setLayout(null);                             // 不设版面配置
10         tf1.setBounds(50,30,100,20);
11         tf2.setBounds(50,80,100,20);
12 // 将组件放入内容窗格
13         ct.add(tf1);
14         ct.add(tf2);
15 // 设置窗口大小和可以显示与结束程序
16         jfrm.setSize(260,200);                          // 宽260, 高200
17         jfrm.setDefaultCloseOperation(jfrm.EXIT_ON_CLOSE);
18         jfrm.setVisible(true);                          // 显示窗口
19     }
20 }
```

执行结果

479

程序实例 ch29_23.java：这个程序是 ch29_22.java 的扩充，这个程序增加了 Changed 按钮，当单击此按钮时，可以让文本块的内容对调。

```
1  import javax.swing.*;                              // 引入类库
2  import java.awt.*;
3  import java.awt.event.*;
4  public class ch29_23 {
5      static JFrame jfrm = new JFrame("ch29_23");
6      static Container ct  = jfrm.getContentPane();    // 取得内容窗格对象
7      static JTextField tf1 = new JTextField("欢迎");   // 建立文本框
8      static JTextField tf2 = new JTextField("深石");   // 建立文本框
9      static JButton btn = new JButton("Changed");     // 建立按钮
10 // 担任事件倾听者和拥有事件处理者
11     static class myListener implements ActionListener{  // 内部类
12         public void actionPerformed(ActionEvent e) {    // 事件处理者
13             String str1 = tf1.getText();                // 取得文本框1内容
14             String str2 = tf2.getText();                // 取得文本框2内容
15             if (e.getSource() == btn) {
16                 tf1.setText(str2);                      // 设置文本框1内容
17                 tf2.setText(str1);                      // 设置文本框2内容
18             }
19         }
20     }
21     public static void main(String[] args) {
22         ct.setLayout(null);                            // 不设版面配置
23 // 设置组件在版面位置
24         tf1.setBounds(50,30,120,20);
25         tf2.setBounds(50,80,120,20);
26         btn.setBounds(50,140,100,30);
27 // 将组件放入内容窗格
28         ct.add(tf1);
29         ct.add(tf2);
30         ct.add(btn);
31 // 执行注册
32         btn.addActionListener(new myListener());       // --- 注册
33 // 设置窗口大小和可以显示与结束程序
34         jfrm.setSize(260,220);                         // 宽260, 高220
35         jfrm.setDefaultCloseOperation(jfrm.EXIT_ON_CLOSE);
36         jfrm.setVisible(true);                         // 显示窗口
37     }
38 }
```

执行结果

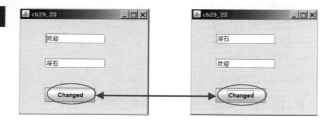

29-11 JTextArea 类

这个类的概念与 AWT 的 TextArea 概念相同，它是继承 JTextComponent 类，其实这个文字区恰当应用就是文件编辑软件的编辑区。下列是构造方法。

构造方法	说明
JTextArea()	建立空白文字区
JTextArea(String text)	建立显示 text 字符串的文字区
JTextArea(int row, int column)	建立 row 行，column 长度的文字区
JTextArea(String text, int row, int column)	同上一个但是含 text 字符串

下列是常用的方法。

方法	说明
void append(String s)	将字符串 s 插入文字区末端
void setRows(int rows)	设置 rows 数
void setColumns(int cols)	设置 cols 数
void insert(String s, int pos)	在 pos 位置插入字符串 s
void setFont(Font f)	设置字型

程序实例 ch29_24.java：使用 JTextArea 类建立文字区的应用。

```java
1  import javax.swing.*;                                    // 引入类库
2  import java.awt.*;
3  public class ch29_24 {
4      static JFrame jfrm = new JFrame("ch29_24");
5      static Container ct  = jfrm.getContentPane();        // 取得内容窗格对象
6      static JTextArea ta = new JTextArea("欢迎光临");      // 建立文字区
7      public static void main(String[] args) {
8          ct.setLayout(null);                             // 不设版面配置
9          ta.setBounds(20,30,240,160);
10 // 将组件放入内容窗格
11         ct.add(ta);
12 // 设置窗口大小和可以显示与结束程序
13         jfrm.setSize(300,260);                          // 宽300, 高260
14         jfrm.setDefaultCloseOperation(jfrm.EXIT_ON_CLOSE);
15         jfrm.setVisible(true);                          // 显示窗口
16     }
17 }
```

执行结果

程序实例 ch29_25.java：这个程序主要是可以在文字区输入句子，然后单击 Count 按钮后，可以在文字区上方看到有多少字和多少字符。

```java
1  import javax.swing.*;                                    // 引入类库
2  import java.awt.*;
3  import java.awt.event.*;
4  public class ch29_25 {
5      static JFrame jfrm = new JFrame("ch29_25");
6      static Container ct  = jfrm.getContentPane();        // 取得内容窗格对象
7      static JTextArea ta = new JTextArea();               // 建立文本框
8      static JLabel lab = new JLabel("字数与字符数");       // 建立标签统计信息
9      static JButton btn = new JButton("Count");           // 建立按钮
10 // 担任事件倾听者和拥有事件处理者
11     static class myListener implements ActionListener{   // 内部类
12         public void actionPerformed(ActionEvent e) {     // 事件处理者
13             String text = ta.getText();
14             String[] words = text.split("\\s");          // 空白分隔句子
15             lab.setText("字数：" + words.length + "  字符数：" + text.length());
16         }
17     }
18     public static void main(String[] args) {
19         ct.setLayout(null);                             // 不设版面配置
20 // 设置组件在版面位置
21         lab.setBounds(50,30,200,20);
22         ta.setBounds(20,70,280,160);
23         btn.setBounds(100,260,100,25);
24 // 将组件放入内容窗格
25         ct.add(ta);
26         ct.add(lab);
27         ct.add(btn);
28 // 执行注册
29         btn.addActionListener(new myListener());         // --- 注册
30 // 设置窗口大小和可以显示与结束程序
31         jfrm.setSize(350,350);                          // 宽350, 高350
32         jfrm.setDefaultCloseOperation(jfrm.EXIT_ON_CLOSE);
33         jfrm.setVisible(true);                          // 显示窗口
34     }
35 }
```

执行结果

29-12 JPasswordField 类

这个类的使用方式与 JTextField 类相似，但是这个类输入信息会隐藏，主要是用于设计密码字段。它的构造方法如下。

构造方法	说明
JPasswordField()	建立密码字段
JPasswordField(int columns)	建立 columns 长度的密码字段
JPasswordField(String text)	建立含 text 字符串的密码字段
JPasswordField(String text, int columns)	同上但是含 columns 长度

程序实例 ch29_26.java：使用 JPasswordField 类建立密码字段的应用，执行输入时所有输入数据将被隐藏。

```
1  import javax.swing.*;                              // 引入类库
2  import java.awt.*;
3  public class ch29_26 {
4      static JFrame jfrm = new JFrame("ch29_26");
5      static Container ct  = jfrm.getContentPane();    // 取得内容窗格对象
6      static JPasswordField pwd = new JPasswordField();// 建立文字区
7      static Label lab = new Label("Password : ");
8      public static void main(String[] args) {
9          ct.setLayout(null);                          // 不设版面配置
10         lab.setBounds(20,50,60,20);                  // 密码栏左边的卷标
11         pwd.setBounds(85,50,100,20);                 // 密码栏
12 // 将组件放入内容窗格
13         ct.add(lab);
14         ct.add(pwd);
15 // 设置窗口大小和可以显示与结束程序
16         jfrm.setSize(240,160);                       // 宽240, 高160
17         jfrm.setDefaultCloseOperation(jfrm.EXIT_ON_CLOSE);
18         jfrm.setVisible(true);                       // 显示窗口
19     }
20 }
```

执行结果

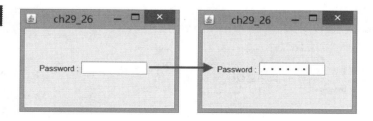

29-13　JTabbedPane 类

当数据量很多时可以用这个类将数据以标签窗格方式分类，它的构造方法如下。

构造方法	说明
JTabbedPane()	建立标签
JTabbedPane(int tabPlacement)	建立标签时同时设置位置

标签可以在 TOP、BOTTOM、RIGHT、LEFT 这 4 个边，默认是在上边。

程序实例 ch29_27.java：在这个程序中第 6 ~ 8 行使用了 JPanel 类建立三个面板，这个程序的概念就是将这三个面板放入标签窗格，在放入时同时设置标签名称分别是"个人学历""经历""著作"，可参考 13 ~ 15 行。同时这个程序第 12 行将文字区放入第一个面板，所以读者单击第一个面板与第 2、3 个面板所获得的画面是不同的。有文字区的面板未来才可以用程序存取数据。

```
1  import javax.swing.*;                        // 引入类库
2  public class ch29_27 {
3      static JFrame frm = new JFrame("ch29_27");
4      static JTextArea ta = new JTextArea(200,200);
5      static JTabbedPane tp = new JTabbedPane();
6      static JPanel p1 = new JPanel();
7      static JPanel p2 = new JPanel();
8      static JPanel p3 = new JPanel();
9      public static void main(String[] args) {
10         frm.setLayout(null);                 // 不设版面配置
11         tp.setBounds(50,50,200,200);
12         p1.add(ta);                          // 文字区放入Jpanel
13         tp.add("个人学历", p1);              // JPanel放入JTabbedPane
14         tp.add("经历", p2);                  // JPane2放入JTabbedPane
15         tp.add("著作", p3);                  // JPane3放入JTabbedPane
16         frm.add(tp);                         // 将JTabbedPane放入Frame
17  // 设置窗口大小和可以显示与结束程序
18         frm.setSize(350,350);                // 宽350, 高350
19         frm.setDefaultCloseOperation(frm.EXIT_ON_CLOSE);
20         frm.setVisible(true);                // 显示窗口
21     }
22  }
```

29-14　本章结尾

这一章讲解了使用 Swing 设计 GUI 窗口应用程序的最基础部分，其实相关的应用还有许多，如果读者有需要可以参考官方手册，或是 Java Swing 方面的相关书籍。

程序实操题

1. 请参考 ch29_2.java，修改 Java 的默认图标，将图标改为自己学校的 Logo。
2. 请参考 ch29_5.java，在内容窗格中增加 4 个按钮，每个按钮代表一种颜色，单击按钮可以更改窗口背景颜色。
3. 请参考 ch29_6.java，设计具有个人特色的按钮，例如，将星星、月亮、太阳改成自己不同时期的相片。
4. 请扩充 ch29_9.java，请设计至少 10 张图，例如，某次班上出游的照片。

5. 请重新设计 ch29_12.java，增加阳春面 60 元，皮蛋豆腐 30 元，豆干 10 元。

6. 请参考 ch29_14.java 设计，学历选项按钮，有小学、初中、高中、大学、硕士、博士，另外再增加"确定"按钮，选好后单击"确定"按钮，可以在窗口下方列出标签（Label），显示"学历"，同时增加此学历代表图标。

7. 请参考 ch29_20.java，需修改版面配置方式，左边列表上方列出"大学列表"，右边列表上方列出"我的理想学校"。

8. 请重新设计 ch29_23.java，只有一个文本框组件，第二个组件是标签，当单击 Changed 按钮时，会将文本框内容用标签输出。

9. 请扩充设计 ch29_26.java，首先增加 JTextField 组件供输入账号，然后在 JPassWord 组件下方有 Login 按钮，当单击 Login 按钮后，在下方会输出所输入的账号和密码。

习题

1. 请参考 ch29_2.java，修改 Java 的默认图标，请将图标改为自己学校的 Logo。

2. 请参考 ch29_5.java，在内容窗格增加 4 个钮，每个钮代表一种颜色，单击钮可以更改窗口背景颜色。

3. 请参考 ch29_6.java，设计具有个人特色的按钮，例如，将星星、月亮、太阳改成自己不同时期的相片。

4. 请扩充 ch29_9.java，请设计至少 10 张图，例如：某次班上出游的照片。

5. 请重新设计 ch29_12.java，增加阳春面 60 元，皮蛋豆腐 30 元，豆干 10 元。

6. 请参考 ch29_14.java 设计，学历选项按钮，有小学、初中、高中、大学、硕士、博士，另外再增加确定按钮，选好后按确定按钮，可以在窗口下方列出标签（Label），列出"学历"，同时增加此学历代表图标。

7. 请参考 ch29_20.java，需修改版面配置方式，左边列表上方列出"大学列表"，右边列表上方列出"我的理想学校"。

8. 请重新设计 ch29_23.java，只有一个文本框组件，第 2 个组件是标签，当按 Changed 按钮时，会将文本框内容用标签输出。

9. 请扩充设计 ch29_26.java，首先增加 JTextField 组件供输入账号，然后在 JPassWord 组件下方有 Login 按钮，当按 Login 按钮后，在下方会输出所输入的账号和密码。

第 3 0 章

绘图与动画

Java 有 Graphics 类或是子类 Graphics2D，这两个类主要是提供给用户可以在窗口内绘制图形，读者可以选择在 AWT 窗口或在 Swing 窗口。

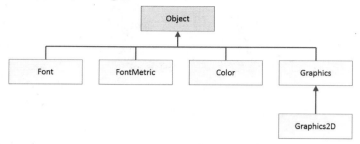

绘图实现其实与工作平台（或可想成操作系统）有关，但是 Graphics 接口已经有提供独立于个别平台的方法，可以使用它们绘制文字、图像，然后可以在所有平台运行。另外，本章也会说明字型（Font）和色彩（Color）的处理。

30-1 认识坐标系统

Java 系统所使用的坐标与传统数学的坐标不同，Java 绘图坐标的原点（x=0,y=0）是窗口的左上角。

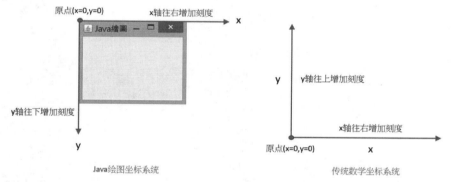

Java绘图坐标系统　　　　　　　传统数学坐标系统

如果更细地拆解坐标，可以将每个像素视为一个坐标点，可以用下方左图表示。下方右图是从（3,0）绘一条线至（3,5）的示意图。

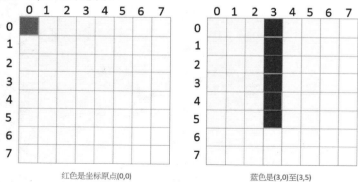

红色是坐标原点(0,0)　　　　　　蓝色是(3,0)至(3,5)

本书程序实例 ch27_13.java 执行时当读者单击窗口内区域，随即列出光标坐标（x,y），建议读者重新执行，如此可以更深刻地体会 Java 的绘图坐标系统。

30-2 AWT 绘图

本节将一步一步地说明在 AWT 窗口中的绘图实例。

30-2-1 取得绘图区与绘图实例

在 Java 虽然是使用 Graphics 类内的方法执行绘图，但是绘图区却不是通过此类建立。在 java.Component 类中有 getGraphics() 方法，可以使用这个方法取得绘图区，取得后就可以使用 Graphics 类的方法在此绘图区绘图了，或是执行每个坐标点的颜色修订。

```
Graphics g = getGraphics();                 // 取得绘图区对象 g
```

在 Graphics 类内有 drawRect() 方法可以执行绘制矩形图。

```
void drawRect(int x, int y, int width, int height);
```

上述（x,y）是矩形左上角坐标，width 是矩形的宽，height 是矩形的高。

程序实例 ch30_1.java：这个程序会建立一个窗口，当单击 Rect 按钮后，此窗口将绘制矩形左上角在（50,50），宽 200，高 100 的矩形。

```
 1  import java.awt.*;                                   // 引入类库
 2  import java.awt.event.*;
 3  public class ch30_1 extends Frame implements ActionListener {
 4      static ch30_1 frm = new ch30_1();
 5      static Button btn = new Button("Rect");           // Rect按钮
 6      public void actionPerformed(ActionEvent e) {      // 事件处理者
 7          Graphics g = getGraphics();                   // 取得绘图区对象g
 8          g.drawRect(50,100,200,100);                   // 绘制矩形
 9      }
10      public static void main(String[] args) {
11          FlowLayout fl = new FlowLayout();
12          frm.setLayout(fl);                            // 流动式版面配置
13          frm.setTitle("ch30_1");                       // 窗口标题
14          frm.setSize(300, 250);                        // 宽300, 高250
15          frm.add(btn);                                 // 将功能按钮加入frm
16          btn.addActionListener(frm);                   // 注册
17          frm.setVisible(true);                         // 显示窗口
18      }
19  }
```

执行结果

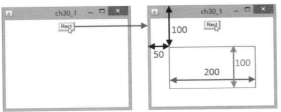

上述只要单击 Rect 按钮就可以绘制一个矩形，但是现在如果将窗口移到屏幕显示器外再移回时可以发现原先移出矩形部分会消失，如果将窗口缩小／放大也将发现矩形会有缺失，或是将窗口先转成图标放在窗口下方工具栏再复原时会发现矩形消失了，下面是图示。

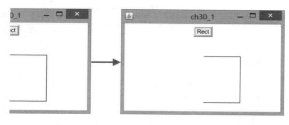

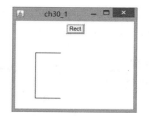

移出屏幕显示器外再移回 　　　　　　　　　　　　　　放大与缩小造成的矩形缺失

读者可能觉得奇怪，AWT 窗口与组件（例如 Rect 按钮）都不会有此现象，这是因为 Java 会为 AWT 窗口与组件执行修补功能，至于我们所绘制的矩形 Java 则不做处理。

不过 Java 有提供 paint() 方法，可执行修补功能。这是一个特殊的方法，我们不必在程序内调用它，发生下列状况时系统会调用它自动执行。

（1）新建立窗口时。

（2）窗口由图标复原为窗口时。

（3）更改窗口大小时。

paint() 方法的格式如下。

```
public void paint(Graphics g)
```

程序实例 ch30_2.java：重新设计 ch30_1.java，增加 paint() 方法设计，这个程序执行时不论是将窗口移出屏幕范围、更改窗口大小或是缩成图标再复原，都可以看到所绘制的矩形不会受到影响。这个程序重点是第 6 ～ 12 行，笔者设计了 paint() 方法，由第 8 行调用。

```
1  import java.awt.*;                                    // 引入类库
2  import java.awt.event.*;
3  public class ch30_2 extends Frame implements ActionListener {
4      static ch30_2 frm = new ch30_2();
5      static Button btn = new Button("Rect");            // Rect按钮
6      public void actionPerformed(ActionEvent e) {       // 事件处理者
7          Graphics g = getGraphics();                    // 取得绘图区对象g
8          paint(g);
9      }
10     public void paint(Graphics g) {                    // paint()方法
11         g.drawRect(50,100,200,100);                    // 绘制矩形
12     }
13     public static void main(String[] args) {
14         FlowLayout fl = new FlowLayout();
15         frm.setLayout(fl);                             // 流动式版面配置
16         frm.setTitle("ch30_2");                        // 窗口标题
17         frm.setSize(300, 250);                         // 宽300, 高250
18         frm.add(btn);                                  // 将功能按钮加入frm
19         btn.addActionListener(frm);                    // 注册
20         frm.setVisible(true);                          // 显示窗口
21     }
22 }
```

执行结果　　与 ch30_1.java 相同。

上述程序改良了窗口大小更改时矩形被遮蔽的问题，但是读者可以发现我们不必单击 Rect 按钮，只要一启动程序，就自动绘制矩形了。原因是新建窗口时，系统也会自动调用 paint() 方法。

如果希望没有单击 Rect 按钮，系统无法绘制矩形，也就是新建窗口时系统即使调用 paint() 方法也无法绘制矩形，可以在 paint() 方法内增加 Boolean 变量做遮蔽动作。

程序实例 ch30_3.java：重新设计 ch30_2.java，设置只有单击 Rect 按钮才可绘制矩形。也就是程序启动时，无法绘制矩形。

```
1  import java.awt.*;                                          // 引入类库
2  import java.awt.event.*;
3  public class ch30_3 extends Frame implements ActionListener {
4      static ch30_3 frm = new ch30_3();
5      static Button btn = new Button("Rect");                 // Rect按钮
6      static Boolean rect = false;                            // Rect按钮是否被单击
7      public void actionPerformed(ActionEvent e) {            // 事件处理者
8          Graphics g = getGraphics();                         // 取得绘图区对象g
9          rect = true;                                        // Rect按钮被单击了
10         paint(g);
11     }
12     public void paint(Graphics g) {                         // paint()方法
13         if (rect)                                           // 如果Rect按钮被单击
14             g.drawRect(50,100,200,100);                     // 绘制矩形
15     }
16     public static void main(String[] args) {
17         FlowLayout fl = new FlowLayout();
18         frm.setLayout(fl);                                  // 流动式版面配置
19         frm.setTitle("ch30_3");                             // 窗口标题
20         frm.setSize(300, 250);                              // 宽300, 高250
21         frm.add(btn);                                       // 将功能按钮加入frm
22         btn.addActionListener(frm);                         // 注册
23         frm.setVisible(true);                               // 显示窗口
24     }
25 }
```

执行结果　　与 ch30_1.java 相同。

30-2-2　省略触发机制绘图

其实读者应该发现既然 Java 可以在程序启动时自动调用 paint() 方法，这也代表设计绘图程序时可以省略功能按钮部分，只要将欲绘制的语句写在 paint() 方法内就可以了。

程序实例 ch30_4.java：使用省略 Rect 功能按钮的触发机制，重新设计 ch30_3.java。

```
1  import java.awt.*;                                          // 引入类库
2  public class ch30_4 extends Frame {
3      static ch30_4 frm = new ch30_4();
4      public void paint(Graphics g) {                         // paint()方法
5          g.drawRect(50,100,200,100);                         // 绘制矩形
6      }
7      public static void main(String[] args) {
8          frm.setTitle("ch30_4");                             // 窗口标题
9          frm.setSize(300, 250);                              // 宽300, 高250
10         frm.setVisible(true);                               // 显示窗口
11     }
12 }
```

执行结果　　除了没有 Rect 按钮其他与 ch30_1.java 相同。

30-2-3　认识窗口的绘图区空间

现在将所绘的图形放在 Frame 类所建的窗口内，由执行结果可以看到窗口有上、下、左、右边框，所以真正的绘图区不是从（0,0）开始，我们所建的窗口扣除上、下、左、右边框才是真正的绘图区。Java 有提供 jawa.awt.Insets 类，可以使用 getInsets() 方法取得上、下、左、右边框的大小，所返回参数的意义是 left（左边框）、right（右边框）、top（上边框）、bottom（下边框）。

程序实例 ch30_5.java：依据绘图区的大小，真正绘制一个最大可能范围的矩形，同时这个程序会在提示消息窗口返回上、下、左、右边框的大小。

```
1   import java.awt.*;                                        // 引入类库
2   public class ch30_5 extends Frame {
3       static ch30_5 frm = new ch30_5();
4       public void paint(Graphics g) {                       // paint()方法
5           Insets ins = getInsets();                         // 取得绘图区
6           int width = getWidth() - (ins.left+ins.right);    // 取得绘图区宽度
7           int height = getHeight() - (ins.top+ins.bottom);  // 取得绘图区高度
8           System.out.println("左边框:" + ins.left);
9           System.out.println("右边框:" + ins.right);
10          System.out.println("上边框:" + ins.top);
11          System.out.println("下边框:" + ins.bottom);
12          g.drawRect(ins.left,ins.top,width-1,height-1);    // 绘制矩形
13      }
14      public static void main(String[] args) {
15          frm.setTitle("ch30_5");                           // 窗口标题
16          frm.setSize(200, 160);                            // 宽200, 高160
17          frm.setVisible(true);                             // 显示窗口
18      }
19  }
```

执行结果　由执行结果可以看到，除了上边框是 31，其他都是 8。

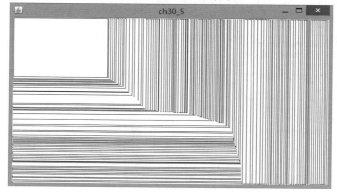

```
D:\Java\ch30>java ch30_5
左边框: 8
右边框: 8
上边框: 31
下边框: 8
```

往右下方拖曳
将窗口放大

这个执行结果窗口适度放大，也可以产生有趣的图案效果。

30-3　Swing 绘图

使用 Swing 绘图通常会用 JPanel 的子类当作画布，然后将此画布设为 JFrame 窗口的内容窗格（Content Panel），这时绘图的坐标原点（0,0），将改为内容窗格的左上角。在绘图方面可以使用 JComponent 类的 paintComponent() 方法取代 AWT 的 paint() 方法。

在 Swing 绘图中，除了可以使用 JPanel 当作组件外，在 JComponent 子类的其他组件，例如，JButton、JLabel 等都可以当作画布。

程序实例 ch30_6.java：使用 Swing 绘图的实例，这个程序的重点是读者需留意画布左上角与 JFrame 左上角是不同的，这个概念与 AWT 窗口绘图不一样。另外，笔者也在提示消息窗口中列出画布的宽度与高度。

```
1   import java.awt.*;                              // 引入类库
2   import javax.swing.*;
3   public class ch30_6 extends JPanel {            // JPanel类
4       public void paintComponent(Graphics g) {    // 绘图方法
5           super.paintComponent(g);                // 上层容器清除原先内容
6           g.drawRect(5,5,100,100);                // 绘制矩形
7       }
8       public static void main(String[] args) {
9           JFrame frm = new JFrame("ch30_6");
10          Container ct = frm.getContentPane();     // 内容窗格
11          ct.add(new ch30_6());                    // 将画布载入内容窗格
12          frm.setSize(200, 160);                   // 宽200,高160
13          frm.setDefaultCloseOperation(frm.EXIT_ON_CLOSE);
14          frm.setVisible(true);                    // 显示窗口
15  // 列出画布宽度与高度
16          System.out.println("画布宽度：" + ct.getWidth());
17          System.out.println("画布高度：" + ct.getHeight());
18      }
19  }
```

执行结果

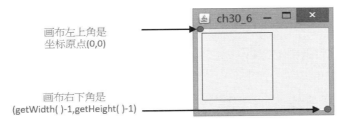

画布左上角是
坐标原点(0,0)

画布右下角是
(getWidth( )-1,getHeight( )-1)

D:\Java\ch30>java ch30_6
画布宽度：184
画布高度：121

由于窗口宽度是 200，两个边框是 8，所以画布宽度是 184。窗口高度是 160，上边框是 31，下边框是 8，所以画布高度是 121。

30-4 颜色与字型

当我们绘图时若是不特别设置颜色，将使用系统默认颜色绘图，有关颜色的相关知识可以参考 26-3 节，下列是与颜色有关的常用方法。

```
getColor();                              // 取得绘图颜色
setColor(Color c);                       // 设置绘图颜色
setBackground(Color c);                  // 设置背景颜色
```

当我们在绘图区输出文字时若是不特别设置字型，将使用系统默认字型输出字符串，有关字型的相关知识可以参考 26-5 节。下列是与字型有关的常用方法。

```
getFont();                               // 取得字型
setFont(Font f);                         // 设置字型
```

与字型有关的另一个重要类是 java.awt.FontMetrics，这个类可以用于取得字符串的实际宽度和高度，这样可以方便我们将字符串安置在窗口正确位置。下列是此类相关名词的定义。

下列是 Graphics 类相关的方法。

```
FontMetrics getFontMetrics(Font f)          // 取得指定字型的 FontMetrics
FontMetrics getFontMetrics()                // 取得目前字型的 FontMetrics
```

下列是 java.awt.FontMetrics 类的常用方法。

```
int getHeight()                             // 取得字符串的高度
int getLeading()                            // 取得 Leading 高度
int getAscent()                             // 取得 Ascent 高度
int getDecent()                             // 取得 Descent 高度
int stringWidth(String str)                 // 取得字符串宽度
```

30-5　Graphics 类

　　Java 的绘图类有 Graphics 和 Graphics2D 类，其中，Graphics2D 是 Graphics 类的子类，也是 Java 新的 2D 绘图类，前几节之所以先用 Graphics 类说明绘图，是因为如果读者在网络上看一些绘图程序，会发现仍有相当多的程序使用 Graphics 类的绘图方法，为了读者可以顺利学会新旧绘图方法，所以笔者对两种绘图方法均做出说明，同时指出差异。

　　使用 Graphics 绘图的基本步骤如下。

　　（1）取得 Graphics 对象。

　　（2）设置绘图线条颜色，或是设置字型（Font），如果没设置则用默认值。

　　（3）绘制图形。

　　下列是 Graphics 绘图常用的方法。

1. 绘制线条

　　drawLine(int x1, int y1, int x2, int y2);

　　drawPloyline(int[ ] xPoints, int[ ] yPoints, int numPoints);

2. 绘制几何形状

　　drawRect(int xTopLeft, int yTopLeft, int width, int height);

　　drawOval(int xTopLeft, int yTopLeft, int width, int height);

　　drawArc(int xTopLeft, int yTopLeft, int width, int height, int startAngle, arcAngle);

　　draw3DRect(int xTopLeft, int yTopLeft, int width, int height, boolean raised);

　　drawRoundRect(int xTopLeft, int yTopLeft, int width, int height, int arcWidth, int arcHeight);

　　drawPolygon(int[ ] xPoints, int[ ] yPoints, int numPoints);

3. 填充原始形状

fillRect(int xTopLeft, int yTopLeft, int width, int height);

fillOval(int xTopLeft, int yTopLeft, int width, int height);

fillArc(int xTopLeft, int yTopLeft, int width, int height, int startAngle, arcAngle);

fill3DRect(int xTopLeft, int yTopLeft, int width, int height, boolean raised);

fillRoundRect(int xTopLeft, int yTopLeft, int width, int height, int arcWidth, int arcHeight);

fillPolygon(int[ ] xPoints, int[ ] yPoints, int numPoints);

4. 显示图片（上方是用原图大小，下方是可重设大小）

drawImage(Image img, int xTopLeft, int yTopLeft, ImageObserver obs);

drawImage(Image img, int xTopLeft, int yTopLeft, int width, int height, ImageObserver obs);

5. 输出文字

drawString(String str, int xBaseLeft, int yBaselineLeft)

6. 清除与显示

clearRect(int xTopLeft, int yTopLeft, int weight, int height);   // 清除

clipRect(int xTopLeft, int yTopLeft, int weight, int height);   // 显示

setClip(int xTopLeft, int yTopLeft, int weight, int height);   // 设置剪切区域

drawstring( )

drawLine( )

drawRect( )

drawOval( )

drawRoundRect( )

drawArc( )

drawPolyline( )

drawPolygon( )

fillRect( )

程序实例 ch30_7.java：在指定位置字符串输出与绘制实心矩形的应用。

```
1  import java.awt.*;                                    // 引入类库
2  import java.awt.event.*;
3  import javax.swing.*;
4  public class ch30_7 extends JPanel {                  // JPanel类
5      public void paintComponent(Graphics g) {          // 绘图方法
6          super.paintComponent(g);                      // 上层容器清除原先内容
7          setBackground(Color.white);                   // 画布背景是白色
8          g.setColor(Color.blue);                       // 画布是用蓝色绘图
9          g.setFont(new Font("Arial",Font.ITALIC,18));  // 字型设置
10         g.drawString("I love Java", 30, 30);          // 字符串在(30,30)输出
11         g.setFont(new Font("Old English Text MT",Font.BOLD,20));// 字型设置
12         g.drawString("I love Java", 150, 30);         // 字符串在(150,30)输出
13         g.fillRect(30,50,180,120);                    // 绘制矩形
14     }
15     public static void main(String[] args) {
16         JFrame frm = new JFrame("ch30_7");
17         Container ct = frm.getContentPane();          // 内容窗格
18         ct.add(new ch30_7());                         // 将画布载入内容窗格
19         frm.setSize(300, 250);                        // 宽200,高160
20         frm.setDefaultCloseOperation(frm.EXIT_ON_CLOSE);
21         frm.setVisible(true);                         // 显示窗口
22     }
23  }
```

执行结果

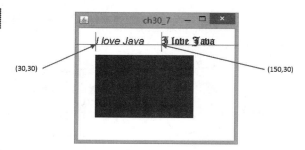

程序实例 ch30_8.java：在画布内产生不同大小与位置的矩形，这是使用随机数产生的矩形，带一些艺术的效果。

```
1  import java.awt.*;                                    // 引入类库
2  import java.awt.event.*;
3  import javax.swing.*;
4  import java.util.Random;
5  public class ch30_8 extends JPanel {                  // JPanel类
6      public void paintComponent(Graphics g) {          // 绘图方法
7          super.paintComponent(g);                      // 上层容器清除原先内容
8          Random ran = new Random();                    // 随机数对象
9          for ( int i = 0; i < 50; i++ ) {
10             int x1 = ran.nextInt(620);                // (x1,y1)是矩形左上角坐标
11             int y1 = ran.nextInt(420);
12             int x2 = ran.nextInt(620);                // (x1,y1)是矩形右下角坐标
13             int y2 = ran.nextInt(420);
14             if (x1 > x2) {
15                 int tmp = x1; x1 = x2; x2 = tmp;
16             }
17             if (y1 > y2) {
18                 int tmp = y1; y1 = y2; y2 = tmp;
19             }
20             g.drawRect(x1,y1,(x2-x1),(y2-y1));         // 绘制矩形
21         }
22     }
23     public static void main(String[] args) {
24         JFrame frm = new JFrame("ch30_8");
25         Container ct = frm.getContentPane();          // 内容窗格
26         ct.add(new ch30_8());                         // 将画布载入内容窗格
27         frm.setSize(640, 480);                        // 宽640,高480
28         frm.setDefaultCloseOperation(frm.EXIT_ON_CLOSE);
29         frm.setVisible(true);                         // 显示窗口
30     }
31  }
```

执行结果

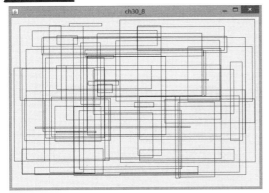 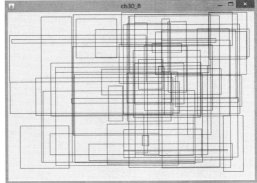

程序实例 ch30_9.java：使用 drawImage() 将图片 snow.jpg 载入画布。

```
1  import java.awt.*;                                    // 引入类库
2  import javax.swing.*;
3  public class ch30_9 extends JPanel {                   // JPanel类
4      private Image bgImage = Toolkit.getDefaultToolkit().getImage("snow.jpg");
5      public void paintComponent(Graphics g) {           // 绘图方法
6          super.paintComponent(g);                       // 上层容器清除原先内容
7          g.drawImage(bgImage,0,0,this);                 // 将图片加载
8      }
9      public static void main(String[] args) {
10         JFrame frm = new JFrame("ch30_9");
11         Container ct = frm.getContentPane();           // 内容窗格
12         ct.add(new ch30_9(), BorderLayout.CENTER);     // 将画布载入内容窗格
13         frm.setSize(640, 480);                         // 宽640, 高480
14         frm.setDefaultCloseOperation(frm.EXIT_ON_CLOSE);
15         frm.setVisible(true);                          // 显示窗口
16     }
17 }
```

执行结果

　　上述程序最重要的是第 7 行的 drawImage() 方法，这个方法是将图片从（0,0）位置加载，也可以使用 drawImage() 方法将图片加载时填满画布。

程序实例 ch30_10.java：用图片填满画布，相当于将图片当作窗口背景，这个程序只修改了第 7 行。

```
7          g.drawImage(bgImage,0,0,this.getWidth(),this.getHeight(),this);
```

执行结果

程序实例 ch30_11.java：使用 draw3DRect() 设计 3D 矩形，在使用 draw3DRect() 时，如果第 5 个参数是 false 将产生内凹的 3D 图形，如果第 5 个参数是 true 将产生外凸的 3D 图形。

```
1  import java.awt.*;                                   // 引入类库
2  import javax.swing.*;
3  public class ch30_11 extends JPanel {                // JPanel类
4      public void paintComponent(Graphics g) {         // 绘图方法
5          super.paintComponent(g);                     // 上层容器清除原先内容
6          g.setColor(Color.LIGHT_GRAY);                // 绘制浅灰色
7          g.draw3DRect(50,50,100,50,false);            // 内凹
8          g.draw3DRect(200,50,100,50,true);            // 外凸
9      }
10     public static void main(String[] args) {
11         JFrame frm = new JFrame("ch30_11");
12         Container ct = frm.getContentPane();          // 内容窗格
13         ct.add(new ch30_11(),BorderLayout.CENTER);    // 将画布载入内容窗格
14         frm.setSize(350, 200);                        // 宽350, 高200
15         frm.setDefaultCloseOperation(frm.EXIT_ON_CLOSE);
16         frm.setVisible(true);                         // 显示窗口
17     }
18 }
```

执行结果

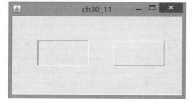

30-6　Graphics2D 类

Java 在 Graphics 类中提供了基本绘图方法，另外也扩充了 Graphics 类功能增加了 Graphics2D 绘图类，由于继承了 Graphics 类，所以所有 Graphics 的绘图方法均可以使用。另外，此类又增加了更强大的处理图形能力的方法。

使用 Graphics2D 绘图的基本步骤如下。

（1）取得 Graphics2D 对象。

（2）设置画笔样式、粗细大小、颜色、绘图内部颜色，如果没设置则使用默认设置用不填色画图。

（3）绘制图形。

取得 Graphics2D 绘图对象的方法如下。

```
public void paintComponent(Graphics g) {
    Graphics2D g2d = (Graphics2D) g;                    // 绘图对象 g2d
    xxx;
}
```

30-6-1　Graphics2D 的新概念

在 Graphics2D 绘图中，它提供了下列有关图形属性，这些属性都是以类方式存在的。

1. stroke 属性

这个属性可以控制线条宽度、画笔样式、线段连接方式。使用前须先建立 BasicStroke 对象，再使用 setStroke() 方法执行进阶设置。下列是构造方法。

构造方法	说明
BasicStroke(float width)	width 是线条宽度
BasicStroke(float width, int cap, int join)	cap 是端点，join 是线条连接方式
BasicStroke(float width, int cap, int join float miterlimit, float[] dash, float phase)	miterlimit 是线条连接时限制尖角长度，默认是 10.f，一般设置大于 1.0，dash 与 phase 可参考下面说明

cap 端点样式：可以有三种 CAP_SQUARE（这是默认方形末端）、CAP_ROUND（半圆形末端）、CAP_BUTT（没有修饰）。

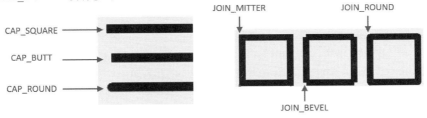

（1）**join** 线条交汇方式：JOIN_MTTER（这是默认尖型末端）、JOIN_ROUND（圆形末端）、JOIN_BEVEL（无修饰）。

（2）**dash[ ]**：可以设置虚线格式，虚线由"线长度 + 缺口长度 + 线长度 + 缺口长度 …"组成。

（3）**phase**：表示绘制虚线时从哪一偏移量开始。

2. paint 属性

这个属性主要是可以建立填充效果，下列是实例。

```
GradientPaint(float x1,float y1,Color c1,float x2,float y2,Color c2)
```

上述语句是指从（x1,y1）到（x2,y2），颜色从 c1 变化到 c2。如果想让颜色从位置起点到位置终点变化，颜色又回到起点颜色，则可以增加参数 Boolean cycle 是 true。

```
GradientPaint(float x1,float y1,Color c1,float x2,float y2,Color c2,Boolean cycle)
```

3. clip 属性

setClip() 可以增加设置裁减的外型 Shape。

4. composite 属性

这个属性可以设置图片重叠的效果。可以用下列语句获得 AlphaComposite 对象。

```
AlphaComposite.getInstance(int rule, float alpha)
```

alpha 是透明参数，从 0.0（完全透明）到 1.0（完全不透明），可以使用 setComposite() 设置混合效果。

5. transform 属性

Graphics2D 可以用于将图形缩放（scale）、平移（translate）、旋转（rotate）、斜切（shear），它使用下列方法执行这些工作。

```
translate(double translateX, double translateY);   // 位移量
rotate(double theta, double x, double y);           // 以（x,y）为中心旋转 theta 弧度
scale(double scaleX, double scaleY);                // x 和 y 轴缩放比
shear(double shearX, souble shearY);                // x 和 y 斜切
```

30-6-2　绘图类

Graphics2D 的绘图类是属于 java.awt.geom 包，所以程序执行前须引入类库。下列是常见的绘图类。

线段：Line2D.Float、Line2D.Double。

矩形：Rectangle2D.Float、Rectangle2D.Double。

圆角矩形：RoundRectangle2D.Float、RoundRectangle2D.Double。

圆或椭圆：Ellipse2D.Float、Ellipse2D.Double。

上述 Float 是浮点数，Double 是双精度浮点数，表示未来参数的数据类型。

程序实例 ch30_12.java：绘制三条不同宽度与颜色的线条。

```java
 1 import java.awt.*;                                 // 引入类库
 2 import javax.swing.*;
 3 import java.awt.geom.*;
 4 public class ch30_12 extends JPanel {               // JPanel类
 5     public void paintComponent(Graphics g) {        // 绘图方法
 6         Graphics2D g2d = (Graphics2D) g;
 7         super.paintComponent(g);                    // 上层容器清除原先内容
 8         g2d.setColor(Color.red);                    // 红色
 9         Stroke stroke = new BasicStroke(3f);        // 线条宽度3f
10         g2d.setStroke(stroke);
11         g2d.drawLine(50,30,250,30);
12
13         g2d.setColor(Color.green);                  // 绿色
14         g2d.setStroke(new BasicStroke(6f));         // 线条宽度6f
15         g2d.draw(new Line2D.Float(50.0f,80.0f,250.0f,80.0f));
16
17         g2d.setColor(Color.blue);                   // 蓝色
18         g2d.setStroke(new BasicStroke(9f));         // 线条宽度9f
19         g2d.draw(new Line2D.Double(50.0d,130.0d,250.0d,130.0d));
20     }
21     public static void main(String[] args) {
22         JFrame frm = new JFrame("ch30_12");
23         Container ct = frm.getContentPane();        // 内容窗格
24         ct.add(new ch30_12(),BorderLayout.CENTER);  // 将画布载入内容窗格
25         frm.setSize(350, 200);                      // 宽350, 高200
26         frm.setDefaultCloseOperation(frm.EXIT_ON_CLOSE);
27         frm.setVisible(true);                       // 显示窗口
28     }
29 }
```

执行结果

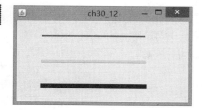

程序实例 ch30_12_1.java：使用虚线重新设计 ch30_12.java。这个程序中设计了下列虚线样式。

```
{5f, 5f}              // 第 9 行，5 pixel 实线，5 pixel 空白
{10f, 3f}             // 第 16 行，10 pixel 实线，3 pixel 空白
{10f,3f,3f,3f}        // 第 23 行，10 pixel 实线，3 pixel 空白，3 pixel 实线，3 pixel 空白
```

```java
1  import java.awt.*;                                // 引入类库
2  import javax.swing.*;
3  import java.awt.geom.*;
4  public class ch30_12_1 extends JPanel {           // JPanel类
5      public void paintComponent(Graphics g) {      // 绘图方法
6          Graphics2D g2d = (Graphics2D) g;
7          super.paintComponent(g);                  // 上层容器清除原先内容
8          g2d.setColor(Color.red);                  // 红色
9          float[] dashPattern1 = {5f,5f};           // 虚线样式
10         Stroke stroke1 = new BasicStroke(3f,BasicStroke.CAP_BUTT,
11                 BasicStroke.JOIN_MITER,1.0f,dashPattern1,0.0f);
12         g2d.setStroke(stroke1);
13         g2d.drawLine(50,30,250,30);
14
15         g2d.setColor(Color.green);                // 绿色
16         float[] dashPattern2 = {10f,3f};          // 虚线样式
17         Stroke stroke2 = new BasicStroke(3f,BasicStroke.CAP_BUTT,
18                 BasicStroke.JOIN_MITER,1.0f,dashPattern2,0.0f);
19         g2d.setStroke(stroke2);
20         g2d.draw(new Line2D.Float(50.0f,80.0f,250.0f,80.0f));
21
22         g2d.setColor(Color.blue);                 // 蓝色
23         float[] dashPattern3 = {10f,3f,3f,3f};    // 虚线样式
24         Stroke stroke3 = new BasicStroke(3f,BasicStroke.CAP_BUTT,
25                 BasicStroke.JOIN_MITER,1.0f,dashPattern3,0.0f);
26         g2d.setStroke(stroke3);
27         g2d.draw(new Line2D.Double(50.0d,130.0d,250.0d,130.0d));
28     }
29     public static void main(String[] args) {
30         JFrame frm = new JFrame("ch30_12_1");
31         Container ct = frm.getContentPane();       // 内容窗格
32         ct.add(new ch30_12_1(),BorderLayout.CENTER);// 将画布载入内容窗格
33         frm.setSize(350, 200);                     // 宽350，高200
34         frm.setDefaultCloseOperation(frm.EXIT_ON_CLOSE);
35         frm.setVisible(true);                      // 显示窗口
36     }
37 }
```

执行结果

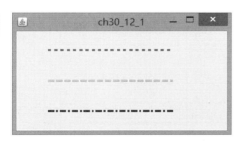

程序实例 ch30_13.java：绘制矩形的应用。

```java
1  import java.awt.*;                                // 引入类库
2  import javax.swing.*;
3  import java.awt.geom.*;
4  public class ch30_13 extends JPanel {             // JPanel类
5      public void paintComponent(Graphics g) {      // 绘图方法
6          Graphics2D g2d = (Graphics2D) g;
7          super.paintComponent(g);                  // 上层容器清除原先内容
8          g2d.setColor(Color.red);                  // 红色
9          Stroke stroke = new BasicStroke(3f);      // 矩形线条宽度3f
```

```
10        g2d.setStroke(stroke);
11        g2d.drawRect(20,20,300,120);
12
13        g2d.setColor(Color.green);              // 绿色
14        g2d.setStroke(new BasicStroke(6f));     // 矩形线条宽度6f
15        g2d.draw(new Rectangle2D.Float(50.0f,50.0f,240.0f,60.0f));
16
17        g2d.setColor(Color.blue);               // 蓝色
18        g2d.setStroke(new BasicStroke(9f));     // 矩形线条宽度9f
19        g2d.draw(new Rectangle2D.Double(70.0d,70.0d,190.0d,20.0d));
20    }
21    public static void main(String[] args) {
22        JFrame frm = new JFrame("ch30_13");
23        Container ct = frm.getContentPane();         // 内容窗格
24        ct.add(new ch30_13(),BorderLayout.CENTER);   // 将画布载入内容窗格
25        frm.setSize(350, 200);                       // 宽350, 高200
26        frm.setDefaultCloseOperation(frm.EXIT_ON_CLOSE);
27        frm.setVisible(true);                        // 显示窗口
28    }
29 }
```

执行结果

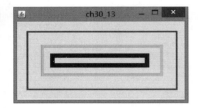

程序实例 ch30_13_1.java：将星星图形（star.gif）执行位移、缩放与旋转。

```
1  import java.awt.*;                                    // 引入类库
2  import javax.swing.*;
3  import java.awt.geom.*;
4  public class ch30_13_1 extends JPanel {               // JPanel类
5      private Image bgImage = Toolkit.getDefaultToolkit().getImage("star.gif");
6      public void paintComponent(Graphics g) {          // 绘图方法
7          super.paintComponent(g);                      // 上层容器清除原先内容
8          Graphics2D g2d = (Graphics2D) g;
9          g2d.drawImage(bgImage,0,0,this);              // 第一次图片加载
10 // 图像位移
11         AffineTransform transform = new AffineTransform();  // 定义对象
12         int bgImageWidth = bgImage.getWidth(this);          // 图的宽
13         int bgImageHeight = bgImage.getHeight(this);        // 图的高
14         int x = 100;
15         int y = 100;
16         transform.translate(x-bgImageWidth/2, y-bgImageHeight/2);
17         g2d.drawImage(bgImage,transform,this);              // 第二次图片加载
18 // 图像位移与旋转
19         for (int i = 0; i < 5; i++ ) {
20             transform.translate(100,30);                    // 位移
21             transform.rotate(Math.toRadians(15),bgImageWidth/2,bgImageHeight/2);
22             transform.scale(0.85,0.85);                     // 缩小至85%
23             g2d.drawImage(bgImage,transform,this);          // 循环图片加载
24         }
25     }
26     public static void main(String[] args) {
27         JFrame frm = new JFrame("ch30_13_1");
28         Container ct = frm.getContentPane();                // 内容窗格
29         ct.add(new ch30_13_1(), BorderLayout.CENTER);       // 将画布载入内容窗格
30         frm.setSize(640, 400);                              // 宽640, 高400
31         frm.setDefaultCloseOperation(frm.EXIT_ON_CLOSE);
32         frm.setVisible(true);                               // 显示窗口
33     }
34 }
```

执行结果

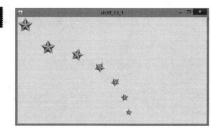

30-6-3　Graphics2D 着色

假设我们想在图案内着色，可以先使用 setPaint() 方法设置颜色，然后再使用 fill() 方法，可参考下列程序代码。

```
g2d = setPaint(Color.blue);
g2d.fill(new Rectangle2D.Float(float x1, float y1, float width, float height));
```

程序实例 ch30_14.java：设计不同填充效果的程序，其中，第 8 行是设置矩形填充效果从黄色到红色，第 11 行是设置椭圆形填充效果从绿色到黄色。

```
1  import java.awt.*;                              // 引入类库
2  import javax.swing.*;
3  import java.awt.geom.*;
4  public class ch30_14 extends JPanel {            // JPanel类
5      public void paintComponent(Graphics g) {      // 绘图方法
6          Graphics2D g2d = (Graphics2D) g;
7          super.paintComponent(g);                  // 上层容器清除原先内容
8          g2d.setPaint(new GradientPaint(50,150,Color.yellow,290,250,Color.red));
9          g2d.fill(new Rectangle2D.Float(50.0f,50.0f,240.0f,50.0f));  // 填充矩形
10
11         g2d.setPaint(new GradientPaint(50,150,Color.green,290,250,Color.yellow));
12         g2d.fill(new Ellipse2D.Double(50.0d,150.0d,240.0d,100.0d)); // 填充椭圆
13     }
14     public static void main(String[] args) {
15         JFrame frm = new JFrame("ch30_14");
16         Container ct = frm.getContentPane();        // 内容窗格
17         ct.add(new ch30_14(),BorderLayout.CENTER);  // 将画布载入内容窗格
18         frm.setSize(350, 300);                      // 宽350, 高300
19         frm.setDefaultCloseOperation(frm.EXIT_ON_CLOSE);
20         frm.setVisible(true);                       // 显示窗口
21     }
22 }
```

执行结果

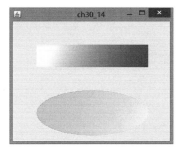

30-7　拖曳鼠标绘制线条

本节将讲解拖曳鼠标绘制蓝色线条的实例。拖曳鼠标是指按住鼠标再移动，这个动作会产生下列两个关键事件。

（1）mousePressed() 事件，可以由这个事件取得鼠标按下时的坐标（x1,y1），可参考程序 ch30_15.java 的第 15 ～ 18 行。

（2）mouseDragged() 事件，在拖曳时可以得到新的鼠标坐标（x2,y2），此时可以参考程序 ch30_15.java 的第 8、9 行，第 10、11 行是设置使用蓝色绘制线条。绘完线条可以将（x2,y2）设为新的（x1,y1），当 mouseDragged() 周而复始即可达到绘制线条的目的。

程序实例 ch30_15.java：拖曳鼠标绘制线条的应用。

```java
1  import java.awt.*;                                    // 引入类库
2  import java.awt.event.*;
3  public class ch30_15 extends Frame implements MouseListener, MouseMotionListener {
4      static ch30_15 frm = new ch30_15();
5      static int x1,y1,x2,y2;
6      public void mouseDragged(MouseEvent e) {           // 事件处理者
7          Graphics g = getGraphics();                    // 取得绘图区对象g
8          x2 = e.getX();                                 // 取得拖曳鼠标时x坐标
9          y2 = e.getY();                                 // 取得拖曳鼠标时y坐标
10         g.setColor(Color.blue);                        // 设置绘制蓝色线条
11         g.drawLine(x1,y1,x2,y2);                        // 绘制线条
12         x1 = x2;                                        // 更新x1坐标
13         y1 = y2;                                        // 更新y1坐标
14     }
15     public void mousePressed(MouseEvent e) {
16         x1 = e.getX();                                 // 取得鼠标按下时x坐标
17         y1 = e.getY();                                 // 取得鼠标按下时y坐标
18     }
19     public void mouseMoved(MouseEvent e) {}
20     public void mouseEntered(MouseEvent e) {}
21     public void mouseExited(MouseEvent e) {}
22     public void mouseClicked(MouseEvent e) {}
23     public void mouseReleased(MouseEvent e) {}
24     public static void main(String[] args) {
25         frm.setTitle("ch30_15");                       // 窗口标题
26         frm.setSize(300, 250);                          // 宽300, 高250
27         frm.addMouseListener(frm);                      // 注册
28         frm.addMouseMotionListener(frm);                // 注册
29         frm.setVisible(true);                           // 显示窗口
30     }
31 }
```

执行结果

读者在执行上述程序时会发现，当窗口改为图标再复原时所绘制的图形将不被重新绘制，其实可以将绘制的点存储成数组，窗口复原时重新将所有的点数组连接即可，这将作为读者的习题。

30-8 动画设计

这一节主要是设计一个反弹球，用线程执行此工作，首先设置反弹球的位置，然后使用下列思路执行动画设计。

（1）绘制反弹球。

（2）显示此反弹球一段时间。

（3）更改反弹球位置，然后重新绘制反弹球。

程序设计时可以使用 repaint() 方法，此方法会调用 paint() 方法，达到重新绘制反弹球的目的，由于在不同位置重新绘制反弹球，这样就完成了动画的反弹球设计。

程序实例 ch30_16.java：反弹球的设计。这个程序执行时反弹球在窗口上方，然后会上下移动，每次移动 10 pixels 在第 8 行定义，这个程序是由线程启动，可参考第 10 ~ 13 行。第 7 行的 yDir 如果是正值 1 表示球往下移动，如果是负值 -1 表示球往上移动。球的直径是 20 pixel。反弹球设计的另一个重点是如何判断球碰触窗口上边或是下边，第 23 ~ 25 行是反弹球触底的判断，如果触底则让 yDir 是负值，相当于未来球往上移动。第 26 ~ 28 行是反弹球触顶的判断，如果触顶则让未来 yDir 是正值，相当于未来球往上移动。第 29 行是设置反弹球 y 位置，第 30 行是绘制反弹球。

这个程序第 3 行实现了 Runnable 接口（可参考 21-4 节），这个接口只定义一个 run() 方法，第 11 行的线程 t 对象会调用 Runnable 接口的 run() 方法，然后执行此方法的语句。

```
1  import java.awt.*;                                    // 引入类库
2  import javax.swing.*;
3  public class ch30_16 extends JComponent implements Runnable {
4      Thread t;                                          //线程
5      static boolean ballRun = true;                     //是否移动
6      static int x = 140, y = 0;                         //圆最初坐标
7      static int yDir = 1;                               //正值表示往下移动
8      static int dy = 10;                                //移动大小
9      static int ballSize = 20;                          //圆大小
10     ch30_16(){
11         t = new Thread(this);                          // 建立一个线程
12         t.start();
13     }
14     public void run() {
15         while(ballRun){
16             repaint();                                 // 重新绘制
17             try {
18                 Thread.sleep(100);                     // 休眠0.1秒
19             } catch (InterruptedException e) { e.printStackTrace(); }
20         }
21     }
22     public void paint(Graphics g){
23         if (y > (this.getSize().height - ballSize)){ // 反弹球触底
24             yDir = -1;
25         }
26         if (y <= 0){                                   // 反弹球触顶
27             yDir = 1;
28         }
29         y += dy * yDir;                                // 反弹球y位置
30         g.setColor(Color.blue);                        // 设置反弹球颜色
31         g.fillOval(x, y, ballSize, ballSize);          // 绘制反弹球
32     }
33     public static void main(String[] args){
34         JFrame frm = new JFrame("ch30_16");
35         Container cp = frm.getContentPane();
36         cp.add(new ch30_16());
37         frm.setSize(300,240);
38         frm.setDefaultCloseOperation(frm.EXIT_ON_CLOSE);
39         frm.setVisible(true);
40     }
41 }
```

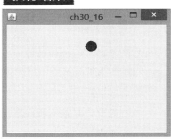

在更进一步的反弹球设计中，可以设计反弹球在窗口四周移动，此时就需要设置 x 轴的移动。

程序实例 ch30_17.java：反弹球可以在窗口四周移动，下列是有关 x 轴数据的设置。第 6 行是设置球最初坐标位置，第 7 行是设置 x 轴位移的大小，第 8 行的 xDir 如果是正值 1 表示球往右移动，如果是负值 -1 表示球是往左移动。

```
6      static int x = 140, y = 110;                       // 圆最初坐标
7      static int dx = 10;                                // 移动x轴大小
8      static int xDir = 1;                               // 正值表示往下移动
```

下列是有关判断球是否碰触最左边与最右边，以及计算实际球在 x 轴上的位置。

```
31         if (x > (this.getSize().width  - ballSize)){   // 反弹球触右
32             xDir = -1;
33         }
34         if (x <= 0){                                   // 反弹球触左
35             xDir = 1;
36         }
37         x += dx * xDir;                                // 反弹球x位置
```

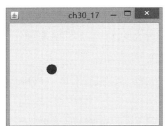

如果要更进一步设计上述反弹球，可以在下方增加球拍，当球碰触球拍时则球往上反弹，如果球碰触窗口底边则游戏结束，可参考下列图示，这将作为读者的作业。

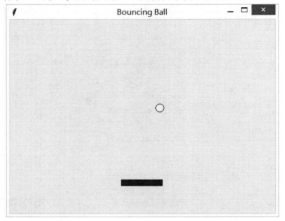

程序实操题

1. 请参考 ch30_7.java，使用一张大的画布绘制空心的矩形、圆角矩形、圆形、椭圆、30°～120°的弧度线条，这些图形规格可以自行设置，图片上方需写上自己的名字。

2. 请重新设计前一个程序，但是必须使用不同单一色彩填充这些外型，色彩可以自行决定。

3. 请重新设计习题 1 程序，但是必须使用不同线条粗细与颜色。

4. 请重新设计习题 2 程序，但是必须使用 30-6-3 节 setPaint() 执行着色，请自行设计色彩搭配。

5. 请使用 drawPloygon() 方法绘制一个正五角形的图。

6. 在窗口任意位置单击，可以列出自己的大头照片，单击的位置将是照片的左上角。

7. 请参考 ch30_12_1.java 的虚线设计，自行重新设计 ch30_13.java，设计虚线的矩形。

8. 重新设计 ch30_15.java，当窗口改为图标再复原时，图形将重新绘制。

9. 在窗口任意位置单击，可以将前一次单击的点与这次单击的点用直线连接。

10. 请重新设计 ch30_16.java，让球左右水平移动。

11. 请扩充 ch30_17.java，在窗口下方增加球拍，球如果碰触底端则游戏结束。

习题

1. 请参考 ch30_7.java，使用一张大的画布绘制空心的矩形、圆角矩形、圆形、椭圆、30°～120°的弧度线条，这些图形规格可以字型设置，图片上方需写上自己的名字。

2. 请重新设计前一个程序，但是必须使用不同单一色彩填充这些外型，色彩可以自行决定。

3. 请重新设计习题 1 程序，但是必须使用不同线条粗细与颜色。

4. 请重新设计习题 2 程序，但是必须使用 30-6-3 节 setPaint() 执行着色，请自行设计色彩搭配。

5. 请使用 drawPloygon() 方法绘制一个正五角形的图。

6. 在窗口任意位置单击，可以列出自己的大头照片，单击的位置将是照片的左上角位置。

7. 请参考 ch30_12_1.java 的虚线设计，自行重新设计 ch30_13.java，设计虚线的矩形。

8. 重新设计 ch30_15.java，当窗口改为图标再复原时，图形将重新绘制。

9. 在窗口任意位置单击，可以将前一次单击的点与这次单击的点用直线连接。

10. 请重新设计 ch30_16.java，让球是左右水平移动。

11. 请扩充 ch30_17.java，在窗口下方增加球拍，球如果碰触底端则游戏结束。

第 3 1 章

网络程序设计

本章摘要

  Java 的网络概念主要是将两个或多个计算机连接，达到资源共享的目的。本章也将介绍 Socket 程序设计，引导读者设计一个 C/S 架构与 UDP 架构的网络程序，最后将讲解设计一个简单的网络聊天室。

31-1　认识 Internet 网址

在 Internet 世界，各计算机是用 **IP（Internet Protocol）** 地址当作标识，每一台计算机都有唯一的 IP 地址。IP 地址是由 4 个 8b 的数字所组成，通常用十进制表示，例如，某公司的 IP 地址是：

31.13.87.37

所以我们使用下列方式，也可以连上该公司的网页。

https://31.13.87.37

注意：为了安全，目前许多公司的网页都无法使用上述 IP 方式做访问，可以看到下列画面。

 此网站的安全证书有问题。

此网站出具的安全证书是为其他网站地址颁发的。

安全证书问题可能显示试图欺骗你或截获你向服务器发送的数据。

建议关闭此网页，并且不要继续浏览该网站。

☑ 单击此处关闭该网页。

❌ 继续浏览此网站(不推荐)。

⌄ 详细信息

这时单击"继续浏览此网站（不建议）"选项，才进入网页。笔者尝试用 IP 浏览许多公司的网页时，是无法进入网站的。

由于 IP 地址不容易记住，所以就发展出主机名（host name）的概念，例如，Intel 公司的主机名是 www.intel.com，下面也是我们常用的连上 Intel 公司网页的方式。

https://www.intel.com

每台计算机只能有一个 IP 地址，但是主机名则可以有多个，或是没有主机名也可以，因为只要有 IP 地址就可以连接了。

主机名虽然容易记住，但是各计算机间是用 IP 地址作识别，因此计算机专家们又开发了 **DNS （Domain Name Service）** 系统，这个系统会将主机名转成相对应的 IP 地址，这样就可以使用主机名传递信息，其实隐藏在背后的是 DNS 将输入的主机名转成 IP 地址，完成与其他计算机互享资源的目的。

31-2　Java InetAddress 类

Java 的 java.net.InetAddress 类可以获得所有主机的名称。这个类没有构造方法，它的常用方法如下。

方法	说明
static InetAddress getByName(String host) throws UnknownHostException	给出主机名可以返回 IP 地址
static InetAddress getByAllName(String host) throws UnknownHostException	给出主机名可以返回所有提供服务的 IP 地址
Static InetAddress getLocalHost() throws UnknownHostException	返回本机的主机名和 IP 地址
public String getHostName()	返回主机名
public String getHostAddress()	返回 IP 地址

读者设计程序时需留意上述前三个方法会抛出异常。

程序实例 ch31_1.java：取得目前笔者计算机的主机名与 IP 地址。

```
1  import java.net.*;                              // 引入类库
2  public class ch31_1 {
3      public static void main(String[] args){
4          try {
5              InetAddress ip =  InetAddress.getLocalHost();
6              System.out.println("主机名 :" + ip.getHostName());
7              System.out.println("IP地址 :" + ip.getHostAddress());
8              System.out.println(ip);
9          }
10         catch(UnknownHostException e)
11         {
12             System.out.println(e);
13         }
14     }
15 }
```

执行结果

```
D:\Java\ch31>java ch31_1
主机名     GrandTime
IP地址   : 192.168.11.199
GrandTime/ 192.168.11.199
```

程序实例 ch31_2.java：由特定主机名取得 IP 地址。

```
1  import java.net.*;
2  public class ch31_2 {
3      public static void main(String[] args){
4          try {
5              InetAddress ip;
6              ip = InetAddress.getByName("www.intel.com");
7              System.out.println("Intel IP : " + ip);
8          }
9          catch(UnknownHostException e)
10         {
11             System.out.println(e);
12         }
13     }
14 }
```

执行结果

```
D:\Java\ch31>java ch31_2
Intel IP : www.intel.com/23.53.73.15
```

注 为了防止网络恶意攻击，许多单位的 IP 是浮动的，也就是可能每次执行上述程序都获得不同的 IP，所返回的 IP 也可能是假 IP，所以无法使用此返回的 IP 正常访问此网站。

31-3 URL 类

URL 全名是 Universal Resource Locator，可以解释为全球网络资源的地址。URL 是由下列信息所组成。例如，若网站网址如下：

http://aaa.24ht.com.tw:80/travel.jpg

则 URL 将包含下列信息。

（1）Protocol：传输协议。一般网站的传输协议是 HTTPS(安全性高) 或 HTTP。

（2）Server name：服务器名称或 IP 地址，如 " aaa.24ht.com.tw"。

（3）Port Number：传输端口编号，这是选项属性。一台计算机可能有好几个应用程序在执行，所以如果指定 IP，可能无法是和此 IP 的那一个程序连接，此时可以用端口号，HTTP 的端口号是 80，HTTPS 的端口号是 443，TELNET 是 23，FLP 是 21。

（4）File Name 或 Directory Name：文件或目录名称是 travel.jpg。

Java 有 URL 类，可以让我们处理以上 URL 信息，下列是构造方法。

构造方法	说明
URL(String spec)	使用字符串 spec 建立 URL 对象
URL(URL context, String spec)	使用 URL 和字符串建立 URL 对象
URL(String protocol, String host, String file)	用 protocol 通信协议，host 主机名，file 文件名建立 URL 对象

以上方法均会抛出异常 MalformedURLException，下列是常用的一般方法。

方法	说明
String getPath()	返回 URL 路径
String getAuthority()	返回 URL 管理单位
String getPort()	返回 URL 端口号
int getDefaultPort()	返回 URL 默认端口号
String getProtocol()	返回 URL 通信协议
String getHost()	返回 URL 主机名
String getFile()	返回 URL 文件名
URLConnection openConnection thorws IOException	建立一个可以与 URL 资源连接的 URL 对象

程序实例 ch31_3.java：取得 URL 信息。

```
1  import java.net.*;
2  public class ch31_3 {
3      public static void main(String[] args){
4          try {
5              URL url = new URL("https://aaa.24ht.com.tw/travel.jpg");
6              System.out.println("URL 是 " + url.toString());
7              System.out.println("protocol 是 " + url.getProtocol());
8              System.out.println("authority 是 " + url.getAuthority());
9              System.out.println("file name 是 " + url.getFile());
10             System.out.println("host 是 " + url.getHost());
11             System.out.println("path 是 " + url.getPath());
12             System.out.println("port 是 " + url.getPort());
13             System.out.println("default port 是 " + url.getDefaultPort());
14         }
15         catch(MalformedURLException e)
16         {
17             System.out.println(e);
18         }
19     }
20 }
```

执行结果

```
D:\Java\ch31>java ch31_3
URL 是 https://aaa.24ht.com.tw/travel.jpg
protocol 是 https
authority 是 aaa.24ht.com.tw
file name 是 /travel.jpg
host 是 aaa.24ht.com.tw
path 是 /travel.jpg
port 是 -1
default port 是 443
```

上述语句在设置 URL 时没有指定端口号，所以返回的是 -1。

31-4 URLConnection 类

31-3 节所介绍的 URL 类可以让我们很轻松地取得 URL 相关信息，如果想要取得网站内部数据，这时要使用 URL 的 openConnection() 方法，然后会返回 URLConnection 类的对象，这时可以使用下列方法解析所取得的内容。

下列是此类常用方法。

方法	说明
int getContentLength()	返回数据大小
int getContentType()	返回数据类型
InputStream getInputStream()	使用流返回指定 URL 的数据

设计程序取得别人计算机的数据从好的方面说是资源共享，但是也成为黑客窃取数据的方法之一，我们常看到有所谓的网络爬虫，其实指的就是从网络截取数据。

程序实例 ch31_4.java：在第 7 行指定读取网络的一个文件，这个程序除了列出这个文件的大小、类型外，也输出内容。程序第 8 行是使用 URL 类的 openConnection() 方法，然后可以返回 URLConnection 类对象指定给 uC，第 9 行是将 uC 对象转成流 stream，第 10、11 行分别列出文件大小与类型，第 12 ～ 15 行则是读取文件内容然后输出。我们所要读取的 ch31Example.txt 内容如下。

```
1  import java.net.*;                                    // 引入类库
2  import java.io.*;
3  public class ch31_4 {
4      public static void main(String[] args){
5          String str;
6          try {
7              URL url = new URL("https://aaa.24ht.com.tw/ch31Example.txt");
8              URLConnection uC = url.openConnection();
9              InputStream stream = uC.getInputStream();
10             System.out.println("文件大小是:" + uC.getContentLength());
11             System.out.println("文件类型是:" + uC.getContentType());
12             int i;
13             while((i=stream.read())!=-1) {              // 读取文件直到最后
14                 System.out.print((char) i);             // 输出所读取的数据
15             }
16         }
17         catch(Exception e)
18         {
19             System.out.println(e);
20         }
21     }
22 }
```

执行结果

```
D:\Java\ch31>java ch31_4
文件大小是 : 73
文件类型是 : text/plain
Ming Chi Institute of Technology
I love Ming Chi Institute of Technology
```

读者需留意的是第 8 行的 openConnection() 还没有执行将本应用程序与 URL 的网络连接，它只是返回 URLConnection 对象。上述程序是在第 9 行获得输入流时才真正进行隐式的网络连接。

上述程序好像很完美，可是如果第 7 行 ch31Example.txt 文件内容含有中文数据，所输出的中文字会有乱码产生。

程序实例 ch31_5.java：读取含中文数据产生乱码的实例。所要读取的文件内容如下。

```
ch31China.txt - 记事本                          _ □ ×
文件(F) 编辑(E) 格式(O) 查看(V) 帮助(H)
Ming Chi Institute of Technology
明志工专
I love Ming Chi Institute of Technology
我爱明志工专
```

```
1  import java.net.*;                                    // 引入类库
2  import java.io.*;
3  public class ch31_5 {
4      public static void main(String[] args){
5          String str;
6          try {
7              URL url = new URL("https://aaa.24ht.com.tw/ch31China.txt");
8              URLConnection uC = url.openConnection();
9              InputStream stream = uC.getInputStream();
10             int i;
11             while((i=stream.read())!=-1) {            // 读取文件 直到最后
12                 System.out.print((char) i);            // 输出所读取的数据
13             }
14         }
15         catch(Exception e)
16         {
17             System.out.println(e);
18         }
19     }
20 }
```

执行结果

```
D:\Java\ch31>java ch31_5
Ming Chi Institute of Technology
```
乱码 ——→ `?÷???口×¨`
```
I love Ming Chi Institute of Technology
```
乱码 ——→ `??° ??÷???口×¨`

上述产生乱码的原因是第 9 行内容：

```
InputStream stream = uC.getInputStream();
```

所获得的是处理 Byte 数据的流对象 stream，处理中文字需要采用 char 数据类型，所以必须将 byte 转换为 char。在这个实例中必须将 byte 流的 stream 对象转成处理 char 数据类型的 Reader 对象。Reader 是一个抽象类所以可以用它的衍生类 BufferedReader，再配合此类的 readLine() 方法一次读取一行方式处理。

上述概念好像是需要将小口径的管线转成大口径的管线，在实现上可以使用 InputStreamReader 类当作中间接头。

InputStreamReader

下面是将 byte 流转成 InputStreamReader 对象的方法。

```
InputStream stream = Uc.getInputStream();
InputStreamReader isr = new InputStreamReader(stream);
```

下面是将 InputStreamReader 对象 isr 转成 BufferedReader 对象 br 的方法。

```
BufferedReader br = new BufferedReader(isr);
```

未来就可以使用 br 对象调用 readLine() 读取整行数据了。

程序实例 ch31_6.java：使用上述概念重新设计 ch31_5.java，这次将可以输出正常结果。

```
1  import java.net.*;                                    // 引入类库
2  import java.io.*;
3  public class ch31_6 {
4      public static void main(String[] args){
5          String str;
6          try {
7              URL url = new URL("https://aaa.24ht.com.tw/ch31China.txt");
8              URLConnection uC = url.openConnection();
9              InputStream stream = uC.getInputStream();
10             InputStreamReader isr = new InputStreamReader(stream);
11             BufferedReader br = new BufferedReader(isr);
12             while ((str=br.readLine())!=null)           // 读取整行
13                 System.out.println(str);                // 输出
14             br.close();                                 // 关闭
15         }
16         catch(Exception e)
17         {
18             System.out.println(e);
19         }
20     }
21 }
```

执行结果

```
D:\Java\ch31>java ch31_6
Ming Chi Institute of Technology
明志工专
I love Ming Chi Institute of Technology
我爱明志工专
```

程序实例 ch31_7.java：读取网页资料然后输出，读者可以参考第 7 行，与 ch31_6.java 相比较，只有此行不一样。

```
7              URL url = new URL("https://aaa.24ht.com.tw/"); // 网页
```

执行结果

乱码 ——→
乱码 ——→

```
D:\Java\ch31>java ch31_7
档?<!doctype html>
<html>
<head>
    <meta charset="utf-8">
    <title>娲  對檄依憲浣?</title>
    <style>
        h1#author {width:400px; height:50px; text-align:center;
            background:linear-gradient(to right,yellow,green);
        }
        h1#content {width:400px; height:50px;
            background:linear-gradient(to right,yellow,red);
        }
```

上述产生乱码的原因主要是所读的是 HTML 格式的文件，HTML 格式文件是使用 UTF-8 的格式，如果要避开乱码，在第 10 行需注明这是 UTF-8 格式的流对象。

程序实例 ch31_8.java：重新设计 ch31_7.java，可以正常显示含繁体或简体中文字的网页 HTML 文件内容。

```
10             InputStreamReader isr = new InputStreamReader(stream,"UTF-8");
```

执行结果

```
D:\Java\ch31>java ch31_8
?<!doctype html>
<html>
<head>
    <meta charset="utf-8">
    <title>洪錦魁著作</title>
    <style>
        h1#author { width:400px; height:50px; text-align:center;
            background:linear-gradient(to right,yellow,green);
        }
        h1#content { width:400px; height:50px;
            background:linear-gradient(to right,yellow,red);
        }
```

31-5 HttpURLConnection 类

HttpURLConnection 类仅是用在 HTTP 通信协议，它是 URLConnection 类的子类，在这个类内我们可以获得标题信息、状态代码、响应代码 … 等。

至于 HTTP 的标题有哪些内容，可以使用 getHeaderFieldKey(int n) 方法获得，而每一个标题内容则可以使用 getHeaderField(int i) 获得。

程序实例 ch31_9.java：获得 HTTP 通信协议的标题，同时列出笔者所连接网页的标题内容。

```
1  import java.net.*;                              // 引入类库
2  import java.io.*;
3  public class ch31_9 {
4      public static void main(String[] args){
5          String str;
6          try {
7  // 下列两行是获得HttpURLConnection对象的方法
8              URL url = new URL("https://aaa.24ht.com.tw/");
9              HttpURLConnection huc = (HttpURLConnection) url.openConnection();
10             for (int i=1; i<=8; i++) {            // 取得http网页的标题信息
11                 System.out.println(huc.getHeaderFieldKey(i) + " = " +
12                                     huc.getHeaderField(i));
13             }
14             huc.disconnect();
15         }
16         catch(Exception e)
17         {
18             System.out.println(e);
19         }
20     }
21 }
```

执行结果

```
D:\Java\ch31>java ch31_9
Date = Wed, 02 May 2018 19:20:42 GMT
Server = Apache
Last-Modified = Tue, 24 Oct 2017 03:22:31 GMT
Accept-Ranges = bytes
Content-Length = 872
Vary = Accept-Encoding,User-Agent
Connection = close
Content-Type = text/html
```

31-6 C/S 架构程序设计基本概念

C/S 架构的程序是指 Client/Server 架构，服务器（Server）端的程序可能会有多个，每一个 Server 程序会使用不同的端口号与外界沟通，当属于自己的端口号发现有 Client 端发出的请求时，相对应的 Server 程序会对此做响应。

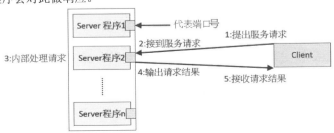

不论是 Server 端或 Client 端，若是想要通过网络与另一端连接传送数据或是接收数据，需通过 Socket。Server 端和 Client 端通过 Socket 通信所遵循的协议称为 TCP（Transmission Control Protocol），在这个机制下，除了数据传送，也会确保数据传送正确。下面将分别说明。

31-6-1　Java Socket Client 端的设计

Java 有 Socket 类，Client 端可以建立此类对象与 Server 做沟通，可能是传送数据给 Server 或接收从 Server 端传来的消息。下面是 Client 端与 Server 端沟通的步骤。

（1）Client 端通过主机 /IP 和端口号启动与 Server 端的连接。

（2）通过 OutputStream 将数据送给 Server 端。

（3）通过 InputStream 接收 Server 端传来的数据。

（4）完成工作后关闭连接。

上述步骤 2、3 可以重复执行。

1. 建立 Socket 对象开启初始化的连接

下列是 Socket 类常用的构造方法。

构造方法	说明
Socket(String host, int port)	建立与 host 和 port 号连接的对象
Socket(InetAddress address, int port)	建立与 IP 地址和 port 号连接的对象

上述构造方法会抛出下列异常。

IOException：如果建立 Socket 时 I/O 有错误。

UnknownHostException：如果主机的 IP 地址无法确定。

例如，下面是我们尝试连接 google.com 的语句。

```
Socket socket = new Socket("google.com", 80);
```

2. Client 端送文件到 Server 端

首先要用 Socket 对象建立 OutputStream 对象，可以使用下列程序代码。

```
OutputStream output = socket.getOutputStream();
```

有了 output 对象后，如果所传送的是数组 byte 数据可以使用下列 write() 方法将文件送至 Server 端。

```
byte[ ] data = XXX;
output.write(data);
```

如果想用文字格式（char）将文件送至 Server 端，这时可以通过 PrintWriter 类，将 OutputStream 对象包装在此类对象内，可以参考下列程序代码。

```
PrintWriter writer = new Printer(output, true)
writer.println("messgae");              // 可在此输入要传送至 Server 端的消息
```

3. 读取 Server 端传来的数据

如果想要读取 Server 端传来的数据必须先建立 InputStream 对象，可以使用下列程序代码。

```
InputStream input = socket.getInputStream();
```

有了 input 对象后，如果所读取的是数组 byte 数据，可以使用下列 read() 方法读取文件。

```
byte[ ] data = xxx;
input.read(data);
```

如果想要用字符（char）或字符串（string）方式读取，可以使用 InputStreamReader 或 BufferedReader，下面是使用 InputStreamReader。

```
InputStreamReader reader = new InputStreamReader(input);
int ch = reader.read();                    // 读取一个字符
```

下面是使用 BufferedReader。

```
BufferedReader reader = new BufferReader(new InputStreamReader(input));
String line = reader.readLine();           // 读取一行
```

4. 关闭连接

若是想关闭 Client 端与 Server 端的连接，可以调用 close() 方法，下面是参考语法。

```
socket.close();
```

上述语句同时会关闭 socket 的 InputStream 和 OutputStream，如果有 I/O 错误会抛出 IOException 异常。程序实例 ch31_10.java：美国 InterNIC（The NetWork Information Center）有提供查询网址服务，这项服务的英文名称是 Whois，使用的端口号是 43，可以设计 Client 端程序连接至此服务，然后此服务会返回一系列消息，下面是笔者传送 "google.com"，由于版面有限执行结果只列出部分消息。

```
1  import java.net.*;                                       // 引入类库
2  import java.io.*;
3  public class ch31_10 {
4      public static void main(String[] args){
5          String outstr = "google.com";                    // 要送至Server的文字
6          String hostname = "whois.internic.net";           // Server网址
7          int port = 43;                                    // Server port
8          try  {
9  // 建立连接
10             Socket socket = new Socket(hostname, port);    // 建立socket
11 // 传送数据给Server
12             OutputStream output = socket.getOutputStream(); // 建立output对象
13             PrintWriter writer = new PrintWriter(output, true);
14             writer.println(outstr);                        // 送出文字
15 // 取得Server端文字
16             InputStream input = socket.getInputStream();   // 建立input对象
17             BufferedReader reader = new BufferedReader(new InputStreamReader(input));
18             String line;
19             while ((line = reader.readLine()) != null) {   // 读取Server传来的数据
20                 System.out.println(line);                  // 输出Server传来的数据
21             }
22         } catch (UnknownHostException ex) {
23             System.out.println("找不到Server : " + ex.getMessage());
24         } catch (IOException ex) {
25
26             System.out.println("I/O错误:" + ex.getMessage());
27         }
28     }
29 }
```

执行结果
```
D:\Java\ch31>java ch31_10
    Domain Name: GOOGLE.COM
    Registry Domain ID: 2138514_DOMAIN_COM-VRSN
    Registrar WHOIS Server: whois.markmonitor.com
    Registrar URL: http://www.markmonitor.com
    Updated Date: 2018-02-21T18:36:40Z
    Creation Date: 1997-09-15T04:00:00Z
    Registry Expiry Date: 2020-09-14T04:00:00Z
    Registrar: MarkMonitor Inc.
    Registrar IANA ID: 292
```

31-6-2　Java Socket Server 端的设计

Java 有 ServerSocket 类，可以建立 Server 端的对象，然后用此对象侦听连接需求然后接受。下列是 Server 端服务程序设计的过程。

（1）建立一个绑定特定端口号的 ServerSocket 对象。

（2）侦听连接和接受（accept），结果将返回新建的 socket 对象。

（3）读取 Client 端通过 InputStream 传来的数据。

（4）通过 OutputStream 传送数据到 Client 端。

（5）Client 端关闭连接。

上述步骤 3、4 可以重复执行。

1. 建立 Server Socket

可以使用下列构造方法建立 Server Socket 对象。

构造方法	说明
ServerSocket(int port)	建立一个绑定 port 号的 Server Socket
ServerSocket(int port, int backlog)	建立一个绑定 port 号的 Server Socket，backlog 则是最大数目的排队连接
ServerSocket(int port, int backlog, IntAddress bindAddr)	同上但是增加绑定到指定 IP

上述最常用的是最上方的构造方法，下列是建立 Socket Server 并将它绑定到 2255 端口的实例。

```
ServerSocket serverSocket = new ServerSocket(2255);
```

上述语句如果错误会抛出 IOException，可以设的端口号是 0 ~ 65535，其中，0 ~ 1023 是系统保留的，另外，proxy 是 3128，也不宜使用。

2. 倾听连接

当建立完成 ServerSocket 对象后，就可以使用此对象调用 accept() 方法，侦听从 Client 端传来的请求。

```
Socket socket = serverSocket.accept();
```

需留意 accept() 方法会阻塞当前的线程，直到建立连接，返回的则是 Socket 对象，未来可以由此对象接收与传送从 Client 端来的数据。

3. 读取 Client 端数据

可以使用 InputStream 读取 Client 端传来的文件。

```
InputStream input = socket.getInputStream();
```

InputStream 可以读取 byte 数组数据，如果想读取较高层级的数据，例如，字符（char）或字符串（String），需将数据包装到 InputStreamReader 中，下列是程序代码。

```
InputStreamReader reader = new InputStreamReader(input)
int character = reader.read();        // 读取字符
```

如果想用字符串方式读取，可以将 InputStream 包装在 BufferedReader 内。

```
BufferedReader reader = new BufferedReader(new InputStreamReader(input));
String line = reader.readLine();      // 读取一行字符串
```

4. 传送数据到 Client 端

可以使用 socket 调用 getOutputStream() 方法，如下所示。

```
OutputStream output = socket.getOutputStream();
```

由于 OutputStream 只有提供 byte 文件的传送，所以可以将其包装在 PrintWriter 中以发送字符（character）或字符串（string）方式传送数据。

```
PrintWriter writer = new PrintWriter(output, true);
write.println("message");        // 可以在此输入要传送到 Client 端的文件
```

参数 true 表示每次调用后会更新流数据。

5. 关闭连接

在 Client 端使用 socket 调用 close() 方法，可以关闭连接。

6. 终止 Server 端的服务

Server 端理论上应该持续运作，如果某些因素应该终止，可以使用 close() 方法。

```
serverSocket.close();
```

在服务终止后所有目前的连接也将中止。

7. Server 端使用多线程工作

理论上 Server 端程序设计方法如下。

```
ServerSocket serverSocket = new ServerSocket(port);
while (true) {
    Socket socket = serverSocket.accept();
    // 读取 Client 端传来的数据
    // 内部处理数据
    // 输出数据到 Client 端
}
```

上述 while(true) 代表这是永远执行，但是如果第一个 Client 连接服务在执行时，程序无法处理下一个要求的服务，为了解决这方面的问题，可以将流程改成下列方式。

```
while (true) {
    Socket socket = serverSocket.accept();
    // 建立新的线程处理 Client 端的请求
    ...
}
```

程序实例 ch31_11.java：设计一个 Server 端程序，当有外部连接时，这个程序会回传现在的系统日期与时间。同时按 Ctrl+C 组合键才可以结束此程序。

```
1  import java.net.*;                                    // 引入类库
2  import java.io.*;
3  import java.util.*;
4  public class ch31_11 {
5      public static void main(String[] args){
6          int port = 2255;                              // Server port
7          try {
8  // Server端的设计
9              ServerSocket serverSocket = new ServerSocket(port);
10             System.out.println("Server服务程序正在侦听 port " + port);
11             while (true) {
12                 Socket socket = serverSocket.accept();
13                 System.out.println("Server与Client端连接成功");
14                 OutputStream output = socket.getOutputStream();
15                 PrintWriter writer = new PrintWriter(output, true);
16                 writer.println("现在日期" + new Date().toString());
17             }
18         } catch (IOException ex) {
19             System.out.println("I/O错误:" + ex.getMessage());
20         }
21     }
22 }
```

执行结果 下列是刚执行时的画面，可以同时按 Ctrl+C 组合键结束程序。

```
D:\Java\ch31>java ch31_11
Server服务程序正在侦听 port 2255
```

程序实例 ch31_12.java：设计一个 Client 端的程序，这个程序会连接 ch31_11.java 的 Server 端程序，当程序一执行时即可以获得 Server 端传来的目前系统日期与时间。另外，由于这是自己计算机的测试，所以第 6 行设置 localhost，在第 9 行建立 socket 对象时，第一个参数实际内容是"localhost"。

```
1  import java.net.*;                                    // 引入类库
2  import java.io.*;
3  public class ch31_12 {
4      public static void main(String[] args){
5          String hostname = "localhost";                // 这是本机执行
6          int port = 2255;                              // Server port
7          try {
8  // 建立连接
9              Socket socket = new Socket(hostname, port);   // 建立socket
10 // 取得Server端资料
11             InputStream input = socket.getInputStream();  // 建立input对象
12             BufferedReader reader = new BufferedReader(new InputStreamReader(input));
13             String line = reader.readLine();              // 读取数据
14             System.out.println(line);                     // 输出Server传来的数据
15         } catch (UnknownHostException ex) {
16             System.out.println("找不到Server : " + ex.getMessage());
17         } catch (IOException ex) {
18
19             System.out.println("I/O错误:" + ex.getMessage());
20         }
21     }
22 }
```

执行结果 下列是 Server 端和 Client 端的画面。

```
D:\Java\ch31>java ch31_11              D:\Java\ch31>java ch31_12
Server服务程序正在侦听 port 2255        现在日期Mon Sep 10 22:04:24 CST 2018
Server与Client端连接成功
```

31-7 UDP 通信

UDP 的全名是 User Datagram Protocol，是非连接式的通信协议，在这个通信协议下数据被封装在数据包内，这种通信协议虽然可以将数据包传送出去，但是数据包是否传送到达目的地则不能保证，同时即使传送丢失也不重新传送，但是也有优点，就是速度快。所以常可以看到使用它设计网络聊天室。

在使用 UDP 通信时会使用下列两个类。

（1）DatagramPacket：这是数据容器。

（2）DatagramSocket：这是传送和接收数据容器的机制。

下面将分别说明。

1. DatagramPacket 类

可以使用下列构造方法建立 DatagramPacket 对象。

```
DatagramPacket(byte[ ] buf, int length)                    // length 是数据包长度
DatagramPacket(byte[ ] buf, int length, InetAddress address, int port)
```

上述第一个方法主要是建立要接收的 DatagramPacket 对象，第二个方法则是建立要发送的 DatagramPacket 对象，所以需要指定主机 IP 和端口号 port。

2. DatagramSocket 类

在 Java 中 使 用 DatagramSocket 传 送 和 接 收 DatagramPacket，在 这 个 通 信 协 议 下，DatagramSocket 同时被用在 Server 端和 Client 端，下列是建立 DatagramSocket 对象的构造方法。

DatagramSocket()：可以绑定任意端口号。

DatagramSocket(int port)：绑定特定 port 端口号。

DatagramSocket(int port, InetAddress address)：绑定特定端口号和主机 IP。

如果以上语句建立 DatagramSocket 失败将抛出 SocketException。下列是 DatagramSocket 类的主要方法。

方法	说明
send()	传送数据包
received()	接收数据包
setSoTimeout()	设置 ms 为单位的暂停，可以限制接收数据时等待时间，如果超过时间则抛出 SocketTimeoutException
close()	关闭连接

程序实例 ch31_13.java：简单的聊天室程序。设计一个 UDP 通信协议的接收端程序，这是一个简单的接收端程序，所以只能接收消息然后在屏幕输出。

```java
1  import java.net.*;                                        // 引入类库
2  import java.io.*;
3  public class ch31_13 {
4      public static void main(String[] args) throws Exception {
5          int port = 2255;                                   // 接收端port
6          byte[] buf = new byte[1024];                       // byte数组
7          System.out.println("接收端程序执行中 … ");
8  // 接收端端设计
9          while (true) {
10             DatagramSocket socket = new DatagramSocket(port);   // 建立socket
11             DatagramPacket data = new DatagramPacket(buf,buf.length);
12             socket.receive(data);
13             String msg = new String(buf,0,data.getLength());
14             System.out.println("传来的消息:" + msg);         // 输出传来的数据
15             socket.close();
16         }
17     }
18 }
```

执行结果　下列是刚执行时的画面，可以同时按 Ctrl+C 组合键结束程序。

```
D:\Java\ch31>java ch31_13
接收端程序执行中 ...
```

下列是传送方的程序设计。

程序实例 ch31_14.java：这是聊天室的传送方程序。这个程序会将输入数据传送给接收端 ch31_13.java，如果输入"quit"则结束程序。这个程序在执行时需输入 IP 地址，下列是执行方式。

> java ch31_14 192.168.11.199

其中，192.168.11.199 是笔者测试的计算机 IP，读者执行时需输入自己的 IP，取得自己 IP 的方法可以参考 ch31_1.java。这个程序也使用了一个尚未介绍的方法 getBytes()，可以参考第 22 行，这个方法会将字符串转成 byte 数组。

```java
1  import java.net.*;                                        // 引入类库
2  import java.io.*;
3  import java.util.Scanner;
4  public class ch31_14 {
5      public static void main(String[] args) throws Exception {
6          Scanner scanner = new Scanner(System.in);
7          int port = 2255;                                 // 接收端的port
8          if (args.length < 1) {
9              System.out.println("请输入IP");
10             return;
11         }
12         String receiverIP = args[0];                     // 设置IP
13         InetAddress addr = InetAddress.getByName(receiverIP);
14  // 传送端的设计
15         while (true) {
16             System.out.print("诉说心声:");
17             InputStreamReader ir = new InputStreamReader(System.in);
18             BufferedReader br = new BufferedReader(ir);
19             String txt = br.readLine();                  // 读取整行数据
20             int txtLength = txt.length();                // 字符串长度
21             byte[] buf = new byte[txtLength];            // 建立指定长度的byte数组
22             buf = txt.getBytes();                        // 将字符串存成byte数组
23             DatagramPacket datagram = new DatagramPacket(buf,txtLength,addr,port);
24             DatagramSocket socket = new DatagramSocket();
25             if (txt.equalsIgnoreCase("quit"))
26                 break;
27             socket.send(datagram);
28             socket.close();
29         }
30     }
31 }
```

执行结果

```
D:\Java\ch31>java ch31_13
接收端程序执行中 ...
传来的消息 : Hi!
传来的消息 : How are you?
```
```
D:\Java\ch31>java ch31_14 192.168.11.199
诉说心声 : Hi!
诉说心声 : How are you?
诉说心声 : quit
```

程序实操题

1. 请取得 Microsoft、Acer、Adobe、IBM、Apple 公司的主机名与 IP 地址，然后输出。

2. 请设计一个 Client/Server 程序，如果在 Client 端传送的数据是"威力彩"，Server 端将响应 6 个一般彩球数据和一组特别号。如果所传送的是其他数据，一律回传 0 ～ 99 的随机数。

3. 请参考 ch31_8.java，修改部分是要求输入网址，本程序可以输出此网址的 HTML 网页内容。

4. 目前 ch31_13.java 和 ch31_14.java 只能传送英文数据，请思考改为可以传送中英文数据。

5. 请参考 ch31_13.java 和 ch31_14.java 设计一个一对一的聊天室程序，也就是双方都可以是传送方和接收方。

附 录 A

Java 下载、安装与环境设置

本章摘要

A-1 下载 Java

请输入下列网址：

http://www.oracle.com/technetwork/java/javase/downloads/index.html

可以进入 Java 下载窗口。

单击 JDK DOWNLOAD 按钮，出现询问是否接受授权条款界面。

Java SE Development Kit 10.0.1
You must accept the Oracle Binary Code License Agreement for Java SE to download this software.

○ Accept License Agreement   ● Decline License Agreement

Product / File Description	File Size	Download
Linux	305.97 MB	jdk-10.0.1_linux-x64_bin.rpm
Linux	338.41 MB	jdk-10.0.1_linux-x64_bin.tar.gz
macOS	395.46 MB	jdk-10.0.1_osx-x64_bin.dmg
Solaris SPARC	206.63 MB	jdk-10.0.1_solaris-sparcv9_bin.tar.gz
Windows	390.19 MB	jdk-10.0.1_windows-x64_bin.exe

选择 Accept License Agreement 单选按钮。

Java SE Development Kit 10.0.1
You must accept the Oracle Binary Code License Agreement for Java SE to download this software.
Thank you for accepting the Oracle Binary Code License Agreement for Java SE; you may now download this software.

Product / File Description	File Size	Download
Linux	305.97 MB	jdk-10.0.1_linux-x64_bin.rpm
Linux	338.41 MB	jdk-10.0.1_linux-x64_bin.tar.gz
macOS	395.46 MB	jdk-10.0.1_osx-x64_bin.dmg
Solaris SPARC	206.63 MB	jdk-10.0.1_solaris-sparcv9_bin.tar.gz
Windows	390.19 MB	jdk-10.0.1_windows-x64_bin.exe

由于笔者计划将 Java 安装在 Windows 操作系统中，所以选择如上图所示，然后可以参照提示执行下载。

A-2　安装 Java

下面开始正式安装。

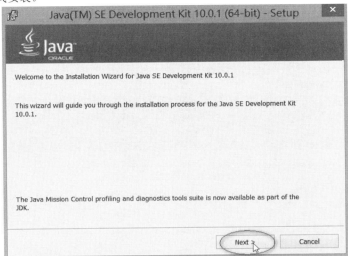

单击 **Next** 按钮。

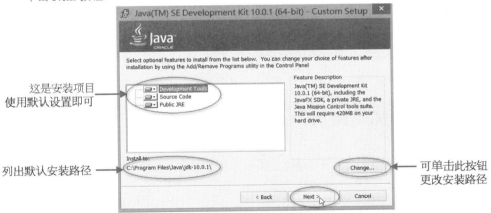

这是安装项目
使用默认设置即可

列出默认安装路径

可单击此按钮
更改安装路径

将看到**安装项目**，列出**默认安装路径**，此例建议使用默认，请单击 **Next** 按钮。

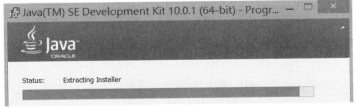

上述是安装过程画面，然后看到下列安装 JRE 画面。请单击 **Next** 按钮，可以看到下列强调已经有 30 亿个装置在使用 Java 的界面。

安装完成将看到下列画面。

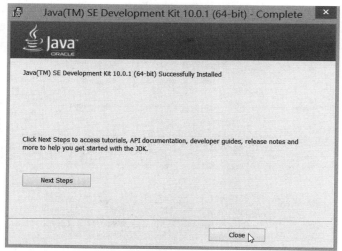

上述界面表示 Java 安装完成了。

A-3　Java 环境设置

　　Java 安装程序并没有为我们设置环境变量，为了将来在 Windows 操作系统下可以顺畅地使用 Java，接下来需要设置 Path 和 Classpath 环境变量。

A-3-1　设置 Path 环境变量

　　一般在命令字符环境下，输入一般工具的可执行文件或批处理文件（exe 或 bat），操作系统会在目前工作目录找寻是否有这个文件，如果找到就会直接执行，如果找不到就会到操作系统的 Path 变量区所指定的环境变量路径去寻找是否有这个工具文件，如果找到就去执行，如果也找不到就会列出下列错误。

'xxxx' 不是内部或外部命令、可执行的程序或批处理文件。

　　我们安装 Java 的路径是在 C:\Program Files\Java\jdk-10.0.1，Java 工具程序是在安装路径的 \bin 文件夹中，由于我们所设计的程序是在别的文件夹，所以为了简化未来所设计的程序可以轻松地使用 Java 工具程序，所以须将 Java 工具程序所在的文件夹设置在 Path 环境变量内。

设置 Path 环境变量的主要目的是为了我们可以在任意的路径启动 Java 工具程序。在 Windows 操作系统中请打开**控制面板**，需留意不同版本的操作系统将有不同的控制面板画面与打开方式。

选择**"系统和安全"**选项。

选择**"系统"**选项。

选择**"高级系统设置"**选项。

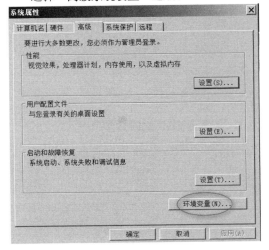

出现**"系统属性"**对话框，单击**"环境变量"**按钮。出现**"环境变量"**对话框，在**"系统变量"**中选择 **Path**，然后单击**"编辑"**按钮。

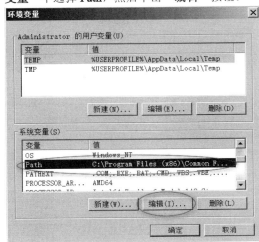

出现"编辑系统变量"对话框，在"变量值"字段末端先加上";"，这是路径的分隔符，然后加上 Java 的安装路径，以及"\bin"，这是 Java 工具程序所在文件夹，如下。

```
;C:\Program Files\Java\jdk-10.0.1\bin
```

单击**"确定"**按钮，返回"环境变量"对话框，再单击**"确定"**按钮，返回"系统属性"对话框，再单击**"确定"**按钮。

A-3-2　验证 Path 环境变量

请将鼠标光标移至 Windows 窗口左下方，单击鼠标右键，执行命令提示字符，可以打开命令提示字符窗口，输入"javac -version"，这是 JDK 的一个工具程序，可以列出 javac 的版本信息，如下所示。

```
C:\Users\Jiin-Kwei>javac -version
javac 10.0.1
```

如果可以看到上述结果，表示 Path 设置成功了。其实由上述命令可以得到，笔者目前工作文件夹是"C:\Users\Jiin-Kwei"，这个文件夹内没有 javac.exe 工具程序，但是当操作系统在目前工作路径找不到 javac.exe 时，会到 Path 环境变量内所指定的每个路径去寻找，因为我们已经设置 C:\Program Files\Java\jdk-10.0.1\bin，所以可以在这个路径找到 javac.exe 文件，所以可以得到上述结果。如果设置失败，将看到下列信息。

'javac'不是内部或外部命令、可执行的程序或批处理文件。

这时请仔细参考笔者所述的步骤，重新设置。

A-3-3　设置 classpath 环境变量

环境变量 classpath 可以引导 JVM 找寻 Java 的可执行文件（*.class），接下来讲解设置自动在目前工作目录下搜寻可执行文件，在 Windows 操作系统中请参考前面的步骤进入"环境变量"对话框。

请单击"**新建**"按钮。在"变量名"字段输入"classpath"，在变量值字段输入：

```
classpath=.;
```

单击"**确定**"按钮，可以返回"环境变量"对话框。

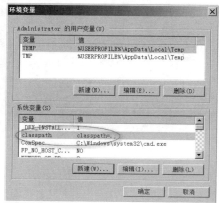

在"系统变量"中可以看到新增加的 classpath 环境变量，未来执行 Java 程序时，JVM 会先在目前工作目录找寻 *.class 可执行文件。

A-4　下载 Java 10 文件

在学习 Java 过程中，如果想要了解更多 Java 10 的相关信息，可以直接下载 Java 10 文件，可以进入下列网址，单击 Documentation 标签，再选择 Java SE Technical Documentation。